河南省“十四五”普通高等教育规划教材
河南省“十二五”普通高等教育规划教材

首届河南省教材建设奖优秀教材二等奖

# C语言程序设计
## （含习题与实验指导）

主　编◎海　燕
副主编◎王　卉　闫雒恒　张贞贞　石秋华　杨雪青　赵　凯

主教材
翻转课堂适用教材

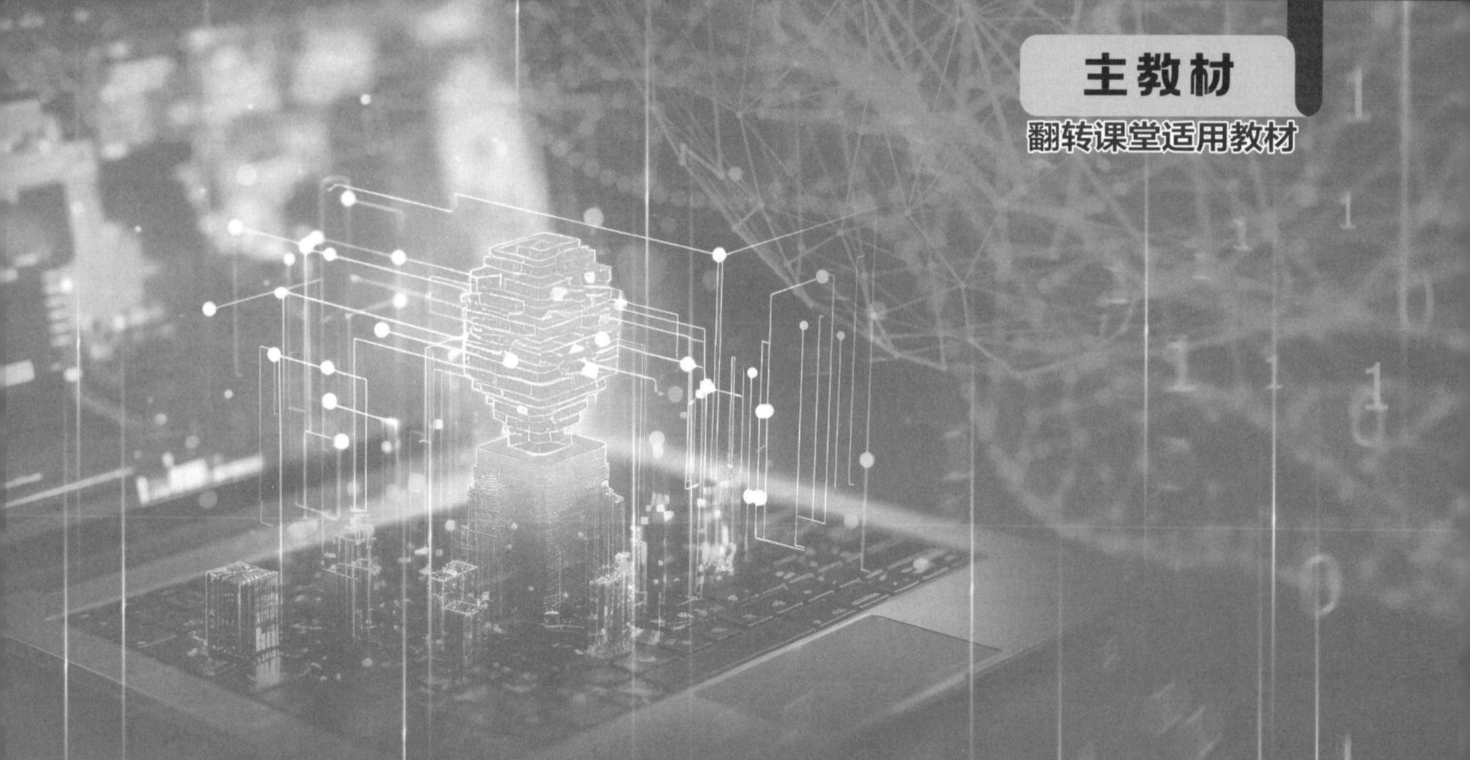

中国铁道出版社有限公司
CHINA RAILWAY PUBLISHING HOUSE CO., LTD.

## 内 容 简 介

全书由主教材和配套“习题与实验指导”组成。主教材分 12 章，包括概述，数据类型、运算符和表达式，顺序结构，选择结构，循环结构，数组，函数，指针，编译预处理，结构体与共用体，位运算，文件等内容。

习题与实验指导由【课前导学】——要点与例题解析、【课后延学】——测试练习及其参考答案、【操作实战】——实验与指导三部分组成。

全书内容编排由浅入深、循序渐进、注重实践、实例丰富，适合作为普通高等院校各专业公共课教材和全国计算机等级考试参考用书，也可作为有关领域工程技术人员的学习参考用书。

**图书在版编目（CIP）数据**

C语言程序设计 ： 含习题与实验指导 ： 全两册 / 海燕主编. -- 北京 ： 中国铁道出版社有限公司，2025. 2.
(河南省“十四五”普通高等教育规划教材). -- ISBN 978-7-113-31005-9

Ⅰ. TP312. 8

中国国家版本馆CIP数据核字第2024UM3984号

书　　名：C 语言程序设计（含习题与实验指导）
作　　者：海　燕

策　　划：韩从付　谢世博　　　　编辑部电话：（010）51873135
责任编辑：谢世博　包　宁
封面设计：刘　颖
责任校对：刘　畅
责任印制：赵星辰

出版发行：中国铁道出版社有限公司（100054，北京市西城区右安门西街 8 号）
网　　址：https://www.tdpress.com/51eds
印　　刷：河北宝昌佳彩印刷有限公司
版　　次：2025 年 2 月第 1 版　2025 年 2 月第 1 次印刷
开　　本：889 mm×1 194 mm　1/16　印张：33.5　字数：965 千
书　　号：ISBN 978-7-113-31005-9
定　　价：99.90 元（主教材和配套教材）

# 前　言

党的二十大报告中提出“加强教材建设和管理”。教材建设作为深化教育领域综合改革的重要环节，是铸魂育人的重要依托，是事关未来的战略工程与基础工程。本书的编写，正是基于这一战略指引，努力打造符合新时代要求的高质量教育资源，服务于培养适应未来技术变革的高素质专门人才。

C语言，简而不失其华，繁而不掩其质，是编程世界之基石，在软件开发、系统操作和硬件控制等领域具有核心影响。由于C语言的高效性、灵活性和硬件操作的直接性，它不仅是计算机科学领域的入门语言，也是理解先进编程理念的基础；同时，在当今信息技术飞速发展的时代，传统的教学模式正面临着前所未有的挑战与变革，为了适应新时代教育的需求，培养具有创新思维和实践能力的人才，本书以“翻转课堂”为核心理念，旨在通过创新的教学方式，激发学生的学习兴趣，提高学习效率，培养学生自主学习能力和团队合作精神。

本书由主教材和配套“习题与实验指导”组成，是编者通过长期教学实践编写而成的，内容编排由浅入深、循序渐进、重点突出、难点分散、注重实践、实例丰富、面向应用，各章附有小结和适量习题，便于自学。

本书的编写特点：

1．融合思想性与技能性：教材不仅注重技术层面的培养，还强调将社会主义核心价值观和中国特色社会主义理论融入其中，引导学生在学习编程技能过程中树立正确的世界观、人生观和价值观，使其成为既有专业技能又有高尚情操的新时代人才。

2．结合理论性与实践性：教材确保学生掌握扎实的编程基础，同时强调实践操作的重要性。除了主教材，配套的“习题与实验指导”包含大量精心挑选的实例，将理论学习与实际应用相结合，通过实践来培养学生的问题解决能力和创新思维。

3．保持前沿性与实用性：紧跟信息技术的最新发展趋势，同时紧密结合等级考试，附有近两年全国计算机等级考试二级C语言的真题及答案，不仅使学生更好地理解和掌握知识点，同时能够与等级考试的重点、难点紧密结合，满足学生等级考试的实际需求。

4．注重基础性与创新性：教材以C语言核心语法和概念为基础，系统地介绍了基本语法、控制结构、数据类型、函数等核心概念，在保证基础性教学的同时突出创新性。

（1）教学模式的创新：教材以“翻转课堂”教学理念重新定义教与学的关系，激发学生主动学习的兴趣和潜能。每章结构精心设计为课前导学、课中细学、课后延学三个部分，形成了一个完整的学习闭环，确保学生能够在不同阶段获得最适合的学习体验和支持。

（2）教学内容的创新：教材不仅教授编程技能，在内容设计上还注重培养学生的创新思维和解决问题的能力。如【课前导学】的“思考空间”、【课后延学】的“学习反思”与“拓展训练”等方面的设计，鼓励学生创新性思考，拓展所学基础知识，实现知识内化与创新思维发展，激发学生的创造力和探索精神。

本书注重传达编程艺术的深意与美学，与计算思维整合，探索编程的深层次魅力，通过精心编排的内容和统一的代码规范，力求每一个示例都成为学生学习旅程中的亮点，让编程不再是枯燥的任务，而是充满创造力和想象力的探索之旅，激发学生的编程兴趣和对编程艺术的向往。

本书2012年版获批河南省第一批“十二五”普通高等教育规划教材，2020年版获批河南省“十四五”普通高等教育规划教材，并荣获首届河南省教材建设奖优秀教材二等奖。

本书由华北水利水电大学计算机基础教研室的教师共同编写。其中，第1、2章由张贞贞执笔，第3、4章由石秋华执笔，第5、11章由王卉执笔，第6、12章由海燕执笔，第7章由杨雪青执笔，第8章由闫雒恒执笔，第9、10章由赵凯执笔。全书由海燕统稿。每一页都蕴含着团队的心血与热忱，每一个概念都经过精心雕琢，确保读者能在编程之旅中感受到那份将智慧转化为文字的匠心独运。

由于编者水平有限，书中难免存在疏漏和不足之处，敬请广大师生、同行专家批评指正，谨表谢忱。我们相信，本书将为我国高等教育中的计算机教学提供新的视角，为学生个人成长和专业发展提供支持，并为我国的信息化建设和软件产业发展培养更多优秀人才。感谢参与编写和出版的所有同仁，并祝愿使用本书的读者在C语言学习之旅上取得成功。

最后，让我们怀着一颗敬畏之心，去领略C语言之美，感悟程序与数据的和谐共舞。让我们为C语言献上最深情的敬意，感谢它为我们带来的无尽智慧和力量。在计算机科学飞速发展的时代，C语言将继续闪耀着它的光芒，引领我们走向更加美好的未来。

编　者

2024年12月

# 目　录

## 第一篇　基础知识篇

## 第二篇 核心技术篇

# 课程学习要求

| 学习阶段 | 学习要求 | 学习编号 |
| --- | --- | --- |
| 课前导学 | 1．课前完成主辅教材的【课前导学】布置的任务 | 1 |
| | 2．课前整理出辅教材【课前导学】尚未理解的“典型例题解析” | 2 |
| | 3．课前整理主教材【课前导学】“思考空间”的答案 | 3 |
| 课中细学 | 1．课中认真听讲 | 4 |
| | 2．课中积极参与讨论 | 5 |
| | 3．课中通过听讲与讨论解决【课前导学】存在的问题 | 6 |
| 课后延学 | 1．课后阅读主教材【课后延学】的“知识回顾” | 7 |
| | 2．课后整理出主教材【课后延学】“学习反思”的答案并提交 | 8 |
| | 3．课后编程实现主教材【课后延学】的“知识检验”并提交 | 9 |
| | 4．课后对主教材【课后延学】“拓展训练”进行案例分析、编码实现、实验验证，或对“拓展知识”进行阅读（可选） | 10 |
| | 5．课后完成辅教材【课后延学】的“测试练习” | 11 |

# 第一篇

# 基础知识篇

# 第1章 概　述

编程之舟，启航于C的海洋；智者之旅，定格在语言的彼岸。

Programming is just like a vessel sailing on the ocean of C, which helps the wise to find the new destination of the language.

## 导　读

在数字的海洋中，有一座灯塔，它以坚定的光芒穿透了编程世界的迷雾，引领着无数探索者前行。这座灯塔，就是C语言，一个历经岁月洗礼而愈发璀璨的存在。

C语言作为一门古老而强大的编程语言，它的历史可以追溯到20世纪，但它的影响力却一直延续至今。自其1972年诞生于贝尔实验室之初，便如破晓之光，照亮了计算机科学的天空。其简洁之姿、严谨之骨、纯净之美、强大之能，蕴含着无穷的智慧，赋予了程序强大的生命力，引领着无数编程爱好者走进了计算机科学的殿堂。

## 导　航

**学习目标：**

1. 了解C语言出现的历史背景、C语言的特点及书写规范
2. 掌握C语言程序的基本结构以及创建的基本步骤
3. 理解算法的定义，特征以及表示方法
4. 掌握使用Visual C++ 2010运行C语言程序的基本步骤

**学习重点：**

1. C语言程序的结构
2. 算法的概念以及表示方法
3. 使用Visual C++ 2010运行C语言程序的方法步骤

**学习难点：**

1. 算法的概念以及表示方法
2. 如何使用Visual C++ 2010调试C语言程序

## 知识地图

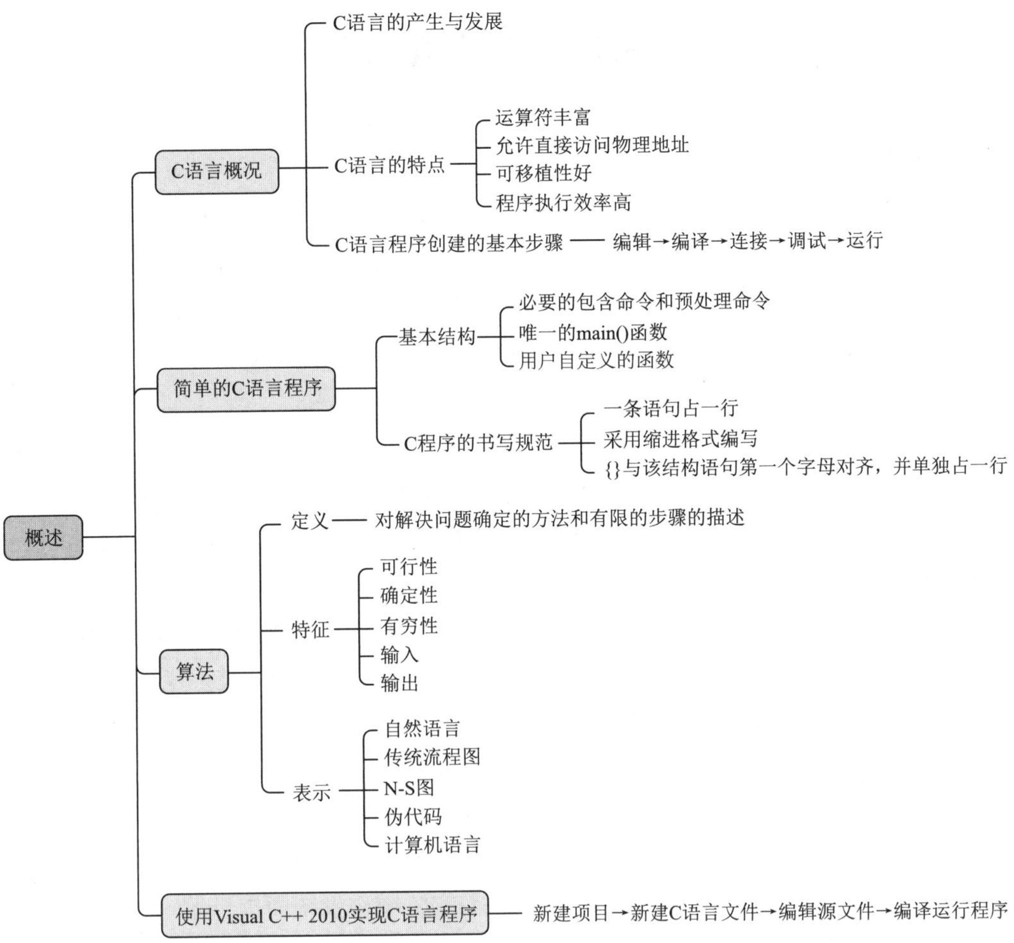


## 课前导学

### 1. 知识初探

◎阅读主教材的第 1 章【课中细学】

◎阅读辅教材的第 1 章【课前导学】的本章要点与相应典型例题解析

### 2. 视频观看

观看主教材的第 1 章【课中细学】相应的视频

### 3. 思考空间

（1）为什么会有编程语言?

（2）编程语言产生与发展的历程经历了哪些阶段?

（3）试着用生活中例子解释一下什么是算法。

（4）试着收集用 Visual C++ 2010 运行 C 程序发生错误调试的常用方法。

课中细学

# 1.1 C语言概况

## 1.1.1 C语言的产生与发展

早期的操作系统软件主要是用汇编语言编写的。由于汇编语言依赖计算机硬件，程序的可读性和可移植性都比较差。改用高级语言编写系统软件，可以提高程序的可读性和可移植性，但一般的高级语言难以实现汇编语言的某些功能（汇编语言可以直接对硬件进行操作，如对内存地址的操作、位操作等）。因此，人们设想能否找到一种既具有一般高级语言特性，又具有低级语言特性的语言，C语言就是在这种情况下应运而生的。

C语言是在B语言的基础上发展起来的，它的根源可以追溯到ALGOL 60。1960年出现的ALGOL 60是一种面向问题的高级语言，它离硬件比较远（也就是说不能编写程序直接控制计算机的硬件），因而不宜用来编写系统程序。1963年，英国剑桥大学推出了CPL（combined programming language）。CPL在ALGOL 60的基础上更接近硬件一些，但它规模比较大，难以实现。

1967年，英国剑桥大学的Matin Richards对CPL做了简化，推出了BCPL（basic combined programming language）。1970年，美国贝尔实验室的K.Thompson以BCPL为基础，又进一步做了简化，设计出了简单而且很接近硬件的B语言（取BCPL的第一个字母），并用B语言写出了UNIX操作系统，在PDP-7计算机上实现。1971年，在PDP-11/20计算机上实现了B语言，并写出了UNIX操作系统。

1972—1973年，贝尔实验室的D. M. Ritchie在B语言的基础上设计出了C语言（取BCPL的第二个字母）。C语言既保持了BCPL和B语言的优点（精练、接近硬件），又克服了它们的缺点（过于简单、无数据类型等）。最初的C语言只是为描述和实现UNIX操作系统而提供的一种工作语言。1973年，K. Thompson和D. M. Ritchie两人合作把UNIX的90%以上代码用C语言改写（UNIX第5版，原来的UNIX操作系统是1969年由贝尔实验室的K.Thompson和D. M. Ritchie开发成功的，使用汇编语言编写），实现了C语言的现实应用。

后来，C语言经过多次改进，但主要还是在贝尔实验室内部使用。直到1975年UNIX第6版公布后，C语言的突出优点才引起人们的普遍注意。1977年出现了不依赖于具体机器的C语言编译版本，使将C程序移植到其他机器上时所做的工作得到简化，这也推动了UNIX操作系统迅速在各种机器上实现。例如，VAX、AT&T等计算机系统都相继开发了UNIX。随着UNIX的日益广泛使用，C语言也迅速得到推广。C语言和UNIX可以说是一对孪生兄弟，在发展过程中相辅相成。1978年以后，C语言已先后移植到大、小、微型机上，并独立于UNIX和PDP计算机。现在，C语言已风靡全世界，成为世界上应用最广泛的几种计算机语言之一。

Brian W. Kernighan和D. M. Ritchie（K&R）以1978年发表的UNIX第7版中的C编译程序为基础，合著了影响深远的名著*The C Programming Language*，该书介绍的C语言成为后来广泛使用的C语言的基础，也被称为标准C。1983年，美国国家标准学会（ANSI）根据C语言问世以来各种版本对C语言的发展和扩充，制定了新的标准，称为ANSI C。ANSI C比原来的标准C有了很大的发展。1987年，ANSI C又公布了新标准——87 ANSI C。目前流行的C编译系统都是以它为基础的。K&R在1988年修改了他们的经典著作*The C Programming Language*，按照ANSI C的标准重新写了该书。

## 1.1.2 C 语言的特点

C 语言既有高级语言的特点，又具有汇编语言的特点；既是一个成功的系统设计语言，又是一个实用的程序设计语言；既能用来编写不依赖计算机硬件的应用程序，又能用来编写各种系统程序；是一种受欢迎、应用广泛的程序设计语言。C 语言具有以下基本特点。

（1）简洁紧凑、灵活方便。C 语言共有 32 个关键字，9 种控制语句，其程序书写自由，主要用小写字母表示。它把高级语言的基本结构和语句与低级语言的实用性相结合，使 C 语言可以像汇编语言一样对位、字节和地址进行操作，而这三者是计算机最基本的工作单位。

（2）运算符丰富。C 语言的运算符包含的范围很广泛，共有 34 个运算符。C 语言把括号、赋值、强制类型转换等都作为运算符处理，从而使 C 语言的运算类型极其丰富，表达式类型多样化。灵活地使用其中的各种运算符可以实现其他高级语言中难以实现的运算。

（3）数据结构丰富。C 语言的数据类型有整型、实型、字符型、数组类型、指针类型、结构体类型、共用体类型等，能用来实现各种复杂的数据结构；引入了指针概念，使程序效率更高。另外，C 语言具有强大的图形功能，支持多种显示器和驱动器，且计算功能、逻辑判断功能强大。

（4）结构化程序设计语言。结构化程序设计语言的显著特点是代码及数据的分隔化，即程序的各个部分除了必要的信息交流外彼此独立。这种结构化方式可使程序层次清晰，便于使用、维护以及调试。C 语言是以函数形式提供给用户的，这些函数可方便地调用，并具有多种循环、条件语句控制程序流向，从而使程序完全结构化。

（5）C 语言的语法限制不太严格、程序设计自由度大。一般的高级语言语法检查比较严格，几乎能够检查出所有语法错误，而 C 语言允许程序编写者有较大的自由度，因此放宽了语法检查。程序员应当仔细检查程序，保证其正确，而不要过分依赖 C 语言编译程序去查错。例如，对数组下标越界不做检查，由程序编写者自己保证程序的正确。对变量的类型使用比较灵活，例如，整型量与字符型数据可以通用。“限制”与“灵活”是一对矛盾。限制严格，就失去灵活性；而强调灵活，就必然放松限制。对使用 C 语言的人，要求对程序设计要熟练一些。

（6）C 语言允许直接访问物理地址，能进行位（bit）操作，能实现汇编语言的大部分功能，可以直接对硬件进行操作。C 语言既具有高级语言的功能，又具有低级语言的许多功能，可用来编写系统软件。C 语言的这种双重性，使它既是成功的系统描述语言，又是通用的程序设计语言。有人把 C 语言称为“高级语言中的低级语言”或“中级语言”，意为兼有高级和低级语言的特点，但一般仍习惯将 C 语言称为高级语言。因为 C 语言程序也要通过编译、连接才能得到可执行的目标程序，这是和其他高级语言相同的。

（7）生成目标代码质量高，程序执行效率高。C 语言一般只比汇编程序生成的目标代码效率低 10% ～20%。

（8）用 C 语言编写的程序可移植性好（与汇编语言相比）。基本上不做修改就能用于各种型号的计算机和各种操作系统。

上面只介绍了 C 语言最容易理解的一般特点，至于 C 语言内部的其他特点将结合以后各章的内容进行介绍。由于 C 语言的这些优点，C 语言应用面很广。许多大的软件都用 C 语言编写，这主要是由于 C 语言的可移植性好和硬件控制能力高，表达和运算能力强。许多以前只能用汇编语言处理的问题，现在可以改用 C 语言来处理。

## 1.1.3 C 语言程序创建的基本步骤

C 语言程序的创建有 5 个基本步骤或过程：编辑→编译→连接→调试→运行。

这些过程大部分都会在语言所提供的编译器软件中得到实现。所有的高级语言都是不能直接在计算机上运行的，需要一个称为编译器的软件来把高级语言转换为在计算机中可以直接运行的机器代码。

**1. 编辑**

编辑过程就是创建和修改 C 语言程序代码的过程，大部分 C 语言编译器都有一个编辑器，通常编辑器提供了编写、管理、开发与测试程序的环境，一般称其为集成开发环境（简称 IDE）。也可以采用其他纯文本格式的编辑器编写程序，这里一定要注意：类似 Word 等带有格式控制功能的编辑器是不能作为程序编辑器使用的。大部分程序编辑器都带有大量的程序编辑的辅助功能，如程序自动缩进、重要的语言元素高亮显示、函数的参数提示等。

在 UNIX 或 Linux 环境下，最常用的是 vi 和 emace。在 Windows 环境下有很多集成编辑环境可以采用，例如，微软提供的 Visual C++ 集成开发环境。

**2. 编译**

编译器可以将源代码转换成机器语言，在编译过程中，会找出并报告错误。这个阶段的输入是在编辑阶段产生的源程序文件，输出为对象代码文件，这些文件在 Windows 环境下扩展名为 .obj，在 UNIX 环境下扩展名为 .o。对于命令行编译器需要了解编译命令的使用格式和参数，这些可以在编译器的使用手册中找到，对于集成环境都有编译菜单选项或快捷方式供选择。

**3. 连接**

连接器将源文件中由编译器产生的各种模块组合起来，再从 C 语言提供的程序库中添加必要的代码模块，将它们组合成一个可执行的文件。连接器也可以检测和报告错误信息，例如，遗漏了程序的某个部分或引用了一个根本不存在的库组件。

通常情况下，由于问题本身的复杂性，大部分源程序文件都不可能用一个文件来完成，因此，人们经常把源程序文件分成多个部分分别进行编辑和编译调试，最后再通过连接器连接成一个可执行文件，这样做可以避免简单输入错误的发生。

程序库所提供的例程可以扩展程序的功能，或借鉴其他程序中的功能模块。例如，C 语言程序库中包含输入、输出、计算平方根、比较字符串、读取日期和时间信息等操作。

连接阶段出现错误，表明我们必须修改源程序代码；反过来，如果成功，就会产生一个可执行文件。在 Windows 环境下，这个可执行文件的扩展名为 .exe；现在 UNIX 环境下没有扩展名。

大多数的 IDE 都有 Build 选项，可以一次完成编译和连接的功能。

**4. 调试**

调试是程序创建过程中必不可少的重要环节，人们经常说“程序是调试出来的”，足见调试在程序创建过程中的作用。程序调试就是根据编译和连接过程中给出的错误和警告信息查找与修改源程序中错误的过程。要提高程序的调试能力必须对编译器所给出错误的类型、错误的表述、错误的位置等迅速做出正确的判断。程序的调试能力只能在调试程序的过程中得到提高。

**5. 运行**

运行就是在完成以上四个步骤后，在相应的操作系统环境下运行生成可执行文件。但是，在这个阶段也可能出现各种错误，不管出现哪种错误，都需要返回到编辑阶段，查找原因，然后修改错误。

## 1.2 简单的 C 语言程序

### 1.2.1 一个简单的 C 语言程序

下面通过一个具体示例来了解 C 语言程序。

例 1.1　在计算机屏幕上输出“Hello World！”。

```
#include <stdio.h>
void main()
{
  printf("Hello World!\n");
}
```

程序的运行结果如图 1-1 所示。

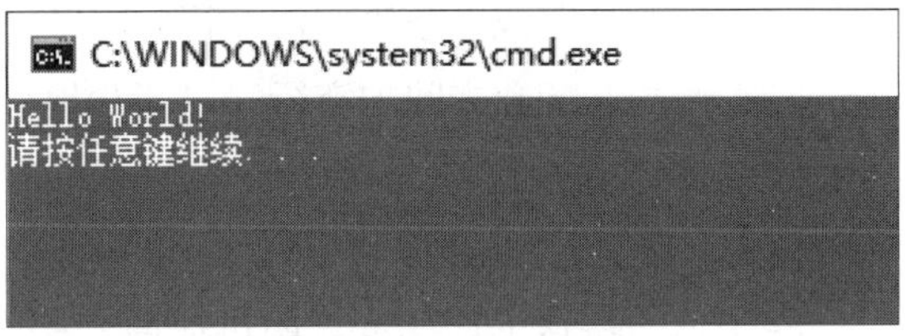


图 1-1　例 1.1 的运行结果

程序中 main 是主函数名，C 语言规定必须用 main 作为主函数名，而且函数名后的一对圆括号不能省略，圆括号中内容可以是空的。一个 C 语言程序可以包含任意多个函数，但必须有且只有一个主函数。一个 C 语言程序总是从主函数开始执行的，最后在主函数结束。函数体需用大括号括起来，左括号表示函数体的开始，右括号表示函数体的结束。其间可以有定义（说明）部分和执行语句部分；每一条语句都必须用分号“;”结束，语句的数量不限，程序中由这些语句向计算机系统发送指令。本程序函数体内只有一条输出语句，双引号内的内容原样输出，“\n”表示输出字符后换行。

main() 前面的 void 表示主函数的函数类型是空类型。

#include <stdio.h> 是一条预处理命令，用“#”开头，后面不能加“;”。stdio.h 是系统提供的头文件，其中包含有关输入输出函数的信息。

### 1.2.2　C 语言程序的基本结构

每种计算机语言都有自己关于程序结构的基本规则，C 语言规定，一个完整的 C 语言程序应该包含以下三部分。

#### 1．必要的包含命令和预处理命令

这部分主要定义一个程序中引用了哪些标准函数，也就是引导编译程序到指定的位置调用相应的程序代码添加到用户程序中。包含命令是实现多文件程序设计的基本手段，包含文件又称库文件，分为系统提供的和用户自定义的两种。系统提供的库文件一般保存在安装目录下的 include 目录中；用户在实现大型程序时也定义了很多库文件，这些文件可以根据用户的要求来存储。在阅读标准的 C 语言程序时，一定会遇到很多包含命令，它们反映了程序中不同文件之间的相互关系，是理解程序结构的基础。

#### 2．唯一的 main() 函数

main() 函数的基本格式如下：

```
void main()
{
  ...
}
```

main() 函数称为主函数，一个程序只能有一个。main() 函数可以带参数，也可以有返回值，具体形式在第 8 章介绍。

程序中的一对大括号表示主程序的开始和结束。这样的大括号在 C 语言中表示一个处理阶段的开始和结束，称为复合语句的开始和结束，必须在程序中成对出现。规范地表示大括号及高效地确定大括号之间的对应关系是 C 语言程序的一个基本要求，在一个标准的、实用的 C 语言程序中会出现大量的大括号。

#### 3．用户自定义的函数

由于用 C 语言开发的程序可能解决各种各样的问题，实际问题的需求是多种多样的，任何 C 语言编

译系统都不可能提供所有的、能实现各种需求的库函数，因此人们一定要在自己的程序中开发适合自己需求的程序段，这样的程序段称为函数。关于函数的具体定义和使用将在第 7 章介绍。

一个标准的 C 语言程序由一个主函数和大量的自定义函数组成。

### 1.2.3 C 语言程序的书写规范

从书写清晰以及便于阅读、理解和维护的角度出发，在书写 C 语言程序时应遵循以下规则：

（1）一个说明或一条语句占一行。

（2）函数与函数之间加空行，以清楚地分出程序中有几个函数。

（3）用 {} 括起来的部分，通常表示程序的某一层次结构。{} 一般与该结构语句的第一个字母对齐，并单独占一行。

（4）低一层次的语句或说明可比高一层次的语句或说明缩进若干格后书写。同一个层次的语句向左对齐，以便看起来更加清晰，可增加程序的可读性。

（5）在有数据输入时，运行时最好出现输入提示；对于数据的输出，也要有一定的提示和格式。

（6）为了增加程序的可读性，对语句和函数应加上适当的注释。

在编写程序时应力求遵循以上规则，以养成良好的编程风格。

## 1.3 算　法

### 1.3.1 算法概述

#### 1. 算法的含义

人们在科学实验、生产实践中有大量问题需要求解，如科学计算、数据处理及各种管理问题等。要解决这些问题，首先需要分析所研究的对象，提出对问题的形式化定义，给出求解方法的形式描述。对问题的形式化定义称为数学模型，而对问题求解方法的形式描述称为算法。

广义地讲，算法是解决问题的逻辑步骤，是对特定问题求解步骤的一种描述。简单地说，任何解决问题的过程都是由一定的步骤组成的，解决问题确定的方法和有限的步骤称为算法。只有通过算法能够描述出来的问题，才能够通过计算机求解。对同一个问题，可以有不同的解题方法和步骤，也就有不同的算法。

计算机算法是用程序解决问题的逻辑步骤，是指令的有限序列。

计算机算法可分为两大类：

（1）数值运算算法：求解数值。

（2）非数值运算算法：事务管理领域。

正确的算法有三个条件：

（1）每个逻辑步骤由可以实现的语句完成。

（2）每个步骤间的关系是唯一的。

（3）算法要能终止（防止死循环）。

**例 1.2** 求 $1 \times 2 \times 3 \times 4 \times 5$。

最原始的方法：

（1）先求 $1 \times 2$，得到结果 2。

（2）将步骤（1）得到的乘积 2 乘以 3，得到结果 6。

（3）将 6 再乘以 4，得 24。

（4）将 24 再乘以 5，得 120。

这样的算法虽然正确，但太烦琐。

改进的算法：

（1）使 $t$=1。

（2）使 $i$=2。

（3）使 $t \times i$，乘积仍然放在变量 $t$ 中，可表示为 $t \times i \rightarrow t$。

（4）使 $i$ 的值加 1，即 $i+1 \rightarrow i$。

（5）如果 $i \leqslant 5$，返回重新执行步骤（3）以及其后的步骤（4）和步骤（5）；否则，算法结束。如果计算 100!，只需将步骤（5）中 $i \leqslant 5$ 改成 $i \leqslant 100$ 即可。

如果要计算 $1 \times 3 \times 5 \times 7 \times 9 \times 11$，算法也只需做很少的改动。

（1）$1 \rightarrow t$。

（2）$3 \rightarrow i$。

（3）$t \times i \rightarrow t$。

（4）$i+2 \rightarrow i$。

（5）若 $i \leqslant 11$，返回步骤（3），否则，算法结束。

该算法不仅正确，而且是较好的计算机算法，因为计算机是高速运算的自动机器，实现循环轻而易举。

**2．算法的基本特征**

算法是一个有穷规则的集合，这些规则确定了解决某类问题的一个运算序列。对于该类问题的任何初始输入值，它都能机械地、一步一步地执行计算，经过有限步骤后终止计算并产生输出结果。归纳起来，正确的算法有以下基本特征：

（1）可行性：算法中要执行的运算和操作是最基本的，它们都能够精确地进行。这样，经过算法描述的一系列步骤的确切动作，最后能得到正确的结果。

（2）确定性：算法中每个步骤都必须有明确的定义，即算法中所要执行的动作应有严格的规定，而没有歧义性。

（3）有穷性：算法必须能在有限的时间内做完，即能在执行有限个步骤后终止。即算法要能终止，不能造成死循环。

（4）输入：算法有零个或多个输入，即算法开始执行之前，要设置好初始值。

（5）输出：算法有一个或多个输出，这一输出就是算法的最终结果。该结果是与输入有关并经过确定的计算步骤后得到的。

下列过程就不是一个正确的算法：

（1）令 $n$ 等于 0。

（2）$n$ 加 1。

（3）转向步骤（2）。

如果利用计算机执行此过程，从理论上讲，计算机将永远执行下去，即形成死循环。而下列过程就是一个正确的算法：

（1）令 $n$ 等于 0。

（2）$n$ 加 1。

（3）如果 $n$ 小于 100，则转向步骤（2）；否则停止。

实质上，算法反映的是解决问题的思路。许多问题，只要仔细分析对象数据，就能够找到处理方法。

### 1.3.2 算法的表示

算法是解题过程的精确描述，那么，用什么描述这一解题过程呢？要描述必须采用某种语言，而语言有多种形式，如自然语言、伪代码、流程图、N-S 图、计算机程序设计语言等。

#### 1. 用自然语言表示

自然语言是人们日常使用的语言，如汉语、英语、日语等。自然语言的规则是人们所使用语言的规则。用自然语言描述算法是最受欢迎的，因为它直观、通俗易懂、为人们所熟悉。当然，用自然语言来描述解题过程，可能会产生歧义性，容易导致算法执行的不确定性。另外，用自然语言表示的算法要翻译成计算机能认识、理解的形式是不容易的，要做大量的工作。

例 1.3　对一个大于或等于 3 的正整数 $n$，判断它是不是一个素数。

算法可表示如下：

（1）输入 $n$ 的值。

（2）$i$=2。

（3）$n$ 被 $i$ 除，得余数 $r$。

（4）若 $r$=0，表示 $n$ 能被 $i$ 整除，则打印“$n$ 不是素数”，算法结束；否则执行步骤（5）。

（5）$i$+1 → $i$。

（6）若 $i \leqslant n-1$（或 $i \leqslant n$），返回步骤（3）；否则打印“$n$ 是素数”，算法结束。

#### 2. 传统流程图

用图形表示算法，直观形象，易于理解。流程图用一些图框来表示各种操作。ANSI 规定了一些常用的流程图符号，如图 1-2 所示。

图 1-2 中，菱形框的作用是对一个给定的条件进行判断，根据给定的条件是否成立来决定如何执行其后的操作。它有一个入口、两个出口，其流程如图 1-3 所示。

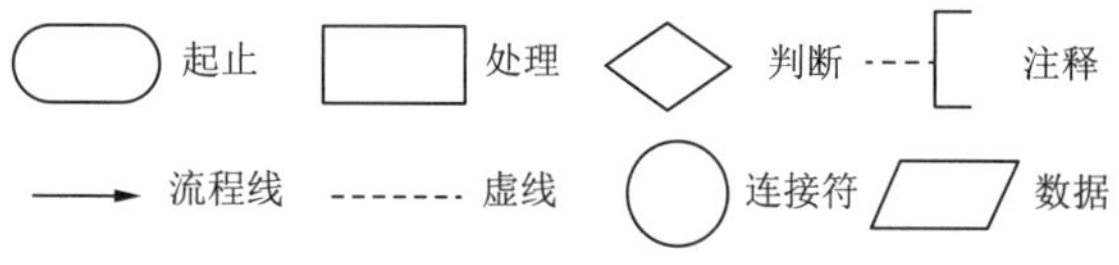


图 1-2　流程图符号

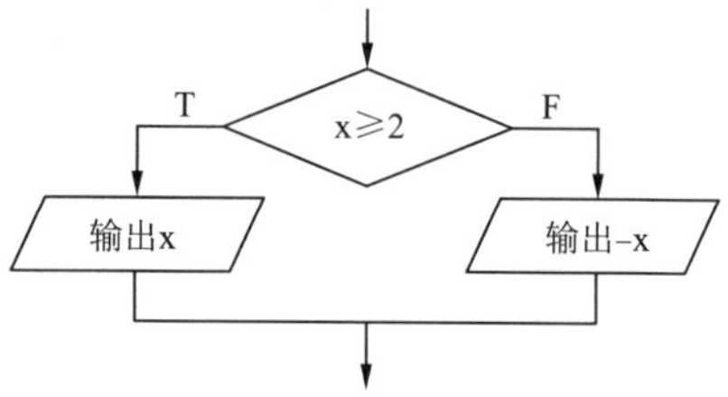


图 1-3　条件判断示意图

菱形框两侧的 T 和 F 表示“真”（TRUE）和“假”（FALSE）。

#### 3. N-S 图

1973 年，美国学者提出了一种新的流程图形式，即 N-S 图。在这种流程图中，完全去掉了带箭头的流程线，全部算法都写在一个矩形框内，在框内还可以包含其他从属于它的方框，即由一些基本的框组成一个大框。这种流程图适于结构化程序设计算法的描述。

N-S 图使用以下流程图符号：

（1）顺序结构，如图 1-4 所示。A 和 B 两个框表示了顺序结构。

（2）选择结构，如图 1-5 所示。当 P 条件成立时执行 A 操作，当 P 条件不成立时执行 B 操作。

（3）循环结构，循环结构分为当型循环和直到型循环。当型循环如图 1-6 所示，当条件 P 成立时反复执行 A 操作，当条件 P 不成立时结束循环。直到型循环结构如图 1-7 所示，反复执行 A 操作，直到条件 P 成立。实际上也就是当 P 不成立时退出循环，只是 A 至少执行一次。

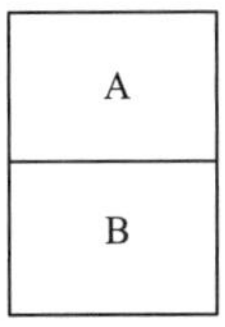


图 1-4　顺序结构

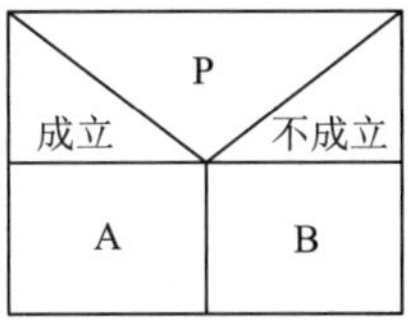


图 1-5　选择结构

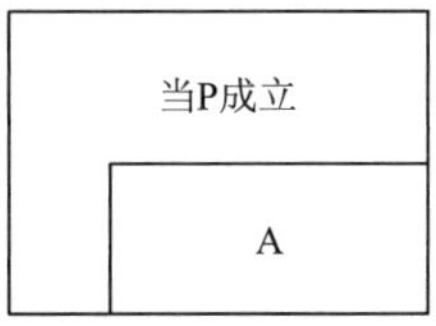


图 1-6　当型循环

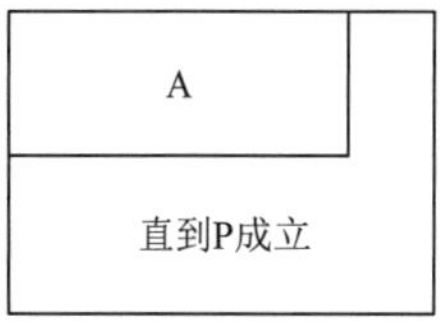


图 1-7　直到型循环

例 1.4　画出求 1+2+3+…+100 的流程图。

传统流程图如图 1-8 所示，N-S 图如图 1-9 所示。

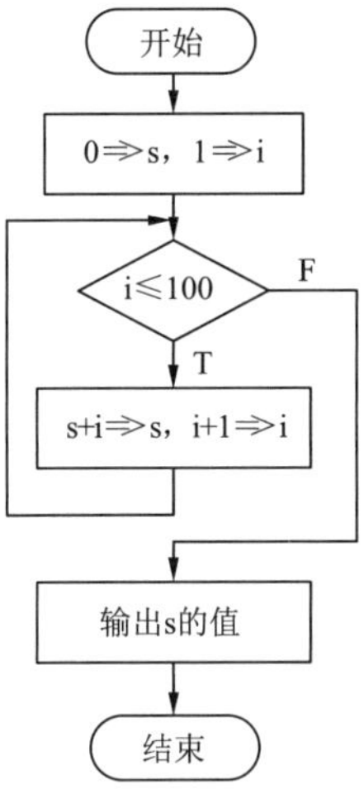


图 1-8　例 1.4 的传统流程图

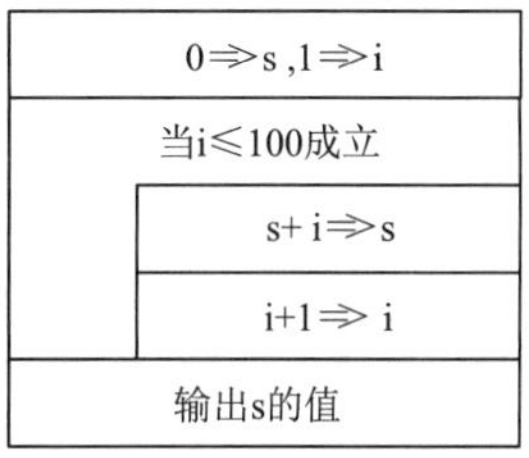


图 1-9　例 1.4 的 N-S 图

### 4. 用伪代码表示

伪代码是介于自然语言和计算机语言之间的、用文字和符号来描述算法的一种语言形式，是描述算法的工具。伪代码具有计算机语言的形式，例如，有函数、过程的描述，有输入、输出的描述等。伪代码描述的算法侧重于描述算法应完成的主要功能、应满足的条件，而不注重在计算机上实现的细节，有的伪代码中还可以掺杂自然语言的描述。所以，用伪代码写成的算法描述格式紧凑、易于理解，而且便于向计算机程序设计语言描述的算法转换。

例 1.5　用伪代码表示求 10! 的算法。

```
begin(开始)
置 t 的初值为 1
置 i 的初值为 2
当 (while)i ≤ 10，执行 (do)
begin
使 t=t*i
使 i=i+1
end
打印 t 的值 (print)
end(结束)
```

### 5. 用计算机语言表示

计算机无法识别流程图和伪代码形式，只有用计算机语言编写的程序才能被计算机执行。因此在用流程图和伪代码形式描述出算法后，还要将它转换成计算机语言程序。

例 1.6　用 C 语言程序描述求 10!。

```
#include <stdio.h>
void main()
```

```
{
  long i,t;
  t=1; i=2;
  while(i<=10)
  {
    t=t*i;
    i=i+1;
  }
  printf("%ld\n",t);
}
```

## 1.4 使用 Visual C++ 2010 实现 C 语言程序

### 1.4.1 Visual C++ 2010 Express 简介

Visual C++ 2010 Express 是 Microsoft 公司为开发者快速熟悉 Visual C++ 2010 的新功能设计的免费版本。该版本适合学生学习。自 2018 年起，全国计算机等级考试指定 Visual C++ 2010 Express 作为 C 语言考试科目的开发运行环境。

### 1.4.2 使用 Visual C++ 2010 实现 C 语言程序的基本步骤

视 频

使用Visual C++ 2010实现C语言程序

#### 1. 新建项目

打开 Visual C++ 2010 Express，刚开始打开 2010 版本时是一个起始页面，如图 1-10 所示。单击起始页中的“新建项目”按钮，新建一个项目，弹出“新建项目”对话框，如图 1-11 所示，选择“Win32 控制台应用程序”选项，并在“名称”文本框中输入项目的名称，也可以在“位置”下拉列表中选择项目存放的路径，然后单击“确定”按钮，进入“Win32 应用程序向导”对话框，单击“下一步”按钮，在“附加选项”区域勾选“空项目”复选框，单击“完成”按钮，即完成项目的创建，如图 1-12 至图 1-14 所示。

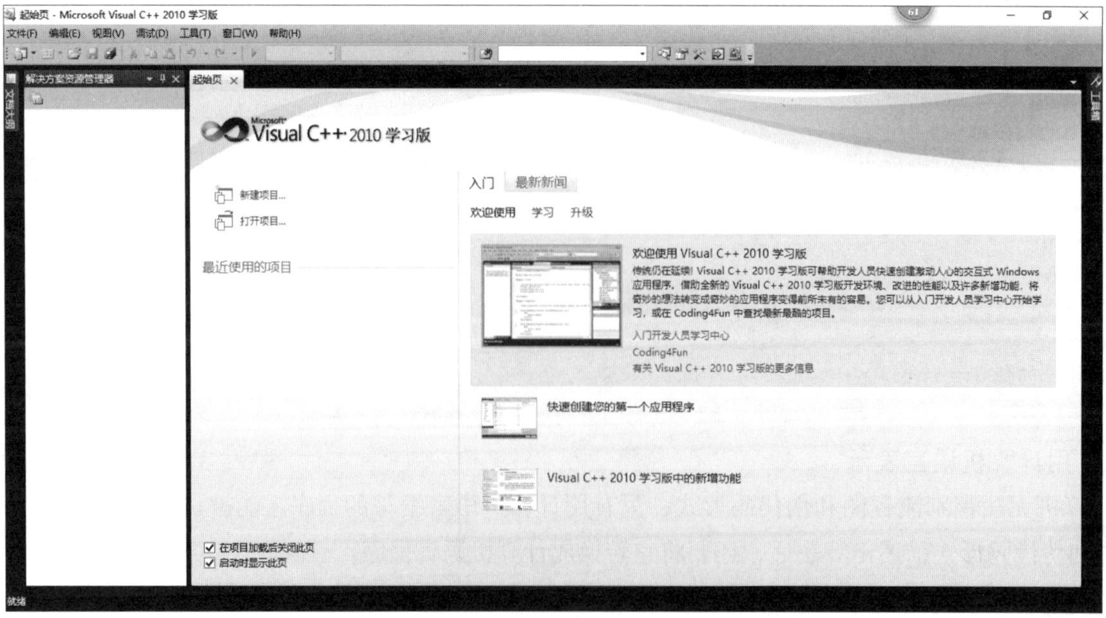


图 1-10 Visual C++ 2010 起始页

图 1-11　“新建项目”对话框

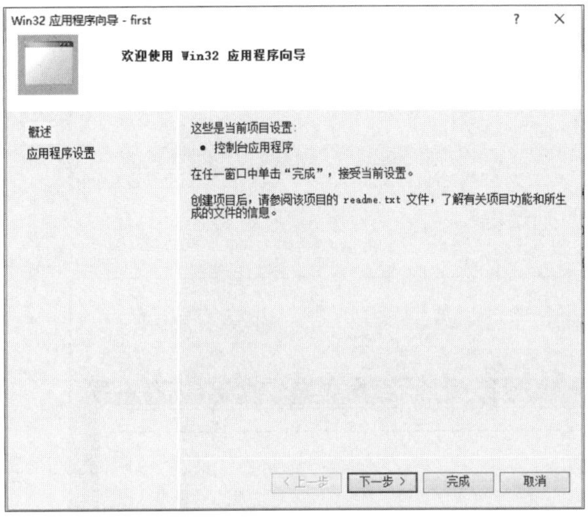


图 1-12　Win32 应用程序向导 1

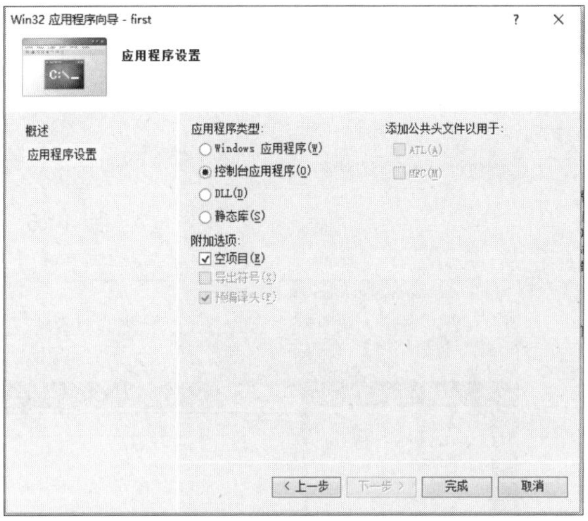


图 1-13　Win32 应用程序向导 2

图 1-14　项目的目录结构图

## 2. 新建 C 语言文件

右击项目名称 first，在弹出的快捷菜单中选择“添加”→“新建项”命令，弹出“添加新项”对话框，如图 1-15 所示，选中“C++ 文件”选项，并在下面的“名称”文本框中输入 C 语言源程序的名称 hello，同时也可以更改源文件存放的位置，不过一般这里不更改，源文件存放在项目中。最后单击“添加”按钮，即完成文件的创建，如图 1-16 所示。

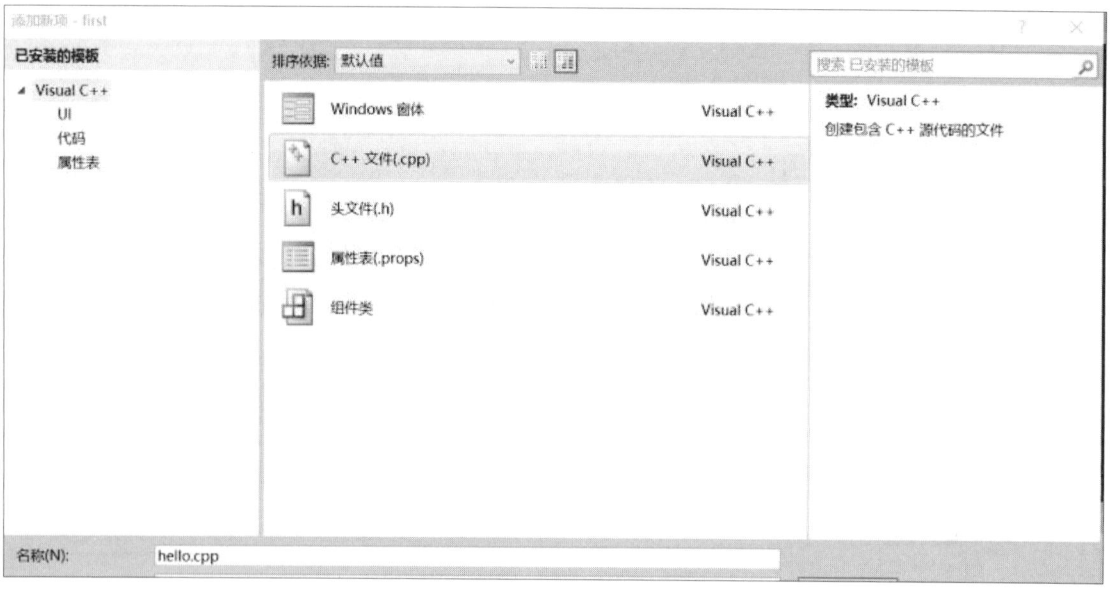


图 1-15 “添加新项”对话框

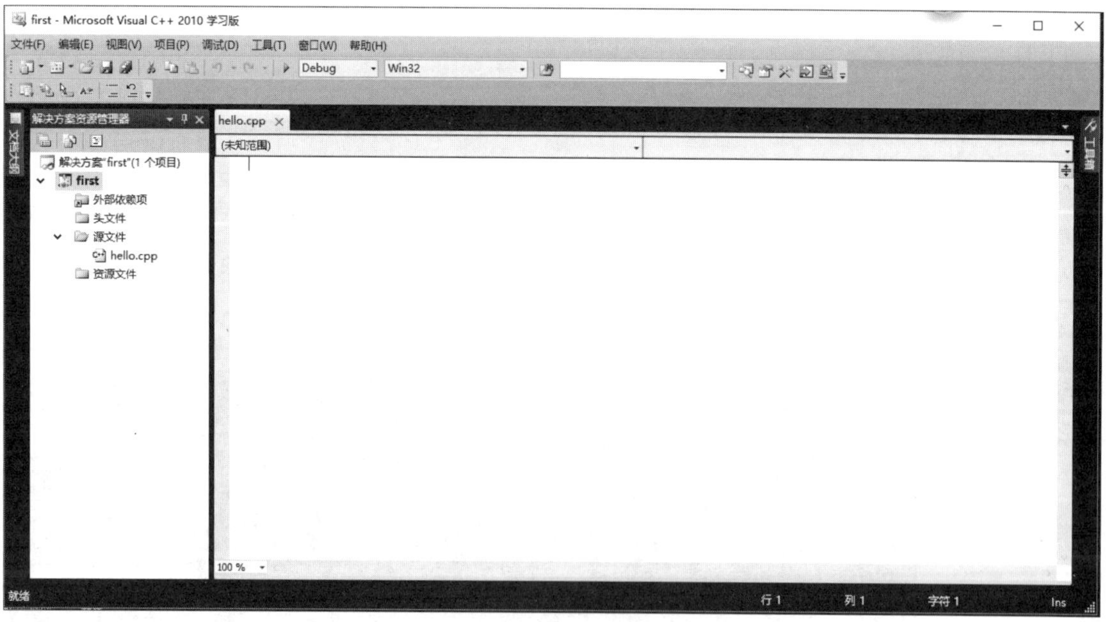


图 1-16 文件创建完成窗口

## 3. 编写源文件编译程序

这时，即可在右边 hello.cpp 的空白窗口中开始编写 C 语言程序，如图 1-17 所示。编写完成后单击工具栏中的“保存”按钮进行保存，然后单击工具栏中的“生成”按钮，编译源文件时如果工具栏中没有该按钮，则右击工具栏，在弹出的快捷菜单中选择“生成”命令，即可在工具栏中显示生成工具组）。如果编译通过，则打开图 1-18 所示的界面，即成功生成了一个可执行文件。

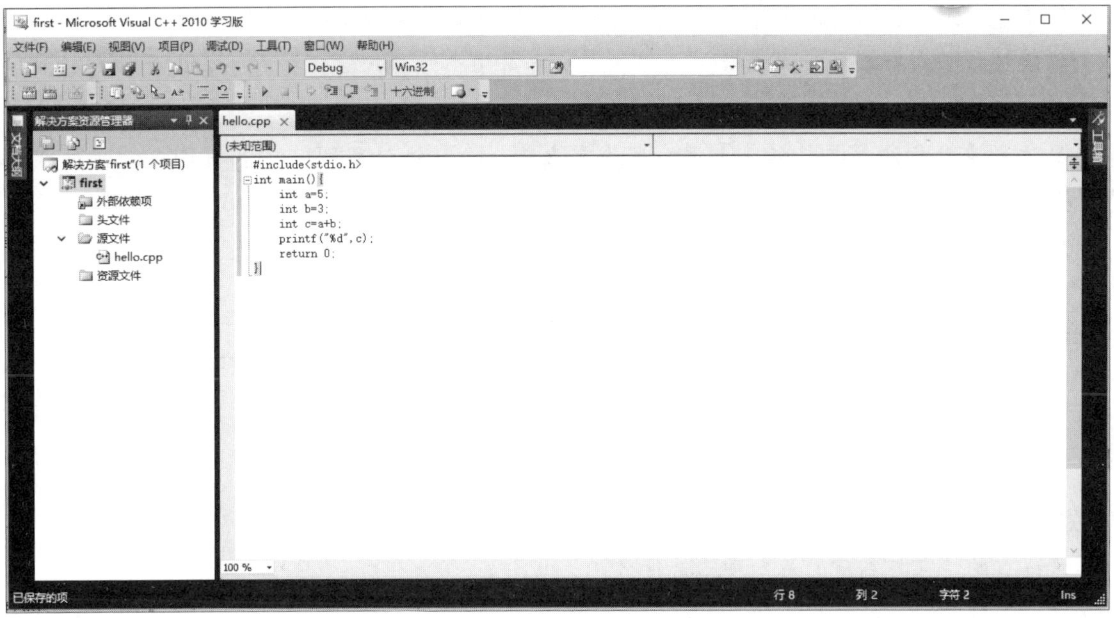


图 1-17　源文件代码编写窗口

图 1-18　编译输出窗口

## 4．运行可执行文件

在调试执行程序之前，确认“工具”菜单中“设置”平台工作模式为“专家设置”。打开“调试”菜单，单击“开始执行”选项运行程序。即可运行并查看输出结果，如图 1-19 所示。

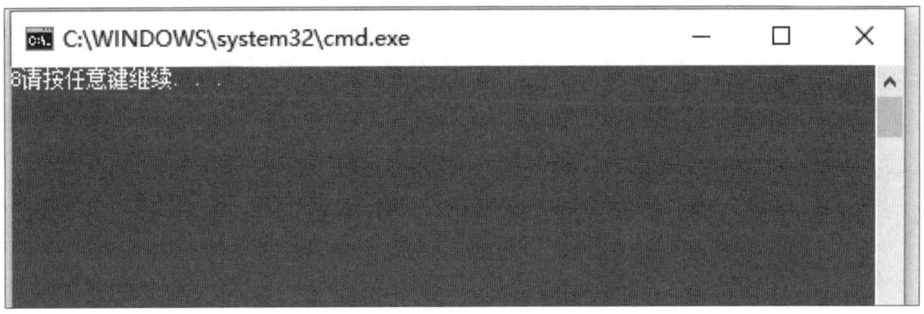


图 1-19　程序运行结果窗口

## 课后延学

### 1．知识回顾

（1）一个 C 语言源程序由一个或若干个函数构成，其中有且仅有一个主函数（main() 函数）。

（2）C 程序总是由 main() 函数开始执行的，但 main() 函数的位置可以任意。

（3）C 语言允许直接访问物理地址，可移植性好，语法限制不太严格，程序设计自由度大，生成代码质量高，执行效率高。

（4）算法是解决问题的逻辑步骤，是对特定问题求解步骤的一种描述。

（5）算法必须能在有限的时间内做完，即能在执行有限个步骤后终止，包括合理的执行时间的含义；算法要能终止，不能造成死循环。

（6）算法的表示方法主要包括：①用自然语言表示；②传统流程图；③ N-S 图；④用伪代码表示；⑤用计算机语言表示等。

（7）使用 Visual C++ 编辑运行 C 语言程序的基本步骤有 4 个：即建立源程序文件、编译源程序、构建可执行文件、运行可执行文件。

**2. 学习反思**

（1）为什么 C 语言被称为“高级语言中的低级语言”或“中级语言”？

（2）如何理解“程序是调试出来的”？

（3）如何理解算法可以有零个输入，但必须至少有一个输出？

**3. 知识检验**

（1）C 语言的特点与创建的基本步骤是什么？

（2）C 语言程序的基本结构是什么？

（3）什么是算法？算法最主要的特征是什么？算法的表示方法有哪几种？

**4. 拓展训练**

【测试练习】完成辅教材第 1 章的【课后延学】的“测试练习”。

## 计算机等级考试二级真题解析

1. 以下叙述中错误的是（　　）。

A. C 语言编写的函数源程序，其文件扩展名可以是 .c

B. C 语言编写的函数都可以作为一个独立的源程序文件

C. C 语言编写的每个函数都可以进行独立的编译并执行

D. 一个 C 语言程序只能有一个主函数

**【答案】**C

**【解析】**C 程序可以由多个扩展名为 .c 的源程序文件组成，但只能有一个源程序包含主函数（main）。函数可以写在一个独立的源程序文件中，可以进行独立的编译，生成目标程序，但不可以独立执行，必须和包含主函数的源程序进行连接。然后从主函数开始运行，在主函数中调用该源程序文件中的函数。所以叙述错误的是选项 C。

2. 以下关于程序模块化的叙述中错误的是（　　）。

A. 把程序分成若干相对独立的模块，可便于编码和调试

B. 把程序分成若干相对独立、功能单一的模块，可便于重复使用这些模块

C. 可采用自底向上、逐步细化的设计方法把若干独立模块组装成所要求的程序

D. 可采用自顶向下、逐步细化的设计方法把若干独立模块组装成所要求的程序

**【答案】**C

**【解析】**结构化程序设计的基本方法是程序结构模块化。把程序分成若干相对独立的模块，便于编码和调试，也便于重复使用这些模块。要实现程序结构模块化，一般采用自顶向下、逐步细化的设计方法，然后把若干独立模块组装成所要求的程序。

3．以下关于简单程序设计的步骤和顺序的说法中正确的是（　　）。

A．确定算法后，整理并写出文档，最后进行编码和上机调试

B．首先确定数据结构，然后确定算法，再编码，并上机调试，最后整理文档

C．先编码和上机调试，在编码过程中确定算法和数据结构，最后整理文档

D．先写好文档，再根据文档进行编码和上机调试，最后确定算法和数据结构

【答案】B

【解析】简单程序设计的步骤：①确定数据结构；②确定算法；③编码；④在计算机上调试程序；⑤整理并写出文档。

4．计算机高级语言程序的运行方法有编译执行和解释执行两种，以下叙述中正确的是（　　）。

A．C 语言程序仅可以编译执行

B．C 语言程序仅可以解释执行

C．C 语言程序既可以编译执行又可以解释执行

D．以上说法都不正确

【答案】A

【解析】C 语言程序可以通过编译执行。先将源程序（.c）编译成目标程序（.obj），再连接生成可执行程序（.exe），最后执行该 .exe 文件。

5．以下叙述中错误的是（　　）。

A．C 程序的可执行程序是由一系列机器指令构成的

B．用 C 语言编写的源程序不能直接在计算机上运行

C．通过编译得到的二进制目标程序需要连接才可以运行

D．在没有安装 C 语言集成开发环境的机器上不能运行 C 源程序生成的 .exe 文件

【答案】D

【解析】A 正确：C 源程序经过编译、连接生成的可执行程序是由机器指令组成的。B 正确：C 源程序是文本文件，不能运行，必须经过编译和连接才可以运行。C 正确：编译得到的目标程序（.obj）经过连接后生成可执行程序才可运行。D 错误：可执行程序（.exe）是可以脱离 C 语言集成开发环境直接运行的。

6．以下叙述中正确的是（　　）。

A．C 程序的基本组成单位是语句　　B．C 程序中的每一行只能写一条语句

C．简单 C 语句必须以分号结束　　D．C 语言必须在一行内写完

【答案】C

【解析】C 程序的基本组成单位是函数，A 项错误；C 程序以分号作为每条语句的结尾，一行能写多条语句，也可以将一条语句分几行书写，B、D 两项错误；简单 C 语言语句必须以分号结束，C 项正确。

7．以下选项中叙述正确的是（　　）。

A．函数体必须由 { 开始　　B．C 程序必须由 main 语句开始

C．C 程序中的注释可以嵌套　　D．C 程序中的注释必须在一行完成

【答案】A

【解析】函数体是函数首部下面的大括号内的部分，所以函数体必须由 { 开始，A 项正确；C 程序总是从 main() 函数开始执行的，不是 main 语句，B 项错误；函数可以嵌套，注释不能嵌套，C 项错误；C 程序中允许两种注释，以“//”开头的单行注释；以“/*”开始，以“*/”结束的块式注释，D 项错误。

8．构成 C 语言程序的三种基本结构是（　　）。

A．顺序结构、转移结构、递归结构　　B．顺序结构、嵌套结构、递归结构

C．顺序结构、选择结构、循环结构　　D．选择结构、循环结构、嵌套结构

**【答案】**C

**【解析】**C语言程序是结构化程序，由三种基本结构组成：①顺序结构；②选择结构；③循环结构。

9．C语言编辑程序的功能是（　　）。

A．执行一个C语言编写的源程序

B．把C源程序翻译成ASCII码

C．把C源程序翻译成机器代码

D．把C源程序与系统提供的库函数组合成一个二进制执行文件

**【答案】**C

**【解析】**编译程序的功能是将“高级语言”翻译成“机器语言”，将C语言语句转换成二进制的机器指令。

10．下列叙述中，不符合良好程序设计风格要求的是（　　）。

A．程序的效率第一，清晰第二　　B．程序的可读性好

C．程序中要有必要的注释　　D．输出数据前要有提示信息

**【答案】**A

**【解析】**“清晰第一，效率第二”是当今主导的程序设计风格。对程序的要求不仅是能够运行正常，还要便于调试和维护，所以程序要具有良好的可读性，语句结构应该简单直接，这有利于程序的开发与维护。

# 第 2 章　数据类型、运算符和表达式

数据类型、运算符和表达式
——三足鼎立，流淌着计算的血液，支撑着编程的宇宙。
Data types, operators, and expressions, which are the trinity of the computational essence, uphold the programming cosmos.

## 导　读

“工欲善其事，必先利其器。”作为一种程序设计语言，C 语言通过一套严格的字符集和语法规则，赋予了程序世界的精确与秩序，确保了程序设计的准确性和高效性。在 C 语言的世界里，每个符号、每条规则都是构建逻辑之美的基石。

数据，作为计算的核心，被赋予了多种形态与限制。数据类型决定了数据在计算机内部所占内存空间的大小、数据的表现形式、数的取值范围以及可以对其进行的运算；丰富的运算符与表达式让信息处理变得生动而精确。掌握这些丰富的数据类型和灵活的运算符，为数据操作提供了无限可能，是在 C 语言中编织高效、优雅代码的关键。

## 导　航

**学习目标：**

1. 理解 C 语言的字符集、关键字、标识符
2. 掌握常量和变量的定义
3. 掌握运算符的优先级和结合性
4. 了解 C 语言为什么引入数据类型
5. 掌握各种类型的常量和变量的使用方法
6. 掌握各种运算符和表达式的应用

**学习重点：**

1. 常量与变量的使用
2. 运算符和表达式的应用

**学习难点：**

1. 常量与变量的使用
2. 运算符的优先级和结合性

## 知识地图

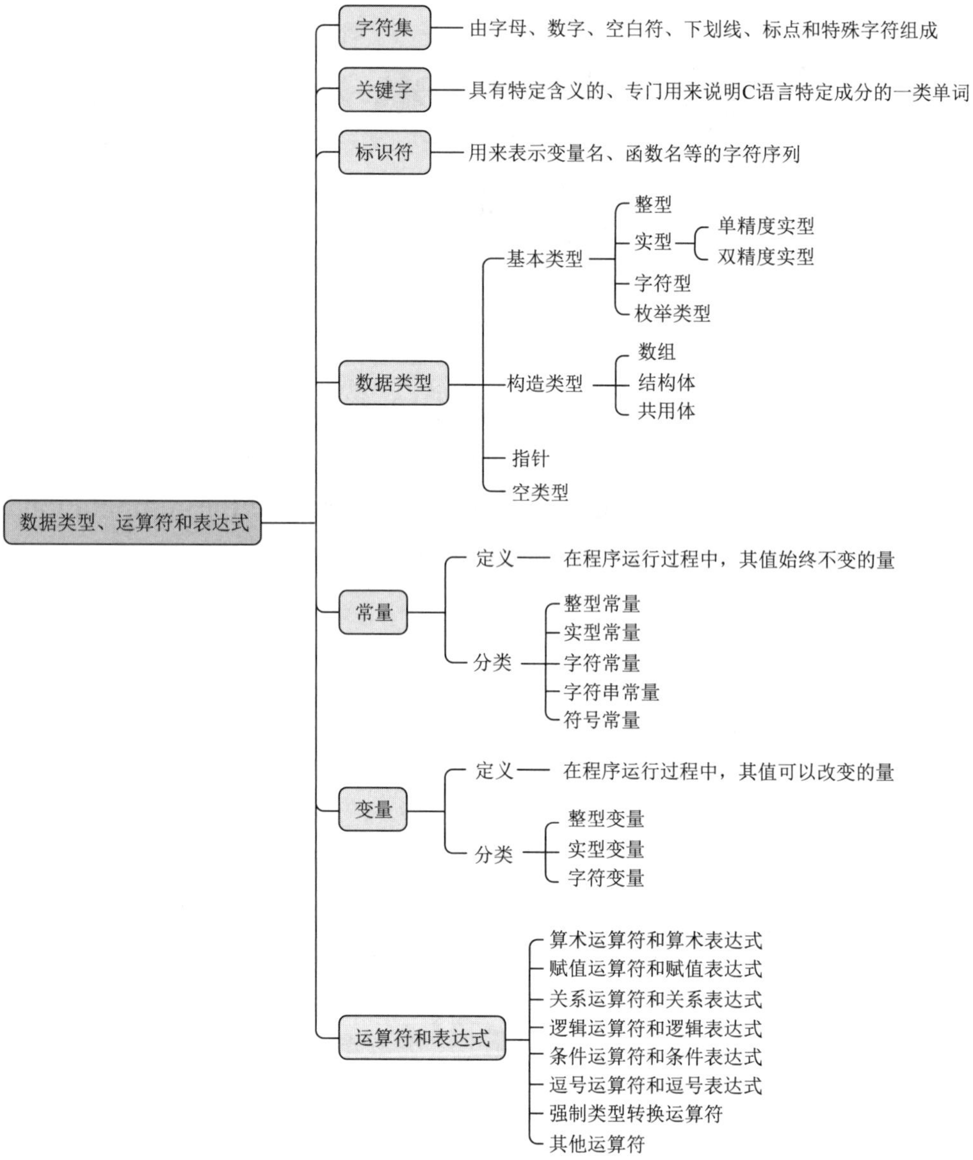


## 课前导学

**1. 知识初探**

◎阅读主教材的第 2 章【课中细学】

◎阅读辅教材的第 2 章【课前导学】的本章要点与相应典型例题解析

**2. 视频观看**

观看主教材的第 2 章【课中细学】相应的视频

**3. 思考空间**

（1）C 语言为什么引入数据类型的概念？

（2）字符常量和字符串常量的区别是什么？

（3）C 语言中定义一个变量在计算机中会发生什么？

（4）怎样理解字符型数据和整型数据在一定范围内是通用的？

课中细学

## 2.1　C 语言的字符集

与自然语言中的文章是由相应语言中的字或词构成相类似，计算机语言的程序也是由该语言的字词构成的，语言中的字词是由该语言的基本字符组合而成的，这些基本字符的全体称为字符集。

目前，计算机中用得最广泛的字符集及其编码是由 ANSI 制定的美国标准信息交换码（American Standard Code for Information Interchange，ASCII），它已被国际标准化组织（ISO）定为国际标准，称为 ISO 646 标准。ASCII 码适用于所有拉丁文字母，有 7 位码和 8 位码两种形式。汉字由于结构复杂，数量众多，在计算机系统中采用双字节编码。

我们在使用计算机解决问题时的所有数据和代码，不是以本来面目的形式保存在计算机的存储器中的，这些代码和数据经过编译程序的处理后，在计算机内部都以各自所对应的 ASCII 码的形式保存在计算机的存储器中。

因为 1 位二进制数可以表示两种状态，即 0 和 1；而 2 位二进制数可以表示 4 种状态，即 00、01、10、11；依此类推，7 位二进制数可以表示 128 种状态，每种状态都唯一编为一个 7 位的二进制码，对应一个字符（或控制码），这些码可以排列成一个十进制序号 0～127。所以，7 位 ASCII 码使用 7 位二进制数进行编码，可以表示 128 个字符。

为了便于查询，本书附录 A 中给出了 ASCII 码表，供读者查询。

字符是组成 C 语言的最基本的元素。C 语言字符集由字母、数字、空白符、下划线、标点和特殊字符组成（在字符常量、字符串常量和注释中还可以使用汉字等其他图形符号）。由字符集中的字符可以构成 C 语言的基本语法单位（如标识符、关键字、运算符等）。C 语言字符集及常规分类如下：

（1）字母：小写字母 a ～z 共 26 个，大写字母 A ～Z 共 26 个。

（2）数字：0～9 共 10 个。

（3）空白符：空格符、制表符和换行符等统称为空白符。空白符只在字符常量和字符串常量中起作用，在其他地方出现时，只起间隔作用，编译程序时将它们忽略。因此，在程序中使用空白符与否，对程序的编译不产生影响，但在程序中适当的地方可使用空白符，以增加程序的清晰性和可读性。

（4）下划线：_。

（5）标点符号、特殊字符：+、-、*、/、%、=、>、<、(、)、[、]、{、}、!、&、#、^、?、,、.、;、:、'、"、\。

在编写 C 语言程序时，只能使用 C 语言字符集中的字符，且区分大小写字母。如果使用其他字符，编译器将把它们视为非法字符而报错。

## 2.2　C 语言的关键字和标识符

### 2.2.1　关键字

关键字是具有特定含义的、专门用来说明 C 语言的特定成分的一类单词。C 语言的关键字都是用小写字母书写的，不能用大写字母书写。由于关键字有特定的用途，所以不能用于变量名或函数名等其他场合，否则就会产生编译错误。

C 语言定义了 32 个关键字，见表 2-1。

表 2-1　C 语言关键字列表

| | | | | | | | |
|---|---|---|---|---|---|---|---|
| char | double | enum | float | int | long | short | signed |
| struct | union | unsigned | void | break | case | continue | default |
| do | else | for | goto | if | return | switch | while |
| auto | extern | register | static | const | sizeof | typedef | volatile |

### 2.2.2　标识符

标识符（又称用户自定义标识符），是指用来表示变量名、符号常量名、函数名、数组名、类型名、文件名的字符序列。在 C 语言程序中各种名称都是由标识符表示的，通俗地说，它就相当于一个人的名字。

**1. C 语言标识符的命名规则**

（1）标识符只能由英文字母、数字和下划线三种字符组成。

（2）第一个字符必须为字母或下划线。

（3）在标识符中，大小写是有区别的。例如，BOOK 和 book 是两个不同的标识符。

**2. 关于标识符的几点说明**

（1）标识符不能与关键字重名。

（2）标识符可以包含任意多个字符，但一般会有最大长度限制，与编译器有关，不过大多数情况下不会达到此限制。

（3）定义标识符时应尽量做到“见名知意”，以提高程序的可读性。例如，可用 sum 表示求和，name 表示姓名，max 表示最大值等。

为了能正确地使用标识符，下面给出一些例子。

正确的标识符命名：smart、_decision、high3、Area。

不正确的标识符命名：5smart（以数字开头）、Bomb?（含有特殊字符？）、High.balance（把下划线“_”与“.”混淆了）、float（不能用 C 语言中的关键字）。

## 2.3　C 语言的数据类型

计算机是通过运行程序来帮助人们完成工作的。现在的计算机不仅能帮助人们完成大型的数值计算任务，还可以帮助人们进行各种信息管理工作，如图书管理、学生信息管理、职工工资管理、企业仓储管理等；还可以帮助人们完成工业生产过程控制，以及帮助人们处理声音、图像等多媒体信息。所有这些工作统称为信息处理。

要处理信息首要的问题是表示信息，也就是信息的数字化。由于信息的表现形式多样、处理方法各异，因此，就必须用不同形式的数值来表示不同的信息。例如：人的年龄用整数来表示；人的体重用实数来表示；人的姓名用一组字符来表示；一个教师的基本信息用一组不同的数值和字符串来表示；一幅图像用很多像素点来表示；一个像素点用反映红、绿、蓝三色强度的三个数来表示等。

计算机语言中的数据类型是为了高效处理不同数据而引进的一个抽象概念，通过数据类型把不同特征的数据及其对这些数据的不同处理方法封装在一起，既便于软件对信息的处理，也便于计算机硬件的实现。数据有许多种类，如数值数据、文字数据、图像数据以及声音数据，其中最基本的也是最常用的是数值和文字数据。无论什么数据，在对其进行处理时都要先存放在内存中。显然，不同类型的数据在存储器中的存放格式也不相同。也就是说，不同类型的数据所占内存长度不同，数据表达形式也不同，其值域（允许的取值范围）也各不相同。

数据类型是依据被说明量的性质、表示形式、占据存储空间的多少以及构造特点进行划分的。C 语言为用户提供了丰富的数据类型，C 语言的数据类型如图 2-1 所示。

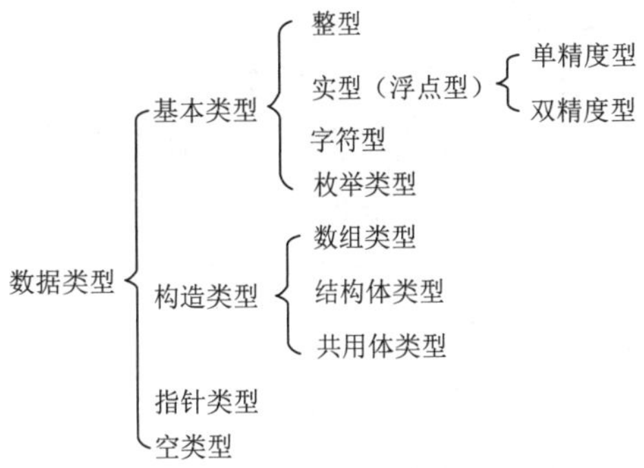


图 2-1　C 语言的数据类型

从图 2-1 中可以清晰地看出，在 C 语言中数据类型可以分为以下四大类。

（1）基本类型。它是编译系统已定义的类型，特点是它的值不可以再分解为其他类型，也就是说，基本类型是自我说明的。

（2）构造类型。构造类型是根据已定义的一个或多个数据类型用构造的方法来定义的。也就是说，一个构造类型的值可以分解成若干个“成员”或元素。每个“成员”都是一个基本类型或又是一个构造类型。在 C 语言中，构造类型有数组类型、结构体类型和共用体（联合）类型。

（3）指针类型。指针是一种特殊的，同时又是具有重要作用的数据类型。其值用来表示某个变量在内存储器中的地址。虽然指针变量的取值类似于整型量，但这是两个类型完全不同的量，因此不能混为一谈。

（4）空类型。它的主要用途有两点：一是用作函数的返回类型；二是用作指针的基本类型。

本章先介绍基本类型中的整型、实型和字符型。其余类型在后续章节中陆续介绍。

## 2.4 常　量

常量，是指在程序运行的整个过程中，其值始终不变的量。常量可以有不同的类型，可分为直接常量和符号常量。直接常量也就是日常所说的常数，包括数值常量和字符型常量两种。其中数值常量又包括整型常量和实型常量；字符型常量可分为字符常量和字符串常量；符号常量则是指用标识符定义的常量，从字面上不能直接看出其类型和值。C 语言中常量的分类如图 2-2 所示。

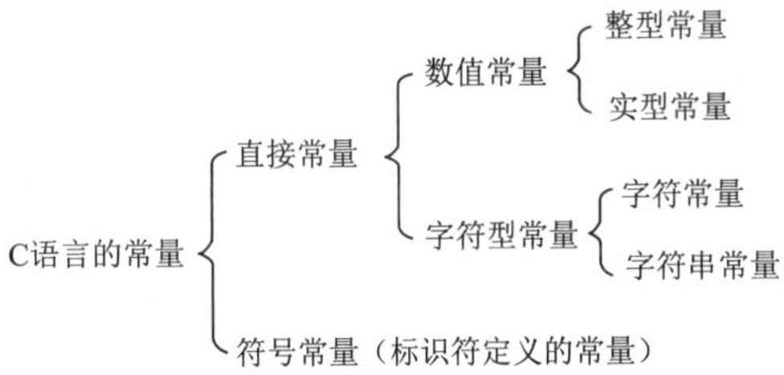


图 2-2　C 语言中常量的分类

### 2.4.1　整型常量

整型常量就是整常数。在 C 语言中，整型常量有十进制、八进制、十六进制三种表示形式。

**1．十进制整型常量**

十进制整型常量的表示与数学上的整数表示相同，十进制整型常量没有前缀，由 0～9 的数字组成。

以下各数是合法的十进制整型常量：237、-568、65535、1623。

以下各数不是合法的十进制整型常量：023（不能有前导 0）、23D（含有非十进制数码 D）。在程序中是根据前缀区分各种进制数的，因此，在书写常数时不要把前缀弄错而造成结果不正确。

**2．八进制整型常量**

八进制整型常量的表示形式是以数字 0 开头，即以 0 作为八进制数的前缀，由 0～7 的数字组成。

以下各数是合法的八进制常数：015（十进制为 13）、0101（十进制为 65）、0177777（十进制为 65535）。

以下各数不是合法的八进制常数：255（无前缀0）、03B2（包含了非八进制数码B）、0129（出现了非八进制数码9）。

**3．十六进制整型常量**

十六进制整型常量的表示形式以0x或0X开头，即以0x或0X作为前缀（注意：十六进制数的前缀字符0x，x前面是数字0而不是字母o），由数字0～9、字母A～F或a～f组成。

以下各数是合法的十六进制整型常量：0X2A（十进制为42）、0XA0（十进制为160）、0XFFFF（十进制为65535）。

以下各数不是合法的十六进制整型常量：5A（无前缀0X）、0X3H（含有非十六进制数码H）。

## 2.4.2 实型常量

在C语言中，实型常量只能用十进制形式表示。它有两种形式：小数形式和指数形式。

**1．小数形式**

由正负号、0～9的数字和小数点组成。例如，-1.85、0.3456、120.0、.426、-11.都是十进制小数形式实数。小数点前面和后面可以没有数字（不能同时省略）。

**2．指数形式**

由十进制数加上阶码标志e或E以及阶码组成。其一般形式为$a$E$n$。其中$a$为十进制数，$n$为十进制整数（$n$为正数时"+"可以省略），其值为$a \times 10^n$。例如，1.236e+12表示$1.236 \times 10^{12}$、0.27e-8表示$0.27 \times 10^{-8}$。

以下是合法的实数：1.236e12（表示$1.236 \times 10^{12}$）、3.5E-2（表示$3.5 \times 10^{-2}$）、2.36e+8（表示$2.36 \times 10^8$）。

以下不是合法的实数：569（无小数点）、e-5（阶码标志e之前无数字）、-5（无阶码标志）、58.+e5（符号位置不对）、2.7E（无阶码）、6.4e+5.9（阶码为实数）。

## 2.4.3 字符常量

字符常量是用单引号括起来的一个字符。例如,'a'、'b'、'='、'+'、'?'都是合法字符常量。在C语言中，字符常量有以下特点。

（1）字符常量只能用单引号括起来，不能用双引号或括号。

（2）字符常量只能是单个字符，不能是字符串。

（3）字符可以是字符集中的任意字符。但数字被定义为字符型之后就以ASCII码值参与数值运算。例如，'5'和5是不同的常量，'5'是字符常量，而5是整型常量。

除了以上形式的字符常量以外，C语言还定义了一些特殊的字符常量，是以反斜线"\"开头的字符序列，称为转义字符。转义字符是一种特殊的字符常量。转义字符以反斜线"\"开头，后跟一个或几个字符。转义字符具有特定的含义，不同于字符原有的意义，故称转义字符。例如，printf()函数的格式串中用到的"\n"就是一个转义字符，其意义是"回车换行"。转义字符主要用来表示那些用一般字符不便于表示的控制代码。表2-2列出了C语言中常见转义字符及其含义。

**表2-2 C语言中常见转义字符及其含义**

| 转义字符 | 含　义 | ASCII码值（十进制） |
|---|---|---|
| \a | 响铃（BEL） | 7 |
| \b | 退格（BS） | 8 |
| \f | 换页（FF） | 12 |
| \n | 换行（LF） | 10 |

续表

| 转义字符 | 含　义 | ASCII 码值（十进制） |
| --- | --- | --- |
| \r | 回车（CR） | 13 |
| \t | 水平制表（HT） | 9 |
| \v | 垂直制表（VT） | 11 |
| \\ | 反斜线 | 92 |
| \' | 单引号字符 | 39 |
| \" | 双引号字符 | 34 |
| \0 | 空字符（NULL）/ 字符串结束标志 | 0 |
| \ddd | 任意字符 | 1～3 位八进制数 |
| \xhh | 任意字符 | 1～2 位十六进制数 |

广义地讲，C 语言字符集中的任何一个字符均可用转义字符来表示。表 2-2 中的 \ddd 和 \xhh 正是为此而提出的。ddd 和 xhh 分别为八进制和十六进制的 ASCII 代码，如 \101 表示字母 A，\102 表示字母 B，\134 表示反斜线，\X0A 表示换行等。

例 2.1　分析下面程序的运行结果。

```
#include <stdio.h>
void main()
{
  printf("China \n\101\t\\\n");
}
```

程序运行结果：

```
China
A       \
                                        /* 输出一个空行 */
```

程序中有 4 个转义字符，分别是 \n、\101、\t、\\。输出 China 后遇到转义字符 \n，因此换行，换行后遇到转义字符 \101，输出 A 后遇到转义字符 \t，水平移动到下一个制表位置，后遇到转义字符 \\，输出 \，再遇到 \n 进行换行。

## 2.4.4　字符串常量

在 C 语言中，字符串常量是用双引号括起来的字符序列。例如，以下是合法的字符串常量："China"、"This is my first C program."、"502754"、"+++\\?ab"、"*****"。

（1）"　"：表示一个空格串。

（2）""：表示什么字符也没有的字符串。

（3）"\n"：表示一个具有换行功能的字符串。

字符串常量和字符常量是不同的量，它们之间的主要区别如下：

（1）字符常量由单引号括起来，字符串常量由双引号括起来。

（2）字符常量只能是单个字符，字符串常量则可以没有字符，可以含一个或多个字符。

（3）可以把一个字符常量赋予一个字符变量，但不能把一个字符串常量赋予一个字符变量。在 C 语言中没有相应的字符串变量。但是可以用一个字符数组来存放一个字符串变量。这将在第 6 章中予以介绍。

（4）字符常量占一字节的内存空间。字符串常量占的内存字节数等于字符串中字节数加 1。增加的一字节中存放字符 '\0'（ASCII 码为 0）。这是字符串结束的标志。因此，长度为 $n$ 个字符的字符串常量在内存中要占用 $n$+1 字节的空间。

例如，字符串 "C program" 的长度为 9（即字符的个数），但在内存中所占的字节数为 10，即存放 "C program\0"。其在内存中的存储形式如图 2-3 所示。

| | | | | | | | | | |
|---|---|---|---|---|---|---|---|---|---|
| C | | p | r | o | g | r | a | m | \0 |

**图 2-3 "C program" 在内存中的存储形式**

再如，字符常量 'A' 与字符串常量 "A" 虽然都只有一个字符，但在内存中的存储方式是不同的。'A' 在内存中占 1 字节，而 "A" 在内存中占 2 字节，如图 2-4 所示。

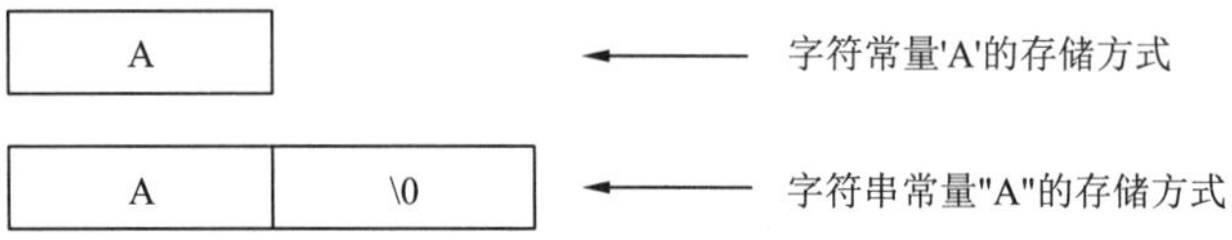


**图 2-4 'A' 与 "A" 在内存中存储方式的比较**

## 2.4.5 符号常量

在程序中，如果某个常量多次被使用，则可以使用一个符号来代替该常量，这种相应的符号称为符号常量。例如，数学运算中的圆周率常数 π(3.14159)，如果使用一个符号 PI 来表示，在程序中使用到该常量时，就不必每次输入 3.14159，可以用 PI 来代替它。又如，程序中多次使用班级人数，若用符号常量 NUM 代表班级人数，一旦需要修改班级人数，只需要修改符号常量 NUM 的定义处，即可做到一改全改。符号常量的使用不仅在书写上方便，而且有效地提高了程序的易读性、通用性和可维护性。

在 C 语言中，用编译预处理命令 #define 定义符号常量。定义的方法详见第 9 章。例如：

```
#define  PI  3.14159
#define  NUM  45
#define  NAME  "Zhanghong"
```

格式是在 #define 后面跟一个标识符和一个字符串，之间用空格隔开。它不是 C 语句，故末尾不加分号。

**例 2.2** 编写求一个半径 r 为 3.0 的球的体积和表面积的程序。

```
#include <stdio.h>                 /* 程序需要使用 C 语言提供的标准函数库 */
#define PI 3.14159                 /* 定义 PI 为符号常量，其值为 3.14159*/
void main()                        /* 主函数 */
{
  float r,v,s;                     /* 定义实型变量 r、v、s 分别表示球的半径、体积和表面积 */
  r=3.0;                           /* 将 3 赋值给半径 r*/
  v=4.0/3.0*PI*r*r*r;              /* 求球的体积 v*/
  s=4.0*PI*r*r;                    /* 求球的表面积 s*/
  printf("v=%f,s=%f\n",v,s);       /* 输出球的体积 v 和表面积 s*/
}
```

程序运行结果：

```
v=113.097237,s=113.097237
```

本程序在主函数 main() 之前，由编译预处理命令 #define 定义 PI 为 3.14159，在程序中以该值代替 PI。v=4.0/3.0*PI*r*r*r 等效于 v=4.0/3.0*3.14159*r*r*r，而 s=4.0*PI*r*r 等效于 s=4.0*3.14159*r*r。

习惯上，符号常量用大写，变量用小写，以示区别。另外，符号常量一旦定义，就不能在程序的其他地方再给该标识符赋值。例如，“PI=3.1416;”是错误的。

# 2.5 变　　量

程序在运行过程中除了使用常量外，还必不可少地要从外部接收数据保存起来，并将程序处理过程中产生的中间结果以及最终结果保存起来。因此，需要引入变量来存放值可以变化的量。

## 2.5.1 变量的概念

变量是指在程序运行过程中，其值可以改变的量。例如，计算圆周长的 C 语句：

```
c=2*3.14159*r;
```

c 和 r 都是变量，其中，r 可以有不同的值，c 的值因 r 的值不同而不同。

变量都有三个特征：一是它有一个变量名，变量名的命名方式应符合标识符的命名规则，如可以用 name、sum 作为变量名；二是变量有类型之分，因为不同类型的变量占用的内存单元（字节）数不同，因此每个变量都有一个确定的类型，如整型变量、实型变量、字符型变量等；三是变量可以存放值，在 C 语言中，要求对所有使用的变量进行强制性定义，也就是“先定义，后使用”，否则，在编译时会指出有关出错信息。

要注意变量名和变量值这两个概念的区别，如图 2-5 所示。在程序运行过程中，从变量 $x$ 中取值，实际上是通过变量名 $x$ 找到相应的内存地址，从其存储单元中取出其中的数 15。

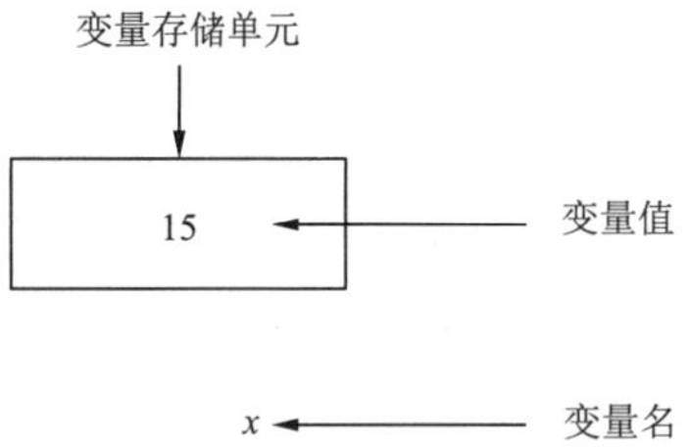


图 2-5　变量名与变量值的区别

## 2.5.2 变量的定义与初始化

### 1. 变量的定义

在 C 语言程序中，常量是可以不经定义直接引用的，而程序中用到的所有变量必须先定义后使用。

变量定义的一般格式为：

```
类型说明符　变量名 1[, 变量名 2, 变量名 3,…, 变量名 n];
```

其中，[ ] 表示可选项。

例如：

```
int a;                  /* 定义 a 为整型变量 */
int m,n;                /* 定义 m 和 n 为整型变量 */
float x,y,z;            /* 定义 x、y、z 为单精度实型变量 */
char ch;                /* 定义 ch 为字符型变量 */
```

进行变量定义时，应注意以下几点：

（1）允许在一个数据类型标识符后说明多个相同类型的变量，各变量名之间用逗号隔开。

（2）数据类型标识符与变量名之间至少用一个空格隔开。

（3）最后一个变量名之后必须以分号“;”结尾。

（4）变量说明必须放在变量使用之前，一般放在函数体的开头部分。

例如，以下是不合法的定义。

```
int x,y,z;              /* 定义 x、y、z 为整型变量 */
int a,b,x;              /* 变量 x 被重复定义 */
```

### 2. 变量的初始化

在定义变量的同时可以给变量赋初值，称为变量初始化。

变量初始化的一般格式如下：

```
类型说明符  变量名 = 表达式；
```

例如：

```
int a=3,b=5;                /* 定义 a 和 b 为整型变量，同时 a、b 分别赋初值 3、5*/
float x=0,y=0,z=0;          /* 定义 x、y、z 为单精度实型变量，同时 x、y、z 都赋初值 0*/
char ch='a';                /* 定义 ch 为字符型变量，同时赋初值字符 'a'*/
```

### 2.5.3 整型变量

整型变量通常可分为六类：带符号整型（int）、带符号短整型（short）、带符号长整型（long）和无符号整型（unsigned int）、无符号短整型（unsigned short）和无符号长整型（unsigned long）。

变量在内存中都占据着一定的存储长度，随存储长度不同，所能表示的数值范围也不同。本书以Visual C++ 作为软件开发环境，整型变量类型标识符、内存中所占空间字节数和所表示的数值范围见表 2-3。

表 2-3 整型变量类型

| 符　号 | 数据类型 | 类型标识符 | 所占字节数 | 取值范围 |
|---|---|---|---|---|
| 带符号 | 整型 | int | 4 | $-2^{31} \sim 2^{31}-1$ |
| | 短整型 | short（或 short int） | 2 | $-2^{15} \sim 2^{15}-1$ |
| | 长整型 | long（或 long int） | 4 | $-2^{31} \sim 2^{31}-1$ |
| 无符号 | 无符号整型 | unsigned（或 unsigned int） | 4 | $0 \sim 2^{32}-1$ |
| | 无符号短整型 | unsigned short | 2 | $0 \sim 2^{16}-1$ |
| | 无符号长整型 | unsigned long | 4 | $0 \sim 2^{32}-1$ |

### 2.5.4 实型变量

实型变量分为单精度实型（float）、双精度实型（double）和长双精度实型（long double）三种。长双精度实型对于初学者较少用到，表 2-4 仅列出了单精度实型和双精度实型变量的类型标识符、内存中所占空间字节数和所表示的数值范围。

表 2-4 实型变量类型

| 类　型　名 | 类型标识符 | 所占字节 | 有效数字 | 数值范围 |
|---|---|---|---|---|
| 单精度实型 | float | 4 | 6 ～ 7 | $-3.4 \times 10^{-38} \sim +3.4 \times 10^{38}$ |
| 双精度实型 | double | 8 | 15 ～ 16 | $-1.7 \times 10^{-308} \sim +1.7 \times 10^{308}$ |

一个实型常量可以赋值给一个单精度实型变量或双精度实型变量。根据变量的类型截取实型常量中相应的有效数字位。假如 a 已指定为单精度实型变量：

```
float a=333333.333;
```

由于单精度实型变量只能接收 7 位有效数字，因此最后两位小数不起作用。如果 a 改为双精度实型，则能全部接收上述 9 位数字并存储在变量 a 中。

**例 2.3** 实型数据的舍入误差分析。

```
#include <stdio.h>                /* 程序需要使用 C 语言提供的标准函数库 */
void main()                       /* 主函数 */
{
  float a;                        /* 定义 a 为单精度实型变量 */
  double b;                       /* 定义 b 为双精度实型变量 */
  a=33333.33333;                  /* 将 33333.33333 赋给单精度实型变量 a*/
  b=33333.33333333333333;         /* 将 33333.33333333333333 赋给双精度实型变量 b*/
  printf("a=%f,b=%f\n",a,b);      /* 以实型形式输出 a 和 b 的值 */
```

```
}
```

程序运行结果：

```
a=33333.332031, b=33333.333333
```

从本例可以看出，由于 a 是单精度实型，有效位数只有 7 位，而整数已占 5 位，故小数位两位之后均为无效数字。b 是双精度型，有效位为 16 位，但由于本运行环境规定小数后最多保留 6 位，其余部分四舍五入。

如果扩大 a 的有效位数，如把本例中的“float a;”改为“double a;”，变量 a 的运行结果就正确了。比较两次的运行结果可以看出，由于机器存储的限制，使用实型数据可能会产生一些误差。运算的次数越多，误差的积累就越大。因此在编写程序时一定要注意实型数据有效位的问题，应合理使用不同的实型数据，尽可能减少运算中出现的积累误差。

## 2.5.5　字符变量

字符变量用来存放字符常量，注意，只能存放一个字符。字符变量的类型标识符为 char，所占内存空间为 1 字节，取值范围为 -128～127。例如：

```
char c1,c2,c3,c4;
c1='a';                        /* 正确 */
c2='6';                        /* 正确 */
c3="a";                        /* 不正确 */
c4='abc';                      /* 不正确 */
```

### 1. 字符型数据在内存中的存放形式

将一个字符常量放到一个字符变量中，实际上并不是把该字符本身放到内存单元中，而是将该字符的相应 ASCII 码存放到存储单元中。例如：

```
char c1,c2;
c1='a';
c2='b';
```

字符 'a' 的 ASCII 码为十进制数 97，字符 'b' 的 ASCII 码为十进制数 98，在内存中变量 c1、c2 的值实际上是以二进制形式存放的，如图 2-6 所示。

| c1 | c2 |
|---|---|
| 97 | 98 |

| c1 | c2 |
|---|---|
| 01100001 | 01100010 |

图 2-6　c1 和 c2 在内存中的存放形式

### 2. 字符型数据的使用

既然字符型数据在内存中是以 ASCII 码存储的，它的存储形式与整型数据的存储形式是类似的。因此，字符型和整型数据之间的转换十分方便，所以字符型和整型在一定范围内是通用的，字符型数据可以以字符形式输出，也可以以整数形式输出。以字符形式输出时，先将内存中 ASCII 码转换成对应的字符再输出。以整数形式输出时，则直接将 ASCII 码作为整数输出。字符型数据还可以参加算术运算，此时相当于对它们的 ASCII 码值进行算术运算。

例 2.4　向字符变量赋整数。

```
#include <stdio.h>                 /* 程序需要使用 C 语言提供的标准库函数 */
void main()                        /* 主函数 */
{
  char c1,c2;                      /* 定义 c1、c2 为字符型变量 */
  c1=65;                           /* 将整数 65 赋给 c1*/
  c2=67;                           /* 将整数 67 赋给 c2*/
  printf("%c %c\n",c1,c2);         /* 以字符形式输出 c1 和 c2 的值 */
```

```
  printf("%d %d\n",c1,c2);          /* 以整数形式输出 c1 和 c2 的值 */
}
```

程序运行结果：

```
A   C
65  67
```

c1、c2 被指定为字符变量。在第 5 行和第 6 行中，将整数 65 和 67 分别赋值给 c1 和 c2，它的作用相当于以下两个赋值语句：

```
c1='A',c2='C';
```

因为 'A' 和 'C' 的 ASCII 码分别为 65 和 67。程序的第 5 行和第 6 行把 65 和 67 两个整数直接存放到 c1 和 c2 的内存单元中。而 c1='A' 和 c2='C'，则是先将字符 'A' 和 'C' 转化成 ASCII 码 65 和 67，然后再放到内存单元中。二者的作用和结果是相同的。第 7 行输出两个字符 A 和 C，第 8 行输出两个整数 65 和 67。

可以看到，字符型数据和整型数据在一定范围内是通用的。它们既可以用字符形式输出（用 %c），也可以用整数形式输出（用 %d），C 语言对字符数据的这种处理，增加了程序设计的灵活性。

例 2.5　字符型和整型的相互赋值。

```
#include <stdio.h>                  /* 程序需要使用 C 语言提供的标准库函数 */
void main()                         /* 主函数 */
{
  int k;                            /* 定义 k 为整型变量 */
  char ch;                          /* 定义 ch 为字符型变量 */
  k='b';                            /* 将字符 'b' 赋给整型变量 k*/
  ch=66;                            /* 将整数 66 赋给字符变量 ch*/
  printf("%d,%c\n",k,k);            /* 分别以整数和字符形式输出 k 的值 */
  printf("%d,%c\n",ch,ch);          /* 分别以整数和字符形式输出 ch 的值 */
}
```

程序运行结果：

```
98,b
66,B
```

例 2.6　大小写字母的转换。

```
#include <stdio.h>
void main()
{
  char c;
  c='a';
  c=c-32;
  printf("%c",c);
}
```

程序运行结果：

```
A
```

程序的作用是将小写字母 a 转换成大写字母 A。'a' 的 ASCII 码为 97，而 'A' 为 65，从 ASCII 码表中可以看到每一个小写字母比它相应的大写字母的 ASCII 码大 32。C 语言允许字符数据与整数直接进行算术运算。即 'A'+32 会得到整数 97，'a'-32 会得到整数 65。

C 语言对字符数据做这种处理使程序设计时增大了自由度。

# 2.6 C 语言的运算符和表达式概述

## 2.6.1 运算符

运算时对数据进行加工处理，用来表示各种运算的符号称为“运算符”。C 语言运算符的种类非常多，不同的运算符可以构成不同的表达式，处理不同的问题。C 语言的运算符可以按其功能和运算对象的个数进行分类。

按运算符功能大致可以分为算术运算符、关系运算符、逻辑运算符、位运算符和 C 语言的特殊运算符等五类。例如，加（+）、减（-）为算术运算符，大于（>）、小于（<）为关系运算符等。

运算符按其运算对象的多少可以分为单目运算符（仅对一个运算对象进行操作）、双目运算符（对两个运算对象进行操作）和三目运算符（对三个运算对象进行操作）三类。例如，求负数的“-”为单目运算符。-5 表示将 5 取负数，其结果为 -5。计算加法的“+”为双目运算符。2+3 表示将 2 和 3 两个正整数进行加法运算，结果为 5。条件运算符“?:”为三目运算符。a>b?x:y 表示如果 a>b，则 a>b?x:y 的值为 x 的值，否则 a>b?x:y 的值为 y 的值，如 7>9?3:-3 的值为 -3。

## 2.6.2 表达式

各种数据操作运算都有相应的运算符和运算规则，这些运算符和运算符对象（常量、变量和函数）一起构成表达式。也就是说，用运算符和圆括号把运算对象连接起来的、符合 C 语言语法规则的式子，称为表达式。例如，表达式 d/(3*a+b)-6*c 中包括 +、-、*、/、() 等运算符号，运算对象包括 a、b、c、d、3、6 等。表达式 2+cos(0) 中包括“+”运算符，运算对象包括 2 和 cos (0)。

对表达式进行运算所得到的结果，称为表达式的值。例如，表达式 2+cos(0) 的值为 3。

## 2.6.3 运算符的优先级和结合性

学习 C 语言的运算符，不仅要掌握各种运算符的功能，而且要了解各种运算符彼此之间的优先级及结合性。

### 1. 运算符的优先级

运算符的优先级指多个运算符用在同一个表达式中时先进行什么运算，后进行什么运算，即如果在同一个表达式中出现了不同级别的运算符，首先计算优先级较高的。例如，d=a+b*c，表达式中出现了三个运算符，即 =（赋值）、+（加）、*（乘），按优先次序，这三个运算符优先级由高到低依次是 *、+、=，所以先算乘法，再算加法，最后执行赋值运算，即将赋值运算符“=”右边的表达式值赋给变量 d。

**注意：**括号可以改变运算符的优先级。例如，d=(a+b)*c 表达式的运算次序是 +、*、=。

### 2. 运算符的结合性

C 语言规定了各种运算符的结合方向即结合性，有两种结合方向：一种是“左结合性”，即从左向右计算，运算对象先与左面的运算符结合；另一种是“右结合性”，即从右至左计算，运算对象先与右面的运算符结合。例如，d=a+b-c，表达式中出现了三个运算符，即 =（赋值）、+（加）、-（减）。按照优先级次序，加和减的运算优先级相同，而赋值运算符优先级较低。根据加和减的结合性是从左到右，因此先计算加，再计算减，最后进行赋值。

为了方便读者阅读，在表 2-5 中列出了所有运算符的优先级和结合性。

表 2-5　运算符及其从高到低的优先级和结合性

| 优先级 | 运算符 | 含义 | 运算量个数 | 结合性 |
|---|---|---|---|---|
| 1 | () | 括号运算符 | 单目运算符 | 自左至右 |
| | [] | 下标运算符 | | |
| | -> | 指向结构体成员运算符 | | |
| | . | 成员运算符 | | |
| 2 | ! | 逻辑非运算符 | 单目运算符 | 自右至左 |
| | ~ | 按位取反运算符 | | |
| | ++、-- | 自增、自减运算符 | | |
| | - | 负号运算符 | | |
| | (类型) | 强制类型转换运算符 | | |
| | *、& | 指针和地址运算符 | | |
| | sizeof | 取长度运算符 | | |
| 3 | *、\、% | 乘、除、求余运算符 | 双目运算符 | 自左至右 |
| 4 | +、- | 算术加、减运算符 | | |
| 5 | <<、>> | 位左移、右移运算符 | | |
| 6 | <、<=、>、>= | 关系运算符 | | |
| 7 | ==、!= | 关系运算符 | | |
| 8 | & | 按位与运算符 | | |
| 9 | ^ | 位异或运算符 | | |
| 10 | \| | 位或运算符 | | |
| 11 | && | 逻辑与运算符 | | |
| 12 | \|\| | 逻辑或运算符 | | |
| 13 | ?: | 条件运算符 | 三目运算符 | 自右至左 |
| 14 | =、+=、-=、*=、/=、%= | 赋值运算符及复合赋值运算符 | 双目运算符 | 自右至左 |
| | <<=、>>=、&=、\|=、^= | 组合位运算符 | | |
| 15 | , | 逗号运算符 | 双目运算符 | 自左至右 |

## 2.7　C语言中基本的运算符和表达式

下面介绍C语言中最基本的运算符以及由这些运算符构成的表达式，后续章节中将陆续介绍其他运算符以及由其他运算符构成的表达式。

### 2.7.1　算术运算符和算术表达式

算术运算符有基本算术运算符（+、-、*、/、%）以及自增/自减运算符（++、--）。由算术运算符和圆括号把运算对象连接起来的符合C语言语法规则的式子称为算术表达式，算术表达式的结果是一个算术值。例如，3*9+2、(6+sin(0))/2-1等都是算术表达式，其值分别为29和2。

#### 1. 基本算术运算符及其表达式

1）基本算术运算符

+：加法运算符或正值运算符，如3+5、+3。

-：减法运算符或负值运算符，如5-2、-3。

*：乘法运算符，如3*5。

/：除法运算符，如5/3。

%：模余运算符，又称求余运算符，要求%两侧均为整型数据，如7%4的值为3。

2）优先级

上面五种运算符都是双目运算符（除正号运算符和负号运算符），其优先级从高到低为*、/、%→+、-。

乘法、除法和求余三项运算优先级相同；加法、减法两项运算优先级相同。

3）结合性

结合性为自左至右。

例 2.7　设变量 x、y 的值分别为 12.5 和 52.5，求算术表达式 (x+y)/2−31 的值。

表达式中包括 +、−、/ 等运算符，操作数包括 x、y、2、31 等，按照括号优先，先计算 x+y，得和 65.0，再计算 65.0/2，得商 32.5，最后计算 32.5−31，运算结果为 1.5，表达式 (x+y)/2−31 的值为 1.5。

4）基本算术运算符及其表达式的说明和注意事项

（1）表达式中凡是相乘的地方必须写上“*”，不能省略，也不能用点代替；表达式中出现的括号一律使用圆括号，而且为保持运算顺序的正确性，根据需要适当添加圆括号。

例如，数学式 $\frac{2+a+b}{ab}$ 写成 C 语言表达式为 (2.0+a+b)/(a*b)，不能写为 2.0+a+b/a*b 或 (2.0+a+b)/ab 或 (2.0+a+b)/a*b。

（2）数学中有些常用的计算可以用 C 语言系统提供的标准数学库函数实现。值得注意的是，函数的自变量（即函数的参数）必须写在圆括号内（常用数学函数参见附录 B）。例如，求 $x$ 的平方根的函数为 sqrt(x)，求 $x^y$ 的函数为 pow(x, y)。一般情况下，求 $x^2$ 写为 x*x 的连乘形式。

例如，数学式 $x=\frac{-b+\sqrt{b^2-4ac}}{2a}$ 和 $(2\pi r+e^{-3})\ln x$，写成 C 语言表达式分别为 x=(−b+sqrt(b*b−4*a*c))/(2*a)、(2*3.14159*r+exp(−3))*log(x)。

（3）除法运算符“/”，参与运算的量均为整型时，结果为整型，舍去小数。如果运算量中有一个为实型，结果为双精度实型。例如，5.0/10 的运算结果为 0.5，5/10 的运算结果为 0（而不是 0.5），10/4 的运算结果为 2（而不是 2.5）。需要说明的是，两个整数相除结果为整数，如 5/3 的结果值为 1，舍去小数部分。但是如果除数或被除数中有一个为负值，则舍入的方向是不固定的。例如，−5/3 在有的机器上结果为 −1，有的机器则给出结果 −2。多数机器采取“向零取整”方法，即 5/3=1、−5/3=−1，取整后向零靠拢。

（4）求余数运算符“%”，参与运算的量均为整型。求余运算的结果等于两个数相除后的余数。例如，1%2 的结果是 1，10%3 的结果也是 1。而 1%2.0 或 10.0%3 不是合法的表达式，运行时会出错。注意，求余符号的正负取舍和被除数符号相同，例如，−3%16=−3、16%−3=1。

## 2. 自增与自减运算符及其表达式

视频

自增与自减运算符及其表达式

1）自增、自减运算符

自增（++）和自减（−−）运算符都是单目运算符，它们的操作对象只有一个且只能是简单变量，其作用是使变量的值增 1 或减 1。它们既可以作为前缀运算符，如 ++i 和 −−i；也可以作为后缀运算符，如 i++ 和 i−−。作为前缀和后缀运算符的区分，主要表现在对变量值的使用。

（1）前缀形式：++i、−−i，它的功能是在使用 i 之前，i 值先加（减）1（即先执行 i+1 或 i−1，然后使用 i 值）。

（2）后缀形式：i++、i−−，它的功能是在使用 i 之后，i 值再加（减）1（即先使用 i 值，然后执行 i+1 或 i−1）。

例如，j=3 时：

```
k=++j;   /*赋值时，j 先增 1，再将 j 值赋给 k，结果 k=4，j=4*/
k=j++;   /*赋值时，j 值先赋给 k，然后 j 再增 1，结果 k=3，j=4*/
k=--j;   /*赋值时，j 先减 1，再将 j 值赋给 k，结果 k=2，j=2*/
k=j--;   /*赋值时，j 值先赋给 k，然后 j 再减 1，结果 k=3，j=2*/
```

2）优先级

自增、自减运算符的优先级高于基本算术运算符。

3）结合性

自增、自减运算符的结合性为自右至左。

例如，求表达式 -a++ 的值时，由于“-”和“++”的运算优先级相同，且都是右结合，因此它等价于表达式 -(a++)。假设 a 的原值是 5，计算时要先计算 a++，由于是后缀自增，所以取 a 的原值 5 作为表达式 a++ 的值，再对该值进行求负运算，得到 -5，之后 a 自增为 6。

4）自增、自减运算符及其表达式的说明和注意事项

（1）自增、自减运算符的对象只能是简单变量，不能是常量或带有运算符的表达式。例如，6--、++(a+b)、++(-i) 等都是错误的。

（2）自增、自减运算可以提高程序的执行效率，速度快。因为 ++i 运算只需要一条机器指令就可完成，而 i=i+1 则要对应三条机器指令。

例2.8 假设变量 i、j、k 的值分别为 3、5 和 3，求表达式 m=(++k)*j 和 n=(i++)*j 中 m 和 n 的值。

在计算 m=(++k)*j 时，k 首先增 1 变为 4，然后与 j 相乘，即 m=(++k)*j=4*5=20；最后将 20 赋值给 m。在计算 n=(i++)*j 时，由于对 i 实施的是后缀自增，因此，i 是用 3 的值参与乘运算，即 n=(i++)*j=3*5=15。在参与乘操作之后，i 才增 1 变成 4；最后赋值给 n 的值是 15。

例2.9 自增、自减运算应用举例。

```
#include <stdio.h>
void main()                          /* 主函数 */
{
  int i=8;                           /* 定义 i 为整型变量，并将其初始化为 8*/
  printf("%d\n",++i);                /*i 自增 1 后再参加输出运算 */
  printf("%d\n",--i);                /*i 自减 1 后再参加输出运算 */
  printf("%d\n",i++);                /*i 参与输出运算后，i 的值再自增 1*/
  printf("%d\n",i--);                /*i 参与输出运算后，i 的值再自减 1*/
  printf("%d\n",-i++);               /* 按照结合性 -i++ 相当于 -(i++) */
  printf("%d\n",-i--);               /* 按照结合性 -i-- 相当于 -(i--) */
}
```

程序运行结果：

```
9
8
8
9
-8
-9
```

### 2.7.2 赋值运算符和赋值表达式

赋值运算符包括基本赋值运算符和复合赋值运算符，复合赋值运算符又包括算术复合赋值运算符和位复合赋值运算符。本节只介绍基本赋值运算符（=）和算术复合赋值运算符（+=、-=、*=、/=、%=），关于位复合赋值运算符将在后续章节中进行介绍。

#### 1. 基本赋值运算符及其表达式

1）基本赋值运算符

赋值符号“=”就是基本赋值运算符。

2）基本赋值表达式

由基本赋值运算符和圆括号将运算对象连接的符合语言语法规则的式子，称为基本赋值表达式。其一般形式如下：

```
变量 = 表达式
```

赋值运算符的作用是，首先计算表达式的值，然后将该值赋值给赋值号左边的变量，实际上是将表达式的值存放到左边变量的存储单元中。基本赋值表达式的值，也就是基本赋值运算符左边变量得到的值。例如，表达式 x=3*5+35 的作用是将 3*5+35 的计算结果 50 赋值给变量 x，变量 x 的值为 50，表达式的值为 50。

3）优先级

赋值运算符的优先级仅仅高于逗号运算符。

4）结合性

赋值运算符有自右向左的结合性。

例 2.10　已知“int a=2,b=5”，求解表达式 x=y=a+b 的值。

由于算术运算符的优先级高于赋值运算符，先计算表达式 a+b，结果为 7。按照赋值运算的自右至左的结合方向，求解表达式 x=y=a+b 的值，等价于求解表达式 x=(y=a+b) 的值。操作数 y 是先与右边的运算符结合，即先将 7 赋值给变量 y，变量 y 的值是 7，表达式 y=7 的值是 7。

再做左边的赋值运算，即将表达式 y=7 的值 7，赋值给变量 x，变量 x 的值是 7，最后得到表达式 x=y=7 的值是 7。

例 2.11　设变量 a、b、c 均为整型变量，求表达式 a=(b=65)/(c=6) 的值。

按照括号优先的原则，先求解表达式 b=65，结果为 65；再求解表达式 c=6，结果为 6；再进行除法运算 65/6，结果为 10；最后将 10 赋值给变量 a，得到表达式 a=(b=65)/(c=6) 的值是 10。

5）基本赋值运算符及其表达式的说明和注意事项

（1）赋值运算符“=”的左侧只能是变量，不能是常量或表达式，而右侧可以是常量、赋过值的变量或表达式。

例如，以下是不合法的赋值表达式：

```
12=a                    /* 赋值运算符“=”的左侧是常量 */
2*a=3*5+55              /* 赋值运算符“=”的左侧是表达式 */
```

（2）当赋值运算符两边的类型不一致时，要进行类型转换。

实型数据（float 或 double 型）赋值给整型变量时，舍去小数部分。例如，int k=5.78；则 k 的值为 5。整型数据赋值给实型变量时，数值不变，以实数形式存储到变量中。例如，float x=2；则 x=2.0。

### 2. 算术复合赋值运算符及其表达式

1）算术复合赋值运算符

在基本赋值运算符（=）前面加上基本算术运算符（+、−、*、/、%），就构成了算术复合赋值运算符。C 语言规定的算术复合赋值运算符有 +=、−=、*=、/=、%= 五种。

2）算术赋值表达式

由算术复合赋值运算符和圆括号将运算符对象连接的符合 C 语言语法规则的式子，称为算术赋值表达式。其一般形式如下：

```
变量　算术复合赋值运算符　表达式
```

例如：

```
a+=b            /*等价于 a=a+b*/
a/=b            /*等价于 a=a/b*/
a-=b+4          /*等价于 a=a-(b+4)*/
x*=y+7          /*等价于 x=x*(y+7)*/
```

3）优先级与结合性

算术复合赋值运算符的优先级、结合性与基本赋值运算符相同。

例2.12 已知“int a=6,b=8”，求解表达式 a*=b+=12 的值。

求解表达式 a*=b+=12 的值，等价于求解表达式 a=a*(b+=12)；先求解表达式 b+=12 的值，等价于求解表达式 b=b+12 的值，先将 b+12 的值赋值给变量 b，变量 b 的值是 20，得到表达式 b=b+12 的值是 20。再求解 a=a*20，即将 6*20 的值 120 赋值给变量 a。变量 a 的值为 120，得到表达式 a*=b+=12 的值是 120。

例2.13 已知“int a=10”，求解表达式 a+=3+(a%=1+a/2) 的值。

按照算术复合赋值运算符及其表达式的结合方向自右至左结合，将表达式 a+=3+(a%=1+a/2) 分解为求解表达式 a%=1+a/2 和 a+=3+a，等价于求解表达式 a=a%(1+a/2) 和 a=a+(3+a)；先计算表达式 a=a%(1+a/2) 的值，得到结果为 4，即 a=4，从而得到表达式 a=a+(3+a) 的值为 11。

4）算术复合赋值运算符及其表达式的说明和注意事项

（1）如果基本赋值运算符（=）右边是一个表达式，在进行等价处理时，应加上括号。例如，表达式 y*=x+6 等价于表达式 y=y*(x+6)，而不等价于表达式 y=y*x+6。

（2）算术复合赋值运算符这种写法，对初学者可能不习惯，但非常利于编译处理，能提高编译效率并产生质量较高的目标代码。

### 2.7.3 关系运算符和关系表达式

1）关系运算符

关系运算符是对两个操作数进行大小比较的运算符，C 语言提供了六种关系运算符：>（大于）、>=（大于或等于）、<（小于）、<=（小于或等于）、==（等于）、!=（不等于）。

2）关系表达式

由关系运算符和圆括号将运算对象连接的符合 C 语言语法规则的式子，称为关系表达式。其一般形式如下：

```
表达式  关系运算符  表达式
```

例如：

```
a+b>c+d
x<a+b
```

关系表达式的值为逻辑值，即“真”或“假”。C 语言中没有逻辑型数据，以 1 表示“真”，0 表示“假”。例如，a=1，b=2，c=3，d=4，则：

```
a<b              /*表达式的值为“真”，即为1*/
(a+b)>(c+d)      /*表达式的值为“假”，即为0*/
a-b==d-c         /*表达式的值为“假”，即为0*/
'a'<90+3*c       /*表达式的值为“真”，即为1*/
```

3）优先级与结合性

关系运算符中，>、>=、<、<= 优先级相同；==、!= 优先级相同，但低于前四种。与算术运算符和赋值运算符相比，关系运算符的优先级低于算术运算符，而高于赋值运算符。即运算次序为算术运算符→关系运算符→赋值运算符。关系运算符都是双目运算符，其结合性均为自左至右。

例 2.14 已知“int i=1,j=2,k=3”，求解关系表达式 k==j==i+5 的值。

对于关系表达式 k==j==i+5，先计算算术表达式 i+5，表达式变为 k==j==6，然后根据关系运算符从左向右的结合性，计算 k==j，该式不成立，其值为 0；再计算 0==6，也不成立，故整个表达式的值为 0。

例 2.15 已知“int a=20,b=70,c=50,d=90”，在表达式 k=a+b<c+d 中，求 k 的值。

表达式 k=a+b<c+d 等价于表达式 k=(a+b)<(c+d)，即 k=(90<140)；根据优先级先计算 (90<140)，该式成立，其值为 1；再将 1 赋值给变量 k，k=1，故整个表达式的值为 1。

4）关系表达式的说明和注意事项

（1）当一个关系表达式中含有多个关系表达式时，要注意它与数学式的区别。

例如，数学表达式 6>x>0，表示 x 的值小于 6 且大于 0；关系表达式 6>x>0，表示 6>x 非 0 即 1 的比较结果再与 0 比较（假设 x=4，则对 6>x>0，先计算 6>4，表达式的值为真，即为 1，接着计算 1>0，表达式的值为真，即为 1，故整个表达式的值为 1）。

（2）应避免对实数做相等或不等的判断，因为实数在内存中存放时有一定的误差。如果一定要进行比较，则可以用它们的差的绝对值去与一个很小的数（如 $10^{-5}$）相比，即 fabs(x−y)<$10^{-5}$，如果小于此数，就认为它们是相等的。

## 2.7.4 逻辑运算符和逻辑表达式

1）逻辑运算符

视频 逻辑运算符和逻辑表达式

对逻辑值进行运算的运算符称为逻辑运算符。C 语言提供了以下三种逻辑运算符：&&（与运算符）、||（或运算符）、!（非运算符）。

其中，“&&”和“||”为双目运算符，要求有两个操作数（运算量）。当“&&”两边的操作数均为非 0 时，运算结果为 1（真），否则为 0（假）。当“||”两边的操作数均为 0 时，运算结果为 0（假），否则为 1（真）。而“!”为单目运算符，只要求有一个操作数，其运算结果是使操作数的值为非 0 者变为 0，为 0 者变为 1。

这三种逻辑运算符的运算规则见表 2-6。

**表 2-6 逻辑运算的真值表**

| 运算对象 | | 逻辑运算结果 | | |
|---|---|---|---|---|
| a | b | a&&b | a\|\|b | !a |
| 真 | 真 | 真 | 真 | 假 |
| 真 | 假 | 假 | 真 | 假 |
| 假 | 真 | 假 | 真 | 真 |
| 假 | 假 | 假 | 假 | 真 |

2）逻辑表达式

用逻辑运算符和圆括号把逻辑值连接起来构成的式子，称为逻辑表达式。其一般形式如下：

```
表达式 逻辑运算符 表达式
```

例如：

```
!(a>b)
(a==b) && (a>1)
(a<-3) || (a>7)
```

逻辑表达式的值只有真和假两个值。当逻辑表达式的值为真时，用数值 1 作为表达式的值；逻辑表达式的值为假时，用数值 0 作为表达式的值。当判断一个逻辑表达式的结果时，如逻辑表达式的整体值为非 0，表示为真；如逻辑表达式的整体值为 0，表示为假。

3）逻辑运算符的优先级

三种逻辑运算符的优先级由高到低依次为：！→ && → ||。

逻辑运算符与其他运算符的优先级次序如下：！→算术运算符→关系运算符→ && → || →赋值运算符→逗号运算符。

4）逻辑运算符的结合性

“&&” 和 “||” 结合性自左至右，“!” 结合性自右至左。

逻辑运算中“短路”现象是指，仅计算逻辑表达式中的一部分便能确定结果，而不对整个表达式进行计算的现象。

（1）逻辑与（&&）运算式中，只要前面有一个表达式被判定为“假”，系统不再判定求解其后的表达式，整个表达式的值为 0。例如，对于逻辑表达式 a&&b，当 a=0 时，表达式的值即为 0，不必计算判断 b；只有当 a=1 时，才判断 b。

（2）逻辑或（||）运算表达式中，只要前面有一个表达式被判定为“真”，系统不再判定或求解其后的表达式，整个表达式的值为 1。例如，对于逻辑表达式 a||b，当 a=1（非 0）时，表达式的值为 1，不必计算判断 b；只有当 a=0 时，才判断 b。

例 2.16 已知 m=5，n=10，执行表达式 (m=m>n)&&(n=n>m) 后，求表达式以及 m 和 n 的值。

逻辑运算规定，对于表达式 a&&b：如果表达式 a 的值为 0，则不必计算 b；只有表达式 a 的值为非 0 时，才计算 b。本题中，逻辑与 && 左边的表达式（m=m>n）的值为 0，则逻辑与 && 右边的表达式（n=n>m）不再计算，整个表达式的值为 0，m=5>10，m=0，n 保持原值 10。

例 2.17 已知 “int a=60,b=9”，计算表达式 a%2==0||b%2!=0 的值。

根据优先级和结合性，计算表达式 a%2==0||b%2!=0 的值，相当于计算表达式 (a%2==0)||(b%2!=0) 的值。关系运算 a%2==0 的结果为 1，得表达式 1||(b%2!=0)，1 与任何值进行逻辑或运算结果都为 1，故整个表达式的计算结果为 1。

## 2.7.5 条件运算符和条件表达式

1）条件运算符

条件运算符由问号“？”和冒号“:”两个字符组成，用于连接三个运算对象，是 C 语言中唯一的三目运算符。

2）条件表达式

用条件运算符和圆括号将运算对象连接构成的式子称为条件表达式。其一般形式如下：

```
表达式 1? 表达式 2: 表达式 3
```

条件表达式的值及其运算规则：先求解表达式 1 的值，若表达式 1 的值非 0（真），则表达式 2 的值为整个条件表达式的值；否则，表达式 3 的值为整个条件表达式的值。条件表达式的执行流程如图 2-7 所示。

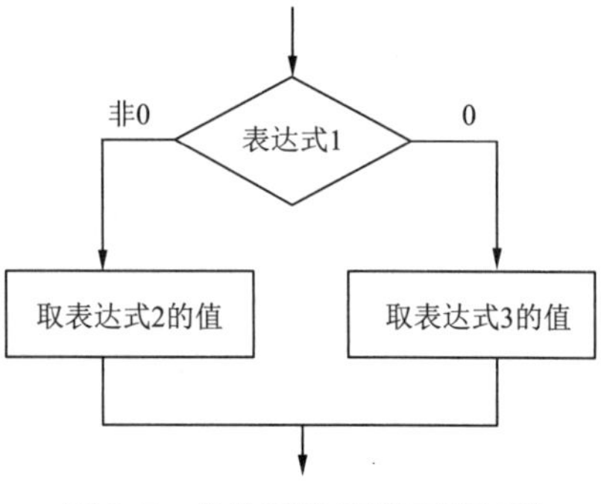

图 2-7 条件运算符的运算规则

例如，“a<=0?-1:1”：如果 a 的值小于或等于 0，则表达式的值为 -1，否则为 1。“m==n?a:b”：如果 m 和 n 的值相等，则表达式的值为 a 的值，否则为 b 的值。

“u==v?(z−x):(z−y)”：假设 u=1、v=2、x=3、y=4、z=5，则 u==v 为假，表达式的值为 (z−y) 的值，即表达式的值为 1。

3）优先级

条件运算符与其他运算符的优先次序如下：单目运算符→算术运算符→关系运算符→逻辑运算符→条件运算符→赋值运算符→逗号运算符。

说明如下：

（1）条件运算符的优先级高于逗号运算符和赋值运算符。

对于“x=a>b?a:b;”，赋值号右边不必加小括号，因为“?:”的优先级高于“=”。

（2）条件运算符的优先级低于算术运算符和比较运算符。

对于“x=a-3>b+2?a+1:b-3;”也不必加小括号，运算符的运算顺序为 a-3、b+2、a+1、b-3、“>”、“?:”、“=”。

（3）条件表达式中的表达式类型可以不一样。例如，以下语句是正确的：“x>y?3:1.24;”。

4）结合性

条件运算符的结合性为自右至左。

5）条件运算表达式的说明和注意事项

（1）条件运算表达式可以嵌套。

例 2.18　假设有整型变量 a=1、b=2 和 x，计算表达式 a<b?(x=5):a>b?(x=6):(x=7) 的值。

条件运算符的结合性是从右至左，原表达式相当于 a<b?(x=5):(a>b?(x=6):(x=7))；因计算整个条件表达式时系统还是按照从左向右的顺序先进行条件判断，故本例先判断 a<b，其值为真，所以整个条件表达式的值为第一个表达式（x=5）的值，而后面的第二个表达式 a>b?(x=6):(x=7) 将不予计算，故整个条件表达式的值为 5。

（2）条件表达式中，表达式 1、表达式 2 和表达式 3 的类型可以不一致，条件表达式值取较高的类型。

例如，条件表达式 a>b?1.5:2 的值的类型是双精度实型（即若 a>b，则表达式的值为 1.5，否则其值为实型 2.0，因为在 a>b?1.5:2 中最高类型为双精度实型）。

### 2.7.6　逗号运算符和逗号表达式

**1. 逗号运算符**

在 C 语言中逗号“,”也是一种运算符，称为逗号运算符。

**2. 逗号表达式**

用逗号运算符把两个表达式连接起来组成一个表达式，称为逗号表达式。其一般形式如下：

```
表达式 1，表达式 2，…，表达式 n
```

逗号表达式的求解过程是：先求解表达式 1 的值，再求解表达式 2 的值，一直到求解表达式 n 的值，而整个逗号表达式的值是表达式 n 的值。例如，逗号表达式 55+8,7+9,10-5 的值为 5，即最后一个表达式的值。

**3. 优先级**

逗号运算符的优先级在所有运算符中最低，因此只要没有用圆括号括起来，它总是最后计算。

**4. 结合性**

逗号运算符结合性为自左至右。

例 2.19　求解逗号表达式 a=3*5,4*a 的值。

把 a=3*5 作为一个表达式，先求解 a=3*5，即计算和赋值后得到 a 的值为 15，然后求解 4*a，得 60，因此，整个逗号表达式的值为 60。

### 5. 逗号表达式的说明和注意事项

（1）逗号表达式又可以和另一个表达式组成一个新的逗号表达式。

例如，逗号表达式 (a=6,3*a),a+10 中，表达式 1 是 (a=6,3*a)，表达式 2 是 a+10，先将 6 赋值给 a，再计算 3*a 得 18，a 的值不变，最后计算 a+10，得 16，整个表达式的值是 16。

（2）并不是在所有出现逗号的地方都组成逗号表达式，如在变量说明中和函数参数表中的逗号只是用作各变量之间的间隔符。例如，“int a,b,c;” 中的逗号仅仅起变量之间间隔符的作用。

## 2.7.7 强制类型转换运算符

在 C 语言中，整型、单精度实型、双精度实型和字符型数据可以进行混合运算，字符型数据与整型数据可以通用。当表达式中的数据类型不一致时，首先把不同类型的数据转换为同一类型的数据，然后进行运算。数据类型转换可以细分为自动类型转换和强制类型转换。

### 1. 自动类型转换

自动类型转换发生在不同数据类型的量混合运算时，由编译系统自动完成。自动类型转换的规则是，若为字符型必须先转换为整型，即其对应的 ASCII 码；若为单精度型必须先转换成双精度型；若运算对象的类型不相同，将低精度类型转换为高精度类型。精度从低到高的顺序是 int → unsigned → long → double。归纳起来，自动类型转换的规则如图 2-8 所示。

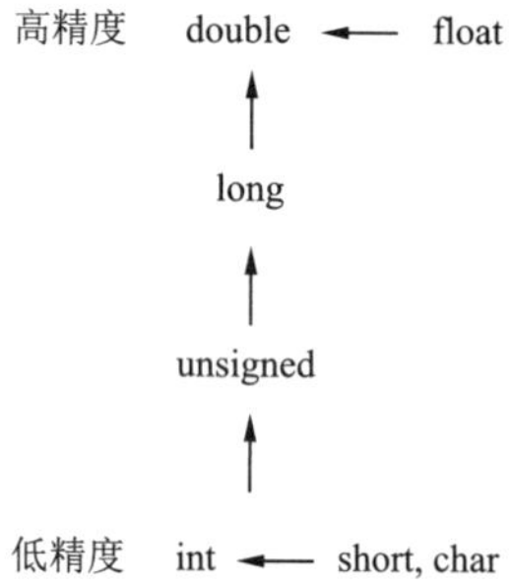


图 2-8 数据类型转换规则

例如，有如下变量：

```
int i;
float f;
double d;
long k;
```

运算 55+'a'+i*f−d/k 时，转换步骤如下：

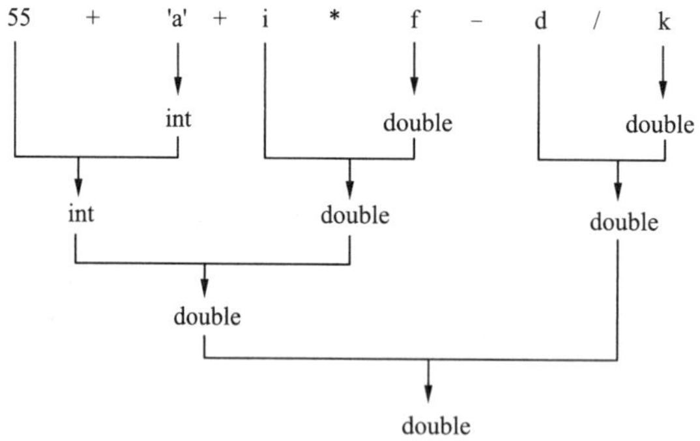


表达式 55+'a'+i*f−d/k 的运算过程为：①进行 i*f 的运算，将 int 型 i 和 float 型 f 都转换为 double 型，结果为 double 型；②进行 d/k 的运算，先将 k 转换成 double 型再进行 d/k 运算，结果为 double 型；③进行 55+'a' 的运算，先将 'a' 转换为整型数 97，结果为 152；④整数 152 与 i*f 的积相加，先将整数 152 转换成 double 型再进行相加，结果为 double 型；⑤ double 型 55+'a'+i*f 的运算结果和 double 型 d/k 的运算结果相减，得出整个表达式的类型为 double 型。这些类型的转换都是由系统自动进行的。

### 2. 强制类型转换

1）强制类型转换运算符

强制类型转换运算符就是“( 类型 )”，它是单目运算符，它把表达式的运算结果强制转换成圆括号中类型说明符所指定的类型。其一般形式如下：

```
(类型说明符)(表达式)
```

例如：

```
(int)(a+b)       /* 将表达式 a+b 的类型转换为整型（强制类型转换的操作数是 a+b）*/
(int)a+b         /* 将变量 a 转换成整型再与 b 相加（强制类型转换的操作数是 a）*/
(float)c/4       /* 将变量 c 转换为双精度型再与 4 相除（强制类型转换的操作数是 c）*/
```

假设实型变量 a、b 的值分别为 12.2 和 32.6，整型变量 c 的值为 10，求表达式 (int)(a+b) 的值，就是把 a+b 的计算结果 44.8 转换成 int 型，表达式的值是 44；求表达式 (float)c/4 的值，就是把变量 c 的值转换为 float 型 10.0 再与 4 相除，表达式的值是 2.5。

2）强制类型转换运算符的说明和注意事项

无论自动类型转换还是强制类型转换，类型转换的结果是一个指定类型的中间值，而原来变量的类型并没有改变。

例如，假设 n 为 int 型变量，x 为 float 型变量且 x=5.85，则表达式 n=(int)x 的结果是一个整型值 5，变量 x 的 float 类型并未改变，x 内存放的值 5.85 也未改变。

### 2.7.8　其他运算符

#### 1．求字节数运算符

求字节数运算符 sizeof 的作用是测试数据类型所占的字节数，C 语言中 sizeof 运算符是一个单目前缀运算符。其一般形式如下：

```
sizeof(变量名)
```

或

```
sizeof(类型名)
```

或

```
sizeof(表达式)
```

sizeof 的运算结果是整型值，该值是表达式或类型名对应的数据在内存中所占的字节数，例如：

```
int a=20, b=30;
```

因为 a 是整型变量，在内存中占 4 字节，所以 sizeof(a) 表达式的值是 4，因为 a+b 是整型表达式，所以 sizeof(a+b) 表达式的值也是 4。

float 是单精度实型的类型名，单精度实型数据在内存中占 4 字节，所以表达式 sizeof(float) 的值是 4，显然表达式 sizeof(double) 的值是 8，表示 double 型占用 8 字节。

sizeof 运算符可以用来保证 C 语言有较好的移植性，在动态内存分配时，sizeof 也是非常有用的运算。

#### 2．指针运算符

指针运算符包括用于取内容（*）和取地址（&）两种运算符。“*”和“&”运算符都是单目运算符。“&”运算符用来取出其运算分量的地址。“*”运算符是“&”的逆运算，它把运算分量（即指针量）所指向的内存单元中的内容取出来。例如：

```
int x,y,*p;
p=&x;            /* 表示把 x 所在内存单元的地址送给指针变量 p*/
y=*p;            /* 表示把 p 所指单元的内容（即 x 的值）赋给变量 y*/
```

两个运算符的优先级相同，高于双目运算符，结合方向为右结合。

除了求字节和指针运算符，以及本节介绍的运算符外，还有圆括号（()）、下标运算符（[]）、指向运算符（->）、结构体成员运算符（.）、位运算符（&、|、^、~、>>、<<）等运算符，这些运算符将在后续章节中介绍。

## 课后延学

### 1. 知识回顾

（1）C 语言的数据类型分为：基本类型、构造类型、指针类型和空类型。基本类型包括整型、实型、字符型和枚举类型。它们的表示方法、数据的取值范围等各有特点。

（2）常量是指在程序运行过程中其值不能被改变的量，包括整型常量、实型常量、字符常量、字符串常量和符号常量。特别要注意字符常量和字符串常量的区别。

（3）变量是指在程序运行过程中其值可以改变的量，主要包括整型变量、实型变量和字符型变量等。变量的名称可以是任何合法的标识符，但不能是关键字。给变量命名时应尽量做到“见名知意”。

（4）C 语言的运算符主要有：算术运算符（包括自增、自减运算符）、关系运算符、逻辑运算符、条件运算符、赋值运算符和逗号运算符等。每种运算符运算对象的个数、优先级、结合性各有不同。一般而言，单目运算符优先级较高，赋值运算符优先级较低。大多数双目运算符为左结合性，单目、三目及赋值运算符为右结合性。

（5）表达式是由运算符连接各种类型的数据组合而成的式子。表达式的求值应按照运算符的优先级和结合性所规定的顺序进行。

（6）不同类型的数据在进行混合运算时，需要进行类型转换。类型转换分为自动类型转换和强制类型转换。当不同类型的数据进行混合运算时，按照“精度”不降低的原则从低级向高级自动进行转换；当希望将一个表达式强制转换成所需类型时可进行强制类型转换。

### 2. 学习反思

（1）C 语言中数据类型概念的本质是什么？

（2）变量类型中所占字节数和取值范围有什么样的关系？

（3）如何理解逻辑运算中的“短路现象”？

### 3. 知识检验

（1）计算下列表达式的值，假设各表达式之间没有影响。

已知：“int x=7,y=4; ”。

① !x&&y--

② x||y&&x+y

③ ++x,++y,x+y

④ x=3,y=8,x<y?x++:y++

⑤ x+=y%=x+y

（2）若有定义：

```
char c='\010';
```

则字符变量 c 中包含的字符个数为________。

（3）有以下定义和语句：

```
char c1='b',c2='e';
printf("%d,%c",c2-c1,c2-'a'+'A');
```

则输出结果是________。

（4）编程实现输入一个华氏温度，要求输出一个摄氏温度。输出要有文字说明，取两位小数。

### 4. 拓展训练

【测试练习】完成辅教材第 2 章的【课后延学】的“测试练习”。

## 计算机等级考试二级真题解析

1．以下选项中不能作为 C 语言合法常量的是（　　）。

A．'cd'　　B.0.1e+6　　C．"a"　　D．'\011'

【答案】A

【解析】常量包括整型常量、实型常量、字符常量和字符串常量等。单引号表示字符常量，但不能包含字符串。表达字符串常量时需用双引号。

2．如有表达式 (w)?(−x):(++y)，则其中与 w 等价的表达式是（　　）。

A．w==1　　B．w==0　　C．w!=1　　D．w!=0

【答案】D

【解析】条件表达式形式为 < 表达式 1>? < 表达式 2>:< 表达式 3>。表达式 1 的值为真，结果为表达式 2 的值；表达式 1 的值为假，结果为表达式 3 的值。可见表达式 w 等价于 w!=0。

3．以下选项中，能用作数据常量的是（　　）。

A．o115　　B．0118　　C．1−5e1.5　　D．115L

【答案】D

【解析】C 语言中实型常量有两种表示：小数形式和指数形式。在指数形式中，字母 e（或 E）之前必须要有数字，且 e 或 E 后面的指数必须为整数，故 C 项错误；八进制整数常量以数字 0 开始，故 A 项错误。在八进制数中的有效数字为 0～7，故 B 项错误；L 是长整型数据标识，115L 为长整型常数即 long int，D 项正确。

4．以下选项中合法的标识符是（　　）。

A．1_1　　B．1-1　　C．_11　　D．1_

【答案】C

【解析】C 语言中标识符的命名规则：标识符由字母、数字和下划线组成，并且第一个字符必须是字母或下划线，不可以是数字。

5．设有定义“int x=2;”，以下表达式中，值不为 6 的是（　　）。

A．x*=x+1　　B．x++，2*　　C．x*=(1+x)　　D．2*x,x+=2

【答案】D

【解析】A 项，先执行 x+1，赋值符号右侧为 3，然后执行 x*=3，所以 x=2*3=6；B 项，x++ 得 3 然后 2*x 得 6；C 项与 A 项原理一致。D 项，2*x 虽然结果为 4，但没有赋值，此时 x 的值仍为 2，所以最终为 4。

6．表达式 (int)((double)9/2)−(9)%2 的值是（　　）。

A．0　　B．3　　C．4　　D．5

【答案】B

【解析】运算符“/”“%”的优先级高于“−”，所以先进行除法和求余运算，再进行减法运算。强制类型转换表达式的形式：(类型名)(表达式)。9/2 结果为 4，转换成 double 类型再转换成 int 类型结果依然为 4，(9)%2 的结果为 1，最后结果为 4−1=3。

7．若有定义“int x=10;”，则表达式 x−=x+x 的值为（　　）。

A．−2　　B．−10　　C．0　　D．10

【答案】B

【解析】单目加运算符优先级高于赋值运算符，所以先做 x+x，结果为 20，再做 x−20，结果为 −10。

8．以下选项中，能用作用户标识符的是（　　）。

A．void　　B．8-8　　C．-0-　　D．unsigned

【答案】C

【解析】标识符是由若干个字符组成的字符序列，用来命名程序的一些实体。C 语言定义标识符应遵循以下规则：①标识符由字母、数字或下划线组成；②第一个字符必须是字母或下划线；③标识符最多由 274 个字符组成；④在标识符中严格区分大小写字母；⑤关键字不能作为自定义的标识符在程序中使用。A、D 两项是关键字，B 项以数字开头。

9．若有定义“int a=1,b=2,c=3;”，则执行表达式 (a=b+c) || (++b) 后，a，b，c 的值依次为（　　）。

A．1，2，3　　B．5，3，2　　C．5，2，3.　　D．5，3，3

【答案】C

【解析】“||”表示或运算，当第一个表达式为真时，第二个表达式不执行。根据运算符的优先级原则，先计算 (a=b+c)，将 b+c 的值赋给 a，则 a=5，而“||”右边的括号不会被执行，所以 b=2，c=3。

10．若有定义“int a=10;double b=3.14;”，则表达式 'A'+a+b 值的类型是（　　）。

A．char　　B．int　　C．double　　D．float

【答案】C

【解析】在多目运算符相关联的运算数中，如果类型不一致，系统将自动进行类型转换，使两边的类型达到一致后，再进行运算，转换的规则是“由低到高”。'A' 是字符型，a 是整型，b 是 double 型。字符型数据占 1 个字符，double 型占 8 个字符，故三者相加后为 double 型，即选择答案 C。

# 第3章 顺序结构

数据的流转，将世界的信息，一一捕捉
结果的返回，将世界的奥秘，清晰呈现
输入与输出，C 语言的呼吸
The flow of data captures the world's information, piece by piece.
The feedback of the data colletion results unveils the mysteries of the world with clarity.
Input and output of the data are the breath of C language.

## 导读

第 2 章学习了 C 语言的基本数据类型、运算符及表达式的相关知识，若要真正驾驭编程的艺术，还需深入掌握输入输出语句和基本的编程技巧。

C 语言的输入与输出机制，以其简单、直接和高效的特点，成为编程世界中不可或缺的一部分。输入与输出，不仅仅是信息的传递，更是 C 语言与用户对话的方式，它让编程的世界变得可见、可感、可触摸，让每一次运行都充满了期待与惊喜。在输入与输出的交互中，C 语言不仅展现了其强大的功能，更传递了一种编程的美学，让每一行代码都成为连接人与信息、现实与梦想的桥梁。

顺序结构是结构化程序设计的三种基本结构之一。本章将介绍 C 语言的基本输入输出语句和由此构成的顺序结构编程。

## 导航

**学习目标：**

1. 了解语句的概念
2. 掌握 getchar() 函数和 putchar() 函数的使用
3. 掌握 scanf() 函数和 printf() 函数的使用
4. 掌握利用基本的简单语句编写程序

**学习重点：**

1. scanf() 函数和 printf() 函数的格式化说明符的使用
2. 采用顺序结构编程

**学习难点：**

1. scanf() 函数和 printf() 函数的格式化说明符的使用与区别
2. 顺序结构的编程应用

## 知识地图

- 顺序结构
  - 基本语句
    - 流程控制语句
    - 表达式语句
    - 函数调用语句
    - 复合语句
    - 空语句
  - 数据的输入输出
    - 字符输出函数 putchar()
      - 形式为：putchar(c);
      - 功能：向终端（或系统指定的输出设备）输出一个字符
    - 字符输入函数 getchar()
      - 形式为：getchar();
      - 功能：从键盘（或系统指定的输入设备）输入一个字符
    - printf()格式输出函数
      - 原样输出
        - 形式为：printf("要输出的字符串")
        - 功能：输出给定的字符串
      - 输出变量的值
        - 形式为：printf("格式控制字符串", 输出表列);
          - d带符号的十进制数
          - o无符号的八进制整数
          - x X无符号的十六进制整数
          - u无符号的十进制数
          - c输出单个字符
          - s输出字符串
          - f输出小数形式的实数（隐含6位小数）
          - e E以指数形式输出实数（E是大写，e是小写），隐含6位小数
          - g G选择%f和%e格式中输出宽度较小的格式输出
          - %输出百分号字符本身
        - 功能：按格式控制字符串所指定的格式输出表列中的值，格式控制符以%开头
    - scanf()格式输入函数
      - 形式为：scanf("格式控制字符串", 参数地址表列)
      - 功能：按照格式控制字符串中规定的格式，从键盘上输入各输入项的数据，并依次赋给各个输入项
      - 输入数据的分隔处理
        - 格式说明符（除%c以外）之间无间隔时，输入时以空格、Tab键或回车符间隔
        - 在“格式控制字符串”中除了格式说明符还有其他字符时，输入时以原样输入
        - %后面有一个“*”表示本项输入，但不赋值给相应的变量
        - 可以通过输入数据的宽度分隔输入数据
      - 输入数据的结束处理
        - 遇到空格或者回车键、Tab键
        - 遇到指定的宽度结束
        - 遇到非法输入
      - 注意事项
        - 输入参数的数据类型、个数一定要与需要的数据类型一致、个数一致
        - 输入实数时不能规定精度
        - 长度格式说明符l和h，l表示输入长整型数据（如%ld）和双精度实数（如%lf），h表示输入短整型数据
        - 用%c格式输入字符时，所有输入的字符都作为有效字符
        - 对unsigned型数据，可以用%u、%d、%o、%x格式输入
  - 编程应用

## 课前导学

### 1. 知识初探

◎阅读主教材第 3 章的【课中细学】

◎阅读辅教材第 3 章的【课前导学】的“本章要点”与相应“典型例题解析”

**2. 视频观看**

观看主教材第 3 章的【课中细学】相应的视频

**3. 思考空间**

（1）为什么要引入空语句？什么时候使用它？

（2）为什么引入输入输出函数？

（3）使用 scanf() 函数时的注意事项是什么？

## 课中细学

## 3.1　C 语言的基本语句

和其他高级语言一样，C 语言的语句是用来向计算机系统发出操作指令的。一条语句经编译后产生若干条机器指令，一个程序的基本组成部分是语句，因此，要想学好程序设计，就必须很好地掌握每一条语句。一般一条语句完成的功能是有限的，如果要完成一个比较复杂的功能，则需要一组按照一定顺序排列的语句。C 语言的使用语句一般分为五大类，分别为：控制语句、表达式语句、函数调用语句、复合语句和空语句。

**1. 控制语句**

控制语句是用来控制程序执行流程的语句，完成一定的控制功能。按结构化程序设计的观点，逻辑上任何算法都可使用三种控制结构来编程实现。这三种控制结构为顺序结构、条件结构和循环结构。C 语言中有九种控制语句，又可以分为以下三类。

（1）选择结构控制语句：

if()...else... 条件语句、switch 多分支选择语句。

（2）循环结构控制语句：

for()... 循环语句、while()... 循环语句、do...while() 循环语句。

（3）其他控制语句：

break（中止执行 switch 或循环语句）、continue（结束本次循环语句）、return（从函数返回语句）、goto（转向语句）语句。

上面语句表示形式中的括号 () 表示括号中是一个判别条件，“...”表示内嵌的语句。例如，“if()...else...”的具体语句可以写成：

```
if(x>y)
  z=x;
else
  z=y;
```

其中 x>y 是一个判别条件，z=x; 和 z=y; 是语句，这两个语句是内嵌在 if...else... 中的语句。这个语句的作用是先判别条件“x>y”是否成立，如果成立就执行“z=x;”，否则就执行“z=y;”。

**2. 表达式语句**

C 语言的任何表达式的后面加上一个分号之后就构成了一个表达式语句。该语句的功能就是对该表达式求值，其一般形式如下：

```
表达式；
```

例如：

```
a+b;                /* 计算变量 a 和 b 的和 */
a=3;                /* 将 3 赋值给变量 a*/
i++;                /* 将变量 i 的值增加 1*/
a=3,b=4,c=5;        /* 将变量 a、b、c 分别赋值 3、4、5*/
a+=2;               /* 将变量 a 的值增加 2*/
t=i,i=j,j=t;        /* 将变量 i、j 的值利用 t 进行互换 */
i=3*5+5;            /* 将 20 赋值给变量 i*/
```

任何表达式都可以加上分号而成为语句，表达式语句是C语言的一大特色，C程序中绝大多数语句都是表达式语句。

### 3. 函数调用语句

一个函数调用加一个分号构成函数调用语句，其作用是完成特定的功能。其一般形式如下：

```
函数名（实参表）;
```

例如：

```
printf("This is a C program \n");   /* 由 printf 格式输出函数加上一个分号构成函数调用语句 */
ch=getchar();                        /*getchar 字符输入函数从键盘得到一个字符赋予 ch 变量 */
```

### 4. 复合语句

复合语句块是用一对大括号{}括起来的一条或多条语句。在语法上相当于一条语句。其一般形式如下：

```
{ 语句组 }
```

例如：

```
{
  a=b;
  b=c;
  c=a;
}
```

**注意：**“}”后没有分号，如果加上分号则不再是一个块而是一个块和一条空语句。

### 5. 空语句

单独一个分号就构成了一条空语句。它什么也不做，其一般形式如下：

```
;
```

空语句一般用作延时。比如在循环语句中做空循环体，可起延时的作用。例如：

```
while(getchar()!='\n')
  ;
```

C语言允许一行写几个语句，也允许一个语句拆开写在几行上，书写格式无固定要求。

## 3.2 数据的输入和输出

在C程序的运行中，有时候需要从外围设备（如键盘）上输入数据，在程序计算结束后，需要把计算结果输送到外围设备（如显示器）上，以便我们对结果进行分析。程序从外围设备上获得数据的操作称为“输入”，把程序数据发送到外围设备上的操作称为“输出”。不像其他编程语言，C语言没有专门的输入和输出语句，输入和输出的操作是通过调用C语言的标准库函数实现的。

标准函数库中所用到的变量定义和宏定义均在扩展名为 .h 的头文件中描述，在使用标准函数库时，必须用预编译命令 #include 将相应的 .h 为扩展名的头文件包含到用户程序中，h 是 head 的缩写，#include 都是放在程序的开头，因此这类文件称为“头文件”，例如：

```
#include <stdio.h>      /*表示在系统指定的路径中查找stdio.h文件*/
```

或

```
#include "stdio.h"
```

stdio 是 standard input&output 的缩写，它包含了与标准 I/O 库有关的变量定义和宏定义以及对函数的声明。

在本节中先介绍 C 语言标准输入输出库函数中最简单、最容易理解的字符输入输出函数 putchar() 和 getchar()，再介绍格式输入输出函数 printf() 和 scanf()。

## 3.2.1　putchar() 和 getchar() 函数

### 1．字符输出函数 putchar()

其一般形式如下：

```
putchar(c);
```

putchar() 函数的功能是向终端输出一个字符。c 可以是一个字符变量或字符常量、整型变量、整型常量或转义字符，函数的参数就是待输出的字符。

例3.1　使用 putchar() 函数输出单个字符。

```
#include <stdio.h>
void main()                 /*主函数*/
{
    char x,y,z;             /*定义x、y、z为字符型变量*/
    x='o';                  /*将字符o赋给变量x*/
    y='p';                  /*将字符p赋给变量y*/
    z='e' ;                 /*将字符e赋给变量z*/
    putchar(x);             /*输出变量x的值*/
    putchar(y);             /*输出变量y的值*/
    putchar(z);             /*输出变量z的值*/
    putchar('n');           /*输出字符常量n*/
}
```

运行结果如下：

```
open
```

程序利用 putchar() 函数分别输出 x、y、z 和字符常量 n。putchar() 函数可以输出控制字符，例如，putchar('\n'); 输出一个换行符；也可以输出其他转义字符，例如，putchar('\101'); 输出字符 'A'。

### 2．字符输入函数 getchar()

其一般形式如下：

```
getchar();
```

getchar() 函数的功能是从键盘（或系统隐含指定的输入设备）输入一个字符。当程序执行到 getchar() 函数时，等待用户从键盘输入一个字符，并将该字符作为函数结果值返回。getchar() 函数一般没有参数。

例3.2　从键盘输入一个字符，并在屏幕上输出。

```
#include <stdio.h>
void main()
```

```
{
  char a;               /* 定义字符型变量 a*/
  a=getchar();          /* 从键盘得到一个字符，并赋值给字符型变量 a*/
  putchar(a);           /* 把变量 a 的值输出到屏幕上 */
}
```

如果从键盘输入字母 Y，则输出字母 Y 和换行符，程序运行界面如图 3-1 所示。

图 3-1　例 3.2 的运行结果

关于 getchar() 函数的说明：

（1）getchar() 函数接收的字符可以赋给一个字符变量或整型变量，也可以不赋给任何变量，仅作为表达式的一部分。

例如，例 3.2 中的以下两行语句：

```
a=getchar();
putchar(a);
```

可以用下面一行语句代替：

```
putchar(getchar());
```

（2）getchar() 函数只能接收一个字符，输入数字也按字符处理，即使从键盘上输入多个字符，也只接收第一个字符。按【Enter】键表示结束，getchar() 函数没有参数，函数的返回值就是从终端读入的字符。

## 3.2.2　printf() 函数

printf() 函数称为格式输出函数，其功能是按指定格式把数据输出到标准输出设备上。在前面的例题中已多次使用到该函数。putchar() 函数只能输出一个字符，printf() 函数可以输出多个数据，且为任意类型。格式输出函数有原样输出格式和输出变量的值两种使用形式。

### 1. 原样输出格式

原样输出一般形式如下：

```
printf("要输出的字符串");
```

例 3.3　把一个字符串输出到屏幕上。

```
#include <stdio.h>
void main()
{
  printf("please input a character:\n");
}
```

程序运行结果：

```
please input a character:
```

一般原样输出常用在格式输入函数之前，起到提示符的作用。

### 2. 输出变量的值

输出变量的值是按格式控制字符串所指定的格式输出表列中的值，其调用的一般形式如下：

```
printf("格式控制字符串",输出表列);
```

（1）输出表列是要输出的变量、常量和表达式等，输出表列中参数的个数是 1 个到若干个，当超过 1 个时，用逗号分隔。

（2）格式控制字符串中有两类字符。

① 非格式字符。非格式字符（普通字符、转义字符）一律按原样输出。

② 格式说明符。格式说明符的一般形式如下：

```
%[附加格式说明符]格式说明符
```

例如，在以下两个语句中，

```
int  a=10;
printf("a=%d\n",a);
```

'a'、'=' 和 '\n' 是非格式说明符，'a' 和 '=' 原样输出，'\n' 是转义字符换行。而 "%d" 是格式说明符，表示以带符号十进制整型格式输出数据。

比较例 3.4 和例 3.5 的运行结果有何不同。

**例 3.4**　求两个数 a 与 b 之和。

```
#include <stdio.h>
void main()
{
  int  a,b,sum;
  a=10; b=30;
  sum=a+b;
  printf("%d\n",a);
  printf("%d\n",b);
  printf("%d\n",sum);
}
```

运行结果如下：

```
10↙
30↙
40↙
```

**例 3.5**　求两个数 a 与 b 之和。

```
#include  <stdio.h>
void main()
{
  int  a,b,sum;
  a=10; b=30;
  sum=a+b;
  printf("a=%d\n",a);
  printf("b=%d\n",b);
  printf("sum is:%d\n",sum);
}
```

运行结果如下：

```
a=10↙
b=30↙
sum is:40↙
```

在这两个例子中分别输出了 a、b 的值，但由于格式控制串不同，输出的结果也不相同。例 3.5 中有一些非格式说明符如 'a' 和 '=' 等都是原样输出。

常用的格式说明符见表 3-1，常用的附加格式说明符见表 3-2。对于表 3-1 和表 3-2，在此以 d 格式说明符为例详细说明，其他格式说明符与此相同，这里不再赘述。

表 3-1　printf() 函数常用的格式说明符

| 格式说明符 | 功　能 |
| --- | --- |
| d | 输出带符号的十进制整数，按实际长度输出，正数的符号省略 |
| o | 输出无符号的八进制整数，不输出前导符 0 |
| x、X | 输出无符号的十六进制整数，不输出前导符 0x，用 x 则输出十六进制数的 a ～ f 时以小写字母输出，用 X 时，则以大写字母输出 |
| u | 输出无符号的十进制整数 |
| c | 以字符形式输出，仅输出单个字符 |
| s | 输出字符串 |
| f | 输出小数形式的实数（隐含 6 位小数），整数部分全部输出，隐含输出 6 位小数 |
| e、E | 以指数形式输出实数（E 是大写，e 是小写），隐含 6 位小数，共 13 位 |
| g、G | 选择 f 和 e 格式中输出宽度较小的格式输出，且不输出无意义的 0 |
| %% | 输出字符百分号本身 |

表 3-2　printf() 函数常用的附加格式说明符

| 附加格式说明符 | 功　能 |
| --- | --- |
| - | 数据左对齐输出，无“-”时默认右对齐输出 |
| m（m 为正整数） | 数据输出宽度为 m，如果数据宽度超过 m，按实际输出 |
| .n（n 为正整数） | 对于实数，n 是输出的小数位数，对于字符串，n 表示输出前 n 个字符 |
| L | ld 输出 long 型数据，lf、le 输出 double 型数据 |
| H | 用于格式说明符 d、o、u、x 或 X，表示对应的输出项是短整型 |
| 0 | 输出数值时指定左面不使用的空格位置自动填 0 |

printf() 函数常用的格式控制字符有以下几种：

① d 格式说明符用来输出带符号十进制整数。有以下用法：

%d：以整数的实际位数输出一个整数。

%md：在 m 列的宽度上以数据右对齐的方式输出一个整数，m 大于整数的宽度时多余的位数空格补在数据前面，m 小于整数的宽度时 m 不起作用，系统原样输出该整数。

%-md：在 m 列的宽度上以数据左对齐的方式输出一个整数，m 大于整数的宽度时多余的位数空格留在数据后面，m 小于整数的宽度时 m 不起作用，系统原样输出该整数。

%0md：在 m 列的宽度上以数据右对齐的方式输出一个整数，m 大于整数的宽度时多余的位数以 0 补在数据前面，m 小于整数的宽度时 m 不起作用，系统原样输出该整数。

例3.6　分析下面程序的运行结果。

```
#include <stdio.h>
void main()
{
  int x=100;
  printf("%d\n",x );
  printf("%6d\n",x);
  printf("%2d\n",x);
  printf("%-6d\n",x);
  printf("%06d\n",x);
}
```

程序运行结果：

```
100
␣␣␣100
100
100␣␣␣
000100
```

其中 '␣' 表示空格。请比较这几种输出格式的异同。

② c 格式说明符用来输出一个字符。有 %c、%mc、%-mc 等用法。

例 3.7 字符数据的输出。

```
#include <stdio.h>
void main()
{
  char c='b';                    /* 定义 c 为字符型变量，并将 'b' 赋给变量 c*/
  printf("%d%5c\n",c,c);         /* 以字符和整数形式输出的 c 变量的值 */
}
```

运行结果如下：

```
98␣␣␣␣b
```

其中 %d 的形式输出一个字符，输出的是该字符对应的 ASCII 码值。

③ s 格式说明符用来输出一个字符串。有 %s、%ms、%-ms、%m.ns、%-m.ns 等用法。

%s：以字符串的实际位数输出一个字符串。

%ms：在 m 列的宽度上以数据右对齐的方式输出一个字符串，m 大于字符串的宽度时多余的位数以空格补在数据前面，m 小于字符串的宽度时 m 不起作用，系统正确输出该字符串。

%-ms：在 m 列的宽度上以数据左对齐的方式输出一个字符串，m 大于字符串的宽度时多余的位数以空格补在数据后面，m 小于字符串的宽度时 m 不起作用，系统原样输出该字符串。

%m.ns：在 m 列的宽度上以右对齐的方式输出一个字符串的前 n 个字符，m>n 时，多余的位数以空格补在字符串前面，m<n 时，m 不起作用，系统原样输出字符串的前 n 个字符。

%-m.ns：在 m 列的宽度上以左对齐的方式输出一个字符串的前 n 个字符，m>n 时，多余的位数以空格补在字符串后面，m<n 时，m 不起作用，系统原样输出字符串的前 n 个字符。

例 3.8 字符串的输出。

```
#include <stdio.h>
void main()                         /* 以不同形式输出字符串 "Beijing"*/
{
  printf("%s,%10s,%3s\n ","Beijing","Beijing","Beijing");
  printf("%7.3s,%.4s,%-5.3s\n","Beijing","Beijing","Beijing");
}
```

程序运行结果：

```
Beijing,␣␣␣Beijing,Beijing
␣␣␣␣Bei,Beij,Bei␣␣
```

程序中格式说明符 %.4s，仅指定了 n，没有指定 m，自动使 m=n=4，故占 4 列；%-5.3s 以左对齐的方式输出，共占 5 列输出 3 个字符。

④ f 格式说明符用来输出实数（包括单精度、双精度），以小数形式输出。有以下用法：

%f：不指定字段宽度，由系统自动指定，使整数部分全部输出，并输出 6 位小数。应当注意，在输出的数字中并非全部数字都是有效数字。单精度实数的有效位数一般为 7 位。

%m.nf：在 m 列（小数点也算一位）的位置上以右对齐的方式输出一个实数，保留 n 位小数，系统自动对数据进行四舍五入的处理。m 大于实数总宽度时，多余的位数以空格补齐，m 小于实数总宽度时，m 不起作用，系统正确输出该实数。

%−m.nf：在 m 列（小数点也算一位）的位置上以左对齐的方式输出一个实数保留 n 位小数，系统自动对数据进行四舍五入的处理。m 大于实数总宽度时，多余的位数空格以空格补齐，m 小于实数总宽度时，m 不起作用，系统正确输出该实数。

例 3.9　实数的输出。

```
#include <stdio.h>
void main()                                   /* 以不同形式输出实数 */
{
  float  f1=100.15799,f2=12.55,f3=1.7;        /* 定义 f1,f2,f3 为双精度型实型变量并赋值 */
  printf("%f\n%f\n%f\n", f1, f2, f3);
  printf("%11.2f\n%-11.3f\n%6.1f\n%3.0f\n", f1,f1,f2,f3);
}
```

程序运行结果如图 3-2 所示。

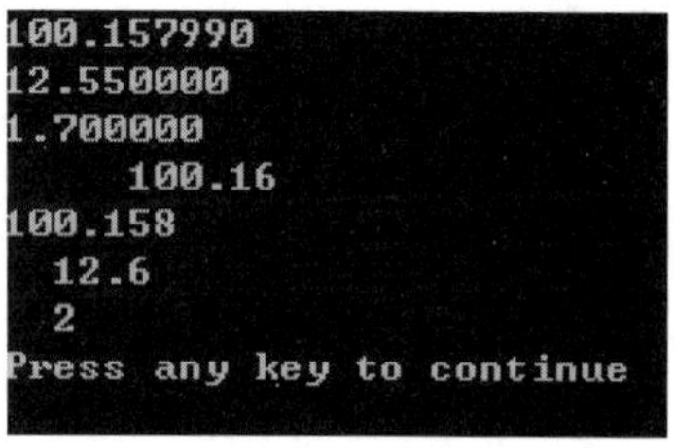


图 3-2　例 3.9 的运行结果

其中 %−11.3f 是以左对齐的方式输出 f1，共占宽度 11 列（包括小数点），其中小数点后有 3 位；%3.0f 是以右对齐的方式输出 f3，共占宽度 3 列（包括小数点），其中不输出小数点后的小数，1.7 四舍五入为 2。请比较几种输出方式的不同。

⑤ e 或 E 格式说明符用来以指数形式输出一个实数。有 %e、%m.ne、%−m.ne 等用法。

%e 是按标准宽度的指数形式输出，标准宽度共 13 位。其中，尾数的整数部分占 1 位（必须是非 0 数字），小数点占 1 位，小数部分占 6 位，e 占 1 位，指数的正号或负号占 1 位，指数占 3 位。m.n 与 −m.n 的作用与 f 格式说明符中相同。

例 3.10　以指数形式输出一个实数。

```
#include <stdio.h>
void main()
{
  float t=123456.78;
  printf("%e,%8.3e,%6.0e,%.1e\n",t,t,t,t);
}
```

程序运行结果：

```
1.234568e+005,1.235e+005,1e+005,1.2e+005
```

在使用 printf() 函数时，需要注意以下几点：

（1）除了 X、E、G 可以大写外，其他格式说明符都必须小写，如 %f 不能写成 %F。

（2）如果需要输出“%”，则应该在格式控制字符串内连续使用两个 %。例如：

```
printf("%5.2f %%\n",1.0/3*100);
```

输出：

```
33.33%
```

（3）格式说明符与输出的数据类型要匹配，否则得到的输出结果可能不是原值。

（4）使用 printf() 函数时还要注意一个问题，那就是输出表列中的求值顺序。不同的编译系统不一定相同，可以从左到右，也可以从右到左。

### 3.2.3　scanf() 函数

与格式化输出函数 printf() 相对应的是格式化输入函数 scanf()，其调用的一般形式如下：

```
scanf(" 格式控制字符串 ", 参数地址表);
```

其作用是按“格式控制字符串”中规定的格式，从键盘上输入各输入项的数据，并依次赋给各输入项。

其中“格式控制字符串”是用双引号括起来的字符串，它包括格式说明符和分隔符两部分。scanf() 函数的格式说明符通常由“%”开始，用于指定各参数的输入格式。scanf() 函数常用的格式说明符的功能见表 3-3。

表 3-3　scanf() 函数常用的格式说明符

| 格式说明符 | 功　能 |
|---|---|
| d | 输入十进制整数 |
| o | 输入八进制整数 |
| x | 输入十六进制整数 |
| c | 输入一个字符，空白字符（包括空格、回车、制表符）也作为有效字符输入 |
| s | 输入字符串，遇到第一个空白符（包括空格、回车、制表符）时结束 |
| f 或 e | 输入实数以小数或指数形式输入 |
| %% | 输入一个百分号 % |

“参数地址表”是由若干个变量的地址组成的列表，参数之间用逗号隔开。scanf() 函数要求必须指定用来接收数据的变量的地址，否则，虽然编译程序不会出错，但会导致数据不能正确地读入指定的内存单元。

在输入数据时要注意以下几点：

（1）输入数据的分隔处理：

① 格式说明符（除 %c 以外）之间无任何间隔时，输入数据时必须用空格、【Tab】键或【Enter】键来分隔。

例如：假设要给整型变量 a、b 赋值 25、-50，scanf() 函数格式如下：

```
scanf("%d␣%d",&a,&b);          /* 数据间有一个空格作为分隔 */
```

或

```
scanf("%d%d",&a,&b);           /* 数据间无任何间隔 */
```

则用以下三种方式输入数据都是合法的：

```
20␣-50↙                        /* 数据间用空格作为分隔 */
20↙                            /* 数据间用【Enter】键作为分隔 */
-50↙
20(按 Tab 键)-50↙              /* 数据间用【Tab】键作为分隔 */
```

② 如果在“格式控制字符串”中除了格式说明符还有其他字符，则在输入数据时应输入与这些字符相同的字符。

例 3.11　执行下列程序并对结果进行分析。

```
#include <stdio.h>
void main()
{
  int a=0,b=0,c=0;
  printf("input a=,b=,c=\n");
```

```
    scanf("a=%d,b=%d,c=%d",&a,&b,&c);
    printf("a=%d,b=%d,c=%d",a,b,c);
}
```

正确输入方式和运行结果如下：

```
input a=,b=,c=
a=1,b=2,c=3↙
a=1,b=2,c=3
```

不正确输入方式和运行结果如下：

```
input a=,b=,c=
a=1,a=2,c=3↙
a=1,b=0,c=0
```

因为输入变量 b 之前出现错误，把“b=”误写为“a=”，导致 scanf() 函数立即结束，因此，变量 b 和 c 仍然保持原来的值。

③ 可以通过指定输入数据的宽度分隔输入数据。用十进制整数指定输入数据的宽度，表示该输入项最多可输入的字符个数。如遇空格或不可转换的字符，读入的字符将减少。例如：

```
scanf("%4d%3d%4d",&a,&b,&c);
```

如果执行时从键盘上输入：200808082008↙

则把 2008 赋给 a，把 080 赋给 b，把 8200 赋给 c。

④ 如果在 % 后面有一个“*”，表示本项输入，但并不赋值给相应的变量。

```
scanf("%d,%*d,%d",&x,&y);
```

输入：100,45,567↙

系统将 100 赋给 x，567 赋给 y，也就是说第二个数据 45 被跳过。在利用现成的一批数据时，有时不需要其中某些数据，可用此方法跳过它们。

（2）输入数据结束处理：

在输入数据时，遇到以下情况时认为此数据输入结束。

① 遇到空格或者按【Enter】键、【Tab】键。

② 遇到指定的宽度结束，如“%3d”，只取 3 位。

③ 遇到非法输入。例如，在输入数值数据时，遇到字母等非数值符号。

例如：

```
scanf("%3d%d%c%f",&x,&y,&s,&z);
```

假如输入：12345g678o.98↙

按照规定的宽度将 123 赋给整型变量 x，将整数 45 赋给整型变量 y，将字符 g 赋给字符型变量 s，由于 z 为单精度实型变量，因此本应按规定将 678o.98 赋给实型变量 z，但因 678 之后出现了字符 'o'，因此就认为该数据到此结束，所以将 678 赋给变量 z。

（3）注意事项：

① 输入参数的数据类型、个数一定要与所需要的数据类型一致、个数一致。

② 格式控制字符串的作用与 printf() 函数相同，但不能显示提示字符串。因此，在编写程序时，往往先用 printf() 函数在屏幕上输出提示，告诉要输入的信息项。

例 3.12 提示输入的信息项。

```
#include <stdio.h>
```

```
void main()
{
  int  a,b,c;
  printf("please input a,b,c:\n");
  scanf("%d,%d,%d",&a,&b,&c);
  printf("a=%d,b=%d,c=%d",a,b,c);
}
```

程序运行结果：

```
please input a,b,c:
100,200,300↙
a=100,b=200,c=300
```

③ 输入实数时不能规定精度。

例如，scanf("%4.1f",&f); 是非法的，不能试图输入 12.1。

④ 长度格式说明符为 l 和 h，l 表示输入长整型数据（如 %ld）和双精度实数（如 %lf），h 表示输入短整型数据。注意，与输出的情况不同，输入数据时长度格式说明符不能省略，如输入 double 型数据必须使用 %lf 或 %le。例如，假设 x、y 为 double 型变量，则用 scanf() 函数赋值时，必须写为：

```
scanf("%lf,%lf",&x,&y);
```

⑤ 在用 %c 格式输入字符时，所有输入的字符（包括空格、【Tab】键或【Enter】键）都作为有效字符。例如：

```
scanf("%c%c%c",&x,&y,&z);
```

输入：a␣b␣c↙

则把字符 a 赋给变量 x，把空格字符赋给变量 y，把字符 b 赋给变量 z。

例 3.13　执行下列程序并对结果进行分析。

```
#include <stdio.h>
void main()
{
  char c1,c2,c3;
  scanf("%c␣%c",&c1,&c2);
  scanf("%c",&c3);
  printf("c1=%c,c2=%c,c3=%c\n",c1,c2,c3);
}
```

如果按以下两种方式输入：

```
a␣b␣c↙
```

或

```
a␣b↙
c↙
```

则输出不正确结果：

```
c1=a,c2=b,c3=
```

按下列方式输入，则运行结果正确。

```
a␣bc↙
c1=a,c2=b,c3=c
```

因为第一种方式是将空格符赋给 c3，第二种方式是将【Enter】键赋给 c3。

⑥ 对 unsigned 型数据，可以用 %u、%d 或 %o、%x 格式输入。

C 语言的输入输出规则比较烦琐，用得不正确就得不到预期的结果。输入输出是最基本的操作，几乎每一个程序都会使用输入输出函数。对于初学者来说，先重点掌握最常用的一些规则和方法，然后随着学习的深入和通过不断编写调试程序逐步掌握输入输出的应用。

## 3.3 顺序结构

顺序结构是结构化程序的三大结构之一，是三种结构中最简单、最常见的一种程序结构。特点是：顺序结构中的语句是按照书写的先后次序顺序执行的，每个语句都会被执行到，并且只能执行一次。一般而言，顺序结构的算法中应该包括以下几个基本步骤：变量定义→变量赋值→运算处理→输出结果。

下面分析几个顺序结构的程序例题，从中学习简单顺序结构程序的设计方法。

**例 3.14** 输入圆锥体的底面半径和高，求圆锥体的体积和侧面积。

已知底面半径（r）和高（h），求圆锥体的体积（v）和侧面积（s），可以使用下面的公式计算。

$$v=\pi r^2h/3$$

$$l=\sqrt{r^2+h^2}$$

$$s=\pi rl$$

流程图描述如图 3-3 所示。

程序如下：

```
#include <stdio.h>
#include <math.h>                              /* 将数学操作函数头文件包含进来 */
#define PI  3.1415926
void main()
{
  double  r,h,l,v,s;
  printf("please input r=,h=\n");
  scanf("r=%lf,h=%lf",&r,&h);                  /* 给圆锥体的底面半径和高赋值 */
  v=PI*r*r*h/3;                                /* 求圆锥体的体积 */
  l=sqrt(r*r+h*h);
  s=PI*r*l;                                    /* 求圆锥体的侧面积 */
  printf("v=%7.3f\ts=%7.3f\n",v,s);           /* 输出圆锥体的体积和侧面积 */
}
```

程序运行结果：

```
please input r=,h=
r=3.0,h=6.0
v=␣56.549       s=␣63.223
```

**例 3.15** 输入三角形的三条边长，求三角形的面积，假定输入的三条边能构成三角形。

已知三角形的三条边长 a、b、c，求三角形面积，假设三条边可以构成三角形，满足使用海伦公式的条件。海伦公式如下：

$$p=\frac{1}{2}(a+b+c) \quad s=\sqrt{p(p-a)(p-b)(p-c)}$$

流程图描述如图 3-4 所示。

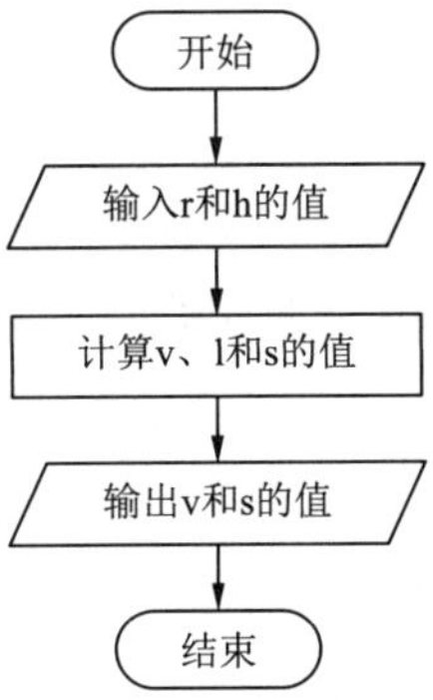


图 3-3　例 3.14 流程图

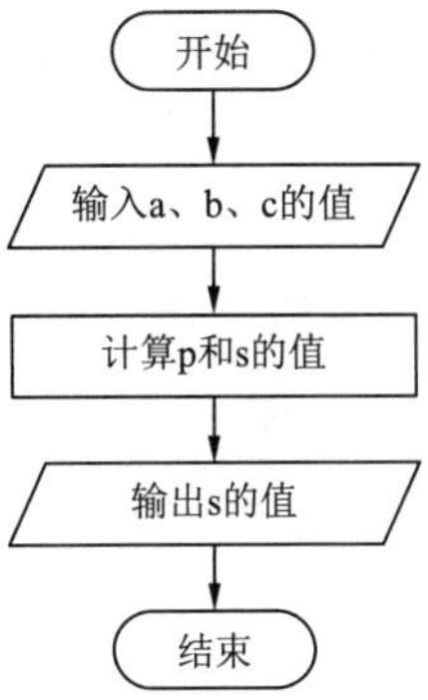


图 3-4　例 3.15 流程图

程序如下：

```
#include <stdio.h>
#include <math.h>
void main()
{
  double  a,b,c,p,s;
  printf("input a,b,c=");
  scanf("%lf, %lf, %lf",&a,&b,&c);
  p=0.5*(a+b+c);
  s=sqrt(p*(p-a)*(p-b)*(p-c));                /*用海伦公式计算三角形的面积s*/
  printf("s=%6.2f\n",s);                      /*输出三角形的面积s*/
}
```

程序运行结果：

```
input a,b,c=3,4,5↙
s=␣␣6.00
```

## 3.4　程序举例

例3.16　输入一个大写字母，求对应的小写字母。

程序分析：从附录 A 中的 ASCII 码表中可以看到，每一个大写字母比它相应的小写字母的 ASCII 值小 32，'F' 的 ASCII 值是 70，'F'+32 会得到小写字母 'f' 的 ASCII 值，即 102。其余的依此类推。

```
#include <stdio.h>
void main()
{
  char ch1,ch2;
  printf("please input a capital letter:");
  ch1=getchar();                              /*从键盘输入一个大写字母给ch1*/
  ch2=ch1+32;                                 /*将大写字母转换为小写字母*/
  printf("%c%3c\n",ch1,ch2);
}
```

程序运行结果：

```
please input a capital letter:F↙
F␣␣f
```

例 3.17 数据交换。从键盘输入 a、b 的值，交换 a、b 的值，并输出交换后的值。

程序分析：在计算机中进行数据交换，例如，交换变量 a 和 b 的值，不能只写下面两个赋值语句：

```
a=b; b=a;
```

因为当执行第一个赋值语句后，变量 b 的值覆盖了变量 a 原来的值，即 a 的原值就会丢失，再执行第二个赋值语句就无法达到将两个变量的值相互交换的目的。为此，借助中间变量 t 保存 a 的原值，交换过程用连续 3 个赋值语句实现：

```
t=a; a=b; b=t;
```

执行 t=a 后，将 a 的值保存在 t 中；再做 a=b 将 b 的值赋给 a；最后用 b=t 将 t 中保存的 a 的原值赋给 b。根据这一思路，两个变量 a 和 b 的值交换的过程如图 3-5 所示。

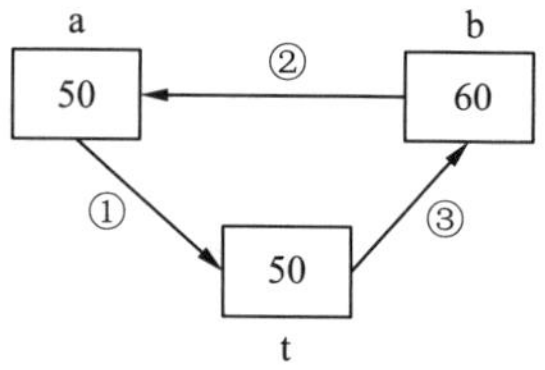

图 3-5 例 3.17 程序执行过程

程序如下：

```
#include <stdio.h>
void main()
{
  int a,b,t;
  printf("input a=");
  scanf("%d",&a);
  printf("input b=");
  scanf("%d",&b);
  printf("old data:a=%d,b=%d\n",a,b);     /*输出变量 a 和 b 的原值*/
  t=a;                                    /*将变量 a 的值赋值给变量 t*/
  a=b;                                    /*将变量 b 的值赋值给变量 a*/
  b=t;                                    /*将变量 t 的值赋值给变量 b*/
  printf("new data:a=%d,b=%d\n",a,b);     /*输出变量 a 和 b 的新值*/
}
```

视频

输入输出函数

程序运行结果：

```
input a=50↙
input b=60↙
old data: a=50,b=60
new data: a=60,b=50
```

例 3.18 求一元二次方程 $ax^2+bx+c=0$ 的根，$a$、$b$、$c$ 由键盘输入，设 $b^2-4ac>0$。

程序分析：假设 $b^2-4ac>0$，方程有两个实根，顺序求出方程的两个根即可。

程序如下：

```
#include <stdio.h>
#include<math.h>
void main()
{
  double a,b,c,disc,x1,x2,p,q;
  printf("please input a=,b=,c=:\n");
  scanf("a=%lf,b=%lf,c=%lf",&a,&b,&c);
  disc=b*b-4*a*c;
  p=-b/(2*a);
  q=sqrt(disc)/(2*a);
  x1=p+q;
```

```
  x2=p-q;
  printf("\nx1=%5.2f\nx2=%5.2f\n",x1,x2);
}
```

假如在程序运行时输入 a=1,b=6,c=2，程序运行结果如下：

```
please input a=,b=,c=:
a=1,b=6,c=2↙
x1=-0.35
x2=-5.65
```

## 课后延学

### 1. 知识回顾

（1）C 语言的基本语句一般分为五大类，分别为控制语句、表达式语句、函数调用语句、复合语句和空语句。

（2）C 语言中有九种控制语句，可以细分为以下三类。

① 选择结构控制语句：if 语句、switch 语句。

② 循环结构控制语句：for 循环、while 循环、do...while 循环。

③ 其他控制语句：break 语句、continue 语句、goto 语句。

（3）数据的输入输出函数：

① putchar()（字符输出函数）。

② getchar()（字符输入函数）。

③ printf()（格式输出函数）。

④ scanf()（格式输入函数）。

（4）顺序结构。顺序结构是结构化程序的三大结构之一，是最简单、最常见的一种程序结构。

### 2. 学习反思

（1）scanf() 函数在输入 char 类型数据时应该注意什么？

（2）printf() 函数在输出时每种格式符的不同用法之间的区别。

（3）scanf() 函数在输入不同数据类型时的间隔处理。

### 3. 知识检验

（1）编写程序，从键盘读入一个大写英文字符，将其转换成小写，然后输出。

（2）编写程序，从键盘输入一个数字字符（'0'～'9'），然后将它转换为相应的整数后输出。如输入数字字符 '5'，然后将它转换为十进制数 5 后输出。

（3）编写程序，从键盘输入圆的半径 $r$，计算并输出圆的周长和面积。提示：将计算圆周长和面积公式中的 $\pi$ 定义为符号常量。

### 4. 拓展训练

【案例】模拟工资计算器，计算一个快递人员的月工资的数额。月工资 =1 000（基本工资）+ 提成 - 扣款，提成 = 好评的快递单数 ×1.5，扣款 = 差评的快递单数 ×3.0，成交的好评快递单数和差评的快递单数的值通过键盘输入。提示用户从键盘录入数值，并输出本月工资的数额（单位为元）。

【测试练习】完成辅教材第 3 章的【课后延学】的“测试练习”。

## 计算机等级考试二级真题解析

1. 程序段：int x=12;double y=3.141593;printf("%d%8.6f",x,y) 的输出结果是（　　）。

A. 123.141593　　B. 123.141493　　C. 12,3.141593　　D. 123.1415930

【答案】A

【解析】输出的 x 和 y 之间没有空格，%8.6f 代表输出实型数据，y 的格式应该为小数点后保留 6 位。

2. 有以下程序：

```
#include <stdio.h>
void main()
{
  int k=10;
  printf("%4d,%o,%x\n",k,k,k);
}
```

程序的运行结果是（　　）。（□代表一个空格）

A. 10,12,a　　B. □□ 10,012,a　　C. 010,12,a　　D. □□ 10,12,a

【答案】D

【解析】%4d 表示输出占 4 个字符的十进制，故先输出 2 个空格，然后输出 10；%o 表示输出八进制不输出前导符 0，所以输出 10 的八进制为 12；%x 表示输出十六进制，即 a。

3. 有以下程序：

```
#include<stdio.h>
void main()
{
  char ch='Z';
  ch=(ch-'A'+1)%26+'A';putchar(ch);
}
```

程序的运行结果是（　　）。

A. Z　　B. Y　　C. B　　D. A

【答案】D

【解析】Z 的 ASCII 码是 90，A 的 ASCII 码是 65，ch=(ch-'A'+1)%26+'A'=26%26+65=65，输出 65 所对应的字符 A。

4. 有以下程序：

```
#include <stdio.h>
void main()
{
  int a=0,b=0;
  /* 给 a 赋值 a=10;b=20; 给 b 赋值 */
  printf("a+b=%d\n",a+b);            /* 输出计算结果 */
}
```

程序运行后的输出结果是（　　）。

A. a+b=0　　B. a+b=30　　C. a+b=10　　D. 出错

【答案】A

【解析】注释 /* 和 */ 之间的代码不参与编译，所以 a、b 的值仍为 0。

5．有以下程序：

```
#include <stdio.h>
void main()
{
  char a,b,c,d;
  scanf("%c%c",&a,&b);
  c=getchar();d=getchar();
  printf("%c%c%c%c\n",a,b,c,d);
}
```

当执行程序时，按下列方式输入数据（从第一列开始，<CR> 代表回车，注意：回车是一个字符）：

```
12<CR>
34<CR>
```

则输出结果是（　　）。

A．1234　　B．12　　C．12<br>3　　D．12<br>34

【答案】C

【解析】scanf() 函数的一般调用形式为：scanf( 格式控制 , 输入地址列表 )。其中格式控制是双引号括起来的字符串，包括格式字符和普通字符，格式是由“%”和格式字符组成。getchar() 函数的功能是从标准输入设备上读入一个字符。根据程序中的格式控制可知，接收输入时分别把 1 赋给 a，2 赋给 b，然后 getchar() 函数提取一个换行符赋给 c，再提取一个字符 3 赋给 d，所以最后的输出结果是选项 C。

6．在源程序的开始处加上“#include <stdio.h>”进行文件引用的原因，以下叙述正确的是（　　）。

A．stdio.h 文件中包含标准输入输出函数的函数说明，通过引用此文件以便能正确使用 scanf()、printf() 等函数

B．将 stdio.h 中标准输入输出函数连接到编译生成的可执行文件中，以便能正确运行

C．将 stdio.h 中标准输入输出函数的源程序插入到引用处，以便进行编译连接

D．将 stdio.h 中标准输入输出函数的二进制代码插入到引用处，以便进行编译连接

【答案】A

【解析】stdio.h 文件中包含标准输入输出函数的说明，预处理指令 #include <stdio.h> 是指程序可以在该文件中找到 scanf()、printf() 等标准输入输出函数。

7．有以下程序：

```
#include <stdio.h>
void main()
{
  int a=1,b=0;
  printf("%d,",b=a+b);
  printf("%d\n",a=2*b);
}
```

程序运行后的输出结果是（　　）。

A．0,0　　B．1,0　　C．3,2　　D．1,2

【答案】D

【解析】main() 函数先为 a、b 赋值，然后做运算 a+b，将结果赋值给 b，此时 b 为 1，并将 b 打印出来。接着执行语句 a=2*b=2，输出 2，所以最终的输出结果为 1,2。

8. 有以下程序：

```
#include <stdio.h>
void main()
{
  int case;float printf;
  printf("请输入2个数：");
  scanf("%d%f",&case,&printf);
  printf("%d%f\n",case,printf);
}
```

该程序编译时产生错误，其出错原因是（　　）。

A. 定义语句出错，case 是关键字，不能用作用户自定义标识符

B. 定义语句出错，printf 不能用作用户自定义标识符

C. 定义语句无错，scanf 不能作为输入函数使用

D. 定义语句无错，printf 不能输出 case

**【答案】**A

**【解析】**C 语言中，关键字又称保留字，它是系统预先定义的具有特定含义的标识符，不能用作用户自定义标识符在程序中使用。

9. 若变量已正确定义 int 型，要通过语句 scanf("%d,%d,%d",&a,&b,&c); 给 a 赋值 1、给 b 赋值 2、给 c 赋值 3，以下输入形式中错误的是（□代表一个空格）（　　）。

A. 1,2,3< 回车 >　　B. 1 □ 2 □ 3< 回车 >

C. 1, □□ 2, □□ < 回车 >3< 回车 >　　D. □□ 1,2,3< 回车 >

**【答案】**B

**【解析】**scanf() 函数要求除格式控制符以外的字符都要原样输入。逗号是非格式符，所以需要原样输入，否则就不能正确读入数据。

10. 有以下程序段：

```
#include <stdio.h>
void main()
{
  int m=0,n=0;char c='a';
  scanf("%d%c%d",&m,&c,&n);
  printf("%d,%c,%d\n",m,c,n);
}
```

若从键盘上输入：10A10< 回车 >，则输出结果是（　　）。

A. 10,A,10　　B. 10,a,10　　C. 10,a,0　　D. 10,A,0

**【答案】**A

**【解析】**从键盘上输入：10A10< 回车 >，格式正确，scanf() 函数可以正确接收，10 赋给 m 变量，A 赋给 c 变量，10 赋给 n 变量。printf() 函数输出 10,A,10，答案为 A。

# 第4章 选择结构

选择结构，为您的代码开启决策之门：向左走，向右走，您的程序，您做主！
Selection statements unlock decision-making for your code-branch left or right for your program by yourself.

## 导 读

在实际的编程过程中，不仅要遵循代码的顺序结构，也需要依据条件语句的指引，灵活选择下一步的行动路径，这正是选择结构的魅力所在。

在C语言中，if语句是判断条件的利剑，而switch语句则是多路分支的巧妙设计。选择结构能够以一种简洁的方式将复杂的逻辑关系与条件判断融入程序之中，将各种可能性巧妙地编织在一起，构建出一个丰富而多彩的程序世界，让程序更加人性化、更加贴近用户的实际需求。

选择结构，是结构化程序设计的三种基本结构之一。本章将介绍由if语句和switch语句构成的选择结构编程。

## 导 航

**学习目标：**

1. 了解选择结构的概念
2. 掌握if语句的单分支、双分支和多分支结构及其嵌套结构
3. 掌握switch()语句的执行流程
4. 掌握switch()语句和break语句结合构成选择结构
5. 掌握switch()语句的嵌套结构

**学习重点：**

1. if语句的单分支、双分支和多分支形式及其嵌套结构
2. switch()语句和break语句结合构成开关语句

**学习难点：**

1. if语句的嵌套结构
2. switch()语句的嵌套结构

## 知识地图

- 选择结构
  - 概念——根据选择条件来确定程序的执行流程，选择某一分支来执行的程序结构
  - 特点——各分支之间是并列的关系
  - if语句
    - 单分支选择结构
      - 语句格式：
        ```
        if(表达式)
            语句;
        ```
      - 语句执行过程：首先计算表达式的值，若为真则执行语句；否则不执行该语句
    - 双分支选择结构
      - 语句格式：
        ```
        if(表达式)
            语句1;
        else
            语句2;
        ```
      - 语句执行过程：首先计算表达式的值，若为真，则执行语句1，否则执行语句2
    - 多分支选择结构
      - 语句格式：
        ```
        if(表达式1)
            语句1;
        else if(达式2)
            语句2;
        …
        else if(表达式n)
            语句n;
        [else
            语句n+1;]
        ```
      - 语句执行过程：首先计算表达式1的值，若为真则执行语句1；否则计算表达式2的值，若为真则执行语句2，依此类推，若所有表达式的值均为假，则执行语句n+1
    - if语句的嵌套
      - 概念
      - else配对规则
  - switch语句
    - switch语句
      - 语句格式：
        ```
        switch(表达式)
        {
            case常量1:语句1;
            case常量2:语句2;
            …
            case常量n:语句n;
            [default:语句n+1;]
        }
        ```
      - 语句执行过程：首先计算表达式的值，逐一与case后面的常量相比较，与某个常量相等时，则执行case后的语句，然后不再进行判断，继续执行其后的所有case语句。若与所有case后面的常量均不相等，则执行default后面的语句
    - switch语句的嵌套——在一个switch语句中嵌套另一个switch语句
    - break语句——跳出当前所在的switch结构

## 课前导学

1. 知识初探

◎阅读主教材第 4 章的【课中细学】

◎阅读辅教材第 4 章的【课前导学】的“本章要点”与相应“典型例题解析”

**2. 视频观看**

观看主教材第 4 章的【课中细学】相应的视频

**3. 思考空间**

（1）为什么引入 if...else 嵌套结构?

（2）当 if...else 嵌套时会出现 if 和 else 的配对混乱吗？出现时如何解决?

（3）switch() 语句的执行流程是什么?

## 课中细学

## 4.1　选择结构的概念

截至目前，我们所介绍的程序都属于顺序结构，顺序结构程序中的所有语句按照书写顺序依次执行。但是在实际应用中，常常需要根据不同情况选择不同的执行语句，这时需要设计分支结构。

例如，前面介绍的用海伦公式求三条边长分别为 3、4、5 的三角形的面积。它没有判别三条边的长度是否满足构成三角形的条件。为此需要加上判断，将该问题的算法用流程图描述，如图 4-1 所示。

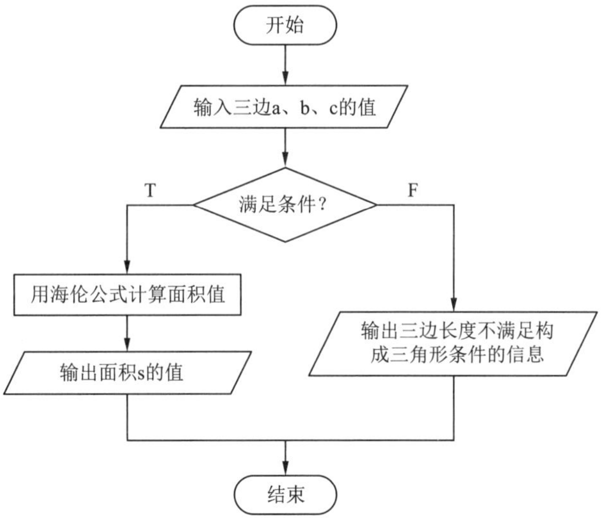


图 4-1　用海伦公式求三角形面积的流程图

程序如下：

```
#include <stdio.h>
#include <math.h>
void main()
{
  double  a,b,c,p,s;
  printf("please input a,b,c=");
  scanf("%lf,%lf,%lf",&a,&b,&c);
  if(a<0||b<0||c<0||(a+b<=c)||(b+c<=a)||(c+a<=b))  /* 判断三边长度是否满足构成三角形的条件 */
    printf("data error!\n");                       /* 不满足构成三角形的条件，输出出错信息 */
  else
```

```
    {
      p=0.5*(a+b+c);
      s=sqrt(p*(p-a)*(p-b)*(p-c));
      printf("s=%6.2f\n",s);
    }
}
```

程序运行结果：

```
please input a,b,c=3,4,5↙
s=␣␣6.00
please input a,b,c=0,2,3↙
data error!
please input a,b,c=9,2,4↙
data error!
```

此程序在执行时，由用户输入三角形的三边长度，通过 if() 语句判断输入数据是否满足构成三角形的条件：所有的边长大于 0，并且任意两边之和均要大于第三边。若满足，则计算并输出结果；反之，只要其中有一个条件不满足，就不能构成三角形，程序输出“data error!”出错信息。

在 C 语言中，当需要根据选择条件来确定程序的执行流程，选择某一个分支来执行时，这样的程序结构称为选择结构（或分支结构）。C 语言提供了两种控制语句来实现这种选择结构：if 条件语句和 switch 开关语句。

## 4.2 if 语 句

选择结构程序设计中条件语句的作用是使程序按某种条件有选择地执行一条或多条语句。用 if 语句可以构成选择（分支）结构，它根据给定的条件进行判断，以决定执行某个分支的程序段。C 语言的 if 语句有单分支选择结构、双分支选择结构和多分支选择结构三种基本形式。

### 4.2.1 if 语句的三种形式

#### 1. 单分支选择结构

单分支选择结构语句格式如下：

```
if(表达式)
  语句;
```

语句功能：首先计算表达式的值，若表达式的值为非 0 值（真），则执行语句；若表达式的值为 0（假），则不执行该语句，继续执行分支结构下面的语句。流程图描述如图 4-2 所示。

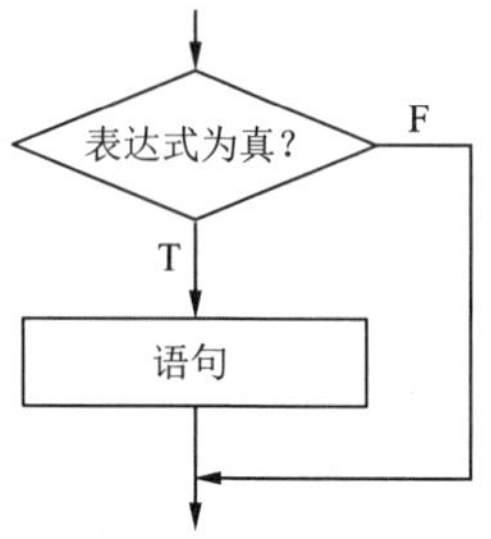


**图 4-2　单分支选择结构流程图**

**例 4.1**　任意输入两个整数，输出其中较大的数。

定义两个整型变量 a、b 存放两个整数，再定义整型变量 max 存放这两个整数中较大者，假设 a 较大，将 a 赋值给 max，再让 max 和 b 比较，如果 max 小于 b 为真，则把 b 赋给 max，否则什么也不做。最后输出 max。其流程图描述如图 4-3 所示。

程序如下：

```
#include <stdio.h>
void main()
{
  int a,b,max;
  printf("please input a,b=");
  scanf("%d,%d",&a,&b);
  max=a;
  if(max<b)                    /* 若 max<b，则把 b 的值赋予 max*/
  max=b;
  printf("max=%d\n",max);
}
```

程序运行结果：

```
please input a,b=8,5↙
max=8
```

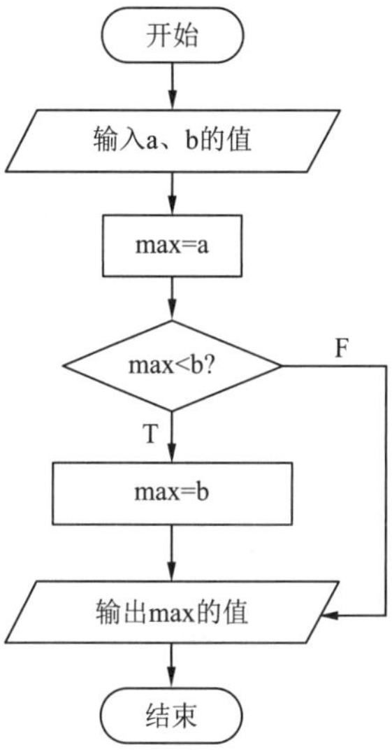


图 4-3　例 4.1 流程图描述

**例 4.2** 从键盘输入一个字符，如果该字符是小写字母则输出，否则什么也不做。

程序如下：

```
#include <stdio.h>
void main()
{
  char  a;
  printf("please input a char:");
  scanf("%c",&a);
  if(a>='a' && a<='z')         /* 如果 a 是小写英文字母，则输出 */
  printf("%c\n",a);
}
```

从键盘分别输入 c 和 A，程序运行结果如下：

```
please input a char:
c↙
c
please input a char:
A↙
```

**例 4.3** 输入一个成绩，当成绩≥ 60 时，输出“ok!”，否则什么都不输出。

程序如下：

```
#include <stdio.h>
void main()
{
  float  s;
  printf("please input score:");
  scanf("%f",&s);
  if(s>=60)                    /* 判断成绩是否大于或等于 60 分 */
    printf("ok!");             /* 成绩大于或等于 60 分，输出 ok!*/
}
```

分别从键盘输入 70,50,90，程序运行结果如下：

```
please input score:70↙
ok!
```

```
please input score:50↙
please input score:90↙
ok!
```

### 2. 双分支选择结构

双分支选择结构语句格式如下：

```
if(表达式)
  语句 1;
else
  语句 2;
```

语句功能：首先计算表达式的值，若表达式的值为非 0 值（真），则执行语句 1，否则执行语句 2。流程图描述如图 4-4 所示。

**例 4.4** 任意输入两个整数，输出其中的大数。

程序流程图如图 4-5 所示。

程序如下：

```
#include <stdio.h>
void main()
{
  int a,b;
  printf("please input a,b=");
  scanf("%d,%d",&a,&b);
  if(a>b)
    printf("max=%d\n",a);          /* 若 a>b，则输出 a*/
  else
    printf("max=%d\n",b);          /* 若 a<=b，则输出 b*/
}
```

分别从键盘输入 30 和 50，程序运行结果如下：

```
please input a,b=30,50↙
max=50
```

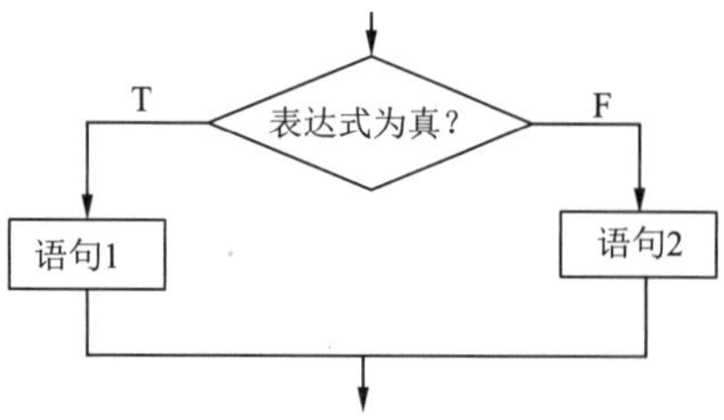


**图 4-4 双分支选择结构流程图**

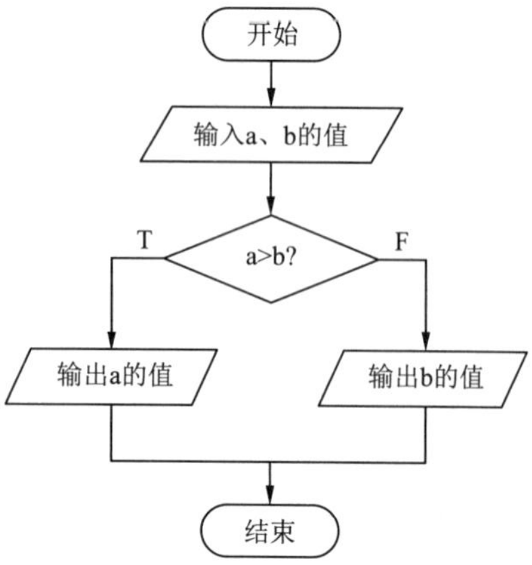


**图 4-5 例 4.4 流程图**

比较例 4.4 和例 4.1 有何不同？

**例 4.5** 输入一个成绩，当成绩≥ 60 时，输出“ok!”，否则输出“Fail!”。

程序如下：

```
#include <stdio.h>
```

```
void main()
{
  float s;
  printf("please input s:");
  scanf("%f",&s);
  if(s>=60)
    printf("ok!");
  else
    printf("Fail!");
}
```

分别通过键盘输入 70 和 50，运行结果如下：

```
please input s:70↙
ok!
please input s:50↙
Fail!
```

比较例 4.5 和例 4.3 有何不同?

### 3. 多分支选择结构

前两种形式的 if 语句一般用于两个分支的情况。当有多个分支选择时，可采用多分支选择结构。语句格式如下：

```
if(表达式 1)
  语句 1;
else if(表达式 2)
  语句 2;
else if(表达式 3)
  语句 3;
    …
else if(表达式 n)
  语句 n;
[else                        /*根据需要可有可无*/
  语句 n+1;]
```

语句功能：首先计算表达式 1 的值，若表达式 1 的值为真（非 0），则执行语句 1，否则计算表达式 2 的值；若表达式 2 的值为真（非 0），则执行语句 2，否则计算表达式 3 的值；若表达式 3 的值为真（非 0），则执行语句 3，…，所有表达式的值都为 0 时，执行语句 n+1。流程图描述如图 4-6 所示。

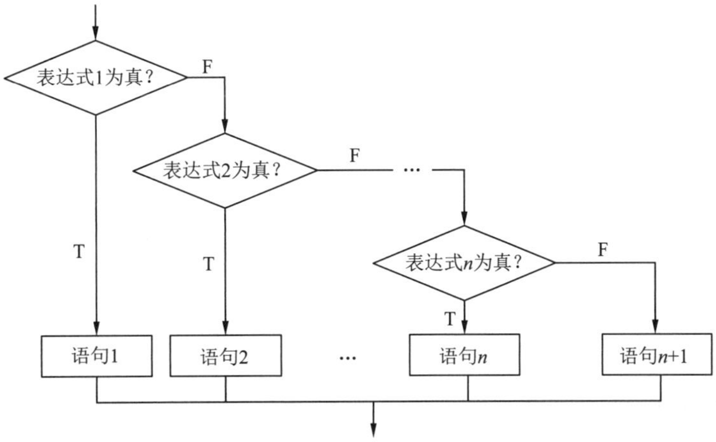


图 4-6　多分支选择结构的执行过程

例 4.6　输入一个成绩，当成绩 <60 时，输出“Fail!”；当成绩在 60～69 时，输出“Pass!”；当成绩在 70～79 时，输出“Good!”；当成绩≥ 80 时，输出“Very Good!”。

算法用流程图描述，如图 4-7 所示。

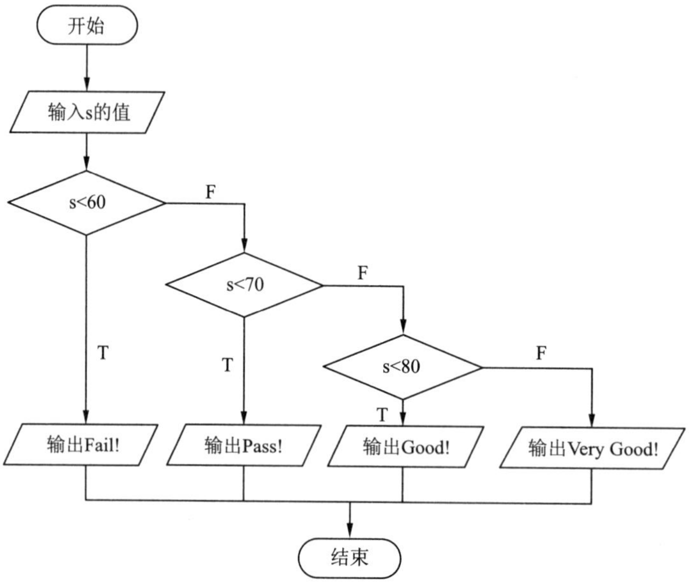


**图 4-7　例 4.6 流程图描述**

程序如下：

```
#include <stdio.h>
void main( )
{
  float s;
  printf("please input s:");
  scanf("%f",&s);
  if(s<60)
    printf("Fail!");
  else if(s<70)
    printf("Pass!");
  else if(s<80)
    printf("Good!");
  else
    printf("Very Good!");
}
```

如果从键盘分别输入 60、70 和 90，程序运行结果如下：

```
please input s:60↙
Pass!
please input s:70↙
Good!
please input s:90↙
Very Good!
```

关于 if 语句的说明和注意事项如下：

（1）表达式一般为关系表达式或逻辑表达式，C 语言在进行判断时，只要表达式的值不为 0，就认为是真值。因此，表达式可以是任意类型（整型、实型、字符型等）的表达式。例如：

```
if(c=getchar())
  printf("%c",c);
```

输入一个字符，赋给变量 c，只要输入的不是 0，就输出输入的字符。

（2）if 语句中的子句从语法上讲只能是一条语句，而不能有多条语句。如果有多条语句的话，就用大括号括起来组成一个复合语句。

例4.7　任意输入两个整数，按其数值从小到大的顺序输出这两个整数。

程序如下：

```
#include <stdio.h>
void main()
{
  int a1,a2,t;
  printf("input a1,a2=");
  scanf("%d,%d",&a1,&a2);
  if(a1>a2)
  {
    t=a1; a1=a2; a2=t;
  }
  printf("%d%5d\n",a1,a2);
}
```

在程序中，如果将

```
if(a1>a2)
{  t=a1; a1=a2; a2=t;  }
```

写成

```
if(a1>a2)
  t=a1; a1=a2; a2=t;
```

当 a1=50、a2=30 时，执行后可得到 a1=30 和 a2=50。

当 a1=30、a2=50 时，执行 a1>a2 为假，t=a1 不被执行，但 a1=a2 和 a2=t 要执行，那么 a1 和 a2 就不能实现交换。

## 4.2.2　if 语句的嵌套

当 if 语句中又包含一个或多个 if 语句时，称为 if 语句的嵌套，被包含的 if 语句可以单分支也可以双分支或多分支。例如：

```
if(表达式 1)
  if(表达式 2)
    语句 1;
  else
    语句 2;
  else
    if(表达式 3)
      语句 3;
    else
      语句 4;
```

其流程图描述如图 4-8 所示。

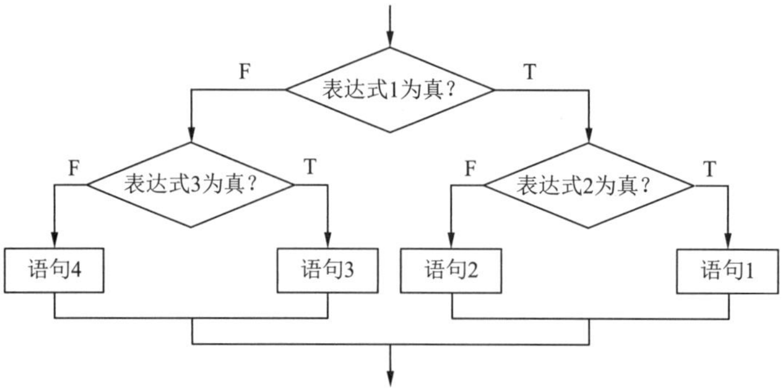


**图 4-8　if 语句嵌套结构流程图**

在嵌套的 if 语句中规定，else 总是与它上面（复合语句除外）最近的尚未与 else 配对的 if 配对。因此，在使用 if 语句嵌套时，应当注意 if 与 else 的配对关系。例如，对于下面的形式：

```
if(表达式 1)
  if(表达式 2)
    语句 1;
else
  if(表达式 3)
    语句 2;
  else
    语句 3;
```

程序设计者希望外层的 else 与第一行的 if 对应，但实际上 else 总是与它前面最近的未配对的 if 配对，因此外层的 else 会与第二行的 if 配对，因为它们相距最近，意义就发生了改变。所以如果内嵌的 if 语句也包含 else 部分，当 if 与 else 的数目不能一致时，为实现程序设计者的意图，可以加大括号来确定配对关系。例如：

```
if(表达式 1)
{
  if(表达式 2)
    语句 1;
}
else
  if(表达式 3)
    语句 2;
  else
    语句 3;
```

**例 4.8**　修改例 4.5，排除不可能的分数。

例 4.5 并不是一个完整的程序，它要求输入的分数应该是 0～100，否则不能给出正确结果。例如，输入 -5 或 101，都将被认为是不正确的。使用嵌套的 if 语句则可以排除不可能的分数。

```
#include <stdio.h>
void main()
{
  float s;
  printf("please input score:");
  scanf("%f",&s);
  if(s>=0&&s<=100)                    /* 判断输入的成绩是否为 0 ～ 100*/
    if(s>=60)
```

```
      printf("ok!");
    else
      printf("Fail!");
  else
    printf("Error score!");
}
```

分别通过键盘输入 70 和 150，程序运行结果如下：

```
please input score:70↙
ok!
please input score:150↙
Error score!
```

本例是在 if...else 形式的 if 分支中又嵌套了一个 if...else 语句。前面介绍的很多程序都未对输入的数据是否符合实际情况进行判断，这其实不是一种好的设计思想。好的设计思想是，程序设计者应该了解所有被处理的数据范围，如果用户输入的数据不在正确范围内，应该提示用户输入数据有误。

**例 4.9** 有一分段函数如下：

$$y=\begin{cases}-x, & (x<0)\\ 2x-10, & (0\leqslant x<2)\\ 3x+5, & (x\geqslant 2)\end{cases}$$

编写程序，要求输入一个 $x$ 值，输出 $y$ 值。

算法用流程图表示如图 4-9 所示。

程序如下：

```
#include <stdio.h>
#include <math.h>
void main()
{
  double  x,y;
  printf("please input x=");
  scanf("%lf",&x);
  if(x<(1e-6))
    y=-x;                /* 若 x<0, 则 y=-x*/
  else
    if(x>=2)
      y=3*x+5;           /* 若 x ≥ 2, 则 y=3x+5*/
    else
      y=2*x-10;          /* 否则 y=2x-10*/
  printf("x=%7.3f,y=%7.3f\n",x,y);
}
```

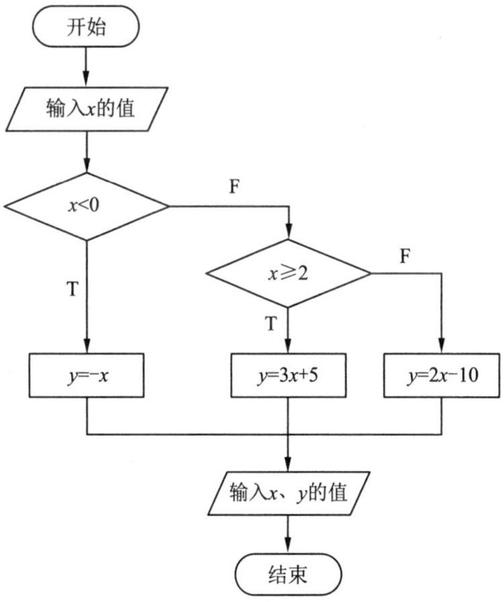


图 4-9　例 4.9 流程图

程序运行结果：

```
please input x=-5.0↙
x=␣-5.000,y=␣␣5.000
please input x=6.0↙
x=␣␣6.000,y=␣23.000
```

由于实数在计算和存储时会有一些微小的误差，从而实数一般不能直接和 0 进行判断大于或小于，而是判断大于或小于一个很小的数（如 $10^{-6}$）。

## 4.3 switch 语 句

以前介绍的 if 语句，经常用的是双分支的选择结构，要表示三种以上条件的分支结构，则要用 if 语句的嵌套形式，但如果嵌套的 if 语句比较多时，程序就比较冗长且可读性降低。

在 C 语言中，可直接用 switch 语句实现多种情况的选择结构。其一般形式如下：

```
switch(表达式)
{
  case 常量1:语句1;
  case 常量2:语句2;
  case 常量3:语句3;
   …
  case 常量n:语句n;
  [ default: 语句n+1; ]              /*根据需要可有可无*/
}
```

switch 语句的执行过程：

首先计算表达式的值，并逐个与 case 后面常量的值相比较，当表达式的值与某个常量的值相等时，则执行其后的语句，然后不再进行判断，继续执行其后的所有 case 后面的语句；如表达式的值与所有 case 后面的常量的值均不相等时，则执行 default 后面的语句。

其流程图描述如图 4-10 所示。

例如：要根据成绩 class 给出评语。

```
switch(class)
{
  case 'A': printf("VERY GOOD!\n");
  case 'B': printf("GOOD!\n");
  case 'C': printf("OK!\n");
  case 'D': printf("FAIL!\n");
  default : printf("ERROR!\n");
}
```

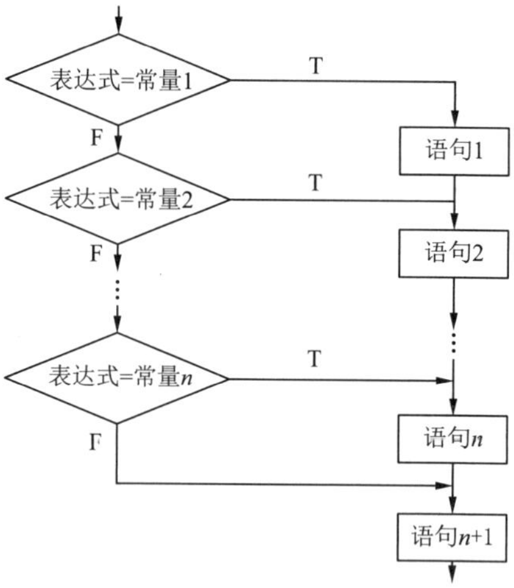

图 4-10　switch 语句的执行过程

若 class 的值为 'B'，则输出结果是：

```
GOOD!
OK!
FAIL!
ERROR!
```

若 class 的值为 'D'，则输出结果是：

```
FAIL!
ERROR!
```

若 class 的值为 'F'，则输出结果是：

```
ERROR!
```

从例题可以看到，switch 语句的功能是：

根据 switch 后面表达式的值找到相等的值从此入口处开始执行下去，不再进行判断。

关于 switch 语句中表达式类型、常量类型以及它们之间的匹配关系的说明如下：

（1）switch 后面圆括号内的表达式以及 case 后面的常量的值必须为整型、字符型或枚举类型，并且每个 case 后面常量的类型应该与 switch 后面圆括号内表达式的类型一致，否则无法比较。

（2）case 后面常量的值必须互不相同，否则会出现匹配错误的现象。

（3）多个 case 可以共用一组执行语句。

例如：

```
switch(ch)
{
  case  'A':
  case  'B':
  case  'C': printf(">=60\n");
}
```

该 switch 语句表示当 ch 的值为 'A'、'B'、'C' 时，都会执行 printf(">=60\n"); 语句。

（4）case 和常量之间要有空格，在 case 后，允许有多个语句，可以不用 {} 括起来。

（5）switch 语句只有和 break 语句配合才能实现真正意义上的多分支。即当 switch 语句执行完某个分支后，一般要用 break 语句跳出当前的 switch 结构，若没有任何一个 case 常量与表达式的值相匹配，则执行 default 后面的语句。

（6）习惯上将 default 放在 switch…case 结构的底部，default 子句也可以省略不用。但理论上 default 可以出现在任何位置，其先后次序不影响执行结果，此时后面要加 break 语句。如例 4.10。

**例 4.10**　从键盘上输入一个大写字母，若字母为 A 输出“VERY GOOD!”，字母为 B 输出“OK!”，字母为 C 输出“FAIL!”，输入其他字母输出“ERROR!”。

```
#include <stdio.h>
void main()
{
  char ch;
  printf("please input a character:");
  scanf("%c",&ch);
  switch(ch)
  {
    case 'A':  printf("VERY GOOD!\n"); break;
    case 'B':  printf("OK!\n"); break;
    case 'C':  printf("FAIL!\n"); break;
    default :  printf("ERROR!\n");
  }
}
```

程序运行结果：

```
please input a character: A↙
VERY GOOD!
please input a character: G↙
ERROR!
```

也可以将程序中的 switch 结构改写如下：

```
#include <stdio.h>
void main()
{
  char ch;
  printf("please input a character:");
  scanf("%c",&ch);
  switch(ch)
  {
```

```
        default :  printf("ERROR!\n"); break;
        case 'A':  printf("VERY GOOD!\n"); break;
        case 'B':  printf("OK!\n"); break;
        case 'C':  printf("FAIL!\n");
    }
}
```

不影响执行的效果。但需要注意的是，原 default 语句后加一个 break 语句，原 case 'C' 后面的 break 语句可以去掉。原因是当 ch 和 'C' 相匹配时，执行 printf("FAIL!\n") 语句后就跳出当前的 switch 结构；如果没有常量和 ch 匹配，则执行 printf("ERROR!\n") 语句和 break 语句也会跳出当前的 switch 结构，如果缺省了 break 语句，则会继续执行 printf("VERY GOOD!\n") 语句。

（7）switch 结构可以嵌套，即在一个 switch 语句中嵌套另一个 switch 语句，这时可以用 break 语句使流程跳出 switch 结构，但是要注意 break 只能跳出当前其所在的 switch 结构。

```
int  x=1,y=0;
switch(x)
{
  case 1:
  switch(y)
  {
    case  0:  printf("x=1,y=0\n"); break;
    case  1:  printf("y=1\n"); break;
  }
  case  2:  printf("x=2\n");
}
```

程序段的运行结果如下：

```
x=1,y=0
x=2
```

因为变量 x 的值为 1，与外层 switch 中的 case 1 匹配，内层中变量 y 的值为 0，然后进入内层 switch 结构与 case 0 后面的语句匹配，执行 printf ("x=1,y=0\n"); break; 语句，然后跳出内层 switch 结构，接着执行 case 2 后面的语句，输出 x=2。

**例 4.11**　从键盘上输入一个数字，输出一个相关的星期几的英文单词。

算法用流程图描述如图 4-11 所示。

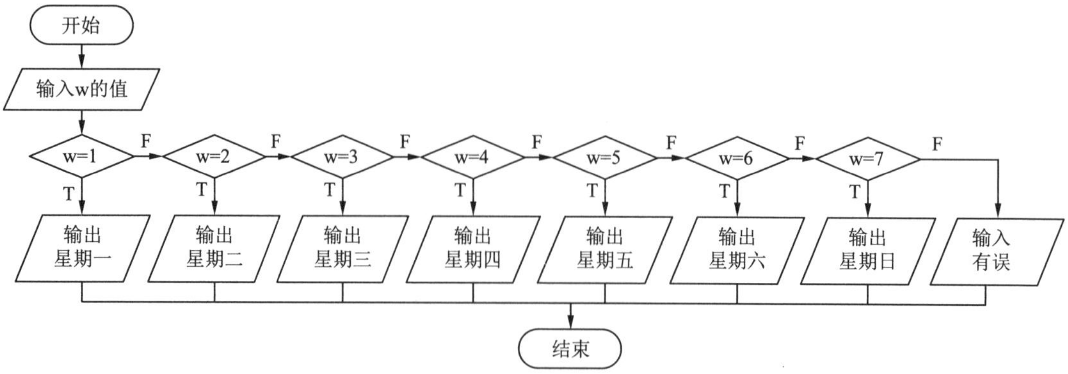


**图 4-11　例 4.11 流程图描述**

程序如下：

```
#include <stdio.h>
void main()
```

```
{
  int w;
  printf("please input integer number(1～7):");
  scanf("%d",&w);
  switch(w)            /* w逐个与case后面的常量进行匹配 */
  {
    case 1: printf("Monday\n"); break;
    case 2: printf("Tuesday\n"); break;
    case 3: printf("Wednesday\n"); break;
    case 4: printf("Thursday\n"); break;
    case 5: printf("Friday\n"); break;
    case 6: printf("Saturday\n"); break;
    case 7: printf("Sunday\n"); break;
    default: printf("input error!\n");
  }
}
```

程序运行结果：

```
please input integer number(1～7): 6↙
Saturday
please input integer number: 10↙
input error!
```

思考：若将程序中的 break 语句去掉一个或几个，程序的结果会正确吗？如果不正确将会出现什么情况？

## 4.4 程序举例

例 4.12　从键盘上输入一个字符，判别输入字符的种类，即判别它是数字字符、英文字符、空格或回车，还是其他字符。

算法流程图描述如图 4-12 所示。

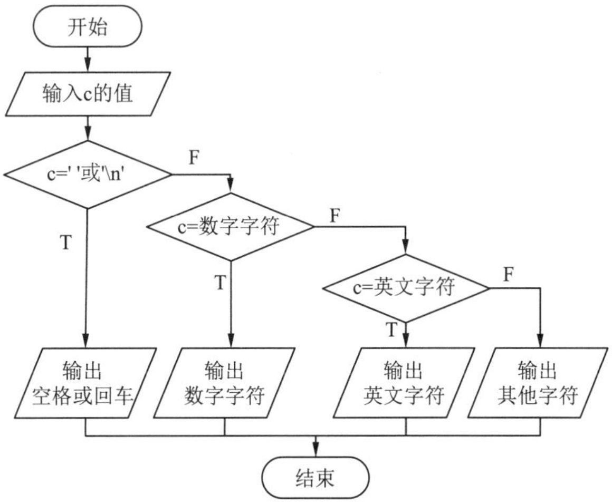


图 4-12　例 4.12 流程图

程序如下：

```
#include <stdio.h>
void main()
{
  char c;
```

```
    printf("please input a character:");
    c=getchar();
    if(c==' '|| c=='\n')            /* 若字符为空格或回车，则输出为空格或回车 */
      printf("This is a blank or enter.\n");
    else if(c>='0'&& c<='9')        /* 若值在 0 ～ 9 字符之间，则输出数值字符 */
      printf("This is a digit.\n");
    else if(c>='A'&&c<='Z'||c>='a'&&c<='z')
      printf("This is a letter.\n");
    else
      printf("This is another character.\n");
}
```

**例 4.13** 编写程序，求方程 $ax^2+bx+c=0$ 的根。

分析：当 $a\neq0$ 且 $b^2-4ac\geqslant0$ 时，方程的求根公式为

$$x_{1,2}=\frac{-b\pm\sqrt{b^2-4ac}}{2a}$$

视 频

if语句

因此，程序必须对系数 $a$、$b$、$c$ 的各种情况分别进行处理：

（1）当 $a$=0、$b$=0 时，若 c=0，方程有无穷解，若 c ≠0，方程无解。

（2）当 $a$=0、$b\neq0$ 时，方程的解为 $-c/b$。

（3）当 $a\neq0$ 时，$b^2-4ac>0$ 时，有两个不相等的实根；

$b^2-4ac=0$ 时，有两个相等的实根；

$b^2-4ac<0$ 时，有两个共轭复根。

算法用流程图描述如图 4-13 所示。

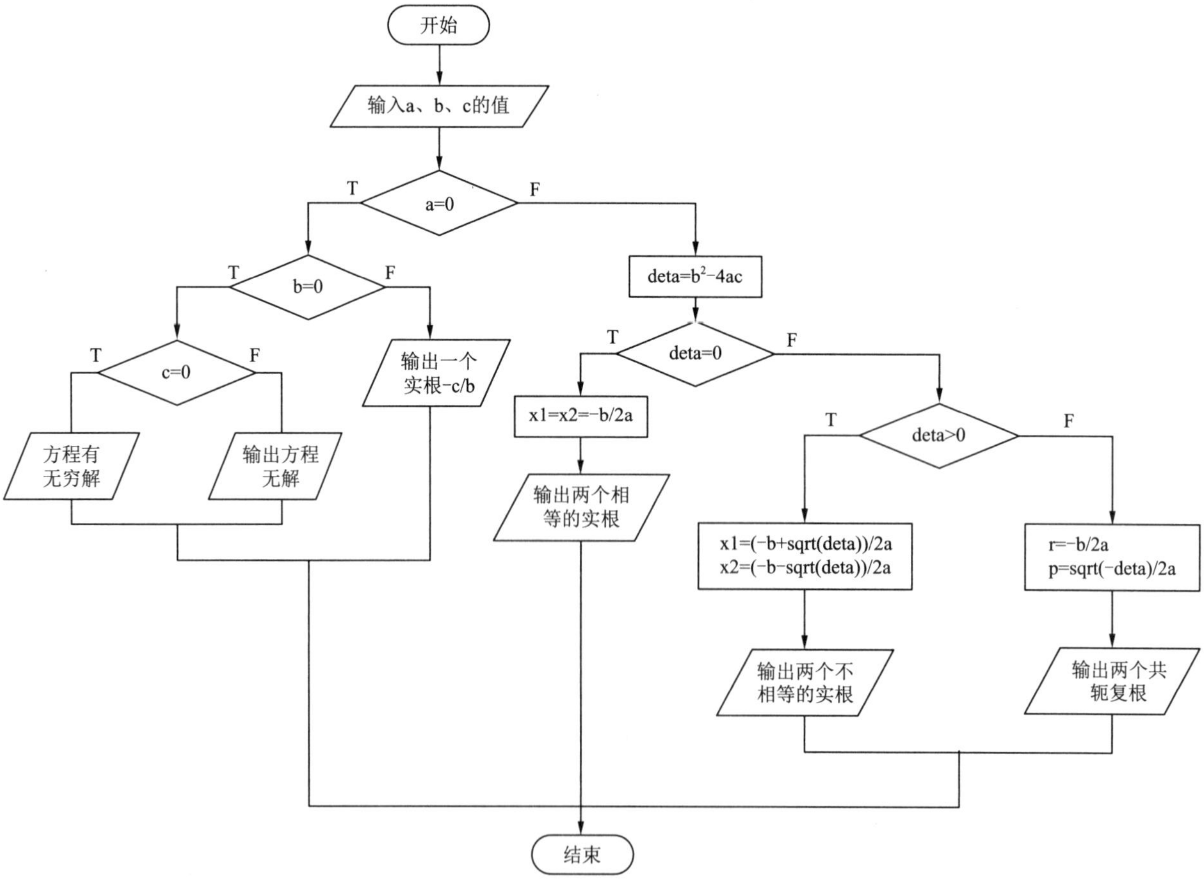


**图 4-13　例 4.13 流程图**

程序如下：

```
#include <stdio.h>
#include <math.h>
void main()
{
  double  a,b,c,deta,r,p;
  double  x1,x2;
  printf(" please input a,b,c=");
  scanf("%lf,%lf,%lf",&a,&b,&c);
  if(fabs(a)<=(1e-6))
    if(fabs(b)<=(1e-6))
      if(fabs(c)<=(1e-6))           /*若 a、b、c 都等于 0，则方程有无穷解*/
        printf("Equations have infinite solutions!\n")
      else
        printf("No answer!\n");     /*若 a=0、b=0、c ≠ 0，则方程无解*/
    else                            /*若 a=0、b ≠ 0，则方程有一个实根*/
      printf("x=%f\n",-c/b);
  else
  {
    deta=b*b-4*a*c;
    if(fabs(deta)<=(1e-6))          /*若 a ≠ 0、b^2-4ac=0，则方程有两个相等的实根*/
      printf("x1=x2=%f\n",-b/(2*a));
    else
    {
      if(deta>(1e-6))               /*若 a ≠ 0、b^2-4ac>0，则方程有两个不相等的实根*/
      {
        x1=(-b+sqrt(deta))/(2*a);
        x2=(-b-sqrt(deta))/(2*a);
        printf("x1=%f\tx2=%f\n",x1,x2);
      }
      else                          /*若 a ≠ 0、b^2-4ac<0，则方程有两个共轭复根*/
      {
        r=-b/(2*a);
        p=sqrt(-deta)/(2*a);
        printf("x1=%f+%fi\nx2=%f-%fi\n",r,p,r,p);
      }
    }
  }
}
```

程序运行结果：

```
please input a,b,c=2,6,1↙
x1=-0.177124    x2=-2.822876
please input a,b,c=1,3,5↙
x1=-1.500000+1.658312i
x2=-1.500000-1.658312i
please input a,b,c=2,4,2↙
x1=x2=-1.000000
please input a,b,c=0,0,1↙
No answer!
please input a,b,c=0,0,0↙
Equations have infinite solutions!
```

前面讲过，由于实数在计算和存储时会有一些微小的误差，从而实数一般不能直接进行判断“相等”，而是判断接近或近似。因此，对于判断实数 a、b、deta 是否等于 0 时，我们采用的办法是判别 a、b、deta 的绝对值 fabs(a)、fabs(b)、fabs(deta) 是否小于一个很小的数（如 $10^{-6}$）。如果小于此数，就认为 a、b、deta 等于 0。

**例 4.14** 编写根据输入的学生成绩判断等级的程序，即通过键盘输入一个学生的百分制成绩，赋值给变量 c，按下列要求输出其等级。

| | |
|---|---|
| $c \geqslant 90$ | 等级为 A |
| $80 \leqslant c<90$ | 等级为 B |
| $70 \leqslant c<80$ | 等级为 C |
| $60 \leqslant c<70$ | 等级为 D |
| $c<60$ | 等级为 E |

此问题可以用 if…else 语句编程解决，在这里用 switch 语句来编程解决。根据题目要求，若 $c \geqslant 90$，c 可能是 90，91，92，…，98，99，100，把这些值都列出来过于繁杂，可以利用两个整数相除，结果自动取整的方法，即当 $90 \leqslant c \leqslant 100$ 时，表达式 c/10 的值只有 10 和 9 两种情况，把 c/10 赋给变量 s，这样用 switch 语句来解决就简便了。

算法用流程图描述如图 4-14 所示。

视频

switch语句

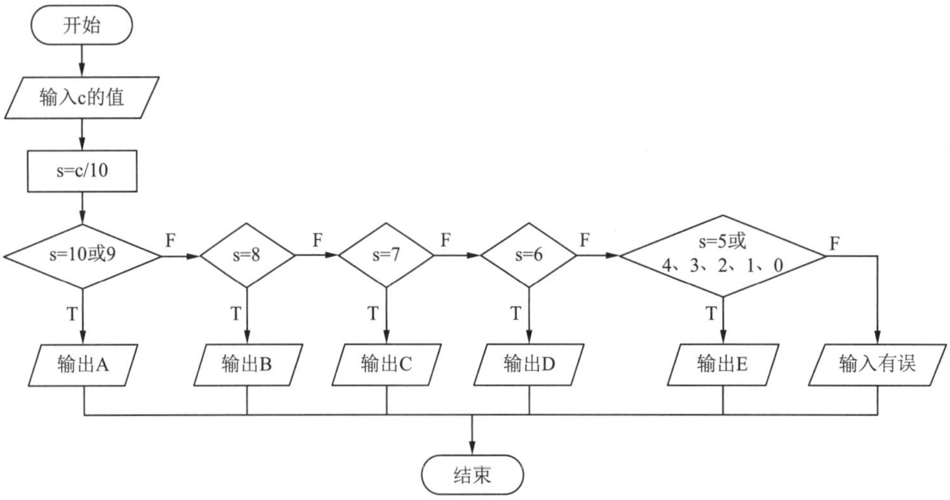


**图 4-14 例 4.14 的流程图**

程序如下：

```
#include <stdio.h>
void main()
{
  int c,s;
  printf("input a score(0-100):");
  scanf("%d",&c);
  s=c/10;
  switch(s)
  {
    case 10:
    case 9:  printf("%d: A\n",c); break;
    case 8:  printf("%d: B\n",c); break;          /*8 ≤ s<9, 等级为 B*/
    case 7:  printf("%d: C\n",c);break;           /*7 ≤ s<8, 等级为 C*/
```

```
      case 6:  printf("%d: D\n",c); break;          /*6 ≤ s<7, 等级为 D*/
      case 5:
      case 4:
      case 3:
      case 2:
      case 1:
      case 0:  printf("%d: E\n",c); break;          /*s<6, 等级为 E*/
      default: printf("input error!\n");            /* 显示输入有误信息 */
    }
}
```

**例 4.15**　四则运算程序。用户输入两个运算数及一个运算符，输出运算结果。

首先输入参加运算的两个数和一个运算符号，然后根据运算符号做相应的运算，但是在做除法运算时，应判别除数是否为 0，如果为 0，运算非法，给出错误提示。如果运算符号不是 +、−、*、/，则同样是非法的，也给出错误提示。其他情况，输出运算的结果。

算法用流程图描述如图 4-15 所示。

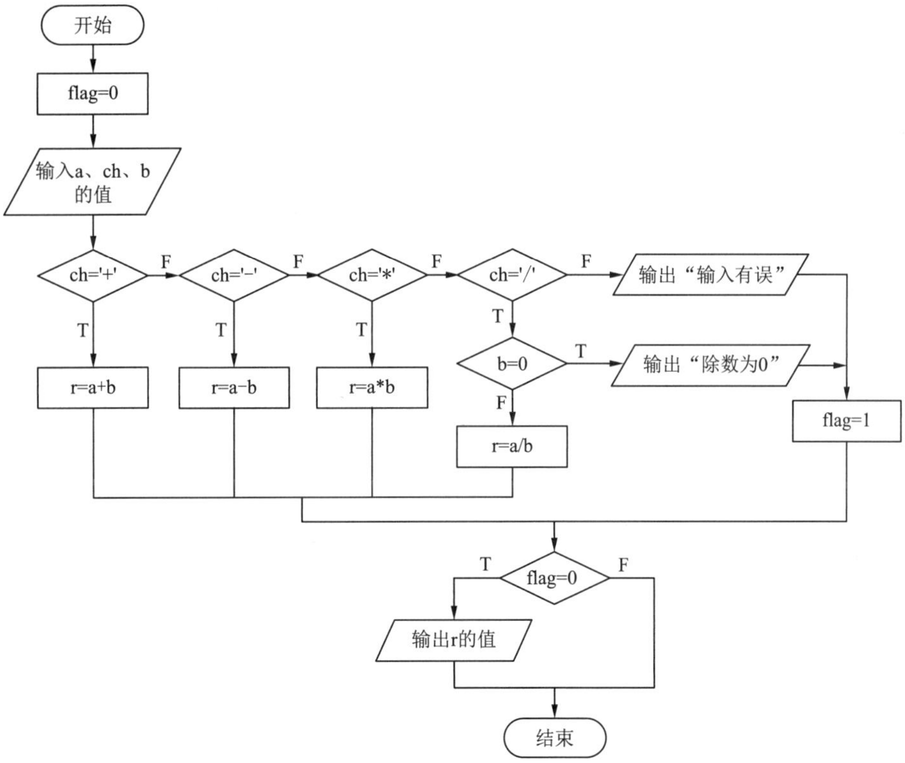


**图 4-15　例 4.15 的流程图**

程序如下：

```
#include <stdio.h>
void main()
{
  double  a,b,r;
  int  flag;
  char  ch;
  flag=0;                                   /* 标志 flag，置 0 为合法，置 1 为非法 */
  printf("input expressin: a+(-,*,/) b\n");
```

```
    scanf("%lf %c %lf",&a,&ch,&b);
    switch(ch)
    {
      case '+':    r=a+b; break;
      case '-':    r=a-b; break;
      case '*':    r=a*b; break;
      case '/':    if(!b)
      {
        printf("divisor is zero!\n");
                                             /* 若被除数为 0，则输出提示信息 */
        flag=1;                              /* 置 flag 为 1*/
      }
      else
        r=a/b; break;
      default: printf("input error!\n");     /* 显示非法输入 */
        flag=1;                              /* 置 flag 为 1*/
    }
    if(!flag)                                /* 若运算合法，则输出结果 */
      printf("%f %c %f=%f\n",a,ch,b,r);
  }
```

程序运行结果：

```
input expressin: a+(-,*,/)b
3+5↙
3.000000 + 5.000000=8.000000
input expressin: a+(-,*,/)b
9/0↙
divisor is zero!
input expressin: a+(-,*,/)b
55!66↙
input error!
```

## 课后延学

### 1. 知识回顾

（1）选择结构（或分支结构），当需要根据选择条件判断程序的执行流程时，选择某一个分支来执行，这样的程序结构称为选择结构（或分支结构）。

（2）if 语句的三种形式，单分支、双分支和多分支选择结构。

（3）if 语句的嵌套，当 if 语句中又包含一个或多个 if 语句时，就构成了 if 语句的嵌套结构，被包含的 if 语句可以为单分支也可以为双分支或多分支。使用时注意 if...else 的配对原则，避免歧义。

（4）switch 语句的基本执行流程是找到一个和变量相等的值以后就继续向下执行。

（5）switch 语句和 break 语句结合才能组成分支结构。

（6）switch 语句也可以组成嵌套结构。

### 2. 学习反思

（1）什么情况下使用 if 语句的嵌套结构？

（2）使用 if 语句的嵌套结构时，如何避免歧义？

（3）switch 语句和 break 语句结合时的执行流程是什么？

（4）switch 语句组成嵌套结构时是如何执行的？

**3．知识检验**

（1）输入某学生的考试成绩等级，要求按照等级输出对应分数段的语句，成绩等级有 A、B、C、D 四种，A 级对应分数段为 80～100，B 级对应分数段为 70～79，C 级对应分数段为 60～69，D 级对应分数段为 60 分以下，例如用户从键盘输入 A 字符，输出语句“您的分数段为 80～100”。

（2）编写程序，求下面分段函数的值，其中 $x$ 的值通过键盘输入。

$$y=\begin{cases}x+1, & (x\leqslant 0)\\ 1, & (0<x\leqslant 1)\\ x, & (x>1)\end{cases}$$

（3）判断输入的正整数是否既是 7 又是 9 的整数倍，若是，则输出 Yes，否则输出 No。

（4）通过键盘输入年号和月号，计算这一年的这一月共有多少天。

（5）设变量 a、b、c 分别存放通过键盘输入的三个整数。编写程序，按从大到小的顺序排列这三个整数，使 a 成为最大的，c 成为最小的，并且按顺序输出这三个整数。

（6）某班期中考试三门功课，中两门是主课，输入学生的学号和三门课的成绩，判断是否满足下列条件之一：①三门功课总分大于 270 分；②两门主课均在 95 分以上，另一门课不低于 70 分；③有一门主课 100 分，其他两门课不低于 80 分。输出满足条件学生的学号、三门课成绩和平均分。

**4．拓展训练**

【案例】输入某年某月某日，判断这一天是这一年的第几天。完成程序分析和编程实现。

【测试练习】完成辅教材第 4 章的【课后延学】的“测试练习”。

## 计算机等级考试二级真题解析

1．有以下程序：

```
#include <stdio.h>
void main()
{
  int  a=1,b=2,c=3,d=0;
  if(a==1&&b++==2)
    if(b!=2||c--!=3)
      printf("%d,%d,%d \n",a,b,c);
    else  printf("%d,%d,%d \n",a,b,c);
  else  printf("%d,%d,%d \n",a,b,c);
}
```

程序运行后输出结果是（　　）。

A．1,2,3　　B．1,3,2　　C．1,3,3　　D．3,2,1

**【答案】**C

**【解析】**注意 if 语句的嵌套关系，

```
if(b!=2||c--!=3)
  printf("a=%d,b=%d,c =%d \n",a,b,c);
else
  printf("a=%d,b=%d,c =%d \n",a,b,c);
```

为一个整体。先判断条件 1：a==1 成立，所以 b++==2 也计算。b++ 是先使用 b 的值，所以整个条件：a==1&&b++==2 成立，然后 b 加 1，b=3。

接着判断条件 2：b!=2||c--!=3，b!=2 为真，整个条件 2 成立，且 c--!=3 不计算。此时，输出 a,b,c 的值为 1,3,3。（C 保持原来的值不变）

2．与语句“k=a>b?(b>c?1:0):0;”功能相同的是（　　）。

A．k=0; if((a>b)&&(b>c)) k=1;

B．if((a>b)||(b>c)) k=1;

C．if(a>b) k=0;
　　else
　　　if(b<=c) k=1;

D．if(a>b) k=1;
　　else
　　　if(b<c) k=1;
　　　else k=0;

【答案】A

【解析】考点为条件表达式的使用。

k=a>b?(b>c?1:0):0; 语句的功能为：

a>b 且 b>c 时，k=1

a>b 且 b<=c 时，k=0

a<=b 时，k=0

符合语句功能的只有 A。

3．以下选项中与 if(a==1) a=b; else a++; 语句功能不同的语句是（　　）。

A．switch(a)
　　{
　　　case 1: a=b;break;
　　　default:a++;
　　}

B．switch(a==1)
　　{
　　　case 0: a=b; break;
　　　case 1: a++;
　　}

C．switch(a)
　　{
　　　default: a++; break;
　　　case 1: a=b;
　　}

D．switch(a==1)
　　{
　　　case 1: a=b; break;
　　　case 0: a++;
　　}

【答案】B

【解析】根据 switch 语句的功能，可以判断选项 A 和选项 C 正确。选项 B 和选项 D 中，主要看表达式 a==1 的值。

当 a 为 1 时，a==1 成立，此表达式值为 1，应该执行 case1。

当 a 不为 1 时，a==1 不成立，值为 0，应该执行 case 0。只有选项 B 与题目功能不同。

4．有如下嵌套的 if 语句：

```
if(a<b)
  if(a<c)  k=a;
  else     k=c;
else
  if(b<c)  k=b;
  else     k=c;
```

以下选项中与上述 if 语句等价的语句是（　　）。

A．k=(a<b)?a:b; k=(b<c)?b:c;　　　　B．k=(a<b)?((b<c)?a:b);( (b<c)?b:c);

C．k=(a<b)?((a<c)?a:c):( (b<c)?b:c);　　D．k=(a<b)?a:b; k=(a<c)?a:c

【答案】C

【解析】条件语句 k=(a<b)?a:b 的功能：

```
if(a<b)
  k=a;
else
  k=b;
```

排除 A 和 D 的基础上，选项 C 的功能和题目完全等价。

5．有以下程序：

```
#include <stdio.h>
void main()
{
  int  a=1,b=2,c=3,d=0;
  if(a==1)
    if(b!=2)
      if(c!=3)     d=1;
      else          d=2;
    else  if(c!=3)    d=3;
          else        d=4;
  else  d=5;
  printf("%d \n",d);
}
```

程序运行后的输出结果是（　　）。

A．1　　　　B．2　　　　C．3　　　　D．4

【答案】D

【解析】else 的配对原则：与上面最近的、未配对的 if 语句配对。

a=1 时执行：

```
if(b!=2)
  if(c!=3)       d=1;
  else           d=2;
else if(c!=3)    d=3;
    else         d=4;
```

b=2 时执行：

```
if(c!=3)    d=3;
else        d=4;
```

c=3 时 d=4。

所以最后输出 4。

6．若变量已正确定义，在 if(w) printf("%d\n",k); 中，以下不可替代 w 的是（　　）。

A．a<>b+c　　　　B．ch=getchar()　　　　C．a==b+c　　　　D．a++

【答案】A

【解析】C 语言的不等于运算符为：!=，没有 <> 的写法，所以选项 A 错误。

if(w) 中的 w 一般为关系表达式或者逻辑表达式，也可以为任何合法表达式。运算原则：表达式为非 0 值表示逻辑真，0 表示逻辑假。

例如：if(a++) 只要 a 不为 0，表达式就为真，if(ch=getchar()) 只要输入字符的 ASCII 值不为 0，表达式就为真。

7. 有以下程序：

```
#include <stdio.h>
void main()
{
  int a=1,b=0;
  if(!a)  b++;
  else  if(a==0)
    if(a)  b+=2;
    else   b+=3;
  printf("%d \n",b);
}
```

程序运行后的输出结果是（　　）。

A. 0　　B. 1　　C. 2　　D. 3

【答案】A

【解析】else 配对原则：与它上面最近的未配对的 if 语句配对。程序中的等价语句为：

```
if(!a)
  b++;
else
  if(a==0)
  {
    if(a)  b+=2;
    else  b+=3;
  }
```

两个条件均不满足，没有执行任何赋值语句，b 保持原来的值不变（b=0）。

8. 若有定义语句 int a,b; double x;，则下列选项中没有错误的是（　　）。

A.
```
switch(x%2)
{
   case 0: a++;break;
   case 1: b++;break;
   default:a++; b++;
}
```

B.
```
switch((int)x%2.0)
{
   case 0: a++;break;
   case 1: b++;break;
   default: a++;b++;
}
```

C.
```
switch((int)x%2)
{
   case 0:  a++; break;
   case 1:  b++; break;
   default: a++; b++;
}
```

D.
```
switch((int)(x)%2)
{
   case 0.0: a++; break;
   case 1.0: b++; break;
   default: a++; b++;
}
```

【答案】C

【解析】主要观察 switch 后的表达式和 case 后的常量。switch 后的表达式应该为整型表达式或字符表达式，case 后常量类型和 switch 一致。

选项 A 错误：% 要求两边的操作数必须为整数，x%2 中的 x 为 double 类型。

选项 B 错误：switch 后的表达式不为整型，不应该进行除法运算，应进行求余运算。

选项 D 错误：case 后面的表达式与 switch 不一致。选项 C 正确。

9．有以下程序：

```
#include <stdio.h>
void main()
{
  int  x;
  scanf("%d",&x);
  if(x>15)  printf("%d",x-5);
  if(x>10)  printf("%d",x);
  if(x>5)   printf("%d",x+5);
}
```

若程序运行时通过键盘输入 12< 回车 >，则输出结果为________。

【答案】1217

【解析】输入后，x=12，

x>15 不成立，不输出，

x>10 成立，输出 12，

x>5 成立，输出 17。

10．以下程序运行后的输出结果是________。

```
#include <stdio.h>
void main()
{
  int x=10, y=20,t=0;
  if(x==y)  t=x ;x=y ;y=t;
  printf("%d %d\n",x,y);
}
```

【答案】20　0

【解析】if(x==y)  t=x ;x=y ;y=t ; 相当于：

if(x==y)  t=x ;

x=y ;y=t ;

x==y 不成立，t=x 不执行。

x=y → x=20

y=t → y=0

# 第5章 循环结构

循环结构——思考的轮回，在无尽的迭代中寻找着智慧的出口。

Iteration statements unravel wisdom through endless iterations by the continuous cycle of thought.

## 导 读

在编程的广阔世界里，循环是最富有节奏感的结构之一，它以规律性重复的特性，让计算机执行那些需要一遍又一遍进行的任务。在实际应用中，我们经常遇到一些在特定条件下需要反复执行相同操作的情况，如求解累加和、累乘积、穷举及素数问题等。此时，即可经由循环的开始、条件判断、重复执行、变量更新，层层递进，推及最终结果。循环结构在重复与迭代中，以逻辑严密的计算序列，焕发出解决问题的活力。熟练掌握循环结构的概念和使用，是程序设计最基本的要求。

循环结构，是结构化程序设计的三种基本结构之一。本章学习循环结构的基本概念、循环基本语句（while 语句、do…while 语句和 for 语句）、循环控制语句（break 语句、continue 语句）、循环结构的嵌套以及常用算法。

## 导 航

**学习目标：**

1. 理解循环结构的概念及要素
2. 掌握 while 语句、do…while 语句和 for 语句的结构及用法
3. 掌握 break 语句和 continue 语句的用法
4. 理解循环嵌套的概念
5. 掌握经典应用的算法

**学习重点：**

1. 循环的初值、循环条件和循环体的设置
2. 循环结构的形式
3. break 语句和 continue 语句的使用

**学习难点：**

1. 循环结构从初值设置→执行→结束的全过程
2. 使用多重循环时嵌套循环的层次关系和逻辑关系
3. 经典应用中的常用算法
4. 循环结构算法设计的多样性及其与程序效率的关系

## 知识地图

- 循环结构
  - 循环要素
    - 循环初始值
    - 循环条件
      - 控制循环的执行过程
      - 循环的关键
      - 以表达式的形式给出
      - 循环条件表达式的值
        - 非0：循环条件成立
        - 0：循环条件不成立
    - 循环体
      - 循环过程中重复执行的相同操作
      - 通常为复合语句，也可为空语句
      - 注意区分循环体和循环语句的下一条语句
  - 循环类型
    - 当型循环
      - 先判断循环条件，再执行循环体
      - 循环体有可能一次也不被执行
    - 直到型循环
      - 先执行循环体，再判断循环条件
      - 循环体至少被执行一次
  - 循环语句
    - 基本语句
      - while语句
        - 类型：当型循环
        - 形式 —— while(循环条件表达式) {循环体语句}
      - do…while语句
        - 类型：直到型循环
        - 形式 —— do { 循环体语句 }while(循环条件表达式);
      - for语句
        - 类型：当型循环
        - 形式 —— for(表达式1;表达式2;表达式3) {循环体语句}
    - 控制语句
      - break语句
        - 一般形式：break;
        - 功能：结束循环
      - continue语句
        - 一般形式：continue;
        - 功能：跳出本次循环体语句，开始下一次循环
  - 循环的嵌套
    - 一个循环语句的循环体内包含另一个完整的循环语句
    - 内层循环语句作为一个独立的语句被执行
    - while语句、do…while语句和for语句可互相嵌套
    - 循环嵌套时仅可为内嵌形式，不可为交叉形式
  - 经典应用
    - 求最值问题
    - 求累加和、累乘积问题
    - 素数问题
    - 求解最大公约数、最小公倍数问题
    - 求解水仙花数问题
    - 求解Fibonacci数列问题
    - 图形问题
    - 百元换百钞问题

## 课前导学

**1. 知识初探**

◎阅读主教材第 5 章的【课中细学】

◎阅读辅教材第 5 章的【课前导学】的“本章要点”与相应“典型例题解析”

**2. 视频观看**

观看主教材第 5 章的【课中细学】相应的视频

**3. 思考空间**

（1）循环结构常用于解决什么问题?

（2）循环结构的要素有哪些?

（3）当型循环结构和直到型循环结构的区别是什么?

（4）循环结构的基本语句和控制语句有哪些?

（5）break 语句和 continue 语句有什么区别?

（6）循环嵌套时内外层循环的关系是什么?

（7）经典问题的算法是不是具有唯一性?

## 课中细学

## 5.1 循环结构的概念

循环结构是结构化程序设计中应用最为广泛的一种基本结构，是一种用来实现在某个条件的控制下反复地执行某些相同操作的结构。其中，用于进行控制的条件称为“循环条件”，反复执行的相同的操作称为“循环体”或“循环体语句”。由循环结构的基本概念可以看出，循环结构常用于需要反复执行某些相同操作的问题中，如数值计算、报表设计、游戏程序等。在应用循环结构时，主要需考虑三个要素：循环变量、循环条件、循环体语句。

**1. 循环变量**

在循环条件中出现的、起决定性作用的变量称为“循环变量”或“循环控制变量”。在循环开始之前，要考虑设置循环变量的初始值，为循环做好准备工作；在循环过程中，要不断地改变循环变量的值，使循环可以结束，避免出现死循环的情况。需要注意的是，循环变量的初始值是在循环之前设置的，因此并不会参与到循环的过程中，所以不会被反复地执行。

**2. 循环条件**

循环条件是循环结构程序设计中的关键，它决定了循环什么时候结束，反映了循环体被执行的次数。循环条件由某一个表达式表示，称为循环条件表达式。循环条件表达式通常是关系表达式或逻辑表达式，当然也可以是其他任意的合法表达式。若循环条件表达式的值为非 0 值，则认为循环条件是成立的；反之，则认为循环条件不成立。

**3. 循环体语句**

循环体语句就是在循环过程中需要反复执行的一组相同的操作。这些操作可以是任意合法的语句，它们被看作一组顺序结构的语句。也就是说，当循环体语句被执行时，首先执行其中的第一条语句，然后是第二条语句，依此类推，直至最后一条语句被执行完毕，此时即认为这一次的循环体执行结束。

**例 5.1** 输入若干学生的成绩（输入为负数时表示输入结束），求其中的最高分及最低分。

数据分析：令变量 max 表示最高分，令变量 min 表示最低分，令变量 score 表示学生成绩。

算法分析：首先，令 max=0，min=100。然后，输入成绩 score，如果 score 大于或等于 0，则将其分别与最高分和最低分相比较，从而得到新的最高分和最低分。接下来输入下一个成绩，再次判断其是否为非负数，若仍为非负数，则再次进行相同的比较过程。当输入的成绩为负数时，循环结束，此时得到最后的结果，输出 max 和 min。算法流程如图 5-1 所示。

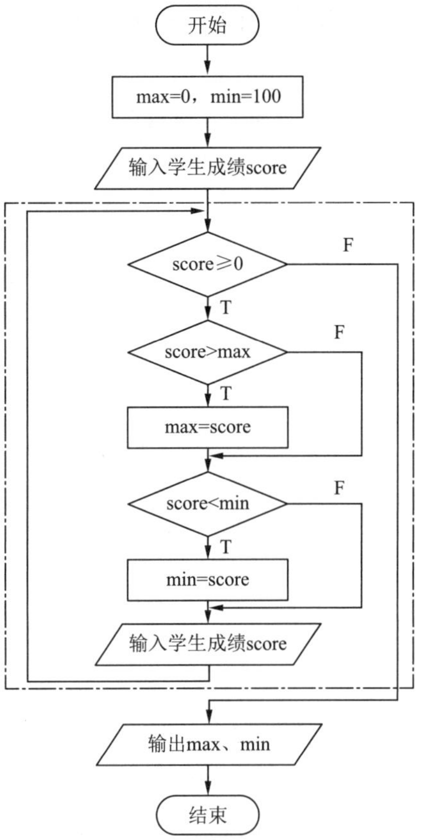


**图 5-1　例 5.1 算法流程图**

从图 5-1 中可以看出，虚线框部分是一个循环结构，其中 score≥0 是循环条件，score 为循环变量，循环开始前通过输入语句使其获得初始值，循环过程中，通过输入语句使其值不断改变，当其为非负数时，循环继续；当其值为负数时，循环结束；循环体包含三条语句：两条单分支选择结构语句和一条输入语句。

C 语言提供了三种循环结构语句，它们是 while 语句、do...while 语句和 for 语句，下面逐一讲解。

## 5.2　while 语　句

while 语句用来实现“当型”循环结构，即“当”循环条件成立时，执行循环体，否则结束循环。

### 1. while 语句的一般形式

while 语句通常用于循环次数不固定的情况，其特点为先判断循环条件，后执行循环体语句。其一般形式如下：

```
while(循环条件表达式)
{
  循环体语句
}
```

### 2. while 语句的执行过程

执行 while 语句时，首先求解循环条件表达式的值，若其值为非 0 值（真），则认为循环条件成立，此时执行一次循环体语句，然后再次求解循环条件表达式的值，若其值仍为非 0 值（真），则再次执行循环体语句；当循环条件表达式的值为 0（假）时，认为循环条件不成立，此时循环结束，即

while 语句执行完毕，程序将跳转到 while 语句的下一条语句处继续执行。while 语句的执行过程如图 5-2 所示。

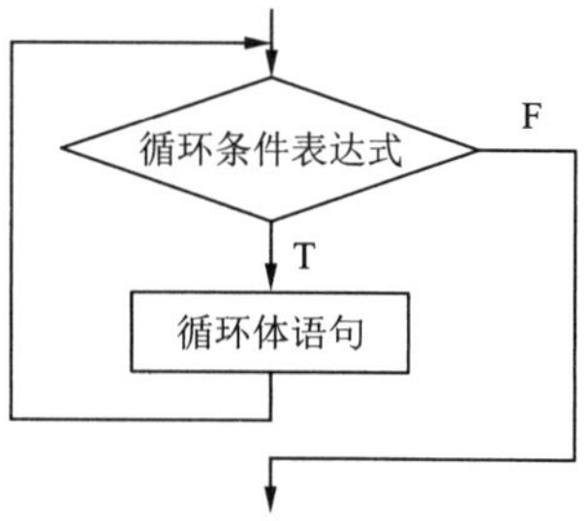


图 5-2 while 语句的执行过程

例 5.2 给出以下程序的运行结果、循环体执行的次数及程序的功能。

```
#include <stdio.h>
void main()
{
  int i=1;
  while(i<=20)
  {
    if(i%3==0)  printf("%5d",i);
    i++;
  }
}
```

程序运行结果：

```
    3    6    9   12   15   18
```

循环体执行的次数为：20 次。

程序的功能是：打印 1～20 中能被 3 整除的数。

分析：执行 while 语句时，先判断循环条件 i<=20 是否成立，若成立则执行循环体语句——if 语句和 i++ 语句：①执行 if 语句，当变量 i 能被 3 整除时，打印变量 i 的值；②执行语句 i++，使变量 i 的值增 1；然后再次判断循环条件 i<=20 是否成立，若循环条件仍成立则再次执行循环体语句，否则，结束 while 语句的执行。

例 5.3 写出例 5.1 相应的程序。

分析：编写程序时，只需将图 5-1 中的循环条件表达式及循环体写入 while 语句相应位置即可。

程序如下：

```
#include <stdio.h>
void main()
{
  double score, max, min;
  max=0, min=100;
  printf("请输入学生成绩");
  scanf("%lf",&score);
  while(score>=0)
  {
    if(score>max) max=score;
    if(score<min) min=score;
    printf("请输入学生成绩");
    scanf("%lf",&score);
  }
  printf("\n");
  printf("最高分：%.2f\n最低分：%.2f\n",max,min);
}
```

例5.4 计算 1～100 的累加和 sum。

数据分析：令变量 i 表示 1～100 中的每一个数，其初始值为 1；令变量 sum 表示两数之和，其初始值为 0。

算法分析：对于求若干个数据的累加和这样的问题，通常的算法是定义一个变量 i 和一个变量 sum（初始值置为 0），用变量 i 来表示每一个加数，变量 sum 表示和。首先，置变量 i 的值为第一个加数，将其与变量 sum 相加，并将其和仍保存到变量 sum 中，此时变量 sum 的值为第一个加数；然后求得第二个加数并保存到变量 i 中，再将其与变量 sum 相加，将其和仍保存到变量 sum 中，此时变量 sum 的值为前两个加数之和；依此类推，直到求得最后的结果。

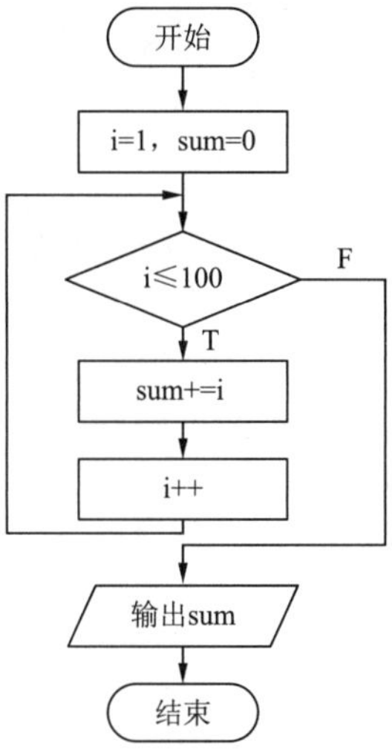

**图 5-3 例 5.4 算法流程图**

变量 sum 通常称为“部分和”变量。算法如图 5-3 所示。

程序如下：

```
#include <stdio.h>
void main()
{
  int i,sum;
  i=1,sum=0;
  while(i<=100)
  {
    sum+=i;
    i++;
  }
  printf("sum=%d\n", sum);
}
```

程序运行结果：

```
sum=5050
```

**注意**：在循环之前，变量 sum 一定要清零，否则变量 sum 的初始值为一个任意数，则最后求得的累加和也将为任意数，产生逻辑错误。

### 3. 说明

1）循环条件表达式

while 语句中的循环条件表达式可以是任意类型的表达式，只要其值为非 0 值就认为循环条件成立，进而反复执行循环体语句；只有当其值为 0 时才认为循环条件不成立，此时结束循环。需要注意的是，若循环条件由多个子条件组成，则应根据算法设计，用逻辑运算符（&& 或者 ||）将各个子条件连接起来组成一个逻辑表达式，而不能仅仅使用逗号（,）将各个子条件间隔开来。这是因为在 C 语言表达式中，“,” 是逗号运算符，此时该表达式即为逗号表达式，其值为最后一个子表达式的值。也就是说，除最后一个子条件外，其他子条件都将无效。

例5.5 输入若干学生的百分制成绩，求其中的最高分及最低分。

分析：此题与例 5.1 类似，只是此题中合法成绩的条件是百分制成绩，即成绩应在 0～100 内。如输入的成绩非法，则应停止成绩的输入，打印已输入成绩中的最高分和最低分。

若程序如下：

```
#include <stdio.h>
void main()
{
  double score, max, min;
  printf("请输入学生成绩");
  scanf("%lf",&score);
  max=min=score;
  while(score>=0,score<=100)
  {
    if(score>max) max=score;
    if(score<min) min=score;
    printf("请输入学生成绩");
    scanf("%lf",&score);
  }
  printf("\n");
  printf("最高分：%.2f\n 最低分：%.2f\n",max,min);
}
```

在运行程序时若输入低于 0 的成绩，程序的运行结果将出现错误。例如，若输入成绩为 -5，则 while 语句中的循环条件表达式“score>=0,score<=100”的值为该逗号表达式中最后一个子表达式“score<=100”的值，其值为 1，此时循环条件成立，将再次执行循环体语句，显然程序的运行结果将产生错误。若输入高于 100 的成绩，程序的运行结果是否会出现错误呢？请读者自行分析。

对于 while 语句而言，只要循环条件成立，就会再次执行其循环体语句。为避免上述错误，应该用逻辑与运算符将表示“并且”关系的两个子表达式连接起来，组成一个逻辑表达式。正确的程序如下：

```
#include <stdio.h>
void main()
{
  double score, max, min;
  printf("请输入学生成绩");
  scanf("%lf",&score);
  max=min=score;
  while(score>=0 && score<=100)       /*正确的循环条件表达式*/
  {
    if(score>max) max=score;
    if(score<min) min=score;
    printf("请输入学生成绩");
    scanf("%lf",&score);
  }
  printf("\n");
  printf("最高分：%.2f\n 最低分：%.2f\n",max,min);
}
```

2）while 语句的特点

while 语句的特点是先判断循环条件，再执行循环体语句，是一种“先测试型”循环。如果第一次判断循环条件时，循环条件就不成立，则循环体语句一次也不被执行。程序将直接跳转到 while 语句的下一条语句处继续执行。

**例 5.6**　验证以下程序。

```
#include <stdio.h>
void main()
{
  int x;
  scanf("x=%d",&x);
  while(x>10)
  {
    x--;
    printf("%d",x);
  }
}
```

第一次运行程序时输入：

```
x=5↙
```

程序没有任何输出结果；

第二次运行程序时输入：

```
x=12↙
```

程序的输出结果为：

```
1110
```

分析：第一次运行程序时，while 语句执行前变量 x 的值为 5。当执行 while 语句时，先判断循环条件 x>10，显然该条件不成立，因此循环体语句不被执行，while 语句结束，程序结束。由于循环体语句一次也不被执行，程序无任何输出结果。第二次运行程序的过程，读者自行分析。

3）避免死循环

在 while 语句的循环过程中，必须在某一时刻，使循环条件不成立，从而可以结束 while 语句的执行，继而跳转到其下一条语句处继续执行。否则循环将无限地执行下去，永不结束，这样的循环称为“死循环”。在设计循环结构时，一定要注意避免死循环。

**例 5.7**　若将例 5.4 改为如下程序，试分析其运行结果及原因。

```
#include <stdio.h>
void main()
{
  int i,sum;
  i=1,sum=0;
  while(i<=100);                    /*while 语句 */
  {                                 /*while 语句的下一条语句 */
    sum+=i;
    i++;
  }
  printf("sum=%d\n", sum);
}
```

程序的运行结果：运行程序时出现死循环。

原因：程序中 while 语句的循环体语句是空语句“;”。原语句段相当于

```
while(i<=100)
  {;}
```

```
{
  sum+=i;
  i++;
}
```

复合语句“{sum+=i;i++;}”为 while 语句的下一条语句，只有在 while 语句执行结束后才会被执行。而在执行 while 语句时，由于其循环条件恒成立，while 语句为死循环语句。

**注意：**在编写程序时，并不是每一行后面都可以有“;”。这是因为“;”既可以作为语句结束符，又可作为一条语句（空语句）。因此，在书写代码时，一定要合理地使用“;”。

4）循环体语句

循环体语句可以是一条语句或一组语句或一条空语句。

（1）循环体语句是一条语句时，其既可与 while 同行，也可在 while 下一行。此时，循环体语句两端的“{}”可以省略。如例 5.6 中的 while 语句可写为：

```
while(x-->10)  printf("%d ",x);
```

或

```
while(x-->10)
  printf("%d",x);
```

（2）循环体语句是一组语句时，必须用“{}”括起来，组成一条复合语句。

例5.8　若将例 5.2 改为如下程序：

```
#include <stdio.h>
void main()
{
  int i=1;
  while(i<=20)
  if(i%3!=0)  printf("%5d",i);
  i++;
}
```

则程序运行时将出现死循环：不断地显示␣␣␣␣1。这是因为程序中 while 语句的循环体语句只是 if 语句而已，语句 i++; 则是 while 语句的下一条语句，只有在 while 语句执行完毕后才能执行语句 i++。而执行 while 语句时，其循环条件 i<=20 恒成立，while 语句为死循环语句。在程序设计时，这一点是需要特别注意的。

设计算法时，一定要分析清楚哪些语句属于循环体语句，哪些语句是 while 语句的后续语句。如果循环体语句包含多条语句，一定要加上“{}”，组成一条复合语句。否则，系统仅将第一条语句认定为循环体语句，而其后的语句为 while 语句的下一条语句，那么，程序将出现错误。

（3）循环体语句是空语句时，while 语句可写为如下格式：

```
while(循环条件表达式);
```

while 语句中的循环体语句可以是空语句。在执行 while 语句时，系统将会不断地反复判断循环条件，若循环条件表达式的值恒为真，则 while 语句为死循环语句。为避免这种情况，除非算法需要，不要将空语句作为循环体语句。

例5.9　运行以下程序时，输入“china!↙”，验证以下程序的运行结果。

```
#include <stdio.h>
void main()
```

```
{
  char c;
  while(putchar(c=getchar())!='!');
}
```

程序运行结果：

```
china!
```

分析：while 语句的循环条件表达式为“putchar(c=getchar())!='!'”，其循环体语句为空语句“;”。while 语句的执行过程为：先求解循环条件表达式 putchar(c=getchar())!='!' 的值，求解步骤为先求解子表达式 c=getchar()，此时读入一个字符给变量 c；再求解子表达式 putchar(c=getchar())，此时输出变量 c 的值，且 putchar() 函数的值也等于变量 c 的值；最后求解子表达式 putchar(c=getchar())!='!' 的值，若其为非 0 值，则执行循环体语句空语句，然后再次求解循环条件表达式的值，反之，while 语句执行结束。

例5.10　当用户按【Enter】键时激活程序，打印 1～20 间 3 的倍数。

```
#include <stdio.h>
void main()
{
  int i=1;
  printf("是否执行程序? <按【Enter】键表示执行>");
  while(getchar()!='\n');                         /*;为循环体语句*/
  printf("1 ~ 20 中 3 的倍数有:\n");
  while(i<=20)
  {
    if(i%3==0)  printf("%5d",i);
    i++;
  }
}
```

分析：第一条 while 语句的功能是等待用户按【Enter】键激活程序。执行该语句时若用户未按下【Enter】键，则循环条件成立，执行循环体语句（空语句），程序将再次判断循环条件是否成立；若用户按下【Enter】键，则循环条件不成立，while 语句执行结束，程序将跳转到其下一条语句处继续执行，实现程序的功能。

## 5.3　do…while 语句

do…while 语句用来实现“直到型”循环结构，即反复执行循环体语句，直到循环条件不成立时，结束循环语句的执行。

### 1．do…while 语句的一般形式

do…while 语句也常用于循环次数不固定的情况，其特点为先执行循环体语句，后判断循环条件。其一般形式如下：

```
do
{
  循环体语句
}while(循环条件表达式);
```

### 2．do…while 语句的执行过程

执行 do…while 语句时，先执行循环体语句，然后求解循环条件表达式的值，若循环条件表达式的值

为非0值（真），则认为循环条件成立，此时再次执行循环体语句；当循环条件表达式的值为0（假）时，表示循环条件不成立，此时结束do…while语句的执行，程序跳转至do…while语句的下一条语句处继续执行。其执行过程如图5-4所示。

例5.11 写出以下程序的运行结果。

```
#include <stdio.h>
void main()
{
  int x=3;
  do
  {
    printf("%3d", x-=2);
  }while(!(--x));
  printf("%3d",x);
}
```

程序运行结果：

```
  1 -2 -3
```

分析：执行do…while语句时，先执行循环体语句，再求解循环条件表达式!(--x)的值，若其值为非0值，则表示循环条件成立，此时再次执行循环体语句，否则，结束do…while语句的执行，跳转到其下一条printf语句处继续执行。

例5.12 用do…while语句，编写例5.4的程序。

分析：算法流程如图5-5所示。

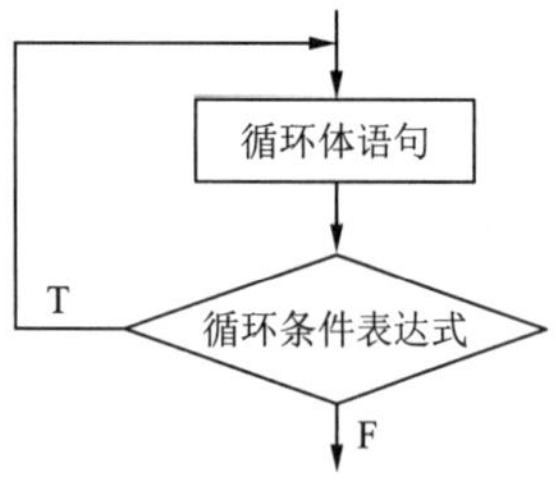


图5-4 do…while语句执行过程

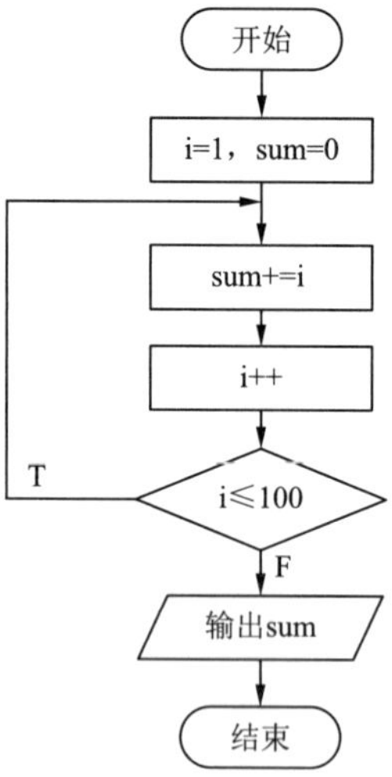


图5-5 例5.12算法流程图

程序如下：

```
#include <stdio.h>
void main()
{
  int i,sum;
  i=1,sum=0;
  do
  {
    sum+=i;
```

```
    i++;
  } while(i<=100);
  printf("sum=%d\n",sum);
}
```

### 3．说明

1）循环体语句

do…while 语句的循环体语句可以是一条语句或一组语句或一条空语句。

（1）循环体语句是一条语句或一条空语句时，其左、右大括号可以省略，即 do…while 语句可按以下形式书写：

```
do
  循环体语句
while(循环条件表达式);
```

例如，例 5.11 中的 do…while 语句可写为如下形式：

```
do
  printf("%3d",x-=2);
while(!(--x));
```

不过，习惯上即使循环体语句仅为一条语句，也将其用大括号括起来作为复合语句给出，即不管循环体语句包含了多少条语句，do…while 语句的书写形式均相同。

（2）循环体语句是多条语句时，则必须用大括号括起来，组成复合语句。

2）循环条件表达式

循环条件表达式可以是任意类型的表达式，只要其值为非 0 值就认为循环条件成立，进而再次执行循环体语句；只有当其值为 0 时才认为循环条件不成立，此时结束 do…while 语句的执行。

3）避免死循环

在 do…while 语句的循环过程中，必须在某一时刻，使循环条件不成立，从而可以结束 do…while 语句的执行，继而跳转到其下一条语句处继续执行。否则循环将无限地执行下去，永不结束，出现“死循环”的情况。

4）do…while 语句的特点

do…while 语句的特点是先执行循环体语句，再判断循环条件，是一种“后测试型”循环。因此循环体语句至少被执行一次。

## 5.4　for　语　句

for 语句和 while 语句、do…while 语句一样，在循环条件的控制下，重复执行一个语句块。

### 1．for 语句的一般形式

for 语句常用于循环次数已知的情况，是一种“计数型”循环。for 语句的循环体语句也是在判断循环条件之后决定是否执行的，它完全可以取代 while 语句。因此，在 C 语言中 for 语句的使用最灵活、最广泛、功能最强。其一般形式如下：

```
for(表达式 1;表达式 2;表达式 3)
{
  循环体语句
}
```

### 2. for 语句的执行过程

执行 for 语句时，首先求解表达式 1，然后求解表达式 2，当表达式 2 的值为非 0 值（真）时，执行循环体语句，之后求解表达式 3，接下来再次求解表达式 2，若其值仍为非 0 值（真），则再次执行循环体语句，之后再次求解表达式 3；若表达式 2 的值为 0（假），则结束 for 语句的执行，程序跳转至 for 语句的下一条语句处继续执行。for 语句的执行过程如图 5-6 所示。

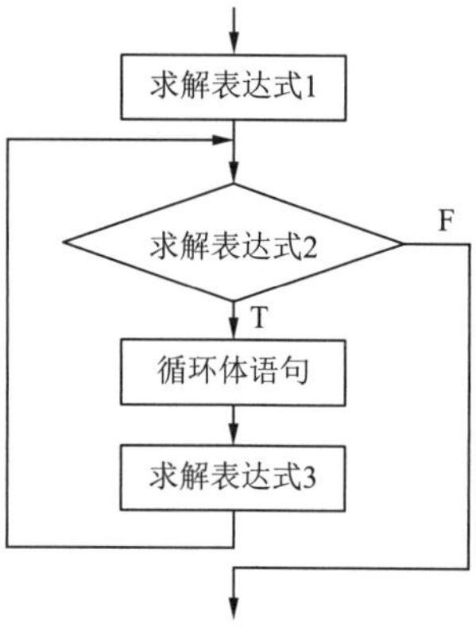


图 5-6　for 语句执行过程

### 3. 说明

1）for 语句中三个表达式的作用

（1）表达式 1：通常为赋值表达式，如果有多个赋值表达式可以用逗号隔开，组成逗号表达式。其作用通常是为循环三要素中的循环变量赋初值，也可以为其他变量赋值。

（2）表达式 2：通常为关系表达式或逻辑表达式，也可以是其他表达式。其作用是循环三要素中的循环条件。

（3）表达式 3：通常为赋值表达式或自增 / 自减表达式，如果有多个赋值表达式或自增 / 自减表达式可以用逗号隔开，组成逗号表达式。其作用通常是改变循环变量的值，以保证循环能正常终止，也可以改变其他变量的值。例如，有以下 for 语句：

```
for(i=1,j=100,sum=0;i<=j;i++,j--)
  sum+=i+j;
```

在表达式 1 中除了为循环变量 i 赋值为 1 外，同时为变量 j 赋值为 100，变量 sum 赋值为 0，此时表达式 1 为逗号表达式；表达式 3 也是逗号表达式，因此在求解表达式 3 时，将使变量 i 的值增 1，同时变量 j 的值减 1。for 语句执行结束后，变量 i 的值为 51，变量 j 的值为 50，变量 sum 的值为 5050。该语句的功能是计算 1～100 的累加和。

由此，for 语句最简单的应用形式也是最易理解的形式如下：

```
for(循环变量赋初值;循环条件表达式;循环变量增值)
{
  循环体语句
}
```

例 5.13　给出以下程序的运行结果。

```
#include <stdio.h>
void main()
{
  char a,b,c;
  b='1';
  c='A';
  for(a=0;a<6;a++)
  {
    if(a%2)  putchar(b+a);
    else putchar(c+a);
  }
  printf("\na=%d\n",a);                /*for 语句的下一条语句 */
}
```

程序运行结果：

```
A2C4E6
a=6
```

分析：for 语句的执行过程为，首先，求解表达式 1（a=0），然后判断循环条件 a<6 是否成立，若循环条件成立，则执行循环体语句双分支 if 语句，之后求解表达式 3，接下来再次判断循环条件 a<6 是否成立；若循环条件不成立，则结束 for 语句的执行，程序将跳转至 for 语句的下一条语句“printf("\na=%d\n",a);”处继续执行。

2）for 语句中三个表达式的省略性

for 语句中的三个表达式之间以“;”间隔。从理论上来说，三个表达式皆可省略，但是两个间隔符“;”均不可省略。

（1）表达式 1 省略：若在 for 语句之前就已经使循环变量得到了初始值，则表达式 1 可省略。例如，例 5.13 可改为如下形式：

```
#include <stdio.h>
void main()
{
  char a=0,b,c;
  b='1';
  c='A';
  for( ; a<6; a++)
  {
    if(a%2)  putchar(b+a);
    else putchar(c+a);
  }
  printf("\na=%d\n",a);
}
```

字符变量 a 在定义时已被初始化为 0，for 语句中表达式 1 省略，但其后的间隔符“;”不能省略。

（2）表达式 2 省略：表达式 2 的作用是设定循环条件。在 for 语句中，若表达式 2 被省略，则表示循环条件始终成立，此时将会不断地重复执行循环体语句和表达式 3。若在循环体语句中没有使用后面将要介绍的用于强制结束 for 语句的执行的 break 语句或者是能够使程序结束运行的函数如 exit() 函数，那么 for 语句将是一条死循环语句。因此一般情况下，表达式 2 不会被省略。例如，例 5.13 可改为如下形式：

```
#include <stdio.h>
void main()
{
  char a, b,c;
  b='1';
  c='A';
  for(a=0;;a++)
  {
    if(a>=6)  break;                 /* 当变量 a 的值不小于 6 时，for 语句结束 */
    if(a%2)  putchar(b+a);
    else putchar(c+a);
  }
  printf("\na=%d\n",a);
}
```

for 语句中的表达式 2 省略，表示循环条件恒成立。但是当执行循环体语句中的第一条语句 if 语句时，若变量 a 的值不小于 6，则将执行 break 语句，强制结束 for 语句的执行，程序跳转到 for 语句的下一条语句“printf("\na=%d\n",a);”处继续执行。若将此条 if 语句删除，则 for 语句将成为死循环语句。

（3）表达式 3 省略：若是在循环体语句中就改变了循环变量的值，则表达式 3 可省略。例如，例 5.13 可改为如下形式：

```
#include <stdio.h>
void main()
{
  char a, b,c;
  b='1';
  c='A';
  for(a=0;a<6;)
  {
    if(a%2)  putchar(b+a);
    else putchar(c+a);
    a++;
  }
  printf("\na=%d\n",a);
}
```

循环体语句中的第 2 条语句“a++;”使循环变量 a 的值增 1，则表达式 3 可省略。但是，若将例 5.13 改为如下形式：

```
#include <stdio.h>
void main()
{
  char a,b,c;
  b='1';
  c='A';
  for(a=0;a<6;a++)
  {
    if(a%2)  putchar(b+a);
    else putchar(c+a);
    a++;
  }
  printf("\na=%d\n",a);
}
```

则程序的运行结果为：

```
ACE
a=6
```

这是因为在执行循环体时，循环变量 a 的值增 1；而在求解表达式 3 时，循环变量 a 的值又将增 1，这就相当于每次循环时，循环变量 a 的值将增加 2。循环体语句被执行 3 次而非 6 次。因此在执行 for 语句时需要特别注意，表达式 3 是在每次执行完循环体语句之后都要求解的表达式。无论在循环体语句中是否改变了循环变量的值，这一点都不会改变。

3）循环体语句可以是一条语句、一组语句或空语句。

循环体语句可以是一条语句、一组语句或空语句，这一点和 while 语句一样，此处不再赘述。

**例 5.14** 用 for 语句编写例 5.4 的程序。

分析：算法流程如图 5-7 所示。

程序如下：

```
#include <stdio.h>
void main()
{
  int i,sum;
  for(i=1,sum=0;i<=100;i++)
    sum+=i;
  printf("sum=%d\n",sum);
}
```

**例 5.15**　求 $n!$。

分析：$n!=1\times2\times3\times\cdots\times n$。对于求若干个数的累乘积这样的问题，其常用算法与求累加和的算法相似，不同的是一个求乘积，一个求和。读者自行加以分析。算法流程如图 5-8 所示。

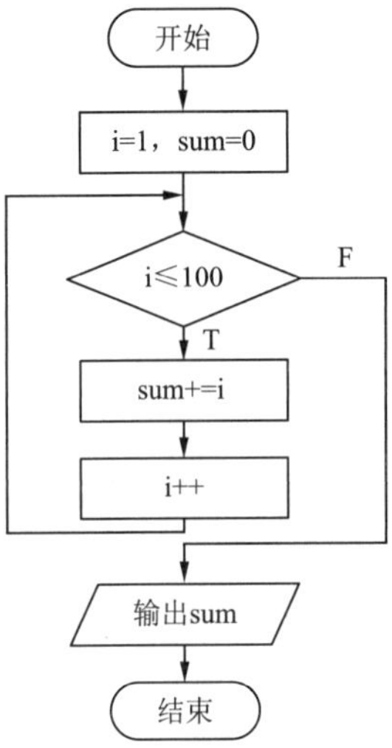


**图 5-7　例 5.14 算法流程图**

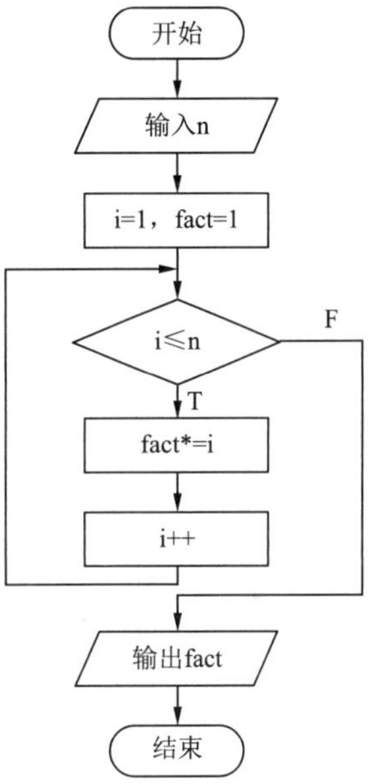


**图 5-8　例 5.15 算法流程图**

程序如下：

```
#include <stdio.h>
void main()
{
  int n,fact,i;
  printf("please input n:");
  scanf("%d",&n);
  for(i=1, fact=1;i<=n;i++) fact*=i;
  printf("%d!=%d\n",n,fact);
}
```

## 5.5 break 语句

在循环结构中，可能会遇到在某次执行循环体语句的过程中，由于某种特殊情况需要使整个循环语句提前结束的情况。C 语言中的 break 语句可以用来满足这种需求。

### 1. break 语句的一般形式

break 语句的一般形式为：

```
break;
```

### 2. break 语句的功能

break 语句强制结束其所在语句的执行，程序跳转至其所在语句的下一条语句处继续执行。

### 3. 说明

（1）break 语句只能应用在选择结构 switch 语句和循环语句中，如果出现在其他位置将会引起编译错误。

（2）break 语句通常与 if 语句一起使用，表示在某种条件下需强制结束语句的执行。

（3）break 语句只认定离自己最近的那一条语句为其所在语句。

**例 5.16** 验证以下程序的运行结果，并给出程序的功能。

```
#include <stdio.h>
void main()
{
  int i,n;
  printf("input n:");
  scanf("%d",&n);
  i=n;
  while(i<=100)
  {
    if(i%8==0)
    {
      printf("the first number is %d.\n",i);
      break;
    }
    i++;
  }
}
```

第 1 次运行程序的结果：

```
input n:1↙
the first number is 8.
```

第 2 次运行程序的结果：

```
input n:82↙
the first number is 88.
```

程序的功能：求 $n$ ～100 的最小的 8 的倍数。

分析：执行 while 语句时，当循环变量 i 的值为 $n$ ～100 的最小的 8 的倍数时，程序将执行循环体语句中的第一条语句 if 语句的子句。先执行输出语句，然后执行 break 语句，此时程序将强制结束 while 语句的执行。

视频

break语句

**例 5.17** 通过键盘输入一个正整数，判断它是否为素数，若是素数，则输出“YES!”，否则输出“NO!”。

分析：素数是指除了 1 和它本身，不能被其他整数所整除的数（1 不是素数）。根据素数的定义，可以得到判断素数的方法：定义变量 $n$ 表示被判断的正整数，变量 $i$ 表示 2～$n$-1 的某数。

对于变量 $i$ 的所有可能值，逐一检验其能否整除 $n$。只要有一个值能整除 $n$，就说明 $n$ 不是素数，此时得到结论“NO!”，并结束检验；反之，只有当变量 $i$ 的所有可能值都不能整除 $n$ 时，检验结束并得到结论“YES!”。事实上，根本不必将 2～$n$-1 的所有数逐一进行判断，而只需检验 2～(int)sqrt(n) 的所有数即可。检验的过程可以用 for 语句实现。

思考：检验结束后，能否直接输出“YES！”，即能否如下编程？

```
k=(int)sqrt(n);
for(i=2;i<=k;i++)                         /*验证n能否被i整除*/
{
  if(n%i==0)
  {
    printf("NO!\n");
    break;
  }
}
/*检验结束后，直接输出"YES!"*/
printf("YES!\n");
```

验证：

（1）若 $n$=4，程序段的运行结果如下：

```
NO!
YES!
```

（2）若 $n$=5，程序段的运行结果如下：

```
YES!
```

显然，若 $n$ 为 4，程序段出现了错误。错误原因在于对 for 语句的结束条件分析不清。在 for 语句的执行过程中，有两种情况可使循环结束：第一，执行 break 语句；第二，循环条件 i<=k 不成立。二者之中只要有一种情况满足 for 句就会结束，程序将跳转到 for 语句的下一条语句“printf("YES!\n");”处继续执行。也就是说，不管 for 语句的执行过程是什么状况，只要 for 语句执行结束，都将会输出“YES!”，那么若 n 不是素数，运行结果势必是错误的。所以，for 语句的下一条语句不能为输出语句“printf("YES!\n");”。那么，如何编程才能得到正确的运行结果？如果能够判断出是因为执行了 break 语句，还是由于循环条件 i<=k 不成立才使 for 语句执行结束的，那么这个问题将迎刃而解。常用的判断方法有以下两种。

方法一：for 语句执行结束后，通过分析循环变量 i 的值来判断。

若 n 是素数，那么必定是由于循环条件 i<=k 不成立才使 for 语句执行结束，此时循环变量的值一定为 k+1；反之，若 n 不是素数，那么必定是由于执行了 break 语句才使 for 语句执行结束，此时循环变量 i 的值一定为 2～k 的某数。因此 for 语句执行结束后，可根据循环变量 i 的值获得结论：若其值为 k+1，结论为“YES!”；否则为“NO!”。可以在得出结论后再进行输出，而在 for 语句的执行过程中不再进行任何输出。算法流程如图 5-9 所示。

程序如下：

```
#include <stdio.h>
#include <math.h>
void main()
{
  int n,i,k;
```

```
    printf("please input n:");
    scanf("%d",&n);
    k=(int)sqrt(n);
    for(i=2; i<=k; i++)            /*for 循环检验 n 是否为素数 */
      if(n%i==0) break;            /* 若 n 是 i 的倍数，则说明 n 不是素数，停止检验 */
      /* 检验结束后若 i 的值是 k+1，则说明 n 是素数，否则说明 n 不是素数 */
    if(i==k+1)
      printf("YES!\n");
    else
      printf("NO!\n");
  }
```

方法二：设置变量 flag 来辅助判断。

假设变量 flag 仅有两个值：0 和 1，0 表示结论为“n 不是素数”，1 表示结论为“n 是素数”，然后利用数学中的“反证法”进行检验。检验前，首先令变量 flag 的值为 1，即检验前假设“n 是素数”；然后开始检验，当发现“n 不是素数”时，说明之前的假设是错误的，此时变量 flag 的值应为 0，检验结束。在检验结束后，即可根据变量 flag 的值获得结论：若其值为 1，结论为“YES!”；否则为“NO!”。当然，也可令变量 flag 为其他值，如令 flag 的可能值为字符 'y' 和 'n'，分别表示结论“是”和“不是”。变量 flag 通常称为“标识量”。变量名通常为 flag，若程序中需要设置多个标识量，则可将变量命名为 flag1、flag2 等。算法流程如图 5-10 所示。

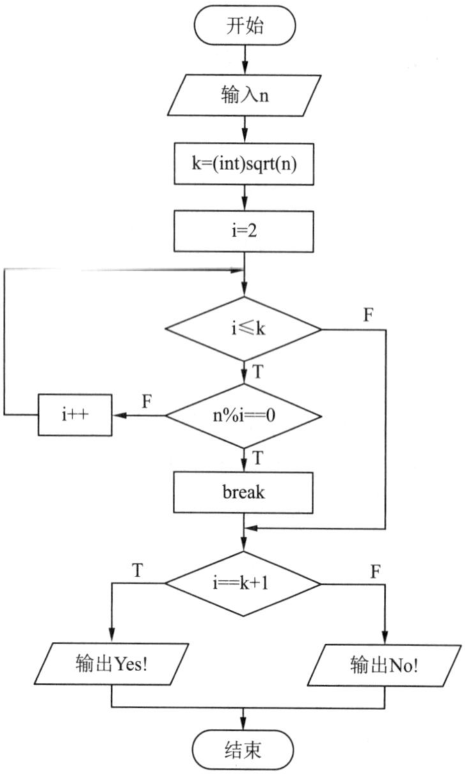


图 5-9　例 5.17 方法一算法流程

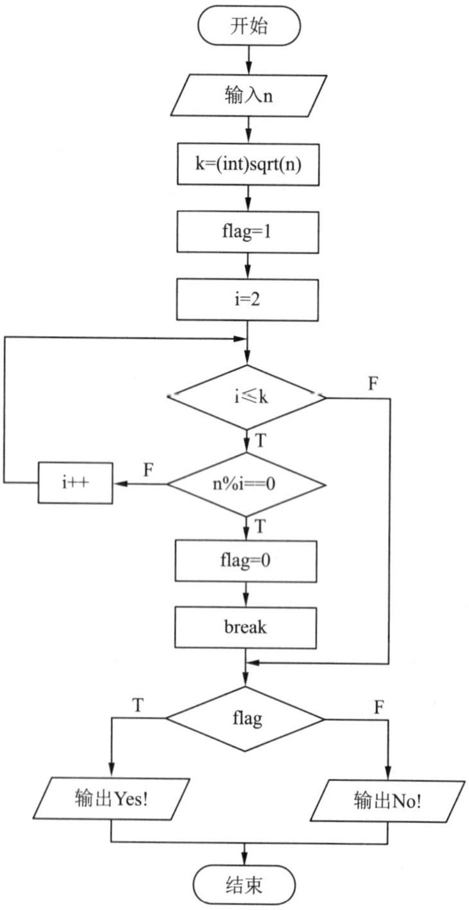


图 5-10　例 5.17 方法二算法流程

程序如下：

```
#include <stdio.h>
#include <math.h>
void main()
{
  int n,i,k,flag;
  printf("please input n:");
  scanf("%d",&n);
  k=(int)sqrt(n);
  flag=1;                     /* 检验前假设 n 为素数，则标识量 flag 的值为 1*/
  for(i=2; i<=k; i++)         /*for 循环语句检验 n 是否为素数 */
    if(n%i==0)
    /* 若 n 是 i 的倍数，则说明 n 不是素数，此时标识量 flag 的值应为 0，并且停止检验 */
    {
      flag=0;
      break;
    }
    /* 检验结束后，若标识量 flag 的值为 1，则说明 n 是素数，否则，说明 n 不是素数 */
  if(flag)
    printf("YES!\n");
  else
    printf("NO!\n");
}
```

## 5.6　continue　语　句

在循环结构中，可能会遇到在某次执行循环体语句的过程中，由于某种特殊情况需要使本次循环体语句提前结束，转而开始下一次新的循环的情况。此时，可以用 continue 语句实现。

### 1．continue 语句的一般形式

continue 语句的一般形式如下：

```
continue;
```

### 2．continue 语句的功能

continue 语句强制结束本次循环体语句的执行，即跳过循环体语句中其后尚未执行的语句，转而开始下一次新的循环。

### 3．说明

（1）continue 语句只能应用于循环语句 (while 语句、do…while 语句和 for 语句 ) 中。

（2）在 while 语句和 do…while 语句中，continue 语句将使程序跳转到循环条件表达式处继续执行；在 for 语句中，continue 语句将使程序跳转到表达式 3 处继续执行。

（3）continue 语句通常与 if 语句一起使用，表示在某种条件下需要开始下一次新的循环。

例 5.18　给出以下程序的运行结果。

```
#include <stdio.h>
void main()
{
  int i;
```

```
  for(i=1;i<5;i++)
  {
    if(i%2)
    {
      printf("#");
      continue;
    }
    printf("*");
  }
  printf("!");
}
```

程序运行结果：

```
#*#*!
```

分析：执行 for 语句的循环体时，若变量 i 不是 2 的倍数，则输出字符 '#'，然后执行“continue;”语句，此时循环体内其后尚未被执行的循环体语句将被忽略，程序跳转至 for 语句的表达式 3 处继续执行；若变量 i 是 2 的倍数，则输出字符 '*'，然后程序跳转至 for 语句的表达式 3 处继续执行。for 语句执行完毕后，程序跳转至 for 语句的下一条语句处继续执行，输出字符 '!'。

例 5.19 若将例 5.18 中的 continue 语句改为 break 语句，则程序的运行结果是什么？

```
#include <stdio.h>
void main()
{
  int i;
  for(i=1;i<5;i++)
  {
    if(i%2)
    {
      printf("#");
      break;                    /* 将例 5.18 中的 continue 语句改为 break 语句 */
    }
    printf("*");
  }
  printf("!");
}
```

程序运行结果：

```
#!
```

分析：第一次执行 for 语句的循环体时，循环变量 i 的值为 1，则执行循环体语句中第一条语句 if 语句的子句，首先输出字符 '#'，然后执行 break 语句，此时程序将强制结束 for 语句的执行，转而跳转至 for 语句的下一条语句“printf("!");”处继续执行，输出字符 '!'。

读者通过以上两个例子细细体会 break 语句和 continue 语句的区别。

## 5.7 循环的嵌套

### 1. 循环嵌套的概念

在一个循环语句的循环体内又包含了另一个完整的循环结构，称为循环的嵌套。内嵌的循环中还可以再嵌套循环，这就是多重循环。C 语言中，三种循环结构的语句（while 语句、do…while 语句和 for 语句）

可以相互嵌套。

### 2．执行嵌套的循环语句

执行嵌套的循环语句时，将内层的循环语句作为一个独立的语句来执行。即在某次执行外层循环的循环体语句的过程中，当执行到内层的循环语句时，要将内层循环语句执行完毕，才能继续执行外层循环的循环体语句中其后尚未执行的语句。也就是说，外层循环的循环体语句执行一次，内层循环语句完整执行一遍。

**例 5.20** 给出下面程序的运行结果。

```
#include <stdio.h>
void main()
{
  int i,j, m=1;
  for(i=1;i<3;i++)                          /* 外层 for 语句 */
  {
    for(j=3;j>1;j--)                        /* 内层 for 语句 */
    {
      if(i*j>=3)  break;
      m*=i*j;                               /*break 语句属于内层 for 语句 */
    }
  }
  printf("m=%d\n",m);
}
```

程序运行结果：

```
m=1
```

分析：程序中 for 语句是一个嵌套的循环语句，外层 for 语句的循环体语句（即内层 for 语句）执行两次，每次执行内层 for 语句时都将从表达式 1（j=3）开始按照 for 语句的执行过程执行内层 for 语句。需要注意的是，此程序中，break 语句是内层 for 语句的循环体语句中的一条子句。执行 break 语句时，将使内层的 for 语句强制结束，程序跳转至外层 for 语句的表达式 3(i++) 处继续执行。

**例 5.21** 计算 $sum=1!-2!+3!-4!+\cdots+(-1)^{n-1}n!$。

分析：在例 5.14 和例 5.15 中给出了求累加和及累乘积的常用算法，本题中可以将二者结合起来。若将原式改写为 $1!+(-2!)+3!+(-4!)+\cdots+(-1)^{n-1}(n!)$，则可以看出若能逐项求得累加式中的每个加数项，则可以通过累加和的常用算法编制程序。而加数项除了涉及阶乘的求解，还有符号正、负交替的问题。阶乘的求解可以通过累乘积的常用算法实现。符号的正、负交替则需要使用“符号变量”完成。具体方法是设符号变量 f 表示每一个加数项的符号，首先令 f=1，然后在循环的过程中反复执行语句 f=-f，这样就可以得到每一项的符号。本题需使用双层嵌套的循环语句完成程序的编制。算法流程如图 5-11 所示。

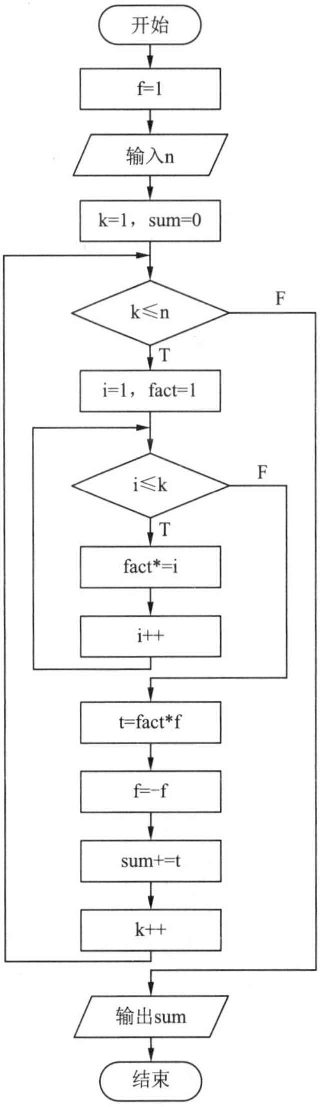


**图 5-11　例 5.21 算法流程图**

程序如下：

```
#include <stdio.h>
void main()
{
  int n,k,sum,i,t,fact,f=1;
```

```
    printf("please input n:");
    scanf("%d",&n);
    for(k=1,sum=0;k<=n;k++)
    {
      for(i=1, fact=1;i<=k;i++) fact*=i;      /* 内层 for 语句求 k!*/
      t=fact*f;                               /* 变量 t 存放每个加数项 */
      f=-f;                                   /* 变量 f 表示下一个加数项的符号 */
      sum+=t;
    }
    printf("sum=1!-2!+…+%d!=%d\n",n,sum);
}
```

**注意**：每次内层循环开始前，变量 flag 和变量 i 的值都要被重置为 1，否则将不能正确求得 *k*!。本题中，若要求不能使用嵌套的循环，应该如何设计算法？请读者加以分析。提示：在求 *n*! 时可使用公式 $n!=n\times(n-1)!$，即把内层 for 语句：

```
for(i=1,fact=1;i<=k;i++)  fact*=i;
```

改为一条赋值语句：

```
fact=fact*k;
```

前提是循环开始前应使变量 fact 的值为 1。

## 5.8 程 序 举 例

**例 5.22** 输入两个数 *m* 和 *n*，求其最大公约数及最小公倍数。

分析：编程时，通常使用“辗转相除法”来求最大公约数。

“辗转相除法”：假设 $m>n$，用 *m* 除以 *n* 求得余数 *r*。当 $r\neq 0$ 时，将 *n* 作为下一次求解时的 *m*，将 *r* 作为下一次的 *n*，再用 *m* 除以 *n* 求得新的余数 *r*，当 $r\neq 0$ 时，重复以上的操作，直到 $r=0$ 为止，此时除数 *n* 即为所求的最大公约数。例如，设 $m=280$，$n=48$，计算最大公约数的方法如下：

| | *m* | *n* | *r* |
|---|---|---|---|
| 第一次求解： | 280 | 48 | 40 |
| 第二次求解： | 48 | 40 | 8 |
| 第三次求解： | 40 | 8 | 0 |

计算所得最大公约数为 8。

计算最小公倍数：两数的乘积除以最大公约数即为最小公倍数。

本题中既要求最大公约数，又要求最小公倍数，而在求最小公倍数时还需使用变量 *m*、*n* 的原值，因此在求解最大公约数时不能用变量 *m*、*n* 直接计算。可以用变量 *a* 存放变量 *m*、*n* 中的大者，用变量 *b* 存放变量 *m*、*n* 中的小者，再求 *a*、*b* 的最大公约数即可。算法流程如图 5-12 所示。

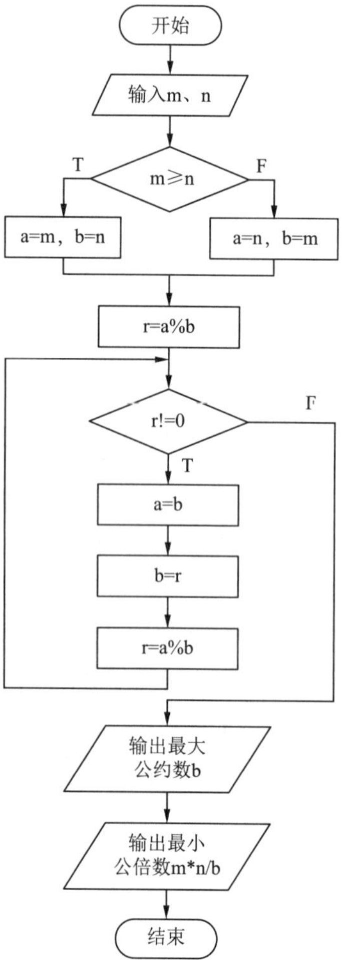

图 5-12　例 5.22 算法流程图

程序如下：

```
#include <stdio.h>
```

```
void main()
{
  int m,n,a,b;
  int r;
  printf("please input m, n:\n");
  scanf("%d,%d",&m,&n);
  /* 变量a存放变量m、n中的大者，变量b存放小者 */
  if(m>=n)  a=m,b=n;
  else a=n, b=m;
  r=a%b;
  while(r!=0)                    /* 变量a和b的余数不为0时继续循环 */
  {
    a=b;
    b=r;
    r=a%b;
  }
  /* 循环结束后，变量b的值即为最大公约数 */
  printf("The greatest common divisor is:%d\n",b);
  printf("The least common multiple is:%d\n",m*n/b);
}
```

程序运行结果：

```
please input m, n:
280,48
The greatest common divisor is:8
The least common multiple is:1680
```

**例5.23** 利用级数展开式求 π 的近似值，直到某一项的值小于 $10^{-6}$ 为止。

$$\frac{\pi}{4}=1-\frac{1}{3}+\frac{1}{5}-\frac{1}{7}+\cdots$$

分析：这是一个求累加和的问题。先根据公式求出$\frac{\pi}{4}$的近似值，继而可求得 π 的近似值。下面对公式加以分析：每一项的符号是以正、负交替的方式给出的，可以利用例 5.21 中所用的符号变量实现；每一项的分母是从 1 开始的奇数，即后一项的分母比前一项的分母大 2。在求累加和时，循环至少执行一次，因此选用 do…while 语句来编写程序较合适。算法流程如图 5-13 所示。

程序如下：

```
#include <stdio.h>
void main()
{
  double t=1,s=0;
  int f=1;
  do
  {
    s+=f/t;
    f=-f;
    t+=2;
  }while(1/t>=1e-6);
  printf("π=%lf",4*s);
}
```

**例 5.24** 打印“水仙花数”。“水仙花数”是一个三位数，且其各位数字的立方和等于该数本身。例如，153 是一个水仙花数，因为 $153=1^3+5^3+3^3$。

分析：设变量 $n$ 是一个三位数，变量 $a$、$b$、$c$ 分别是其百位、十位及个位的数字，则有

```
a=n/100
b=n/10%10
c=n%10
```

若 $n$ 等于 $a^3+b^3+c^3$，那么 $n$ 是水仙花数，否则不是。算法流程如图 5-14 所示。

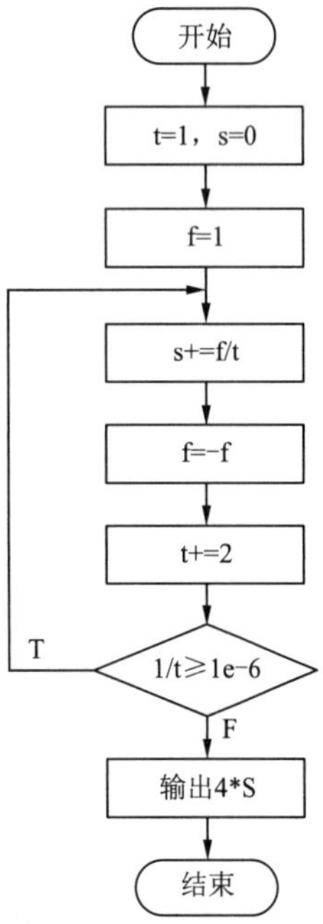


**图 5-13　例 5.23 算法流程图**

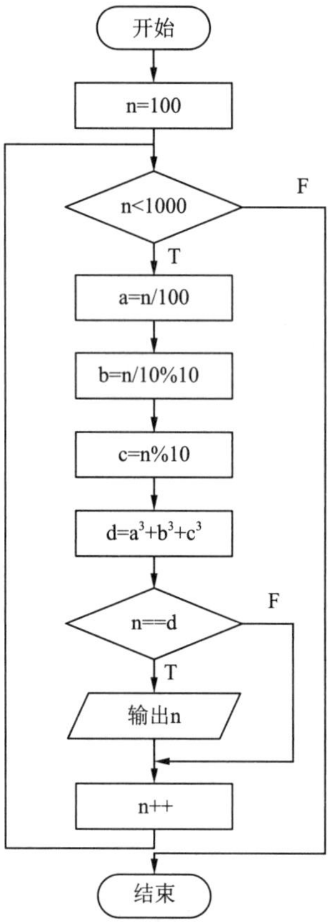


**图 5-14　例 5.24 算法流程图**

程序如下：

```
#include <stdio.h>
#include <math.h>
void main()
{
  int n,a,b,c,d;
  for(n=100; n<1000; n++)
  {
    a=n/100;
    b=n/10%10;
    c=n%10;
    d=(int)pow(a,3)+(int)pow(b,3)+(int)pow(c,3);
    if(n==d)
      printf("%5d",n);
  }
  printf("\n");
}
```

程序运行结果：

```
153 370 371 407
```

**说明：**

pow() 函数是库文件 math.h 中的一个标准函数，函数形式为 pow(x,y)，函数的功能是求 $x^y$，函数值是一个 double 类型的数据。而变量 d 是一个 int 类型的变量，因此要使用强制类型转换运算将 pow() 函数的值强制转换为 int 类型。

**例 5.25**　编程求 Fibonacci 数列的前 *n* 项（$3 \leqslant n \leqslant 30$）。要求：每行打印 5 个。Fibonacci 数列的第 1 项和第 2 项为 1，此后每项为其前两项之和。即 Fibonacci 数列为 1，1，2，3，5，8，…。

分析：令三个变量 f1、f2、f 分别表示 Fibonacci 数列连续三项。首先令变量 f1、f2 表示数列的第 1 项和第 2 项，即 f1=1、f2=1，f 表示数列的第 3 项，则 f=f1+f2；然后用 f1 存放第 2 项，即 f1=f2，用 f2 存放第 3 项，即 f2=f，用 f 表示数列的第 4 项，则 f=f1+f2；接下来用 f1 存放第 3 项，即 f1=f2，用 f2 存放第 4 项，即 f2=f，用 f 表示数列的第 5 项，则 f=f1+f2，如此反复，即可求得数列中的每一项，如图 5-15 所示。

算法流程如图 5-16 所示。

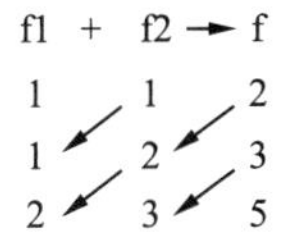


图 5-15　Fibonacci 数列示例

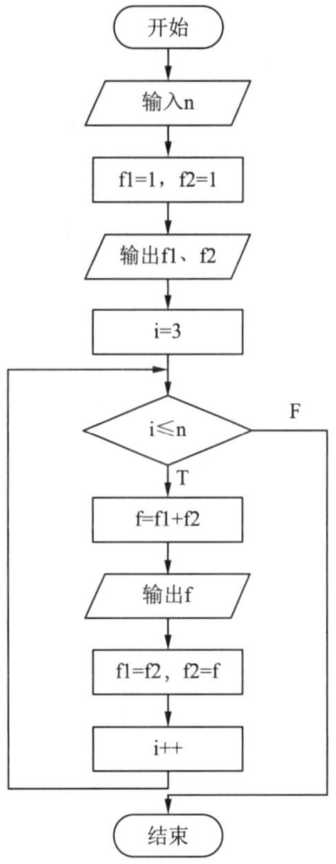


图 5-16　例 5.25 算法流程图

程序如下：

```
#include <stdio.h>
void main()
{
  int f1,f2,f;
  int n,i;
  printf("please input n(n<=30):");
  scanf("%d",&n);
```

```
    printf("\n");
    printf("the fibonacci\n");
    f1=f2=1;
    printf("%-8d%-8d",f1,f2);
    for(i=3;i<=n;i++)
    {
      f=f1+f2;
      printf("%-8d",f);
      if(i%5==0) printf("\n");
            /* 按照每行 5 个的格式输出 */
      f1=f2,f2=f;
    }
    printf("\n");
}
```

程序运行结果：

```
please input n(n<=30):20
the Fibonacci
1       1       2       3       5
8       13      21      34      55
89      144     233     377     610
987     1597    2584    4181    6765
```

视 频

循环的嵌套

**例 5.26** 输出 200～300 内的素数。

分析：本题可使用双层嵌套的循环来实现。外层循环控制给出每个需要判断的数，即外层循环的循环变量表示 200～300 的每一个奇数。这是由于除了 2 之外的偶数都不是素数，编程时仅需判断 200～300 的奇数是否为素数即可。除此之外，外层循环还要控制输出格式，即打印素数的格式。可以使用"计数器"变量（常用变量名为 count）来辅助完成输出格式的设置，具体方法为首先在循环开始之前令计数器变量 count 的值为 0，然后在循环过程中，每求得一个素数就将计数器变量 count 的值增 1。那么在输出素数的过程中，就可以知道当前所输出的素数的个数，从而决定是否需要换行。内层循环实现判断某个数是否为素数的过程。算法流程如图 5-17 所示。

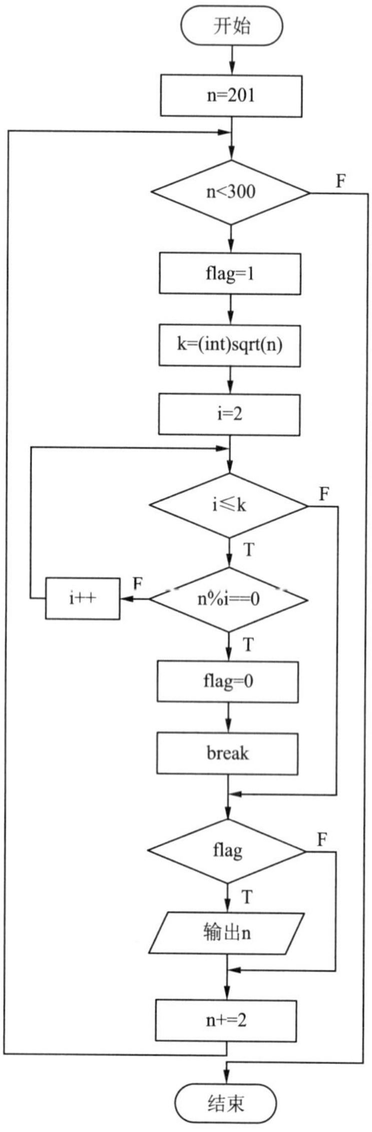

图 5-17 例 5.26 算法流程图

程序如下：

```
#include <stdio.h>
#include <math.h>
void main()
{
  int n,i,k;
  int flag,count=0;
  for(n=201; n<=299; n+=2)
  {
    /* 每次判断前，都需使 flag=1*/
    flag=1;
    k=(int)sqrt(n);
    for(i=2;i<=k;i++)
      if(n%i==0)
```

```
        {
          flag=0;
          break;
        }
      if(flag)
      {
        count++;
        printf("%5d",n);
        if(count%4==0)
        printf("\n");
      }
    }
  printf("\n");
}
```

程序运行结果：

```
211    223    227    229
233    239    241    251
257    263    269    271
277    281    283    293
```

例5.27　打印如下图形。

```
    *
  * * *
* * * * *
  * * *
    *
```

分析：对于图形问题，一般采用双层嵌套的循环来实现。外层循环控制所需打印的行数，内层循环用来控制各行中每列的内容。此图形可以分为两部分：前三行和后两行，两部分分别打印。

前三行中：第 1 行，先输出两个双空格，再输出 1 个 "*␣"；第 2 行，先输出一个双空格，再输出 3 个 "*␣"；第 3 行，先输出零个空格，再输出 5 个 "*␣"。规律：第 i 行（i 值为 1～3），先输出 3-i 个双空格，再输出 2i-1 个 "*␣"。

后两行中：第 1 行，先输出一个双空格，再输出 3 个 "*␣"；第 2 行，先输出两个双空格，再输出 1 个 "*␣"。规律：第 i 行（i 值为 1～2），先输出 i 个双空格，再输出 5-2i 个 "*␣"。算法流程如图 5-18 所示。

程序如下：

```
#include <stdio.h>
void main()
{
  int i,j;
  for(i=1;i<4;i++)
  {
    for(j=1;j<=3-i;j++)
      printf("␣␣");
    for(j=1;j<=2*i-1;j++)
      printf("*␣");
```

```
    putchar('\n');
  }
  for(i=1;i<3;i++)
  {
    for(j=1;j<=i;j++)
      printf("␣␣");
    for(j=1;j<=5-2*i;j++)
      printf("*␣");
    putchar('\n');
  }
}
```

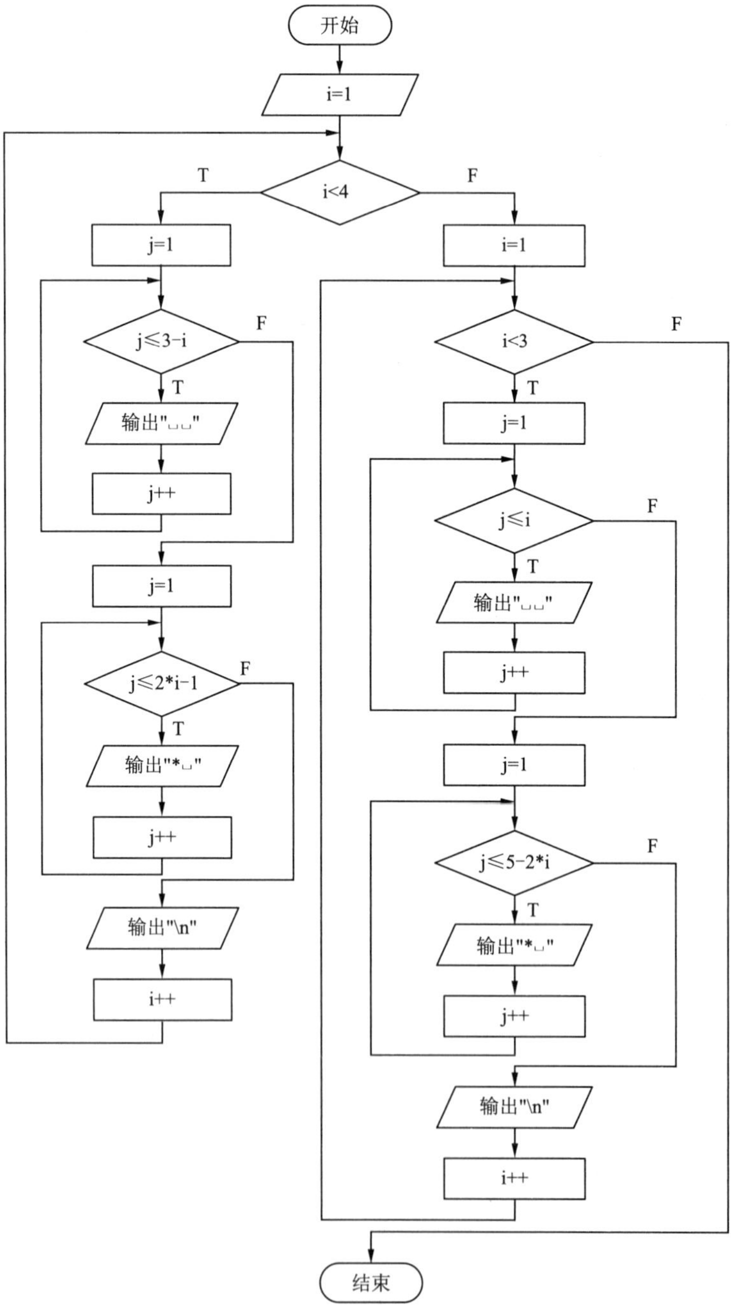


图 5-18 例 5.27 算法流程图

**例 5.28** 把一百元钱换成 50 元、20 元、10 元的零钱，统计有几种换法，要求每种零钱至少 1 张。

分析：本题可采用“枚举法”编程。“枚举法”：将所有可能性逐一列出并进行分析。“枚举法”常与多重嵌套的循环连用。

本题中，设变量 a 表示 50 元的张数，变量 b 表示 20 元的张数，变量 c 表示 10 元的张数。a 最少 1 张，最多 2 张；b 最少 1 张，最多 5 张；c 最少 1 张，最多 10 张。第一层循环使变量 a 的值从 1 逐步增加到 2；第二层循环使变量 b 的值从 1 逐步增加到 5；第三层循环使变量 c 的值从 1 逐步增加到 10。在最内层的循环中对每组 a、b、c 加以判断即可。换法的种数则可通过“计数器”变量进行统计。程序如下：

```
#include <stdio.h>
void main()
{
  int a,b,c,count=0;
  printf("%12s%10s%10s\n","50 元 ( 张 )","20 元 ( 张 )","10 元 ( 张 )");
  for(a=1; a<=2;a++)
    for(b=1; b<=5; b++)
      for(c=1; c<=10;c++)
        if(a*50+b*20+c*10==100)
        {
          count++;
          printf("%8d%10d%10d\n",a,b,c);
        }
  printf("\n");
  printf(" 共有 %d 种换法。\n",count);
}
```

程序运行结果：

```
50 元 ( 张 )       20 元 ( 张 )      10 元 ( 张 )
1                  1                3
1                  2                1
共有 2 种换法。
```

## 课后延学

### 1. 知识回顾

（1）C 语言提供了 while、do…while 和 for 三种循环结构控制语句。它们各有特点，一般情况下它们可以相互替代。

（2）while 语句常用来实现“当型”循环结构。执行时先判断循环条件，当循环条件成立时才执行循环体语句，否则结束循环语句的执行。循环体语句有可能一次也不被执行。

（3）do…while 语句常用来实现“直到型”循环结构。执行时先执行循环体语句，再判断循环条件，当循环条件成立时重复执行循环体语句，直到循环条件不成立，结束循环语句的执行。循环体语句至少被执行一次。

（4）for 语句常用来实现“计数型”循环。常用于循环次数已知的情况，也可用于循环次数未知的情况。尤其适用于一个循环变量从初始值变化到最终值，且每次其值变化的增量（即步长）均相等的循环结构中。此时一般情况可通过公式：(最终值 - 初始值)/ 步长来判断循环体语句被执行的次数。for 语句的应用最灵活，也最广泛，功能最强。它可以完全替代 while 语句。

（5）各种循环语句可以相互嵌套组成多重循环。循环之间可以并列但不能交叉。执行时每执行一次外层循环的循环体语句时，内层循环要完整地执行一遍。

（6）break语句用于强制结束当前循环语句的执行；continue语句用于提前结束本次循环体语句的执行。另外，在C语言中，不仅break语句和continue语句具有提前结束循环语句或循环体语句的功能，头文件stdlib.h中的exit(0)函数也具有类似的功能。

（7）break语句、continue语句及exit(0)函数之间的区别如下：

① break语句：强制结束整个循环语句的执行，不再判断循环条件，转而执行循环语句的下一条语句。break语句还可用于switch语句中，用来强制结束switch语句的执行。而continue语句不能用于switch语句。

② continue语句：仅仅结束本次循环体语句的执行，跳过循环体语句中尚未执行的其他循环体语句，转而开始下一次循环。在while语句和do...while语句中，程序将跳转至循环条件处继续执行；在for语句中，程序将跳转至表达式3处继续执行。

③ exit(0)函数：结束整个程序的执行，其后所有的尚未执行的程序语句均不再执行。exit(0)函数不仅能用于循环语句和switch语句中，还可根据需要在任何语句中使用。

**2．学习反思**

（1）如何正确给出循环的初值、循环条件和循环体？

（2）循环结构三种基本语句适用于何种情形？

（3）break语句和continue语句的区别是什么，如何应用？

（4）如何避免死循环？

（5）嵌套的循环结构中，如何理解内外层循环语句之间的逻辑关系？

（6）经典应用算法的核心思想分别是什么？除了书中给出的算法外，请给出其他算法。

**3．知识检验**

（1）打印100之内能被3整除且个位数为6的所有整数。

（2）通过键盘输入一个正整数，判断是否是完数（其因子之和等于该数本身）。

（3）利用泰勒级数 $\sin x=x-x^3/3!+x^5/5!-x^7/7!+\cdots$，计算 $\sin x$ 的值。要求：计算到某一项的绝对值小于 $10^{-5}$ 为止。

（4）三色球问题。若一个口袋中放有12个球，其中有3个白色球，3个红色球，6个黑色球，从中任取8个球，问共有多少种不同的颜色搭配。

（5）通过键盘输入一串字符，按要求加密并输出。

加密规则：

① 所有字母均转换为小写。

② 若是字母'a'到'y'，则转化为下一个字母。

③ 若是'z'，则转化为'a'。

（6）编程输出如下上三角形式的九九乘法表。

| | | | | | | | | |
|---|---|---|---|---|---|---|---|---|
| 1 | 2 | 3 | 4 | 5 | 6 | 7 | 8 | 9 |
| - | - | - | - | - | - | - | - | - |
| 1 | 2 | 3 | 4 | 5 | 6 | 7 | 8 | 9 |
| | 4 | 6 | 8 | 10 | 12 | 14 | 16 | 18 |
| | | 9 | 12 | 15 | 18 | 21 | 24 | 27 |
| | | | 16 | 20 | 24 | 28 | 32 | 36 |
| | | | | 25 | 30 | 35 | 40 | 45 |
| | | | | | 36 | 42 | 48 | 54 |
| | | | | | | 49 | 53 | 63 |
| | | | | | | | 64 | 72 |

**4．拓展训练**

【案例】编写一个智力测验小游戏。由计算机给出一道 1～100 的整数的加法，然后由用户输入答案，若回答正确，则结束游戏；否则由计算机给出提示，告诉用户其答案偏大或偏小，直到用户答对为止。游戏结束时，计算机应给出用户回答出正确答案所用的次数。

【测试练习】完成辅教材第 5 章的【课后延学】的“测试练习”。

## 计算机等级考试二级真题解析

1．有以下程序：

```
#include <stdio.h>
main()
{
  int i=5;
  do
  {
    if(i%3==1)
      if(i%5==2)
      {
        printf("*%d",i);break;
      }
    i++;
  }while(i!=0);
  printf("\n");
}
```

程序运行的结果是（　　）。

A．*7　　B．*3*5　　C．*5　　D．*2*6

【答案】A

【解析】在 do…while 语句中，总是先执行循环体语句后判断循环条件，所以循环体语句至少会被执行一次。在循环中，如果满足 (i%3==1)&&(i%5==2)，那么先输出语句“printf("* %d",i);”再执行 break 语句，此时结束 do…while 语句的执行；否则执行循环体语句“i++”，然后判断循环条件 i!=0 是否成立，若成立则开始下一次循环，否则结束 do…while 语句的执行。

2．有以下程序：

```
#include <stdio.h>
main()
{
  int n=2,k=0;
  while(k++ && n++>2);
  printf("%d %d\n",k,n);
}
```

程序运行后的输出结果是（　　）。

A．0 2　　B．1 3　　C．5 7　　D．1 2

【答案】D

【解析】第一次求解循环条件表达式的值时，子表达式 k++ 的值即为 0，同时变量 k 的值变为 1。根据逻辑表达式求解的特点，子表达式 n++>2 将不再求解，循环条件表达式的值为 0，while 语句结束；接下来执行 while 语句的下一条语句，输出变量 k 的值 1 和变量 n 的值 2。

3．有以下程序：

```
#include <stdio.h>
void main()
{
  …
  while(getchar()!='\n');
  …
}
```

以下叙述中正确的是（　　）。

A．此 while 语句将无限循环

B．getchar() 函数不可以出现在 while 语句的条件表达式中

C．当执行此 while 语句时，只有按【Enter】键程序才能继续执行

D．当执行此 while 语句时，按任意键程序就能继续执行

【答案】C

【解析】执行 while 语句时，若输入的字符不是回车符则 getchar() 的值不是 '\n'，循环条件成立，执行循环体空语句；否则循环条件不成立，结束循环。

4．有如下程序：

```
#include <stdio.h>
void main()
{
  int i;
  for(i=0;i<5;i++)
    putchar('9'-i);printf("\n");
}
```

程序运行后的输出结果是（　　）。

A．54321　　B．98765　　C．'9' '8' '7' '6' '5'　　D．'43210'

【答案】B

【解析】本题执行过程为：i=0，输出字符 9，在 i<5 的情况下，依次输出字符 8、7、6、5。在 i=5 时，结束 for 语句的执行。

5．以下程序段中的变量已正确定义。

```
for(i=0;i<4;i++,i++)
  for(k=1;k<3;k++);
    printf("*");
```

程序段的输出结果是（　　）。

A．******　　B．****　　C．**　　D．*

【答案】D

【解析】本题中包含两条语句，第一条语句是双层嵌套的 for 语句，第二条语句是输出语句 printf 语句。需要注意，printf 语句是 for 语句的下一条语句，而不是内层 for 语句的循环体语句。因此，当嵌套的 for 语句执行结束后，程序将执行 printf 语句输出一个“*”。

6．有以下程序段：

```
int i,n;
for(i=0;i<8;i++)
{
  n=rand()%5;
  switch(n)
  {
    case 1:
```

```
    case 3: printf("%d\n",n); break;
    case 2:
    case 4: printf("%d\n",n);continue;
    case 0: exit(0);
  }
  printf("%d\n",n);
}
```

以下关于程序段执行情况的叙述正确的是（　　）。

A．for 循环语句固定执行 8 次

B．当产生的随机数 n 为 4 时结束循环操作

C．当产生的随机数 n 为 1 和 2 时不做任何操作

D．当产生的随机数 n 为 0 时结束程序运行

**【答案】**D

**【解析】**本题中，当产生随机数为 1 或 3 时，会顺序执行 case1 或 case 3 下面的语句，输出 n 的值，然后执行 break 语句，使 switch 语句结束，程序跳转至循环体语句“printf("%d\n",n);”处继续执行循环；当产生随机数为 2 或 4 时，会顺序执行 case 2 或 case 4 下面的语句，输出 n 的值，然后执行 continue 语句，结束本次循环体语句的执行，程序将跳转至 for 语句的表达式 3“i++”处继续执行循环；当产生随机数为 0 时，会顺序执行 case 0 下面的语句“exit(0);”结束程序的运行。因此，答案 A、B、C 错误。

7．有以下程序：

```
#include <stdio.h>
main()
{
  int sum=0,x=5;
  do {sum+=x;}while(!--x);
  printf("%d\n",sum);
}
```

程序的运行结果是（　　）。

A．0　　B．5　　C．14　　D．15

**【答案】**B

**【解析】**do…while 语句，先执行循环体语句“sum+=x”，然后判断循环条件是否成立，即求解循环条件表达式“!--x”的值，若其值为非 0 值，则表示循环条件成立，此时将开始下一次循环；若其值为 0，则表示循环条件不成立，此时结束 do…while 语句的执行，程序将跳转至 do…while 语句的下一条语句处继续执行。

8．有以下程序：

```
#include <stdio.h>
main()
{
  int i,j;
  for(i=3;i>=1;i--)
  {
    for(j=1;j<=2;j++) printf("%d",i+j);
    printf("\n");
  }
}
```

程序的运行结果是（　　）。

| A． | B． | C． | D． |
|---|---|---|---|
| 2 3 4<br>3 4 5<br>4 5 | 4 3 2<br>5 4 3<br>2 3 | 2 3<br>3 4<br>2 3 | 4 5<br>3 4<br>2 3 |

【答案】D

【解析】本题是双层嵌套的循环语句 for 语句。外层主循环中循环变量 i 从 3 逐次递减到 1 执行了 3 次，嵌套的内层循环中循环变量 j 从 1 逐次递增到 2，执行了 2 次，每次输出 i+j 的值，得到 3+1，3+2，2+1，2+2，1+1，1+2。每次换行发生在内循环语句完成一次之后。

9. 有以下程序：

```
#include <stdio.h>
main()
{
  int c=0,k;
  for(k=1;k<3;k++)
    switch(k)
    {
      default:c+=k;
      case 2:c++;break;
      case 4:c+=2;break;
    }
  printf("%d\n",c);
}
```

程序运行后的输出结果是（　　）。

A. 3　　B. 5　　C. 7　　D. 9

【答案】A

【解析】程序执行过程：当 for 语句的循环变量 k=1 时，c=0->1->2；当 k=2 时，c=2->3；当 k=3 时，for 语句执行结束。输出结果为 3。

10. 有以下程序：

```
#include <stdio.h>
main()
{
  int i,j,x=0;
  for(i=0;i<2;i++)
  {
    x++;
    for(j=0;j<=3;j++)
    {
      if(j%2==0) continue;x++;
    }
    x++;
  }
  printf("x=%d\n",x);
}
```

程序的运行结果是（　　）。

A. x=4　　B. x=6　　C. x=8　　D. x=12

【答案】C

【解析】第一次循环：i=0，执行 x++ 后 x=1，执行内层循环 j=0，由于 j%2!=0 时才执行 x++，即只有 j 取 1 和 3 时，执行 x++，此时 x=1+1+1=3，跳出内层循环，执行下一条 x++，x=4；第二次循环：x=1 时，重复上述循环，共执行两次循环，故 x 最终结果是 4*2=8。

# 第二篇

# 核心技术篇

# 第6章 数　组

数组——同质数据井然有序的栖息地。

Arrays — Orderly structures for storing homogeneous data.

## 导　读

前面讨论了C语言中基本数据类型（如整型、实型、字符型等）的数据。在实际应用中，经常会遇到对相同类型批量数据进行处理的情况，为了处理方便，需要将具有相同数据类型的若干变量按有序的形式组织起来，这些按序排列的同类型数据元素的集合称为数组。数组以下标索引为钥匙，在数据的海洋中灵活地定位、操作和处理信息，让数据的存储与访问变得优雅而富有秩序。

C语言中的数组属于构造类型数据结构，所谓构造类型，是将一系列元素（又称分量、成分）按照一定的规律组织构造而成的数据类型，构造类型数据结构中的每一个元素相当于一个简单变量，每一个元素都可以像简单变量一样被赋值或在表达式中使用。因此，数组在编程世界不仅是存储和管理数据的有效工具，更是搭建复杂逻辑结构的坚实基础。

## 导　航

**学习目标：**

1. 掌握数组的概念、定义与初始化
2. 了解多维数组的概念和应用场景
3. 掌握字符数组的定义、引用与初始化
4. 掌握字符串的输入与输出
5. 掌握字符串处理函数的使用

**学习重点：**

1. 数组的应用
2. 字符串的输入与输出

**学习难点：**

1. 字符数组和字符串的关系
2. 字符串处理函数的理解与使用
3. 排序算法

## 知识地图

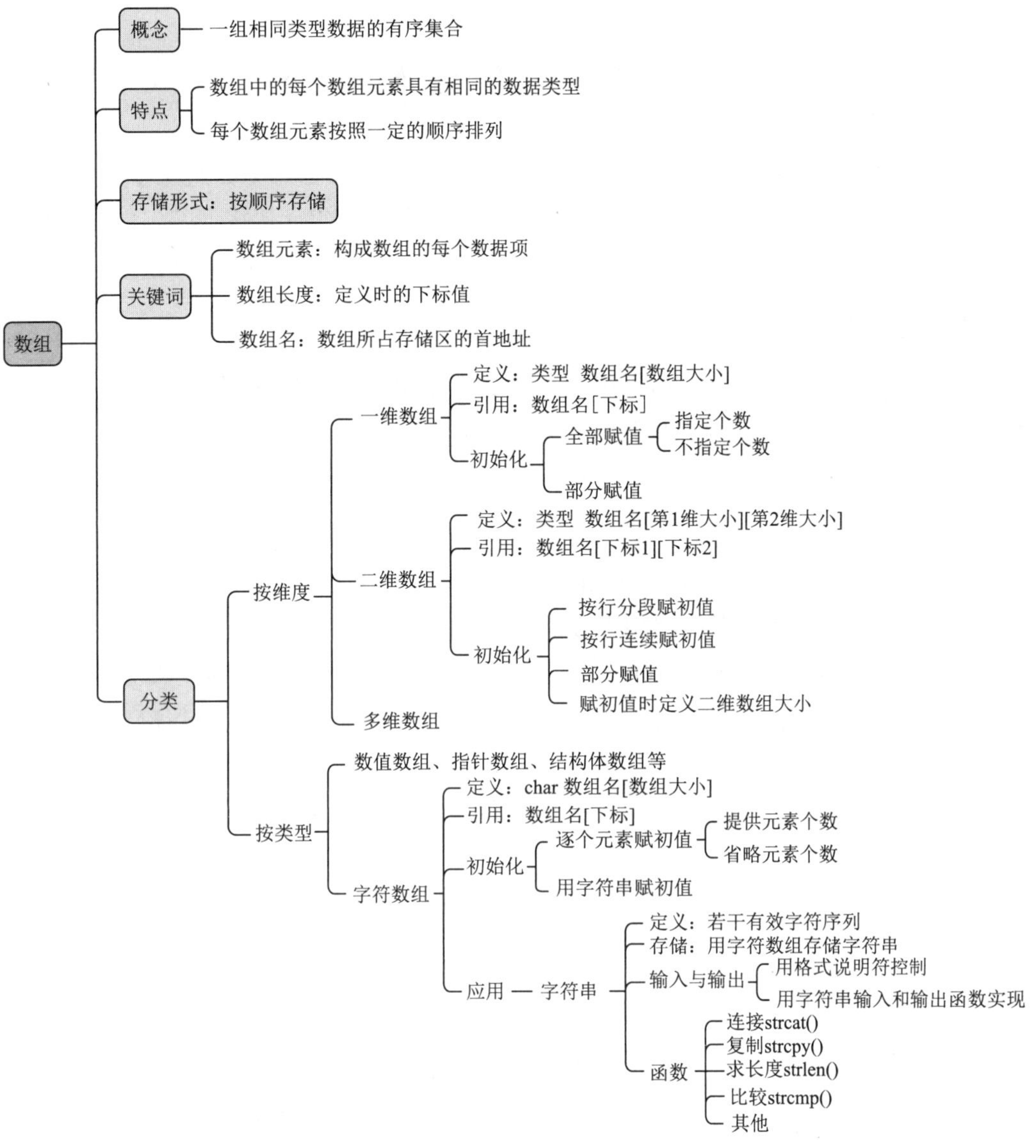


## 课前导学

### 1. 知识初探

◎阅读主教材第 6 章的【课中细学】

◎阅读辅教材第 6 章的【课前导学】的“本章要点”与相应“典型例题解析”

### 2. 视频观看

观看主教材第 6 章的【课中细学】相应的视频

### 3. 思考空间

（1）为什么引入数组这样的数据结构？

（2）在 C 语言中，二维数组元素在内存中是按行还是按列的次序存放的？

（3）C 语言中有没有专门用来存放字符串的变量？

（4）为什么字符串要设置结束符？

## 课中细学

# 6.1 一维数组

数组是一组具有相同类型的数据的有序集合。数组中的每个数据称为数组元素。数组有两个特点：其一，数组中的每个数组元素具有相同的数据类型；其二，每个数组元素按照一定的顺序排列。若数组元素在数组中的位置可以只通过一个序号（即下标）确定，这样的数组称为一维数组。

### 6.1.1 一维数组的定义

数组在使用之前，一定要先定义，后引用。定义一维数组的一般格式如下：

```
类型说明符　数组名1[常量表达式1],数组名2[常量表达式2],…;
```

例如：

```
int  a[10],b[20];
```

定义了两个数组，实质上等于定义了若干个相同类型的变量，这些变量在内存中的存储地址是连续的。每个数据元素占用的字节数，就是基类型的字节数。这里，一个元素占4字节。

数组名表示的是该数组所占存储区的首地址，即数组第一个元素存储的地址。也就是说，C语言中，数组名代表数组的首地址。在上述定义中，数组名a与数组元素a[0]的地址值是相等的，数组名b与数组元素b[0]的地址值是相等的。

上面定义的数组a在内存中的存储形式如图6-1所示，假设内存起始地址是2000。

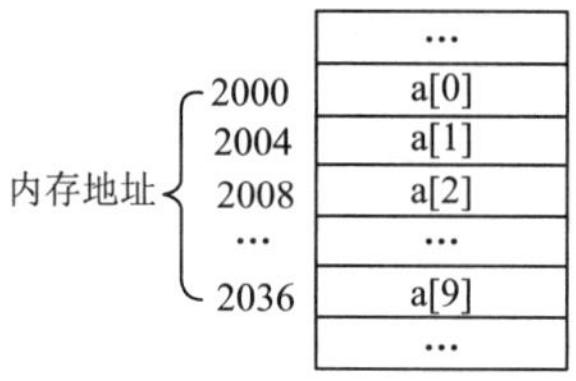


**图6-1　数组a在内存中的存储形式**

因为数组中的数组元素是按顺序存储的，所以每一个数组元素都可以根据数组名和该数组元素的位置来获得。这个位置称为数组元素的索引值或下标值。

**说明：**

（1）类型说明符：用来说明该数组元素的数据类型，上述例子定义的数组元素皆为整型。

（2）数组名：数组名的命名规则与变量的命名规则相同，应符合用户自定义标识符的命名规则。数组名不能与其他变量名相同，例如：

```
int c;
int c[5];
```

是错误的。

（3）常量表达式：用来说明数组元素的个数。上述例子定义的数组a包含10个元素，数组b包含20个元素。注意：常量表达式可以包含直接常量和符号常量，但不能包含变量。若使用如下方式定义一个数组是错误的：

```
int i;
scanf("%d",&i);
```

```
int c[i];
```

（4）数组下标从 0 开始，如由 10 个元素组成的数组 a 中，数组元素分别为 a[0]，a[1]，a[2]，…，a[8]，a[9]。

（5）允许在同一个类型说明中说明多个变量或者数组。例如：

```
int a,b[20],c[50];
```

### 6.1.2 一维数组的引用

数组元素是组成数组的基本单元，在定义过数组之后，该数组中的数组元素就可以被引用。其引用的一般形式如下：

```
数组名 [ 下标 ]
```

说明：

（1）数组元素通常又称下标变量，C 语言中规定只能单个地引用下标变量，而不能整体引用，如不能用数组名 a 代表 a[0]~a[9] 这 10 个元素。

例如，若要输入含有 10 个数组元素的数组 a，需要使用循环语句逐个输入各个下标变量。

```
int i, a[10];
for(i=0; i<10; i++)
scanf("%d",&a[i]);
```

而不能写成“scanf("%d",a[10]);”或者“scanf("%d",a);”的形式。

（2）一个数组元素实质上就是一个变量，代表内存中的一个存储单元，对数组元素的引用，实际上是对该数组元素所代表的存储单元进行操作。数组元素的使用方法与同类型变量的使用方法完全相同，在可以使用某种类型变量的地方都可以使用该种类型的数组元素。

（3）下标只能为整型常量或整型表达式，若为小数，则系统自动对其进行取整操作。例如，a[5.5] 系统自动默认为 a[5]。

（4）注意区分在定义数组时使用的 a[3] 和数组引用时的 a[3]。

（5）在数组引用的过程中，不要使数组下标越界。C 语言并不检查数组下标是否越界，这样可以提高程序运行效率，也可以为以后所讲的指针操作带来更多的方便，为程序员提供更大的灵活性，易于写出高效的代码。如果引用一个越界的数组元素，编译器并不提示错误，但存在潜在隐患。

例6.1 设有 C 程序如下：

```
#include <stdio.h>
void main()
{
  int i;
  int a[4]={12,40,45,10};
  for(i=0;i<5;i++)
    printf("a[%d]=%d\n",i,a[i]);
}
```

程序运行结果：

```
a[0]=12
a[1]=40
a[2]=45
a[3]=10
a[4]=12358
```

这里 i 为 4 时，引用数组元素 a[4] 出现越界，编译器并未提示错误，a[4] 访问了不属于数组的内存空间，读取了一个无用的值，这个值是以前使用这个内存单元时保存的值。

### 6.1.3 一维数组的初始化

当定义一个数组时，系统自动为其分配一串连续的存储单元，这些存储单元没有确定的值，所以需要对数组元素进行赋初值。给数组赋值有多种方法，可以用赋值语句对数组元素进行逐个赋值，也可以采用数组初始化赋值和动态赋值的方法。

数组初始化赋值是指在定义一个数组的同时给数组元素赋初值。这样一来，数组的初始化是在编译阶段进行的，可以减少运行时间，提高工作效率。对数组的初始化赋值一般采用以下形式：

```
类型说明符  数组名[常量表达式]={值,值, … ,值};
```

数组元素赋初值主要有以下三种情况。

（1）在定义数组的同时给全部数组元素赋初值。例如：

```
int a[5]={1,2,3,4,5};
```

（2）定义的同时只给部分元素赋初值，当“{}”中的值的个数小于定义的数组元素个数时，只给前面的几个数组元素赋初值，未赋初值的数组元素赋初值 0 或者 '\0'。例如：

```
int a[5]={1,2,3};
```

此时相当于：

```
int a[5]={1,2,3,0,0};
```

（3）在定义时给全体数组元素赋值，则可以不指定数组元素的个数。例如：

```
int a[]={1, 2,3,4,5};
```

此时相当于定义了一个含有 5 个数组元素的数组 a，即等价于 int a[5]={1,2,3,4,5}。

**注意：**

（1）对数组元素进行赋初值时，只能一个一个地赋值，不能对数组整体赋初值。如“int a[5]={1,1,1,1,1};”，不能写成“int a[5]=1; ”。

**例6.2** 设有 C 程序如下：

```
#include <stdio.h>
void main()
{
  int i;
  int a[8]={1,2,3,4,5,6,7,8};
  for(i=0;i<8;i++)
    printf("%2d",a[i]);
}
```

以上的赋值形式是正确的，运行结果为：

```
1 2 3 4 5 6 7 8
```

（2）省略数组大小只能在有初始化的数组定义中，在定义数组时编译器必须知道数组大小。下面的代码将产生一个编译错误：

```
int a[];        //错误：没有确定数组大小
```

（3）数组初始化时，初始化数据列表中数据的个数不能大于数组的长度，否则将产生一个“too many initializers”的编译错误。

## 6.1.4 一维数组应用举例

**例6.3** 通过键盘输入 10 个整数，输出最大值。

```
void main()
{
  int i,max,a[10];
  printf("input 10 numbers:\n");
  for(i=0;i<10;i++)
    scanf("%d",&a[i]);
  max=a[0];
  for(i=1;i<10;i++)
    if(a[i]>max) max=a[i];
  printf("maxmum=%d\n",max);
}
```

运行程序后输入：

```
12 89 63 78 -32 77 45 93 88 36
```

输出结果如下：

```
maxmum=93
```

**例6.4** 利用一维数组输出 Fibonacci 数列前 20 个数值（每行输出 5 个数）。

分析：Fibonacci 数列第一项和第二项都是 1，存储在数组的第 0 个和第 1 个元素中，从第三项开始每项都是它的前两项之和，即其前面的两个数组元素之和。程序如下：

```
#include <stdio.h>
void main()
{
  int  f[20],i;
  f[0]=1;
  f[1]=1;
  printf("%6d%6d",f[0],f[1]);
  for(i=2;i<20;i++)
  {
    f[i]=f[i-1]+f[i-2];
    printf("%6d",f[i]);
    if((i+1)%5==0)
      printf("\n");
  }
}
```

程序运行结果：

```
     1     1     2     3     5
     8    13    21    34    55
    89   144   233   377   610
   987  1597  2584  4181  6765
```

## 6.2 二 维 数 组

前面介绍的数组只有一个下标，称为一维数组。具有两个下标的数组称为二维数组，二维数组本质上是以数组作为数组元素的数组，即“数组的数组”。在实际应用中，有很多量是二维的或者多维的，这就需要用到二维数组和多维数组（具有多个下标的数组）。C 语言中允许构造多维数组，本节只讨论二维数组，多维数组可以由二维数组的知识类推得到。

一个二维数组可以看成一个行列式或者一个二维表。

### 6.2.1 二维数组的定义

定义二维数组的一般格式如下：

```
类型说明符  数组名 [ 常量表达式 1][ 常量表达式 2], …;
```

例如：

```
float a[3][4];
```

定义了一个类型为 float 的二维数组。

二维数组在内存中的存储形式有两种：一种是按行存储，即存储完第一行之后顺次存入第二行，依此类推；另一种是按列存储，即存储完第一列之后再顺次存入第二列，依此类推。在 C 语言中，二维数组在内存中是按行存储的。例如，上述例子中的二维数组 a 的存储顺序为：先存储 a[0] 行，再存储 a[1] 行，最后存储 a[2] 行。每行的 4 个元素也是依次存放的。其在内存中的存储形式如图 6-2 所示，假设内存起始地址是 2000。

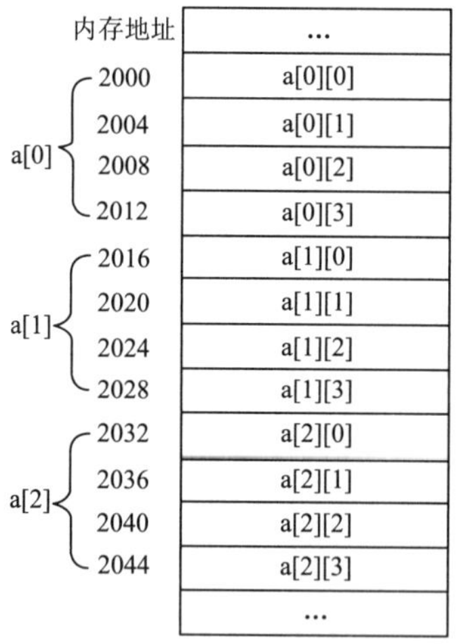


**图 6-2　二维数组 a 在内存中的存储形式**

**说明：**

（1）类型说明符用来说明该二维数组元素的数据类型。

（2）常量表达式 1 表示二维数组第一维下标的长度，常量表达式 2 表示第二维下标的长度。常量表达式只能是直接常量或者符号常量，不能是变量。二维数组定义的数组元素个数等于常量表达式 1 的值与常量表达式 2 的值的乘积。如上述例子中，二维数组的第一维的长度是 3，第二维的长度是 4，该数组含有 12 个数组元素。

（3）二维数组的下标也是从 0 开始的，以上定义的二维数组的数组元素表示分别为：

```
a[0][0],a[0][1],a[0][2],a[0][3]
```

```
a[1][0],a[1][1],a[1][2],a[1][3]
a[2][0],a[2][1],a[2][2],a[2][3]
```

则 a[1][2] 指的是第一行第二列数组元素。二维数组元素示意图如图 6-3 所示。

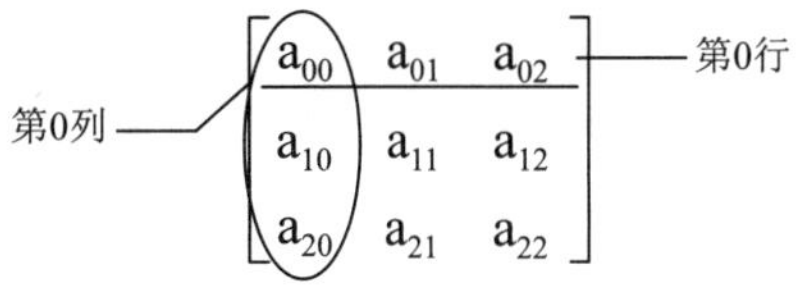


图 6-3　二维数组元素示意图

（4）二维数组占用连续的内存存储空间，各元素按行的顺序排列。

（5）二维数组也允许在同一个类型说明中说明多个变量或者数组。例如：

```
int i,a[4][5],b[5][7];
```

## 6.2.2　二维数组的引用

二维数组引用的一般形式如下：

```
数组名 [ 下标 1]  [ 下标 2]
```

**说明：**

（1）下标只能为整型常量或整型表达式，且在数组引用的过程中，不得超越数组定义的上下界。

（2）注意区分在定义数组时使用的 a[3][4] 和数组引用时的 a[3][4]。

（3）若要通过键盘输入二维数组的各个数组元素，需要使用双重循环语句逐个输入各个下标变量。

## 6.2.3　二维数组的初始化

与一维数组类似，二维数组也可以在定义数组的同时给数组元素赋予初值。二维数组元素赋初值主要有以下几种形式。

（1）按行分段赋初值。例如：

```
int  a[3][3]={{1,2,3},{4,5,6},{7,8,9}};
```

其初始化的情况如图 6-4 所示。

$$\begin{bmatrix} 1 & 2 & 3 \\ 4 & 5 & 6 \\ 7 & 8 & 9 \end{bmatrix}$$

图 6-4　数组 a 的初始化结果

（2）按行连续赋初值：此时系统将把数据按照数组元素在内存中排列的顺序（即按行）依次为数组元素赋初值。例如：

```
int a[3][3]={1,2,3,4,5,6,7,8,9};
```

这种形式能达到与第一种形式相同的结果，只不过第一种形式比较清晰明了。

（3）可以只对部分元素赋初值，未赋值的元素自动赋初值 0。例如：

```
int a[3][3]={1,2,3,4,5,6,7};
```

相当于：

```
int a[3][3]={1,2,3,4,5,6,7,0,0};
```

由于以逗号作为数组元素初始化的间隔符，未赋值的元素自动赋初值 0。例如：

```
int a[3][3]={1,2,  ,4,5};
```

相当于：

```
int a[3][3]={1,2,0,4,5,0,0,0,0};
```

（4）可以通过赋初值定义二维数组的大小。在定义一个二维数组时，可以不指定第一维的长度（即行数），但是必须指定第二维的长度（即列数）。例如：

```
int a[ ][3]={{1},{4,5,6},{7}};
```

等价于：

```
int a[3][3]={{1},{4,5,6},{7}};
```

值得注意的是，若初值个数能整除第二维的常量表达式的值，所得的商就是第一维的大小，若不能整除，第一维的大小就等于所得的商 +1。例如：

```
int a[ ][3]={1,2,3,4,5,6,7};
```

等价于：

```
int a[3][3]={1,2,3,4,5,6,7};
```

例6.5　构造一个 5 阶单位矩阵。

分析：5 阶单位矩阵是个 $5 \times 5$ 的方阵，而且其对角元素的值为 1，其余元素均为 0。程序如下：

```
#include <stdio.h>
void main()
{
  int a[5][5];
  int i,j;
  for(i=0;i<5;i++)
    for(j=0;j<5;j++)
      if(i==j)
        a[i][j]=1;
      else
        a[i][j]=0;
  for(i=0;i<5;i++)
  {
    for(j=0;j<5;j++)
      printf("%3d",a[i][j]);
    printf("\n");
  }
}
```

程序运行结果：

```
1  0  0  0  0
0  1  0  0  0
0  0  1  0  0
0  0  0  1  0
0  0  0  0  1
```

### 6.2.4　二维数组应用举例

例6.6　将一个二维数组的行和列元素值互换，存到另一个二维数组中。

分析：对二维数组的操作是通过双重循环实现的，外层循环控制行，内层循环控制列。本例中需要用到两次双重循环，一次双重循环用于交换行列元素和输出数组 a，一次双重循环用于输出数组 b。程序如下：

```
#include <stdio.h>
void main()
{
  int a[2][3]={{1,2,3},{4,5,6}},b[3][2],i,j;
```

```
    printf("Output array a:\n");
    for(i=0;i<2;i++)
    {
      for(j=0;j<3;j++)
      {
        printf("%5d",a[i][j]);
        b[j][i]=a[i][j];
      }
      printf("\n");
    }
    printf("Output array b:\n");
    for(i=0;i<3;i++)
    {
      for(j=0;j<2;j++)
        printf("%5d",b[i][j]);
      printf("\n");
    }
}
```

程序运行结果：

```
Output array a:
1    2    3
4    5    6
Output array b:
1    4
2    5
3    6
```

## 6.3 字 符 数 组

C 语言中没有专门用来存放字符串的变量，通常使用字符数组来存放字符串，其数据类型为 char。字符数组也可以是一维的、二维的，或者是多维的。一个字符变量只能存放一个字符型数据，同样，字符数组中的一个数组元素也只能存放一个字符型数据。

### 6.3.1 字符数组的定义

定义一维字符数组的一般格式如下：

```
字符类型说明符  数组名1[常量表达式1],数组名2[常量表达式2],…;
```

例如：

```
char c1[5],c2[10];
```

该语句定义了一个数组名为 c1、一个数组名为 c2 的一维字符数组。c1 包含 5 个数组元素，c2 包含 10 个数组元素，每个数组元素存储一个字符。例如：

```
c1[0]='C'   c1[1]='h'    c1[2]='i'
c1[3]='n'   c1[4]='a'
```

字符数组在内存中的存储形式如图 6-5 所示。以上述数组 c1 为例，假设内存起始地址是 2000。这里，一个字符元素占 1 字节。

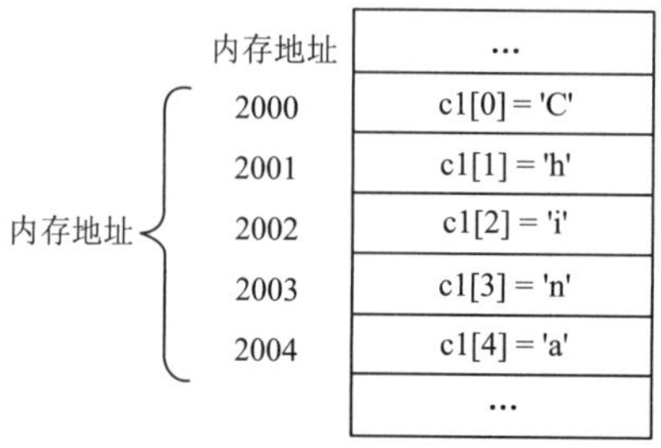


**图 6-5　字符数组在内存中的存储形式**

二维字符数组的定义格式如下：

```
字符类型说明符    数组名[常量表达式1][常量表达式2],…;
```

例如：

```
char c[5][5];
```

该语句定义了一个数组名为 c 的二维字符数组。数组 c 包含 25 个数组元素，每个数组元素存储一个字符。

## 6.3.2　字符数组的引用与初始化

### 1. 字符数组的引用格式

一维字符数组的引用格式：

```
数组名[下标]
```

二维字符数组的引用格式：

```
数组名[下标1][下标2]
```

### 2. 字符数组的初始化

像一维数组与二维数组那样，字符数组也可以在定义时初始化。下面以一维字符数组为例，说明字符数组的初始化。

字符数组的初始化主要有以下几种形式。

（1）逐个为字符数组的各数组元素赋初值。例如：

```
char ch[7]={ 'a','b','c','d','e','f'};
```

相当于：

```
ch[0]='a';      ch[1]='b';    ch[2]='c';
ch[3]='d';      ch[4]='e';    ch[5]='f';
```

**注意：**数组元素 ch[6] 未赋值，默认是 0，即 ASCII 码值为 0 的字符 '\0'。

（2）用字符串为字符数组赋初值。例如：

```
char ch[10]={"abcdef"};
```

字符串初始化时系统会在字符串常量后自动添加一个字符串结束符 '\0'，初始化后数组状态如图 6-6 所示。

| | | | | | | | | | |
|---|---|---|---|---|---|---|---|---|---|
| 'a' | 'b' | 'c' | 'd' | 'e' | 'f' | '\0' | '\0' | '\0' | '\0' |

**图 6-6　字符数组 ch 的初始化**

字符数组 ch 的前 6 个字符为 'a'、'b'、'c'、'd'、'e'、'f'，第 7 个字符为字符串结束符 '\0'，后面 3 个字符未初始化，默认为空字符，即 ASCII 码值为 0 的字符 '\0'。又如：

```
char ch[7]={"abcdef"};
char ch[7]="abcdef";
char ch[7]={'a','b','c','d','e','f','\0'};
```

上述三种形式等价。

（3）可以省略数组元素的个数，通过初值来确定。例如：

```
char ch[ ]={'a', 'b', 'c', 'd', 'e', 'f', '\0'};
```

等价于：

```
char ch[7]={'a', 'b', 'c', 'd', 'e', 'f', '\0'};
```

**说明：** 字符数组初始化时需要注意的问题与一维数组、二维数组类似，这里不再赘述。

### 3. 字符数组的引用与初始化实例

例 6.7　初始化与输出一个 2 × 10 字符数组。

分析：因为题中要求的字符数组是二维的，所以可使用双重循环语句控制字符的输出。程序如下：

```
#include <stdio.h>
void main()
{
  int i,j;
  char ch[2][10]={"English","Chinese"};
  printf("Output the array:\n");
  for(i=0;i<2;i++)
  {
    for(j=0;j<3;j++)
      printf("%5c",ch[i][j]);
    printf("\n");
  }
}
```

输出结果如下：

```
Output the array:
E    n    g
C    h    i
```

## 6.3.3 字符串

“字符串”是指 C 语言规定的若干个有效字符序列，包括字母、数字、专用字符、转义字符等。前面提到过，C 语言中没有专门用来存放字符串的变量，通常是使用字符数组来存放字符串的。同时 C 语言中规定：字符串是用双引号括起来的字符序列，又称字符串常量，例如，下面都是合法的字符串："Language"、"hello"、"WORLD"、"abc"、"123456.7"。

字符串以转义字符 '\0' 作为结束标志。'\0' 占用存储空间，但不计入字符串的长度。例如，字符串 'Language' 在内存中的存储形式如图 6-7 所示。

| | | | | | | | | |
|---|---|---|---|---|---|---|---|---|
| 'L' | 'a' | 'n' | 'g' | 'u' | 'a' | 'g' | 'e' | '\0' |

结束标志

图 6-7　字符串 "Language" 在内存中的存储形式

例 6.8 对于指定的一个字符串将其倒序排列并输出。

分析：如果要将字符串倒置，则需要将字符串的第 i 个字符与第 n-i-1 个字符进行交换，其中 n 为字符串不包含结束符的长度。可用字符数组存放字符串，程序如下：

```
#include <stdio.h>
void main()
{
  char ch,str[ ]="Everything I want the world to be is now coming!";
  int i,n;
  n=sizeof(str)-1;
  for(i=0;i<n/2;i++)
  {
    ch=str[i];
    str[i]=str[n-i-1];
    str[n-i-1]=ch;
  }
  printf("%s\n",str);
}
```

视频

字符数组与字符串的定义、初始化与使用

程序运行结果：

```
!gnimoc won si eb ot dlrow eht tnaw I gnihtyrevE
```

字符串的输出方法详见 6.3.4 节。

**说明：**

（1）字符数组并不要求其最后一个字符必须为 '\0'，为处理方便常常可人为加上 '\0'。例如：

```
char ch[6]={'a', 'b', 'c','d', 'e', 'f'};
char ch[7]={'a', 'b', 'c', 'd', 'e', 'f', '\0'};
```

上述两种形式均合法，但不等价。第二种加上 '\0' 便于测定字符串的长度，为程序对字符串的相应处理提供方便。

（2）系统对字符串常量会自动加一个 '\0'。

（3）不能将字符常量与字符串常量混淆。'a' 是字符常量，"a" 是字符串常量，二者不同。

### 6.3.4 字符数组与字符串的输入与输出

字符数组和字符串都可以单个字符的形式逐个输入和输出，也可以整体的形式输入和输出，其方式主要有两种。

**1. 用格式说明符控制字符数组和字符串的输入和输出**

这种方式又可以细分为如下两种输入和输出格式。

1）用格式说明符 "%c" 对字符数组和字符串逐个输入和输出

在用于输入时，输入项为数组元素地址。在具体输入时，各字符之间不要有分隔，字符也不要用单引号括起来；在用于输出时，输出项为数组元素。

例 6.9 设有 C 程序如下：

```
#include <stdio.h>
void main()
{
  int i;
```

```
  char ch[5];
  scanf("%c%c",&ch[0],&ch[1]);
  ch[2]='T'; ch[3]='V'; ch[4]='X';
  for(i=0;i<5;i++)
    printf("%c",ch[i]);
}
```

若从键盘输入 AB，则运行结果为：

```
ABTVX
```

若从键盘输入 A ␣，则运行结果为：

```
A␣ TVX
```

2）用格式说明符 "%s" 对字符数组和字符串整体输入和输出

在用于输入、输出时，其输入、输出项均为数组名。但在输入时，相邻两个字符串之间要用空格分隔，系统将自动地在字符串最后加上结束符 '\0' 作为输出结束标志。

例 6.10　设有 C 程序如下：

```
#include <stdio.h>
void main()
{
  char c1[20],c2[20];
  scanf("%s%s",c1,c2);
  printf("%s\n%s",c1,c2);
}
```

运行程序后输入：

```
China English
```

输出结果如下：

```
China
English
```

说明：

（1）当逐个输入、输出字符数组和字符串时，scanf() 和 printf() 函数要用 "%c" 格式符，且要指明数组元素的下标，scanf() 函数加上取址运算符 “&”。当整体输入、输出字符串时，scanf() 和 printf() 函数要用 "%s" 格式符。由于数组名就是数组的首地址，scanf() 函数和 printf() 函数中只需写出数组名即可，不用再加上取址运算符 “&”。

（2）当用 "%c" 逐个输入、输出字符数组和字符串时，空格也被看作一个字符处理。当用 scanf() 函数且格式转换符用 "%s" 输入字符串时，若字符串中包含空格，系统将把空格作为字符串的结束标志，也就是说只截取空格前的部分作为字符串赋给字符数组。例如，以上输入语句中，若输入 ab ␣ cd，回车后将在 c1 中存入 ab、c2 中存入 cd，内存存储情况如图 6-8 所示。

| c1[0] | c1[1] | c1[2] | c1[3] | c1[4] | | | c2[0] | c2[1] | c2[2] | c2[3] | c2[4] | | |
|---|---|---|---|---|---|---|---|---|---|---|---|---|---|
| a | b | \0 | | | … | … | c | d | \0 | | | | |

图 6-8　字符数组内存存储示意图

例6.11 设有 C 程序如下：

```
#include <stdio.h>
void main()
{
  char c1[]="The␣C␣Program␣Language";
  char c2[10];
  scanf("%s",c2);
  printf("%s\n ",c2);
  printf("%s\n ",c1);
}
```

若执行 scanf 语句，通过键盘输入 The C Program Language< 回车 >，由于 The 后面是一个空格符，因此只将字符串 "The" 赋给字符数组 c2。

第一个输出语句输出结果为：

```
The
```

第二个输出语句输出结果为：

```
The C Program Language
```

若需实现输入含有空格的字符串赋给字符数组，可使用 gets() 函数。

（3）如果输入的字符串长度大于字符数组的长度，系统并不报错，但是会造成下标越界，所以应避免这种情况发生。特别要注意的是，字符串中还有一个字符串结束符 '\0'，它虽然不计入字符串的长度，但它实际需要占 1 字节空间（即占一个字符元素的空间）。

（4）如果输入的字符串长度小于字符数组的长度，按整个字符串输出时，'\0' 以后的内容不输出。

（5）输出时，'\0' 不在输出之列。完成输出后不换行。

**2. 用字符串输入和输出函数实现字符数组与字符串的输入和输出**

C 语言中提供了字符串输入函数 gets() 以及字符串输出函数 puts()，二者使用前需要包含头文件 stdio.h。

1）字符串输入函数 gets()

格式：

```
gets(字符数组名)
```

功能：用于将用户从标准输入设备（键盘）上输入的字符串内容（以回车作为输入结束标志）存放到指定的字符数组中。其返回值是字符数组的首地址。

例6.12 设有 C 程序如下：

```
#include <stdio.h>
void main()
{
  int i;
  char ch[10];
  gets(ch);
  for(i=0;i<10;i++)
    printf("%c",ch[i]);
}
```

运行程序后输入：

```
ABCDEFGHI
```

输出结果如下：

```
ABCDEFGHI
```

gets() 函数与 scanf() 函数在接收字符串时：

（1）不同点：scanf() 函数不能接收空格、制表符 Tab、回车符等；对末尾回车符的处理是把回车符保留在缓存中。而 gets() 函数能够接收空格、制表符 Tab 和回车符等；对末尾回车符的处理是接收回车符，但把回车符替换为 '\0'。

（2）相同点：字符串接收结束后自动加 '\0'。

gets() 函数与 scanf() 函数输入字符串的区别见表 6-1。

**表 6-1　gets() 函数与 scanf() 函数输入字符串的区别**

| gets() 函数 | scanf() 函数 |
| --- | --- |
| 可输入含有空格的字符串 | 不可输入含有空格的字符串 |
| 仅可输入一个字符串 | 可连续输入多个字符串（格式说明符用 %s%s） |
| 不可限定字符串长度 | 可限定字符串长度（格式说明符用 %ns） |
| 遇回车符结束输入 | 遇回车符、空格符或制表符结束输入 |

2）字符串输出函数 puts()

格式：

```
puts（字符数组名）
```

功能：把字符数组中的内容输出到标准输出设备（显示器）上，字符串中的结束标志转换为回车换行符。

例 6.13　设有 C 程序如下：

```
#include <stdio.h>
void main()
{
  int i;
  char str[10]="Windows";
  printf("%s",str);
  puts(str);
  printf("%s",str);
}
```

视频

字符数组与字符串的输入与输出

输出结果如下：

```
WindowsWindows
Windows
```

puts() 函数与 printf() 函数输出字符串的区别见表 6-2。

**表 6-2　puts() 函数与 printf() 函数输出字符串的区别**

| puts() 函数 | printf() 函数 | puts() 函数 | printf() 函数 |
| --- | --- | --- | --- |
| 输出字符串之后换行 | 输出字符串之后不换行 | 仅可输出一个字符串 | 可连续输出多个字符串（格式说明符用 %s%s） |

## 6.3.5　字符串处理函数

C 语言中并没有提供对字符串进行整体操作的运算符，但提供了丰富的字符串处理函数，下面介绍几种字符串处理函数，使用前需要包含头文件 string.h。

### 1. 字符串长度函数 strlen()

格式：

```
strlen(字符数组名/字符串)
```

功能：测量字符数组或字符串的实际长度（不含字符串结束标志 '\0'）并作为函数值返回。

例 6.14 设有 C 程序如下：

```
#include <string.h>
#include <stdio.h>
void main()
{
  char ch[10]="12345";
  printf("%d\n",strlen(ch));
  printf("%d",strlen("12345"));
}
```

**注意**：此时运行程序输出的结果都是 5，尤其应注意 strlen(ch) 的输出结果也是 5，而不是 6，也不是 10。

### 2. 字符串连接函数 strcat()

格式：

```
strcat(字符数组名 1，字符数组名 2)
strcat(字符数组名 1，字符串)
```

功能：将字符数组 2 或字符串的内容连接到字符数组 1 的后面，并在最后加上一个 '\0'，且连接后的结果存放在字符数组 1 中。其返回值是字符数组 1 的首地址。

**注意**：

（1）由功能就可以看出，字符数组 1 的长度应该足够长，才能容纳连接后的全部内容。

（2）连接时会将字符数组 1 后面的 '\0' 去掉，只在连接后的字符串的后面加上一个 '\0'。

例 6.15 设有 C 程序如下：

```
#include <string.h>
#include <stdio.h>
void main()
{
  char ch1[20]="Hello";
  char ch2[ ]="World";
  strcat(ch1,ch2);
  puts(ch1);
}
```

输出结果为：

```
HelloWorld
```

例 6.16 设有 C 程序如下：

```
#include <string.h>
#include <stdio.h>
void main()
{
  char ch1[20]="Hello";
  strcat(ch1,"World");
```

```
  puts(ch1);
}
```

输出结果为：

```
HelloWorld
```

#### 3．字符串复制函数 strcpy()

格式：

```
strcpy(字符数组名 1，字符数组名 2)
strcpy(字符数组名，字符串)
```

功能：将字符数组 2 或字符串的内容复制到字符数组 1 中。其返回值是字符数组 1 的首地址。

**注意：**字符数组 1 的长度也应该足够长，才能容纳复制后的全部内容。

**例 6.17**　设有 C 程序如下：

```
#include <string.h>
#include <stdio.h>
void main()
{
  char ch1[20]="Hello";
  char ch2[]="World";
  strcpy(ch1,ch2);
  puts(ch1);
  puts(ch2);
}
```

输出结果为：

```
World
World
```

#### 4．字符串比较函数 strcmp()

格式：

```
strcmp(字符数组名 1，字符数组名 2)
strcmp(字符数组名 1，字符串)
```

功能：按照 ASCII 码的顺序比较两个字符串的大小，并由函数返回值返回比较的结果。若字符数组 1 大于字符数组 2，则返回大于 0 的整数；若字符数组 1 等于字符数组 2，则返回值为 0；若字符数组 1 小于字符数组 2，则返回小于 0 的整数。

**注意：**字符串比较的方式是，依次对字符数组 1 与字符数组 2 对应位置上的字符进行两两比较，当出现第一对不同的字符时，比较结束，由这两个不同的字符的大小决定字符数组的大小，并返回一个值。只有当两个字符数组中的对应字符全部相等，且同时遇到 '\0' 时，才认为两个字符串相等。

**例 6.18**　设有 C 程序如下：

```
#include <string.h>
#include <stdio.h>
void main()
{
  int k;
  char str1[15],str2[20];
```

```
    printf("input str1:\n");
    gets(str1);
    printf("input str2:\n");
    gets(str2);
    k=strcmp(str1,str2);
    if(k==0) printf("str1=str2\n");
    if(k>0) printf("str1>str2\n");
    if(k<0) printf("str1<str2\n");
}
```

程序运行结果：

```
input str1:
happy
input str2:
happt
str1>str2
```

## 6.4 程 序 举 例

**例 6.19** 利用冒泡法将数组元素值按从小到大的顺序排列。

冒泡法排序的基本思想：将第一个数和第二个数进行比较，小的放在前面，大的放在后面，然后将第二个数和第三个数进行比较，同样是将小的放在前面，大的放在后面，依此类推，这样，第一遍扫描后，将找出最大的数，且被放在整个数据的最后；第二遍扫描仍从第一个数开始，相邻两个数进行比较，并将小的放在前面，大的放在后面，这一遍扫描完成后，将找到除最大数之外的剩余数据中的最大数，并将其放在倒数第二的位置上；依此类推，直到排序结束为止。

根据上述冒泡排序方法，第 0 趟比较后，各元素的次序如图 6-9 所示（以 23，67，11，33，73，88，121，99，48，52 为例）。

| 0 | 1 | 2 | 3 | 4 | 5 | 6 | 7 | 8 | 9 | 排序说明 |
|---|---|---|---|---|---|---|---|---|---|---|
| 23 | 67 | 11 | 33 | 73 | 88 | 121 | 99 | 48 | 52 | 原始的10个数 |
| 23<br>不用交换 | 67 | 11 | 33 | 73 | 88 | 121 | 99 | 48 | 52 | 第1次比较交换后的数据 |
| 23 | 67<br>需要交换 | 11 | 33 | 73 | 88 | 121 | 99 | 48 | 52 | 第2次比较交换后的数据 |
| 23 | 11 | 67<br>需要交换 | 33 | 73 | 88 | 121 | 99 | 48 | 52 | 第3次比较交换后的数据 |
| 23 | 11 | 33 | 67<br>不用交换 | 73 | 88 | 121 | 99 | 48 | 52 | 第4次比较交换后的数据 |
| 23 | 11 | 33 | 67 | 73<br>不用交换 | 88 | 121 | 99 | 48 | 52 | 第5次比较交换后的数据 |
| 23 | 11 | 33 | 67 | 73 | 88<br>不用交换 | 121 | 99 | 48 | 52 | 第6次比较交换后的数据 |
| 23 | 11 | 33 | 67 | 73 | 88 | 121<br>需要交换 | 99 | 48 | 52 | 第7次比较交换后的数据 |
| 23 | 11 | 33 | 67 | 73 | 88 | 99 | 121<br>需要交换 | 48 | 52 | 第8次比较交换后的数据 |
| 23 | 11 | 33 | 67 | 73 | 88 | 99 | 48 | 121<br>需要交换 | 52 | 第9次比较交换后的数据 |
| 23 | 11 | 33 | 67 | 73 | 88 | 99 | 48 | 52 | 121<br>最大数 | 第0趟比较交换后的数据 |

**图 6-9 冒泡法排序第 0 趟比较交换过程示意图**

从以上分析不难看出，对于 $n$ 个数的排序，需进行 $n$-1 趟比较，而对于第 $i$ 趟比较需进行 $n-i$ 次两两比较。每趟比较交换后数据元素的次序如图 6-10 所示。

| 0 | 1 | 2 | 3 | 4 | 5 | 6 | 7 | 8 | 9 | 排序说明 |
|---|---|---|---|---|---|---|---|---|---|---|
| 【23 | 67 | 11 | 33 | 73 | 88 | 121 | 99 | 48 | 52】 | 原始的10个数 |
| 【23 | 11 | 33 | 67 | 73 | 88 | 99 | 48 | 52】 | 121 | 第0趟比较交换后的数据 |
| 【11 | 23 | 33 | 67 | 73 | 88 | 48 | 52】 | 99 | 121 | 第1趟比较交换后的数据 |
| 【11 | 23 | 33 | 67 | 73 | 48 | 52】 | 88 | 99 | 121 | 第2趟比较交换后的数据 |
| 【11 | 23 | 33 | 67 | 48 | 52】 | 73 | 88 | 99 | 121 | 第3趟比较交换后的数据 |
| 【11 | 23 | 33 | 48 | 52】 | 67 | 73 | 88 | 99 | 121 | 第4趟比较交换后的数据 |
| 【11 | 23 | 33 | 48】 | 52 | 67 | 73 | 88 | 99 | 121 | 第5趟比较交换后的数据 |
| 【11 | 23 | 33】 | 48 | 52 | 67 | 73 | 88 | 99 | 121 | 第6趟比较交换后的数据 |
| 【11 | 23】 | 33 | 48 | 52 | 67 | 73 | 88 | 99 | 121 | 第7趟比较交换后的数据 |
| 【11】 | 23 | 33 | 48 | 52 | 67 | 73 | 88 | 99 | 121 | 第8趟比较交换后的数据 |

**图 6-10　冒泡法排序每趟比较交换后数据示意图**

归纳起来，冒泡法排序（按升序）的最基本方法是：将比较范围内的数组元素值从左到右两两比较，选出小值元素置于左边位置，大值元素置于右边位置，直到将找出的最大元素值置于最右边；然后，再对剩下的 $n$-1 个元素重复这样的交换处理，这样不断重复直到所有元素都被排序为止。程序如下：

```
#include <stdio.h>
void main()
{
  int a[10],i,j,temp,n=10;;
  printf("请输入 10 个待排序的整数：\n");
  for(i=0;i<n;i++)
    scanf("%d",&a[i]);
  for(i=0;i<n-1;i++)            /*外循环控制趟数，n 个数需选 n-1 趟*/
    for(j=0;j<n-1-i;j++)        /*内循环控制每趟比较的次数，第 i 趟比较 n-i 次*/
      if(a[j]>a[j+1])           /*相邻元素比较，逆序则交换*/
      {
        temp=a[j];
        a[j]= a[j+1];
        a[j+1]=temp;
      }
  printf("排序后结果为：\n");
  for(i=0;i<n;i++)
    printf("%d   ",a[i]);
}
```

程序运行结果：

```
请输入 10 个待排序的整数：
23  67  11  33 73  88  121  99  48  52
排序后结果为：
11 23 33 48 52  67  73  88  99  121
```

**例6.20**　利用选择法排序将数组元素值按从小到大的顺序排列。

选择法排序的基本思想是：每一趟从待排序的数组元素中选出最小的一个元素，顺序放在已排好序的数列的最前面，直到全部待排序的数组元素排完为止。

*n* 个数据元素可经过 *n*-1 趟直接选择排序得到有序结果：每趟选出一个最小值与无序序列的第一个元素交换，*n* 个数共选 *n*-1 趟。第 *i* 趟假设 *i* 为最小值下标，然后将最小值与 *i*+1 开始至最后一个数做比较，找出最小值的下标，若最小值下标不为初设值，则将最小值元素和下标为 *i* 的元素交换。根据上述选择排序方法，具体排序过程如图 6-11 和图 6-12 所示（以 23，67，11，33，73，88，121，99，48，52 为例）。

| 0 | 1 | 2 | 3 | 4 | 5 | 6 | 7 | 8 | 9 | 排序说明 |
|---|---|---|---|---|---|---|---|---|---|---|
| 23<br>*k*=0 | 67 | 11 | 33 | 73 | 88 | 121 | 99 | 48 | 52 | 初始元素值与*k*值 |
| 23<br>*k*=0 | 67 | 11 | 33 | 73 | 88 | 121 | 99 | 48 | 52 | 第1次比较后元素值与*k*值 |
| 23 | 67 | 11<br>*k*=2 | 33 | 73 | 88 | 121 | 99 | 48 | 52 | 第2次比较后元素值与*k*值 |
| 23 | 67 | 11<br>*k*=2 | 33 | 73 | 88 | 121 | 99 | 48 | 52 | 第3次比较后元素值与*k*值 |
| 23 | 67 | 11<br>*k*=2 | 33 | 73 | 88 | 121 | 99 | 48 | 52 | 第4次比较后元素值与*k*值 |
| 23 | 67 | 11<br>*k*=2 | 33 | 73 | 88 | 121 | 99 | 48 | 52 | 第5次比较后元素值与*k*值 |
| 23 | 67 | 11<br>*k*=2 | 33 | 73 | 88 | 121 | 99 | 48 | 52 | 第6次比较后元素值与*k*值 |
| 23 | 67 | 11<br>*k*=2 | 33 | 73 | 88 | 121 | 99 | 48 | 52 | 第7次比较后元素值与*k*值 |
| 23 | 67 | 11<br>*k*=2 | 33 | 73 | 88 | 121 | 99 | 48 | 52 | 第8次比较后元素值与*k*值 |
| 23 | 67 | 11<br>*k*=2 | 33 | 73 | 88 | 121 | 99 | 48 | 52 | 第9次比较后元素值与*k*值 |
| 11<br>*i*=0 | 67 | 23<br>*k*=2 | 33 | 73 | 88 | 121 | 99 | 48 | 52 | 第0趟排序结果 |

**图 6-11　选择法排序第 0 趟比较交换过程示意图**

| 0 | 1 | 2 | 3 | 4 | 5 | 6 | 7 | 8 | 9 | 数组下标 |
|---|---|---|---|---|---|---|---|---|---|---|
| 【23 | 67 | 11 | 33 | 73 | 88 | 121 | 99 | 48 | 52】 | 初始元素值 |
| 11 | 【67 | 23 | 33 | 73 | 88 | 121 | 99 | 48 | 52】 | 第0趟排序后 |
| 11 | 23 | 【67 | 33 | 73 | 88 | 121 | 99 | 48 | 52】 | 第1趟排序后 |
| 11 | 23 | 33 | 【67 | 73 | 88 | 121 | 99 | 48 | 52】 | 第2趟排序后 |
| 11 | 23 | 33 | 48 | 【73 | 88 | 121 | 99 | 67 | 52】 | 第3趟排序后 |
| 11 | 23 | 33 | 48 | 52 | 【88 | 121 | 99 | 67 | 73】 | 第4趟排序后 |
| 11 | 23 | 33 | 48 | 52 | 67 | 【121 | 99 | 88 | 73】 | 第5趟排序后 |
| 11 | 23 | 33 | 48 | 52 | 67 | 73 | 【99 | 88 | 121】 | 第6趟排序后 |
| 11 | 23 | 33 | 48 | 52 | 67 | 73 | 88 | 【99 | 121】 | 第7趟排序后 |
| 11 | 23 | 33 | 48 | 52 | 67 | 73 | 88 | 99 | 【121】 | 第8趟排序后 |
| 11 | 23 | 33 | 48 | 52 | 67 | 73 | 88 | 99 | 121 | 最后排序结果 |

**图 6-12　选择法排序每趟比较交换后数据示意图**

程序如下：

```
#include<stdio.h>
void main()
{
  int a[10],i,j,k,t,n=10;
  printf("请输入 10 个待排序的整数：\n");
  for(i=0;i<10;i++)
    scanf("%d",&a[i]);
  for(i=0;i<n-1;i++)                    /*外循环控制趟数，n 个数选 n-1 趟*/
  {
    k=i;                                /*假设当前趟的第一个数为最值，其下标记在 k 中*/
```

```
    for(j=i+1;j<n;j++)              /* 从下一个数到最后一个数之间寻找最值 */
      if(a[k]>a[j])                 /* 若其后有比最值更小的，则将其下标记在 k 中 */
        k=j;
      if(k!=i)                      /* 若 k 不为最初的 i 值，说明在其后找到比其更小的数 */
        { t=a[k]; a[k]=a[i]; a[i]=t;  }
        /* 交换最值和当前序列的第一个数 */
  }
  printf(" 排序后结果为：\n");
  for(i=0;i<10;i++)
    printf("%d ",a[i]);
  printf("\n");
}
```

程序运行结果：

请输入 10 个待排序的整数：

```
23 67 11 33 73 88 121 99 48 52
```

排序后结果为：

```
11 23 33 48 52 67 73 88 99 121
```

**例6.21** 通过键盘输入年、月、日，计算并输出该日是该年的第几天。

分析：由于一年中除二月以外，各个月的天数都是固定的，因此，可以用一个一维数组来存放各个月的天数，而二月份的天数由输入的年份来决定（闰年为 29 天，非闰年为 28 天）。

程序如下：

```
#include <stdio.h>
void main()
{
  int year,month,day,i,sum;
  int t[ ]={31,0,31,30,31,30,31,31,30,31,30,31};
  printf("input year,month,day:");
  scanf("%d,%d,%d",&year,&month,&day);
  if((year%4==0&&year%100!=0)||year%400==0)
    t[1]=29;
  else t[1]=28;
    sum=day;
  for(i=0;i<month-1;i++)
    sum=sum+t[i];
  printf("days%4d\n",sum);
}
```

程序运行结果：

```
input year,month,day:1900,3,1
days 60
```

**例6.22** 求两个矩阵之和。矩阵之和是指两矩阵对应元素之和。其中矩阵 $\boldsymbol{A}$、$\boldsymbol{B}$ 分别为

$$\boldsymbol{A}=\begin{bmatrix}1 & 2 & 3 & 4\\5 & 6 & 7 & 8\\9 & 10 & 11 & 12\end{bmatrix} \qquad \boldsymbol{B}=\begin{bmatrix}1 & 3 & 5 & 7\\2 & 4 & 6 & 8\\9 & 11 & 13 & 15\end{bmatrix}$$

分析：求两个矩阵之和，就是把两个矩阵对应位置上的元素分别相加，得出来的矩阵即两个矩阵之和。

程序如下：

```
#include <stdio.h>
void main()
{
  int a[3][4]={{1,2,3,4},{5,6,7,8},{9,10,11,12}};
  int b[3][4]={{1,3,5,7},{2,4,6,8},{9,11,13,15}};
  int i,j,c[3][4];
  for(i=0;i<3;i++)          /* 将两个矩阵的元素相加 */
    for(j=0;j<4;j++)
      c[i][j]=a[i][j]+b[i][j];
    for(i=0;i<3;i++)
      printf("%4d%4d%4d%4d\n",c[i][0],c[i][1],c[i][2],c[i][3]);
}
```

程序运行结果：

```
   2    5    8   11
   7   10   13   16
  18   21   24   27
```

例6.23 输入一行字符，统计其中有多少个单词。单词间以空格分隔，例如，输入 Happy new year，有 3 个单词。

分析：单词的数目由空格出现的次数决定（连续出现的空格记为出现一次）。逐个检查每一个字符是否为空格。如果前一个字符是空格，当前字符不是空格，则表示出现一个单词，单词数加 1。

程序如下：

```
#include <string.h>
#include <stdio.h>
void main()
{
  int i,num=0,word=0;
  char string[100];
  char c;
  printf("请输入一句话:");
  gets(string);
  for(i=0;(c=string[i])!='\0';i++)
    if(c==' ')
      word=0;
    else if(word==0)
    {
      word=1;
      num++;
    }
  printf("单词的个数为:%d\n",num);
}
```

程序运行结果：

```
请输入一句话:Happy new year
单词的个数为:3
```

例 6.24 已知 A、B、C、D 四个人中有一人是小偷，并且这四个人每人要么说真话，要么说假话，在审问过程中，这四个人分别回答如下：A 说，B 没有偷，是 D 偷的；B 说，A 没有偷，是 C 偷的；C 说，A 没有偷，是 B 偷的；D 说，我没有偷。编程确定谁是小偷。

分析：假设数组元素 a[0]、a[1]、a[2]、a[3] 分别代表 A、B、C、D 四个人，数组元素 a[i] 值为 1 代表该人是小偷。由题目已知：四人中仅有一名是小偷，且这四个人中的每个人要么说真话，要么说假话，而由于 A、B、C 三人都说了两句话："X 没偷，Y 偷了"，故不论该人是否说谎，他提到的两人中必有一人是小偷。所以在列条件表达式时，可以不关心谁说谎，谁说实话。这样，可以列出下列条件表达式：

A 说："B 没有偷，是 D 偷的。"即 a[1]+a[3]=1。

B 说："我没有偷，是 C 偷的。"即 a[1]+a[2]=1。

C 说："A 没有偷，是 B 偷的。"即 a[0]+a[1]=1。

D 说："我没有偷。"D 只说了一句话，无法判定其真假。

由于只有一个人为小偷，所以一个人为 1，其余三个人为 0，即 a[0]+a[1]+a[2]+a[3]=1。

程序如下：

```
#include <stdio.h>
void main()
{
  int  a[4],i,j;
  for(i=0;i<=3;i++)
  {
    for(j=0;j<=3;j++)
    if(i==j) a[j]=1;
    else a[j]=0;
    if(a[1]+a[3]==1 && a[1]+a[2]==1 &&a[0]+a[1]==1)
    {
      printf("the thief is ");
      for(j=0;j<=3;j++)
        if(a[j]==1)printf("%c\n", j+'A');
    }
  }
}
```

## 课后延学

1. 知识回顾

（1）数组是若干相同数据类型的元素的有序集合，在内存中按行的次序连续存放。

（2）数组类型说明由类型说明符、数组名、数组长度三部分组成。数组元素又称下标变量。数组的类型是指下标变量取值的类型。数组的下标从 0 开始。

（3）定义一个数组就相当于定义了多个变量（与定义普通变量的区别是数组元素的空间是连续的）。

（4）数组可以是一维的、二维的，也可以是多维的。只要掌握了一维和二维数组的定义和使用方法，多维数组的使用不成问题。

（5）数组元素的引用可以认为是通过数组元素的名称来引用。对一维数组的操作一般用一重循环实现；对二维数组的操作一般通过双重循环实现。

（6）对数组的赋值可以用数组初始化赋值、输入函数动态赋值和赋值语句赋值三种方法实现。对数值数组不能用赋值语句整体赋值、输入或输出，而必须用循环语句逐个对数组元素进行操作。

（7）数组名代表数组的首地址，数组的首地址就是数组中第一个数组元素的地址。

（8）排序和查找是数组典型的操作，在实际应用中经常用到。

**2. 学习反思**

（1）为什么在定义二维数组时可以不指定第一维的长度但必须指定第二维的长度？

（2）字符数组和字符串有何种关系？

（3）比较冒泡法排序与选择法排序算法的优劣？查阅相关文献了解其他排序算法。

（4）为什么C语言要提供字符串处理函数？

**3. 知识检验**

（1）编程打印如下形式的杨辉三角形。

```
1
1  1
1  2   1
1  3   3   1
1  4   6   4   1
1  5   10  10  5   1
```

（2）利用公式 $c_{ij}=a_{ij}+b_{ij}$ 计算 $m \times n$ 阶矩阵 $\boldsymbol{A}$ 和 $m \times n$ 阶矩阵 $\boldsymbol{B}$ 之和。已知 $a_{ij}$ 为矩阵 $\boldsymbol{A}$ 的元素，$b_{ij}$ 为矩阵 $\boldsymbol{B}$ 的元素，$c_{ij}$ 为矩阵 $\boldsymbol{C}$ 的元素（$i=1$，2，…，$m$；$j$=1，2，…，$n$）。

（3）用筛法求100之内的素数。筛法的原理：数字2是素数，在数字 $k$ 前，每找到一个素数，删除其倍数，若 $k$ 未被删除，即表示2～$k$-1都不是 $k$ 的因子，则 $k$ 是素数。

（4）编写程序，实现strcat()函数的功能，将两个字符串连接起来。

（5）找出一个二维数组中的鞍点，即该位置上的元素在该行上最大，在该列上最小，也可能没有鞍点。

（6）编写程序，对两个字符串s1和s2进行比较。若s1>s2，输出一个正数；若s1=s2，输出0；若s1<s2，输出一个负数。不要使用strcmp()函数，两个字符串用gets()函数读入。输出的正数或负数的绝对值是相比较的两个字符串相应字符的ASCII()码的差值。例如，'a'与'c'比较，由于'a'<'c'，应输出负数，由于'a'与'c'的ASCII码值相差2，因此输出 -2。又如，and与aid比较，根据第2个字符比较结果，'n'>'i'，故输出5。

**4. 拓展训练**

**【案例】**十个小孩围成一圈分糖果。首先，老师分给第一个小孩10块，第二个小孩2块，第三个小孩8块，第四个小孩22块，第五个小孩16块，第六个小孩4块，第七个小孩10块，第八个小孩6块，第九个小孩14块，第十个小孩20块。然后按如下方法对每个小孩手中的糖果进行调整：所有小孩检查自己手中的糖果数，如果糖果数为奇数，则向老师再要一块，同时将自己手中的糖分一半给下一个小孩。问需要多少次调整后，每个小孩手中的糖果数都相等？每个人各有多少糖果？请完成案例分析与编程实现。

## ●●●● 计算机等级考试二级真题解析 ●●●●

1. 以下叙述中错误的是（　　）。

   A. 同一个数组中所有元素的类型相同

   B. 不可以跳过前面的数组元素给后面的元素赋初值0

C．定义语句“int a[10]={0};”给数组中所有元素赋初值 0

D．若有定义语句“int a[4]={1,2,3,4,5};”编译时将忽略多余的值

【答案】D

【解析】一维数组初始化时，不可以跳过前面的数组元素给后面的元素赋初值，当所赋初值少于所定义数组的元素个数时，将自动给后面的元素补以初值 0；当所赋初值多于所定义数组的元素个数时，在编译时将给出出错信息。

2．有以下程序：

```
#include <stdio.h>
#include <string.h>
void main()
{
  char str[]={"hello,Beiging"};
  printf("%d,%d\n",strlen(str),sizeof(str));
}
```

程序运行后的输出结果是（　　）。

A．13,13　　　　B．13,14　　　　C．13,15　　　　D．14,15

【答案】B

【解析】本题考查 strlen() 函数和 sizeof() 运算符的使用。

strlen() 函数：计算字符串的长度直至遇到结束标志为止，且长度不包括结束标志 '\0'，所以 strlen(str) =13。

sizeof() 运算符：当操作数是数组名时，其结果是该数组所占用的内存空间总字节数。str 为字符数组，由于字符串最后要加上一个 '\0'，每个字符占用 1 字节，所以 sizeof(str)=14。

3．有以下程序：

```
#include <stdio.h>
void main()
{
  int k,n=0;char c,str[]="teach";
  for(k=0;str[k];k++)
  {
    c=str[k];
    switch(k)
    {
      case 1:case 3:case 5:putchar(c);printf("%d",++n);break;
      default :putchar('N');
    }
  }
}
```

程序运行后的输出结果是（　　）。

A．Ne1NN　　　　B．e1a2e3　　　　C．Ne1Nc2N　　　　D．Na1NNNN

【答案】C

【解析】程序执行过程：k=0 时，c=str[0]='t'，执行 default 分支，输出 N；k=1 时，c='e'，执行 case1 分支，没有 break 语句，继续执行 case 3 分支，没有 break 语句，继续执行 case 5 分支，输出 e1；k=2 时，c='a'，输出 N；k=3 时，c='c'，输出 c2；k=4 时，c='h'，输出 N。故程序的输出结果为 Ne1Nc2N。

4．设有以下定义：

```
char s1[ ]="0123";
char s2[ ]={'0','1','2','3'};
```

则以下叙述正确的是（　　）。

A．数组 s1 的长度小于 s2 的长度　　B．数组 s1 和 s2 的长度相同

C．数组 s1 的长度大于 s2 的长度　　D．数组 s1 和 s2 完全等价

【答案】C

【解析】字符数组 s1 赋值字符串 "0123"，字符串中字符依次放入数组中，在最后一个字符后要添加一个结束字符 '\0'，数组 s1 的长度为 5。数组 s2 只需要 4 个单元即可放下所有初始化值，故数组长度为 4。所以数组 s1 的长度大于 s2 的长度。

5．有以下程序：

```
#include <stdio.h>
void main()
{
  int a[]={2,3,5,4},i;
  for(i=0;i<4;i++)
    switch(i%2)
    {
      case 0:switch(a[i]%2)
      {
        case 0:a[i]++;break;
        case 1:a[i]--;
      }break;
      case 1:a[i]=0;
    }
  for(i=0;i<4;i++)
    printf("%d",a[i]);
  printf("\n");
}
```

程序运行后的输出结果是（　　）。

A．3344　　B．2050　　C．3040　　D．0304

【答案】C

【解析】main() 函数的主体是一个 for 循环语句，for 循环中包含一个 switch 语句，如果判断条件为 0 则进入第二个 switch 语句，如果判断语句为 1 则执行“a[i]=0”，最后将数组顺序输出。所以程序功能是将数组的偶数项设为 0，奇数项如果为奇数则减 1，为偶数则加 1，最后得到结果。

6．设有定义“char s[81];int i=0;”，以下不能将一行（不超过 80 个字符）带有空格的字符串正确读入的语句或语句组是（　　）。

A．gets(s);

B．while((s[i++]=getchar())!='\n');s[i]='\0';

C．scanf("%s",s);

D．do{scanf("%c ",&s[i]);}while(s[i++]!='\n');s[i]='\0';

【答案】C

【解析】字符串的输入有两种方式：① scanf() 函数；② gets() 函数。C 项，s 代表输入一个字符数组，

遇到空格时会默认字符串输入结束，所以不能正确读入带有空格的字符串。

7. 若有定义语句“int m[ ]={5,4,3,2,1},i=4; ”，则下面对 m 数组元素的引用中错误的是（　　）。

A. m[--i]　　B. m[2*2]　　C. m[m[0]]　　D. m[m[i]]

【答案】C

【解析】数组的下标从零开始，数组 m 中有五个元素，所以数组 m 即为 m[0]=5，m[1]=4，m[2]=3，m[3]=2，m[4]=1，C 项，m[0]=5，引用数组元素为 m[5]，溢出，引用错误。

8. 有以下程序：

```
#include <stdio.h>
void main()
{
  char s[ ]="012xy\08s34f4w2";
  int i, n=0;
  for(i=0; s[i]!=0; i++)
    if(s[i]>='0' && s[i]<='9')
      n++;
  printf("%d\n",n);
}
```

程序运行后的输出结果是（　　）。

A. 0　　B. 3　　C. 7　　D. 8

【答案】B

【解析】字符数组 s 中的字符为：'0'、'1'、'2'、'x'、'y'、'\0'、'8'、's'、'3'、'4'、'f'、'4'、'w'、'2'。接下来 for 循环的功能是：统计字符数组 s 中数字字符的个数，直至遇到字符 '\0' 为止（'\0' 即数值 0，字符 '0' 不是数值 0）。

'\8' 不是表示一个字符的原因：转义字符的形式是 '\1-3 个数字 '，表示数字为八进制数，而八进制数码中没有 8，所以系统自动将 '\8' 处理为 '\0' 和 '8' 两个字符。如果是 '\7' 或者 '\41'，则只表示一个字符。

9. 有以下程序：

```
#include <stdio.h>
#include <string.h>
void main()
{
  char a[5][10]={"china","beijing","you","tiananmen","welcome"};
  int i,j;
  char t[10];
  for(i=0;i<4;i++)
    for(j=i+1;j<5;j++)
      if(strcmp(a[i],a[j])>0)
      {
        strcpy(t,a[i]);
        strcpy(a[i],a[j]);
        strcpy(a[j],t);
      }
  puts(a[3]);
}
```

程序运行后的输出结果是（　　）。

A. beijing　　B. china　　C. welcome　　D. tiananmen

【答案】C

【解析】该程序的双重循环所控制的功能是：用选择法对 5 个字符串按从小到大的顺序排序。排序前数组 a 的存放情况如下：a[0]="china"、a[1]="beijing"、a[2]="you"、a[3]="tiananmen"、a[4]="welcome"；排序后数组 a 的存放情况如下：a[0]="beijing"、a[1]="china"、a[2]="tiananmen"、a[3]="welcome"、a[4]="you"。最后输出 puts(a[3])，所以输出的字符串应为 welcome，选项 C 正确。

10. 有以下函数：

```
#include <stdio.h>
#include <string.h>
void main()
{
  printf("%d\n",strlen("ATS\n012\1") );
}
```

程序运行后的输出结果是（　　）。

A. 3　　B. 8　　C. 4　　D. 9

【答案】B

【解析】考查转义字符的用法以及对 strlen() 函数的掌握。strlen() 函数的作用是求字符串长度，'\n' 与 '\1' 均是转义字符，各表示一个字符，所以输出结果为 8。

# 第7章 函　　数

函数——代码世界的乐高，搭建无限可能。

Functions — Creating infinite possibilities of the coding world.

## 导　读

前面章节中的程序需要解决的问题都比较简单，编写的程序均是只由一个 main() 函数组成的。如果需要解决的问题比较复杂，可以先将问题分解为多个比较简单的问题，然后为每个问题编写独立的函数，然后在 main() 函数中直接或间接地调用这些函数来完成整体的任务。这些独立编写的用于实现特定任务或功能的函数称为自定义函数。基于函数编写程序解决复杂问题，可以使程序的结构更加清晰，同时还能提升代码的可维护性和增强代码的可重用性。

函数是 C 语言源程序的基本组成单位。函数具有不同的分类标准，根据函数是否有返回值可以将函数分为有返回值的函数和无返回值的函数。根据函数是否为程序员自己设计的可将函数分为标准库函数和自定义函数两类。本章重点学习自定义函数的使用。

本章主要介绍模块化程序设计的思想，函数的定义、函数的调用、数组作为函数参数、函数的嵌套调用和递归调用以及变量的作用域与存储类型等相关内容。

## 导　航

**学习目标：**

1. 了解函数的应用场景、理解模块化程序设计的思想
2. 掌握函数的定义和函数的返回值
3. 掌握函数的调用和函数的参数传递
4. 掌握递归函数的定义和调用
5. 掌握变量的作用域

**学习重点：**

1. 函数的定义和函数的调用
2. 函数的参数传递
3. 变量的作用域

**学习难点：**

1. 函数的参数传递
2. 递归函数的执行过程

## 知识地图

- 函数
  - 函数概述
    - 模块化程序设计的思想
    - 函数
      - 概念 —— C语言源程序的基本组成单位
      - 分类
        - 标准库函数
        - 自定义函数
  - 函数的定义
    - 一般形式
      - 函数头 —— 类型说明符 函数名(形参列表)
      - 函数体
        - 说明部分
        - 可执行语句部分
    - 函数的返回值
      - 有返回值的函数
        - return语句：将函数值带回主调函数
        - return语句的形式
          - return(表达式);
          - return 表达式;
      - 无返回值的函数
        - 函数类型：void
        - 函数体可包含或不包含return语句
  - 函数的调用
    - 一般形式 —— 函数名(实际参数1,实际参数2,…)
    - 参数传递
      - 传递方式 —— 单向的值传递
      - 实参和形参的对应关系 —— 个数对应，顺序一致，类型相容
    - 函数原型声明的一般形式
      - 类型说明符 函数名(类型说明符 形式参数1…);
      - 类型说明符 函数名(类型说明符,类型说明符,…);
  - 数组作为函数参数
    - 数组元素作函数参数 —— 与普通变量作函数参数的本质相同
    - 数组名作函数参数
      - 传递实参数组的首地址
      - 形参数组和实参数组共享存储单元
  - 嵌套和递归
    - 嵌套 —— C语言规定函数不允许嵌套定义，但可以嵌套调用
    - 递归
      - 定义 —— 一个函数在它的函数体内直接或间接地调用它自身
      - 递归函数的两要素
        - 递归结束条件
        - 递推公式
  - 变量的作用域
    - 局部变量 —— 在函数体内或复合语句内定义，有效区域为定义它的函数或复合语句
    - 全局变量 —— 在函数外部定义，有效区域从定义它的位置到程序结尾
  - 变量的存储类型
    - 自动变量 —— 没有被显式说明为静态的局部变量
    - 静态变量 —— 使用static说明的变量

## 课前导学

### 1. 知识初探

◎阅读主教材第 7 章的【课中细学】

◎阅读辅教材第 7 章的【课前导学】的“本章要点”与相应“典型例题解析”

### 2. 视频观看

观看主教材第 7 章的【课中细学】相应的视频

### 3. 思考空间

（1）C 语言中的程序为什么要进行模块化设计？

（2）基于函数编写程序解决复杂问题的优点有哪些？

（3）C 语言源程序的基本组成单位是什么？

（4）C 语言的函数内部可以再定义其他函数吗？

（5）C 语言中的变量按照其作用域范围可以分为哪几类？

课中细学

## 7.1　函 数 概 述

### 7.1.1　模块化程序设计

前面章节中的程序都是规模相对较小的程序。实际应用中，典型的商业软件通常有几百、上千甚至上万行代码。为了降低开发大规模软件的复杂度，一般采用逐步分解、分而治之的方法，它是人们解决复杂问题的常用方法。

模块化程序设计就体现了“分而治之”的思想。在结构化程序设计中，主要采用“自顶向下，逐步求精”的功能分解方法来实现模块化程序设计。程序员在设计一个大而复杂的程序时，往往先把大问题分成几个部分，每部分又分解成更细的若干小部分，直至分解成功能单一的小问题，我们把求解较小问题的算法称为程序模块，各程序模块可单独设计，最后把所有程序模块组合起来，完成一个完整的程序，从而组成解决原问题的方案。

模块化程序设计可以使复杂问题简单化，同时可以达到使程序结构清晰、层次分明，程序便于编写、维护的目的。C 语言中，程序是由函数构成的，函数是实现模块化程序设计的工具。

### 7.1.2　函数的分类

C 语言中，函数是模块化程序设计的最小单位，既可以把每个函数看作一个模块，也可以将若干相关的函数合并成一个模块。函数可以是自己设计的，也可以是别人设计好的。根据函数是否为程序员自己设计的可将函数分为标准库函数和自定义函数两类。

**1．标准库函数**

标准库函数是由系统提供的，用户不必自己定义就可以直接使用的函数。如 scanf( )、printf( )、fabs( )、sqrt( )、exp( )、pow( )、sin( )、cos( )、strlen( ) 等都是 C 语言中常用的库函数。

在使用 C 语言的库函数时，需要在程序的开头把该函数所在的头文件包含进来，比如程序中需要使用 sqrt( ) 函数，那么就在程序的开头加上：

```
#include <math.h>
```

这样在程序中就可以使用 math.h 内定义的 sqrt( ) 函数了。

**2．自定义函数**

如果库函数不能满足程序设计者的需要，就要自己编写函数完成所需要的功能，这类函数称为自定义函数。本章重点讲述自定义函数。下面举例介绍自定义函数的使用方法。

**例 7.1**　利用自定义函数求 $n!$。

分析：如果能像 sqrt(x) 求 $x$ 的平方根一样，有一个函数 fx(n) 专门求 $n!$，程序就变得很简单了。程序编写如下：

```
#include <stdio.h>
void main()
{
  int n,m;
  printf("Input n:");
  scanf("%d",&n);
  m=fx(n);
```

```
  printf("%d!=%d\n",n,m);
}
```

而实际上上述 fx() 函数不存在，需要自己动手编写该函数。函数编写如下：

```
int fx(int n)
{
  int i,s=1;
  for(i=1;i<=n;i++)
    s=s*i;
  return s;
}
```

这样两部分合并起来就能实现题目所要求的功能。

```
#include <stdio.h>
int fx(int n)
{
  int i,s=1;
  for(i=1;i<=n;i++)
    s=s*i;
  return s;
}
void main()
{
  int n,m;
  printf("Input n:");
  scanf("%d",&n);
  m=fx(n);
  printf("%d!=%d\n",n,m);
}
```

这里的 fx() 函数就称为自定义函数。

## 7.2 函数的定义

### 7.2.1 函数定义的一般形式

正如变量使用前应先定义一样，函数也应该先定义后使用。函数定义后，这个函数才存在，然后才能调用它。

在 C 语言中，函数的定义由函数头和函数体两部分组成。函数头给出函数相关信息，函数体具体实现函数的功能。函数定义的一般形式为：

```
                              形参列表
类型说明符  函数名（类型说明符 形式参数 1,类型说明符 形式参数 2,…)
{
  说明部分
                  } 函数体
  可执行语句部分
}
```

类型说明符：函数返回值的数据类型，如 int、float、double、char、void 等，无返回值的函数，类型说明符选用 void。函数定义时省略类型说明符，系统自动按整型处理。

函数名：是程序员为函数取的名字，是函数的唯一标记，为函数取名遵循标识符的命名规则。函数名应便于记忆和阅读，最好能做到“见名知意”。

形参列表：由带数据类型说明的形式参数构成，形式参数简称形参。如果将函数看成数据加工的过程，那么形式参数就相当于被加工的数据对象，而函数的返回值相当于得出的结果。根据函数功能的需要，函数定义时可以设计 0 到多个形参。

函数体：由一对大括号括起来，包括数据说明部分语句和可执行部分语句，其中数据说明部分用来定义在函数中要使用的变量等数据，可执行部分语句真正实现函数的功能。

例 7.2　编写一个判断素数的函数。

```
int isprime(int n)
{
  int i;
  for(i=2;i<n;i++)
    if(n%i==0)
      return 0;
  return 1;
}
```

isprime() 函数用于判断一个数是否为素数，int 表示函数返回值是整型的，说明了函数应得出一个整型结果，isprime 为函数名，圆括号内的 int n 说明形参 n 为整型，n 是被判断的对象。大括号内是函数体，函数体是判断 n 是否为素数的过程，如果 n 是素数得出整型结果 1，否则得出整型结果 0。return 语句将函数计算的结果作为函数的返回值带回到主调函数。

## 7.2.2　关于函数的返回值

函数的返回值是调用函数得出的结果，这个结果简称函数值。例如，sqrt(2) 会得到 2 的平方根 1.414214，该值称为函数值。根据调用函数有无返回值可以将函数分为两类，即有返回值的函数和无返回值的函数。

### 1. 有返回值的函数

对于有返回值的函数，在定义函数时，函数值通过 return 语句带回到主调函数中。return 语句的作用：终止函数的运行，使程序控制从被调用函数返回到主调函数中，同时把返回值带给主调函数。例 7.2 中根据 n 的取值不同，isprime() 函数会带回 0 或 1 到主调函数中。

return 语句的一般形式如下：

```
return(表达式);
return 表达式;
```

如果需要从被调用函数带回一个函数值，被调用函数定义时必须包含 return 语句。一个函数中可以有一个以上的 return 语句，如例 7.2，执行到哪一个 return 语句，哪一个 return 语句起作用。

例 7.3 是一个使用有返回值的函数的例子。

例 7.3　编写函数，求两个整数中的较大者。

```
#include <stdio.h>
int max(int a,int b)
{
  int s;
  if(a>b)
    s=a;
  else
```

```
    s=b;
  return(s);
}
void main()
{
  int m,n;
  printf("Input m,n:");
  scanf("%d%d",&m,&n);
  printf("The larger of m and n is %d.\n",max(m,n));
}
```

函数的返回值类型应与函数头中的函数类型说明符一致。如果函数头定义的返回值类型和 return 语句中表达式的值的类型不一致，则以函数头定义的返回值类型为准，对数值型数据，系统自动进行类型转换。例如，下面函数 fx() 的返回值是 double 类型。

```
double fx(int a,int b)
{
  return a+b;
}
```

### 2. 无返回值的函数

对于无返回值的函数，应当将函数定义为 void 类型（空类型），函数体中可以包含 return 语句，也可以不包含 return 语句，如果包含 return 语句，return 语句的使用形式如下：

```
return;
```

此时 return 语句的作用是：终止函数的运行，使程序控制从被调用函数返回到主调函数中。

例 7.4 是一个无返回值的函数定义的例子。

例 7.4　编写函数，输出问候语：Hello everyone!。

```
#include <stdio.h>
void sayhello()
{
  printf("Hello everyone!\n");
}
void main()
{
  sayhello();
}
```

有返回值的函数和无返回值的函数对照表见表 7-1。

**表 7-1　有返回值的函数和无返回值的函数对照表**

| 函数类型 | 有返回值的函数 | 无返回值的函数 |
|---|---|---|
| 函数的用途 | 常用于需要函数处理数据并返回处理结果 | 常用于仅需要执行某种操作而不需要返回结果 |
| 函数类型说明符 | 非 void 类型，如 int、float、char 等，表示该函数执行完成后将返回一个指定类型的值 | void 类型，表示该函数执行完成后不返回任何值 |
| 函数的返回值 | 函数通过 return 语句返回一个值给调用者。return 语句的一般形式如下：<br>`return(表达式);`<br>`return 表达式;`<br>return 语句后面跟的是要返回的值，其类型应与函数定义的返回类型匹配 | 通常省略 return 语句，函数体内也可以使用 return 语句，return 语句的一般形式如下：<br>`return;`<br>return 后面不能跟任何值，表示终止函数的运行，使程序控制从被调函数返回到主调函数中 |

# 7.3　函数的调用

## 7.3.1　函数调用的一般形式

例 7.2 中的程序并不能直接运行，C 语言程序总是从 main() 函数开始运行，函数必须被 main() 直接或间接调用才可以实现其功能。函数的调用是指在程序中使用已经定义过的函数。

函数调用的一般形式为：

```
函数名 ( 实际参数 1, 实际参数 2,…)
```

实际参数简称实参，可以是常量、变量或表达式。如果实参不止 1 个，则相邻实参之间用逗号分隔。

无返回值的函数和有返回值的函数在调用方式上有所不同，对于无返回值的函数的调用作为一条独立的语句，而对于有返回值的函数的调用可以出现在表达式中，也可以作为另一次函数调用的参数。

### 1. 有返回值函数的调用

有返回值的函数，函数调用可以作为表达式的一项，以函数返回值参与表达式的运算；也可以作为另一次函数调用的实际参数。函数调用用于输出语句，也是函数值作为 printf() 函数的实际参数。

例 7.5　编写 main() 函数，利用例 7.2 中的 isprime() 函数，输出 200～300 的所有素数。

```
#include <stdio.h>
int isprime(int n)
{
  int i;
  for(i=2;i<n;i++)
    if(n%i==0)
      return 0;
  return 1;
}
void main()
{
  int i;
  for(i=200;i<=300;i++)
    if(isprime(i)==1)                       /* 函数调用作为表达式的一项 */
      printf("%d ",i);
}
```

视频

函数的定义与调用

程序运行结果：

```
211 223 227 229 233 239 241 251 257 263 269 271 277 281 283 293
```

读者可对比 5.8 节例 5.26，分析使用函数和不使用函数两种方法编写程序各自的优缺点。

例 7.6　编写函数，求两个整数中的较大者。在 main() 函数中输入三个整数，调用函数求三个整数中的最大值。

```
#include <stdio.h>
int max(int a,int b)
{
  int s;
  if(a>b)
    s=a;
  else
```

```
    s=b;
  return(s);
}
void main()
{
  int x,y,z,m;
  printf("Input x,y,z:");
  scanf("%d%d%d",&x,&y,&z);
  m=max(max(x,y), z);          /* 函数调用作为另一次函数调用的实际参数 */
  printf("max=%d\n",m);
}
```

运行程序后输入：

```
Input x,y,z:10 30 15
```

输出结果如下：

```
max=30
```

其中 max(x,y) 是一次函数调用，它的返回值作为 max() 另一次调用的实参。m 的值是 x、y、z 三者中最大的。

### 2. 无返回值函数的调用

对于无返回值的函数，在定义时函数类型选用 void 类型，void 类型的函数在调用时作为一条独立的语句。

例7.7 编写函数，实现输出 n 行由“*”组成的直角三角形，在 main() 函数中输入 n，调用函数实现输出所要求的三角形。例如，输入的 n 值为 6，则输出如下三角形：

```
*
**
***
****
*****
******
```

程序如下：

```
#include <stdio.h>
void printstar(int n)
{
  int i,j;
  for(i=1;i<=n;i++)
  {
    for(j=1;j<=i;j++)
      printf("*");
    printf("\n");
  }
}
void main()
{
  int n;
  printf("n=");
  scanf("%d",&n);
  printstar(n);                 /* 调用函数作为一条独立的语句 */
}
```

### 7.3.2 函数的参数传递

定义函数时如果有形式参数（形参），则调用函数时需要通过实参向形参传递数据，在 C 语言中，实参向形参传送数据的方式是单向的“值传递”。第一个实参的值传递给第一个形参，第二个实参的值传递给第二个形参，依此类推。函数间形参变量与实参变量的值的传递过程类似于日常生活中的“复印”操作：实参相当于复印工作中的原件，形参相当于复印工作中的复印件，在函数中对形参值的修改，不会影响实参的值。

例 7.8 编写函数，求三角形面积，在主函数中输入三条边长，通过调用函数求其面积。

```
#include <stdio.h>
#include <math.h>
double area(double x,double y,double z)
{
  double s,p;
  p=(x+y+z)/2;
  s=sqrt(p*(p-x)*(p-y)*(p-z));
  return(s);                          /* 将函数的结果返回主调函数 */
}
void main()
{
  double a,b,c,s;
  printf("Input double a,b,c:");
  scanf("%lf%lf%lf",&a,&b,&c);
  s=area(a,b,c);                      /* 主函数内调用 area() 函数，实参为 a,b,c*/
  printf("area is %f\n",s);
}
```

运行程序后输入：

```
Input double a,b,c:3 4 5
```

输出结果如下：

```
area is 6.000000
```

程序从主函数开始执行，首先输入 a、b、c 的数值 3、4、5，接下来调用 area(a,b,c) 函数。具体调用过程如下：

（1）将实参 a 的值传递给形参 x，b 的值传递给形参 y，c 的值传递给形参 z，于是 x、y、z 的值分别为 3、4、5。

（2）执行函数体得到 s 的值为 6，执行 return 语句，结束函数调用，将 s 的值带回 main() 函数，赋值给 main() 中的 s。

（3）将流程控制权交给主调函数 main()，继续执行 main() 函数的其余语句直至结束。

调用函数时程序的执行流程如图 7-1 所示。

在调用函数时，给形参分配存储单元，并将实参对应的值传递给形参，调用结束后，形参占用的存储单元被释放，实参单元仍保留并维持原值。

参数传递过程也可以理解为赋值过程，调用函数时，实参的值赋值给形参，因此，在执行一个被调用函数时，形参的值如果发生改变，并不会改变主调函数的实参的值。

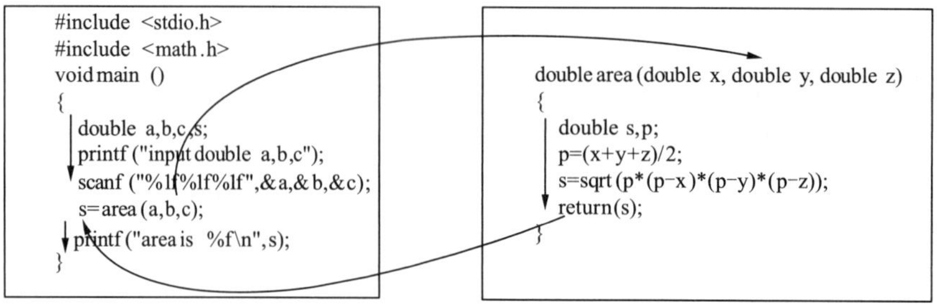


图 7-1　函数的数据传递关系和程序执行流程

例 7.9　分析下列程序的执行过程。

```
#include <stdio.h>
void swap(int a,int b)
{
  int t;
  t=b;
  b=b;
  b=t;
}
void main()
{
  int x=110,y=120;
  swap(x,y);                                  /* 调用函数 */
  printf("output x, y:%d,%d\n",x,y);
}
```

程序运行结果：

```
output x,y:110,120
```

从运行结果看并没有达到交换 x 和 y 值的目的。分析原因：main() 函数调用 swap() 函数时，将实参 x 和 y 的值传递给形参 a 和 b，a 得到值 110，b 得到值 120，在执行 swap() 函数的过程中 a 和 b 的值变为 120 和 110，而 x 和 y 仍为 110 和 120，如图 7-2 所示。

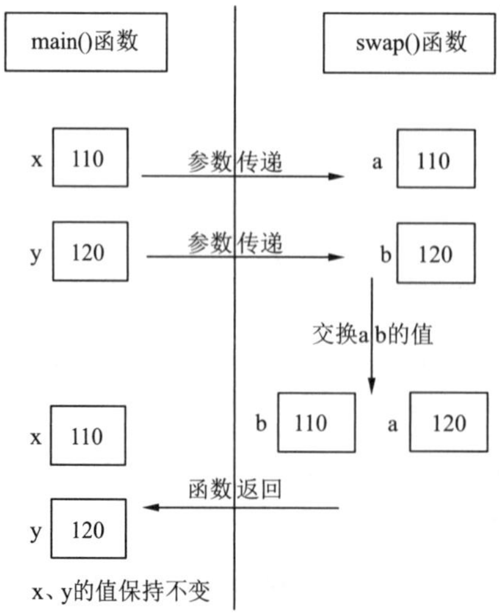


图 7-2　函数的参数传递示意图

调用函数时，实参的个数、类型和顺序，应该与被调用函数所要求的形参个数、类型和顺序一致，才能正确地进行数据传递。如果类型不匹配，C 编译程序将按赋值兼容的规则进行转换。

## 7.3.3 函数声明

一个 C 语言源程序可以包含多个函数。多个函数的定义都是并列的，对于函数定义的顺序也没有要求，但当被调用函数的定义在主调函数之后时，则需要对被调用函数进行声明。

对被调用函数进行声明的一般形式如下：

```
类型说明符  函数名（类型说明符 形式参数 1，类型说明符 形式参数 2，…）;
类型说明符  函数名（类型说明符，类型说明符，…）;
```

对于被调用函数的声明语句可以放在主调函数的说明部分；也可以放在主调函数的外部。

例 7.10　编写函数计算 $n!$，调用函数求从 $m$ 个元素中取出 $n$ 个元素的组合数。求组合的公式为 $C_m^n=\dfrac{m!}{n!(m-n)!}$。

```
#include <stdio.h>
void main()
{
  int fx(int n);                          /* 对函数 fx() 的声明 */
  int m,n,k;
  printf("Input int m,n(m>n):");
  scanf("%d%d",&m,&n);
  k=fx(m)/(fx(n)*fx(m-n));                /* 多次调用函数求 m!、n! 和 (m-n)!*/
  printf("k=%d\n",k);
}
int fx(int n)                             /* 定义 fx 函数 */
{
  int s=1,i;
  for(i=1;i<=n;i++)
    s=s*i;
  return(s);
}
```

运行程序后输入：

```
Input int m,n(m>n) : 5 3
```

输出结果如下：

```
k=10
```

例 7.11　编写程序，实现求两个数的最大公约数和最小公倍数，要求将求最大公约数和最小公倍数的过程分别用一个函数实现。

求最大公约数可用辗转相除法，算法见 5.8 节例 5.22。程序如下：

```
#include <stdio.h>
int hcf(int,int);                         /* 对函数 hcf()的声明 */
int lcd(int,int,int);                     /* 对函数 lcd()的声明 */
void main()
{
  int m,n,h,l;
  printf("Please input m,n: ");
  scanf("%d%d",&m,&n);
```

```
    h=hcf(m,n);
    printf("H.C.F=%d\n",h);
    l=lcd(m,n,h);
    printf("L.C.D=%d\n",l);
  }
  int hcf(int m,int n)          /* 定义求最大公约数的函数 */
  {
    int t,r;
    if(n>m)
    {t=n;n=m;m=t;}
    while ((r=m%n)!=0)
    {
      m=n;
      n=r;
    }
    return (n);
  }
  int lcd(int m,int n,int h)    /* 定义求最小公倍数函数 */
  {
    return (m*n/h);
  }
```

运行程序后输入：

```
Please input m,n:18 24
```

输出结果如下：

```
H.C.F=6
L.C.D=72
```

有关函数声明的几点说明如下：

（1）由于编译系统并不检查参数名，所以在函数声明语句中每个形参的参数名可以省略，如例 7.11 中的函数声明语句。带上参数名，只是为了提高程序的可读性。

（2）如果一个函数只被另一个函数所调用，在主调函数中声明和在函数外声明是等价的，如果一个函数被多个函数调用，可以在所有函数定义之前对被调用函数进行声明。

（3）函数定义和函数声明是两个不同的概念。

函数定义是指对函数功能的确立，包括指定函数名、函数返回值类型、形参及其类型、函数体等，它是一个完整的、独立的函数单位。在一个程序中，一个函数只能被定义一次，而且是在其他任何函数之外进行。

函数声明则是把函数的名称、函数返回值的类型、参数的个数、类型和顺序通知编译系统，以便在调用该函数时系统对函数名称正确与否、参数的类型、数量及顺序是否一致等进行对照检查。

## 7.4 数组作为函数参数

### 7.4.1 数组元素作为函数参数

数组元素作为函数的参数与普通变量作为函数的参数本质相同。数组元素作为函数实参时，仅仅是将其代表的值作为实参处理。

例7.12　编写程序，求数组元素的最大值。

```
#include <stdio.h>
float max(float x,float y)   /* 函数有两个形参 x, y*/
{
  if(x>y)
    return x;
  else
    return y;
}
void  main()
{
  float m,a[ ]={3.2,180,2.3,35,56,67,68,45,-34,10};
  int k;
  m=a[0];
  for(k=1;k<10;k++)              /* 循环 9 次 */
    m=max(m,a[k]);               /* 调用 max() 函数，实参 m 和 a[k] 的值传递给形参 x,y*/
  printf("%.2f \n",m);           /* 输出 m 的值 */
}
```

程序运行结果：

```
180.00
```

main() 函数在调用 max() 函数时，将 m 和 a[k] 的值传递给形参 x 和 y，max() 函数求出 x 和 y 的较大值作为函数值返回，赋值给变量 m。m 的初值为 a[0]，多次调用函数 max() 后 m 中存放所有数组元素的最大值。

## 7.4.2　数组名作为函数参数

数组名作为函数的参数，函数调用时实参给形参传递的数据是实参数组的首地址，形参数组和实参数组共享存储单元。实参数组和形参数组可以认为是同一个数组，如果在函数调用过程中修改了形参数组的内容，实际上也是修改了实参数组的内容。

用数组名作为函数的参数，能解决成批数据在主调用函数与被调用函数之间传递的问题；数组作为函数的参数也可以解决函数只有一个返回值，但实际问题需要多个返回值之间的矛盾。

数组名作为函数参数分为一维数组名作为函数参数和多维数组名作为函数参数。

### 1. 一维数组名作为函数参数

例7.13　输入 N 个整数，从小到大排序后输出。要求排序过程用一个函数实现。程序如下：

```
#include <stdio.h>
#define N 6
void sort(int b[ ],int n)    /* 形参 b 也是一个一维数组 */
{
  int i,j,t;
  for(i=0;i<n-1;i++)
    for(j=0;j<n-i-1;j++)
      if(b[j]>b[j+1])
      {
        t=b[j];
```

视频

数组作为函数参数

```
            b[j]=b[j+1];
            b[j+1]=t;
          }
    }
    void main()
    {
      int a[N],i;
      printf("\n");
      printf("Input %d integers:\n",N);
      for(i=0;i<N;i++)
        scanf("%d",&a[i]);                  /* 输入所有的数组元素 */
      sort(a,N);                            /* 调用函数时数组名 a 作为函数的实参 */
      printf("After sort:\n");
      for(i=0;i<N;i++)
        printf("%d ",a[i]);                 /* 打印输出排序后的数组元素 */
      printf("\n");
    }
```

运行程序后输入：

```
Input 6 integers:
0 3 2 1 6 5
```

输出结果如下：

```
After sort:
0 1 2 3 5 6
```

在 main() 函数中，通过输入为数组 a 中元素赋值，然后调用 sort(a, N) 函数，sort() 函数中的第一个形参是数组 b，实参 a 数组的首地址传递给形参 b，在 sort() 函数中对形参数组 b 中的数据进行从小到大的排序；形参数组和实参数组共享存储单元，可以认为实参数组和形参数组是同一个数组，因此函数返回时数组 a 中的元素已经进行了从小到大的排序。

**例 7.14** 在主函数输入 N 个整数存入数组中。编写一个函数，求数组中的 N 个数的平均值。

程序如下：

```
#include <stdio.h>
#define  N  10
double fun(int a[],int n)
{
  int i;
  double s=0;
  for(i=0;i<n;i++)
    s=s+a[i];
  return s/n;
}
void main()
{
  int i,x[N];
  printf("Input %d integers:\n",N);
  for(i=0;i<N;i++)
    scanf("%d",&x[i]);
  printf("\nThe average is: %f\n",fun(x,N));
}
```

运行程序后输入：

```
Input 10 integers:
9 3 2 1 6 5 4 7 8 0
```

输出结果如下：

```
The average is:4.500000
```

### 2. 二维数组名作为函数参数

二维数组名同样可以作为函数参数。在定义函数时，对形参数组的说明可以指定每一维的大小，也可以省略第一维的大小。例如，函数的形参是二维数组 a[2][3]，那么形参的说明可以描述为 int a[2][3] 或者 int a[ ][3]，二者是等价的。

需要注意的是：二维数组名作为函数形参时，第二维的大小必须写清楚，如形参说明 int a[ ][ ] 是不合法的。多维数组名作为函数的参数不能把多维数组的第二维及其他高维的大小说明省略。

有关二维数组作为函数参数的其他规则和一维数组类似。例 7.15 是二维数组作为函数参数的实例。

**例 7.15** 定义一个函数，在 main() 函数中调用该函数实现矩阵的转置。

程序如下：

```
#include <stdio.h>
#define N 4
void output_matric(int a[N][N])       /* 输出矩阵的函数 */
{
  int i,j;
  for(i=0;i<N;i++)
  {
    for(j=0;j<N;j++)
      printf("%4d",a[i][j]);
    printf("\n");
  }
  printf("\n");
}
void fun(int b[ ][N])                 /* 实现矩阵转置函数 */
{
  int i,j,t;
  for(i=0;i<N;i++)                    /* 将 b 矩阵 i 行 j 列元素和 j 行 i 列元素进行交换 */
    for(j=i+1;j<N;j++)
    {
      t=b[i][j];
      b[i][j]=b[j][i];
      b[j][i]=t;
    }
}
void main()
{
  int c[N][N]={{1,55,66,99},{35,1,75,49},{25,45,1,66},{10,20,1,30}};
  printf("original matric:\n");
  output_matric(c);                   /* 调用输出矩阵函数，输出原始矩阵 */
  fun(c);                             /* 调用矩阵转置函数 */
  printf("transposed matric:\n");
```

```
    output_matric(c);                  /* 调用输出矩阵函数，输出转置后的矩阵 */
}
```

程序运行结果：

```
original matric:
 1   55   66   99
35    1   75   49
25   45    1   66
10   20    1   30
transposed matric:
 1   35   25   10
55    1   45   20
66   75    1    1
99   49   66   30
```

在C语言中，数组名作为函数参数要注意以下几点：

（1）主调函数与被调用函数中分别定义数组，其数组名可以相同也可以不同，但类型与维数必须一致。

（2）形参与实参之间的数据传递是单向的值传递，在被调用函数中改变了形参的值不会影响实参的值。但是，形参数组和实参数组共享存储单元，可以认为是同一数组，在被调用函数中改变了形参数组元素的值，实际上就改变了实参数组元素的值。

# 7.5 函数的嵌套调用和递归调用

## 7.5.1 函数的嵌套调用

C语言中，函数不允许嵌套定义，但可以嵌套调用函数。所谓函数的嵌套调用，是指在执行被调用函数时，又调用另一个函数。下面给出一个简单的函数嵌套调用的例子。

例7.16 编写程序，求以下表达式的值，$n$ 的值通过键盘输入。

$$y=1+\frac{1}{2\times 2}+\frac{1}{3\times 3}+\frac{1}{4\times 4}+\cdots+\frac{1}{n\times n}$$

分析：可以将此问题分解为三个功能块，分别由三个函数实现，main() 函数实现输入 $n$ 和输出计算结果，fx() 函数实现计算 $1/(n\times n)$ 的值，sun() 函数实现求和，程序源代码如下：

```
#include <stdio.h>
double fx(int k)
{
    return 1.0/(k*k);
}
double sum(int n)
{
    int i;
    double s=0;
    for(i=1;i<=n;i++)
        s=s+fx(i);
    return s;
}
void main()
```

```
{
  int n;
  printf("Input n:");
  scanf("%d",&n);
  printf("output:y=%f\n",sum(n));
}
```

程序运行结果：

```
Input n: 5
Output: y=1.463611
```

程序的运行过程是：执行 main() 函数中的语句，调用 sum() 函数，转去执行 sum() 函数，在 sum() 函数中循环多次调用 fx()，转去执行 fx() 函数，fx() 函数执行完毕返回 sum() 函数，sum() 函数执行完毕返回 main() 函数继续执行 main() 函数中的其余语句，main() 函数执行完毕即结束程序。函数嵌套调用的执行流程如图 7-3 所示。

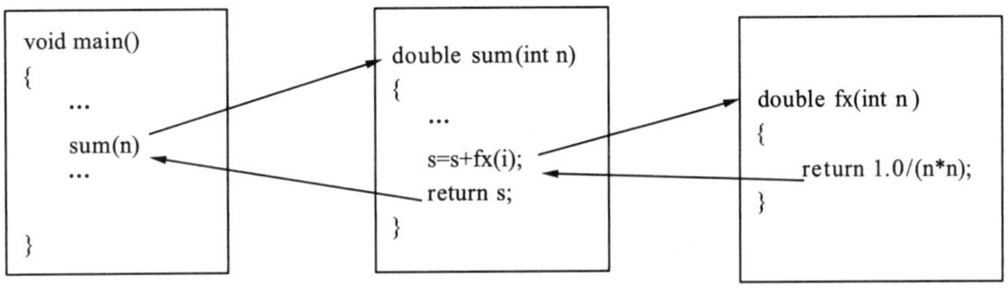


图 7-3　函数嵌套调用执行流程示意图

## 7.5.2　函数的递归调用

递归是一种常用的程序设计技术，C 语言中允许函数递归调用。递归调用是指一个函数在它的函数体内直接或间接地调用它自身，这种函数称为递归函数。

在递归调用中，主调用函数又是被调用函数。执行递归函数将反复调用其自身，每调用一次就进入新的一层，直至满足条件结束递归，再逐层返回。

递归是将问题逐步分解为与原始问题性质相同的更小规模的子问题，最终转化为一个最简单的问题，最简单问题的解决，就意味着整个问题的解决。下面通过例题学习编写递归程序的思路。

视　频

函数的递归调用

**例 7.17**　用递归法计算 $n!$。

分析：用递归法计算 $n!$ 可用下述公式表示，即

$$n!=\begin{cases}1, & n=0,1\\ n\times(n-1)!, & n>1\end{cases}$$

按公式可进行编程求解 $n!$。

```
#include <stdio.h>
float fx(int n)
{
  float f;
  if(n==0||n==1)
    f=1;
  else
    f= n *fx(n-1);
```

```
    return(f);
  }
  void main()
  {
    int n;
    float y;
    printf("please input an integer number:");
    scanf("%d",&n);
    y=fx(n);
    printf("%d!=%f\n",n,y);
  }
```

运行程序后输入：

```
Please input an integer number:5
```

输出结果如下：

```
5!=120
```

程序中的 fx() 函数是一个递归函数。main() 函数调用 fx() 后即进入函数 fx() 执行，如果 *n*==0 或 *n*==1 则结束函数的执行，否则就递归调用 fx() 函数自身。由于每次递归调用的实参为 *n*−1，即把实参 *n*−1 的值赋值给形参 *n* 进入新的一层，最后当 *n*−1 的值为 1 时再调用 fx()，形参 *n* 的值也为 1，递归终止，然后逐层返回。例 7.17 中程序运行时输入 5，则程序的执行过程如图 7-4 所示。

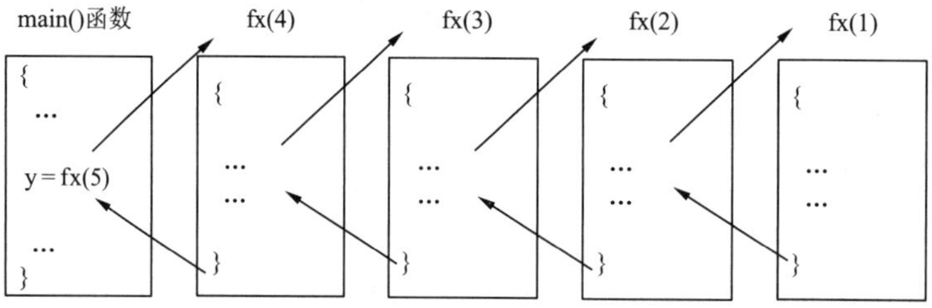


**图 7-4　函数递归调用与返回示意图**

**例 7.18**　信息在计算机中是以二进制形式存放的，十进制数据会被转换为二进制数据存放到计算机内，编写程序实现输入一个十进制整数，将其转换为二进制数输出。

```
  #include <stdio.h>
  void dectobin(int num)
  {
    if(num!=0)
    {
      dectobin(num/2);
      printf("%d",num%2);
    }
  }
  void main()
  {
    int n=0;
    printf("请输入一个十进制整数：");
    scanf("%d",&n);
    printf("%d 对应的二进制数为：",n);
    dectobin(n);
```

```
  printf("\n");
}
```

运行程序后输入：

```
请输入一个十进制整数 :13
```

输出结果如下：

```
13 对应的二进制数为 :1101
```

十进制整数转换为二进制数采用的方法是：连续除以 2，逆序取余。程序中的 dectobin() 函数是一个递归函数。main() 函数调用 dectobin() 函数后即进入 dectobin() 函数执行，如果 num! =0 则递归调用 dectobin() 函数自身。由于每次递归调用的实参为 num/2，即把实参 num/2 的值赋值给形参 num 进入新的一层，最后当 num==0 时，返回上一层 dectobin() 函数，打印出 num%2 的余数，直到返回第一层 dectobin() 函数，打印出 num%2 的余数后，返回 main() 函数。十进制整数转换为其他进制整数的程序与本程序类似，读者可以模仿例 7.18 编写十进制整数转换为十六或八进制整数的程序。

以上例子也可以不使用递归方法实现，读者可尝试不使用递归的方法编写例 7.17 和例 7.18 的程序。但是有些问题不使用递归的方法实现起来比较困难，使用递归的方法比较容易实现，比较典型的问题之一就是 Hanoi 塔问题。

**例 7.19** Hanoi 塔问题起源于印度神话：传说在世界中心贝拿勒斯的圣庙里，一个黄铜板上插着 3 根金刚石柱子。印度教的主神梵天在创造世界的时候，在其中一根柱子上从下到上穿好了由大到小的 64 个黄金圆盘，这就是所谓的 Hanoi 塔。不论白天和黑夜，总有一个僧侣在按照下面的法则移动这些圆盘：一次只移动一个圆盘，不管在哪根柱子上，小圆盘必须在大圆盘的上面。僧侣们预言：当所有圆盘从梵天穿好的那根柱子上移动到另一根柱子上时，世界将在一声霹雳中消失，而 Hanoi 塔、宇宙和众生也都将同归于尽。Hanoi 塔的初始状态如图 7-5 所示。

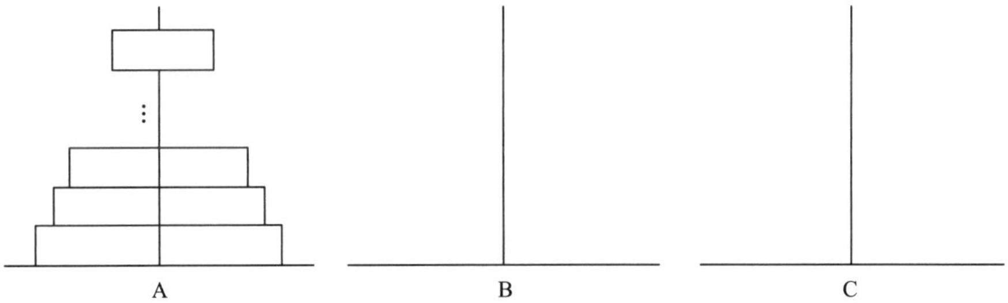


图 7-5　Hanoi 塔的初始状态

分析：设 A 柱子上有 $n$ 个圆盘（$n \geq 1$），则解题思路如下。

如果只有一个圆盘，则不需要利用 C 柱，直接将圆盘从柱子 A 移动到柱子 B，如图 7-6 所示。

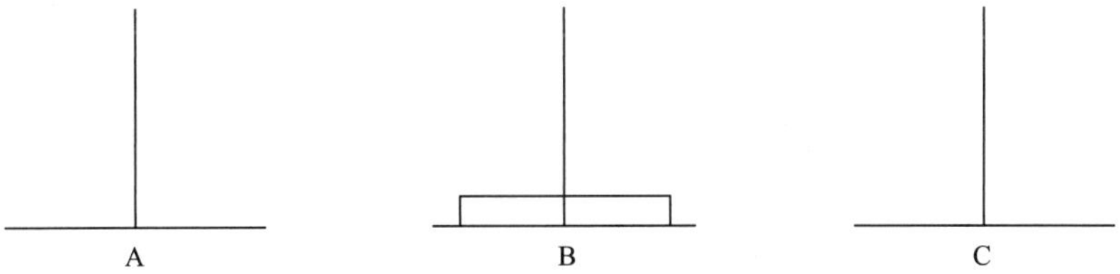


图 7-6　将圆盘从柱子 A 移动到柱子 B

如果有 2 个圆盘，如图 7-7 所示。第一步将柱子 A 上的一个圆盘移到柱子 C，如图 7-8 所示。第二步将柱子 A 上的一个圆盘移到柱子 B，如图 7-9 所示。第三步将柱子 C 上的 1 个圆盘移到柱子 B，如

图 7-10 所示。

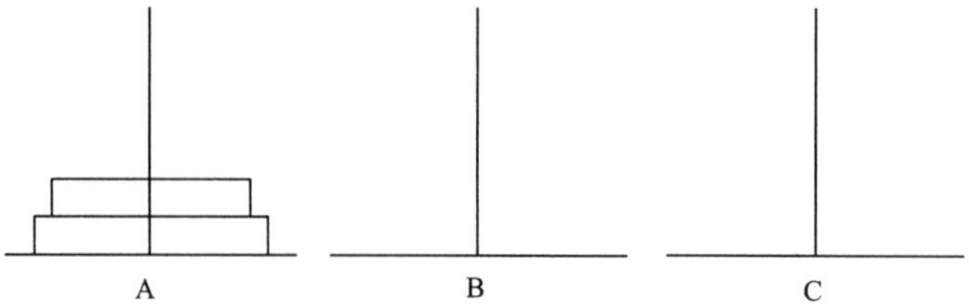


图 7-7　2 个圆盘的 Hanoi 塔

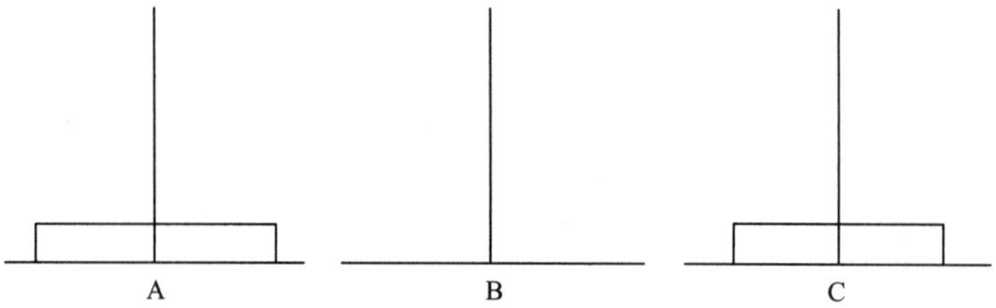


图 7-8　将柱子 A 上的一个圆盘移到柱子 C

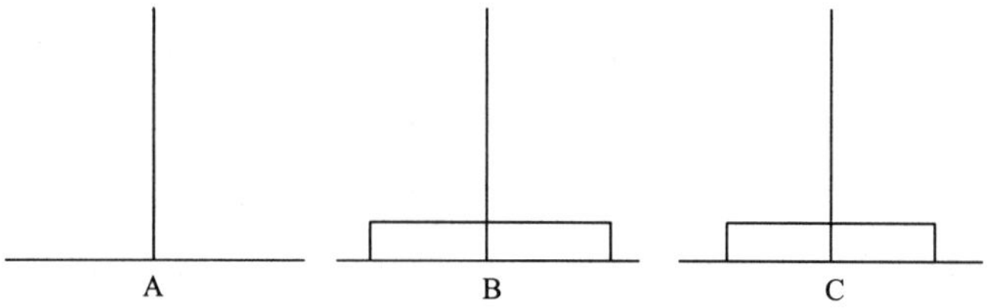


图 7-9　将柱子 A 上的一个圆盘移到柱子 B

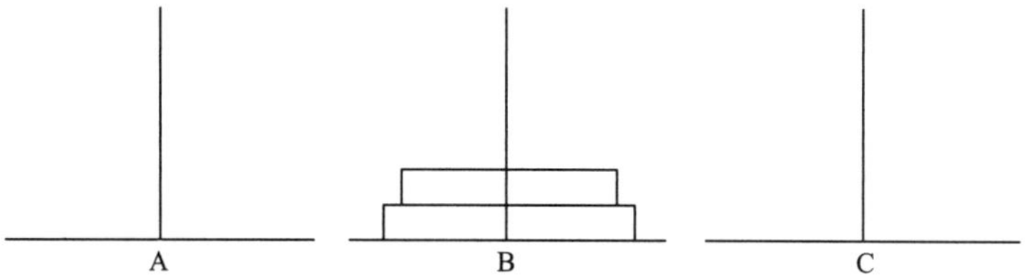


图 7-10　将柱子 C 上的 1 个圆盘移到柱子 B

如果有 3 个圆盘，那么根据 2 个圆盘的结论，可以借助柱子 B 将柱子 A 的两个圆盘移动到柱子 C；将最大的一个圆盘从柱子 A 移动到柱子 B；然后借助柱子 A，将柱子 C 上的两个圆盘移动到柱子 B。

如果有 4 个圆盘，那么首先借助柱子 B，将柱子 A 上的 3 个圆盘移动到柱子 C；将最大的一个圆盘从柱子 A 移动到柱子 B；然后再借助柱子 A，将柱子 C 上的 3 个圆盘移动到柱子 B。

上述的思路可以一直扩展到 64 个圆盘的情况：可以借助柱子 B 将柱子 A 上的 63 个圆盘移动到柱子 C；将最大的一个圆盘从柱子 A 移动到柱子 B；借助柱子 A，将柱子 C 上的 63 个圆盘移动到柱子 B。

从上面的分析可以看出，当 $n \geqslant 2$ 时，移动的过程可分解为三个步骤。

（1）把 $n$-1 个圆盘从柱子 A 借助柱子 B 移到柱子 C，如图 7-11 所示。

（2）将剩下的最大的一个圆盘从柱子 A 移动到柱子 B，如图 7-12 所示。

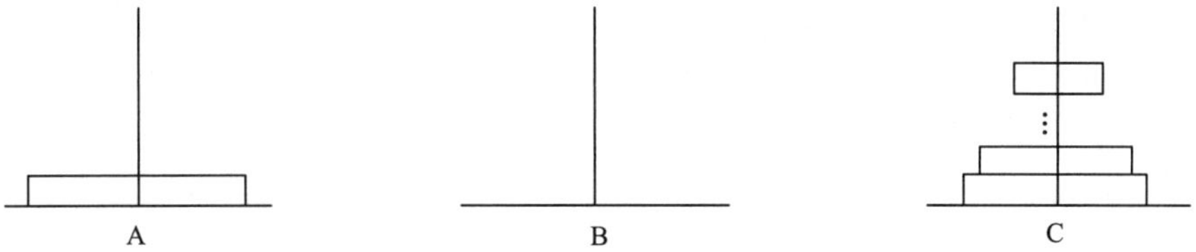


图 7-11　将柱子 A 上的 $n$−1 个圆盘借助柱子 B 移动到柱子 C

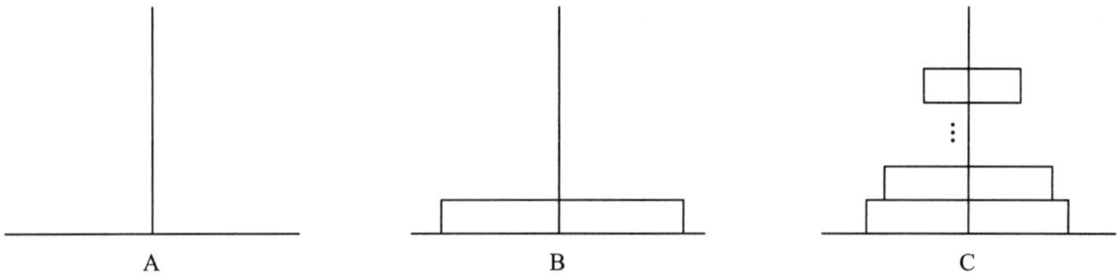


图 7-12　将最大的一个圆盘从柱子 A 移动到柱子 B

（3）把 $n$−1 个圆盘从柱子 C 借助柱子 A 移到柱子 B，完成全部圆盘的移动，如图 7-13 所示。

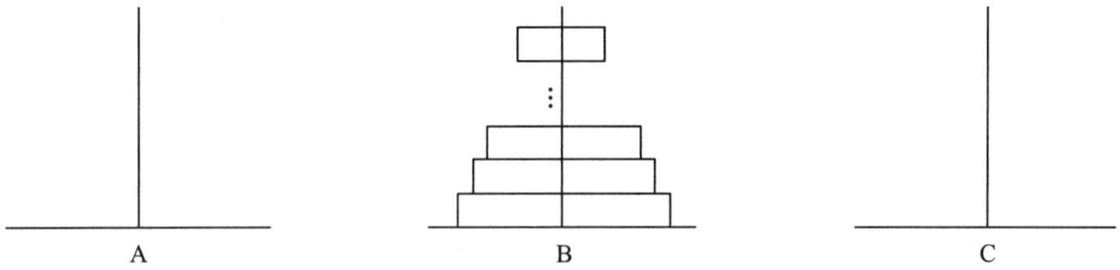


图 7-13　将柱子 C 上面的 $n$−1 个圆盘借助柱子 A 移动到柱子 B 上

显然这是一个递归过程，据此算法可编程如下：

```
#include <stdio.h>
#include <conio.h>
/* 定义 move() 函数，将一个圆盘从柱子 a 移到柱子 b*/
void move(char a,char b)
{
  printf("%c ====> %c\n",a,b);
}
/* 定义 hanoi() 函数，将 n 个圆盘从柱子 a 借助柱子 c，移到柱子 b*/
void hanoi(int n,char a,char c,char b)
{
  if(n==1)
    move(a, b);
  else
  {
    hanoi(n-1,a,b,c);                /* 递归调用 hanoi() 函数 */
    move (a, b);
    hanoi(n-1,c,a,b);                /* 递归调用 hanoi() 函数 */
  }
}
void main()
{
  int m;
  printf("Input the number of diskes: ");
```

```
    scanf("%d",&m);
    printf("The step of moving %3d diskes\n",m);
    hanoi(m,'A','C','B');
}
```

运行程序后输入：

```
Input the number of diskes:4
```

输出结果如下：

```
The step of moving  4 diskes
A====>C
A====>B
C====>B
A====>C
B====>A
B====>C
A====>C
A====>B
C====>B
C====>A
B====>A
C====>B
A====>C
A====>B
C====>B
```

**注意：**本程序中 move() 函数只是打印出移动圆盘的方案，并未真正移动圆盘。

现在考虑一下把 64 个圆盘由一根柱子移动到另一根柱子上，并且始终保持上小下大的顺序，需要多少次移动。设有 $n$ 个圆盘，移动次数为 $f(n)$，显然：$f(1)=1$，$f(2)=3$，$f(3)=7$，$f(k+1)=2f(k)+1$。不难证明 $f(n)=2^n-1$。则当 $n=64$ 时，$f(64)=2^{64}-1=18\ 446\ 744\ 073\ 709\ 551\ 615$。

假如僧侣们每秒移动一次圆盘，夜以继日、废寝忘食地照这样干下去，需要多少年呢？

一年按 365 天计算，则 $18\ 446\ 744\ 073\ 709\ 551\ 615\div(60\times60\times24\times365)$，大约需要 5 849 亿年，而地球存在至今不过 45 亿年。

## 7.6 变量的作用域

在讨论函数的形参变量时曾经提到，形参变量只在函数被调用期间才被分配内存单元，其所在的函数调用结束立即释放为其分配的内存区域。这一点表明形参变量只有在函数内才是有效的，离开该函数就不能再使用了。这种变量有效性的范围称为变量的作用域。

在 C 语言中，变量的作用域是指变量在程序中的有效范围。所有变量都有自己的作用域。C 程序中的变量按作用域范围可分为两种：局部变量和全局变量。

### 7.6.1 局部变量

在函数体内或复合语句内定义的变量称为局部变量。局部变量仅在定义它的函数或复合语句内有效。

局部变量的特点是：定义时不会自动初始化，除非程序员指定初值，执行函数体或复合语句时获得内存，仅能由定义它的函数或复合语句内的语句访问，退出函数或复合语句时释放内存，不再有效。

例 7.20　写出下面程序的运行结果。

```
#include <stdio.h>
void main()
{
  int a=0,b=1;
  {                                   /* 复合语句开始 */
    int a;
    a=60;
    b=90;
    printf("a=%d\t b=%d \n",a,b);
  }                                   /* 复合语句结束 */
  printf("a=%d\t b=%d \n",a,b);
}
```

程序运行结果：

```
a=60    b=90
a=0     b=90
```

程序中在复合语句内定义的变量 a 只在复合语句内有效，它与复合语句外部定义的变量 a 是同名的不同变量；在复合语句内并没有定义变量 b，因此在复合语句内使用的变量 b 就是在复合语句外部定义的变量 b。

编译程序时，编译系统不为局部变量分配内存单元，而是在程序运行时，当局部变量所在的函数被调用时，编译系统根据需要临时为局部变量分配内存，函数调用结束后，局部变量的内存空间被释放。函数的形参也是局部变量，下面是函数中形参和函数内局部变量作用域的示例：

```
int fx(int a)           /* 函数 fx()*/
{
  int b,c;              a、b、c 的作用域
  …
}
int fy(int x)           /* 函数 fy()*/
{
  int y;                x、y 的作用域
  …
}
void main()
{
  int m,n;              m、n 的作用域
  …
}
```

在 fx() 函数中，形参 a 和变量 b、c 均为局部变量，在 fx() 函数体内有效，或者说 a、b、c 变量的作用域限于 fx() 函数内。同理，x、y 的作用域限于 fy() 函数内，在 fy() 函数体内有效。m、n 的作用域限于 main() 函数，在 main() 函数体内有效。

有关局部变量的几点说明如下：

（1）main() 函数中定义的变量只能在 main() 函数中使用，不能在其他函数中使用。同样，main() 函数中也不能使用其他函数中定义的变量。例如：

```
#include <stdio.h>
void fx()
{
  int m=2;
  printf("%d",m);
}
void main()
{
  int n=3;
  printf("\n%d, %d\n",m,n);
}
```

程序在编译时出现错误：

```
error C2065: 'm' : undeclared identifier
```

（2）形参是局部变量，作用域限于定义它的函数体内。

（3）允许在不同的函数中使用相同的变量名，它们代表不同的变量，分配不同的内存单元，互不干扰。

（4）在复合语句中也可定义变量，其作用域只在复合语句范围内。例如：

```
void main()
{
  int a,b;
  …
  {
    int s;
    s=a+b;       s的作用域      a、b的作用域
  }
  …
}
```

变量 s 只在复合语句内有效，离开该复合语句变量 s 就不再有效。

### 7.6.2 全局变量

在函数外部定义的变量统称全局变量。它不属于某一个函数，它属于一个源程序文件。全局变量作用域从定义它的位置到整个程序文件结束。在一个函数中既可以使用本函数中的局部变量，又可以使用有效的全局变量。

由于不同的函数都可以引用全局变量的值，如果在一个函数中改变了全局变量的值，就能影响到其他函数，而函数的调用只能带回一个返回值，因此有时可以利用全局变量增加函数之间数据联系的渠道。

例7.21 通过键盘将一个班学生的成绩输入到一个数组内，调用函数求最高分、最低分和平均分。

视频

变量的作用域

```
#include <stdio.h>
#define NUM 10
float max,min;                 /*定义全局变量max、min*/
float average(float x[])       /*定义average()函数用于计算平均分*/
{
  float sum;
  int k;
  max=x[0];
  min=x[0];
```

```
  sum=x[0];
  for(k=1;k<NUM;k++)
  {
  if(x[k]>max)
    max=x[k];
  if(x[k]<min)
    min=x[k];
  sum=sum+x[k];
  }
  return(sum/NUM);
}
void main()
{
  float cj[NUM],aver;
  int j;
  printf("input score of student:\n");
  for(j=0;j<NUM;j++)
    scanf("%f",&cj[j]);
  aver=average(cj);           /* 调用 average() 函数 */
  printf("max=%6.2f\nmin=%6.2f\naverage=%6.2f\n",max,min,aver);
}
```

运行程序输入：

```
input score of student:
68    91    85    63.5    77    71    64    70    69    65
```

输出结果如下：

```
max=91.00
min=63.50
average=72.35
```

程序中通过函数的返回值求出平均分，通过全局变量 max、min 分别得到最高分和最低分。

例7.22　编写函数 fun(double x[ ], double y[ ])，功能是计算形参 x 数组中 N 个数的平均值，作为函数的返回值，并将大于平均值的数放在形参 y 数组中，在 main() 函数中调用函数并输出结果。

```
#include <stdlib.h>
#include <stdio.h>
#include <time.h>
#define  N  10
int cn=0;        /* 定义全局变量 */
double fun(double x[],double y[])
{
  int i;
  double sum=0, av;
  for(i=0;i<N;i++)
    sum+=x[i];
  av=sum/N;
  for(i=0;i<N;i++)
    if(x[i]>av)
    {
```

```
        y[cn]=x[i];
        cn++;
      }
    return av;
  }
  void main()
  {
    int i;
    double x[N],y[N];
    srand(time(NULL));
    for(i=0;i<N;i++)
    {
      x[i]=rand()%50;
      printf("%4.0f ",x[i]);
    }
    printf("\n");
    printf("The average is: %f\n",fun(x,y));
    for(i=0;i<cn;i++)
      printf("%5.1f ",y[i]);
    printf("\n");
  }
```

程序运行结果：

```
22 40 43 14 15 16 21 8 19 27
The average is: 22.5000000
40.0 43.0 27.0
```

在 main() 函数中定义了包含 N 个元素的一维数组 x，并利用随机数函数 rand() 产生一系列随机数为 x 数组中的元素赋值，调用 fun() 函数实现计算数组元素的平均值，并将大于平均值的数放在形参 y 数组中，高于平均值的元素个数存放在全局变量 cn 中，返回 main() 函数输出数组元素的平均值和 y 数组中的元素值。

如果全局变量和某函数的局部变量同名，则在局部变量的作用范围内局部变量起作用，全局变量被"屏蔽"，而不起作用。

**例7.23** 分析下面的程序，写出程序的运行结果。

```
#include <stdio.h>
void fun();
int n=5;                                      /*定义全局变量 n*/
void main()
{
  int n=10;                                   /*定义局部变量 n*/
  fun();                                      /*调用函数 fun()*/
  printf("in the main:n=%d\n",n);             /*局部变量起作用*/
}
void fun()
{ printf("in the fun: n=%d\n",n);             /*全局变量起作用*/
}
```

程序运行结果：

```
in the fun: n=5
```

```
in the main: n=10
```

上述程序中，定义了全局变量 n，其作用域是整个程序范围；在 main() 函数中定义了局部变量 n，其作用域是 main() 函数内。执行 main() 函数时，调用函数 fun()，在 fun() 中输出的 n 是全局变量 n，所以输出 5；返回 main() 函数时，全局变量被屏蔽，不起作用，所以输出的 n 为 main() 函数中定义的局部变量 n，它的值为 10。

有关全局变量的几点说明如下：

（1）在同一个源文件中，允许全局变量和局部变量同名，在局部变量的作用域内，全局变量被“屏蔽”不起作用。

（2）全局变量使函数之间的数据交换更容易，也更高效，可以加强函数模块之间的数据联系。但是使用全局变量使函数的独立性降低，而模块化程序设计的思想是使每一个模块尽量独立，尽量少依赖于其他模块，即软件工程中的“高内聚，低耦合”的思想。因此在大型软件开发项目中并不推荐使用全局变量，在不必要时尽量不要使用全局变量。

## 7.7　变量的存储类型

在 C 语言中，每一个变量有两个属性：一个是变量的数据类型，如整型（int）、实型（float、double）、字符型（char）等；另外一个是变量的存储类型，变量的存储类型是指编译器为变量分配内存的方式，它决定变量的生存期。C 语言提供了以下存储类型：自动类型（auto）、寄存器类型（register）、静态类型（static）、外部类型（extern）。

### 7.7.1　自动变量

函数中的局部变量，如果没有说明为静态类型，都是动态分配存储空间的，存储在动态存储区中。对它们分配和释放存储空间的工作是由编译系统自动完成的，因此这类局部变量称为自动变量。函数形参也是自动变量，自动变量用关键字 auto 做存储类型的说明，定义自动类型变量的一般形式如下：

```
auto 类型说明符 变量名1，变量名2 …；
```

例如：

```
int f(int x)                    /* 定义 f() 函数，x 为形参 */
{
  auto int  m,n=3;              /* 定义 m、n 为自动变量 */
  …
}
```

x 是形参，m、n 是自动变量，调用 f() 函数时为它们分配内存，执行完函数后自动释放它们所占的存储单元。auto 也可以省略。前面介绍的函数中定义的变量都默认为自动变量。例如，在函数体中

```
auto int m,n=3;
```

与

```
int m,n=3;
```

是等价的。

有关自动变量的几点说明如下：

（1）Visual C++ 2010 中关键字 auto 不能和任何类型进行组合进行变量定义；定义自动类型的变量可以直接使用如下语句：

```
auto m=3;
```

系统会根据变量的初值推断出它的类型，或者不用 auto，直接写作：

```
int m=3;
```

系统会自动默认为自动变量。

由于定义自动类型变量时，系统可以根据变量初始值推断出它的类型。当然以下代码是不能通过编译的：

```
auto a;
```

因为使用 auto 关键字进行变量的定义要求变量必须有初始值。

（2）自动变量的作用域仅限于定义该变量的函数或复合语句内。在函数中定义的自动变量，只在该函数内有效；在复合语句中定义的自动变量只在该复合语句中有效。例如：

```
int f(int a)
{
  int x,y;
  {
    char c;          } c的作用域       } a、x、y的作用域
  }
  …
}
```

（3）自动变量属于动态存储方式，在函数体内定义的变量和形参变量只有在该函数被调用时才给它分配存储单元，开始它的生存期，函数调用结束，释放存储单元，结束生存期；因此函数调用结束之后，自动变量的值不能保留。在复合语句内定义的自动变量，程序执行到该复合语句时，为它分配内存单元，复合语句执行完毕，释放其内存单元；在复合语句中定义的自动变量，在退出复合语句后也不能再使用，否则将引起错误。例如：

```
#include <stdio.h>
void main()
{
  int a;                /* 定义自动变量 */
  printf("\ninput a number:\n");
  scanf("%d",&a);
  if(a>0)
  {
    int s,p;            /* 定义自动变量 */
    s=a+a; p=a*a;
  }
  printf("s=%d p=%d\n",s,p);
}
```

程序在编译时出现错误：

```
error C2065: 's' : undeclared identifier
error C2065: 'p' : undeclared identifier
```

s、p 是在复合语句内定义的自动变量，只能在该复合语句内有效。而程序的第 12 行却是退出复合语句之后用 printf 语句输出 s、p 的值，因此会引起错误。

（4）由于自动变量的作用域和生存期都局限于定义它的函数或复合语句内，因此不同的函数或复合语句中允许使用同名的变量而不会混淆。即使在函数内定义的自动变量也可与该函数内部的复合语句中

定义的自动变量同名。

例 7.24　分析下面程序的运行结果。

```
#include <stdio.h>
void main()
{
  int a,s=10,p=10;                    /* 定义自动变量 */
  printf("\ninput a number:\n");
  scanf("%d",&a);
  if(a>0)
  {
    int s,p;
    s=a+a;
    p=a*a;
    printf("s=%d p=%d\n",s,p);
  }
  printf("s=%d p=%d\n",s,p);
}
```

运行程序后输入：

```
input a number:3
```

输出结果：

```
s=6  p=9
s=10 p=10
```

本程序在 main() 函数中和复合语句内分别定义变量 s、p，s、p 均为自动变量。按照 C 语言的规定，在复合语句内，应由复合语句中定义的 s、p 起作用，故 s 的值应为 a+a，p 的值为 a*a。退出复合语句后的 s、p 应为 main() 函数所定义的 s、p，其值在初始化时给定，均为 10。从输出结果可以分析出两个 s 和两个 p 虽变量名相同，但却分别是两个不同的变量。

## 7.7.2　静态变量

使用 static 说明的变量称为静态变量。根据定义的位置不同，还分为静态局部变量和静态全局变量。如果程序未显式为静态变量赋初值，系统自动将其初始化为 0，且初始化只进行一次；静态变量占有的空间要到整个程序执行结束才释放，故静态变量具有静态生存期。定义静态变量的一般形式如下：

```
static 类型说明符 变量名 1，变量名 2…;
```

### 1. 静态局部变量

有时希望函数中的局部变量的值在函数调用结束后不消失而是保留原值，即不释放其占用的存储单元，在下一次该函数调用时，该变量保持上一次函数调用结束时的值。这时就应该指定该局部变量为“静态局部变量”。

例 7.25　分析下面程序的运算结果。

```
#include <stdio.h>
int f()
{
  auto int a=0;
  static int b=0;
  a=a+1;
```

```
   b=b+1;
   return(a+b);
 }
 void main()
 {
   int i;
   for(i=1;i<=3;i++)
     printf("%d ",f());
 }
```

程序运行结果：

```
2 3 4
```

在第 1 次调用 f() 函数时，a 的初值为 0，b 的初值为 0，第 1 次调用结束时，a=1、b=1、a+b=2。由于 b 是静态变量，在函数调用结束后，它并不释放，仍保留 b=1。在第 2 次调用 f() 函数时，a 的初值为 0，而 b 保持为上次调用结束时的值 1，a 和 b 的值在多次调用过程中的变化比较见表 7-2。

**表 7-2　静态变量和自动变量**

| 第几次调用 | 调用时初值 | | 调用结束时的值 | | a+b |
|---|---|---|---|---|---|
| | a | b | a | b | |
| 第 1 次 | 0 | 0 | 1 | 1 | 2 |
| 第 2 次 | 0 | 1 | 1 | 2 | 3 |
| 第 3 次 | 0 | 2 | 1 | 3 | 4 |

静态局部变量属于静态存储方式，它具有以下特点。

（1）静态局部变量在函数内定义，但不像自动变量那样，当函数调用时就存在，退出函数时就消失。静态局部变量始终存在着，它的生存期为整个源程序。

（2）静态局部变量是在编译时赋初值的，在程序运行时它已有初值。以后每次调用函数时不再重新赋初值而只是保留上次函数调用结束时的值。

（3）静态局部变量的生存期虽然为整个源程序，但是其作用域仍与自动变量相同，即只能在定义该变量的函数内或复合语句内使用该变量。退出该函数后，尽管该变量还继续存在，但不能使用它。

（4）若在定义局部变量时不赋初值，对静态局部变量来说，编译时自动赋初值 0（数值型变量）或空字符（字符变量）；而对自动变量来说，它的值是一个不确定的值。

根据静态局部变量的特点，可以看出它是一种生存期为整个源程序的变量。虽然离开定义它的函数后不能使用，但再次调用定义它的函数时，它又可继续使用，而且保存了前次被调用后留下的值。当多次调用一个函数且要求在调用结束后保留某些变量的值时，可考虑采用静态局部变量。

**例 7.26**　输出 1～5 的阶乘值。

```
#include <stdio.h>
int fx(int n)
{
  static int s=1;
  s=s*n;
  return(s);
}
void main()
{
  int i;
```

```
  for(i=1;i<=5;i++)
    printf("%d!=%d\n", i,fx(i));
}
```

程序的运行结果：

```
1!=1
2!=2
3!=6
4!=24
5!=120
```

每次调用 fx(i) 计算并输出 i 的阶乘，同时 fx() 函数中的静态变量 s 保留 i 的阶乘的值以便下次计算 (i+1)!。虽然用全局变量也可以达到上述目的，但全局变量有时会造成副作用，因此仍以采用静态局部变量为宜。

**2．静态全局变量**

有时在程序设计中有这样的需要，希望某些全局变量只限于被本文件使用而不能被其他文件使用，这时可以在定义全局变量时前面加一个 static 说明，定义这类变量为静态全局变量。

静态全局变量和非静态全局变量的区别在于非静态全局变量的作用域是整个源程序，当一个源程序由多个源文件组成时，非静态全局变量在各个源文件中都是有效的。而静态全局变量则限制了其作用域，即只在定义该变量的源文件内有效，在同一源程序的其他源文件中不能使用它。

### 7.7.3　寄存器变量

一般情况下，变量的值是存放在内存中的。在程序中用到哪一个变量的值时，由控制器发出指令将内存中该变量的值送到运算器中。经过运算器进行运算，如果需要存放，再从运算器将数据送到内存存放。

因此当对一个变量频繁读写时，必须反复访问内存储器，从而花费大量的存取时间。为此，C 语言提供了另一种变量，即寄存器变量。这种变量存放在 CPU 的寄存器中，使用时，不需要访问内存，而直接从寄存器中读写，存取寄存器的速度快，这样可提高程序运行效率。定义寄存器变量的一般形式如下：

```
register 类型说明符 变量名 1, 变量名 2…;
```

**例 7.27**　定义一个函数求 $n!$，在主函数中调用该函数求 1～5 的阶乘。

```
#include <stdio.h>
int f(int n)
{
  register int i,f=1;                          /* 定义寄存器变量 */
  for(i=1;i<=n;i++)
    f=f*i;
  return (f);
}
void main()
{
  int i;
  for(i=1;i<=5;i++)
    printf("%d!=%d\n",i,f(i));
}
```

程序运行结果：

```
1!=1
```

```
2!=2
3!=6
4!=24
5!=120
```

程序中定义的局部变量 $f$ 和 $i$ 是寄存器变量，如果 $n$ 的值很大，则能节约许多执行时间。一般对于循环次数较多的循环控制变量以及循环体内反复使用的变量均可定义为寄存器变量。

有关寄存器变量的几点说明如下：

（1）只有局部自动变量和形式参数才可以定义为寄存器变量。因为寄存器变量属于动态存储方式。凡需要采用静态存储方式的变量不能定义为寄存器变量。

（2）对寄存器变量的实际处理随系统而异。例如，Turbo C 将寄存器变量实际当作自动变量处理。

（3）由于 CPU 中寄存器的个数是有限的，因此允许使用的寄存器数目是有限的，不能定义任意多个寄存器变量。

（4）当前的编译系统能够识别使用频繁的变量，从而自动地将这些变量放在寄存器中，而不需要程序设计者指定。读者对它有一定的了解即可。

## 7.7.4 外部变量

如果在所有函数之外定义的变量没有指定其存储类别，那么它就是一个外部变量，外部变量是全局变量，它的作用域是从程序中定义它的位置以后直至本文件末尾。如果要在它定义之前或者其他文件中使用它，那么就需要用关键字 extern 对其进行声明，声明外部变量的一般形式为：

```
extern 类型说明符 变量名1,变量名2,…;
```

例 7.28 编写一个函数，求两个数中的较大值，在 main() 函数中调用函数求三个数中的最大值。

```
#include <stdio.h>
void main()
{
   int max(int a,int b);         /*函数原型声明*/
   extern int x,y,z;             /*全局变量声明*/
   int m;
   m=max(max(x,y),z);
   printf("max=%d\n",m);
}
int x=50,y=60,z=30;              /*x、y、z 为全局变量*/
int max(int a,int b)
{
   int s;
   if(a>b)
     s=a;
   else
     s=b;
   return(s);
}
```

程序运行结果：

```
max=60
```

# 7.8　内部函数与外部函数

一个 C 语言程序由多个函数组成，这些函数可以在一个文件中，也可以分散在多个不同的文件中。根据函数能否被其他源文件中的函数调用，将函数分为内部函数和外部函数。

## 7.8.1　内部函数

如果在一个源文件中定义的函数只能被本文件中的函数调用，而不能被同一源程序其他文件中的函数调用，这种函数称为内部函数。定义内部函数时只需要在函数类型说明符前面加上关键字 static。定义内部函数的一般形式如下：

```
static 类型说明符 函数名(形参表)
{
  …
}
```

内部函数又称静态函数。但此处静态 static 的含义不是指存储方式，而是指对函数的调用范围只局限于本文件。因此在不同的文件中定义同名的静态函数不会引起混淆。

使用内部函数的好处是不同的人编写不同的函数时，不用担心自己定义的函数是否会与其他文件中的函数同名。

通常把只能由同一文件使用的函数和全局变量放在一个文件中，在它们前面冠以 static 使之局部化，其他文件不能引用。

## 7.8.2　外部函数

如果在一个源文件中定义的函数，除可被本文件中的其他函数调用外，也可被其他文件中的函数所调用，这种函数称为外部函数。外部函数在整个源程序中有效。定义外部函数的一般形式如下：

```
extern 类型说明符 函数名(形参列表)
{
  …
}
```

如果在函数定义中没有说明 extern 或 static，则隐含为 extern 外部函数。本书前面所用的函数都作为外部函数。

在一个源文件的函数中调用其他源文件中定义的外部函数时，应用 extern 声明被调用函数为外部函数。其进行声明的一般形式如下：

```
extern  类型说明符  函数名(形参列表);
```

例如：

```
/*f1.c*/
main()
{
  extern int f1(int x);       /*外部函数声明，表示 f1() 函数在其他源文件中*/
  …
}
/*f2.c*/
extern int f1(int x)          /*外部函数定义，此处 extern 可以省略*/
{
  …
}
```

使用 extern 声明一个其他文件中定义的函数就能够在此文件中调用该函数；在定义函数时在函数类型说明符前加上 extern 可以把该函数的作用域扩展到其他文件中，由于函数在本质上是外部的，在程序中经常要调用外部函数，为方便编程，C 语言允许在定义和声明外部函数时省略 extern。

## 课后延学

### 1．知识回顾

（1）C 语言是通过函数实现模块化程序设计的。一个 C 程序可以由一个或多个源程序文件组成，一个源程序文件又由一个或多个函数组成。可对各源程序文件分别编写，分别编译，然后连接起来，提高调试效率。

（2）一个 C 语言程序可以包含多个函数，C 程序的执行从 main() 函数开始，最后回到 main() 函数结束整个程序的运行。

（3）所有函数在定义时是相互独立的，函数之间可以相互调用。调用函数时，实参的个数、类型和顺序，应该与被调用函数所要求的参数的个数、类型和顺序一致。实参对形参的数据传递是单向的。

（4）在一个函数内部定义的变量是局部变量，函数的形参也是局部变量，它们只在该函数范围内有效。在函数外部定义的变量称为全局变量。全局变量的作用域是从定义它的位置开始直至程序结束。

（5）在 C 语言中，每个变量都有两个属性：数据类型和存储类型。变量的存储类型是指编译器为变量分配内存的方式，它决定变量的生存期。C 语言提供了以下存储类型：自动类型（auto）、寄存器类型（register）、静态类型（static）。

（6）C 语言根据函数能否被其他源文件中的函数调用，将函数分为内部函数和外部函数。内部函数只能被本文件中的函数调用。外部函数除可被本文件中的函数调用外，也可被其他文件中的函数所调用。

### 2．学习反思

（1）C 语言对程序中多个函数的位置关系有什么要求？

（2）调用函数时，对实际参数的个数、类型及位置有什么要求？

（3）分析数组元素和数组名作为函数参数时参数传递的机制的区别？

（4）如果定义递归函数时没有给出递归终止条件，程序的执行流程是怎样的？

（5）全局变量可以实现多个函数之间的数据共享，能否将程序中使用的变量都定义为全局变量，为什么？

（6）请查阅相关文献了解变量生命周期的概念，分析局部变量、全局变量、自动变量及静态变量的生命周期。

### 3．知识检验

1．编写一个求 $n!$ 的函数，在主函数中输入 $n$，调用函数求 $n!$ 。

2．编写函数，判断一个数是否为水仙花数，在主函数中调用函数输出所有的水仙花数。所谓水仙花数是指一个三位数，其各位数字立方的和等于该数。例如，153 就是一个水仙花数：$153=1^3+5^3+3^3$。

3．编写一个递归函数求 Fibonacci 数列的第 $n$ 项，在主函数中调用函数输出数列的前 20 项。Fibonacci 数列的定义如下：

$$f(n)=\begin{cases}1, & \text{当} n=1 \text{或} 2 \text{时} \\ f(n-1)+f(n-2), & \text{当} n>2 \text{时}\end{cases}$$

4．编写函数，判断一个字符串是否为回文，当字符串是回文时，函数返回 1，主函数中输出“yes!”，否则函数返回 0，主函数中输出“no!”。所谓回文即正向读与逆向读都一样的字符串，如 adgda。

5. 编写一个函数将 s 字符串中的所有英文字母改写成该字母的下一个字母（如字母 a 改写成字母 b，…，字母 z 改写成字母 a；字母 A 改写成字母 B，…，字母 Z 改写成字母 A），其他字符不变。在主函数中输入一个字符串，调用函数对字符串进行改写。例如，s 字符串中原有的内容为 Mn.123，则调用函数后结果为 No.123。

**4. 拓展训练**

【案例】随着计算机网络的发展，计算机信息的保密问题显得越来越重要。密码技术就是对计算机信息进行保护的技术。采用密码技术对信息进行加密：将可识别的信息变换为无法识别的信息，再将加密后的信息传输出去，使信息在传输过程中即使被窃取或截获，窃取者也不能了解信息的内容，从而保证信息传输的安全。凯撒密码就是一种非常古老的加密方法，凯撒密码是古罗马凯撒大帝用来对军事情报进行加密的算法，凯撒密码的原理很简单，就是采用替换方法对信息中的每一个英文字符循环替换为字母表序列中该字符后面第三个字符，对应关系如下：

原文：　a b c d e f g h i j k l m n o p q r s t u v w x y z

密文：　d e f g h i j k l m n o p q r s t u v w x y z a b c

原文：　A B C D E F G H I J K L M N O P Q R S T U V W X Y Z

密文：　D E F G H I J K L M N O P Q R S T U V W X Y Z A B C

完成案例分析与编程实现设计采用凯撒密码对信息进行加密和解密的算法。

## 计算机等级考试二级真题解析

1. 有以下函数：

```
#include <stdio.h>
void func(int n)
{
  int i;
  for(i=0;i<=n;i++)
    printf("*");
  printf("#");
}
main()
{
  func(3);
  printf("????");
  func(4);
  printf("\n");
}
```

程序运行输出结果是（　　）。

A. ****#????***#　　B. ***#????*****#　　C. **#????*****#　　D. ****#????*****#

**【答案】**D

**【解析】**此题目考查函数调用时的程序执行流程，main() 函数调用 fun(3)，执行 fun(3) 输出“****#”，返回 main() 函数输出“????”，main() 函数调用 fun(4)，执行 fun(4) 时输出“*****#”，故选项 D 正确。

2．有以下程序：

```
#include <stdio.h>
void fun(int n)
{
  static int num=1;
  num=num+n;
  printf("%d",num);
}
void main()
{
  fun(3);
  fun(4);
  printf("\n");
}
```

程序运行后的输出结果是（　　）。

A．48　　B．34　　C．35　　D．45

【答案】A

【解析】本题考查静态变量。fun() 函数中定义的 num 是静态变量，main() 函数两次调用函数 fun()，本题运算过程如下：main() 函数第一次调用 fun() 函数时，实参 3 传递给形参 n，num 被初始化为 1，计算 num 的值为 4 并打印，返回 main() 函数；main() 函数第二次调用 fun() 函数时，实参 4 传递给形参 n，num 保持上次调用结束时的值 4，计算 num 的值为 8 并打印，返回 main() 函数，打印换行符号，故选项 A 正确。

3．以下叙述错误的是（　　）。

A．C 程序函数中定义的赋有初值的静态变量，每调用一次函数，赋一次初值

B．在 C 程序的同一个函数中，各复合语句内可以定义变量，其作用域仅限于本复合语句内

C．C 程序函数中定义的静态变量，定义时没有赋初值则系统自动赋确定的初值

D．C 程序函数的形参不可以说明为 static 型变量

【答案】A

【解析】在整个程序运行期间，静态局部变量在内存的静态存储区中占据着永久性的存储单元。即使退出定义它的函数后，静态局部变量仍占据原来的存储单元，下次再进入该函数时，可以继续使用存储单元中保留的值而不重新初始化，其他选项的说法均正确。

4．以下函数的功能是：计算 $a^n$ 作为函数值返回。

```
double fun(double a, int n)
{
int i;
  double s=1.0;
  for(i=1;i<=n;i++)
    s=__________;
  return s;
}
```

为实现上述功能，函数中横线处应填入的是（　　）。

A．s*i　　B．s*a,　　C．s+i*i　　D．s+a*a

【答案】B

【解析】本题主要考查循环语句，fun() 函数的功能是计算 $a^n$，首先为 s 赋初值 1，通过循环语句反复

乘以 a，结果仍然存放在变量 s 中，循环结束时 s 的值即为 $a^n$，然后将 s 作为返回值返回，故选项 B 正确。

5．有以下程序：

```
#include <stdio.h>
int fun(int n)
{
  if(n)
    return fun(n-1)+n;
  else
    return 0;
}
void main()
{
  printf("%d\n",fun(3));
}
```

程序运行后的输出结果是（　　）。

A．4　　B．5　　C．6　　D．7

【答案】C

【解析】本题目考查函数的递归调用，main() 函数调用 fun() 函数，fun() 函数是一个递归函数，本题运算过如下：

main() 函数执行调用语句 fun(3)（fun(3)=6）；

执行 fun(3)，返回 3+fun(2)（fun(2)=3）；

递归调用 fun(2)，返回 2+fun(1)（fun(1)=1）；

递归调用 fun(1)，返回 1+fun(0)（fun(0)=0）；

递归调用 fun(0)，返回 0。

6．在 C 语言中，下列说法正确的是（　　）。

A．函数的定义可以嵌套，但函数的调用不可以嵌套

B．函数的定义不可以嵌套，但函数的调用可以嵌套

C．函数的定义和调用均不可以嵌套

D．函数的定义和调用均可以嵌套

【答案】B

【解析】在 C 语言中，函数的定义都是在函数外部进行的，即函数的定义不可以嵌套，但函数的调用可以嵌套。

7．有以下程序：

```
#include <stdio.h>
#define N 4
void fun(int a[][N],int b[])
{
  int i;
  for(i=0;i<N;i++)
    b[i]=a[i][N-1-i];
}
void main()
{
```

```
    int x[N][N]={1,2,3,4,5,6,7,8,9,10,11,12,13,14,15,16},y[N],i;
    fun(x,y);
    for(i=0;i<N;i++)
      printf("%d,",y[i]);
    printf("\n");
}
```

程序运行后的输出结果是（　　）。

A. 1，2，3，4　　B. 3，6，9，12　　C. 4，7，10，13　　D. 1，5，9，13

**【答案】**C

**【解析】**本题目考查数组名作函数参数。数组名作函数参数，函数调用时实参给形参传递的数据是实参数组的首地址，形参数组和实参数组共享存储单元。实参数组和形参数组可以认为是同一个数组，如果在函数调用过程中修改了形参数组的内容，实际上也是修改了实参数组的内容。在本题中，数组 x 和数组 a 可以认为是同一个数组，数组 y 和数组 b 可以认为是同一个数组。在 fun() 函数中通过循环为数组 b 中的元素赋值，数组 b 中的元素与数组 a 中的元素对应关系如下：

```
b[0]=a[0][3];           /*a[0][3]=4*/
b[1]=a[1][2];           /*a[1][2]=7*/
b[2]=a[2][1];           /*a[2][1]=10*/
b[3]=a[3][0];           /*a[3][0]=13*/
```

因此在 main() 函数中输出 y 数组元素的值分别为：4，7，10，13，答案为 C。

8. 下列给定的程序中，fun() 函数的功能是：求出以下分数序列的前 *n* 项之和。2/1，3/2，5/3，8/5，13/8，21/13，…，和通过函数值返回至 main() 函数。例如，输入 n=5，则应输出 8.391667。

**注意：**请勿改动主函数 main() 和其他函数中的任何内容，仅在 fun() 函数的横线上填入所编写的若干表达式或语句。

```
#include <stdio.h>
double fun(int n)
{
    int a=2,b=1,c,k;
    double ____【1】____;
    for(k=0;k<n;k++)
    {
      s=s+1.0*a/b;
      c=a;a+= ____【2】____;b=c;
    }
    return s;
}
void main()
{
    int n=5;
    printf("\nThe value of function is:%f\n",____【3】____);
}
```

**【答案】**

【1】s=0

【2】b

【3】fun(n)

【解析】

【1】：此处要对变量 s 进行定义，因为后面有对 s 的累加操作，所以 s 一定要定义和初始化。

【2】：此处是循环求和，由数列可以看出后一项分数的分子是前一项分母与分子之和，即 a+=b。

【3】：此处进行函数调用。

9．以下关于 C 语言函数参数传递方式的叙述正确的是（ ）。

A．数据只能从实参单向传递给形参

B．数据可以在实参和形参之间双向传递

C．数据只能从形参单向传递给实参

D．C 语言的函数，参数既可以从实参单向传递给形参，也可以在实参和形参之间双向传递，可视情况选择使用

【答案】A

【解析】数据只能由实参单向传递给形参，称为“值传递”，数组名、指针等作函数参数，实参传递给形参的是地址值，本质上也是单向传递“值传递”，不过是形参和实参指向同一段内存单元，在函数体内对形参所指向的数据的改变，可以影响实参所指向数据的值。

10．以下函数按每行 8 个输出数组中的数据。

```
void fun(int w[],int n)
{
  int i;
  for(i=0;i<n;i++)
  {
    ____________
    printf("%d ",w[i]);
  }
}
```

横线处应填入的语句是（ ）。

A．if(i/8==0) printf("\n ");　　　　B．if(i/8==0) continue;

C．if(i%8==0)printf("\n ");　　　　D．if(i%8==0) continue;

【答案】C

【解析】每行输出 8 个数组数据，即输出 8 个后就输出一个换行，所以，应该对 8 取余，当结果为 0 时输出换行符，即填入语句“if(i%8==0) printf("\n ");”。

# 第 8 章 指　针

指针，数据迷宫的神奇钥匙，引领你穿梭内存的每一个角落

Pointers — The magical key to the data maze, guiding you through every corner of memory.

## 导　读

在前述各章节中，通过定义基于某种数据类型的变量和数组来存储和表示数据，这些数据描述工具其本质是内存中占据一定字节数的内存单元。计算机在访问这些内存单元中的数据时，通过内存单元的地址进行快速访问。如果将内存单元比作学生宿舍楼的房间，地址就相当于房间号，他是计算机进行内存访问所必需的重要信息，地址即是本章所要讲述的指针。

指针，是 C 程序设计中不可或缺的精髓所在，是编程艺术的巅峰。指针的精妙之处，在于其能够高效地操控内存，使得数据访问和修改变得异常迅速，能够在瞬间改变数据的位置和值，让程序的运行速度得到质的飞跃。通过指针，可以有效地描述复杂的数据结构，可以实现动态内存分配、数组和字符串的高效处理、函数参数的传递与返回等功能，提高编程的简洁性和高效性，甚至可以编写出和计算机系统底层或硬件相关的程序。因此可以说，不掌握指针就是没有掌握 C 语言的核心和精华。深入理解指针的本质，熟练掌握指针的技巧，对于每一位 C 语言初学者而言都是一次通往大师之路的必经之旅。

## 导　航

**学习目标：**

1. 掌握指针的概念、定义与引用方法
2. 掌握指针变量作函数参数的方法
3. 掌握一维数组指针的定义及元素引用方法，掌握一维数组指针作函数参数的方法，掌握通过指针引用字符串的方法
4. 了解二维数组指针的概念及元素引用方法，了解二维数组指针作函数参数的方法
5. 了解指针数组和多级指针的概念及使用方法
6. 了解函数指针和指针函数的概念及使用方法

**学习重点：**

1. 指针的概念、定义与引用
2. 指针变量作函数参数的方法、参数传递方式和影响
3. 一维数组指针的定义及元素引用方法与通过指针引用字符串的方法

**学习难点：**

1. 指针变量作函数参数
2. 数组指针的定义及通过指针引用数组元素
3. 通过指针引用和处理字符串

## 知识地图

- 指针
  - 指针相关概念
    - 地址
    - 指针
    - 指针变量
    - 直接访问和间接访问
  - 指针变量定义与引用
    - 定义：类型说明符 *变量名
    - 指针变量赋值及取地址符&的使用
    - 间接访问运算符*
  - 指针与数组
    - 概念：数组的指针
    - 一维数组的指针
      - 指针法引用数组元素
        - 指针常量法：*(a+i)
        - 指针变量法：*p;p++;
      - 下标法引用数组元素：a[i]
    - 二维数组的指针
      - 二维数组指针的概念和理解
      - 行指针：类型说明符(*指针变量名)[数组行元素个数]
        - 指针引用法：*(*(a+i)+j),*(*(p+i)+j)
        - 下标引用法：a[i][j], p[i][j]
      - 列指针
    - 指针数组
      - 概念：以指针为基本元素的数组
      - 定义：类型说明符 *数组名[常量表达式]
      - 引用：利用字符指针数组处理长度不等的字符串
  - 指针与字符串
    - 字符指针定义：char *变量名
    - 字符指针引用字符串
    - 字符数组引用字符串
  - 指针与函数
    - 指针变量作函数参数：实参变量的地址传递给形参指针
    - 数组作函数参数
      - 数组名作函数参数：实参数组首地址传递给形参指针
      - 数组指针作函数参数：实参指针所代表的实参数组当前元素地址传递给形参指针
    - 字符串作函数参数
    - main()函数参数：int main(int argc,char *argv[])
    - 函数指针
      - 概念：函数名代表函数的起始地址
      - 定义：类型说明符(*标识符)(参数表)
      - 引用
    - 指针函数
      - 概念：返回指针的函数称为指针函数
      - 函数原型：类型说明符 *函数名(参数表)
  - 指针相关运算
    - 算术运算：指针变量加（减）一个整数是加（减）该指针所指对象所占用字节的整数倍
    - 关系运算
    - 赋值运算：同类型的指针变量之间可以直接赋值，不同类型指针变量进行赋值需进行强类型转换

## 课前导学

**1. 知识初探**

◎阅读主教材的第 8 章【课中细学】

◎阅读辅教材的第 8 章【课前导学】的“本章要点”与相应“典型例题解析”

**2. 视频观看**

观看主教材的第 8 章【课中细学】相应的视频

**3. 思考空间**

（1）为什么 C 语言引入指针的概念?

（2）在 C 语言中，直接访问和间接访问有何区别，有何优缺点?

（3）指针作函数参数，参数传递方式与简单变量作函数参数有何区别？指针作函数参数的主要使用场合是什么?

（4）在 C 语言中，引用数组元素共有多少种方式?

## 课中细学

# 8.1 指针的概念

### 8.1.1 地址、指针和指针变量

**1. 内存单元和地址**

在计算机中，所有数据都是存放在存储器中的。存储器被分为若干个内存单元，每个内存单元占用 1 字节，每字节都是 8 个二进制位。在 C 语言中，不同类型的数据所占用的内存单元数不等。例如，在 Visual C++ 2010 中，一个字符型数据（char）占 1 字节；一个整型数据（int）占 4 字节；一个单精度实型数据（float）占 4 字节，一个双精度实型数据（double）占 8 字节。

为了正确地访问这些内存单元，必须为每个内存单元编上号。内存单元的编号称为地址。例如，学校里的一座教学楼，每层分为若干个教室，给每个教室按一定的规则设置一个教室号，教室号也就是教室的地址，学生上课时就可以通过教室号快速找到指定教室。这里的教室相当于内存单元，教室号相当于内存单元的编号，也就是地址。

**2. 变量的地址、指针和指针变量**

C 语言程序中所定义的任何变量经编译系统处理后，每个变量都依据数据类型占据相应字节数的内存单元。例如，下面的语句：

```
int a=5,b=8;
```

经 Visual C++ 2010 编译系统处理后，假如内存分配情况如图 8-1 所示。变量 a 占 2000～2003 连续 4 字节，变量 b 占 2004～2007 连续 4 字节。每字节的内存单元都有地址，规定将变量所占内存单元的起始地址称为“变量的地址”，即变量 a 的地址为 2000，变量 b 的地址为 2004。

在 C 语言中，变量的地址称为指针，通常所说“某对象的地址”也被称为“指向该对象的指针”。指针（即变量地址）是程序在存取变量所对应的内存数据（即变量值）时的一个很重要的信息，就好像学生上课时可根据教室号快速找到上课教室一样。从运算的角度，“地址”也是一个数，可以通过 C 语句定义一种专门用来存放其他变量的地址的变量，这种变量称为指针变量。

简单地说，变量的地址称为变量的指针，存放地址的变量称为指针变量。

例如，若将图 8-1 中变量 a 的地址（2000）存放到一个定义好的指针变量 p 中，则变量 p 就是一个指针变量，称“p 指向变量 a”或“p 是指向变量 a 的指针”，被指向的变量 a 称为 p 所指向的对象。

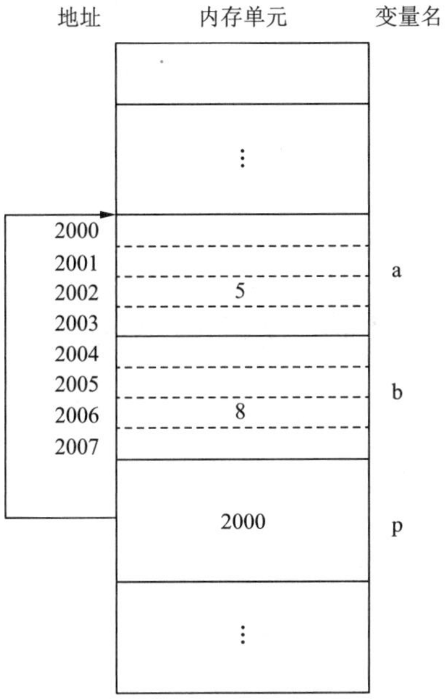


图 8-1 变量内存分配示意图

## 8.1.2 直接访问和间接访问

在程序中一般是通过变量名来对内存单元进行存取操作的，其实程序经过编译后已经将变量名转换为变量的地址。由此可知，程序在执行过程中，对变量的存取实际上是通过变量的地址来进行的。

在 C 语言中，对内存数据的访问有两种方法：直接访问和间接访问。

### 1. 直接访问

直接访问是指在程序执行过程中需要存取变量值时，按照变量的地址直接存取变量所占内存单元中内容的一种访问方式。通常可以通过变量名直接存取变量的值。例如：

```
int a=5,b;        /* 定义了整型变量 a 和 b，为 a 赋初值 5*/
b=a+1;            /* 取出变量 a 所占内存单元中的内容（值为 5）进行计算，然后将计算结果（即表达式的值）
                     存放到变量 b 的内存单元中 */
```

### 2. 间接访问

间接访问是指为了存取一个变量的值，首先从存放变量地址的指针变量中取得该变量的存储地址，然后再从该地址所对应的存储单元中存取该变量的值。例如：

```
int a,b,*p;       /* 定义了整型变量 a 和一个可存放整型变量地址的指针变量 p*/
p=&a;             /* 将整型变量 a 的内存地址赋给指针变量 p*/
*p=5;             /* 对指针变量 p 所指向的内存地址中赋以整型值 5*/
```

假设该程序段经编译处理后，变量的内存分配如图 8-1 所示。上述程序段执行时，首先将变量 a 的地址 2000 赋给指针变量 p，即指针变量 p 中存放的是整型变量 a 的地址 2000，然后通过指针变量 p 中存放的地址 2000 间接访问该地址所对应的内存单元（即变量 a）并赋值 5。该程序段的效果等价于：

```
int a;
a=5;
```

打个比方，为了打开一个抽屉 X，有两种方法：一种是将抽屉 X 的钥匙带在身上，需要时直接找到该钥匙打开抽屉，取出所需的东西，这就是“直接访问”；另一种方法是，为安全起见，将抽屉 X 的钥匙放到另一个抽屉 Y 中锁起来，如果需要打开抽屉 X，就需要先找到抽屉 Y 的钥匙，打开抽屉 Y，取出抽屉 X 的钥匙，再打开抽屉 X，取出抽屉 X 中的东西，这就是“间接访问”。

地址是指针变量的值，称为指针。指针变量简称指针，因此，指针一词可以指地址值、指针变量，应根据具体情况加以区分。

赋值语句“p=&a;”和“*p=5;”中用到了两个运算符“&”和“*”，关于这两个运算符的使用将在 8.2 节中进行详细说明。

## 8.2 指针变量的定义与引用

### 8.2.1 指针变量的定义

定义指针变量的一般形式如下：

```
类型说明符 *指针变量名 1,*指针变量名 2,…;
```

功能：说明指针变量的名称和所指对象的类型。

**说明：**

（1）“类型说明符”指的是所定义指针变量所能指向的对象的类型，称为指针的“基类型”。

（2）“*”表示该变量是指针变量。

例如：

```
int *pa;              /* 定义一个指向整型变量的指针变量 pa*/
float *pb;            /* 定义一个指向单精度实型变量的指针变量 pb*/
char *pc1,*pc2;       /* 定义两个指向字符型变量的指针变量 pc1、pc2*/
```

### 8.2.2 指针变量的引用

前面内容仅定义了指针变量，其内部并没有存储一个其他变量的地址，即定义的指针变量并没有指向一个具体的对象，也就无法通过指针变量间接访问其他变量。那么，怎样使一个指针变量指向另一个变量并通过该指针变量间接访问它所指向的变量呢？这需要通过指针变量相关的运算进行实现。

**1. 指针变量的赋值**

指针变量定义以后必须要给它赋值，否则在使用中可能会造成对某个意想不到的存储单元进行写覆盖，甚至导致系统错误。指针变量的值就是它要指向的目标对象的地址，因此对指针变量赋值就是通过赋值语句将目标变量的地址赋给它，从而使指针变量指向该目标变量。

此时要用到取地址运算符“&”，一般格式如下：

```
&变量名
```

功能：“&”是单目运算符，用于计算得到变量的地址。

因此，指针变量赋值的一般格式如下：

```
指针变量名 =&目标变量名;
```

例如：

```
pa=&a;
```

其中，&a 表示取变量 a 的地址，该语句将变量 a 的地址赋值给了指针变量 pa，即 pa 中存放了变量 a 的地址，就称 pa 指向 a 或 pa 是指向 a 的指针，如图 8-2 所示。

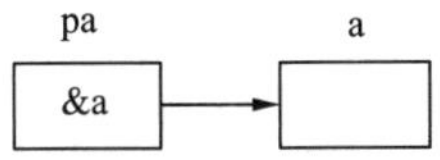


图 8-2　指针 pa 指向 a

在对指针变量赋值及使用“&”运算符时需要注意以下几点：

（1）“&”运算符只能作用于变量，包括基本类型的变量、数组元素、结构变量或结构的成员，不能作用于数组名、常量、非左值表达式或寄存器变量。例如：

```
double r,a[20];
int i;
register int k;
```

则 &r、&a[0]、&a[i] 是正确的，而 &(2*r)、&a、&k 是非法操作。

（2）指针变量只能指向同一类型的变量。

例如，下列用法是错误的：

```
int *p;
float y;
p=&y;
```

因为指针变量 p 只能指向整型变量。

（3）同类型的指针变量之间可以互相赋值，其含义是将不同的指针变量指向同一个目标对象。例如：

```
int *pb;
pb=pa;
```

其含义是将指针变量 pa 中存放的变量 a 的地址赋给指针变量 pb，此时 pb 中存放的也为变量 a 的地址，即 pb 也指向变量 a，如图 8-3 所示。

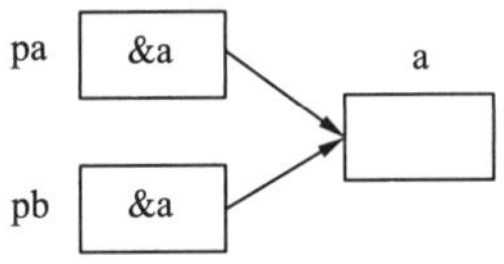


图 8-3　指针 pa 和 pb 均指向 a

（4）不同类型的指针变量之间进行赋值时，一种类型的指针赋给另一种类型的指针必须用强制类型转换符来转换。例如：

```
int *p;
char s[100],*q=s;       /* 使 q 指向字符数组 s*/
p=(int *)q;             /* q 经强制类型转换赋给 p，使 p 也指向 s*/
```

### 2. 指针变量的间接访问

当指针变量通过上述赋值方法存储了具体目标变量的地址（即指针变量指向具体的目标变量）后，可通过间接访问运算符“*”间接访问它所指向的目标对象。一般格式如下：

```
* 指针变量名
```

功能：“*”是单目运算符，用于对指针变量所指向的目标变量进行间接访问。

例如，如果已执行上述语句“pa=&a;”，则：

```
*pa=5;
```

表示对指针变量所指对象的间接访问。*pa 表示对指针变量所指对象 a 的访问，或者说引用。因此，该赋值语句的功能是对 pa 所指的对象（即变量 a）赋值为 5，如图 8-4 所示。

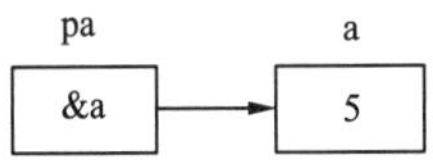


图 8-4　通过指针 pa 间接访问 a

“*”是“&”的逆运算，它的操作数是对象的地址，“*”运算的结果是对象本身。例如，pa 是指向整型变量 a 的指针，则 *(&a) 和 *pa 都表示一个整型对象 a。即

```
*(&a)=5;
*pa=5;
```

```
a=5;
```

这三个操作的效果相同，都是将 5 存入变量 a 所占的内存单元中，如图 8-4 所示。

下列语句表明，如何说明一个简单的指针并通过使用“&”和“*”运算符引用指针的对象。

```
int x=1,y=2,*px;                /* 语句① */
px=&x;                          /* 语句②使 px 指向 x*/
y=*px;                          /* 语句③ y=x*/
```

上述程序段中，语句①定义了整型变量 x、y 和整型指针 px，并分别为 x、y 赋初值为 1、2；语句②将整型变量 x 的地址赋给了 px，即指针 px 指向变量 x；语句③将 *px，即 px 所指向的对象的值，赋给变量 y，由于语句②使 px 指向 x，因此，语句③是将 x 的值赋给了变量 y。三个语句执行的效果如图 8-5 所示。

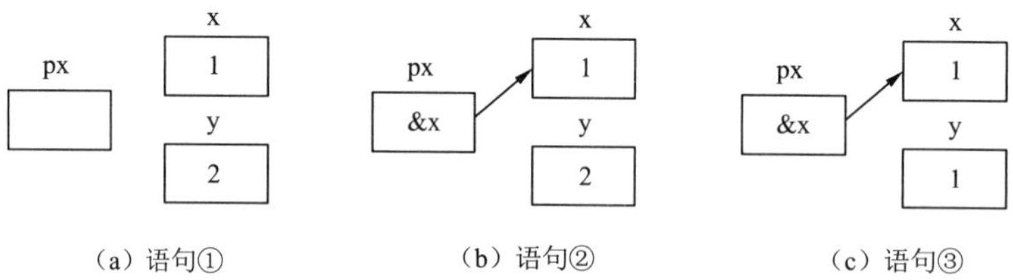


**图 8-5　指针所指对象的引用**

“&”和“*”两个运算符的使用需要注意以下几点：

（1）如果指针变量已指向目标变量，则“* 指针变量”可以出现在“目标变量”在程序中的任何位置，两者在程序运行的功能效果上是等价的。例如：

```
y=*px+1;            等价于          y=x+1;
(*px)++;            等价于          x++;
*px=y;              等价于          x=y;
scanf("%d", px);    等价于          scanf("%d",&x);
```

**注意：**其中 px 已经表示 x 的地址，在它的前面不能再使用取地址运算符“&”。

（2）“&”和“*”都是单目运算符，其优先级相同，结合性是自右向左结合。

例如，如果已执行了“px=&x;”语句，分析下面三个算例的计算过程。

算例 1：分析表达式 &*px 的计算过程。

分析：先进行 *px 运算，就是变量 x，再执行“&”运算。因此 &*px 和 &x 相同，表示变量 x 的地址。

算例 2：分析表达式 *&x 的计算过程。

分析：先进行 &x 运算，得到变量 x 的地址，再进行“*”运算，即 &x 所指向的变量。*&x 和 *px 的作用是一样的，等价于变量 x。

算例 3：分析表达式 *px++ 的计算过程。

分析：因为“++”和“*”为同一优先级别，结合方向为自右向左，因此它的计算顺序相当于 *(px++)，由于“++”位于 px 之后，表示先使用 px 当前指针进行“*”运算，得到 x 的值，然后再使 px 的值增 1，这样 px 就不再指向 x 了。

下面举一个指针变量应用的例子。

**例 8.1**　输入 a 和 b 两个整数，按从小到大的顺序输出 a 和 b。

```
#include <stdio.h>
void main()
```

```
{
  int a,b,*p1,*p2,*p;
  printf("请输入两个整数(用逗号分隔):\n");
  scanf("%d,%d",&a,&b);
  p1=&a,p2=&b;                          /*把变量a、b的地址赋给指针p1、p2*/
  if(a>b)                               /*如果a>b,则交换两个指针的内容*/
  {
    p=p1;p1=p2;p2=p;
  }
  printf("a=%d,b=%d\n",a,b);
  printf("min=%d,max=%d\n",*p1,*p2);    /*输出指针p1、p2所指向的地址中的内容*/
}
```

程序运行结果：

```
请输入两个整数(用逗号分隔):
6,4 ↙
a=6,b=4
min=4,max=6
```

交换前的情况如图 8-6（a）所示，交换后的情况如图 8-6（b）所示。

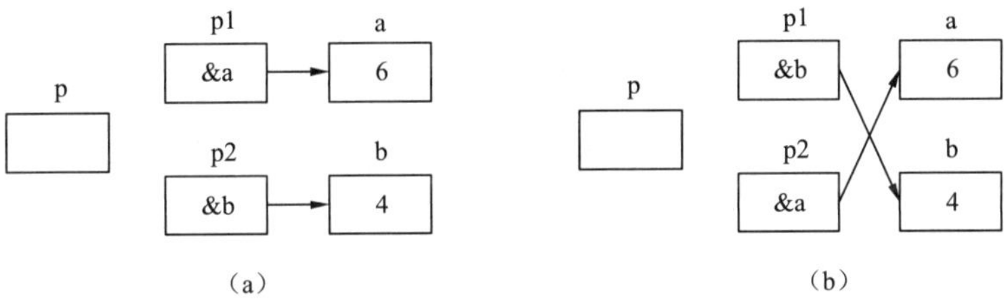


**图 8-6　交换前后变量值的变化情况**

**注意：**例 8.1 程序第 10 行语句“p=p1;p1=p2;p2=p;”实现指针变量 p1、p2 的值交换，即其内所存储的变量 a、b 的地址，而变量 a 和 b 并未交换。这个算法是不交换整型变量的值，而是交换两个指针变量的值，即改变了 p1、p2 的指向。

将例 8.1 程序改成例 8.2 的形式。

**例 8.2**

```
#include <stdio.h>
void main()
{
  int a,b,*p1,*p2,t;
  printf("请输入两个整数(用逗号分隔):\n");
  scanf("%d,%d",&a,&b);
  p1=&a,p2=&b;                          /*把变量a、b的地址赋给指针p1、p2*/
  if(a>b)                               /*如果a>b,则交换两个指针所指对象的内容*/
  {
    t=*p1;*p1=*p2;*p2=t;
  }
  printf("a=%d,b=%d\n",a,b);
  printf("min=%d,max=%d\n",*p1,*p2);    /*输出指针p1、p2所指向的地址中的内容*/
}
```

程序运行结果：

```
请输入两个整数（用逗号分隔）：
6,4 ↙
a=4,b=6
min=4,max=6
```

交换前的情况如图 8-7（a）所示，交换后的情况如图 8-7（b）所示。

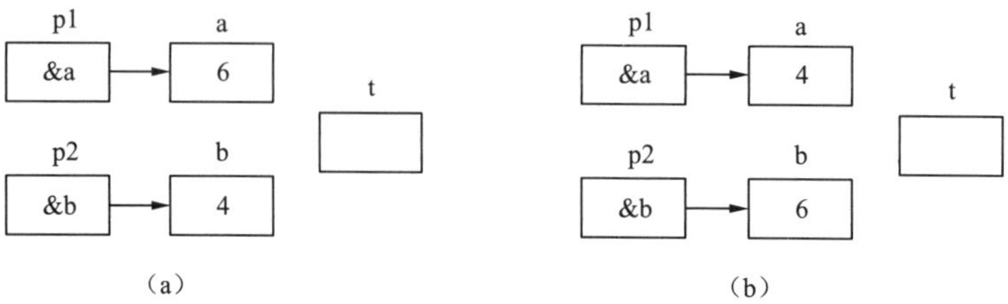


图 8-7　交换前后变量值的变化情况

例 8.2 的程序第 10 行"t=*p1;*p1=*p2;*p2=t;"实现指针变量 p1、p2 所指对象的值交换，由于 p1 指向 a，p2 指向 b，因此变量 a、b 的值被交换了。

本节最后对指针变量做以下几点说明：

（1）在定义指针变量时，指针变量名前的"*"表示该变量为指针变量，而指针变量名不包含"*"；在间接访问时，指针变量前面的"*"表示间接访问运算符，不能去掉。

（2）只有当指针变量指向确定地址后才能被引用，否则指针将指向一个不确定的地址，对不确定地址的内存单元进行引用是很危险的。例如，下列用法是不恰当的：

```
int *p; *p=5;
```

这是因为虽然已经定义了整型指针变量 p，但还没有让该指针变量指向某个整型变量之前，如果要对该指针变量所指向的地址赋值，就有可能破坏系统程序或数据，因为该指针变量中的随机地址有可能是系统所占用的。可以进行如下修改：

```
int *p, x; p=&x; *p=5;
```

（3）指针的类型可以为 void *，它代替传统 C 中的 char * 作为一般指针类型，例如，在传统 C 中标准库 malloc() 函数的返回值说明为 char *，在标准 C 中被说明为 void *。

（4）任何指针可以直接赋给 void 指针，反之亦然。例如：

```
int x, *pi=&x ;
void *p;
```

则"p=pi;"或"pi=p;"是正确的指针赋值语句。

## 8.3　指针变量作函数参数

如第 7 章所述，C 语言中函数的调用是按传值方式传递参数，因而在被调用函数中，对形参的修改不能改变实参变量的值。例如：

```
#include <stdio.h>
void swap(int x, int y)
{
  int temp;
  temp=x;
```

```
    x=y;
    y=temp;
  }
  void main(void)
  {
    int x,y;
    printf("请输入两个整数：\n");
    scanf("%d,%d",&x,&y);
    printf("x=%d,y=%d\n",x,y);
    swap(x,y);                          /* 把变量 x、y 的值传给形参 */
    printf("调用后：\n");
    printf("x=%d,y=%d\n",x,y);
  }
```

程序运行情况结果：

```
请输入两个整数：
3,5 ↙
x=3,y=5
调用后：
x=3,y=5
```

执行结果并没有改变变量 x 和 y 的值。

但有时确实需要通过函数调用来改变变量，需用指针变量作函数的形参，将实参变量的地址传给形参。其一般定义和调用过程如下：

```
类型说明符 函数名（形参指针）
{
  …
}
```

调用方式：

```
函数名（& 实参变量）;
```

或

```
函数名（实参指针）;
```

**注意：**在使用“实参指针”作为参数进行函数调用时，实参指针要保证指向一个具体的变量。

此时，当发生函数调用时，将把实参变量的地址传递给形参指针，即形参指针指向调用函数中的实参变量。因此，在函数执行过程中，如果改变了形参所指向变量的值，也就是改变了实参变量的值。当函数返回时，就将被调用函数中的数据（存放在形参指针所指变量中）带回到了调用函数中，使得在被调用函数中对形参指针所指变量的修改实际上就是修改实参变量本身。可以用例 8.2 的方法修改上面的程序以实现 x 和 y 的交换。

**例 8.3** 利用指针变量实现两个变量值的互换。

视频 指针变量作函数参数

```
#include <stdio.h>
void swap(int *p1, int *p2)
/* 因为实参传送的值是地址，所以形参要定义为指针 */
{
  int temp;
  temp=*p1;                       /* 交换 p1、p2 所指地址中的数据 */
```

```
    *p1=*p2;
    *p2=temp;
}
void main()
{
    int x,y;
    printf("请输入两个整数：\n");
    scanf("%d,%d",&x,&y);
    printf("x=%d,y=%d\n",x,y);
    swap(&x,&y);                    /* 把变量 x、y 的地址传给形参 */
    printf("交换后：\n");
    printf("x=%d,y=%d\n",x,y);
}
```

程序运行情况结果：

```
请输入两个整数：
3,5 ↙
x=3,y=5
交换后：
x=5,y=3
```

程序执行时变量的变化情况如图 8-8 所示。

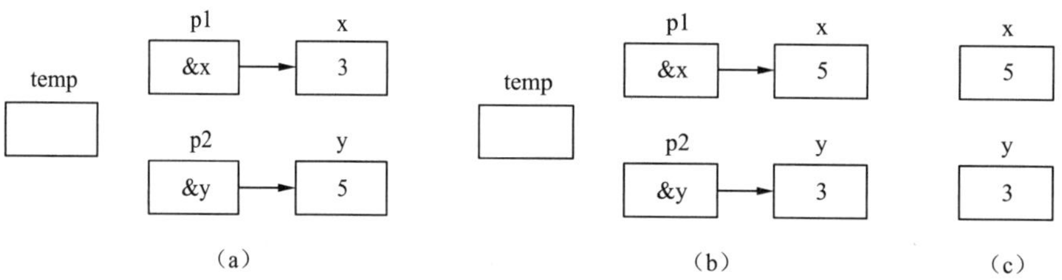


**图 8-8　交换前后变量值的变化情况**

在调用 swap() 函数时，分别将变量 x 的地址传递给形参指针 p1，变量 y 的地址传递给形参指针 p2，即形参 p1 指向 x，p2 指向 y，如图 8-8（a）所示。在函数执行过程当中，对 p1、p2 所指对象中的内容进行交换，就是对 x 和 y 中的内容进行交换，如图 8-8（b）所示。函数调用结束，返回 main() 函数时，p1、p2、temp 被释放，只剩下 x 和 y，如图 8-8（c）所示。x 和 y 的值交换成功。

如果交换函数写成下面这样就有问题了：

```
void swap(int *p1, int *p2)
{
    int *temp;
    *temp=*p1;              /* 此语句有问题 */
    *p1=*p2;
    *p2=*temp;
}
```

该函数中 *temp 是指针变量 temp 所指向的变量，但 temp 中并无确定的地址值，它的值是不可预见的。temp 所指向的单元也是不可预见的。因此，对 *temp 赋值可能会破坏系统的正常工作状态。这是需要读者引起注意的地方。

也请注意不要企图通过改变指针形参的值而使指针实参的值改变。如下面的程序：

```
#include <stdio.h>
void swap(int *p1, int *p2)
{
```

```
  int *p;                          /*p 定义为指针 */
  p=p1;
  p1=p2;
  p2=p;
}
void main()
{
  int x,y;
  printf("请输入两个整数：\n");
  scanf("%d,%d",&x,&y);
  printf("x=%d,y=%d\n",x,y);
  swap(&x,&y);
  printf("交换后：\n");
  printf("x=%d,y=%d\n",x,y);
}
```

程序运行情况结果：

```
请输入两个整数：
3,5 ↙
x=3,y=5
交换后：
x=3,y=5
```

编程者希望通过交换 p1 和 p2 的值来实现 x 和 y 的值的交换，但是这是办不到的，实际情况是 x 和 y 的值并没有发生改变。问题在于 C 语言中实参变量和形参变量之间的数据传递是单向的"值传递"方式。指针变量作为函数参数也要遵循这一规则。如图 8-9 所示，交换函数交换了 p1 和 p2 的值，即只交换了 p1 和 p2 的指向，而 x 和 y 的值并没有改变。

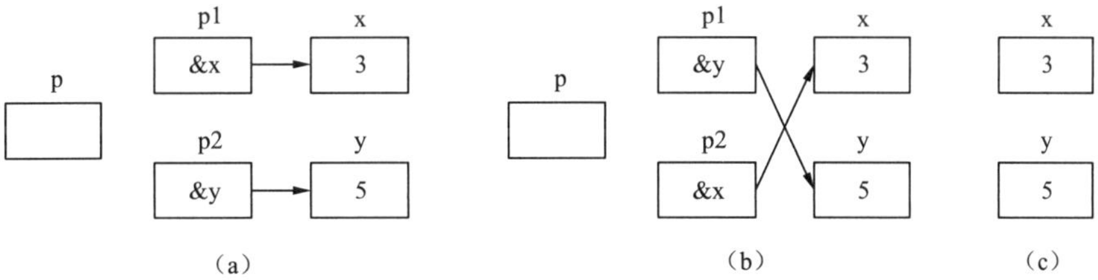


**图 8-9 交换前后变量值的变化情况**

由第 7 章可知，C 语言的函数通过 return 语句至多返回给主调用函数一个值。当需要通过函数调用得到多个需要的（改变的）值时，可以通过实参变量的地址传递给形参指针，即形参指针指向实参变量，通过改变形参指针所指变量的值，实现调用函数与被调用函数之间的数据传递，从而使被调用函数返回多个值到调用函数中。这是指针作为函数参数的其中一个重要使用场合。

**例 8.4** 编写函数，要求返回数组元素的最大值及相应的数组下标。

```
#include <stdio.h>
int max(int a[],int *p)
{
  int i,b;
  b=a[0];*p=0;
  for(i=1;i<=6;i++)
    if(b<a[i])
```

```
    {
      b=a[i];
      *p=i;
    }
  return b;
}
void main()
{
  int i,n,a[]={85,90,78,98,65,68};
  n=max(a,&i);
  printf("n=%d,i=%d\n",n,i);
}
```

程序运行情况结果：

```
n=98,i=3
```

程序在第 17 行执行语句“n=max(a,&i);”时发生函数调用，将实参变量 i 的地址传递给形参指针 p，即形参指针 p 指向 main() 函数中定义的变量 i，如图 8-10 所示。执行第 10 行语句“*p=i;”时将新找到的最大数组元素下标通过形参指针传递给 main() 函数中定义的实参变量 i；执行第 12 行语句“return b;”时，将求得的最大数组元素返回。由此可见，max() 函数执行完毕，返回至主调用函数 main() 后，将返回两个值给调用函数，一个由 return 返回，一个通过在函数调用中改变形参指针 p 所指向的变量的值而得到。

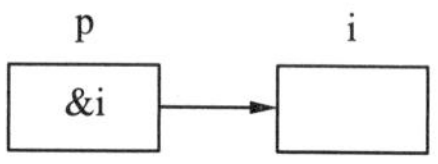

图 8-10　p 指向变量 i

**注意**：除数组名和函数名外，当需要传递实参变量的地址时，必须在变量名前加上 & 运算符，在被调用函数的形参中对应参数应说明为指针。

**例8.5**　编写函数，求出数组 a 中所有 3 的倍数之和以及所有 5 的倍数之和。

```
#include <stdio.h>
#define N 10
void fun(int a[ ],int n,int *pthree,int *pfive)
{
  int i;
  *pthree=0; *pfive=0;
  for(i=0;i<n;i++)
  {
    if(a[i]%3==0) *pthree+=a[i];
    if(a[i]%5==0) *pfive+=a[i];
  }
}
void main()
{
  int three,five,a[N]={2,5,8,9,12,7,10,6,9,1};
  fun(a,N,&three,&five);
  printf("three=%d,five=%d\n",three,five);
}
```

在本例中 fun() 函数执行完毕，返回至主调用函数 main() 后，虽然 fun() 函数没有返回值，但实际等同于返回了两个值给主调用函数，这两个值都是通过在函数调用中改变了形参指针所指向变量的值而达到目的。

# 8.4　指针和一维数组

前面介绍的是指向变量的指针及通过指针引用变量的方法。变量有地址，一个数组包含多个数组元素，每个数组元素都在内存中占有内存单元，它们同样具有地址。因此，既然指针变量可以指向变量，同样可以指向数组中的元素，并且通过指针也可以引用数组元素。

## 8.4.1　一维数组的指针

数组的指针是指数组的首地址；数组元素的指针就是数组元素的地址。

C 语言规定，数组名代表数组的首地址，因此数组名实际上是指向数组第 0 个元素的指针，它是一个指针常量。

例如，定义了一个整型数组 int a[10]，为了用指针表示 a 中的数组元素，需要说明一个与数组元素同类型的指针变量，并通过赋值语句使该指针变量指向数组的第 0 个元素，具体程序段示例如下：

```
int a[10], *pa;
pa=a;                    /* 或 pa=&a[0];*/
```

习惯上称为使 pa 指向数组，如图 8-11 所示。

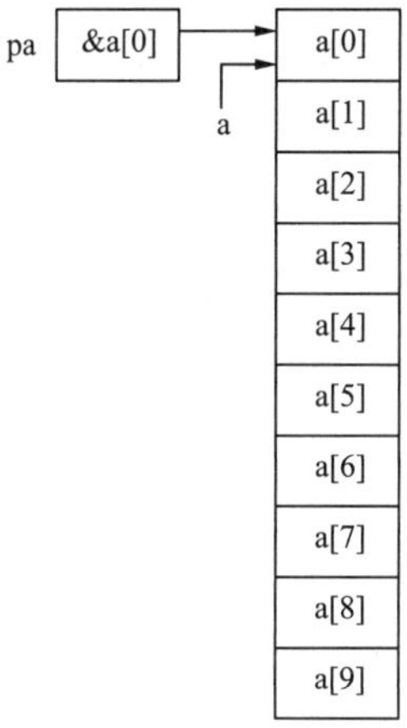


图 8-11　一维数组的指针

由此可以看出，为了使指针变量指向一个数组，既可以直接将数组名赋给指针变量，在数组名前不需要取地址运算符，因为数组名就是指针；也可以将数组中下标为 0 的元素所在的地址赋给指针变量，但此时要在数组元素前使用取地址运算符“&”。

在定义指针变量时，可以对它用数组首地址赋初值。以下 4 组语句是等价的：

```
① int a[10], *p=a;
② int a[10], *p=&a[0];
③ int a[10], *p;
   p=a;
④ int a[10], *p;
   p=&a[0];
```

**说明：** 与数组元素类型相同的指针变量可以指向数组中任何一个元素。

例如：

```
int a[10], *p;
p=&a[5];
```

则指针 p 指向数组元素 a[5]。用于指向数组或数组元素的指针变量类型必须与数组类型相同。

## 8.4.2　数组元素引用相关的指针算术运算

当指针指向数组元素后，指针可进行四个算术运算，包括：自增（++）、自减（--）、加上一个整数（+）、减去一个整数（-）。

### 1. 指针加（减）一个整数

C 语言规定，当指针变量 p 指向数组的某一个元素时，p+1 将指向下一个元素，而不是将 p 值（当前所指向元素的地址）简单地加 1。例如，数组元素是单精度实型，每个元素在 Visual C++ 2010 中占 4 字节，则 p+1 表示的地址值为 p+1*4，即 p+1 是指向下一个数组元素的指针。p+1 所代表的地址实际上是

p+1*sizeof（数组类型）。

类似地，当指针变量 p 指向数组的某一个元素时，p+i 不是简单地将 p 值（当前所指向元素的地址）加 i，而是加 i*sizeof（数组类型），由于 p+i*sizeof（数组类型）为当前数组元素之下的第 i 个数组元素的地址，因此 p+i 指向当前数组元素之下的第 i 个数组元素。

例如，指针 p 当前指向 a[0]，则 p+1 和 a+1 均指向 a[1]，p+i 和 a+i 均指向 a[i]，如图 8-12（a）所示；如果 p 当前指向 a[i]，则 p+1 指向 a[i+1]，p+j 指向 a[i+j]，如图 8-12（b）所示。

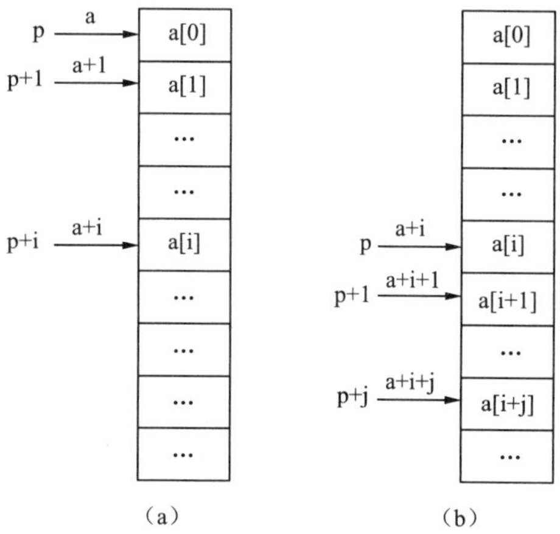

图 8-12　指针加减一个整数

又如：

```
int a[10], *p, *q; p=a; q=&a[5];
```

则 p+4 指向 a[4]，q+4 指向 a[9]，请读者自行分析。

**2. 指针的自增自减运算**

当指针变量指向数组的某一个元素时，指针自增 1 后指向下一个数组元素，指针自减 1 后指向前一个数组元素。

例如，如果指针 p 当前指向 a[5]，则执行“p++;”后 p 指向元素 a[6]，如图 8-13（b）所示，若执行“p--;”则 p 指向元素 a[4]，如图 8-13（c）所示。

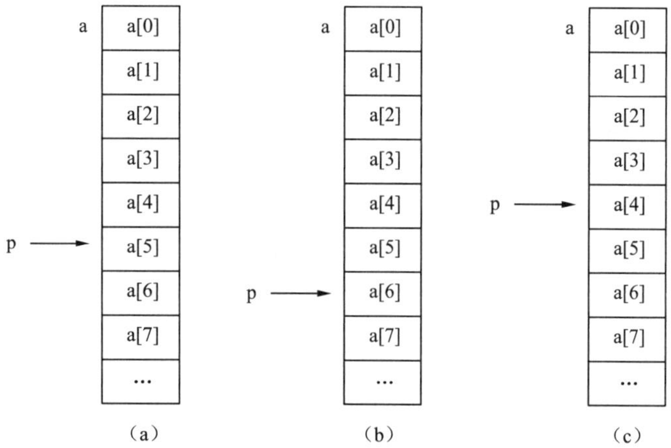

图 8-13　指针自增自减

当指针变量指向数组元素后，可通过自增自减运算使指针在数组中前后移动，从而以移动的方式指向并引用各个元素，因此可形象地称它为“活动指针”。

此外，要特别注意的是，数组名代表数组的首地址，所以数组名也是一个指针，但数组名是一个指针常量，所以不能对数组名进行赋值或自增自减。

如下面的语句：

```
int a[10], *p=a;
p=p+1;          /* 合法，因为 p 是指针变量，可以进行赋值，使 p 指向下一元素 */
a=a+1;          /* 不合法，因为 a 是指针常量，不能进行赋值 */
```

### 8.4.3　通过指针引用一维数组元素

如前面所述，若指针 p 指向 a[0]，则 p+i 和 a+i 均指向 a[i]，因此，*(p+i) 或 *(a+i) 就是对数组元素 a[i] 的间接访问。同样，若指针 p 指向 a[i]，则 p+j 指向 a[i+j]，*(p+j) 就是对 a[i+j] 的间接访问。

实际上，在编译时，对数组元素 a[i] 就编译处理成 *(a+i)，即按数组首元素的地址加上相对偏移量（下标）得到要找的元素地址，然后找出该单元中的内容。与数组名表示法类似，指向数组的指针变量也可以带下标，如 p[i] 和 *(p+i) 是等价的。

因此，引用数组元素就有如下两种等价的形式。

（1）下标引用，如 a[i]、p[i]（在 p 指向数组首地址时等价于 a[i]）。

（2）指针引用（指针包括指针变量名和数组名），如 *(p+i) 或 *(a+i)。

若有如下关于数组和指针的定义：

```
int a[10], *p=a;
```

则关于数组元素的引用，下列四种方法是等价的：

| 下标法 | 指针法 | 指针法 | 下标法 |
|---|---|---|---|
| a[0] | *p | *a | p[0] |
| a[1] | *(p+1) | *(a+1) | p[1] |
| … | … | … | … |
| a[9] | *(p+9) | *(a+9) | p[9] |

元素的地址对应关系如图 8-14 所示。

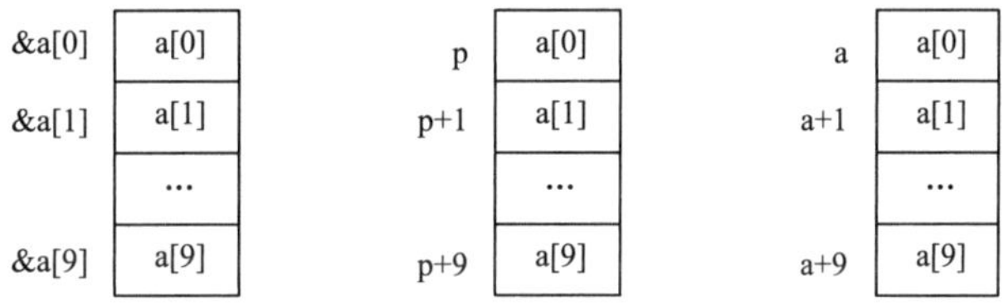


**图 8-14　数组元素的地址对应关系**

**注意：** *指针 p 是指针变量，数组名 a 是指针常量，因而，“p=a; p++;”是合法的赋值语句，“a=p; a++;”是非法的赋值语句。*

例 8.6 用了多种方法来对指针所指向的数组元素进行输入和输出，读者可以比较这些方法的相同和不同之处，以便于更好地理解指针。

**例 8.6**　输入和输出数组的所有元素。

（1）下标法。

```
#include <stdio.h>
#define SIZE 10
void main()
{
  int i,a[SIZE];
  printf("\n input a[0],a[1],…,a[9]:\n");
  for(i=0;i<SIZE;i++)
    scanf("%d",&a[i]);
  for(i=0;i<SIZE;i++)
    printf("%6d",a[i]);
  printf("\n");
}
```

（2）数组名作数组首地址法。

```
#include <stdio.h>
```

```
#define SIZE 10
void main()
{
  int i,a[SIZE];
  printf("\n input a[0],a[1],…,a[9]:\n");
  for(i=0;i<SIZE; i++)
    scanf("%d",a+i);
  for(i=0;i<SIZE; i++)
    printf("%6d",*(a+i));
  printf("\n");
}
```

（3）用指针变量引用数组元素法。

```
#include <stdio.h>
#define SIZE 10
void main()
{
  int i,a[SIZE],*p=a;
  printf("\n input a[0],a[1],…,a[9]:\n");
  for(i=0;i<SIZE;i++)
    scanf("%d",p+i);
  for(i=0;i<SIZE;i++)
    printf("%6d",*(p+i));
  printf("\n");
}
```

（4）活动指针引用数组元素法。

```
#include <stdio.h>
#define SIZE 10
void main()
{
  int a[SIZE],*p;
  printf("\n input a[0],a[1],…,a[9]:\n");
  for(p=a; p<a+SIZE;p++)
    scanf("%d",p);
  for(p=a;p<a+SIZE;p++)
    printf("%6d",*p);
  printf("\n");
}
```

以上四个程序的功能是完全等价的。其中，方法（1）下标法最直观；方法（2）和（3）是利用数组首地址加上偏移量（下标）后得到相应数组元素地址，再通过“*”运算引用相应数组元素，而无论数组名 a 还是指针变量 p 都在程序执行过程中一直指向数组首地址；在方法（4）中，循环开始时指针变量 p 指向数组 a 的首地址（p=a），随着循环的执行，循环体语句每执行一次，p 值（当前数组元素的地址）增加 1 个单位（p++），即 p 指向下一个数组元素。因此，随着循环体的执行，指针 p 从数组首地址开始向后移动，并通过“*”运算引用当前所指向的数组元素，可以形象地称为“活动指针”。该方法最灵活，内存读写速度快，但也容易出错，使用时要格外小心。

另外，当 p 指向数组首地址时，同样可以利用 p[ 下标 ] 的形式引用数组 a 中的元素，其本质都是等价的。例如：

```
#include <stdio.h>
#define SIZE 10
void main()
{
  int i,a[SIZE],*p=a;
  printf("\n intput a[0],a[1],…,a[9]:\n");
  for(i=0;i<SIZE;i++)
    scanf("%d",&p[i]);
  for(i=0;i<SIZE;i++)
    printf("%6d",p[i]);
  printf("\n");
}
```

在使用指针变量时，需要注意以下几点：

（1）“*” 和 “++” 是同一优先级，按从右至左方向结合的单目运算符，所以 *p++ 等价于 *(p++)，即 “++” 运算是作用于指针 p 而不是指针的对象 *p。

（2）由于 p++ 改变了 p 的值，当循环结束后，p 已经指向数组 a 的元素以外的内存单元，所以当用下一个循环语句输出数组的所有元素时，必须用 p=&a[0] 或 p=a，使 p 重新指向 a[0]。

将 “++” 和 “--” 运算符用于指针变量十分有效，可以使指针变量自动向后或向前移动，指向下一个或上一个数组元素。但如果不小心，很容易弄错。因此在用 *p++ 形式的运算时，一定要十分小心，弄清楚先取 p 值还是先使 p 加 1。

例8.7　分析下面程序的运行结果。

视 频

指针和一维数组

```
#include <stdio.h>
void main()
{
  int a[ ]={1,2,3,4,5,6,7,8,},test,*p=a;
  test=*p++;                                 /*语句①行*/
  printf("test=%d\n", test);
  test=*++p;                                 /*语句②行*/
  printf("test=%d\n", test);
  test=++*p;                                 /*语句③行*/
  printf("test=%d\n", test);
  test=(*p)++;                               /* 语句④行 */
  printf("test=%d\n", test);
}
```

程序运行结果：

```
test=1
test=3
test=4
test=4
```

分析如下：语句①行等价于 “test=*p;p=p+1;”，所以 test =1，而 p 指向 a[1]。

语句②行等价于 “p=p+1;test=*p;”，所以 p 指向 a[2]；test =3。

语句③行等价于 “test =++(*p);”，即 a[2]=a[2]+1=3+1；test = a[2]=4。

语句④行等价于 “test =(*p); (*p)++;”，即 test = a[2]=4；a[2]=a[2]+1=4+1=5。

例 8.8　用指针改写选择排序程序，将数组元素按从小到大的顺序排序。

```
#include <stdio.h>
#define N 10
void main()
{
  int a[N]={8,9,7,3,5,4,2,1,0,6};
  int *p1,*p2,*p3,*end;
  int t;
  end=a+N-1;
  for(p1=a;p1<end;p1++)
  {
    p3=p1;
    for(p2=p1+1;p2<=end;p2++)
      if(*p3>*p2)
        p3=p2;
    if(p3!=p1)
    {t=*p1;*p1=*p3;*p3=t;}
  }
  for(p1=a;p1<=end;p1++)
    printf("%d ",*p1);
  printf("\n");
}
```

请读者自己消化理解程序。

### 8.4.4　一维数组的指针作函数参数

将一维数组名作为函数参数传送时被传递的是数组第 0 个元素的地址，被调用函数中接收这个地址的形参应是一个存放该地址的变量，也就是指针变量。

一般来说，一维数组作函数参数时，有四种情况，见表 8-1。

表 8-1　一维数组作函数参数的四种形式

<table>
<tr><th>数组作函数参数的形式</th><th>程序举例</th><th>参数传递示意图</th></tr>
<tr><td>实参与形参都用数组名</td><td>void fun(int v[],int n)<br>{…}<br>void main()<br>{<br>  int a[10];<br>  …<br>  fun(a,10);<br>  …<br>}</td><td rowspan="2">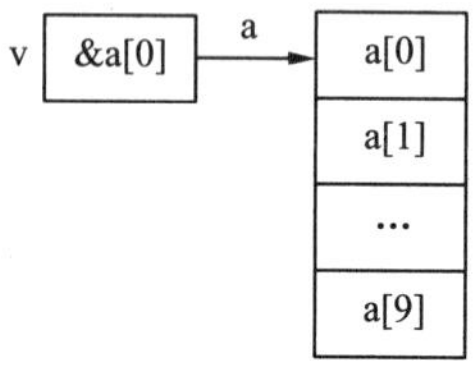
</td></tr>
<tr><td>实参用数组名，形参用指针变量</td><td>void fun(int *v,int n)<br>{…}<br>void main()<br>{<br>  int a[10];<br>  …<br>  fun(a,10);<br>  …<br>}</td></tr>
</table>

续表

| 数组作函数参数的形式 | 程序举例 | 参数传递示意图 |
| --- | --- | --- |
| 实参与形参都用指针变量 | void fun(int *v,int n)<br>{…}<br>void main()<br>{<br>  int a[10],*p=a;<br>  …<br>  fun(p,10);<br>  …<br>} | 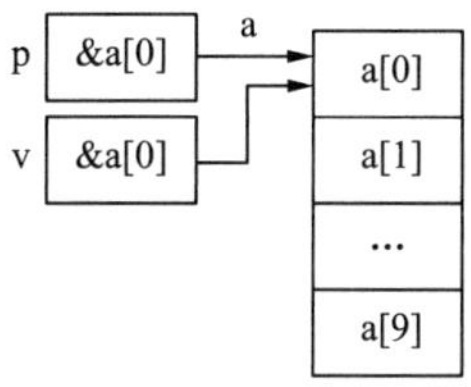<br> |
| 实参用指针变量，形参用数组名 | void fun(int v[],int n)<br>{…}<br>void main()<br>{<br>  int a[10],*p=a;<br>  …<br>  fun(p,10);<br>  …<br>} | |

**例 8.9** 利用指针作函数参数实现整型数组 a 中元素逆序存放。

编程思路：设置两个活动指针 p 和 q，初始时 p 指向 a[0]，q 指向最后一个元素 a[n−1]，将 p 和 q 所指元素 a[0] 和 a[n−1] 交换；将 p 后移一个单位指向 a[1]，q 前移一个单位指向 a[n−2]，再交换两个元素；如此循环直到 p 和 q 指针“碰面”为止，如图 8-15 所示。

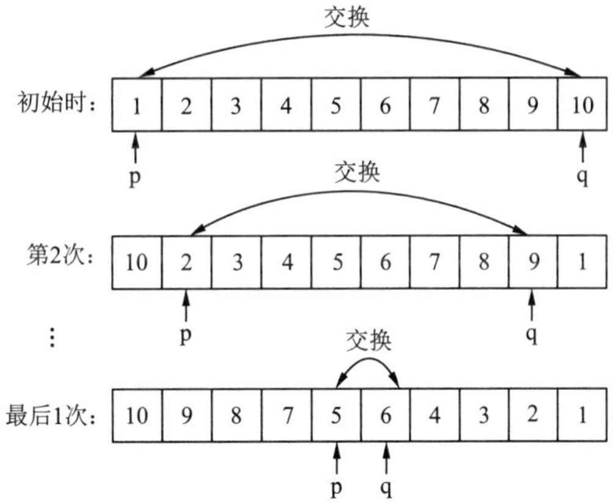


**图 8-15 算法示意图**

```
#include <stdio.h>
void reverse(int *p,int n)
{
  int *q,t;
  for(q=p+n-1; p<q; p++,q--)
  {
    t=*p;
    *p=*q;
    *q=t;
  }
}
void main()
```

```
{
  int i,a[10];
  for(i=0;i<10;i++)
    scanf("%d",&a[i]);
  reverse(a,10);                              /* 调用函数 */
  for(i=0;i<10;i++)
    printf("%d\t",a[i]);
}
```

当程序调用函数 reverse(a,10) 时，将实参数组名 a 所表示的数组首地址传递给形参指针 p，即 p 指向 a[0]，数组元素个数 10 传递给形参变量 n；执行第 5 行 for 循环时，首先计算表达式 q=p+n−1，使 q 指向最后一个元素 a[n−1]，执行循环体使 p 和 q 所指元素交换，每循环一次，p 指针后移一个单位（p++），q 指针前移一个单位（q−−）；直到 p 和 q 碰面（p>=q）时循环结束，完成数组中元素的逆序存放。

例 8.10　用指针改写冒泡排序程序。

```
#include <stdio.h>
#define SIZE 10                               /* 定义数组大小 */
void sort(int *,int);                         /* 函数声明 */
void main()
{
  int i,a[SIZE],*pi;
  printf("请输入 %d 个整数：\n",SIZE);
  for(i=0;i<SIZE;i++)
    scanf("%d",&a[i]);                        /* 用下标法对数组元素进行操作 */
  printf("排序前：\n");
  for(i=0;i<SIZE;i++)
    printf("%6d",a[i]);
  printf("\n");
  pi=&a[0];
  sort(pi,SIZE);                              /* 实参为一个指针，该指针指向数组的首地址 */
  printf("排序后：\n");
  for(i=0;i<SIZE;i++)
    printf("%6d",*(pi+i));                    /* 用指针对数组元素进行操作 */
  printf("\n");
}
void sort(int * v,int n)
/* 形参 v 为一个指针，指向数组的首地址，可以作为数组名使用 */
/* 形参 n 表示数组大小 */
{
  int i,temp,*pi;
  for(i=0;i<n-1;i++)
    for(pi=v;pi<v+n-i-1;pi++)                 /*pi 指向数组首地址 */
      if(*pi>*(pi+1))                         /* 比较相邻两个地址中的内容，如果逆序则交换 */
      {
        temp=*pi;
        *pi=*(pi+1);
        *(pi+1)=temp;
      }
}
```

请读者自己消化理解程序。

# 8.5　指针和多维数组

也可以用指针变量指向多维数组中的元素，但在概念和使用上，多维数组的指针比一维数组的指针要复杂，本节以二维数组指针为例进行阐述。

## 8.5.1　二维数组的指针

设定义并初始化一个 3 行 4 列的二维数组如下：

```
int a[3][4]={{1,2,3,4},{5,6,7,8},{9,10,11,12}};
```

按第 6 章所述，其数据结构的直观理解如图 8-16 所示。

对二维数组的地址，可做如下两步理解。

（1）将图 8-16 二维数组的每一行看成一个整体，而先不管其内部具体细节，每一行用 a[i] 表示，i 是行下标，则该二维数组 a 可看成有 3 个数组元素 a[0]、a[1]、a[2] 的一维数组，如图 8-17 所示。

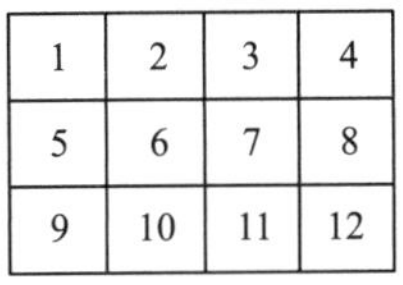


图 8-16　二维数组数据结构

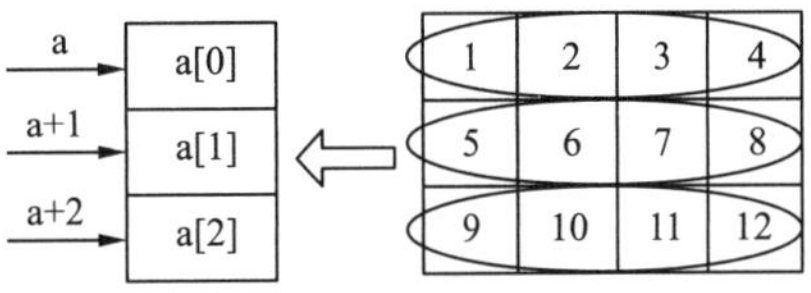


图 8-17　二维数组地址的第一步理解

因此，可以用 8.4.1 节一维数组指针的方法来理解数组 a 的地址情况。即 a 指向 a[0]，a 代表的是第 0 行的首地址，a+1 指向 a[1]，a+1 代表的是第 1 行的首地址，a+2 指向 a[2]，a+2 代表的是第 2 行的首地址。所以有下面的地址等价关系和间接引用：

| 地址等价 | 间接引用 |
|---|---|
| a=&a[0] | a[0]=*a |
| a+1=&a[1] | a[1]=*(a+1) |
| a+2=&a[2] | a[2]=*(a+2) |
| ⋮ | ⋮ |
| a+i=&a[i] | a[i]=*(a+i) |

推广到一般情况，有：

```
a+i=&a[i]   a[i]=*(a+i)
```

**说明：**二维数组名 a 指向的对象是 a[0]，a[0] 在此处不是一个具体的数组元素，而代表的是数组行（第 0 行），因此 a+1 中的“1”代表以行为单位的 1 个偏移量，所以 a+1 指向第 1 行 a[1]。同理，a+i 中的“i”代表以行为单位的 i 个偏移量，所以 a+i 指向第 i 行 a[i]。

（2）事实上，a[i]（i=0, 1, 2）不是一个简单的数组元素，而是代表相应那一行的一个一维数组，其中的每个一维数组包含 4 个元素。a[i]（i=0, 1, 2）可看成相应那行一维数组的数组名，即：

```
a[0][ ]={1,2,3,4}
a[1][ ]={5,6,7,8}
a[2][ ]={9,10,11,12}
```

于是，同样按照 8.4.1 节一维数组指针的理解方法，a[i] 是第 i 行一维数组的首地址，即第 i 行一维数组第 0 个元素的地址，指向 a[i][0]，a[i]+1 是第 i 行一维数组第 1 个元素的地址，指向 a[i][1]，而 *(a+i) 和 a[i] 是等价的，因此 *(a+i)+1 也是第 i 行一维数组第 1 个元素的地址。下面依此类推，如图 8-18 所示。

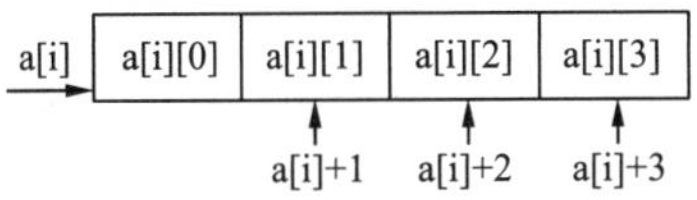


图 8-18　二维数组地址的第二步理解

所以有下面的地址等价关系和间接引用：

| 地址等价 | 间接引用 |
|---|---|
| a[i]=&a[i][0] | a[i][0]=*a[i] |
| a[i]+1=&a[i][1] | a[i][1]=*(a[i]+1) |
| a[i]+2=&a[i][2] | a[i][2]=*(a[i]+2) |
| ⋮ | ⋮ |
| a[i]+j=&a[i][j] | a[i][j]=*(a[i]+j) |

推广到一般情况，有：

```
a[i]+j=&a[i][j]  a[i][j]=*(a[i]+j)
```

由第（1）步可知，a[i]=*(a+i)，所以对于一般的二维数组 a，有下面的地址等价关系和间接引用：

```
*(a+i)+j=&a[i][j]  a[i][j]=*(*(a+i)+j)
```

综上所述，对二维数组地址的理解如图 8-19 所示。

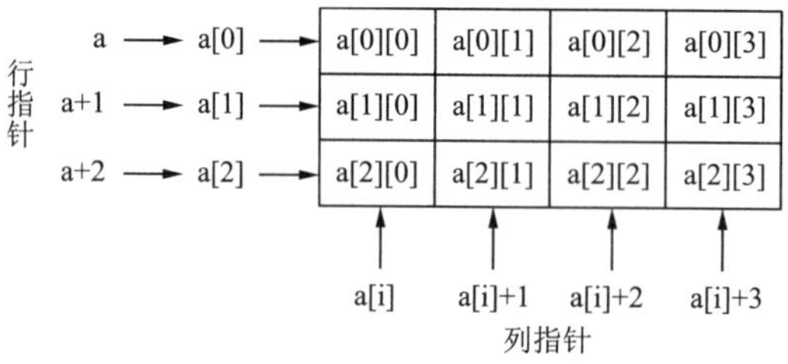


**图 8-19　二维数组的指针**

特别强调：二维数组名 a 是指向行的，它所指向的对象并不是某个元素，而是第 0 行，因此 a+i 中的“i”代表以行为单位的 i 个偏移量，所以 a+i 指向第 i 行（不是第 i 行的某个元素），可称其为行指针。而 a[0]（或 *a）是指向列的（或者说指向元素的），因此 a[0]+j（或 *a+j）中的“j”就表示以元素为单位的 j 个偏移量，所以 a[0]+j 指向第 0 行一维数组中的第 j 个元素 a[0][j]，可称其为列指针。

在行指针前面加一个“*”就转换为列指针（指向元素的指针）。例如，a 和 a+i 是行指针，在它们前面加一个“*”就是 *a 和 *(a+i)，它们就成为列指针，分别指向 a 数组 0 行 0 列的元素和 i 行 0 列的元素。反之，在列指针前面加“&”就成为行指针。例如，a[0] 是指向 0 行 0 列元素的指针，在它前面加“&”，得 &a[0]，由于 a[0] 和 *(a+0) 是等价的，因此 &a[0] 和 &*a 等价，也就是与 a 等价，它指向二维数组的 0 行。行指针经过两次“*”运算可间接访问到二维数组元素。如图 8-20 所示。

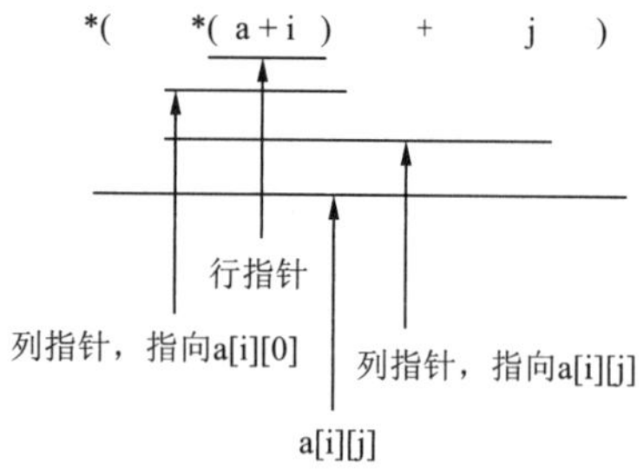


**图 8-20　行指针转换成列指针并引用数组元素**

由此可见，尽管 a、a[0]、*a 代表的都是二维数组 a 的首地址，但它们的含义不同，所指向的对象不同，在程序中要以“首地址 + 偏移量”方式引用元素时不能随意互换，如 a+3 指向的是二维数组 a 的第 3 行，显然已经数组引用越界了，a[0]+3 指向的是第 0 行的第 3 个元素 a[0][3]，这是合法的。同样，虽然 a+i、*(a+i)、a[i] 的值都表示 a[i][0] 的地址，即 a+i=*(a+i)=a[i]=&a[i][0]，但它们的含义是不同的，a+i 指向的是数组行，而 a[i]（或 *(a+i)）指向的是元素 a[i][0]。

## 8.5.2　通过指针变量引用二维数组元素

由上面的分析可知，二维数组的指针分两个层次：行指针和列指针，因此，二维数组的指针变量也分两种。

**1. 列指针变量**（指向数组元素的指针变量）

指向二维数组元素的指针变量的定义和使用方法与一般的指针变量相同，利用该指针变量可引用二维数组中的元素。

**例 8.11** 利用指向数组元素的指针变量输出二维数组元素。

```
#include <stdio.h>
void main()
{
  int a[3][4]={1,2,3,4,5,6,7,8,9,10,11,12};
  int *p;
  for(p=a[0];p<a[0]+12;p++)
  {
    if((p-a[0])%4==0)
      printf("\n");
    printf("%4d",*p);
  }
}
```

上述程序中，用整型指针变量 p 来指向和引用二维数组 a 中的元素。第 6 行 for 语句的表达式 p=a[0] 中 a[0] 所指向的对象是数组元素 a[0][0]，它不能用 a 代替，因为 p 是整型指针，可以指向一个整型变量，也可以指向一个整型数组元素，而 a 是一个指向数组行（第 0 行）的指针，两者层次不同。p<a[0]+12 中由于 a[0] 是指向元素的指针，因此，12 表示以元素为单位的偏移量，即 a[0]+12 表示数组 a 中最后一个元素的下一个存储单元的地址，若误用 a 来替换 a[0]，则 a+12 表示以行为单位的偏移，即 a 的第 12 行首地址，显然发生数组引用越界了。

**2. 行指针变量**（指向数组行的指针变量）

二维数组中除了有指向元素的指针外，还有一类指针是指向数组行的。如前所述，二维数组名 a 指向第 0 行，a+i 指向第 i 行。C 语言中，可以定义一个指向数组行的指针变量（或者说指向由 m 个元素组成的一维数组的指针变量，因为二维数组的行就是由 m 个元素构成的一维数组），所谓指向数组行的指针变量 p，是指当 p 指向数组的某一行时，p+1 将指向数组的下一行。即如果 p=&a[i]，则 p+1=&a[i+1]。

指向数组行的指针变量定义的一般形式如下：

```
类型说明符 (*指针变量名)[数组行元素个数];
```

例如：

```
int (*p)[4];
```

p 被定义成为一个指针变量，用以指向有 4 个元素的一维整型数组，或者具有 4 列的二维整型数组的某一行。

**注意：** 不能将 int (*p)[4] 写成 int *p[4]，前者说明 p 是指向数组行的指针变量，后者说明 p 是一个具有 4 个元素的指针数组（8.7 节将详述）。在 C 语言中，[ ] 被看成计算数组下标的运算符，优先级高于单目运算符，所以 *p[4] 等同于 *(p[4])。

指针变量说明之后，必须先给指针变量赋值，才能引用指针的对象。例如：

```
int (*p)[4],a[3][4];
p=a;
```

使 p 指向数组 a 的第 0 行。p 与数组 a 之间的关系如图 8-21 所示。

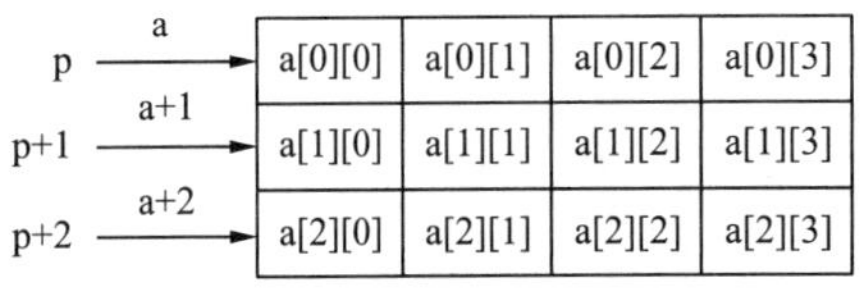


图 8-21　p 与数组 a 之间的关系

当数组行指针变量 p 指向二维数组 a 的首地址后，引用二维数组元素同样也有两种等价的形式：

（1）下标引用，如 a[i][j]、p[i][j]。

（2）指针引用，如 *(*(a+i)+j)、*(*(p+i)+j)。

例 8.12 用数组行指针变量按矩阵形式输出二维数组的所有元素。

```
#include <stdio.h>
void main()
{
  int a[3][4]={1,2,3,4,5,6,7,8,9,10,11,12},(*p)[4],i,j;
  p=a;                                  /* 指针指向数组首地址 */
  for(i=0;i<3;i++)
  {
    for(j=0;j<4;j++)
      printf("%6d",*(*(p+i)+j));     /* 或 p[i][j]*/
    printf("\n");
  }
}
```

## 8.5.3 二维数组的指针作函数参数

二维数组作函数参数时分为两种情况：用指向变量或数组元素的指针变量（列指针）作函数参数；用指向数组行的指针变量（行指针）作函数参数。

（1）形参说明为指向数组元素的指针，实参为数组元素的地址或指向元素的指针变量。

例如，有函数 f() 的定义如下：

```
void f(int *pi, int size)
{
  …
}
```

调用函数 f()，用数组元素的地址作实参。

```
void main()
{
  int a[3][4];
  void f(int *, int);
  …
  f(a[0],3*4); /*a[0] 是元素 a[0][0] 的地址，调用也可写成 f(&a[0][0],3*4)，3*4 是数组元素的个数 */
}
```

调用函数 f()，用指向数组元素的指针变量作实参。

```
void main()
{
  int a[3][4];*pi;
  void f(int *, int);
  pi=a[0];              /* 或 pi=&a[0][0];*/
  f(pi,3*4);
  …
}
```

pi 是指向数组元素的指针。

（2）形参说明为指向数组行的指针，实参为数组行指针或指向数组行的指针变量。

例如，有函数 f() 的定义如下：

```
void f(int (*pa)[4], int size)
{
…
}
```

调用函数 f()，用数组行指针作实参。

```
void main()
{
  int a[3][4];
  void f(int (*)[4], int);
  …
  f(a,2);
  …
}
```

实参 a（二维数组名）是指向数组行 a[0] 的指针，类型为 int (*)[4]。

用指针变量作实参，例如：

```
void main()
{
  int a[3][4],(*pa)[4];
  void f(int (*)[4], int);
  …
  pa=a;
  f(pa,2);
  …
}
```

**例 8.13** 用数组行指针作参数，编写函数实现二维数组元素的输出。

```
#include <stdio.h>
void output(int (*p)[4])
{
  int i,j;
  for(i=0;i<3;i++)
  {
    for(j=0;j<4;j++)
      printf("%6d",*(*(p+i)+j));
    printf("\n");
  }
}
void main()
{
  int a[3][4]={1,2,3,4,5,6,7,8,9,10,11,12},(*p)[4];
  p=a;                                     /* 指针指向数组首地址 */
  output(p);
}
```

函数 output() 的形参 p 不是一般指向整型变量的指针变量，而是指向包含 4 个元素的数组行指针变量。函数调用开始时，将实参 p 的值（代表该数组第 0 行首地址）传递给形参 p，则形参 p 和实参 p 共用同一个数组 a 的存储空间，p+i 指向数组 a 的第 i 行，*(p+i)+j 是 a[i][j] 的地址，*(*(p+i)+j) 是 a[i][j] 的值。

例8.14 有 3 个学生，各学 4 门课，计算总平均分数，并查找有一门以上课程不及格的学生，打印输出他们的全部课程成绩。

```
#include <stdio.h>
float avg(float *p,int n)            /* 计算总平均分 */
{
  float *q,sum,aver;
  q=p+n-1;
  sum=0;
  while(p<=q)
  {
    sum=sum+(*p);
    p++;
  }
  aver=sum/n;
  return aver;
}
void search(float (*p)[4],int n)    /* 查找有不及格的学生，并输出 */
{
  int i,j,find;
  for(i=0;i<n;i++)
  {
    find=0;
    for(j=0;j<4;j++)
      if(*(*(p+i)+j)<60)
        find=1;
    if(find==1)
    {
      printf(" 第 %d 个同学不及格，成绩是：\n",i+1);
      for(j=0;j<4;j++)
        printf("%5.1f",*(*(p+i)+j));
      printf("\n");
    }
  }
}
void main()
{
  float score[3][4]={{68,76,65,80},{56,77,74,67},{81,80,67,78}};
  float average;
  average=avg(*score,12);
  printf("average=%5.2f\n",average);
  search(score,3);
}
```

自定义函数 avg() 中，形参 p 被说明为指向整型变量（或数组元素）的指针，在主函数体第 3 行调用该函数时，实参 *score 是指向数组元素 score[0][0] 的指针，即当发生参数传递时，将实参数组元素 score[0][0] 的地址传递给形参指针 p，在 avg() 函数体中，p 作为“活动指针”按顺序逐个引用每个数组元素，并求平均值。自定义函数 search() 中，形参 p 是指向有 4 个元素的数组行指针变量，在主函数体第 5 行调用该函数时，实参 score 是该数组第 0 行首地址，即当发生参数传递时，将实参数组 score 第 0 行首地址传递给 p，则 p 与 score 共用同一个二维数组的存储空间。

## 8.6　通过指针引用字符串

### 8.6.1　字符串的引用

在 C 语言中，表示一个字符串有以下三种形式：

（1）说明和初始化一个字符数组。例如：

```
char astr[ ]= "It's a string";        /* 数组长度为初值长度加 1*/
```

（2）说明一个字符数组，用标准输入函数从外围设备输入一个字符串。例如：

```
char astr[20];
scanf("%s",astr);                     /* 或 gets(astr);*/
```

（3）说明和初始化一个字符指针。例如：

```
char *pstr="It's a string" ;
```

pstr 是指向字符串 "It's a string" 的指针。与字符数组不同，字符串可以用赋值运算符赋给一个字符指针，实际赋给 pstr 的是字符串的首地址，即用一个字符指针指向一个字符串。上面的语句还可以写为：

```
char *pstr;
pstr="It's a string";                 /* 将字符串的首地址赋给字符型指针变量 pstr*/
```

指针变量 pstr 可用于输入、输出整个字符串或作为函数调用的参数；通过指针逐步加 1 可由 *pstr 引用字符串中的每个元素。

```
char *pstr="It's a string" ;
printf("%c\n",pstr[6]);               /* 或 printf("%c\n",*(pstr+6));*/
```

结果都输出 a。

也可以用指针变量指向的字符串来表示程序中的任何字符串。

```
char *format;
format="a=%d,b=%f\n";
printf(format,a,b);
```

例8.15　用指针引用字符串中的元素：将一个字符串中所有的小写字母转换为大写字母并重新输出该字符串。

```
#include <stdio.h>
void main()
{
  char str[80];
  char *pstr;
  printf("input a string:\n");
  gets(str);
  pstr=str;
  while(*pstr!='\0')
  {
    if(*pstr>='a' && *pstr<='z')
```

```
        *pstr=*pstr-32;
      pstr++;
    }
    puts(str);
}
```

程序运行情况结果：

```
input a string:
It is a string↙
IT IS A STRING
```

程序利用字符指针指向字符数组（字符串）首地址，并利用活动指针 pstr 逐个引用字符串中的各字符，若当前所指字符为小写字母，则将其转换为大写字母，直到 pstr 移动到字符串结束符 '\0' 为止。

### 8.6.2 字符串作函数参数

字符串最常出现的形式是作函数的参数。将一个字符串从一个函数“传递”到另一个函数，通常使用“地址传递”的方法，既可以用字符数组作参数，也可以用字符指针变量作参数。将实参指针所代表的字符串首地址传递给形参指针，在被调用函数中可以改变字符串中的内容，在主调用函数中可以引用改变后的字符串。

和数组指针作为函数参数的形式类似，字符串作为函数参数的形式共有如下四种。

（1）实参和形参都是字符数组名。

（2）实参是字符数组名，形参是字符指针。

（3）实参和形参都是字符指针。

（4）实参是字符指针，形参是字符数组名。

例8.16 用指针改写复制字符串的函数（形参用字符指针，实参用字符数组名）。

```
#include <stdio.h>
void str_cpy(char *t, char *s)      /*形参字符指针 t、s 分别指向两个字符串 */
{
  while((*t=*s)!='\0')              /*指针 s 所指的数据赋值给指针 t 所指存储单元，当指针 s 所指的
                                      数据等于 '\0' 时退出循环 */
  {
    s++;                            /*赋值后指针后移 1 位 */
    t++;
  }
}
void main()
{
  char a[80]="Hello the world!";
  char b[80]="Welcome to Beijing!";
  printf("a=%s\nb=%s\n",a,b);
  str_cpy(a,b);                     /*实参是字符数组名 */
  printf("Copy string b to a:\n");
  printf("a=%s\nb=%s\n",a,b);
}
```

程序运行情况结果：

```
a=Hello the world!
```

```
b=Welcome to Beijing!
Copy string b to a:
a=Welcome to Beijing!
b=Welcome to Beijing!
```

调用 str_cpy() 函数对应的目的串 t 的实参可以是字符数组名或指向字符数组的指针，对应源串 s 的实参可以是字符串、字符数组名或指向字符串的指针。

str_cpy() 函数的定义可以写成如下简练形式：

```
void str_cpy(char *t, char *s)
{
  while(*t++=*s++)
  ;
}
```

例8.17　用指针改写字符串比较函数（形参用字符指针，实参用字符指针）。

```
#include <stdio.h>
int str_cmp(char *s, char *t)        /*t 和 s 分别指向两个字符串 */
{
  while (*s==*t)                     /* 如果 s 和 t 所指向的字符相等，继续比较 */
  {
    if(*s=='\0')                     /* 如果 s 指向字符串结束符，说明字符串比较结束 */
      return 0;                      /* 两个字符串相等，返回 0*/
    s++;
    t++;
  }
  return (*s-*t);       /* 如果退出循环，说明两个字符串某个位置的字符不相等，比较该处字符的大小 */
}
void main()
{
  char a[80]="welcome";
  char b[80]="well";
  char *p,*q;
  p=a;q=b;
  printf("a=%s\nb=%s\n",p,q);
  if(str_cmp(p,q)>0)                 /* 实参是字符指针 */
    printf("string a > string b\n");
  else if(str_cmp(p,q)<0)
    printf("string a < string b\n");
  else
    printf("string a = string b\n");
}
```

程序运行结果：

```
a=welcome
b=well
string a < string b
```

str_cmp() 函数按字典顺序（每个字符 ASCII 码的大小）逐个比较字符串 s 和 t 的每个对应元素。如果字符串 s 和字符串 t 的长度相等且所有元素都相等，即每一个 *s 和 *t 相等，str_cmp() 函数返回值为 0，否则字符串 s 和字符串 t 不相等。当第一次出现不等元素时，str_cmp() 函数结束比较，较小的那个字符所在的字符串较小，反之为大。当字符串 s< 字符串 t 时，返回值小于 0，当字符串 s> 字符串 t 时，返回值大于 0。

## 8.6.3 字符指针与字符数组引用字符串的区别

C 语言中，字符指针和字符数组都可以引用字符串，实现字符串的存储和运算，但二者之间是有区别的，主要区别见表 8-2。

表 8-2 字符指针和字符数组引用字符串的主要区别

| 序　　号 | 字符数组引用字符串 | 字符指针引用字符串 | 举例说明<br>（以下面的字符数组和字符指针定义为例：char s[6],*p;） |
|---|---|---|---|
| 1. 定义的含义不同 | 由若干个数组元素组成，每个元素中放一个字符 | 字符指针变量中存放的是字符串第 1 个字符的地址 | （1）s 定义的是包含有 6 个字符元素的一维字符数组；<br>（2）p 定义的是 1 个字符指针变量，可以存放一个字符串首地址（即第 1 个字符的地址）<br>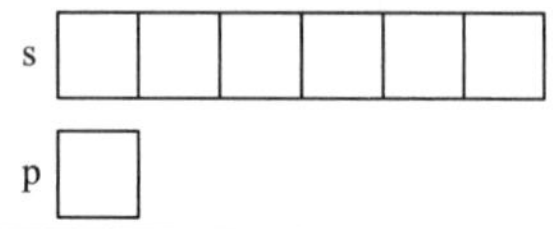<br> |
| 2. 字符串赋值要求不同 | 程序中不能对字符数组名赋值字符串 | 程序中允许对字符指针赋值字符串 | （1）“char s[6]; s="hello";”，语法错误，数组名是指针常量，不能赋值；<br>（2）“char *p; p="hello";”，语法正确，其是将首字符 'h' 的地址赋值给了 p<br>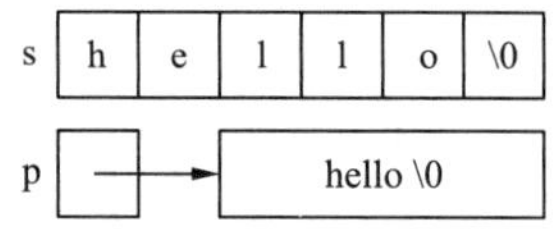<br> |
| 3. 字符串初始化含义不同 | 字符数组的定义和初始化字符串，其含义是：定义一个字符数组，并将字符串存入字符数组 | 字符指针的定义和初始化字符串，其含义是：定义字符指针变量，并将字符串的首字符地址存入指针变量 | （1）“char s[6]= "hello";”，<br>含义：定义字符数组，并将字符串存入字符数组；<br>（2）“char *p= "hello";”，<br>含义：定义字符指针变量，并将首字符地址存入指针变量<br>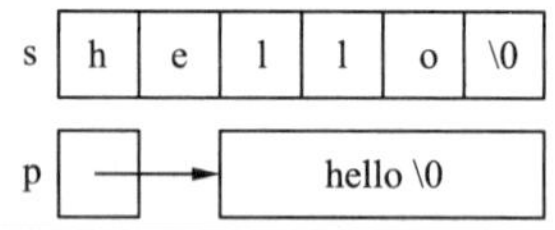<br> |
| 4. 内存分配情况不同 | 程序运行时，字符数组将被分配若干存储单元，以存放各元素的值 | 程序运行时，字符指针变量只分配一个存储单元，以存放字符串首字符的地址 | 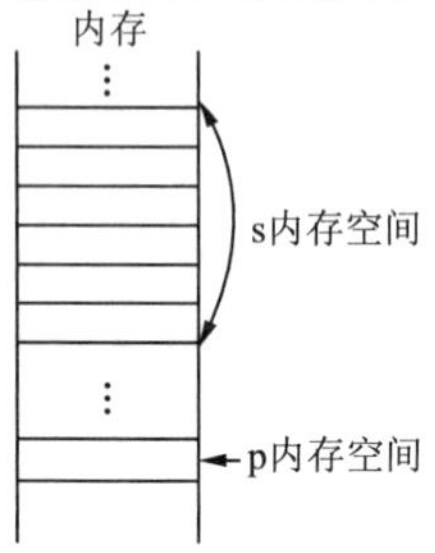<br> |
| 5. 字符串输入操作要求不同 | 定义了字符数组，就在内存中分配了若干存储单元，可使用输入库函数为其输入字符串 | 定义了字符指针变量，如果未对它赋予一个地址值，它就未指向一个确定的对象。此时若向该指针变量所指向的对象输入字符串，可能会出现严重的后果 | char s[6],*p;<br>gets(s);　　// 正常操作<br>gets(p);　　// 危险操作 |

续表

| 序　号 | 字符数组引用字符串 | 字符指针引用字符串 | 举例说明<br>（以下面的字符数组和字符指针定义为例：char s[6],*p;） |
|---|---|---|---|
| 6．地址修改操作要求不同 | 字符数组名是一个代表数组首地址的指针常量，不能通过赋值的方法修改地址 | 字符指针变量的值（即地址信息）可以修改 | （1）char s[6]="Hello";<br>s=s+2;<br>printf("%s",s);<br>不合法，s 是数组名，是一个指针常量，其值不能修改<br>（2）char *p="Hello";<br>p=p+2;<br>printf("%s",p);<br>合法，p 是指针变量，其值可以修改 |
| 7．字符修改操作要求不同 | 字符数组中各元素的值是可以改变的（可以对它们再赋值） | 字符指针变量指向的字符串常量中的内容是不可以被取代的（不能对它们再赋值） | char s[6]="hello";<br>char *p="hello";<br>s[4]='a';<br>/* 合法，a 取代数组元素 s[4] 的原值 o*/<br>p[4]='a';<br>/* 不合法，字符串常量不能改变 */ |

其中，在第 5 项的举例说明中，虽然 C 语言编译时可能不会指出语法错误，但这种方法是危险的。因为 p 的存储单元中是一个不确定的值（即一个不确定的地址信息）。在执行 gets() 函数时，要求将一个字符串输入 p 所指向的一段存储单元 [ 即以 p 的值（一个地址）开始的一段存储单元 ] 中。而此时 p 的值是不可预料的，如果它正好指向了存放指令或数据的有用内存段，这就会破坏程序或有用数据，会显示类似图 8-22 所示的错误。

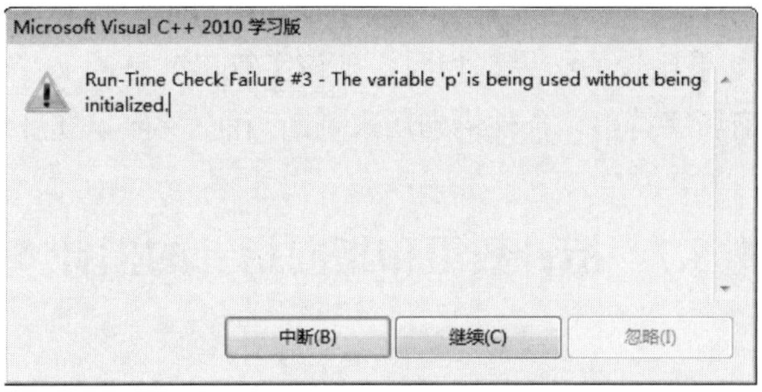


图 8-22　错误提示框

为防止出现这种情况，应当在定义指针变量后，及时指定其指向。例如：

```
char *p, s[6];
p=s;
gets(p);
```

先使 p 有确定值，使其指向一个数组元素，然后输入一个字符串，把它存放在以该地址开始的若干单元中。

例8.18　编写程序，判断一个字符串是否为回文，若是则输出“Yes”，否则输出“No”。其中判断字符串是否为回文的功能要求用自定义函数实现，若是回文则自定义函数返回 1，否则返回 0。

回文是指顺读和倒读都一样的字符串，例如，字符串 LEVEL 是回文，而字符串 abcbd 不是回文。

```
#include <stdio.h>
#include <string.h>
int huiwen(char *str)
{
```

```
    char *p1,*p2;
    int i,flag=1;
    p1=str;
    p2=p1+strlen(str)-1;
    for(i=0;i<=strlen(str)/2;i++)
      if(*p1++!=*p2--)
      {flag=0;break;}
    if(flag)return 1;
    else return 0;
}
void main()
{
    char str[50];
    printf("Input:");
    scanf("%s", str);
    if(huiwen(str))
      printf("Yes\n");
    else
      printf("No\n");
}
```

程序运行结果：

```
Input: LEVEL↙
Yes
```

判断回文就是将第一个字符与最后一个字符进行比较，第二个字符与倒数第二个字符进行比较，依此类推，直到中间的字符；如果比较的结果都相同，则该字符串就是回文，否则不是。上述程序中，自定义函数中的循环语句用来遍历字符串，条件语句用来判断当前字符与对应位置的字符是否相等。

## 8.7 指针数组和指向指针的指针

### 8.7.1 指针数组的概念

在C语言中，以指针为基本元素组成的数组称为指针数组，即组成数组的每个元素都是指向相同类型的指针。

#### 1. 指针数组的说明

```
类型说明符 * 数组名 [ 常量表达式 ],…;
```

例如：

```
int *s[10];
```

定义了含有10个元素的一维数组s，每个元素是一个指向整型变量的指针。

**注意：** int *s[10] 不同于 int (*s)[10]，后者说明s是一个指向10个整型元素的数组的指针，因为[ ]的优先级高于 *，所以 int *s[10] 解释为 int *(s[10])。

#### 2. 指针数组与字符串数组

C语言程序经常要存储和表示多个字符串，对多个字符串的存储和表示通常有两种方法：二维字符数组和各元素为字符指针的指针数组。

例如：

```
char city[4][10]={"Beijing","Tianjin","Shanghai","Chongqing"};
```

其存储结构如图 8-23 所示。

二维字符数组每行存放一个字符串，因此一个二维字符数组可以存放多个字符串，可以形象地把这个数组称为字符串数组。

```
char *p[4]={"Beijing","Tianjin","Shanghai","Chongqing"};
```

其存储结构如图 8-24 所示。

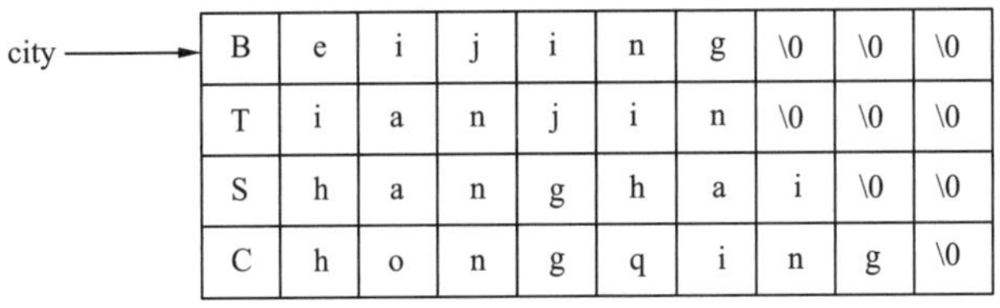


**图 8-23　二维字符数组存储结构**

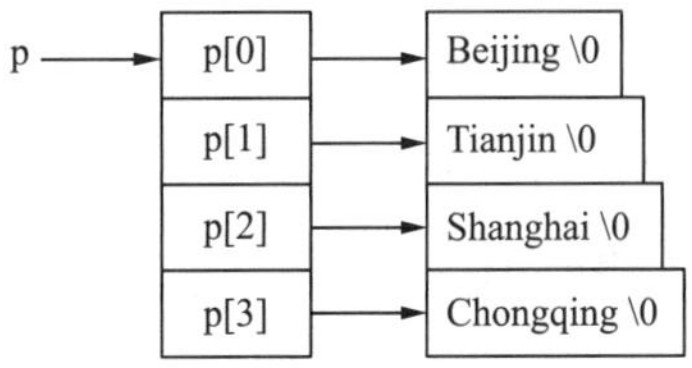


**图 8-24　指针数组指向多个字符串**

二者的表达效果相同，但它们的存储结构不同，city 是一个 4 行 10 列的二维字符数组，尽管各个字符串长度不同，但数组每一行的存储长度相同。而用字符型的指针数组表示多个字符串，实际上是用一组指针指向长度不同的字符串，这些字符串可以以实际长度存放。

二者的区别如下：

（1）用字符串数组（二维字符数组）表示时，每一个字符串的存储长度相同，说明时必须明确指出每一个字符串的存储长度（即二维字符数组的列数）。用指针数组表示时，每一个字符串的长度可以不同，说明时没有存储长度说明，各字符串的存储长度由初值字符串中含有的字符个数加 1 确定。

（2）字符串数组表示中，city[i] 等同于一个数组名，其值为该字符串的首地址。指针数组表示中，p[i] 是存放字符串首地址的变量。

指针数组各元素也可以指向二维数组的每行首地址，因此编程时可以通过它来表示和引用二维数组。指针数组使用最多的场合是表示长度差别较大的多个字符串，其优点是：利用字符指针数组处理长度不等的字符串，这样可以节省存储空间。

**例 8.19**　用 0～6 分别代表星期日至星期六，当输入其中任意一个数字时，输出相应英文单词。

```
#include <stdio.h>
void main()
{
  char *weekname[7]={"Sunday","Monday","Tuesday","Wednesday","Thursday","Friday",
                     "Saturday"};
  int week;
  printf("Enter week No.: ");
  scanf("%d",&week);
  if(week>=0 && week<7)
    printf("week No.%d -- %s\n",week,weekname[week]);
}
```

## 8.7.2　指针变量的指针

指针变量也有地址，存放指针变量地址的指针变量称为指向指针变量的指针，又称指针变量的指针、多级指针。

定义二级指针变量的一般形式如下：

```
类型说明符 ** 指针变量名；
```

例如：

```
char **pp;
```

**说明：**pp 是指向一个字符指针变量的指针，因为单目运算符“*”是自右向左结合的运算符，因而 **pp 相当于 *(*pp)。

例如：

```
int a,*p,**pp;
p=&a,pp=&p;
```

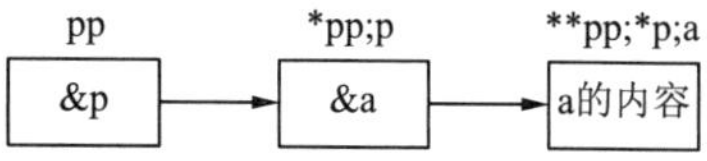


图 8-25　指针变量的指针

以上语句所描述的关系如图 8-25 所示。

例8.20　利用二级指针输出字符串及其中的字符。

视频　指针数组和指向指针的指针

```
#include <stdio.h>
void main()
{
  char *name[]={"Zhangsan","Wangping","Liling",""};
  char **pp=name;
  while(**pp!='\0')
  printf("%s\n",*pp++);
  pp=name;
  printf("%s %c %c %s\n", *pp, **pp, *(*pp+2), *(pp+2));
}
```

二级指针 pp 指向指针数组 name，pp+1 指向下一个元素，即 name[1]，name 为指针数组，其数组元素 name[0] ～name[3] 均为指针，分别指向 4 个字符串，即 name[0] ～name[3] 存放着 4 个字符串的首地址，指向每个字符串的第一个字符。指针移动及指针指向如图 8-26 所示。

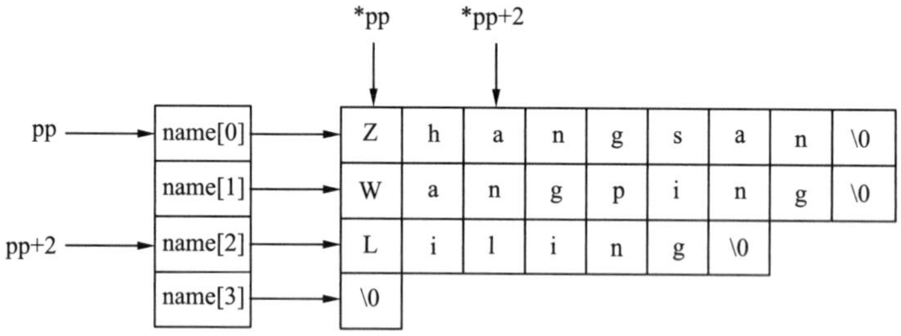


图 8-26　二级指针与指针数组

程序运行结果：

```
Zhangsan
Wangping
Liling
Zhangsan Z a Liling
```

例8.21　通过二级指针变量输出指针数组中数组元素的地址和数组元素所指向的数组。

```
#include <stdio.h>
void main()
{
```

```
  char *p[4]={"BASIC","DBASE","C","FORTRAN"};
  char **q;                              /* 定义指向指针的指针变量 q*/
  int i;
  for(i=0;i<4;i++)
  {
    q=p+i;
    printf("%o ",*q);                    /* 依次输出 4 个字符串的地址 */
    printf("%s\n",*q);                   /* 依次输出 4 个字符串 */
  }
  printf("\n");
}
```

程序运行结果：

```
20420104 BASIC
20420074 DBASE
20420070 C
20420054 FORTRAN
```

### 8.7.3 指针变量的指针作函数参数

指针变量的指针也可以用作函数的参数，其总共有如下四种形式：

（1）形参和实参都是指针数组名。

（2）形参是指针变量的指针，实参是指针数组名。

（3）形参是指针数组名，实参是指针变量的指针。

（4）形参和实参都是指针变量的指针。

例8.22 将一组字符串按字典顺序输出（形参和实参都使用指针数组名）。

```
#include <stdio.h>
#include <string.h>
void strsort(char *lineptr[], int size)          /* 指针数组指向若干字符串 */
{
  char *temp;
  int i,j;
  for(i=0;i<size-1;i++)
    for(j=0;j<size-i-1;j++)
      if(strcmp(lineptr[j],lineptr[j+1])>0)      /* 比较两个字符串的大小 */
      {
        temp=lineptr[j];
        lineptr[j]=lineptr[j+1];
        lineptr[j+1]=temp;
      }
}
void main()
{
  int i,n=4;
  char *name[]={"wang tao", "ling ly", "cheng yang", "dinfen"};
  strsort(name,n);
  for(i=0;i<n;i++)
    printf("%s\n",name[i]);
}
```

程序运行结果：

```
cheng yang
dinfen
ling ly
wang tao
```

main() 函数说明一个指针数组 name，它有 4 个元素，name[i] 是第 i 个字符串的指针。strsort() 函数的形参说明 char *lineptr[ ] 表示 lineptr 是一个字符指针数组，调用时实参是字符指针数组名 name，传给 lineptr 的是 name 第 0 个元素的地址 &name[0]。strsort() 自定义函数用的是冒泡排序算法，strcmp() 是字符串比较函数，即对两个数组元素指向的字符串比较大小。如果 lineptr[j] 所指的字符串大于 lineptr[j+1] 所指的字符串，则两个指针交换，此处交换的是两个字符串的地址，即 lineptr 数组元素的值，而不是交换两个字符串，而交换过程中的中间变量 temp 也必须是一个指向字符的指针变量。交换结果是将 lineptr[j] 指向 lineptr[j+1] 原所指的字符串，lineptr[j+1] 指向 lineptr[j] 原所指的字符串，当循环结束时，就实现了对 lineptr 数组元素按它们所指向的字符串从小到大排序。特别注意，此程序没有交换字符串的实际存放位置，即没有实际对字符串在存储空间中进行排序，只是对指针数组的数组元素进行了排序，也就是说只改变了指针数组元素的指向。即排序结果是数组元素 lineptr[0] 指向最小字符串，数组元素 lineptr[1] 指向次小的字符串，依此类推，lineptr[3] 指向最大的字符串。图 8-27（a）所示为排序之前 lineptr 各元素的指向字符串情况，图 8-27（b）所示为排序之后 lineptr 各元素的指向字符串情况，字符串在存储空间中的位置没变。

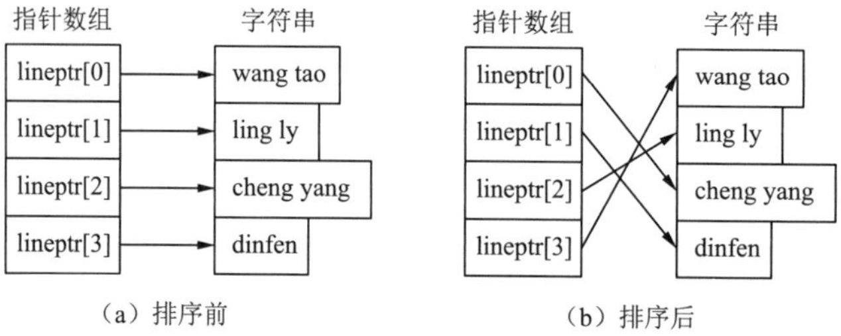


**图 8-27　利用指针数组对字符串排序示意图**

由于 name[0] 是一个字符指针，&name[0] 是指针的指针，因此 lineptr 实际上是指向一个字符指针变量的指针（二级指针），即 char *lineptr[ ] 等同于 char **lineptr，所以 strsort() 函数可以用多级指针改写。

**例 8.23**　改写例 8.22 的自定义函数，形参用指针变量的指针。

```
void strsort(char **lineptr, int size)
{
  char *temp, **head=lineptr;
  int i;
  for(i=0;i<size-1;i++)
    for(lineptr=head; lineptr<head+size-1-i;++lineptr)
      if(strcmp(*lineptr,*(lineptr+1))>0)
      {
        temp=*lineptr;
        *lineptr=*(lineptr+1);
        *(lineptr+1)=temp;
      }
}
```

多级指针的主要应用是指针数组的指针作函数参数。

需要说明的是，上述例子也可以用二维字符数组实现，如例 8.24 所示。

例 8.24　用二维字符数组实现例 8.23 的程序。

```
#include <stdio.h>
#include <string.h>
void strsort(char pname[4][11], int size)
{
  char temp[11];
  int i,j;
  for(i=0;i<size-1;i++)
    for(j=0;j<size-i-1;j++)
      if(strcmp(pname[j],pname[j+1])>0)
      {
        strcpy(temp,pname[j]);
        strcpy(pname[j],pname[j+1]);
        strcpy(pname[j+1],temp);
      }
}
void main()
{
  int i,n=4;
  char name[4][11]={"wang tao", "ling ly", "cheng yang", "dinfen"};
  strsort(name,n);
  for(i=0;i<n;i++)
    printf("%s\n",name[i]);
}
```

但这种方法不仅浪费存储空间，而且每次交换时都要改变字符串的实际存放位置，算法执行效率低。因此对于多个字符串的处理程序，不提倡使用二维字符数组实现，请读者自行分析此程序。

## 8.7.4　main() 函数的参数

C 程序都是由函数组成的。每个 C 程序有且仅有一个 main() 函数，C 程序总是从 main() 函数开始执行的。C 程序中的任何函数都可以调用其他函数甚至是其自身，调用函数可以通过值传递向被调用函数传递参数。

但到目前为止，所给出的例子中的 main() 函数都是“无参函数”。这是因为 C 程序首先从 main() 函数开始执行，所以想通过其他函数向 main() 函数传递参数是不可能的。但 main() 函数也可以有参数。与其他被调用函数一样，传递给 main() 函数的参数也是由其调用者提供的。那么，main() 函数的调用者又是谁呢？

main() 函数的调用者实际上是操作系统的命令。它的实参来源于运行可执行 C 程序时在操作系统环境下输入的命令行，一般把这种参数称为“命令行参数”。

带有参数的 main() 函数的定义形式如下：

```
int main(int argc, char *argv[ ])
{
  …
}
```

表示和处理 main() 函数的参数是指针数组和多级指针的一个重要应用。C 语言规定 main() 函数可以有两个形参，习惯上用名字 argc 和 argv 表示，argc 是一个 int 型变量，而 argv 是一个字符指针数组，其每个元素依次存放着指向相应命令行参数字符串的首指针。main() 函数可以有一个返回值，一般正常结束时返回值 0，非正常终止返回值 1。

main() 函数由操作系统调用，可执行的 C 程序文件的名字是操作系统的一个外部命令，命令名是由 argv[0] 指向的字符串。在命令之后输入的参数是由空格隔开的若干个字符串，依次由 argv[1]、argv[2]、……所指示，每个参数字符串的长度可不同，参数的数目任意。操作系统的命令解释程序将这些字符串（命令名字符串和各参数字符串）的首地址构成一个字符指针数组，并将指针数组元素的个数（包括第 0 个元素）传给 main() 函数的形参 argc（argc 的值必然大于或等于 1）；指针数组的首地址传给形参 argv，所以 argv 实际上是一个二级字符指针变量。

例 8.25 下面的程序用于演示命令行参数与 main() 函数各形参之间的关系。

```
#include <stdio.h>
void main(int argc,char *argv[])          /*argv 是一个字符指针数组 */
{
  int i;
  printf("This program has %d arguments.\n\n",argc);
  for(i=0;i<argc;i++)
    printf("argv[%d] = %s\n",i,argv[i]);
}
```

设上述程序在编译后生成可执行程序 maintest.exe，则在命令行执行下面的命令：

```
maintest Hello the world!
```

运行输出结果如图 8-28 所示。

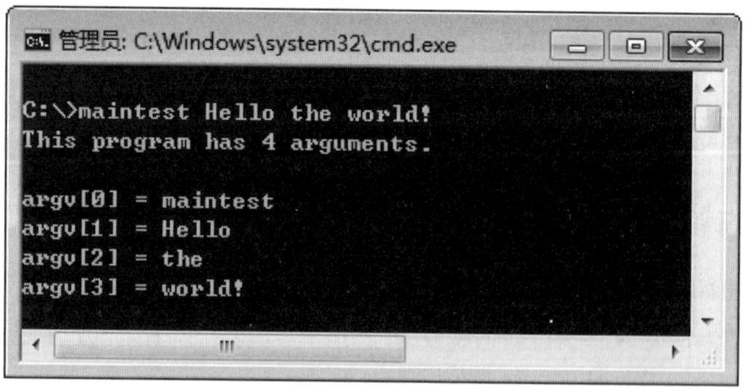


图 8-28 运行结果

命令行参数在用 C 语言编写一些系统命令时非常有用，如将一个文件复制到另一个文件中，此时源文件和目标文件名均可通过命令行参数来指定。

## 8.8 函数指针

在 C 语言中，函数名具有与数组名类似的特性，数组名代表数组的首地址，函数名代表函数的起始地址（一般来说，程序中的每一个函数经编译连接后，其目标代码在计算机内存中是连续存放的，函数体内第一个可执行语句的代码在内存的地址就是函数执行时的入口地址）。因此也可以把函数名赋给一个函数指针变量，使其成为指向该函数的指针变量。函数名则可以看成函数指针常量。

函数指针的说明形式如下：

```
类型说明符 (* 标识符)(参数表),…;
```

标识符是指向函数的指针名，“(* 标识符 )( 参数表 )”是函数指针说明符，例如：

```
int (*fun)(char*, char*);
float (*q)();
```

在定义中第二个括号表示指针变量所指向的目标是一个函数，fun 是指向具有两个 char* 参数的函数的指针，“*”标识符必须用圆括号括起来，否则就成为声明一个指针型函数了，即如果写成 *fun()，则 fun() 成为指针函数。q 是一个指向单精度实型函数的指针变量。

函数指针与变量指针的共同之处是都可以进行间接访问。变量指针指向内存的数据存储区，通过间接存取运算访问目标变量；函数指针指向内存的程序代码存储区，通过间接存取运算使程序流程转移到指针所指向的函数入口，取出函数的机器指令并执行函数，完成函数的调用。

关于函数指针有以下几点需要说明：

（1）指向函数的指针是存放函数入口地址的变量。

如果定义了 int (*p)()，则 (*p)() 表示定义一个指向整型函数的指针变量，但是它不固定指向哪一个函数，而只是表示定义了这样一个类型的变量，是专门用来存放函数入口地址的。在程序中把哪一个整型函数的地址赋给它，它就指向哪一个函数。在一个程序中，一个指针变量可以先后指向返回类型相同的不同的函数。

（2）在给函数指针变量赋值时，只需给出函数名而不必给出参数，如 p=max 表示指针 p 指向函数 max 的入口地址，不能写成 p=max(a,b) 的形式。

（3）函数的调用可以通过函数名调用，也可以通过函数指针调用。用函数指针变量调用函数时，只需用 (*p) 代替函数名即可，在 (*p) 之后的括号中需要写上实参，如 (*p)(x,y)。

（4）指向函数的指针可以作为数组的元素或其他的函数参数，也可以作为函数的返回值。

（5）对指向函数的指针变量，像 p++、p--、p+n 等进行运算是无意义的。

函数指针主要应用于将函数名传给另一个函数，C 语言允许将函数的名字作为函数参数传给其他函数。由于参数传递是传值，相当于将函数名赋给形参。因此在被调用函数中，接收函数名的形参是指向函数的指针。

**例8.26**　函数指针的使用方法。

```
#include <stdio.h>
void main()
{
  int max(int,int),a,b,c;          /* 声明被调用的目标函数 max()*/
  int (*p)(int,int );              /* 定义 p 为指向整型函数的指针变量 */
  p=max;                           /* 用指针变量存储函数入口地址 */
  scanf("%d%d",&a,&b);
  c=(*p)(a,b);                     /* 用指针变量调用函数 */
  printf("max=%d",c);
}
int max(int x,int y)               /* 函数名是函数的入口地址 */
{
  if(x>y)
    return(x);
  else
```

```
    return(y);
}
```

例8.27 函数指针作函数参数的使用方法。用复化梯形公式：

$$s=\int_a^b f(x)\mathrm{d}x=h\left[\frac{f(a)+f(b)}{2}+\sum_{i=1}^{n-1}f(x_i)\right]$$

计算下面三个定积分值，其中，$h=\dfrac{b-a}{n}$，$x_i=a+ih$，$i=0,1,\cdots,n-1$

$$s_1=\int_a^b \mathrm{e}^{-x^2}\mathrm{d}x,\quad s_2=\int_{-1}^{1}\frac{1}{1+6x^2}\mathrm{d}x,\quad s_3=\int_0^1\frac{\ln(1+x)}{1+x^2}\mathrm{d}x$$

```
#include <stdio.h>
#include "math.h"
double ft(int n,double a,double b,double (*f)())        /* 函数指针作函数参数 */
{
  int k; double s,h;
  h=(b-a)/n; s=((*f)(a)+(*f)(b))/2;                      /* 用指针变量调用函数 */
  for(k=1;k<n;k++)
    s=s+(*f)(a+k*h);                                     /* 用指针变量调用函数 */
  s=s*h;
  return s;
}
double f1(double x)
{
  double y;
  y=exp(-x*x);
  return y;
}
double f2(double x)
{
  double y;
  y=1.0/(1+6*x*x);
  return y;
}
double f3(double x)
{
  double y;
  y=log(1+x)/(1+x*x);
  return y;
}
void main()
{
  double (*p)();
  p=f1;printf("s1=%e\n",ft(10,0.0,1.0,p));
  p=f2;printf("s2=%e\n",ft(10,-1.0,1.0,p));
  p=f3;printf("s3=%e\n",ft(10,0.0,1.0,p));
}
```

## 8.9 指针函数

C 的函数可以返回除数组和函数外的任何类型数据及指向任何类型的指针，如数组的指针、函数的指针。返回指针的函数称为指针函数或指针型函数。

指针函数说明的一般形式如下：

```
类型说明符 * 函数名 ( 参数表 )
{
  函数体语句
  return 与函数声明同类型的指针 ;
}
```

其中，* 函数名 ( 参数表 ) 是指针函数说明符，例如：

```
int *a(int, int);
```

说明 a 是一个整型指针函数，它有两个参数，返回值是一个指向整型数据的指针。

**注意：** 不可以将 int *a(int , int) 写成 int (*a)(int , int)，二者说明的对象是完全不同的两个东西。后者表示 a 是一个指针变量。

例8.28 C 语言的库函数中字符串连接函数 strcat() 的程序代码（其本身就是一个指针函数）如下：

```
char* strcat (char *s1, char *s2)   /*s1 和 s2 分别指向两个字符串 */
{
  char *s=s1;
  while(*s1!='\0')
    s1++;                           /* 找目标字符串的结束标志 '\0'*/
  while(*s2!='\0')
  {
    *s1=*s2;                        /* 将字符串 2 连接到字符数组中 */
    s1++;
    s2++;
  }
  *s1='\0';                         /* 在连接后的字符串后面添补 '\0'*/
  return s;
}
```

例8.29 编写一个指针函数 seekstr()，在字符串 s 中查找子串 t，如果找到，返回 t 在 s 中第一次出现的起始位置（地址），否则返回 NULL。调用该函数实现输入长度不超过 100 个字符的一行正文和长度不超过 10 个字符的一个字符串，在输入正文行中查找字符串第一次出现的位置，若找到，则输出字符串在输入正文行第一次出现的位置，否则输出未找到的信息。

```
#include <stdio.h>
char *seekstr(char *s, char *t)
{
  char *ps=s, *pt,*pc;
  while(*ps!='\0')                  /* 当 ps 没有指向字符串结束符时，继续向后查找 */
  {
    /* 如果两个指针所指字符相等，继续向后找 */
```

```
    for(pt=t,pc=ps; (*pt!='\0')&&(*pt==*pc); pt++,pc++);
    if(*pt=='\0')return ps;          /* 如果pt指向字符串结束符,说明在字符串s中找到了字符串t,
                                        则返回ps，ps指向当前串s的某一个位置 */
    ps++;
  }
  return NULL;                       /* 如果查找失败，返回NULL*/
}
void main()
{
  char str[100], substr[10], *ps;
  printf("Input string 1,string 2:\n");
  gets(str);gets(substr);
  ps=seekstr(str,substr);            /* 调用函数，返回值为字符串在输入正文行中的起始地址 */
  if(ps!=NULL)
    printf("offset %d \"%s\" in \" %s\"\n", ps-str+1, substr, str);
                     /* 若起始位置从1开始计算，ps-str+1表示字符串在输入正文行中的位置 */
  else
    printf("\"%s\"not exist in \"%s\"\n",substr,str);
}
```

运行情况如下：

```
input string1,string 2:
it's a boy.
boy
offset 8 "boy" in "it's a boy."
```

再次运行：

```
input string 1,string 2:
it's a boy.
bay
" bay" not exist in " it's a boy."
```

## 8.10 其他指针运算

指针变量是存放地址的变量，地址不是普通的整数，变量的地址是由编译程序产生的，不能将任意的整数赋予指针变量，也不能对指针变量像普通整数那样进行任意的运算。C 语言中除了 8.2 节的指针赋值以及 8.4 节的指针算术运算外，还有以下一些常见的指针运算。

**1．关系运算**

可以用逻辑运算符和关系运算符比较两个指针，但是除非它们是指向同一个数组，否则这种比较是没有意义的。因为数组元素是连续存放的，所以指向前面元素的指针变量总是“小于”指向后面元素的指针变量。设 p 和 q 是指向同一数组的指针，则 p 和 q 可以进行 <、<=、==、!=、>=、> 中任意一种关系运算。例如，p<q，如果值为非 0，则表示 p 所指元素位于 q 所指元素之前，p==q 表示 p、q 指向同一元素。

如果 p、q 是不同类型的指针，则 p、q 不能进行比较。

常数 0（NULL）可以与任何类型指针进行 == 和 != 运算。

### 2. void 指针

C 语言用 void * 说明的指针表示空值类型。任何一种类型的指针可以直接赋值给一个 void 指针变量，一个 void 指针也可以赋给任何一种类型的指针变量。赋值转换过程不损失信息。void 指针说明形式如下：

```
void * 标识符;
```

例如：

```
void *p;
```

说明 p 指向空类型的指针，根据需要可以给 p 赋任何类型的指针。

```
void *f(void);
```

说明 f 是一个无参数的 void 指针函数。

```
void *pa[ ]={&x1,&x2,&x3,&x4};
```

说明 pa 是具有 4 个元素的 void 指针数组，初始化使 pa 的元素 pa[0]、pa[1]、pa[2]、pa[3] 分别指向变量 x1、x2、x3、x4，其中 x1、x2、x3、x4 是已经说明的任何变量。

### 3. NULL 指针

C 语言允许指针具有整数 0 值，通常用符号常量 NULL 表示，称为空指针（不指向任何对象的指针）或 NULL 指针。NULL 在头文件 stdio.h 和 stdlib.h 中都有定义，也可以用 #define NULL 0 预处理定义。

NULL 是作为异常指针标志的一个特殊指针值，程序中任何时候都不能对 NULL 指针的对象赋值。因为地址 0 是系统使用的单元，向 0 单元赋值会导致系统瘫痪。C 语言保证有效指针不是 NULL。程序中说明的指针若未曾赋值，可能出现指针为 NULL 值的情况，但要区分未赋值的指针变量和空指针两种概念，前者为不确定值，不能在表达式中出现，后者有确定的 0 值，可以给其他指针赋值。

## 课后延学

### 1. 知识回顾

（1）变量的地址称为变量的指针，存放地址的变量称为指针变量。

（2）在 C 语言中，对内存数据的访问有两种方法：直接访问和间接访问。

（3）指针变量的定义由类型说明符、* 和变量名三部分组成，指针变量是用来存放地址的变量，类型说明符用于声明该指针变量所能指向的对象的类型，即“基类型”。可以通过取地址运算符“&”将目标对象的地址赋给指针变量，即指针变量“指向”目标对象，然后通过间接访问运算符“*”间接访问它所指向的目标对象。

（4）指针变量作函数形参和实参，当发生函数调用时，将把实参变量的地址传递给形参指针，即形参指针指向调用函数中的实参变量。因此，在函数执行过程中，如果改变了形参所指向的变量的值，也就是改变了实参变量的值。

（5）数组的指针是数组的首地址；数组元素的指针就是数组元素的地址。C 语言中，数组名代表数组的首地址，它是一个指针常量。要深入理解和掌握数组操作中指针的正确使用方法，搞清楚指针的指向和层次。对于一维数组，可通过指针变量引用一维数组元素。对于二维数组，其指针概念比一维数组的指针要复杂，包括两个层次：指向数组行的指针变量和指向数组元素的指针变量，可用它们访问二维数组元素。此时，数组元素的引用包括下标法和指针法两种引用方法。

（6）通过指针可以引用字符串，字符串可以用赋值运算符赋给一个字符指针，实际赋给字符指针的是字符串的首地址，即用一个字符指针指向一个字符串。字符指针变量可用于输入、输出整个字符串或作为函数调用的参数，通过指针逐步加 1 可引用字符串中的每个 元素。

（7）指针数组各元素均是指针，可以指向二维数组的每行首地址，因此可以通过它来表示和引用二维数组。指针数组使用最多的场合是表示长度差别较大的多个字符串，其优点是：利用字符指针数组处理长度不等的字符串，可以节省存储空间。指针变量也有地址，存放指针变量地址的指针变量称为指向指针变量的指针，又称指针变量的指针、多级指针。

（8）函数名代表函数代码的起始地址，称为函数的指针，它是一个指针常量。通过将函数名赋给一个指向函数的指针变量或者传递给一个指向函数的形参指针变量，可以方便灵活地调用函数。

（9）返回函数值为指针(地址)的函数称为指针函数或指针型函数。

（10）指针可以进行算术运算、关系运算和赋值运算等，特别注意，在指针的算术运算中，一个指针变量加（减）一个整数并不是简单地加（减）该整数，而是加（减）该指针所指对象所占用字节的整数倍。

**2. 学习反思**

（1）C 语言为何要引入指针这个看似复杂的数据访问工具，直接访问和间接访问在什么场合下使用？

（2）指针变量作函数参数，究竟属于“值传递”还是“地址传递”？

（3）下标法和指针法都可以引用数组元素，编程时该如何选择合适的数组元素引用方式？

（4）利用字符数组引用字符串和通过字符指针引用字符串有何区别？

（5）C 语言的数组存储空间大小是固定的，能否利用指针解决动态分配可变大小的存储空间并进行数据访问的问题？

**3. 知识检验**

（1）编写程序，用指针实现以下函数。

```
int strlen(char *s)
char *strcat(char *s1,char *s2)
char *strcpy(char *s1,char *s2)
int strcmp(char *s1,char *s2)
```

（2）用指针方法编写将两个整型变量的值互换的函数。

（3）输入一行字符，然后对其中的大写字母、小写字母、空格、数字及其他字符分别进行计数，并输出结果。要求通过指针访问字符。

（4）编写程序，输入 3 个整数，按由小到大的顺序输出，要求通过指针间接访问 3 个整数。

（5）输入 10 个整数，将其中最小的数与第一个数对换，把最大的数与最后一个数对换。写 3 个函数：①求最小数、最大数的位置；②进行对换处理；③主函数。

（6）有一个字符串，包含 n 个字符。写一个函数，将此字符串中从第 m 个字符开始的全部字符复制成为另一个字符串，要求通过指针访问字符。

（7）编写程序，输入月份号，输出该月的英文月名。例如，输入“3”，则输出“March”，要求用指针数组处理。

**4. 拓展训练**

【案例】有一个班，共 4 个学生，5 门课。

（1）求第一门课的平均分。

（2）找出有两门以上课程不及格的学生，输出他们的学号和全部课程成绩及平均成绩。

（3）找出平均成绩在 90 分以上或全部课程成绩在 85 分以上的学生。

【测试练习】完成辅教材第 8 章的【课后延学】的“测试练习”。

## 计算机等级考试二级真题解析

1. 以下关于地址和指针的说法正确的是（ ）。

A. 通过强制类型转换可以将一种类型的指针变量赋值给另一种类型的指针变量

B. 可以取一个常数的地址赋值给同类型的指针变量

C. 可以取一个表达式的地址赋值给同类型的指针变量

D. 可以取一个指针变量的地址赋值给基类型相同的指针变量

【答案】A

【解析】常数的地址存储在内存的常量区，常量区存储的都是常量，值都是不可修改的，所以直接取常量的地址赋给指针变量没有任何意义，C 语言也不允许这样做，编译会出错，B 项错误；表达式的值存储在临时变量中，内存中存在专门用来存储临时变量的区域，对这块地址进行操作也是没有意义的，C 语言也不允许这样做，编译会出错，C 项错误；可以取一个指针变量的地址，但是指针变量的地址属于指针，只能赋值给同基类型的二级指针变量，D 项错误。

2. 有以下程序：

```
#include <stdio.h>
void main()
{
  int m=1,n=2,*p=&m,*q=&n,*r;
  r=p;p=q;q=r;
  printf("%d,%d,%d,%d\n",m,n,*p,*q);
}
```

程序运行后的输出结果是（ ）。

A. 1，2，1，2　　B. 1，2，2，1　　C. 2，1，2，1　　D. 2，1，1，2

【答案】B

【解析】程序首先让指针变量 p 和 q 分别指向 m 和 n 的地址空间，然后将 p 赋值给 r，让 r 指向 m，q 赋值给 p，让 p 指向 n，再将 r 赋值给 q，让 q 指向 m，因此最后 p 指向 n，q 指向 m。

3. 若有定义语句“int year=2016, *p=&year;”，以下不能使变量 year 中的值增至 2017 的语句是（ ）。

A. *p+=1;　　B. (*p)++;　　C. ++(*p);　　D. *p++;

【答案】D

【解析】A 项，p 所指内容执行增 1 操作；B 项，先取 p 指针所指的内容，再执行后 ++ 运算；C 项，先取 p 指针所指内容，再执行前 ++ 运算；D 项实际上是 p 指针先执行 ++ 运算操作，将 p 指针变量中的地址增加一个偏移量，而后取值。

4. 设有如下定义语句：

```
int m[]={2,4,6,8},*k=m;
```

以下选项中，表达式的值为 6 的是（ ）。

A. *(k+2)　　B. k+2　　C. *k+2　　D. *k+=2

【答案】A

【解析】本题中 k 指向数组 m 的首地址。*(k+2) 先指向指针后移两个元素，即 m[2] 的地址，然后取出 m[2] 的值 6。B 项中，k+2 是 m[2] 的地址；C 项中，*k 表示 m[0] 的值，然后加上 2，所以为 4；D 项中，表示给 m[0] 的值加 2，也为 4。

5. 有以下程序：

```
#include <stdio.h>
void f(int *p,int *q);
void main()
{
  int m=1,n=2,*r=&m;
  f(r,&n);
  printf("%d,%d",m,n);
}
void f(int *p,int *q)
{p=p+1;*q=*q+1;}
```

程序运行后的输出结果是（　　）。

A. 1，3　　B. 2，3　　C. 1，4　　D. 1，2

【答案】A

【解析】其中“p=p+1;”只改变指针 p 的地址，与 p 的内容无关，所以 m 值没有改变，而“*q=*q+1;”是改变该指针所指地址中的内容，所以 n 变为 3，m 不变。

6. 设有如下程序段：

```
char s[20]="Beijing",*p;
p=s;
```

则执行“p=s;”语句后，以下叙述正确的是（　　）。

A. 可以用 *p 表示 s[0]

B. s 数组中元素的个数和 p 所指字符串长度相等

C. s 和 p 都是指针变量

D. 数组 s 中的内容和指针变量 p 中的内容相等

【答案】A

【解析】A 项正确，“p=s;”后，指针 p 指向 s 的首地址，*p=s[0]；B 项错误，p 是字符串指针，所指向的字符串为 "Beijing"，其长度为 7，而数组 a 中元素的个数为 20；C 项错误，s 为字符数组名；D 项错误，s 中的空间大于 p 所指空间。

7. 有以下程序：

```
#include <stdio.h>
void f(int *p);
void main()
{
  int a[5]={1,2,3,4,5},*r=a;
  f(r);printf("%d\n",*r);
}
void f(int *p)
{
  p=p+3;printf("%d\n",*p);
}
```

程序运行后的输出结果是（　　）。

A. 1
 4

B. 4
 4

C. 3
 1

D. 4
 1

【答案】D

【解析】在调用 f() 函数时，指针 p 得到指针 r 传递的地址，指向数组 a，然后向后移动 3 位，输出 4，而指针 r 依然指向数组 a 的首地址，输出 1。

8. 有以下程序：

```
#include <stdio.h>
int fun(char *s)
{
  char *p=s;
  while(*p++!='\0');
    return(p-s);
}
void main()
{
  char *p="01234";
  printf("%d\n",fun(p));
}
```

程序运行后的输出结果是（　　）。

A. 6　　B. 5　　C. 4　　D. 3

【答案】A

【解析】fun() 函数中，while 循环退出时，指针 p 指向字符串结束标志的下一个地址，并返回 p-s 的值，即返回字符串 s 的长度（不包含 '\0'）加 1，因此程序输出的结果为 6。

9. 有以下程序：

```
#include <stdio.h>
void fun(char (*p)[6])
{
  int i;
  for(i=0;i<4;i++)
    printf("%c",p[i][i]);
  printf("\n");
}
void main()
{
  char s[6][6]={"ABCDE","abcde","12345","FGHIJ","fghij","54321"};
  fun(s);
}
```

程序的运行结果是（　　）。

A. Aa1F　　B. Ab3I　　C. ABCD　　D. fghij

【答案】B

【解析】fun() 函数的功能是输出 s[i][i]，二维数组的对角线元素，所以程序会输出 s[0][0]、s[1][1]、s[2][2]、s[3][3]，即 Ab3I。

10. 设有定义语句“int (*f)(int);”，则以下叙述正确的是（　　）。

A. f 是基类型为 int 的指针类型

B．f是指向函数的指针变量，该函数具有一个int类型的形参

C．f是指向int类型一维数组的指针变量

D．f是函数名，该函数的返回值是基类型为int类型的地址

【答案】B

【解析】在C语言中，函数名代表该函数的入口地址，因此可以定义一种指向函数的指针来存放该类地址，“int (*f)(int);”中f为指向函数的指针变量，指向有一个整型形参且返回值也为整型的函数，第一个int为函数返回值的类型，第二个int为函数的形参类型。

# 第三篇

# 高级编程篇

# 第 9 章 编译预处理

编译预处理——幕后英雄，编译环境的优化大师。

Compilation preprocessing —The master of optimizing compilation environment behind the scenes.

## 导 读

编译预处理是系统对源程序进行编译之前，对程序中某些特殊的命令行的处理。处理程序将根据源程序的预处理命令修改程序，然后由编译程序对处理后的源程序进行通常的编译处理，得到相应的目标文件。

C 语言提供的编译预处理命令主要有宏定义、文件包含和条件编译。为了与一般 C 语句相区别，这些命令以符号“#”开头。通过合理运用这些预处理指令，程序员可以显著提升程序的设计质量，增强其通用性、可读性和可维护性，同时也便于调试和移植，促进模块化开发。在代码世界的幕后，编译预处理使程序更加健壮而优雅，是编程艺术中不可或缺的一笔。

## 导 航

**学习目标：**

1. 掌握宏定义的一般形式
2. 掌握宏替换的方法
3. 掌握文件包含的概念与形式
4. 了解条件编译的概念与三种形式

**学习重点：**

1. 宏定义的一般形式
2. 带参数的宏替换

**学习难点：**

1. 带参数的宏定义
2. 带参数的宏替换

# 知识地图

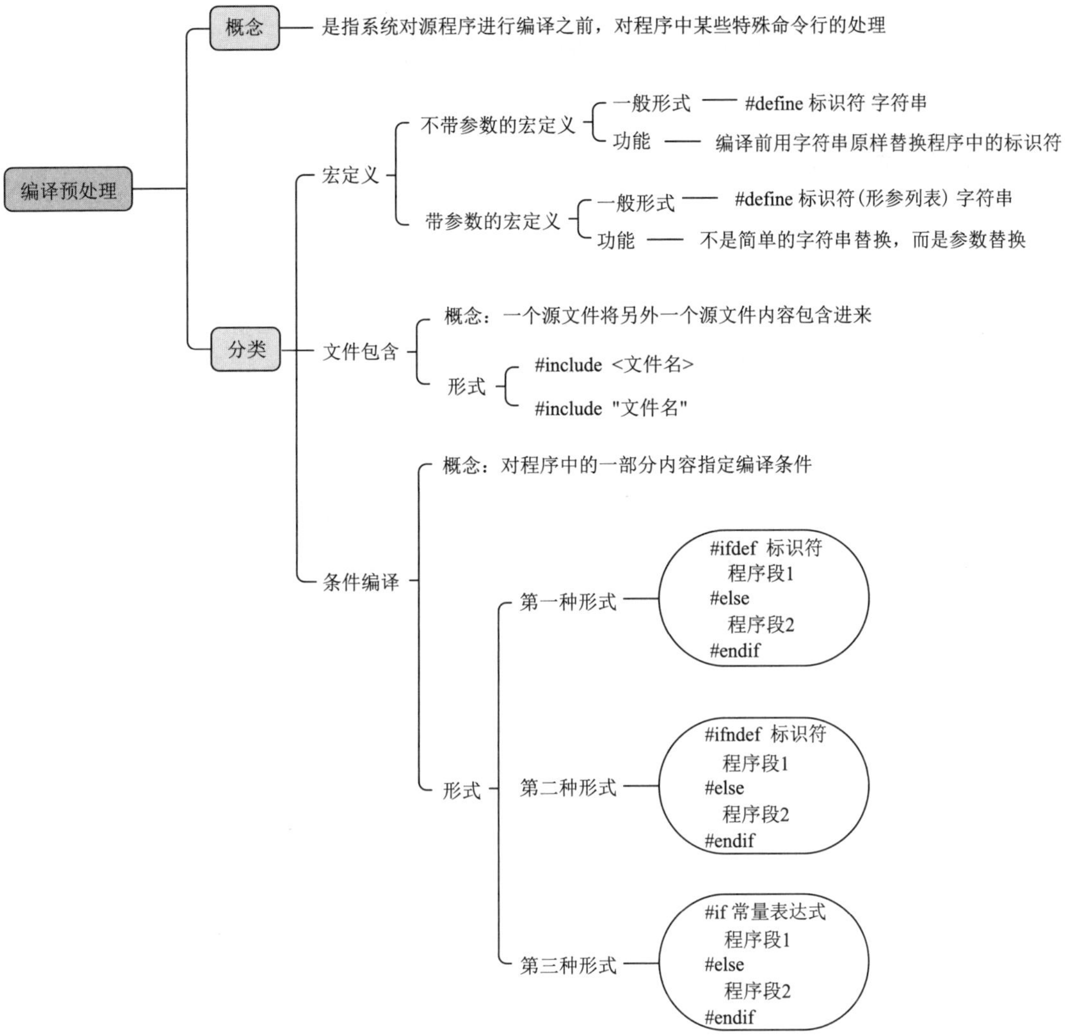


# 课前导学

## 1. 知识初探

◎阅读主教材第 9 章的【课中细学】

◎阅读辅教材第 9 章的【课前导学】的“本章要点”与相应“典型例题解析”

## 2. 视频观看

观看主教材第 9 章的【课中细学】相应的视频

## 3. 思考空间

（1）为什么引入宏定义？

（2）进行宏定义时，是否可以应用已经定义的宏名进行层层替换？

课中细学

## 9.1 宏 定 义

### 9.1.1 不带参数的宏定义

（1）不带参数的宏定义的一般形式如下：

```
#define 标识符 字符串
```

其中，“define”为宏定义命令；“标识符”又称宏名；“字符串”可以是常数、表达式、格式串等。

（2）宏定义的功能：在进行编译前用字符串原样替换程序中的标识符。例如：

```
#define PI 3.1415926
```

它的作用是在本程序中用宏名 PI 代替 3.1415926 字符串，在编译预处理时，将程序中在该命令以后出现的所有 PI 都用 3.1415926 代替。这种在编译预处理时将宏名替换成字符串的过程称为“宏替换”。

例9.1 使用不带参数的宏定义圆周率，计算圆的周长、面积和球体积。

```
#include <stdio.h>
#define PI 3.1415926
void main()
{
  double l,s,r,v;
  printf("input radius:");
  scanf("%lf",&r);
  l=2*PI*r;
  s=PI*r*r;
  v=PI*r*r*r*4/3;
  printf("l=%.2f\ns=%.2f\nv=%.2f\n",l,s,v);
}
```

运行程序后输入：

```
input radius:4 ↙
```

输出结果如下：

```
l=25.13
s=50.27
v=268.08
```

上述程序中用宏名 PI 代替 3.1415926，经宏替换后“ l=2*PI*r; ”被替换为“l=2*3.1415926*r;”同样“s=3.1415926*r*r; v=3.1415926*r*r*r*4/3;”。

说明：

（1）宏名一般习惯用大写字母，以便与变量名相区别。但这并非规定，也可使用小写字母。

使用宏名代替一个字符串，可以减少重复书写某些字符串的工作量。例如，若不定义 PI 代表 3.1415926，则在程序中要多处出现 3.1415926，不仅麻烦，而且容易写错，用宏名代替，简单而不易出错，因为记住一个宏名（它的名字常常用容易理解的单词表示）要比记住一个无规律的字符串容易，而且在读程序时立即知道它的含义，当需要改变某一常量时，可以只改变 #define 命令行，一改全改。例如，定义数组大小，可以用：

```
#define array_size 1000
int array[array_size];
```

先指定 array_size 代表常量 1000，因此数组 array 的大小为 1000，如果需要改变数组大小为 500，只需改 #define 行：

```
#define array_size 500
```

这样在程序中所有 array_size 1000 全改为 500 了。使用宏定义，可以提高程序的通用性。

（2）宏定义是用宏名代替一个字符串，也就是简单的置换，不做语法检查。

（3）宏定义的作用域为定义命令之后到本源程序结束，若要终止其作用域可使用 #undef 命令。

#undef 命令的一般形式如下：

```
#undef 标识符
```

例如：

```
#define PI 3.1415926
void main()
{
  …
  l=2*PI*r;
  #undef PI                /* 结束 PI 的作用域 */
  s=PI*r*r;
  v=PI*r*r*r*4/3;
  …
}
```

由于 #undef 的作用，PI 的作用范围到 #undef PI 行，因此在语句：

```
s=PI*r*r;
v=PI*r*r*r*4/3;
```

中标识符 PI 不能再代替字符串 3.1415926。

（4）宏定义与定义的变量不同，宏定义只做字符替换，不分配内存空间。

（5）在宏定义时，可以引用已定义的宏名，可以层层置换。例如：

```
#define PI 3.1415926
#define R 3.0
#define S PI*R*R
```

（6）宏名在源程序中用双引号括起来，编译预处理不对其做宏替换，例如，printf("S=%f",S); 中双引号内 S 不替换。

## 9.1.2　带参数的宏定义

带参数的宏定义不仅进行字符串替换，还要进行参数替换。

带参数的宏定义的一般形式如下：

```
#define  标识符（形参列表） 字符串
```

字符串包含在括号中所指定的参数。

例如：

```
#define S(r) 3.1415926*r*r
area=S(4);
```

定义圆面积 S，r 是半径，在程序中用了 S(4)，用 4 代替宏定义中的形参 r，即用 3.1415926*4*4 代替 S(4)。因此赋值语句展开为

```
area=3.1415926*4*4;
```

对带参数的宏定义是这样替换的：在程序中如果有带实参的宏（如 S(4)）；则按 #define 命令行中指定的字符串从左到右替换。如果字符串中包含宏中的形参（如 r），则将程序语句中相应的实参（可以是常量、变量或表达式）代替形参。如果宏定义中的字符串中的字符不是参数字符（如 3.1415926*r*r 中的星号 *），则保留。这样就形成了替换的字符串，如图 9-1 所示。

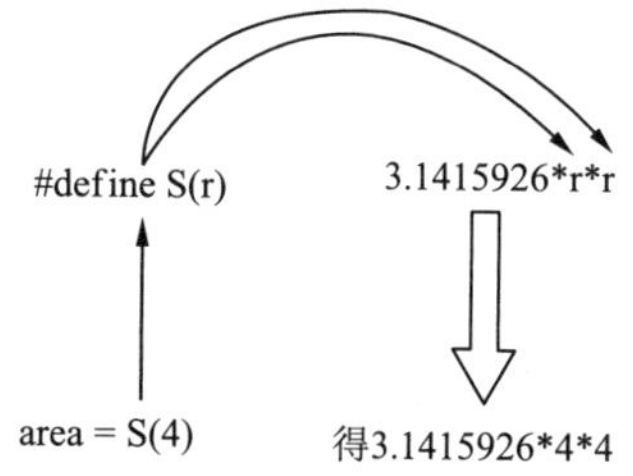


图 9-1　带参数的宏定义替换过程

例 9.2　使用带参数的宏定义计算圆的面积。

分析：带参数的宏定义 #define S(r) PI*(r)*(r)，形参为 r，在程序中用了 S(r1+1)，用 r1+1 替换宏定义中的形参 r，即用 PI*(r+1)*(r+1) 替换 S(r+1)，得到语句 area=3.1415926*(3.6+1)*(3.6+1)。

程序如下：

视频　带参数的宏定义

```
#include <stdio.h>
#define PI 3.1415926
#define S(r)  PI*(r)*(r)
void main()
{
  double r1=3.6,area;
  area=S(r1+1);
  printf("r1=%.2f\narea=%.2f\n",r1,area);
}
```

程序运行结果：

```
r1=3.60
area=66.48
```

说明：

（1）对带参数的宏的替换只是将语句中的宏名后面括号内的实参字符串代替 #include 命令行中的形参。例如：

```
#define S(r)  PI*r*r
area=S(r1+1);
```

将实参 r1+1 代替 PI*r*r 中的形参 r，得到宏展开后的形式为：

```
PI*r1+1*r1+1
```

显然，这样得到的半径为 r1+1 的圆面积的结果是错误的。

（2）在宏定义时，宏名与参数的括号间不加空格，否则，将空格以后字符都作为替换字符串的一部分。例如：

```
#define S (r) PI*r*r
```

被认为 S 是不带参数的符号常量，代表“(r) PI*r*r”，若在程序中，有“area=s(a);”，则替换为：

```
area=(r)PI*r*r(a);
```

（3）带参数的宏定义和函数相似，但是本质上不同。主要区别如下：

① 函数调用时，先求出实参表达式的值，然后代入形参。而使用带参数的宏只是进行简单的字符

替换。

② 函数调用是在程序运行时处理的，为形参分配临时的内存单元。而宏替换则是在编译前进行的，在展开时并不分配内存单元，不进行值的传递处理，也没有“返回值”的概念。

③ 宏替换不占运行时间，只占编译时间，而函数调用则占运行时间。

④ 函数中函数名及参数均有一定的数据类型，而宏不存在类型问题，宏名及其参数无类型。

⑤ 调用函数只可得到一个返回值，而用宏可以设法得到几个结果。例如，对于下面的宏定义：

```
#define PI 3.1415926
#define CIRCLE(R,L,S)  L=2*PI*R;S=PI*R*R
```

若程序中出现语句：

```
CLRCLE(5,l,s);
```

则宏替换的结果为：

```
l=L=2*3.1415926*5;s=S=3.1415926*5*5
```

这里显然得到了两个结果，即圆周长 $l$ 和圆面积 $s$。

使用宏次数多时，宏展开后使源程序增长，而函数调用不使源程序变长，因此一般用宏代替小的、可重复的代码段，对于代码行较多的应使用函数方式。

例9.3　分析下列程序的运行结果。

```
#include<stdio.h>
#define SQUA(R,H,X,Y,Z)  X=R*H;Y=R/H;Z=(R)*(R)/(H)*(H)
void main()
{
  int r,a,x,y,z;
  printf("Input r,a:");
  scanf("%d,%d",&r,&a);
  SQUA(r+1,a+2,x,y,z);
  printf("x=%d,y=%d,z=%d",x,y,z);
}
```

上述程序，进行带参数的宏定义的替换后的 main() 函数如下：

```
void main()
{
  int r,a,x,y,z;
  printf("Input r:");
  scanf("%d,%d",&r,&a);
  r=4,a=3;
  x=r+1*a+2;y=r+1/a+2;z=(r+1)*(r+1)/(a+2)*(a+2)
  printf("x=%d,y=%d,z=%d",x,y,z);
}
```

运行程序后输入：

```
Input r,a:4,3
```

输出结果如下：

```
x=9,y=6,z=25
```

## 9.2 文件包含

文件包含是指一个源文件可以将另外一个源文件的全部内容包含进来，即将另外的文件包含到本文件中。C 语言系统提供了 #include 编译预处理命令来实现文件包含的操作。程序设计中，文件包含是很有用的。它可以节省程序设计人员的重复劳动。例如，程序员往往使用一些公用的符号常量（如 PI=3.1415926，E=2.718…）或宏定义等可单独组成一个文件，编程者利用包含命令将该文件包含到源程序中即可使用。这样，可避免每个文件开头都重复书写一些公用量，从而节省时间并减少出错。

文件包含命令的一般形式如下：

```
#include <文件名>
```

或者

```
#include "文件名"
```

其中，包含命令中的文件名可以用尖括号 < > 括起来也可以用双引号 " " 括起来，使用尖括号 < > 括起来时表示直接到系统指定的包含文件目录中查找。使用双引号 " " 则表示系统首先到当前目录下查找被包含文件，如果找不到，再到系统指定包含文件目录（由用户在配置环境时设置）中查找。因此 " " 的 #include 命令查找路径将包含使用 < > 的 #include 命令查找路径。

图 9-2 表示文件包含的含义。图 9-2（a）所示为文件 file1.c，它有一个 #include <file2.c> 包含命令，然后还有其他内容（以 A 表示），另一文件 file2.c 内容（以 B 表示）如图 9-2（b）所示。在编译预处理时对 #include 命令进行“文件包含”处理，先把文件 file2.c 的内容复制插入 #include <file2.c> 命令处，得到图 9-2（c）所示的结果，再对文件 file1.c 进行编译。在编译时，对经过编译预处理的 file1.c 作为一个源文件单位进行编译。

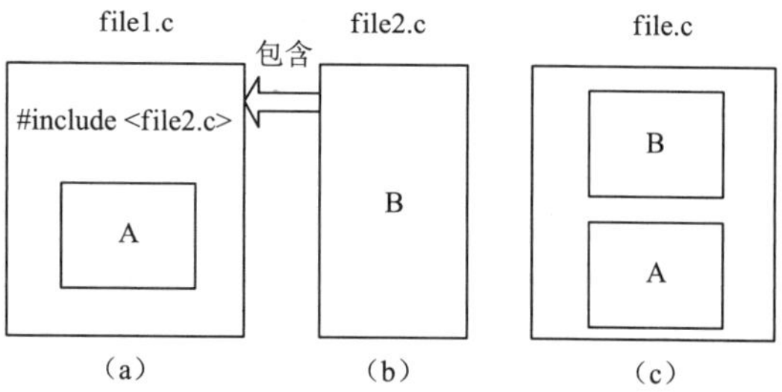


图 9-2　文件包含示意图

文件名是指要包含进来的程序的文件名称，通常置于源程序文件的首部，故又称头文件或编译预处理文件。C 编译系统提供的头文件扩展名为 .h（如 stdio.h、string.h、graphics.h），但能够用作包含文件的并不限于 C 编译系统提供的头文件，还可以是用户根据实际情况自己写命名文件（其中包括宏定义、结构体类型定义等）和其他要求在本文件中引用的源程序文件。

例 9.4　应用文件包含命令求三个整数的最大数。

分析：三个文件 file1.c、file2.c 和 file3.c 都不是一个完整的 C 源程序，无法单独编译。在对文件 file1.c 进行编译预处理时，首先对其中的 #include 命令进行文件包含处理，将文件 file3.c 和 file2.c 中的内容包含到文件 file1.c，再对文件 file1.c 进行编译。程序如下：

```
/* 主文件 file1.c*/
#include <stdio.h>
#include "file3.c"
#include "file2.c"
void main()
{
  int a,b,c,max;
  printf("input a,b,c=");
  scanf("%d,%d,%d",&a,&b,&c);
  max=max2(a,b,c);
```

```
    printf("max=%d",max);
}

/* 文件 file2.c 内容 */
int max2(int x,int y,int z)
{
    int a,b;
    a=max1(x,y);
    b=max1(a,z);
    return(b);
}

/* 文件 file3.c 内容 */
int max1(int x,int y)
{
    if(x>y)
        return(x);
    else
        return(y);
}
```

程序运行结果：

```
input a,b,c=7,11,5↙
max=11
```

**注意：**

（1）一个 #include 命令只能指定一个包含文件。如果要包含 n 个文件，则要使用 n 个 #include 命令。

（2）如果文件 file1.c 要使用文件 file2.c 中的内容，而文件 file2.c 要用到文件 file3.c 中的内容，则可以在文件 file1.c 中用两个 #include 命令分别包含 file2.c 和 file3.c，而且 file3.c 应出现在文件 file2.c 之前，即在文件 file1.c 中定义：

```
#include "file3.c"
#include "file2.c"
```

这样文件 file1.c 和文件 file2.c 均可以用 file3.c 中的内容，而 file2.c 中不必再用 #include "file3.c " 了。

（3）在一个文件中又可以包含另一个包含文件，即文件包含是可以嵌套的。

（4）被包含文件（如 file2.c）与所在的文件（file1.c）在预编译后已成为一个文件（而不是两个文件），因此，如果文件 file2.c 中有静态全局变量，它也在 file1.c 文件中有效，不必用 extern 说明。

## 9.3 条件编译

一般情况下，源程序中所有的行都参加编译。但有时出于对程序代码优化的考虑，希望对其中一部分内容只是在满足一定条件下才进行编译，形成目标代码。这种对程序中的一部分内容指定编译条件称为条件编译（conditional compile）。常用的条件编译有三种形式。

### 1. 第一种形式

```
#ifdef 标识符
    程序段 1
```

```
#else
  程序段 2
#endif
```

其功能是：若所指定的标识符已经被 #define 命令定义过，则在程序编译阶段只编译程序段 1，否则编译程序段 2。例如：

```
#include<stdio.h>
void main()
{
  float R,s;
  printf(" 输入半径: ");
  scanf("%f",&R);
  #ifdef PI
    s=PI*R*R;
  #else
    #define PI 3
    s=PI*R*R;
  #endif
  printf("s=%f\n",s);
}
```

#ifdef PI 语句的功能是：如果之前用 #define 定义过标识符 PI，则直接计算面积 s，否则，用 #define 定义标识符 PI 之后再计算面积。

如果没有程序段 2（它为空），本格式中的 #else 可以没有，即可以写为：

```
#ifdef 标识符
  程序段
#endif
```

其功能是：若所指定的标识符已经被 #define 命令定义过，则在程序编译阶段编译程序段，否则不编译。

**2. 第二种形式**

```
#ifndef 标识符
  程序段 1
#else
  程序段 2
#endif
```

或者

```
#ifndef 标识符
  程序段
#endif
```

其功能是：若所指定的标识符未被 #define 命令定义过则对程序段 1 进行编译；否则对程序段 2 进行编译。#ifndef 语句的功能与 #ifdef 相反。

**3. 第三种形式**

```
#if 常量表达式
  程序段 1
#else
  程序段 2
#endif
```

或者

```
#if 常量表达式
  程序段
#endif
```

其功能是：首先求常数表达式的值，如果为真（非 0）就对程序段 1 进行编译，否则对程序段 2 进行编译，如果没有 #else 部分，则当常数表达式的值为 0 时，直接跳过 #endif。例如：

```
#include <stdio.h>
void main()
{
  #if NULL
    printf("NULL=未定义 !\n");
  #else
    printf("NULL 为零值 !\n");
  #endif
}
```

上述语句中，#if NULL 表示“如果 NULL 为真”，则执行其后的语句。由于 NULL 为假（0），故执行 #else 的语句“printf("NULL 为零值 !\n")”，运行结果为：“NULL 为零值！”。

例9.5　分析以下程序执行的结果。

```
#include <stdio.h>
void main()
{
  #ifndef x
    int x=1;
  #else
    x=2;
  #endif
    printf("x=%d\n",x);
}
```

本题采用第二种形式的条件编译。如果未定义 x，则定义它并赋初值为 1；否则赋初值为 2。显然在第一个条件编译命令之前没有定义 x，所以执行 int x=1 语句，结果为 x=1。

上面介绍的条件编译也可以用条件语句来实现。但是用条件语句将会对整个源程序进行编译，生成的目标程序很长，而采用条件编译，则根据条件只编译其中的程序段 1 或程序段 2，生成的目标程序较短。如果条件选择的程序段很长，采用条件编译的方法是十分必要的。

## 9.4　程序举例

例9.6　有以下程序：

```
#include <stdio.h>
#define S1(a,b)   a*b
#define S2(a,b)   ((a)*(b))
#define S3(a,b)   ((a)>(b)? (a):(b))
void main()
```

```
{
  int x=3,y=4,i=5,j=6,Z1,Z2,Z3;
  Z1=S1(x+y,x-y);
  Z2=S2((x+y),(x-y));
  Z3=S3(i++,j++);
  printf("Z1=%d\n",Z1);
  printf("Z2=%d\n",Z2);
  printf("Z3=%d\n",Z3);
}
```

输出结果如下：

```
Z1=11
Z2=-7
Z3=7
```

该程序的第 2 行、第 3 行、第 4 行是带参宏定义，标识符为 S1、S2、S3，形参为 a、b。在程序中的宏调用为 Z1=S1(x+y,x-y)，其替换过程为 Z1= x+y*x-y =3+4*3-4=11；宏调用 Z2=S2((x+y),(x-y))，其替换过程为 Z2= ((x+y)*(x-y))=(3+4)*(3-4)=-7；宏调用 Z3=S3(i++,j++)，其替换过程为 Z3=((i++)>(j++)?(i+1):(j+1))，这里由于 i++>j++ 不为真，输出 j++，结果为 7。i>j 为真则输出 i++，否则输出 j++，结果为 6+1=7。

例 9.7　有以下程序：

```
#include <stdio.h>
void main()
{
  float r;
  double s;
  printf("输入半径:\n");
  scanf("%f",&r);
  #ifdef PI
    s=PI*r*r;
  #else
  #define PI 3.1415926
    s=PI*r*r;
  #endif
  printf("s=%f\n",s);
}
```

程序运行结果：

```
输入半径:
6↙
s=113.09724
```

该程序的功能是计算给定半径圆的面积。其宏定义语句的功能是：如果之前定义过 PI，则直接计算面积；如果之前未定义过 PI，则使用 #define PI 3.1415926 定义 PI，然后计算面积。

## 课后延学

### 1. 知识回顾

（1）在程序进行编译之前，所做的处理称为编译预处理，编译预处理命令以“#”开头，区别于 C 语言其他语句。编译预处理命令分为宏定义命令、文件包含命令和条件编译命令。

（2）宏定义是用一个标识符来替换一个字符串，这个字符串可以是常量、常数、表达式、格式串等。宏定义可以带有参数，宏调用时以实参替换形参，而不是值传送。

（3）文件包含是编译预处理的一个重要功能，把多个源文件连接成一个源文件进行编译，生成一个新的目标文件。

（4）条件编译时对一部分程序内容指定编译的条件，只有满足指定条件时才进行编译，生成目标程序。

**2. 学习反思**

（1）为什么程序中加入一些预处理命令?

（2）带有参数的宏替换和函数调用有何区别?

**3. 知识检验**

（1）定义如下带有参数的宏：

① 求两个数中的最大值 max(x,y)。

② 将两个变量的值交换 swap(x,y)。

③ 求 n 被 m 除的余数 mod(n, m)。

④ 已知半径，求圆面积 area(r)。

⑤ 判断某年是否闰年 leap_year(y)。

（2）C 语言提供的预处理有哪些？简述其主要功能。

**4. 拓展训练**

【测试练习】完成辅教材第 9 章的【课后延学】的“测试练习”

## 计算机等级考试二级真题解析

1. 有以下程序：

```
#include <stdio.h>
#define M 5
#define f(x,y) x*y+M
void main()
{
  int k;
  k=f(2,3)*f(2,3);
  printf("%d\n",k);
}
```

程序的运行结果是（　　）。

A. 22　　B. 41　　C. 100　　D. 121

**【答案】** B

**【解析】** 宏定义中的函数在调用时只做简单的替换，不能进行任何修改。所以 k=2*3+5*2*3+5=41。

2. 有以下程序：

```
#include <stdio.h>
#define S(x) x*x
void main()
```

```
{
  int k=5,j=2;
  printf("%d,%d\n",S(k+j+2),S(j+k+2));
}
```

程序运行后的输出结果是（　　）。

A．21,18　　B．81,81　　C．21,21　　D．18,18

【答案】A

【解析】带参数宏的替换过程是，用宏调用提供的实参字符串直接置换宏定义命令行中相应的形参字符串，非形参字符保持不变。S(k+j+2) 被置换成 k+j+2*k+j+2，计算时先计算 2*k，结果为 21，S(j+k+2) 被置换成 j+k+2*j+k+2，计算时先计算 2*j，结果为 18，程序的运行结果是 21,18。

3．有以下程序：

```
#include <stdio.h>
#define f(x) x*x*x
void main()
{
  int a=3,s,t;
  s=f(a+1);t=f((a+1));
  printf("%d,%d\n",s,t);
}
```

程序运行后的输出结果是（　　）。

A．10,64　　B．10,10　　C．64,10　　D．64,64

【答案】A

【解析】C 语言中带参数的宏可以理解为用参数直接替换定义式中的变量，而不经过任何修改。所以 s=f(a+1)=a+1*a+1*a+1=3+3+3+1=10，t=f((a+1))=(a+1)* (a+1)* (a+1)=64。

4．以下叙述中正确的是（　　）。

A．在 C 语言中，预处理命令行都以“#”开头

B．预处理命令必须位于 C 源程序的起始位置

C．#include<stdio.h> 必须放在 C 程序的开头

D．C 语言的预处理不能实现宏定义和条件编译的功能

【答案】A

【解析】“编译预处理”就是在 C 编译程序对 C 源程序进行编译前，由编译预处理程序对这些编译预处理命名进行处理的过程。A 项正确，在 C 语言中，编译预处理命令行都以“#”开头；B 项错误，预处理命令行可以出现在程序的任何一行开始的部位，其作用一直持续到末尾；C 项错误，#include <stdio.h> 可以出现在程序的任意一行的开始部位；D 项错误，预处理可以实现宏定义、条件编译和文件包含。

# 第 10 章 结构体与共用体

结构体与共用体——编织数据之锦，缔结程序之梦

Structures and unions —Weaving and creating the dreams of data and programs.

## 导 读

前面已介绍了基本类型的数据，也介绍了一种构造类型的数据——数组。组成数组的元素必须是相同类型的变量，因此数组只适合描述不同对象的同一属性，但在实际中常常描述同一对象的不同属性，如一个学生有学号、姓名、性别、年龄、各科分数，表示这些属性的数据具有不同的类型，因而不能用数组表示。

C 语言提供了一种数据结构，可以把这些不同类型的数据组成一个整体，这就是结构体类型。结构体类型与数组最大的区别在于数组中所有元素的数据类型都必须相同，而结构体中的各成员项类型可以不同。结构体将不同的数据元素有机地组织在一起，创造出一种有序的结构，使得数据的管理和使用变得井然有序，从而为程序的逻辑和功能提供支持。

在 C 语言的世界中，结构体与共用体是构建复杂数据的基石，结构体以精细和严谨的逻辑，将相关联的数据项组织成一个个有序的结构；共用体使同一内存空间下能够根据需要呈现不同的面貌，实现多种数据表示的灵活性和创造性。

## 导 航

**学习目标：**

1. 掌握结构体类型及变量的定义与使用
2. 掌握结构体数组的定义与使用
3. 理解结构体类型指针的概念
4. 掌握指向结构体的指针作为函数参数
5. 理解共用体数据类型及变量的定义与使用
6. 了解链表的应用

**学习重点：**

1. 结构体数组的使用
2. 结构体指针的使用

**学习难点：**

1. 指向结构体的指针作为函数参数
2. 链表的应用

## 知识地图

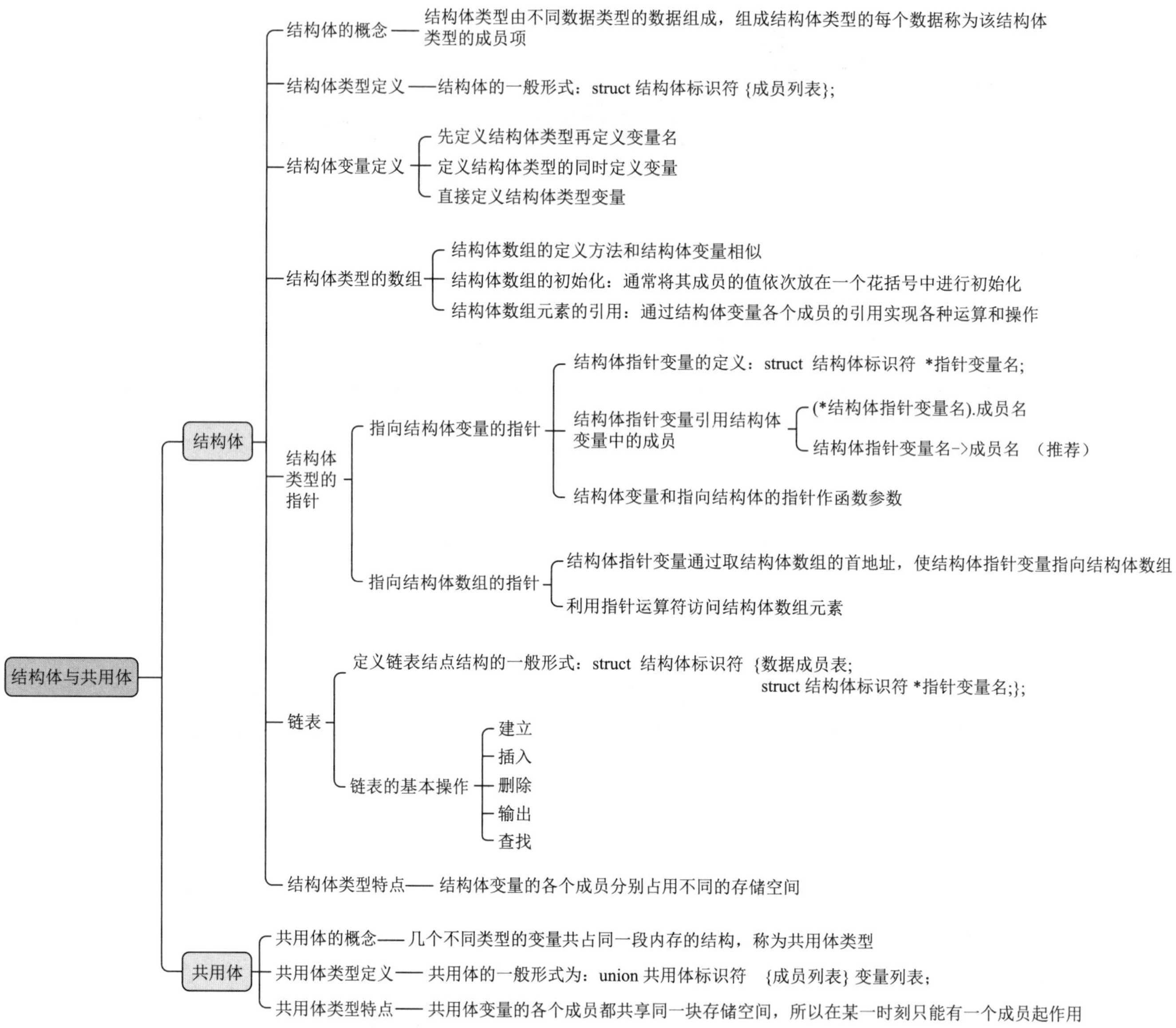


## 课前导学

**1. 知识初探**

◎阅读主教材第 10 章的【课中细学】

◎阅读辅教材第 10 章的【课前导学】的“本章要点”与相应“典型例题解析”

**2. 视频观看**

观看主教材第 10 章的【课中细学】相应的视频

**3. 思考空间**

（1）C 语言中结构体类型在程序中有哪些作用？

（2）一个结构体类型成员是否可以是另一种结构体类型？

（3）结构体类型与共用体类型的异同有哪些？

课中细学

# 10.1　结构体定义和引用

## 10.1.1　结构体类型的定义

结构体类型由不同数据类型的数据组成。组成结构体类型的每个数据称为该结构体类型的成员项，简称成员、域或分量。在程序中使用结构体类型时，首先要对结构体类型的组成进行描述，这称为结构体类型的定义。结构体类型定义的一般形式如下：

```
struct 结构体标识符
{ 成员列表 };
```

成员列表的定义形式如下：

```
类型说明符 成员名 ;
```

结构体类型由若干成员项组成，其中成员项可以为基本数据类型，也可以是另一个构造类型。

例如，一个学生的有关信息见表 10-1。

表 10-1　学生信息表

| num | name | sex | age | addr | score |
| --- | --- | --- | --- | --- | --- |
| 1201 | Lihong | f | 16 | Shanghai | 82.5 |
| 1202 | Liming | m | 18 | Beijing | 92 |

以下语句定义了一个结构体类型 struct student，其成员为表 10-1 中学生的各项信息。

```
struct student
{
  int num;                    /* 学号 */
  char name[10];              /* 姓名 */
  char sex;                   /* 性别 */
  int age;                    /* 年龄 */
  char addr[30];              /* 住址 */
  float score;                /* 分数 */
};
```

## 10.1.2　定义结构体类型变量的方法

结构体类型定义只是指定了一个结构体数据的模型，其中并无具体数据，系统也不为它分配内存单元。为了能在程序中使用结构体类型的数据，应当定义结构体类型的变量，并在其中存放具体数据。

定义结构体类型变量的方法如下。

（1）先定义结构体类型再定义变量名。例如：

```
struct student
{
  int num;
  char name[10];
  char sex;
  int age;
```

```
  char addr[30];
  float score;
};
struct student stu1,stu2;
```

说明了两个变量 stu1、stu2 为 struct student 类型变量。

（2）定义结构体类型的同时定义变量。例如：

```
struct student
{
  int num;
  char name[10];
  char sex;
  int age;
  char addr[30];
  float score;
}stu1,stu2;
```

（3）直接定义结构体类型变量。例如：

```
struct                          /* 结构体标识符不出现 */
{
  int num;
  char name[10];
  char sex;
  int age;
  char addr[30];
  float score;
} stu1,stu2;
```

当一个结构体类型的成员又是另一个结构体类型的变量时，就形成了结构体的嵌套。在数据处理中，有时要使用结构体的嵌套处理组织结构比较复杂的数据集合。

例如：

```
struct date
{
  int year;
  int month;
  int day;
};
struct student
{
  int num;
  char name[10];
  char sex;
  struct date birthday;            /* 结构体 "日期" 类型 */
  char addr[30];
  float score;
}stu1,stu2;
```

先定义一个结构体类型 struct date，它代表“日期”，包含三个成员 year（年）、month（月）、day（日），然后在定义结构体类型 struct student 时，将成员 birthday 指定为结构体类型 struct date 变量。

**说明：**

（1）结构体类型与结构体变量是不同的概念，不要混淆。只能对变量赋值、存取或运算，而不能对一个类型赋值、存取或运算。在编译时，对类型是不分配空间的，只对变量分配空间。

（2）结构体类型中的成员名可以和程序中的其他变量同名，但二者不代表同一对象。例如，上面程序中可以定义一个变量 sex，它与结构体类型 struct student 中的成员项 sex 不代表同一对象，互不干扰。

（3）对结构体变量中的成员，可以单独使用，它的作用与地位相当于普通变量。

### 10.1.3　结构体类型变量的初始化

与普通变量一样，在定义结构体类型变量的同时也可以对其初始化。

例如：

```
struct student
{
  int num;
  char name[10];
  int age;
  char sex;
  char addr[30];
  float score;
}stu1={1801,"Lihong",16,'f',"Shanghai",82.5};
```

### 10.1.4　结构体类型变量的引用

结构体类型是由不同数据类型的若干数据集合而成的。在程序中使用结构体变量时，一般不允许把结构体变量作为一个整体进行操作处理，而应该通过对结构体变量的各个成员的引用来实现各种运算和操作。

（1）结构体类型变量引用的一般形式如下：

```
结构体变量名 . 成员名
```

其中的“.”是成员运算符，在所有运算符中优先级最高。

（2）结构体类型变量的引用应遵守以下规则：

① 不能将一个结构体变量作为一个整体进行输入和输出。

例如，前面定义的结构体变量中要引用 stu1 中的 num：

```
printf("…… ",stu1);                /* 错误 */
printf(" %d ", stu1.num);          /* 正确 */
```

② 对嵌套结构体的引用必须引用到最末一级。

例如，对前面介绍的结构体类型的嵌套中 birthday 的引用：

```
stu1.birthday.year                 /*stu1 为结构体类型 struct student 变量 */
```

③ 对结构体变量的成员可以像普通变量一样进行各种运算。例如：

```
sumage=stu1.age+stu2.age
```

**例 10.1**　输入并输出一个学生的基本信息。

分析：结构体类型变量 stu1 在定义的同时进行初始化，通过 printf() 函数输出结构体变量 stu1 的成员。程序如下：

```
#include <stdio.h>
```

```
struct student
{
  long int num;
  char name[10];
  int age;
  char sex;
  char addr[30];
  float score;
}stu1={1801,"Lihong",16,'f',"Shanghai", 82.5 };
void main()
{
  printf("No:%ld\nname:%s\nage:%ld\nsex:%c\naddress:%s\nscore1:%f\n",stu1.num,stu1.name,
  stu1.age,stu1.sex,stu1.addr,stu1.score);
}
```

程序运行结果：

```
No:1801
name:Lihong
age:16
sex:f
address: Shanghai
score:82.500000
```

例10.2 输入一个学生的学号、姓名、三门课的成绩，然后计算其总成绩。

分析：从键盘上输入结构体变量 stu 各成员的值，对结构体变量三个成员 stu.score1、stu.score2、stu.score3 进行求和运算。程序如下：

```
#include <stdio.h>
#include <string.h>
struct
{
  int num;
  char name[10];
  int score1;
  int score2;
  int score3;
}stu;
void main()
{
  int sum;
  printf("输入学生信息:num,name,score1,score2,score3:\n");
  scanf("%d%s%d%d%d",&stu.num,stu.name,&stu.score1,
  &stu.score2,&stu.score3);
  sum=stu.score1+stu.score2+stu.score3;
  printf("输出学生信息:\n");
  printf("num=%d score1=%d sum=%d",stu.num,stu.score1,sum);
}
```

程序运行结果：

```
输入学生信息:num,name,score1,score2,score3:
```

```
1802␣"Liming"␣84␣88␣87↙
输出学生信息：
Num=1802 score1=84 sum=259
```

## 10.2　结构体数组

数组是一组具有相同类型数据的有序集合。结构体类型数组与基本类型数组的定义及引用规则基本相同，区别在于结构体数组中的所有元素均为结构体类型。

### 10.2.1　结构体数组的定义

在 C 语言中，具有相同数据类型的数据可以组成数组，指向相同类型的指针可以组成指针数组。根据同样的原则，具有相同结构的结构体变量也可以组成数组，称为结构体数组。结构体数组的每一个元素都是结构体变量。

结构体数组定义的一般形式如下：

```
struct 结构体标识符
{
  成员列表
}结构体数组名[常量表达式];
```

例如，假设表 10-1 中有 20 个学生的信息，为了描述 20 个学生的情况登记表，可定义如下结构体数组：

```
struct student
{
  int num;
  char name[10];
  char sex;
  int age;
  char addr[30];
  float score;
}st[20];
```

st 是由 20 个 struct student 类型的结构体变量组成的数组，每个结构体变量描述一个学生的情况，该数组有 20 个元素，如图 10-1 所示。

| | num | name | sex | age | addr | score |
|---|---|---|---|---|---|---|
| st[0] | 1801 | Lihong | f | 16 | Shanghai | 825 |
| st[1] | 1802 | Liming | m | 18 | Beijing | 92 |
| ⋮ | ⋮ | ⋮ | ⋮ | ⋮ | ⋮ | ⋮ |
| st[19] | 1820 | Liumei | f | 17 | Henan | 82.5 |

**图 10-1　结构体数组**

结构体数组的定义方法和结构体变量相似，也有如下三种：

（1）先定义结构体类型再定义结构体数组。

（2）定义结构体类型的同时定义结构体数组。

（3）直接定义结构体数组。

### 10.2.2　结构体数组元素的引用

对结构体数组的引用就是对结构体数组元素的引用。由于结构体数组元素相当于结构体变量，因此前面讨论的关于引用结构体变量的方法也同样适用于结构体数组元素。

**1．结构体数组元素中某一成员的引用**

例如，在前面的 st 结构体数组定义以后，假设数组 st 的第 0 个元素为 st[0]，st[i].age 表示 st 的第 i 个元素的成员 age；st[i].sex 表示 st 的第 i 个元素的成员 sex。

**2．结构体数组元素的赋值**

可以将一个结构体数组元素赋给同一结构体数组中的另一个元素，或者赋给同一类型的变量。例如，上面的例子定义结构体数组 st、结构体变量 t，以下赋值语句都是合法的。

```
st[1]=st[2];
t=st[1];
```

### 10.2.3 结构体数组的初始化

结构体数组赋初值的方式与基本类型数组赋初值的方式相同。只是由于结构体数组中的每个元素都是一个结构体，因此通常将其成员的值依次放在一个大括号中，以便区分各个元素。

结构体数组初始化的一般形式如下：

```
struct 结构体标识符
{
  成员列表
}结构体数组名 [ 常量表达式 ]={ 值 , 值 ,…, 值 };
```

例如：

```
struct student
{
  int num;
  char name[20];
  char sex;
  int age;
  char addr[30];
  float score;
} st[3]={{1801,"Lihong",'f',16,"Shanghai",82.5},
         {1802,"Liming",'m',18,"Beijing" ,92},
         {1803,"Wangjun",'m',18,"Dalian" ,84}};
```

定义数组 st 时，元素个数可以不给定，即写成如下形式：

```
st[ ]={{…},{…},{…}};
```

编译时，系统会根据给出的初始值的结构体常量的个数确定数组元素的个数。当然数组的初始化也可以用以下形式：

```
struct student
{
  int num;
  …
};
struct student st[]={{…},{…},{…}};
```

即先定义结构体类型，然后定义数组为该结构体类型，在定义数组时初始化。

在初始化时，应该使初始化的数据个数与结构体数组元素个数以及每个数组元素的成员个数匹配。

例 10.3　输入并输出三个学生的学号、姓名、成绩。

分析：定义一个结构体数组 stu[3]，同时对其进行初始化，最后输出三个学生的信息。程序如下：

```
#include <stdio.h>
struct student
{
  int num;
  char name [20];
  float score;
}st[3]={{1801,"Lihong",82.5},
        {1802,"Liming",92},
        {1803,"Wangjun",84}};
void main()
{
  int i;
  printf("Num\tName\tScore\n");
  for(i=0; i<3; i++)
  {
    printf("%d\t",st[i].num);
    printf("%s\t",st[i].name);
    printf("%5.1f\n",st[i].score);
  }
}
```

程序运行结果：

```
Num     Name     Score
1801   Lihong    82.5
1802   Liming    92
1803   Wangjun   84
```

例 10.4　用一个结构体表示学生的学号、姓名和数学、英语、计算机与总分的成绩，然后按总分从高到低顺序排序后输出。

分析：定义结构体数组 st[5]，结构体变量 t，通过键盘分别输入 5 个学生信息，用冒泡排序法对学生按总分进行降序排序。程序如下：

```
#include <stdio.h>
#include <string.h>
#define N 5
struct student
{
  int num;
  char name[20];
  int math;
  int english;
  int computer;
  int total;
};
struct student st[N],t;
void main()
{
```

```
    int i,j;
    printf("输入学生信息：学号，姓名，数学，英语，计算机\n");
    for(i=0;i<N;i++)
    {
      scanf("%d%s%d%d%d",&st[i].num,st[i].name,&st[i].math,
      &st[i].english,&st[i].computer);
      st[i].total=st[i].math+st[i].english+st[i].computer;
    }
    for(i=0;i<N-1;i++)                /*外部循环控制趟数，N个数选N-1趟*/
    {
      for(j=0;j<N-1-i;j++)
      if(st[j].total<st[j+1].total)
      {
        t=st[j];st[j]=st[j+1];st[j+1]=t;
      }
    }
    printf("按总分从高到低顺序排序后输出：");
    for(i=0;i<N;i++)
    printf("\n%d,%s,%d,%d,%d,%d",st[i].num,st[i].name,st[i].math,
           st[i].english,st[i].computer,st[i].total);
}
```

程序运行结果：

```
输入学生信息：学号，姓名，数学，英语，计算机：
201801 Liuli 93 97 86↙
201802 Wangming 67 89 73↙
201803 Wuhong 85 83 81↙
201804 Zhanghua 73 72 79↙
201808 Qianshan 93 82 98↙
按总分从高到低顺序排序后输出：
201801,Liuli,93,97,86,276
201808,Qianshan,93,82,98,273
201803,Wuhong,85,83,81,249
201802,Wangming,67,89,73,229
201804,Zhanghua,73,72,79,224
```

## 10.3 结构体类型的指针

一个指针变量可以指向结构体类型的变量，其值就是该结构体变量所占据的内存的起始地址，指针变量也可以用来指向结构体数组中的元素。

### 10.3.1 指向结构体变量的指针

#### 1. 结构体指针变量的一般形式

结构体指针变量的一般形式如下：

```
struct 结构体标识符
{
  成员变量列表;
```

```
};
struct 结构体标识符 * 指针变量名 ;
```

例如：

```
struct student
{
  int num;
  char name;
  int age;
  float score;
};
struct student stu1,*p;
```

其中，p 为结构体类型的指针变量，即 p 是指向结构体类型struct student的结构体指针变量。

```
p=&stu1;
```

使 p 指向结构体变量 stu1，如图 10-2 所示。

**2．结构体指针变量引用结构体变量中的成员**

与基本类型指针变量相似，结构体指针变量的主要作用是存储结构体变量的地址或结构体数组的地址，通过间接方式访问对应的变量或数组。

定义好一个结构体指针变量之后，就可以对指针变量进行各种操作了。例如，给一个结构体指针变量赋一个地址、访问结构体指针变量所指向的成员变量等。使用结构体指针变量的一般形式如下：

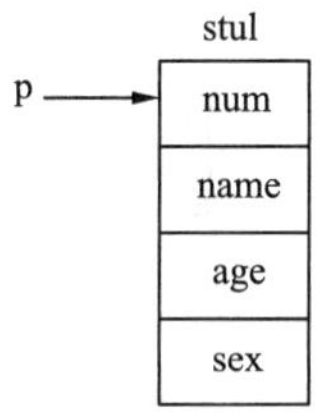

图 10-2　结构体指针示意图

```
(* 结构体指针变量名 ). 成员名 ;
```

例如：

```
struct student stu1,*p;
p=&stu1
```

用指针变量 p 引用结构体 stu1 变量中的成员 num 的形式如下：

```
(*p).num
```

指向结构体的指针变量在程序中使用得很频繁，为了使用起来方便直观，C 语言提供了另一种结构体成员运算符 ->。形式如下：

```
结构体指针变量名 -> 成员名
```

例如：

```
struct student stu1,*p=&stu1;
p->num                          /* 等价于 (*p).num，也等价于 stu1.num*/
```

结构体成员运算符“->”和“.”的优先级相同，它们与 ()、[ ] 属于同一优先级，按从左到右顺序结合。

**3．结构体指针变量的初始化**

结构体指针变量在使用前必须进行初始化，其初始化的方式与基本数据类型指针变量的初始化相同，在定义的同时赋予其结构体变量的地址。例如：

```
struct student stu1={12, "Wang hong", 'M'};
struct student *p=&stu1;      /* 定义的同时初始化 */
```

通过赋值表达式赋予其有效的地址值。例如：

```
struct student stu1={12, "Wang hong", 'M'};
```

```
struct student *p;
p=&stu1;                          /* 通过赋值表达式赋值 */
```

例 10.5　应用结构体类型指针变量，打印输出结构体成员变量的信息。

分析：本题定义一个结构体类型 struct student 的变量 stu1 及结构体指针变量 p，并且将 p 指向结构体变量 stu1。程序如下：

```
#include <stdio.h>
#include <string.h>
struct student
{
  int num;
  char name[20];
  int age;
  float score;
};
struct student stu1,*p;
void main()
{
  p=&stu1;
  (*p).num=1801; strcpy((*p).name,"Lihong"); stu1.age=16;
  stu1.score=84; printf("\n");
  printf("studentNO.%d\nname:%s\nage:%d\nscore:%f\n",(*p).num,(*p).name,(*p).age,
  (*p).score);
}
```

程序运行结果：

```
studentNO.1801
name:Lihong
age:16
score:82.5
```

程序中定义了一个 struct student 类型的变量 stu1。又定义了一个指针变量 p，它指向一个 struct student 类型的对象。将结构体变量的起始地址赋给指针变量 p 指向 stu1，然后对 stu1 的各成员赋值。

printf() 函数通过指向结构体变量的指针变量访问它的成员，使用的是 (*p).num 形式 ,(*p) 表示 p 指向的结构体变量，(*p).num 是 p 指向的结构体变量成员 num。注意 *p 两侧的括号不能省略，因为成员运算符 "." 优先于 "*" 运算符，若是 *p.num 就等价于 *(p.num)。

为了使用方便和直观，C 语言允许把 (*p).num 用 p->num 来代替，"->" 代表一个箭头，称为指向运算符，p->num 表示 p 指向结构体变量中的成员。同样，(*p).num 等价于 p->num。

如果 p 指向一个结构体变量 stu1，以下三种用法等价：stu1. 成员名（如 stu1.num）；(*p). 成员名（如 (*p).num）；p-> 成员名（如 p->num）。

### 10.3.2　指向结构体数组的指针

前面介绍过可以使用指向数组或数组元素的指针，同样对结构体数组及其元素也可以用指针来指向。

指向结构体数组的指针变量的一般形式如下：

```
struct 结构体标识符
{
  成员变量列表；
}结构体数组名；
```

```
struct 结构体标识符 *指针变量名;
```

例如：

```
struct student
{
  int num;
  char name[10];
  int age;
  float score;
} st[3];
struct student *p;
p=st;
```

定义结构体指针变量 p，通过取结构体数组 st 的首地址，使结构体指针变量 p 指向结构体数组。结构体指针变量也可以通过“->”和“.”运算符引用结构体数组元素的成员，利用 ++、-- 和算术运算顺序访问和随机访问结构体数组元素。

例 10.6 使用指向结构体数组的指针建立学生信息表。

分析：定义一个结构体类型 struct student，同时定义一个结构体数组 stu[4] 以及结构体指针变量 p，通过指向结构体数组的指针变量 p 引用该结构体数组元素的成员。

程序如下：

```
#include <stdio.h>
struct student
{
  long num;
  char name[20];
  int age;
  int score;
}st[4]={{201801,"Wangming",16,93},                /* 定义结构体数组并赋初值 */
        {201802,"Liuli",17,83},
        {201803,"Zhanghua",16,75},
        {201804,"Lijun",18,84}};
void main()
{
  /* 定义一个结构体类型指针变量 */
  struct student *p;
  printf(" 学号 姓名 年龄 成绩 \n");
  for(p=st; p<st+4; p++)
  printf("%-8ld%-12s%-1d%-4d\n",p->num,p->name,p->age,p->score);
}
```

程序运行结果：

```
学号        姓名      年龄   成绩
201801    Wangming    16     93
201802    Liuli       17     83
201803    Zhanghua    16     75
201804    Lijun       18     84
```

定义 p 为指向结构体类型 struct student 的指针变量，在 for 语句中使 p 取结构体数组 st 的首地址，即使结构体指针变量 p 指向结构体数组 st，如图 10-3 所示。在第一次循环中输出 st[0] 的各个成员值。然后执行 p++，使 p 自加 1。p+1 意味着增加的地址值为结构体类型数组 st 的一个元素所占的字节数，p++ 使 p 指向 st[1] 的起始地址，在第二次循环中输出 st[1] 的各个成员值。在执行 p++ 后，p 的值等于 st+2，再输出 st[2] 的各个成员值。在执行第 4 次循环后，p 的值已经是 st+4，已经不再小于 st+4 了，循环结束。

如果 p 的初值为 st，即 p 指向 st 的第 0 个元素 st[0]，p 加 1 后，p 就指向下一个元素。例如：

```
(++p)->num        /*先使p自加1，然后得到p指向的元素中的num
                    中的成员值(21802)*/
(p++)->num        /*先求得p->num的值(201801)，然后再使p自
                    加1，指向st[1]*/
```

p 为结构体类型的指针变量，通过取结构体数组元素的首地址，使结构体指针变量 p 指向结构体数组，不能用来指向结构体数组元素的某一成员。例如：

```
p=st[1].name;
```

这种用法是不正确的，编译时将给出“警告”，表示地址类型不匹配。如果要将某一成员的地址赋给 p，可以用强制类型转换，现将成员的地址转换成 p 的类型。例如：

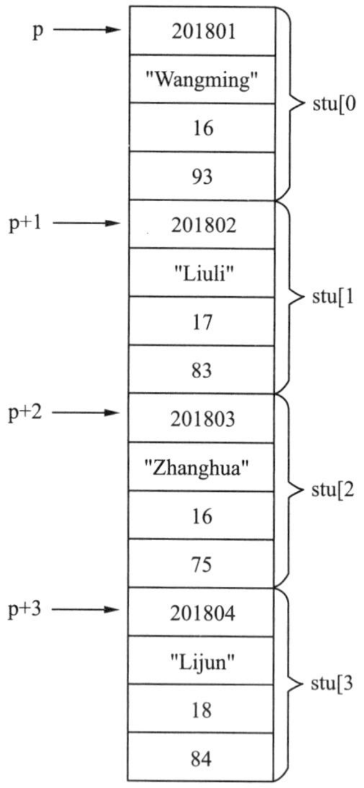

图 10-3　指向结构体数组的指针示意图

```
p=(struct student*)st[1].name
```

此时，p 的值是 st[1] 元素成员的起始地址。可以用“printf("%s",p);”输出 st[1] 中成员 name 的值，如果执行“printf("%s",p+1);”，则会输出 st[2] 中成员 name 的值。

### 10.3.3　结构体变量和指向结构体的指针作函数参数

将结构体变量的值传递给另一个函数，有三种方法：

（1）用结构体变量的成员作参数。用结构体变量的成员作实参，用法和普通变量作实参是一样的，属于单向“值传递”方式。

（2）用结构体变量作实参。用结构体变量作实参时，采取的也是单向“值传递”，将结构体变量所占内存单元的内容全部顺序传递给形参，形参也必须是同类型的结构体变量，在函数占用期间形参也要占用内存单元。这种传递方式如果结构体复杂、规模大，在空间和时间上开销很大。

（3）用指向结构体变量（或数组）的指针作实参，将结构变量（或数组）的地址传递给形参。由于被调用函数得到的是地址，对结构体成员的修改能返回到主调函数中。

**例 10.7**　用结构体变量作函数参数，打印输出学生的学号、姓名、两门课成绩。

分析：定义一个结构体变量 stu，在 main() 函数中对结构体变量成员进行赋值，在调用 func() 函数时以 stu 为实参传递给形参 st，在 func() 函数中输出结构体变量各成员的值。

```
#include <stdio.h>
#include <string.h>
struct student
{
  int num;
  char name[10];
  float score1;
  float score2;
};
```

```
void func(struct student st)                    /* 形参 st 为结构体变量 */
{
  printf("num:%d\nname:%s\nscore1:%f\nscore2:%f\n",st.num,st.name,st.score1,st.score2);
  printf("\n");
}

void main()
{
  struct student stu;
  stu.num=201802;
  strcpy(stu.name,"Li Li");
  stu.score1=78.1;
  stu.score2=82.2;
  func(stu);                                    /* 实参 stu 为结构体变量 */
}
```

程序运行结果：

```
num:201802
name:Li Li
score1:78.1
score2:82.2
```

视频

结构体的应用

例 10.8　用指向结构体变量的指针作函数参数，对班中五名学生成绩进行排序，并输出排序后的学号、姓名、成绩。

分析：score_stu() 函数中的形参 p 被定义为指向结构体类型 struct student 的指针变量，在调用 score_stu() 函数时使用结构体数组名 stu 作实参传递给形参 p。

```
#include <stdio.h>
#include <stdlib.h>
struct student
{
  int num;
  char name[10];
  int score;
}stu[5]={201801,"Wang",88,201803,"Li",92,201804,"Cheng",84,201802,"Gao",76,
201805,"Liu",70};

void main()
{
  int i;
  void score_stu(struct student *,int);
  score_stu(stu,5);                    /* 结构体数组名 stu 为实参 */
  for(i=0;i<5;i++)
    printf("%d %s %d\n",stu[i].num,stu[i].name,stu[i].score);
  system("pause");
}
void score_stu(struct student *p,int n)
{
  int i,j;
  struct student temp;
```

```
    for(i=0;i<n-1;i++)
    {
      for(j=0;j<n-i-1;j++)
        if(p[j].score<p[j+1].score)
        {
          temp=p[j];
          p[j]=p[j+1];
          p[j+1]=temp;
        }
    }
  }
```

程序运行结果：

```
201803 Li 92
201801 Wang 88
201804 Cheng 84
201802 Gao 76
201805 Liu 70
```

# 10.4 链　表

## 10.4.1 链表的基本概念

前面讲的各种类型结构都是静态数据结构，数据结构所占存储空间的大小是在变量说明时确定的，且在程序执行过程中不能改变。访问静态数据结构可以用变量名字，也可以用指向变量的指针。

动态数据结构是在程序的运行过程中逐步建立起来的，其存储空间在程序的执行过程中由系统提供的存储分配函数动态分配，也可以随机交还给系统（释放），即动态数据结构的大小在程序的执行过程中可以改变，访问动态数据结构可以使用指针，非常适合于那些数据量不确定的程序。

### 1. 链表的一般结构

链表是一种最常见的动态数据结构，通常由称为结点的元素构成，每个结点是相同类型的结构变量，结点由数据域和指针域两部分组成，数据域可以由除该结构以外的任何类型组成（即不允许结构递归定义）。指针域用于存放下一结点的地址，即指向下一结构的地址，结点和结点之间通过指针连接成一个数据整体，因此形象地称为“链表”。

每一个结点的结构如图 10-4 所示。

在链表中，用一个专门的指针 head 指向链表中第一个数据元素的结点（即存放第一个数据元素的地址），称为头指针。当 head=NULL（或 0）时称为空表。链表中最后一个元素后面没有结点元素，因此，链表中最后一个结点的指针域为空（用 NULL 或 0 表示），表示链表终止。链表的逻辑结构如图 10-5 所示。

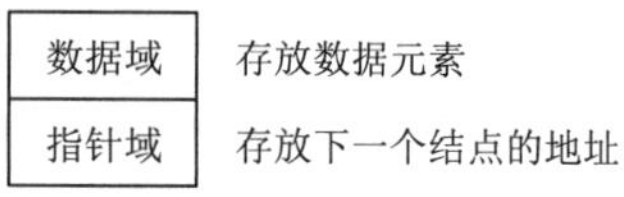

图 10-4　链表的结点结构

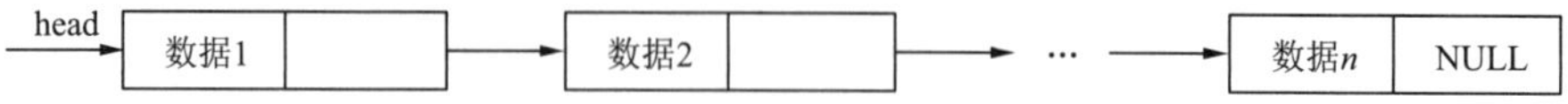

图 10-5　链表的逻辑结构

一般来说，在链表中，各数据结点的存储地址可以是不连续的，并且各结点在存储空间中的位置关系与逻辑关系也不一致，各数据元素之间的位置关系是由各结点的指针域指示的。对于链表，可以从头指针开始，沿各结点的指针访问到链表中的所有结点。

### 2. 结点结构体类型的定义

在 C 语言中，定义链表结点结构的一般形式如下：

```
struct 结构体标识符
{
  数据成员表；
  struct 结构体标识符 *指针变量名；
};
```

例如，下面定义的结点类型中，数据域包括两个数据项：一是 10 个字符的数组（即字符串）用于表示姓名；二是字符类型数据，用于表示分数。next 是指针类型的成员，它指向 struct node 类型数据（就是 next 所在的结构体类型）。一个指针类型的成员既可以指向其他类型的结构数据，也可以指向自己所在的结构体类型的数据。next 是 struct node 类型的一个成员，它又指向 struct node 类型的数据。

```
struct node
{
  char name[10];
  char score;
  struct node *next;
};
```

### 3. 结点的动态分配

用 C 语言编译系统提供的库函数 malloc() 动态分配存储空间可以获得下一个新的结点的存放空间。使用前必须包含头文件 stdlib.h。例如：

```
#include <stdlib.h >
struct node
{
  int d;
  struct node *next;
};
struct node *p;
p=(struct node*)malloc(sizeof(struct node));
```

malloc(sizeof(struct node)) 的作用是开辟一个长度为 struct node 的内存空间，malloc 带回的是不指向任何类型数据的指针。p 是指向 struct node 类型数据的指针变量，可以用强制类型转换的方法使指针的基类型改变为 struct node 类型，在 malloc(sizeof(struct node)) 之前加了“(struct node*)”，它的作用是使 malloc() 函数返回的指针转换为 struct node 类型的数据指针。注意括号中的“*”不可省略，否则将转换成 struct node 类型，而不是指针类型。

释放存储区用如下函数：

```
free(p);
```

例如，下面的程序段定义了一种结点类型 node，并定义了该类型的指针变量 p（用于指向该种结点类型的存储空间的首地址），最后申请分配该结点类型的一个存储空间，其首地址存放在指针变量 p 中。

```
#include <stdio.h>
struct node
{
  int d;
```

```
  struct node *next;
};

void main()
{
  struct node *p;
  ...
  p=(struct node*)malloc(sizeof(struct node));
  ...
  free(p);
}
```

例10.9 建立一个链表，其元素值依次为从键盘输入的正整数（以输入一个非正整数为结束），然后依次输出链表中的各元素值。程序如下：

```
#include <stdlib.h>
#include <stdio.h>
struct node
{
  int d;
  struct node *next;
};

void main()
{
  int x;
  struct node *head, *p, *q;
  head=NULL;
  scanf("%d",&x);
  while(x>0)
  {
    p=(struct node *)malloc(sizeof(struct node));
    p->d=x;
    p->next=NULL;
    if(head==NULL)
      head=p;
    else
      q->next=p;
    q=p;
    scanf("%d",&x);
  }
  p=head;
  while(p!=NULL)
  {
    printf("%5d",p->d);
    free(q);
    printf("\n");
  }
}
```

## 10.4.2　链表的基本操作

### 1. 链表的建立

建立动态链表就是建立结点空间、输入各结点数据和进行结点链接的过程，也就是在程序执行过程中从无到有地建立起一个链表。

下面通过例 10.10 说明如何建立一个动态链表。

例 10.10　建立一个链表存放学生数据。为简单起见，假设学生数据只有学号和年龄两项。编写一个建立链表的函数 create()。

分析：建立链表的步骤如图 10-6 所示。

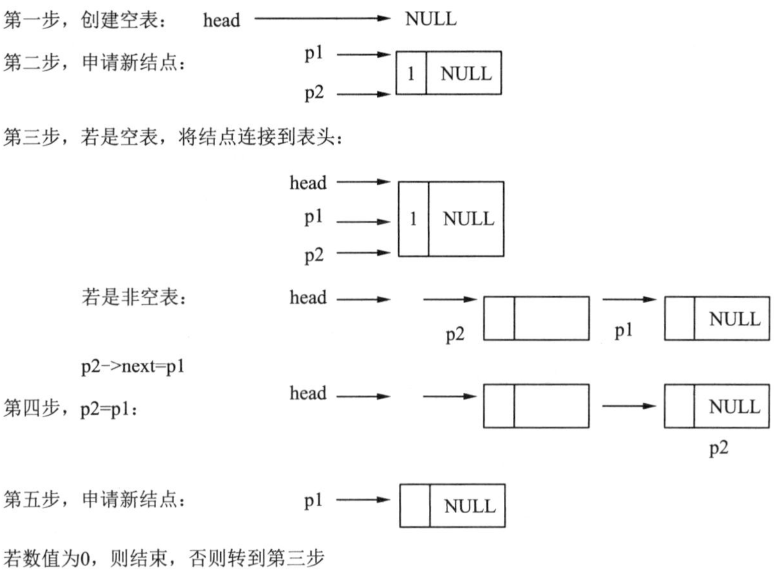


图 10-6　链表的创建过程

程序如下：

```
#include <stdio.h>
#include <stdlib.h>
#include <malloc.h>
#define LEN sizeof(struct stu)
struct stu                          /* 结构 stu 定义为外部类型，方便程序中的各个函数使用 */
{
  int num;
  int age;
  struct stu *next;
};
int n;
struct stu *create(void)
{
  struct stu *p1, *p2, *head;
  /* head 为头指针，p2 指向已建链表的最后一个结点，p1 始终指向当前新开辟的结点 */
  n=0;
  p1=p2=(struct stu*)malloc(LEN);
  /* 申请新结点，长度与 stu 的长度相等；同时使指针变量 p1、p2 指向新结点 */
  scanf("%d,%d",&p1->num,&p1->age);        /* 输入结点的值 */
  head=NULL;
  while(p1->num!=0)                        /* 输入结点的值不为 0*/
```

```
    {
      ++n;
      if(n==1)
        head=p1;
      else
        p2->next=p1;
      p2=p1;
      p1=(struct stu*)malloc(LEN);          /* 申请下一个新结点 */
      scanf("%d,%d",&p1->num,&p1->age);
    }
    p2->next=NULL;
    return(head);                           /* 返回链表头指针 */
}
```

**2. 结点的插入**

链表的插入是指将一个结点插入已有的链表中。下面通过例 10.11 说明单链表的插入操作。

**例 10.11** 以前面建立的动态链表为例，编写一个函数，使其能够在链表中指定的位置插入一个结点。

分析：要在一个链表的指定位置插入结点，要求链表本身必须已按某种规律进行了排序。例如，在学生数据链表中，各结点的成员是按学号由小到大的顺序排列的。如果要求按学号顺序插入一个结点，则要将插入的结点依次与链表中各结点相比较，寻找插入位置。结点可以插在表头、表中和表尾。结点插入存在以下几种情况：

（1）如果原表是空表，只需使链表的头指针 head 指向被插结点。

（2）如果被插结点值最小，则应插入第一结点之前。将头指针 head 指向被插结点，被插结点的指针域指向原来的第一结点。

（3）如果在链表中某位置插入，先使插入位置的前一结点的指针域指向被插结点，再使被插结点的指针域指向插入位置的后一结点。

（4）如果被插结点值最大，则在表尾插入，使原表尾结点指针域指向被插结点，被插结点指针域置为 NULL。

（5）函数的返回值定义为返回结构体类型指针。具体算法如图 10-7 所示。

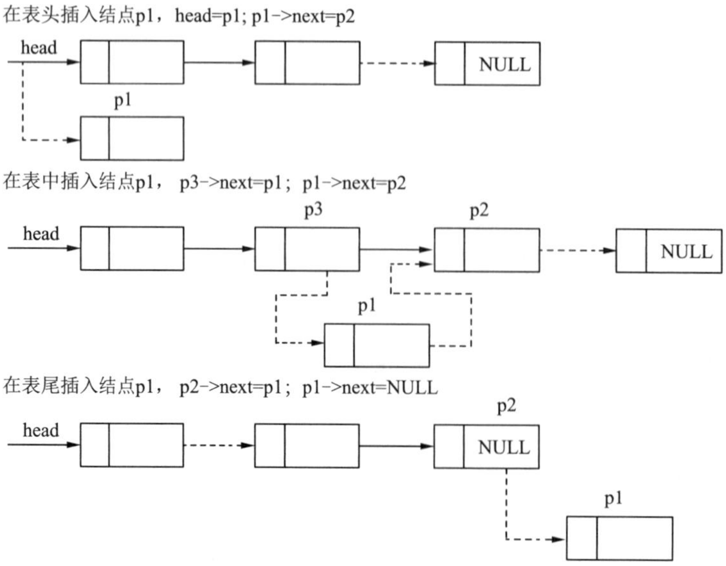


图 10-7 链表插入操作

```
struct stu *insert(struct stu *head,struct stu *p1)
{
  struct stu *p2, *p3;
  p2=head;
  if(head==NULL)                         /* 空表插入 */
  {
    head=p1;
    p1->next=NULL;
  }
  else
  {
    while((p1->num>p2->num)&&(p2->next!=NULL))
    {
      p3=p2;
      p2=p2->next;
    }                                    /* 找到插入位置 */
    if(p1->num<=p2->num)
    {
      if(head==p2)head=p1;               /* 在第一个结点之前插入 */
      else p3->next=p1;                  /* 在其他位置插入 */
      p1->next=p2;
    }
    else
    {
      p2->next=p1;
      p1->next=NULL;                     /* 在表末插入 */
    }
  }
  return(head);
}
```

总结链表插入操作的具体步骤如下：

（1）定义一个指针变量 p1 指向被插结点。

（2）首先判断链表是否为空，为空则使 head 指向被插结点。

（3）链表若不为空，用当型循环查找插入位置。找到插入位置后判断是否在第一结点之前插入，若是则使 head 指向被插结点，被插结点指针域指向原第一结点；否则在其他位置插入；若插入的结点大于表中所有结点，则在表尾插入。

（4）函数返回值为链表的头指针。

### 3. 结点的删除

对于链表中不再使用的数据，可以将其从表中删除并释放其所占用的空间，但注意在删除结点的过程中不能破坏链表的结构。

下面通过例 10.12 说明单链表的删除操作。

**例 10.12** 以前面建立的动态链表为例，编写一个删除链表中指定结点的函数 delete()。

分析：假设链表按学生的学号排列，当某结点的学号与指定值相同时，将该结点从链表中删除。首先从头到尾依次查找链表中各结点，并与各结点的学生学号进行比较，若相同，则查找成功，否则，找不到结点。删除结点主要分为两种情况，即删除表头结点和非表头结点。

（1）如果被删除的结点是表头结点，则使 head 指向第二个结点。

（2）如果被删除的结点不是表头结点，则使被删除的前一结点指向被删结点的后一结点。函数返回值定义为结构体类型指针。具体算法如图 10-8 所示。

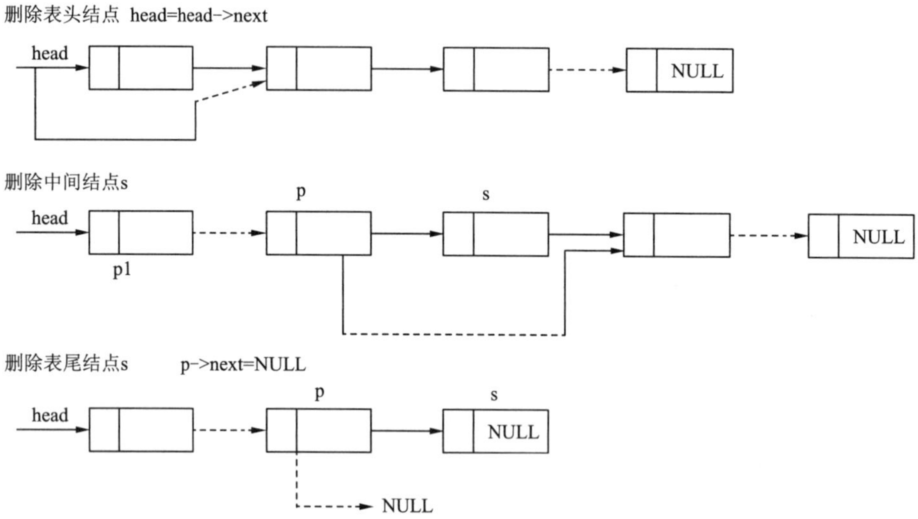


图 10-8　链表删除操作

```
struct stu *delete(struct stu *head,int num)      /* 以 head 为头指针删除 num 所在结点 */
{
  struct stu *p1, *p2;
  if(head==NULL)
  {
    printf("\nempty list!\n");
    goto end;
  }
  p1=head;
  while(num!=p1->num && p1->next!=NULL)
  /* 当不是要删除的结点，而且也不是最后一个结点时，继续循环 */
  {
    p2=p1;p1=p1->next;                             /*p2 指向当前结点，p1 指向下一结点 */
  }
  if(num==p1->num)
  {
    if(p1==head)
      head=p1->next;
    else
      p2->next=p1->next;
    free(p1);
    printf("The node is deleted!\n");
    n--;
  }
  else
    printf("The node not been found!\n");
  end:
  return(head);
}
```

总结链表删除操作的具体步骤如下：

（1）定义一个指针变量 p 指向链表的头结点。

（2）用循环从头到尾依次查找链表中各结点，并与各结点的学生学号进行比较，若相同，则查找成功，退出循环。

（3）判断该结点是否为表头结点，如果是则使 head 指向第二个结点，如果不是，使被删除结点的前一结点指向被删除结点的后一结点。同时将结点个数减 1。

**4．单链表的输出**

链表的输出比较简单，只要将链表中的各个结点数据依次输出即可。下面通过例 10.13 说明单链表的输出操作。

**例 10.13**　编写一个输出链表的函数 print()。

分析：定义一个指针变量 p，先指向链表的头结点，输出该结点的数据域，然后使指针 p 指向下一个结点，重复上述工作直到链表尾部。输出链表的具体步骤如下：

（1）定义一个指针变量 p。

（2）使 p 指向链表的头结点。

（3）若是非空表，输出该结点的数据域；若是空表则退出。

（4）使指针 p 指向下一个结点。

（5）重复上述操作直到链表尾部。

```
void print(struct stu *head)                  /*print() 函数用于输出以 head 为头的链表各结点 */
{
  struct stu *p;
  printf("\nNow, these %d records are:\n",n);
  p=head;                                     /* 取得链表的头指针 */
  while(p!=NULL)
  {
    printf("%6d %6d\n",p->num,p->age);        /* 输出链表结点的值 */
    p=p->next;                                /* 使指针 p 指向下一个结点，跟踪链表增长 */
  }
}
```

**例 10.14**　在前面学习建立链表、输出链表、删除结点、插入结点操作的基础上，试编写一个主函数，将以上的建立链表、删除结点、插入结点的函数组织在一起，并输出全部结点的值。

程序如下：

```
void main()
{
  struct stu *head;
  struct stu *stu1;
  int del_num;
  printf("input records:\n");
  head=create();
  print(head);
  printf("\nInput the deleted number:");
  scanf("%d",&del_num);
  head=delete(head,del_num);
  print(head);
```

```
    while(del_num!=0)
    {
      head=delete(head,del_num);
      print(head);
      printf("\nInput the deleted number:");
      scanf("%d",&del_num);
    }
    printf("\nInput the inserted record:");
    stu1=(struct stu *)malloc(LEN);
    scanf("%d,%d",&stu1->num,&stu1->age);
    while(stu1->num!=0)
    {
      head=insert(head,stu1);
      print(head);
      printf("\nInput the inserted record:");
      stu1=(struct stu *)malloc(LEN);
      scanf("%d,%d",&stu1->num,&stu1->age);
    }
    head=insert(head,stu1);
    print(head);
    free(stu1);
}
```

程序运行结果：

```
input records:
10101,19↙
10103,22↙
10105,13↙
0,0↙

Now, There 3 records are:
10101 19
10103 22
10105 13
Input the deleted number:10103↙
The node is deleted!

Now, there 2 records are:
10101 19
10105 13

Input the deleted number:0↙
Input the inserted number:10104,14↙

10101 19
10105 13
10104 14
```

# 10.5　共　用　体

在 C 语言中，同一段内存空间可供不同类型的数据所共享。例如，可以把一个整型变量、一个字符型变量和一个实型变量放在同一个地址开始的内存单元中，如图 10-9 所示。虽然以上三个不同类型的变量在内存中占的字节数不同，但是它们都是从同一地址开始存放的。也就是说，这三个变量是相互覆盖的。这种使几个不同类型的变量共占同一段内存的结构称为共用体类型。共用体类型也是一种构造类型。共用体类型又称联合体类型或共同体类型。

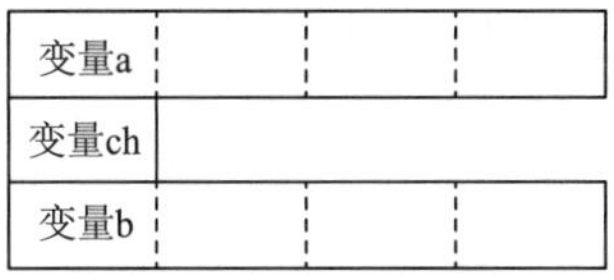

图 10-9　共用体结构

## 10.5.1　共用体变量的定义

定义共用体类型变量的一般形式如下：

```
union 共用体标识符
{
  成员列表
} 变量列表 ;
```

例如：

```
union perdata
{
  int a;
  char ch;
  float b;
}x, y, z;
```

也可以将共用体类型的定义与共用体变量的定义分开：

```
union perdata
{
  int a;
  char ch;
  float b;
};
union perdata x, y, z;
```

也就是先定义一个共用体类型（如 union perdata 类型），再定义该共用体类型的变量 x、y 和 z。当然也可以直接定义共用体类型的变量，例如：

```
union
{
  int a;
  char ch;
  float b;
}x, y, z;
```

通过上例可以看出，共用体和结构体类型与变量的定义形式相似（区别在于共用体的关键字是 union，而结构体的关键字是 struct），但是它们的含义却是大相径庭的。结构体变量的各成员有着相互独立的内存空间，而共用体变量的各成员共享同一段内存空间，因此共用体变量的内存长度等于最长成员的长度。例如，上例中定义的共用体变量 x、y 和 z 各占 4 字节，而不是 4+1+4=9 字节。

### 10.5.2 共用体变量的引用

共用体变量也必须先定义，才能够引用，并且不能引用共用体变量，而只能引用共用体变量的成员。例如，前面定义了共用体变量 x，以下是正确的引用方式：x.a →引用共用体变量 x 的成员 a；x.ch →引用共用体变量 x 的成员 ch；x.b →引用共用体变量 x 的成员 b。

如果只引用共用体变量，则是错误的，例如：

```
printf("%d", x);
```

这是因为，共用体变量 x 的存储区中有好几种类型，若仅给出共用体变量名 x，则系统难以确定究竟输出哪个成员的值。

由于共用体变量的各个成员都共享同一块存储空间，所以在某一时刻只能有一个成员起作用。也就是说，尽管一个共用体变量有多个成员，但只有一个成员的“值”才是有意义的，而其他成员的“值”都是无意义的。这个成员便是最近一次赋值所引用的成员。

例 10.15 验证下面程序的运行结果。

```
#include <stdio.h>
union Data
{
  int i;
  int j;
};
void main()
{
  union Data d;
  d.i=15;
  printf("%d\n",d.i);
  printf("%d\n",d.j);
  d.j=23;
  printf("%d\n",d.i);
  printf("%d\n",d.j);
  printf("%p\n",&d.i);
  printf("%p\n",&d.j);
}
```

程序运行结果：

```
15
15
23
23
002BF8B4
002BF8B4
```

定义了一个 Data 类型的共用体 d，其中包含了两个 int 类型的变量 i 和 j，当将 i 赋值为 15 时，由于 i 和 j 的长度一致，因此，对 i 赋值就相当于对 j 赋值。同理，当将 j 赋值为 23 时，j 的值会将之前 i 的值覆盖，最终 i 和 j 的值都为 23。

### 10.5.3 共用体的特点

（1）共用体类型可以包含多个不同类型的成员，存放在同一个存储空间，但在某一时刻只能存放其中某一个成员，而不能同时存放几个。

例 10.16　写出下列程序的运行结果。

```
#include <stdio.h>
#include <stdlib.h>
union perdata
{
  int i;
  char ch;
  float f;
}a;
void main()
{
  a.i=97;
  printf("a.i=%d\n",a.i);
  printf("a.ch=%c\n",a.ch);
  printf("a.f=%f\n",a.f);
  system("pause");
}
```

程序运行结果：

```
a.i=97
a.ch=a
a.f=0.000000
```

由于 97 是赋给 a.i，因此 97 以整数的形式存储在共用体变量存储单元中，最后一个字节是“01100001”，如果用 "%d" 的格式符输出 a.i，则输出 97。以 "%c" 的格式符输出 a.ch，则将存储单元中的信息按字符的形式输出 'a'，若以 "%f" 的格式符输出 a.f，系统会将存储单元中的信息按浮点形式来处理，其数值部分为 0，故输出 0.000000。

（2）可以对共用体变量初始化，但初始化只能有一个常量。下面的用法是错误的：

```
union perdata
{
  int i;
  char ch;
  float f;
}a={1,'a',1.5};                 /* 不能初始化三个成员，它们占用同一段存储单元 */
union perdata a={16}            /* 正确，对第一个成员初始化 */
```

（3）共用体变量中起作用的成员是最后一次存放的成员，在存入一个新成员后，原有成员就失去作用。

（4）共用体变量的地址和其各成员的地址都是同一地址。

（5）不能对共用体变量名赋值，也不能企图引用变量名得到一个值。例如，下面这些都是错误的：

```
a=1;                            /* 不能对共用体变量赋值 */
int m=a;                        /* 企图引用共用体变量名以得到一个值赋给整型变量 m*/
```

（6）不能把共用体变量作函数参数，也不能使函数带回共用体变量，但可以使用指向共用体变量的指针。

（7）共用体变量中的所有成员共享一段公共存储区，所以共用体变量所占内存字节数与其成员中占字节数最多的那个成员相等；而结构体变量中的每个成员分别占有独立的存储空间，所以结构体变量所占内存字节数是其成员所占字节数的总和。

（8）共用体类型可以出现在结构体类型的定义中，也可以定义共用体数组。反之，结构体也可以出现在共用体类型的定义中，数组也可以作为共用体的成员。

例 10.17 设有若干学生的信息表中包括学号、姓名、课程、成绩。而课程分为选修课和必修课，选修课的成绩是分等级给的，分别为“优”（A）、“良”（B）、“中”（C）、“及格”（D）和“不及格”（E）；必修课的成绩采用的是百分制。要求输入学生信息并显示出来。

分析：定义一个结构体类型 struct student，该结构体共有 5 个成员。其中成员 score 是一个共用体变量，该共用体又由两个成员组成，一个为整型变量 bscore，一个为字符数组 xscore。如果成员 kind 为 'b'，对共用体变量的成员 score.bscore（必修课成绩）输入，成员 kind 为 'x' 时，对共用体变量成员 score.xscore（选修课的成绩）输入。通过 printf() 函数输出学生的信息，程序如下：

```
#include<stdio.h>
#include<stdlib.h>
struct student
{
  int num;
  char name[20];
  char course[20];
  char kind;
  union
  {
    int bscore;
    char xscore[6];
  }score;
}st[4];

void main()
{
  int i;
  printf("输入：学号 姓名 课程名 课程性质 成绩\n");
  for(i=0;i<4;i++)
  {
    scanf("%d,%s,%s,%c",&st[i].num,st[i].name,st[i].course,&st[i].kind);
    if(st[i].kind=='b')
      scanf("%d",&st[i].score.bscore);
      else if(st[i].kind=='x')
        scanf("%s",st[i].score.xscore);
      /* else
        printf("input error!");*/
    }
    printf("输出：学号 姓名 课程名 课程性质 成绩\n");
    for(i=0;i<4;i++)
    {
      if(st[i].kind=='b')
        printf("%d %s%s%c%6d\n",st[i].num,st[i].name,st[i].course,st[i].kind,
  st[i].score.bscore);
      else
        printf("%d %s%s%c%-6s\n",st[i].num,st[i].name,st[i].course,
        st[i].kind,st[i].score.xscore);
    }
  }
```

程序运行结果：

```
输入：学号    姓名          课程名      课程性质    成绩
      1801   "Lihong"     math         b        82↙
      1802   "Liming"     computer     x        A↙
      1801   "Lihong"     english      b        90↙
      1803   "Wangjun"    computer     x        B↙
输出：学号     姓名         课程名      课程性质    成绩
      1801   Lihong       math         b        82
      1802   Liming       computer     x        A
      1801   Lihong       english      b        90
      1803   Wangjun      computer     x        B
```

## 10.6 枚举类型

如果一个变量的可能值是有限的，则可以定义为枚举类型。所谓“枚举”是指将变量的值一一列出来，变量的值只限于列出来的值的范围内。

定义枚举类型的变量通常有如下三种方法：

（1）枚举类型的定义和枚举类型变量的定义分开进行。

定义枚举类型的一般形式如下：

```
enum 枚举类型标识符 {枚举元素 1,枚举元素 2,… };
```

定义枚举类型变量的一般形式如下：

```
enum 枚举类型标识符 变量列表；
```

例如：

```
enum color {red,yellow};
enum color color1,color2;
```

定义了一个枚举类型 enum color，这种枚举类型包含两个枚举值 red 和 yellow。然后用此枚举类型定义了两个变量 color1 和 color2，它们的值只能是 red 和 yellow 中的一个。例如：

```
color1=red;
color2=yellow;
```

（2）在定义枚举类型的同时定义该枚举类型的变量。

这种定义方法的一般形式如下：

```
enum 枚举类型标识符 {枚举元素 1,枚举元素 2,…} 变量列表；
```

例如：

```
enum color {red,yellow}color1,color2;
```

（3）直接定义枚举类型变量。

这种定义方法的一般形式如下：

```
enum {枚举元素 1,枚举元素 2,…} 变量列表；
```

例如：

```
enum{red,yellow}color1,color2;
```

枚举类型说明如下：

（1）C 编译对枚举类型的枚举元素按常量处理，故称枚举常量。不要因为它们是标识符而把它们看作变量，不能对它们赋值。例如：

```
red=3; yellow=4;        /* 错误，不能对枚举元素赋值 */
```

（2）每一个枚举元素代表一个整数，C 语言编译按定义时的顺序默认它的值为 0,1,2,3,4,5,…。在上面的定义中，red 的值自动为 0，yellow 的值为 1。如果有赋值语句：

```
yellow=red;
```

相当于：

```
yellow=0;
```

枚举元素是可以引用和输出的。例如：

```
printf("%d","yellow");
```

将输出整数为 0。

也可以人为地指定元素的值，在定义枚举类型时显式地指定。例如：

```
enum color {red=3,yellow=1,blue,white,black};
```

指定枚举常量 red 的值为 3，yellow 的值为 1，以后顺序加 1，black 为 4。

（3）枚举元素可用来作判断比较，例如：

```
if(blue==red)…
if(blue>red)…
```

枚举元素的比较规则是按其在初始化时指定的整数进行的。如果指定时未人为指定，则按上面默认的规则处理，即第一个元素的值为 0，故 blue>red。

**例 10.18** 口袋中有红、黄、蓝、白、黑五种颜色的球若干个。每次从口袋中先后取出三个球，问得到三种不同颜色的球的可能取法，输出每种排列的情况。

分析：设某次取出三个球的颜色分别为 i, j, k。根据题意，i, j, k 分别是五种色球之一，并要求三球颜色各不相同，即 i ≠ j，j ≠ k，k ≠ i。可以用穷举法，即把每一种组合都试一下，看哪一组符合条件，就输出 i, j, k。

```
#include <stdio.h>
#include <stdlib.h>
void main()
{
  enum color{red,yellow,blue,white,black};           /* 声明枚举类型 enum color*/
  enum color i,j,k,pri;                              /* 定义枚举变量 i,j,k、pri*/
  int n,loop;
  n=0;
  for(i=red;i<=black;i++)                            /* 外循环使 i 的值从 red 变到 black*/
    for(j=red;j<=black;j++)                          /* 中循环使 j 的值从 red 变到 black*/
      if(i!=j)                                       /* 如果两球不同色 */
        for(k=red;k<=black;k++)                      /* 内循环使 k 的值从 red 变到 black*/
          if((k!=i)&&(k!=j))                         /* 如果三球不同色 */
          {
            n=n+1;                                   /* 符合条件次数加 1*/
            printf("%-4d",n);                        /* 输出当前第几个符合条件的组合 */
            for(loop=1;loop<=3;loop++)               /* 先后对三个球分别处理 */
            {
              switch(loop)                           /*loop 的值从 1 变为 3*/
```

```
            {
              case 1:pri=i;break;
                  /*loop 的值为 1 时，把第一个球的颜色赋给 pri*/
              case 2:pri=j;break;
                  /*loop 的值为 2 时，把第一个球的颜色赋给 pri*/
              case 3:pri=k;break;
                  /*loop 的值为 3 时，把第一个球的颜色赋给 pri*/
              default:break;
            }
            switch(pri)                           /* 根据球的颜色输出相应的文字 */
            {
              case red:printf("%-10s","red");break;
              /*pri 的值等于枚举常量 red 时输出 "red"*/
              case yellow:printf("%-10s","yellow");break;
              /*pri 的值等于枚举常量 yellow 时输出 "yellow"*/
              case blue:printf("%-10s","blue");break;
              /*pri 的值等于枚举常量 blue 时输出 "blue"*/
              case white:printf("%-10s","white");break;
              /*pri 的值等于枚举常量 white 时输出 "white"*/
              case black:printf("%-10s","black");break;
              /*pri 的值等于枚举常量 black 时输出 "black"*/
              default:break;
            }
          }
          printf("\n");
        }
  printf("\ntotal:%5d\n",n);
  system("pause");
}
```

程序运行结果：

```
1    red      yellow   blue
2    red      yellow   white
3    red      yellow   black
4    red      blue     yellow
5    red      blue     white
6    red      blue     black
:    :        :        :
52   black    yellow   red
53   black    yellow   blue
54   black    yellow   white
55   black    blue     red
56   black    blue     yellow
57   black    blue     white
58   black    white    red
59   black    white    yellow
60   black    white    blue

Total;60
```

## 10.7 用 typedef 定义类型

C语言提供了丰富的数据类型。用户不仅可以直接使用C语言提供的标准类型（如 int、char、float、double、long 等），还可以定义结构体、共用体、指针、枚举类型等。除此之外C语言还允许用户用 typedef 定义新的类型名来代替已存在的类型名。

### 1. 使用 typedef 的一般形式

使用 typedef 的一般形式如下：

```
typedef 旧类型名 新类型名;
```

其中，typedef 为C语言的关键字，“旧类型名”是系统提供的标准类型名或已定义过的其他类型名，“新类型名”是用户定义的与“旧类型名”等价的一种新类型名，称为用户定义类型。新类型名一般用大写表示，以便与系统提供的标准类型标识符相区别。例如：

```
typedef float REAL;
```

该语句的功能是给已有的类型 float 起了个别名 REAL，以后可以用 REAL 代替 float 进行浮点类型变量的定义。例如：

```
REAL a, f;
```

该语句的功能是定义 REAL 类型的变量 a 和 f，而 REAL 等价于 float。

### 2. 用 typedef 为类型命名

1）为基本类型命名

```
typedef int INTEGER;
```

将 int 型定义为 INTEGER 型，这两者等价，在程序中可以用 INTEGER 代替 int 作为整型变量的类型说明。例如：

```
INTEGER a,b;                  /* 相当于 int a,b;*/
```

2）定义一个结构体类型

```
typedef struct
{
  char name[15];
  long num;
  float score;
}
STUDENT;
```

这里定义的新类型 STUDENT 代表上面的结构体类型，以后可以直接使用 STUDENT 定义其他结构体变量。例如：

```
STUDENT stu1;
```

3）定义数组类型

```
typedef char COUNT[20];          /* 定义 COUNT 为字符型数组 */
COUNT a,b;                       /*a、b 为字符数组 */
```

4）定义指针类型

```
typedef char *POINTER;           /* 定义 POINTER 为字符指针类型 */
POINTER p1,p2,p[20];             /*p1、p2 为字符指针变量，p 为字符指针数组名 */
```

**说明：**

（1）typedef 可以定义各种类型名，但不能用来定义变量。

（2）typedef 定义的新名只是原名的一个别名，并不是建立一个新的数据类型。

（3）新名和原名同时存在并有效，即原名并不失去效用，在程序中仍可使用。

（4）用新名和原名定义的对象具有相同的性质和效果。

## 课后延学

### 1. 知识回顾

（1）结构体类型是一种复杂而灵活的构造数据类型，它允许将若干个逻辑相关、类型不完全相同的数据项作为一个整体进行处理。对于某个具体结构体类型，成员的个数必须固定。

（2）结构体类型和结构体变量是两个不同的概念，定义结构体类型变量时应先定义结构体类型，然后定义结构体变量属于该类型。只有定义了结构体类型变量，才能为其分配内存空间。

（3）结构体变量是一个整体，不能将一个结构体变量作为一个整体进行输入和输出。

引用结构体变量中的成员的方法有如下三种：

```
结构体变名 . 成员名
(* 结构体类型指针变量名 ). 成员名
结构体类型指针变量名 -> 成员名
```

（4）结构体数组的定义与结构体变量的定义相似。结构体数组初始化的一般形式是在定义数组的后面加上 ={ 初值表 }。

（5）链表是一种最常见的数据结构，它是动态地进行存储分配的一种结构。链表中的每一个结点都是同一种结构体类型。可以进行链表的建立、输出、删除、插入等操作。

（6）共用体与结构体的定义形式相似，但含义不同。结构体变量各成员有独立的存储空间，而共用体变量各个成员共享相同的存储空间。

（7）枚举类型仅适用于取值有限的数据。

（8）typedef 并不能创造一个新的类型，只是定义已有类型的一个别名。

### 2. 学习反思

（1）结构体类型主要处理什么类型的数据?

（2）比较结构体类型和数组的区别。

（3）访问动态数据一般用什么结构?

（4）共用体类型和结构体类型有哪些异同?

### 3. 知识检验

（1）定义一个结构体变量（包括年、月、日）。输入年、月、日计算该日在本年中是第几天。

（2）有 5 名学生，每个学生包括学号、姓名、成绩，其数据由键盘输入。要求找出成绩最高者的学号和姓名。

（3）有 10 名学生，每个学生包括学号、姓名、成绩。要求按成绩从高到低的顺序输出学生的学号和姓名，并输出学生的平均成绩。

（4）建立一个链表，每个结点包括学号和成绩。输入一个成绩，如果链表中的结点所包含的成绩等于此成绩，则将此结点删除。

### 4. 拓展训练

【案例】某商店经销一种货物。货物进购和卖出时以箱为单位，各箱的质量不一样，因此，商店需要记录目前库存的总质量。现在用 C 语言链表知识模拟商店货物购进和卖出的情况。

【测试练习】完成辅教材第 10 章的【课后延学】的“测试练习”。

## 计算机等级考试二级真题解析

1. 有以下程序：

```
#include <stdio.h>
#include <stdlib.h>
struct ord
{
  int x,y;}dt[2]={1,2,3,4
};
void main()
{
  struct ord *p=dt;
  printf("%d,",++(p->x));
  printf("%d\n",++(p->y));
  system("pause");
}
```

程序运行后输出结果是（　　）。

A. 1,2　　B. 4,1　　C. 3,4　　D. 2,3

【答案】D

【解析】题目定义了一个包含两个整型元素的结构体数组，其中 dt[0].x=1，dt[0].y=2，dt[1].x=3，dt[1].y=4，指针 p 指向结构体数组的第 1 个元素，那么 p->x 的值为 1，p->y 的值为 2，所以输出的结果为 2,3。

2. 设有定义：

```
struct complex
{
  int real,unreal;
}datal={1,8},data2
```

则以下赋值语句中错误的是（　　）。

A. data2=datal;　　B. data2=(2,6);

C. data2.real=datal.real;　　D. data2.real=datal.unreal

【答案】B

【解析】B 项错误，对结构体进行初始化时，应该用大括号括起来的一组值，而不是用小括号。

3. 假定已建立以下数据链表结构，且指针 p 和 q 已指向如下所示的结点：

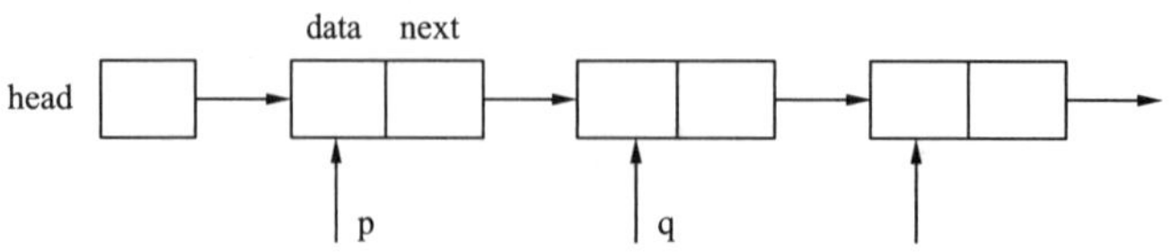


则以下选项中将 q 所指结点从链表中删除并释放该结点的语句是（　　）。

A. (*)p.next=(q).next;free(p);　　B. b=q->next;free(q);

C．p=q;free(q);　　　　D．p->next=q->next;free(q);

【答案】D

【解析】要删除结点 q，首先要将 q 的上一个结点 p 的指针域指向 q 的指针域所指向的结点，防止删除 q 结点后丢失 q 结点后的链表，p->next=q->next;free(q)，然后释放结点 q，即 free(q)。

4．有以下程序：

```
#include <stdio.h>
#include <string.h>
#include <stdlib.h>
typedef struct
{
  char name[9];
  char sex;
  float score[2];
}STU;
void f(STU *a)
{
  strcpy(a->name,"Zhao");
  a->sex='m';
  a->score[1]=90.0;
}
void main()
{
  STU c={"Qian",'f',95.0,92.0 },*d=&c;
  f(d);
  printf("%s,%c,%2.0f,%2.0f\n",d->name,c.sex,c.score[0],c.score[1]);
  system("pause");
}
```

程序的运行结果是（　　）。

A．Qian,f,95,92　　B．Zhao,f,95,90　　C．Zhao,m,95,90　　D．Zhao,f,95,92

【答案】C

【解析】调用 f() 函数时，结构体数组名作为实参传给形参指针，结构体指针 a 指向数组 c 的首地址。因此，f 可以对数组 c 中的元素赋值，故返回主函数之后，数组 c 中的成员值已被更新。main() 函数中有赋值语句“*d=&c”，指针 d 指向结构体数组 c 的首地址，故 d->name=c.name，输出结果为 Zhao,m,95,90。

5．有以下定义：

```
#include <stdio.h>
#include <string.h>
#include <stdlib.h>
struct A
{
  int a;char b[10];double c;
};
struct A f(struct A t);
void main()
{
  struct A a={1001,"ZhangDa",1098.0};
```

```
    a=f(a);
    printf("%d,%s,%6.1f\n",a.a,a.b,a.c);
    system("pause");
  }
  struct A f(struct A t)
  {
    t.a=1002;
    strcpy(t.b,"ChangRong");
    t.c=1202;return t;
  }
```

程序运行后的输出结果是（　　）。

A．1001,ZhangDa,1098.0　　B．1002,ZhangDa,1202.0

C．1001,ChangRong,1098.0　　D．1002,ChangRong,1202.0

【答案】D

【解析】函数 f() 对结构体成员进行修改，并返回新的结构体；main() 函数先定义了一个结构体变量 a 并为它赋初值，然后调用函数 f() 修改结构体变量的成员值，最后输出新的结构体变量成员。

# 第11章 位 运 算

位运算——编码世界的微雕师。

Bit operation — The master sculptors of the Coding World.

## 导 读

计算机中的数据都是以二进制的形式进行存储，因此许多相关操作都是基于二进制的。在C语言中，对二进制数据进行的相应的运算操作称为位运算。位运算是一把打开计算机世界底层秘密的钥匙，也是连接软硬件世界的桥梁，其在计算机科学中具有广泛的应用，常用于性能优化、内存管理和优化数据结构，能够让代码更加精练、高效。

本章主要介绍位运算符的概念、原理和基本应用，通过利用位运算编写简单的程序，通过应用揭示其背后的逻辑和用法。

## 导 航

**学习目标：**

1. 掌握位运算符的基本概念
2. 理解位运算符的基本原理
3. 掌握位运算符的基本应用

**学习重点：**

1. 位运算符的运算规则
2. 利用位运算符编写简单的程序

**学习难点：**

1. 位运算符的基本应用
2. 位运算符的应用场景

## 知识地图

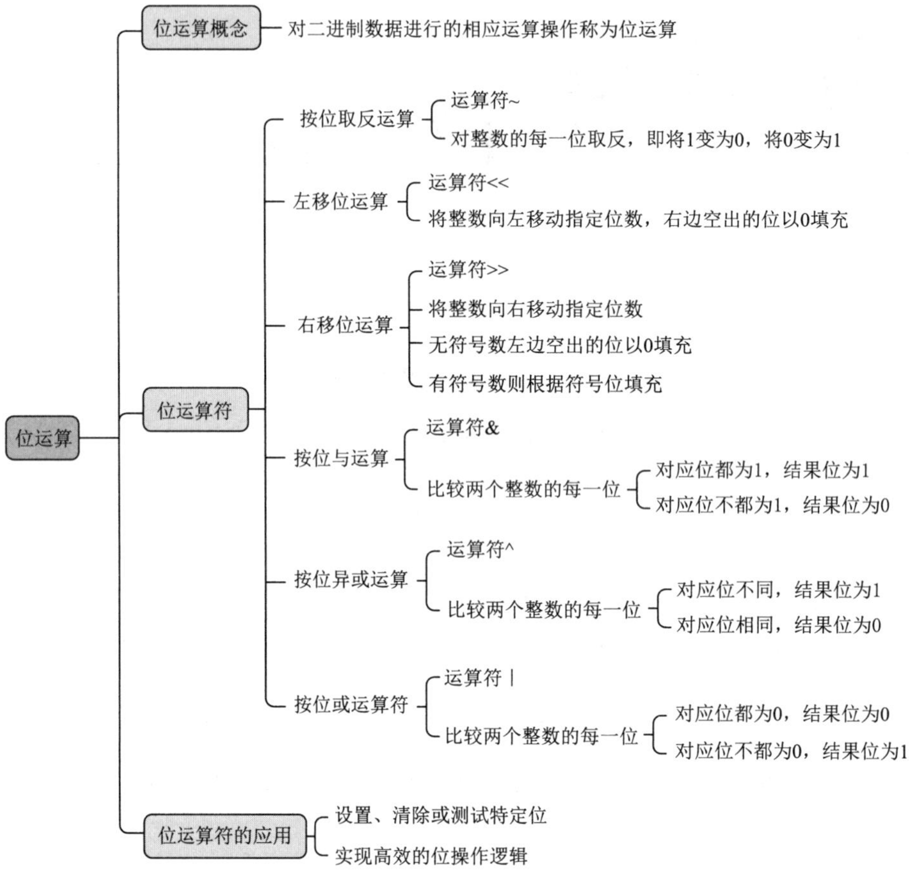


## 课前导学

**1. 知识初探**

◎阅读主教材第 11 章的【课中细学】

◎阅读辅教材第 11 章的【课前导学】的“本章要点”与相应“典型例题解析”

**2. 视频观看**

观看主教材第 11 章的【课中细学】相应的视频

**3. 思考空间**

（1）为什么引入位运算？

（2）位运算符的操作对象是什么？

（3）在 C 语言中，有哪些位运算符？

## 课中细学

### 11.1 位运算的概念

C 语言与其他语言的不同之处就是能够完全地支持按位运算。位运算就是直接对数据的二进制形式逐位进行的逻辑操作或移位等操作。其操作数只能是整型数据或者字符型数据，不能是其他类型的数据。

## 11.2 位运算符

C 语言提供了 6 种基本位运算符，其操作符以及相应说明见表 11-1。

表 11-1 位运算符及相应说明

| 位运算符 | 含 义 | 类 型 | 结 合 性 | 优 先 级 |
|---|---|---|---|---|
| ~ | 按位取反 | 单目 | 从右向左 | 高 |
| << | 左移位 | 双目 | 从左向右 | ↓ |
| >> | 右移位 | 双目 | 从左向右 | |
| & | 按位与 | 双目 | 从左向右 | ↓ |
| ^ | 按位异或 | 双目 | 从左向右 | ↓ |
| \| | 按位或 | 双目 | 从左向右 | 低 |

其中，左移运算符“<<”和右移运算符“>>”的优先级相同。

### 1. 按位与运算符“&”

1）运算规则

（1）按位与运算符“&”是双目运算符。其功能是将参与运算的两个操作数的对应二进制位逐位进行按位与运算。若两个相应的二进制位都为 1，则结果的相应位为 1，否则结果的相应位为 0。参与运算的操作数以补码方式出现。

按位与运算的运算规则（真值表），见表 11-2。

表 11-2 按位与运算的运算规则

| a | b | a&b |
|---|---|---|
| 0 | 0 | 0 |
| 0 | 1 | 0 |
| 1 | 0 | 0 |
| 1 | 1 | 1 |

例如，计算 5&6 的算式如下：

```
      00000000  00000000  00000000  00000101  （5 的二进制补码）
 (&)  00000000  00000000  00000000  00000110  （6 的二进制补码）
 ---------------------------------------------
      00000000  00000000  00000000  00000100  （4 的二进制补码）
```

以上算式对 5 和 6 所有的二进制位进行与运算，根据运算规则，计算结果为 4。

（2）如果参与运算的操作数是负数（如 -5&6），则首先将负数以补码形式表示为二进制数，然后再进行按位与运算。

例如，表达式 -5&6 的算式如下：

```
      11111111  11111111  11111111  11111011  （-5 的二进制补码）
 (&)  00000000  00000000  00000000  00000110  （6 的二进制补码）
 ---------------------------------------------
      00000000  00000000  00000000  00000010  （2 的二进制补码）
```

以上算式对 -5 和 6 所有的二进制位进行与运算，根据运算规则，计算结果为 2。

2）按位与运算的特征

（1）任何位上的二进制数只要与 0 进行按位与运算，该位即被清零（又称被屏蔽）。

（2）任何位上的二进制数只要与 1 进行按位与运算，该位即被保留。

3）常用功能

（1）清零。如果要将二进制数的某一位清零，可将其与 0 进行按位与运算。例如，若要将 541 的最低 8 位清零，则可使其与 -256 进行按位与运算。算式如下：

| | | | | | |
|---|---|---|---|---|---|
| | 00000000 | 00000000 | 00000010 | 00011101 | （541 的二进制补码） |
| (&) | 11111111 | 11111111 | 11111111 | 00000000 | （-256 的二进制补码） |
| | 00000000 | 00000000 | 00000010 | 00000000 | （512 的二进制补码） |

以上算式对 541 和 -256 所有的二进制位进行与运算，根据运算规则，计算结果为 512。

（2）保留某一位不变。如果要将二进制数的某一位保留不变（或取某一位），可将其与 1 进行按位与运算。例如，若要将 541 的最低 8 位保留，其余位清零，则可使其与 255 进行按位与运算。算式如下：

| | | | | | |
|---|---|---|---|---|---|
| | 00000000 | 00000000 | 00000010 | 00011101 | （541 的二进制补码） |
| (&) | 00000000 | 00000000 | 00000000 | 11111111 | （255 的二进制补码） |
| | 00000000 | 00000000 | 00000000 | 00011101 | （29 的二进制补码） |

以上算式对 541 和 255 所有的二进制位进行与运算，根据运算规则，计算结果为 29。

（3）取一个数的某些指定位。如要取一个二进制数的某些指定位，可将其指定位与 1 进行与运算，而其他位与 0 进行按位与运算。例如，若要将 541 的最低 8 位中的左边第 3、4、5、8 位保留下来，其余位清零，则可使其与 57 进行按位与运算。算式如下：

| | | | | | |
|---|---|---|---|---|---|
| | 00000000 | 00000000 | 00000010 | 00011101 | （541 的二进制补码） |
| (&) | 00000000 | 00000000 | 00000000 | 00111001 | （57 的二进制补码） |
| | 00000000 | 00000000 | 00000000 | 00011001 | （25 的二进制补码） |

以上算式对 541 和 57 所有的二进制位进行与运算，根据运算规则，计算结果为 25。

**例 11.1** 给出以下程序的运行结果。

```
#include <stdio.h>
void main()
{
  int a=28,b=187,c;
  c=a&b;                          /*将 a 和 b 进行按位与运算，并将结果赋给 c*/
  printf("a=%d\nb=%d\nc=%d\n",a,b,c);
}
```

程序运行结果：

```
a=28
b=187
c=24
```

分析：变量 a 的值为 28，变量 b 的值为 187，a&b 的算式为

| | | | | | |
|---|---|---|---|---|---|
| | 00000000 | 00000000 | 00000000 | 00011100 | （28 的二进制补码） |
| (&) | 00000000 | 00000000 | 00000000 | 10111011 | （187 的二进制补码） |
| | 00000000 | 00000000 | 00000000 | 00011000 | （24 的二进制补码） |

以上算式对 28 和 187 所有的二进制位进行与运算，根据运算规则，计算结果为 24，则变量 c 的值为 24。

视频

位运算符

**例 11.2** 判断某数的奇偶性。

分析：对于整数 x，当其为奇数时表达式 1&x 的值为 1，而当其为偶数时，表达式 1&x 的值则为 0。因此，可以用该表达式作为判断 x 奇偶性的依据。程序如下：

```
#include <stdio.h>
void main()
{
```

```
    int x;
    printf("请输入要判断的数：");
    scanf("%d",&x);
    if(1&x)
      printf("%d是奇数\n",x);
    else
      printf("%d是偶数\n",x);
}
```

### 2. 按位或运算符“|”

1）运算规则

按位或运算符“|”是双目运算符。其功能是将参与运算的两个操作数的对应二进制位逐位进行按位或运算。如果对应位均为 0，则结果的相应位为 0，否则结果的相应位为 1。参与按位或运算的两个操作数均以补码形式出现。

按位或运算的运算规则（真值表），见表 11-3。

表 11-3 按位或运算的运算规则

| a | b | a \| b |
|---|---|---|
| 0 | 0 | 0 |
| 0 | 1 | 1 |
| 1 | 0 | 1 |
| 1 | 1 | 1 |

例如，计算 28 | 6 的算式如下：

```
      00000000  00000000  00000000  00011100   （28 的二进制补码）
( | ) 00000000  00000000  00000000  00000110   （6 的二进制补码）
----------------------------------------------
      00000000  00000000  00000000  00011110   （30 的二进制补码）
```

以上算式对 28 和 6 所有的二进制位进行或运算，根据运算规则，计算结果为 30。

2）按位或运算的特征

（1）任何位上的二进制数只要与 0 进行按位或运算，该位即被保留。

（2）任何位上的二进制数只要与 1 进行按位或运算，该位即被置为 1。

3）常用功能

按位或运算常用来将某数的指定二进制位置 1。方法是对应于数 a 要置 1 的二进制位，使数 b 中与其相对应二进制位为 1，其余位为 0，将数 a 与 b 进行按位或运算即可使数 a 中指定二进制位置 1。例如，要使 117 的左边第 3、5、6、8 位置 1，则可将其与 45 进行按位或运算。算式如下：

```
      00000000  00000000  00000000  01110101   （117 的二进制补码）
( | ) 00000000  00000000  00000000  00101101   （45 的二进制补码）
----------------------------------------------
      00000000  00000000  00000000  01111101   （125 的二进制补码）
```

以上算式对 117 和 45 所有的二进制位进行或运算，根据运算规则，计算结果为 125。

**例 11.3** 验证 15|127 的结果。

```
#include <stdio.h>
void main()
{
  int a=15,b=127,c;
  c=a|b;              /*对 a、b 进行按位或运算，并将结果赋给 c*/
  printf("a=%d\nb=%d\nc=%d\n",a,b,c);
}
```

程序运行结果：

```
a=15
b=127
c=127
```

分析：表达式 a | b 的算式为

| | | | | | |
|---|---|---|---|---|---|
| | 00000000 | 00000000 | 00000000 | 00001111 | （15 的二进制补码） |
| (\|) | 00000000 | 00000000 | 00000000 | 01111111 | （127 的二进制补码） |
| | 00000000 | 00000000 | 00000000 | 01111111 | （127 的二进制补码） |

以上算式对 15 和 127 所有的二进制位进行或运算，根据运算规则，计算结果为 127，则变量 c 的值为 127。

### 3．按位异或运算符“^”

1）运算规则

按位异或运算符“^”是双目运算符。其功能是将参与运算的两个操作数的对应二进制位逐位进行按位“异或”运算。异或是指若两个相应的二进制位相异（其中一个二进制位为 0，另一个二进制位为 1），则结果的相应位为 1；若两个相应的二进制位相同（均为 0 或者均为 1），则结果为 0。参与运算的操作数以补码方式出现。

按位异或运算的运算规则（真值表），见表 11-4。

表 11-4　按位异或运算的运算规则

| a | b | a^b |
|---|---|---|
| 0 | 0 | 0 |
| 0 | 1 | 1 |
| 1 | 0 | 1 |
| 1 | 1 | 0 |

例如，计算 28^6 的算式如下：

| | | | | | |
|---|---|---|---|---|---|
| | 00000000 | 00000000 | 00000000 | 00011100 | （28 的二进制补码） |
| (^) | 00000000 | 00000000 | 00000000 | 00000110 | （6 的二进制补码） |
| | 00000000 | 00000000 | 00000000 | 00011010 | （26 的二进制补码） |

以上算式对 28 和 6 所有的二进制位进行异或运算，根据运算规则，计算结果为 26。

2）常用功能

（1）使特定位翻转。要使操作数的某一个二进制位翻转（即 1 变为 0，0 变为 1），将其与 1 进行按位异或运算即可。这是因为，若原数中的某位值为 1，则其与 1 进行按位异或运算得 0；若原数中的某位值为 0，则其与 1 进行按位异或运算得 1。例如，要使 103 的低 4 位翻转，可将其与 15 进行按位异或运算。算式如下：

| | | | | | |
|---|---|---|---|---|---|
| | 00000000 | 00000000 | 00000000 | 01100111 | （103 的二进制补码） |
| (^) | 00000000 | 00000000 | 00000000 | 00001111 | （15 的二进制补码） |
| | 00000000 | 00000000 | 00000000 | 01101000 | （104 的二进制补码） |

以上算式对 103 和 15 所有的二进制位进行异或运算，根据运算规则，计算结果为 104。

（2）保留某位的值。若将操作数的某二进制位与 0 进行异或运算，则该数位的值会被保留。这是因为，若原数中的某数位值为 1，则其与 0 进行异或运算得 1；若原数中的某数位值为 0，则其与 0 进行异或运算得 0。例如，要将 103 的最低位保留，其他位取反，可将其与 1 进行按位异或运算。算式如下：

| | | | | | |
|---|---|---|---|---|---|
| | 00000000 | 00000000 | 00000000 | 01100111 | （103 的二进制补码） |
| (^) | 00000000 | 00000000 | 00000000 | 00000001 | （1 的二进制补码） |
| | 00000000 | 00000000 | 00000000 | 01100110 | （102 的二进制补码） |

以上算式对 103 和 1 所有的二进制位进行异或运算，根据运算规则，计算结果为 102。

（3）交换两变量的值（不使用中间变量）。若变量 a 和变量 b 执行以下三条赋值语句：

```
a=a^b;
b=b^a;
a=a^b;
```

则变量 a 的值将和变量 b 的值互换。例如，假设变量 a 的值为 3，变量 b 的值为 5，要将变量 a 的值与变量 b 的值互换，则只需执行以上三条赋值语句即可。算式如下：

a^b 的算式如下：

| | | | | | |
|---|---|---|---|---|---|
| | 00000000 | 00000000 | 00000000 | 00000011 | （3 的二进制补码） |
| (^) | 00000000 | 00000000 | 00000000 | 00000101 | （5 的二进制补码） |
| | 00000000 | 00000000 | 00000000 | 00000110 | （6 的二进制补码） |

以上算式对 3 和 5 所有的二进制位进行异或运算，根据运算规则，计算结果为 6。执行语句 a=a^b 后，变量 a 的值变为 6。

b^a 的算式如下：

| | | | | | |
|---|---|---|---|---|---|
| | 00000000 | 00000000 | 00000000 | 00000101 | （5 的二进制补码） |
| (^) | 00000000 | 00000000 | 00000000 | 00000110 | （6 的二进制补码） |
| | 00000000 | 00000000 | 00000000 | 00000011 | （3 的二进制补码） |

以上算式对 5 和 6 所有的二进制位进行异或运算，根据运算规则，计算结果为 3。执行语句 b=b^a 后，变量 b 的值变为 3。

a^b 的算式如下：

| | | | | | |
|---|---|---|---|---|---|
| | 00000000 | 00000000 | 00000000 | 00000110 | （6 的二进制补码） |
| (^) | 00000000 | 00000000 | 00000000 | 00000011 | （3 的二进制补码） |
| | 00000000 | 00000000 | 00000000 | 00000101 | （5 的二进制补码） |

以上算式对 6 和 3 所有的二进制位进行异或运算，根据运算规则，计算结果为 5。执行语句 a=a^b 后，变量 a 的值为 5。

三条赋值语句执行完毕后，变量 a 的值由 3 变为了 5，而变量 b 的值则由 5 变为了 3，实现了互换。

### 4．按位取反运算符“~”

按位取反运算符“～”是单目运算符。其功能是将参与运算的操作数的二进制位逐位进行取反运算，即将 0 变为 1，将 1 变为 0。参与运算的操作数以补码方式出现。

按位取反运算的运算规则（真值表），见表 11-5。

**表 11-5　按位取反运算的运算规则**

| a | ～a |
|---|---|
| 0 | 1 |
| 1 | 0 |

**例 11.4**　验证～15 的值。

```
#include <stdio.h>
void main()
{
  int a=15;
  printf("a=%d\n~a= %d \n",a, ~a);
}
```

程序运行结果：

```
a=15
~a = -16
```

分析：计算 ~15 的算式为

| | | | | |
|---|---|---|---|---|
| (~) 00000000 | 00000000 | 00000000 | 00001111 | （15 的二进制补码） |
| 11111111 | 11111111 | 11111111 | 11110000 | （-16 的二进制补码） |

以上算式对 15 所有的二进制位进行取反运算，根据运算规则，计算结果为 -16。

### 5. 左移运算符“<<”

1）运算规则

左移运算符“<<”是双目运算符。其功能是将左移运算符“<<”左边操作数的二进制位全部左移若干位，左移的位数由左移运算符“<<”右边的数据指定，高位左移后溢出，丢弃不用，低位补 0。参与运算的左操作数以补码方式出现。

例如，表达式 a<<2 计算是把 a 的二进制位全部向左移动 2 位，若最高两位左移后溢出则被丢弃，最低两位补 0。例如，表达式 22<<2 的计算过程如下：十进制数 22 的二进制补码为：

00000000 00000000 00000000 00010110，左移 2 位后的二进制补码为 00000000 00000000 00000000 01011000，将其转换为十进制数即为 88。表达式 22<<2 的计算结果为 88。

2）说明

一般情况下将某数左移 1 位相当于该数乘以 2，左移 2 位相当于该数乘以 $2^2$=4，依此类推，左移 $n$ 位就相当于该数乘以 $2^n$。如上例中，22<<2=88，相当于 $22\times2^2$=88。但是上述结论不适用于以下两种情况。

（1）对于无符号数，左移时被溢出舍弃的高位中包含 1 的情况。

（2）对于带符号数，左移时被溢出舍弃的高位中包含 1 的情况以及左移后最高位为 1 的情况。

**例 11.5** 对短整型变量 a1、a2、a3 分别进行左移 2 位的运算，计算结果分别保存在短整型变量 b1、b2、b3 和无符号短整型变量 c1、c2、c3 中，并输出 9 个变量的值。

```
#include <stdio.h>
void main()
{
  short int a1,a2,a3;
  short int b1,b2,b3;
  unsigned short int c1,c2,c3;
  a1=2048, b1=a1<<2, c1=a1<<2;
  a2=10240, b2=a2<<2, c2=a2<<2;
  a3=32767, b3=a3<<2, c3=a3<<2;
  printf("a1=%-7db1=%-7dc1=%-7d\n",a1,b1,c1);
  printf("a2=%-7db2=%-7dc2=%-7d\n",a2,b2,c2);
  printf("a3=%-7db3=%-7dc3=%-7d\n",a3,b3,c3);
}
```

程序运行结果：

```
a1=2048 b1=8192 c1=8192
a2=10240 b2=-24576 c2=40960
a3=32767 b3=-4 c3=65532
```

分析：计算过程见表 11-6。

表 11-6　例 11.5 计算过程

| a | | b | | c | |
|---|---|---|---|---|---|
| 十进制 | 二进制 | 十进制 | 二进制 | 十进制 | 二进制 |
| 2048 | 00001000 00000000 | 8192 | 00100000 00000000 | 8192 | 00100000 00000000 |
| 10240 | 00101000 00000000 | −24576 | 10100000 00000000 | 40960 | 10100000 00000000 |
| 32767 | 01111111 11111111 | −4 | 11111111 11111100 | 65532 | 11111111 11111100 |

## 6．右移运算符“>>”

右移运算符“>>”是双目运算符。其功能是将右移运算符“>>”左边的操作数的二进制位全部右移若干位，右移的位数由右移运算符“>>”右边的数据指定。若低位右移后溢出，则丢弃不用；对于无符号数，高位补 0。参与运算的左操作数以补码方式出现。

例如，表达式 15>>2 的计算过程如下：十进制数 15 的二进制补码为 00000000 00000000 00000000 00001111，右移 2 位后的二进制补码为 00000000 00000000 00000000 00000011，将其转换为十进制数即为 3。表达式 15>>2 的计算结果为 3。

对于有符号数而言，进行右移运算时需注意符号位的问题。当操作数为正数时，最高位补 0；当操作数为负数时，符号位为 1，最高位是补 0 还是补 1 取决于编译系统的规定。有的系统补 0，有的补 1。补 0 的称为“逻辑右移”（又称简单右移）；补 1 的称为“算术右移”。许多系统规定为补 1。例如，若短整型变量 a 的值为 −26642，则表达式 a>>2 计算如下：十进制数 −26642 的二进制补码为 10010111 11101110，右移 2 位后的二进制补码如下，逻辑右移为 00100101 11111011，转换为十进制数为 9723；算术右移为 11100101 11111011，转换为十进制数为 −6661。

**例 11.6**　对整型变量 a 进行右移 2 位运算，输出右移运算后的值。

```
#include <stdio.h>
void main()
{
  unsigned int a,b;
  a=126;
  b=a>>5;
  printf("a=%d\nb=%d\n",a,b);
}
```

程序运行结果：

```
a=126
b=3
```

分析：表达式 126>>5 的计算过程如下。

十进制数 126 的二进制补码为 00000000 00000000 00000000 01111110，右移 5 位后的二进制补码为 00000000 00000000 00000000 00000011，转换为十进制数为 3。计算结果为 3，变量 b 的值为 3。

## 7．位复合赋值运算符

除了按位取反运算符“～”外，其他 5 种位运算符与赋值运算符相结合可以组成位复合赋值运算符。其操作符以及相应说明见表 11-7。

表 11-7　位复合赋值运算符以及相应说明

| 运　算　符 | 含　　义 | 表　达　式 | 等　价　于 |
|---|---|---|---|
| <<= | 左移赋值 | a<<=b | a=a<<b |
| >>= | 右移赋值 | a>>=b | a=a>>b |
| &= | 位与赋值 | a&=b | a=a&b |
| ^= | 位异或赋值 | a^=b | a=a^b |

续表

| 运 算 符 | 含 义 | 表 达 式 | 等 价 于 |
|---|---|---|---|
| \|= | 位或赋值 | a\|=b | a=a\|b |

### 8. 不同长度的数据进行位运算

位运算的操作数可以是整型数据，也可以是字符型数据。如果两个操作数的类型不同，其位数也可能不同。遇到这种情况，系统将自动进行如下操作：

（1）将两个操作数的右端对齐。

（2）将位数短的操作数往高位补充，即无符号数和正整数左侧用 0 补全；负数左侧用 1 补全。

（3）对位数相等的这两个操作数进行按位运算。

例 11.7 分析下面程序的运行结果。

```
#include <stdio.h>
void main()
{
  char a='a',b='b';
  int t,x,y;
  t=(a<<8)|b;           /*a 按位左移 8 位后与 b 进行按位或运算，并把结果赋给 t*/
  x=t&0xff;             /*t 与 0xff 进行按位与运算，并把结果赋给 x*/
  y=(t&0xff00)>>8;      /*t 与 0xff00 进行按位与运算后右移 8 位，并把结果赋给 y*/
  printf("a=%d,b=%d,x=%d,y=%d\n",a,b,x,y);
}
```

程序运行结果：

```
a=97,b=98,x=98,y=97
```

分析：变量 a 的二进制补码为 00000000 00000000 00000000 01100001，变量 b 的二进制补码为 00000000 00000000 00000000 01100010，将变量 a 左移 8 位后的二进制补码为 00000000 00000000 01100001 00000000，将其与变量 b 进行按位或运算后的结果，即变量 t 的二进制补码为 00000000 00000000 01100001 01100010，将变量 t 与 0xff 进行按位与运算后的结果，即变量 x 的二进制补码为 00000000 00000000 00000000 01100010，将其转换为十进制数为 98，将变量 t 与 0xff00 进行按位与运算后的结果是 00000000 00000000 01100001 00000000，将其右移 8 位后，即变量 y 的二进制补码为 00000000 00000000 00000000 01100001，将其转换为十进制数为 97。

## 课后延学

### 1. 知识回顾

（1）位运算就是直接对数据的二进制形式逐位进行的逻辑操作或移位等操作。

（2）位运算操作数只能是整型数据或者字符型数据，不能是其他类型的数据。

（3）编程时，可使用位运算实现汇编语言的某些功能，如移位、置位、位清零等。

（4）C 语言提供了 6 种位运算符，只有“～”是单目运算符，其余都是双目运算符。

（5）“&”运算可以用来保留原位，也可用来使某位清 0。

（6）“|”运算可以用来保留原位，也可用来使某位取 1。

（7）“^”运算可以使某位翻转，也可用来使某位保持不变。

（8）“<<”左移 $n$ 位通常相当于乘以 $2^n$。

（9）“>>”分为逻辑右移和算术右移。

**2. 学习反思**

（1）位运算有哪些常见应用？

（2）位运算的优势有哪些？

**3. 知识检验**

（1）位运算中，无符号整型操作数每左移一位，其结果相当于该操作数________。

（2）设二进制数 a 是 00101101，若想通过异或运算 a^b 使 a 的高 4 位取反，低 4 位不变，则二进制数 b 应是________。

（3）测试 char 类型变量 a，第 5 位（设最右位是第一位）是否为 1 的表达式为________。

（4）设 a=5、b=9，则表达式 a<<2 | b>>1 的值是________。

（5）设有 unsigned int x=0xcd，表达式 x^6>>2 的值是________。

（6）与表达式 a&=b 等价的表达式是________。

（7）与表达式 x^=y-8 等价的表达式是________。

（8）从键盘读入一个字符串，将其中的小写字母变为大写字母并输出。

（9）编写一个函数，取出一个无符号整数的二进制的偶数位（最低位为第 0 位）。

**4. 拓展训练**

【测试练习】完成辅教材第 11 章的【课后延学】的“测试练习”。

## 计算机等级考试二级真题解析

1. 有以下程序：

```
#include <stdio.h>
main()
{
  short c=124;
  c=c ______;
  printf("%d\n",c);
}
```

若要使程序的运行结果为 248，应在横线处填入的是（　　）。

A. >>2　　B. | 248　　C. &0248　　D. <<1

【答案】D

【解析】要输出 248，是 124 的两倍，124 为 01111100，248 为 11111000，因此只要左移一位即可。

2. 若有以下程序段：

```
int r=8; printf("%d\n",r>>1);
```

输出结果是（　　）。

A. 16　　B. 8　　C. 4　　D. 2

【答案】C

【解析】C 语言中“>>”是二进制的右移运算符。本题中变量 r 的二进制形式是 0000 1000，右移 1 位后的二进制形式为 0000 0100，即十进制数 4。

3. 有以下程序：

```
#include <stdio.h>
main()
```

```
{
  int a=5,b=1,t;
  t=(a<<2)|b;
  printf("%d\n",t);
}
```

程序运行后的输出结果是（　　）。

A. 21　　B. 11　　C. 6　　D. 1

【答案】A

【解析】5的二进制形式是0000 0101，计算5<<2，即将0000 0101左移2位后的二进制形式是0001 0100，变量b的二进制形式是0000 0001，然后将(5<<2)与变量b进行按位或运算后的二进制形式是0001 0101，转换为十进制数为21。

4. 有以下程序：

```
#include <stdio.h>
main()
{
  char a=4;
  printf("%d\n",a=a<<1);
}
```

程序的运行结果是（　　）。

A. 40　　B. 16　　C. 8　　D. 4

【答案】C

【解析】移位运算符的优先级比赋值运算符优先级高，故语句“a=a<<1”先进行a的二进制移位运算，左移一位相当于原数乘以2，a<<1的计算结果为4*2=8，没有超过char类型的范围，将8赋值给a，并输出a的值。

# 第 12 章 文　件

文件——数据的守护者，让每一次保存都成为永恒
Files —The guardians of data, turning every save into eternity.

## 导　读

在前面所讲解的例子中，程序设计都始于键盘的键入，终于显示器的呈现。每一次程序的执行都是一场即时的表演，数据输入与结果展示稍纵即逝。若想重温这段演出，便需再次启动程序，重新输入数据。然而，想象一下，若能从磁盘的深处召唤出预设好的数据作为输入，并将执行的结果封存于文件之中，那将如何？这样的设想不仅可行，而且是我们本章即将揭开的篇章——探讨文件操作的魅力所在。

在 C 语言中，在大量复杂程序的编写运行过程中，可以通过对文件的操作控制程序中各种数据的输入和输出。这种文件机制不仅守护着数据的长河，更让信息得以穿越时空的界限。无论是简单的文本处理还是复杂的多媒体操控，文件都以其独到的灵活性，迎合着开发者的每一个需求。

## 导　航

**学习目标：**

1. 掌握文件指针的概念及文件类型
2. 掌握文件的打开和关闭
3. 掌握文件的基本读写方法
4. 掌握文件处理函数

**学习重点：**

1. 文件的打开和关闭
2. 文件的格式输入与输出
3. 文件的非格式化输入与输出
4. 利用文件指针编写程序

**学习难点：**

1. 文件指针的使用
2. 利用文件指针编写程序

## 知识地图

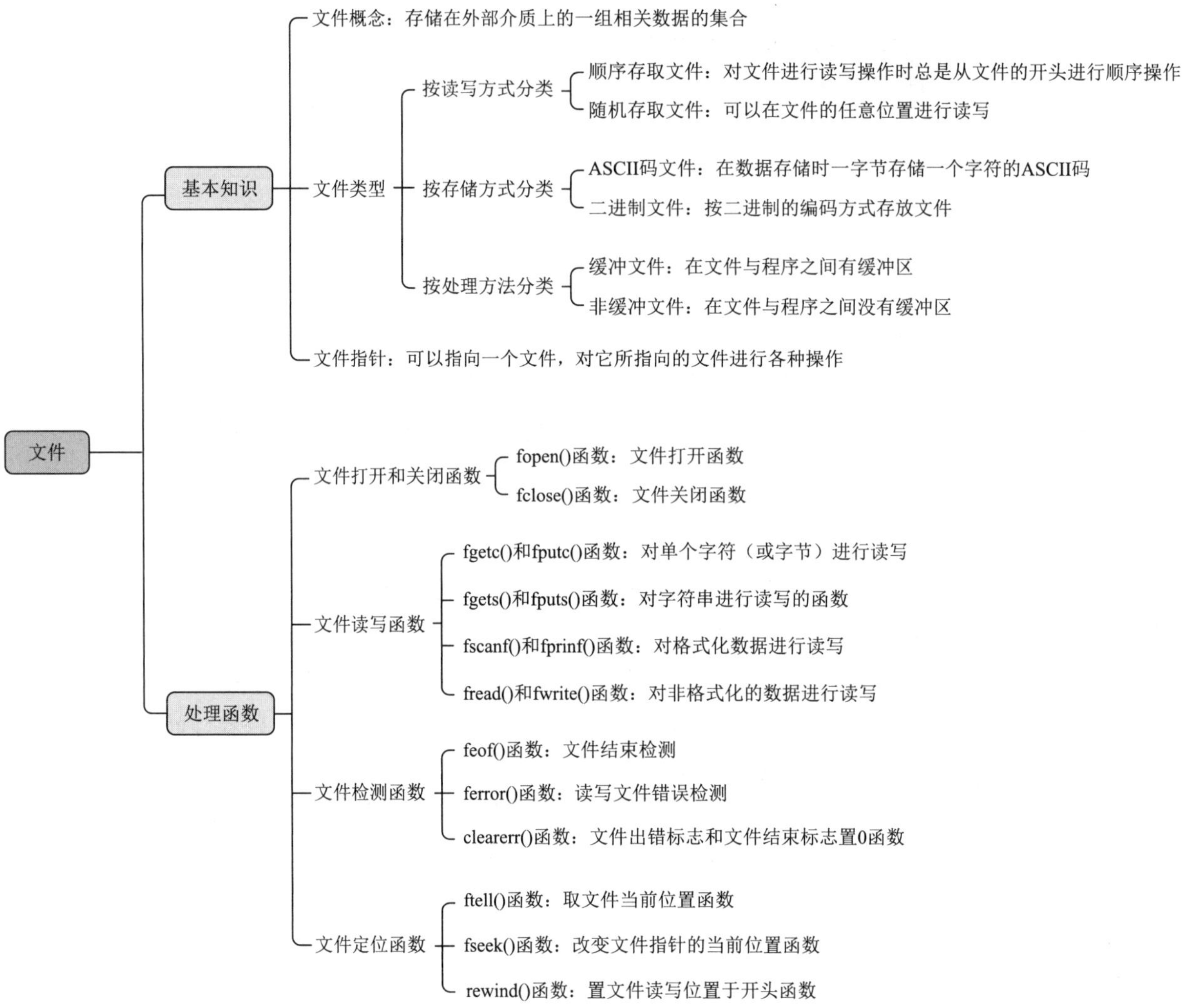


## 课前导学

**1. 知识初探**

◎阅读主教材第 12 章的【课中细学】

◎阅读辅教材第 12 章的【课前导学】的“本章要点”与相应“典型例题解析”

**2. 视频观看**

观看主教材第 12 章的【课中细学】相应的视频

**3. 思考空间**

（1）为什么使用文件?

（2）文件名包含哪些部分?

（3）C 语言中有没有专门用来存放字符串的变量?

（4）为什么字符串要设置结束符?

课中细学

## 12.1　C 文件的概念

文件是程序设计中一个重要的概念。所谓“文件”一般是指存储在外部介质上的一组相关数据的集合。一批数据是以文件的形式存放在外部介质上的，操作系统是以文件为单位对数据进行管理的。也就是说，如果想要找到存放在外部介质上的数据，必须先按文件名找到所指定的文件，然后再从该文件中读取数据。向外部介质上存储数据也必须先建立一个文件，以文件名标识，然后向文件输出数据。

对于 C 语言而言，不论在文件中存储的是何种数据，都将其看作由一个个字节组成的序列，即一个文件是由若干字节所组成的。由于一字节对应 C 语言中的一个字符，所以 C 语言将任何文件都作为一个字符流（stream）来看待，这种文件对称流文件。流文件中信息的最小存取单位是字节，而字节是任何数据的基本存储单位，所以这就增强了 C 语言处理文件的灵活性。

在此之前的学习中多次提到文件，如源程序文件、目标文件、可执行文件、头文件等，本章讨论的是数据文件。文件一般都存放在外部介质中，需要的时候将该文件的内容载入内存，运行的结果也可以以文件的形式存放在外部介质中。这类用于保存输入和输出的文件称为数据文件。把文件中的数据送入内存的操作称为“输入”或“读”文件，而把内存中的数据存放到磁盘文件中的操作称为“输出”或“写”文件。

## 12.2　文件类型及文件指针

### 12.2.1　文件的类型

按照文件的读写方式、存储方式以及处理的方法，文件可以分为以下几类。

**1. 按读写方式分类**

文件的读写方式又称文件的存取方式，一般有顺序存取和随机存取两种方式。按照读写方式的不同，文件可以分为顺序存取文件和随机存取文件。

顺序存取文件是指对文件进行读写操作时总是从文件的开头进行顺序操作，当前面的数据读写完成后，才能对后面的数据进行读写。随机存取文件是指可以在文件的任意位置进行读写的文件。

**2. 按存储方式分类**

按照文件的存储方式，文件可以分为 ASCII 码文件和二进制文件。

ASCII 码文件又称文本文件，这种文件在数据存储时一字节存储一个字符的 ASCII 码。二进制文件是按二进制的编码方式存放文件。

例如，int 型数据 12345 用 ASCII 码文件存储时，存储形式为：

| | | | | | |
|---|---|---|---|---|---|
| ASCII 码： | 00110001 | 00110010 | 00110011 | 00110100 | 000110101 |
| 十进制码： | 1 | 2 | 3 | 4 | 5 |

共占用 5 字节。

而用二进制文件存放 int 型数 12345 的存储形式为：

00000000 00000000 00110000 00111001

共占用 4 字节。

从上面可以看出，ASCII 码文件便于对字符逐个进行处理，但是占用较多的存储空间，而且要花费时间将 ASCII 码转换为二进制码。而二进制文件不需要进行数据的转换，可以节省存储空间和转换时间，但是不能直接输出字符形式。

**3. 按处理方法分类**

根据文件读写时的处理方法，文件可分为缓冲文件和非缓冲文件。ANSI 标准规定，对文件进行输入、输出时，需要系统为文件开辟缓冲区。缓冲区是指系统在内存中为每个正在使用的文件开辟的一片连续的存储区。当从内存向磁盘中输出数据时，必须先输出到缓冲区中，等缓冲区装满后再将缓冲区中的数据一起输出到磁盘文件中。读取数据的过程则与之正好相反。缓冲区的主要作用是解决外部设备与主机的速度不匹配问题。现在的文件多采用缓冲文件，非缓冲文件在文件与程序之间没有缓冲区，效率较低。

## 12.2.2 文件指针

缓冲文件系统中，有一个很关键的概念：文件指针。每个被使用的文件都在内存中开辟一个缓冲区，用来存放文件的有关信息（如文件名、文件状态、文件属性等）。这些信息是保存在一个结构体变量中的。该结构体类型是由系统定义的，取名为 FILE。

FILE 类型通常在 C 语言的标准输入输出头文件 stdio.h 中定义。例如，在 Visual C++ 2010 的头文件 stdio.h 中有如下定义：

```
struct _iobuf {
  char *_ptr;                    /* 指向当前缓冲区位置的指针 */
  int _cnt;                      /* 缓冲区剩余的字符串 */
  char *_base;                   /* 指向缓冲区的基地址 */
  int _flag;                     /* 文件状态标志 */
  int _file;                     /* 文件描述符 */
  int _charbuf;                  /* 用于无缓冲的字符输入输出 */
  int _bufsiz;                   /* 缓冲区的大小 */
  char *_tmpfname;               /* 临时文件名 */
};
typedef struct _iobuf FILE;
```

由此可知，FILE 实际上是一个结构类型，该结构又称文件结构。对于不同的 C 编译系统而言，该结构的成员构成可能不尽相同。

C 语言对文件的操作一般分为以下几个步骤：定义文件指针、打开文件、读写文件、关闭文件。定义文件指针的形式如下：

```
FILE *指针变量名;
```

例如：

```
FILE *fp1,*fp2;
```

定义了文件指针，就相当于此文件指针可以指向一个文件，通过这个文件指针就可对它所指向的文件进行各种操作。

定义文件指针时应注意以下几点：

（1）该结构类型由系统在 stdio.h 头文件中定义，所以程序在使用 FILE 之前，必须包含头文件 stdio.h。

（2）结构类型名 FILE 必须大写。

## 12.3　文件的打开和关闭

一般来说，对文件的操作有以下三个方面：

（1）打开文件。在计算机的内存中开辟一个缓冲区，用于存放被打开文件的有关信息。

（2）文件处理。对文件进行读写、定位等操作。

（3）关闭文件。将缓冲区中的内容写回到外部介质（磁盘）中，并释放缓冲区。

所谓打开文件，实际上是建立一个磁盘文件与文件指针的联系，并建立相应的缓冲区。定义了文件指针之后，就可以对它所指向的文件进行读写操作。对文件进行操作前，必须先打开文件，使用结束后，应立即关闭文件，以免造成数据丢失。关闭文件则是指断开指针与文件之间的联系，禁止再对该文件进行操作。

### 12.3.1　文件的打开

打开一个文件的一般形式如下：

```
FILE *fp;
fp=fopen(文件名,操作方式);
```

在打开一个文件之前，首先要为该文件定义一个文件指针，然后再用 fopen() 函数打开文件。fopen() 函数的主要功能是为需要打开的文件分配一个缓冲区，并返回该缓冲区的地址。fopen() 函数要求含有两个参数，文件名是被打开或创建的文件的文件名，可以带路径，如果以一个字符串的形式给出，必须用双引号引起来，也可以使用字符数组名或者表示字符串的宏名，此时则不需要使用双引号；操作方式是指文件的类型和操作要求，其方式共有 12 种，具体功能见表 12-1。

表 12-1　文件操作方式的符号及其含义

| 文件操作方式符号 | 功　能 |
|---|---|
| r（只读） | 打开一个文本文件，只允许读数据 |
| w（只写） | 打开或创建一个文本文件，只允许写数据 |
| a（追加） | 打开或创建一个文本文件，并在文件末尾追加数据 |
| rb（只读） | 打开一个二进制文件，只允许读数据 |
| wb（只写） | 打开或创建一个二进制文件，只允许写数据 |
| ab（追加） | 打开或创建一个二进制文件，并在文件末尾追加数据 |
| r+（读写） | 打开一个文本文件，允许读数据和写数据 |
| w+（读写） | 打开或创建一个文本文件，允许读数据和写数据 |
| a+（读写） | 打开或创建一个文本文件，可以读数据或在文件末尾追加数据 |
| rb+/r+b（读写） | 打开一个二进制文件，允许读数据和写数据 |
| wb+/w+b（读写） | 打开或创建一个二进制文件，允许读数据和写数据 |
| ab+/a+b（读写） | 打开或创建一个二进制文件，可以读数据或在文件末尾追加数据 |

例如：

```
FILE *fp1;
fp1=fopen("1.txt","r");
```

其意思是打开当前目录下的文件 1.txt，只允许进行“读”操作，并使 fp1 指向该文件。

又如：

```
FILE *fp2;
fp2=fopen("d:\\test","rb");
```

其意思是打开 D 驱动器磁盘根目录下的二进制文件 test，只允许按二进制方式进行读操作。两个反斜线“\\”中的第一个表示转义字符，第二个表示根目录（注意，单斜线“\”是转义字符的起始符，应注意与“\\”的区别）。

对于文件使用方式有以下几点说明：

（1）文件使用方式由r、w、a、t、b、+六个字符组成，各字符的含义是：r（read），读；w（write），写；a（append），追加；t（text），文本文件，可省略不写；b（binary），二进制文件；+，读和写。

（2）r、rb、r+、rb+/r+b操作方式只能对已经存在的文件进行操作，不能创建新文件。使用w、wb、w+、wb+/w+b操作方式打开文件时，如果文件已经存在，将覆盖已有数据，若指定文件不存在则创建一个新文件。a、ab、a+、ab+/a+b操作方式先检查待操作文件是否存在，若存在，则打开文件；若不存在，则新建文件。

（3）rb、wb、rb+、wb+、ab+对于文件的操作可以不从头开始，可以使用位置函数设置读的起始位置。

（4）新建文件时，若当前的磁盘空间不足，剩余的存储空间不足以创建新文件时则会出错。

（5）在对一个指定的文件进行操作时，如果出错，fopen()函数将返回一个空指针值NULL。在程序中可以用这一信息来判别是否完成打开文件的工作，并做相应的处理。因此常用以下程序段打开文件：

```
if((fp=fopen("文件名","操作方式"))==NULL)
{
  printf("can not open this file!");
  exit(0);                    /*由exit()函数终止程序运行*/
}
```

**注意：**使用exit()函数前应包含头文件stdlib.h。

（6）标准输入文件（键盘）、标准输出文件（显示器）、标准出错输出（出错信息）是由系统打开的，可直接使用。

### 12.3.2 文件的关闭

虽然C语言允许打开多个文件，但是打开文件的个数是有限的。因此，如果不关闭已经处理完的文件，当打开的文件比较多时，就会占用过多内存，影响对其他文件的打开操作，所以文件一旦使用完毕，必须将其立即关闭，避免文件的数据丢失、减少系统资源占用等问题。

文件的关闭使用fclose()函数，其调用的一般形式如下：

```
fclose(文件指针);
```

fclose()函数的主要功能是将文件指针所指向的缓冲区中的数据存放到外部存储器中，然后释放该缓冲区。

例如：

```
fclose(fp);
```

关闭文件指针fp所指向的文件。

如果正常完成关闭文件的操作时，fclose()函数返回值为0；否则，返回值为非0。

## 12.4 文件的读写

对文件的读和写是最常用的文件操作。在C语言中提供了多种文件读写函数。

（1）对单个字符（或字节）进行读写的函数：fgetc()和fputc()。

（2）对字符串进行读写的函数：fgets()和fputs()。

（3）对格式化数据进行读写的函数：fscanf() 和 fprinf()。

（4）对非格式化的数据进行读写的函数：fread() 和 fwrite()。

**注意：** 使用以上函数都要求包含头文件 stdio.h。下面分别介绍以上这些读写函数。

### 12.4.1 fgetc() 和 fputc() 函数

#### 1. 字符读函数 fgetc()

调用形式：

```
fgetc(文件指针);
```

函数功能：从文件指针指向的文件中读取一个字符，该文件必须是以读写方式或者读方式打开的。当函数调用成功时，返回所读取的字符，否则返回一个 EOF 值（系统定义的宏，值为 -1）。例如：

```
ch=fgetc(fp);
```

这里，fp 是文件指针，该语句的作用是从 fp 所指向的文件中读取一个字符数据，将其赋给字符变量 ch，并将读位置指向下一个字符。

#### 2. 字符写函数 fputc()

调用形式：

```
fputc(字符变量/字符常量,文件指针);
```

函数功能：将字符变量或者字符常量中的字符写入文件指针所指向的文件中，该文件必须是以读写方式或者写方式打开的。当函数调用成功时，返回所写字符变量 / 字符常量的值，否则返回一个 EOF 值（系统定义的宏，值为 -1）。

#### 3. 举例

例 12.1 将一个磁盘文件中的数据复制到另外一个文件中。

分析：从指定的磁盘源文件中读取数据，然后将读取的数据写入目标文件中，直到源文件结束为止。

程序代码如下：

```
#include <stdlib.h>            /*exit() 函数所在的头文件 */
#include <stdio.h>
void main()
{
  FILE *in,*out;               /*in 为源文件指针，out 为目标文件指针 */
  char fname1[30],fname2[30];
  printf("Please enter a filename:\n");
  scanf("%s",fname1);
  if((in=fopen(fname1,"r"))==NULL)
  {                            /* 打开源文件失败 */
    printf("Can't open file:%s \n",fname1);
    exit(0);
  }
  printf("Please enter a Target filename:\n");
  scanf("%s",fname2);
  if((out=fopen(fname2,"w"))==NULL)
  {                            /* 创建目标文件失败 */
    printf("Can't open file:%s \n",fname2);
    exit(0);
  }
```

```
    /*复制源文件到目标文件中*/
    while(!feof(in))
      fputc(fgetc(in),out);
    fclose(in);
    fclose(out);
}
```

这里，feof() 是文件结束检测函数，用来判断文件指针指向的文件是否结束。具体见 12.5.1 节。

## 12.4.2 fgets() 和 fputs() 函数

### 1. 字符串读函数 fgets()

调用形式：

```
fgets(字符数组名,n, 文件指针);
```

函数功能：读取文件指针指向的文件中长度不超过 $n$-1 的字符串，将其存入字符数组首地址开始的存储空间中，并在末尾自动加一个结束标志 '\0'。进行完以上操作后将读取位置向后移动 $n$-1 字节。其中第一个参数也可以是字符指针变量。

说明：如果在规定长度之前遇到了文件结尾标志 EOF 或者换行符，读取结束。

函数调用成功时，返回值为字符数组的首地址，失败或出错时返回值为 NULL。

### 2. 字符串写函数 fputs()

调用形式：

```
fputs(字符串/字符数组名，文件指针);
```

函数功能：将字符串或字符数组写入文件指针指向的文件中，其中第一个参数也可以是字符指针变量。例如：

```
fputs("program",fp);
```

表示把字符串常量 "program" 写入文件指针 fp 所指向的文件中。

### 3. 举例

例 12.2 在磁盘 D 中新建一个文件 test，并在程序中向其添加一个字符串，然后从文件中读取由 10 个字符构成的字符串，并在显示屏上显示该字符串。

程序如下：

```
#include <stdlib.h>            /*exit()函数所在的头文件*/
#include <stdio.h>
void main()
{
  FILE *fp;
  char st[20];
  if((fp=fopen("d:\\test","a+"))==NULL)
  {
    printf("Cannot open file press any key exit!");
    getchar();
    exit(0);
  }
  printf("input a string:\n");
  scanf("%s",st);
  fputs(st,fp);                /*把字符串写入文件 test 中*/
```

```
    rewind(fp);                    /* 内部位置指针移到文件首部 */
    fgets(st,11,fp);               /* 从文件中读取 10 个字符送入字符数组 st 中 */
    printf("%s\n",st);
    fclose(fp);                    /* 关闭文件，以免造成数据丢失 */
  }
```

rewind() 函数详见 12.5.2 节。

## 12.4.3 fscanf() 和 fprinf() 函数

fscanf() 函数、fprintf() 函数与前面使用的 scanf() 和 printf() 函数的功能相似，都是格式化读写函数。两者的区别在于 fscanf() 函数和 fprintf() 函数的读写对象不是键盘和显示器，而是磁盘文件。

### 1. 格式化读函数 fscanf()

调用形式：

```
fscanf(文件指针,格式控制字符串,参数地址表);
```

函数功能：按指定的格式从文件指针指向的文件中读取数据，并送入输入表列中。例如：

```
fscanf(fp,"%d%s",&i,s);
```

表示从文件指针 fp 指向的文件中读取一个整型数值存入变量 i 中，并从文件中读取一个字符串值存入字符数组 s 中。

### 2. 格式化写函数 fprinf()

调用形式：

```
fprintf(文件指针, 格式控制字符串, 输出表列);
```

函数功能：将输出表列中的数据按照指定的格式送入文件指针指向的文件中。例如：

```
fprintf(fp,"%d,%c",j,ch);
```

表示将变量 j 按 %d 的格式、变量 ch 按 %c 的格式，以逗号为分隔符，存入文件指针 fp 所指向的文件中。

### 3. 举例

**例 12.3** 从键盘输入 10 个学生数据，写入一个文件中，再读出这 10 个学生的数据显示在屏幕上。

程序如下：

```
#include <stdlib.h>                /*exit() 函数所在的头文件 */
#include <stdio.h>
struct stu                         /* 定义学生信息的结构类型 stu*/
{
  char name[10];
  int num;
  int age;
  char addr[15];
}stua[10],stub[10],*pp,*qq;
void main()
{
  FILE *fp;
  int i;
  pp=stua; qq=stub;
  if((fp=fopen("d:\\stu_list","wb+"))==NULL)
```

```
    {
      printf("Cannot open file strike any key exit!");
      getchar();
      exit(0);
    }
    printf("input data:\n");
    for(i=0;i<10;i++,pp++)
      scanf("%s%d%d%s",pp->name,&pp->num,&pp->age,pp->addr);
    pp=stua;
    for(i=0;i<10;i++,pp++)
      fprintf(fp,"%s %d %d %s\n",pp->name,pp->num,pp->age,pp->addr);
    rewind(fp);                 /* 文件内部位置指针移到文件首部 */
    for(i=0;i<10;i++,qq++)
      fscanf(fp,"%s %d %d %s\n",qq->name,&qq->num,&qq->age,qq->addr);
    printf("\n\nname\tnumber age addr\n");
    qq=stub;
    for(i=0;i<10;i++,qq++)
      printf("%s\t%5d %7d %s\n",qq->name,qq->num, qq->age, qq->addr);
    fclose(fp);                 /* 关闭文件，以免造成数据丢失 */
}
```

### 12.4.4 fread()和fwrite()函数

上面讨论的一些读写函数都是对文本文件进行操作的，下面要介绍的两个函数是对二进制文件进行读写操作的。

**1. 非格式化读函数 fread()**

调用形式：

```
fread(buffer,size,count,fp);
```

其中，buffer 是一个指针，在 fread() 函数中，它表示存放输入数据的首地址；在 fwrite() 函数中，它表示存放输出数据的首地址。size 表示 buffer 中数据的数据类所占的字节数，count 表示数据的个数，fp 表示文件指针。

函数功能：从文件指针 fp 所指向文件的当前位置开始，一次读入 size 字节的数据，重复 count 次，总字节数为 size × count，将其存放到首地址为 buffer 的内存中，并将读写位置指针向后移动 size × count 字节。函数调用成功时，返回值为 count；如果执行读取的次数小于 count 次，那么返回实际的次数；如果函数调用失败，返回值就是 0。例如：

```
fread(address,4,5,fp);
```

表示从 fp 所指定的文件中反复读取 5 次数据，每次读取的数据为 4 字节，最后把这些数据全部保存到存储区 address 中。

再如：

```
…
struct student
{
  int number;
  char name[30];
} stud[30];
```

```
…
for(i=0;i<30;i++)
  fread(&stud[i],sizeof(struct student),1,fp);
```

该程序段是用来从 fp 所指向的文件中顺序读取 30 个学生的基本信息，每调用一次 fread() 函数，将读取一个学生的信息，最后把所有信息全部保存到一个名为 stud 的数组中。

### 2. 非格式化写函数 fwrite()

调用形式：

```
fwrite(buffer,size,count,fp);
```

函数功能：从 buffer 开始，一次输出 size 字节，重复 count 次，总字节数为 size × count，将输出的数据存放到文件指针 fp 所指向的文件中，并将读写位置指针向后移动 size × count 字节。函数调用成功时，返回值为 count；如果执行写入的次数小于 count 次，那么返回实际的次数；如果函数调用失败，返回值就是 0。

例如：

```
…
struct student stud[30];
…
for(i=0;i<30;i++)
  fwrite(&stud[i],sizeof(struct student),1,fp);
```

该程序段的作用是假设 30 个学生的基本信息都保存在数组 stud 中，通过循环调用 fwrite() 函数，可以把数组元素全部写到 fp 所指向的文件中。

到此我们可以知道，fread() 函数和 fwrite() 函数读写数据的最小单位是字节，而 fscanf() 函数和 fprinf() 函数读写数据是以类型为基本单位的，所以说 fread() 函数和 fwrite() 函数更适合处理二进制文件。

**例 12.4**　用 fread() 和 fwrite() 函数解决例 12.3 的问题。

程序如下：

```
#include <stdlib.h>              /*exit() 函数所在的头文件 */
#include <stdio.h>
struct stu                       /* 定义学生信息的结构类型 stu*/
{
  char name[10];
  int num;
  int age;
  char addr[15];
}stua[10],stub[10],*pp,*qq;
void main()
{
  FILE *fp;
  int i;
  pp=stua;
  qq=stub;
  if((fp=fopen("d:\\stu_list","wb+"))==NULL)
  {
    printf("Cannot open file strike any key exit!");
    getchar();
    exit(0);
  }
```

视频

文件的应用

```
    printf("input data:\n");
    for(i=0;i<10;i++,pp++)
      scanf("%s%d%d%s",pp->name,&pp->num,&pp->age,pp->addr);
    pp=stua;
    fwrite(pp,sizeof(struct stu),10,fp);
    rewind(fp);                 /* 文件内部位置指针移到文件首部 */
    fread(qq,sizeof(struct stu),10,fp);
    printf("\n\nname\tnumber age addr\n");
    for(i=0;i<10;i++,qq++)
      printf("%s\t%5d %7d %s\n",qq->name,qq->num,qq->age,qq->addr);
    fclose(fp);                 /* 关闭文件，以免造成数据丢失 */
  }
```

### 12.4.5 getw() 和 putw() 函数

前面提到的读写函数都是标准C语言所提供的函数，也有非标准C语言提供的读写函数，也就是说由部分C语言编译系统提供的读写函数。下面来简单了解一下。

**1. getw() 函数**

调用形式：

```
getw(文件指针);
```

函数功能：从文件指针所指向的文件中读取一个整数到内存，如果执行成功，返回该整数的值；如果执行失败，返回值就是EOF。例如：

```
i=getw(fp);
```

该语句的作用是从磁盘文件读一个整数到内存，并赋给整型变量i。

**2. putw() 函数**

调用形式：

```
putw(i,文件指针);
```

函数功能：向文件指针所指向的文件中写入一个整数i（i可以是整型常量，也可以是整型变量）。如果执行成功，返回值为i的值；如果执行失败，返回值就是EOF。例如：

```
putw(10,fp);
```

该语句的作用是将整数10输出到fp所指向的文件中。

如果所有C编译的库函数中没有getw()和putw()函数，可以自己定义这两个函数。putw()函数定义如下：

```
int putw(int i,FILE *fp)
{
  char *s;
  s=&i;
  putc(s[0],fp);
  putc(s[1],fp);
  return(i);
}
```

当调用putw()函数时，如果用“putw(10,fp);”语句，形参i得到实参传来的值10，在putw()函数中将i的地址赋予指针变量s，而s是指向字符变量的指针变量，所以s指向i的第1字节，s+1指向i的第

2 字节。由于 *(s+0) 就是 s[0]，*(s+1) 就是 s[1]，因此，s[0]、s[1] 分别对应 i 的第 1 和第 2 字节。顺序输出 s[0]、s[1] 就相当于输出了 i 的两字节的内容，如图 12-1 所示。

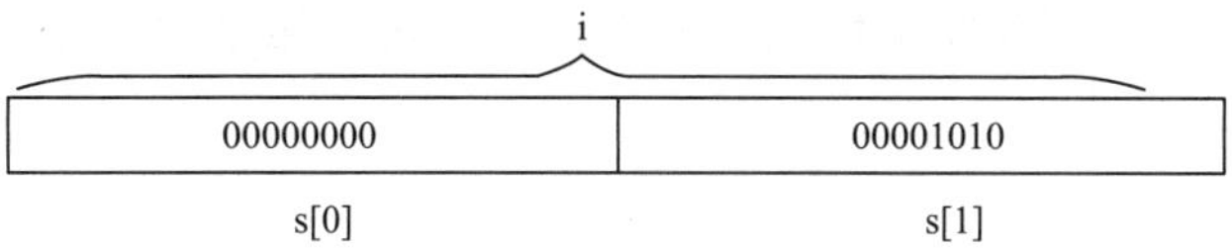


图 12-1　s[0] 和 s[1] 的内容

getw() 函数定义如下：

```
getw(FILE *fp)
{
  char *s;
  int i;
  s=(char *)&i;                  /* 使 s 指向 i 的起始地址 */
  s[0]=getc(fp);
  s[1]=getc(fp);
  return(i);
}
```

## 12.5　其他和文件有关的库函数

### 12.5.1　文件检测函数

#### 1. 文件结束检测函数 feof()

调用形式：

```
feof(文件指针);
```

函数功能：判断文件指针指向的文件是否结束，如果已经结束，则函数返回值为非 0，否则为 0。例如：

```
FILE *fp1;
while (!feof(fp))
{
  putchar(fgetc(fp));
}
```

如果文件指针 fp 未指向文件末尾，则执行“putchar(fgetc(fp));”操作。

#### 2. 读写文件错误检测函数 ferror()

调用形式：

```
ferror(文件指针);
```

函数功能：检查指针文件指向的文件在用读写函数进行读写时是否出错。若 ferror() 返回值为 0，则表示未出错；如果返回的是一个非 0 值，则表示出错。文件打开时，该函数值默认为 0。例如：

```
…
ch=fgetc(fp);
if(ferror(fp))
  printf("error\n");
…
```

如果错误是发生在 fgetc(fp) 之后的，则会提示出错。

### 3. 文件出错标志和文件结束标志置0函数clearerr()

调用形式：

```
clearerr(文件指针);
```

函数功能：将文件指针所指向的文件中的出错标志和文件结束标志清除，使它们为0值。一般当文件读写出错时，错误标志（非0值）会一直保留，可以调用clearerr()函数将其清0。

## 12.5.2 文件定位函数

### 1. 取文件当前位置函数ftell()

调用形式：

```
ftell(文件指针);
```

函数功能：返回从文件开头位置到当前读写位置的位移量，该位移量用长整型数据表示。函数调用正确时返回该位移量，错误时返回-1L。

可使用ftell()函数的返回值来确定当前位置指针指向的文件是否存在。例如：

```
i=ftell(fp);
if(i==-1L)
  printf("error\n");
```

变量i存放当前位置，如调用函数时出错（如fp指向的文件不存在），则输出error。

### 2. 改变文件指针的当前位置函数fseek()

调用形式：

```
fseek(文件指针,位移量,起始点);
```

函数功能：用来移动文件位置指针到指定的位置上，此后文件的读写位置都将从此位置开始。该函数起始点的表示方法见表12-2。

**表12-2 fseek()函数起始点的表示方法**

| 起 始 点 | 标 识 符 | 数 字 表 示 |
|---|---|---|
| 文件开始 | SEEK_SET | 0 |
| 当前位置 | SEEK_CUR | 1 |
| 文件末尾 | SEEK_END | 2 |

例如：

```
fseek(fp,50L,0);
```

表示文件位置指针从文件开始位置向后移动50L字节。

**例12.5** 在磁盘上存有10个学生的数据，要求将第2、4、6、8、10号学生的数据输入计算机，并在屏幕上显示出来。

程序代码如下：

```
#include <stdlib.h>            /*exit()函数所在的头文件*/
#include <stdio.h>
struct student                 /*定义学生信息的结构类型stu*/
{
  char name[10];
  int num;
  int age;
  char sex;
} stu[10];
void main()
```

```
{
  int i;
  FILE *fp;
  if((fp=fopen("stu.dat","rb"))==NULL)
  {
    printf("can not open file\n");
    exit(0);
  }
  for(i=1;i<10;i=i+2)
  {
    fseek(fp,i*sizeof(struct student),0);
    /* 将位置指针向后移动 2 个 student 结构体长度 */
    fread(&stu[i],sizeof(struct student),1,fp);
    printf("%s%d%d%c\n",stu[i].name,stu[i].num,stu[i].age,stu[i].sex);
  }
  fclose(fp);                    /* 关闭文件，以免造成数据丢失 */
}
```

### 3. 置文件读写位置于开头函数 rewind()

前面的例子中已经用到过 rewind() 函数，其具体调用形式和功能如下：

调用形式：

```
rewind( 文件指针 );
```

函数功能：把文件的当前位置指针移到文件开始处。

**例 12.6** 有一个磁盘文件，第一次将它的内容显示到屏幕上，第二次把它复制到另一个文件上。

```
#include <string.h>
#include <stdio.h>
void main()
{
  FILE *fp1,*fp2;
  fp1=fopen("file1.c","r");
  fp2=fopen("file2.c","w");
  while(!feof(fp1))
    putchar(getc(fp1));
  rewind(fp1);
  while(!feof(fp1))
  putc(getc(fp1),fp2);
  fclose(fp1);
  fclose(fp2);
}
```

## 12.6 程 序 举 例

**例 12.7** 从键盘输入一个字符串，将小写字母全部转换成大写字母，然后输出到一个磁盘文件 test 中保存。输入的字符串以！结束。

程序代码如下：

```
#include <stdlib.h>                              /*exit() 函数所在的头文件 */
#include <stdio.h>
#include <string.h>
```

```
void main()
{
  FILE *fp;
  char str[100];
  int i=0;
  if((fp=fopen("test.txt","w"))==NULL)           /* 判断文件 test 是否可以只写打开 */
  {
    printf("cannot open the file\n");
    exit(0);
  }
  printf("please input a string:\n");
  gets(str);                                     /* 读入字符串 */
  while(str[i]!='!')                             /* 处理该行中每一个字符 */
  {
    if(str[i]>='a'&&str[i]<='z')
      str[i]=str[i]-32;                          /* 将小写字母转换为大写字母 */
    fputc(str[i],fp);                            /* 将转换后的字符写入文件 */
    i++;
  }
  fclose(fp);                                    /* 关闭文件，以免造成数据丢失 */
  fp=fopen("test.txt","r");                      /* 以只读方式打开文件 test*/
  fgets(str,strlen(str)+1,fp);                   /* 从文件中读入字符串到 str 数组中 */
  printf("%s\n",str);
  fclose(fp);                                    /* 关闭文件，以免造成数据丢失 */
}
```

程序运行结果：

```
please input a string:
c program!
C PROGRAM
```

此时查看程序文件所在的文件夹，会发现有一个 test 文件，将该文件用记事本工具打开，会发现里面有如下字符：C PROGRAM。

例 12.8　有两个磁盘文件 A.txt 和 B.txt，各存放一行字母。要求把这两个文件中的信息合并（按字母顺序排列），输出到一个新文件 C.txt 中。

程序代码如下：

```
#include <stdlib.h>                              /*exit() 函数所在的头文件 */
#include <stdio.h>
void main()
{
  FILE *fp;
  int i,j,n,ni;
  char c[160],t,ch;
  if((fp=fopen("d:\\A.txt","r"))==NULL)          /* 判断文件 A.txt 是否可以只读打开 */
  {
    printf("file A cannot be opened\n");
    exit(0);
  }
  printf("file A.txt: \n");
```

```
    for(i=0; (ch=fgetc(fp))!=EOF; i++)              /* 将文件 A.txt 中数据存入数组 c 中 */
    {
      c[i]=ch;
      putchar(c[i]);
    }
    fclose(fp);                                     /* 关闭文件，以免造成数据丢失 */
    ni=i;
    if((fp=fopen("d:\\B.txt", "r"))==NULL)          /* 判断文件 B.txt 是否可以只读打开 */
    {
      printf("\n Can not open the file B.txt\n");
      exit(0);
    }
    printf("\nfile B.txt: \n");
    for(i=ni;(ch=fgetc(fp))!=EOF;i++)               /* 将文件 B.txt 中数据存入数组 c 中 */
    {
      c[i]=ch;
      putchar(c[i]);
    }
    fclose(fp);                                     /* 关闭文件，以免造成数据丢失 */
    n=i;
    for(i=0; i<n; i++)                              /* 对数组 c 进行选择排序 */
      for(j=i+1; j<n; j++)
        if(c[i]>c[j])
        {
          t=c[i];
          c[i]=c[j];
          c[j]=t;
        }
    printf("\nfile C.txt: \n");
    fp=fopen("d:\\C.txt", "w");                     /* 以写方式打开 C.txt 文件 */
    for(i=0; i<n; i++)                              /* 写入 C.txt 文件中 */
    {
      putc(c[i], fp);
      putchar(c[i]);
    }
    fclose(fp);                                     /* 关闭文件，以免造成数据丢失 */
}
```

在此程序文件夹中新建一个 A.txt 和一个 B.txt 文件，并分别用记事本工具打开，在 A.txt 文件中输入 c program，在 B.txt 文件中输入 is great。

程序运行结果：

```
file A.txt:
c program
file B.txt:
is great
file C.txt:
␣␣aaceggimoprrrst
```

此时，程序文件夹中会存在一个 C 文件，将该文件用记事本工具打开，会发现里面有如下字符：␣␣aaceggimoprrrst（请注意字符串开头有两个空格）。

## 12.7 案例分析

例 12.9 编写一个程序，把 12 个整型数据存入一个名为 file1.dat 的文件中。从磁盘上读入该文件中的数据，并用文件中的前 6 个数和后 6 个数分别作为两个 2×3 矩阵的元素。求这两个矩阵的和，并把结果按每行 3 个数据写入 file2.dat 文件中。

程序代码如下：

```
#include <stdlib.h>                                  /*exit() 函数所在的头文件 */
#include <stdio.h>
void main()
{
  FILE *fp1,*fp2;                                    /* 定义文件指针 */
  int i,j,k,x;
  int a[2][3],b[2][3],c[2][3];
  if((fp1=fopen("d:\\file1.dat","w+"))= =NULL)       /* 判断文件 file1.dat 是否可以读写打开 */
  {
    printf("can not open file1.dat");
    exit(0);
  }
  printf("input 12 integer:\n");
  for(i=0;i<12;i++)                                  /* 输入 12 个整数到文件 file1.dat 中 */
  {
    scanf("%d",&x);
    fprintf(fp1,"%d\t",x);
  }
  rewind(fp1);                                       /* 重置文件指针到文件开头 */
  for(j=0;j<2;j++)                                   /* 从 file1.dat 文件中读取前 6 个数给矩阵 a*/
    for(k=0;k<3;k++)
      fscanf(fp1,"%d",&a[j][k]);
  for(j=0;j<2;j++)                                   /* 从 file2.dat 文件中读取后 6 个数给矩阵 b*/
    for(k=0;k<3;k++)
      fscanf(fp1,"%d",&b[j][k]);
  if((fp2=fopen("d:\\file2.dat","w+"))==NULL)        /* 判断文件 file2.dat 是否可以读写打开 */
  {
    printf("can not open file2.dat");
    exit(0);
  }
  for(j=0;j<2;j++)                                   /* 求矩阵 a 与矩阵 b 的和，并存放到矩阵 c 中 */
  {
    for(k=0;k<3;k++)
    {
      c[j][k]=a[j][k]+b[j][k];
      fprintf(fp2,"%d\t",c[j][k]);                   /* 把矩阵 c 中各元素的值输入 file2.dat*/
    }
    fprintf(fp2,"\n");
  }
  fclose(fp1);                                       /* 关闭文件，以免造成数据丢失 */
  fclose(fp2);                                       /* 关闭文件，以免造成数据丢失 */
}
```

程序运行结果：

```
input 12 integer:
```

```
1 2 3 4 5 6 7 8 9 10 11 12
```

程序运行结束，用记事本工具打开 file1.dat，可以看到之前输入的 12 个整数都存放在此，打开 file2.dat，可以看到相加之后矩阵 c 的结果：

```
8  10 12
14 16 18
```

## 课后延学

### 1. 知识回顾

（1）C 系统把文件当作一个字符流，按字节进行处理。

（2）C 文件按编码方式分为二进制文件和 ASCII 码文件（即文本文件）。

（3）C 语言中，用文件指针标识文件，一个文件指针指向一个文件。

（4）文件在读写之前必须打开，读写结束必须关闭，否则易造成文件丢失。

（5）文件可按只读、只写、读写、追加四种操作方式打开，同时还必须指定文件的类型是二进制文件还是文本文件。

（6）文件可按字节、字符串、数据块为单位读写，文件也可按指定的格式进行读写。

（7）一般文件的读写顺序都是顺序读写，就是从文件的开头开始，依次读取数据。文件内部的位置指针可指示当前的读写位置，移动该指针可以对文件实现随机读写。

本章所介绍过的与文件操作有关的函数见表 12-3。

表 12-3　与文件操作有关的函数

| 分　类 | 函 数 名 | 功　能 |
|---|---|---|
| 打开文件 | fopen(c) | 打开文件 |
| 关闭文件 | fclose() | 关闭文件 |
| 文件读写 | fgetc() | 从指定文件中读取一个字符 |
| | fputc() | 把字符输出到指定的文件中 |
| | fgets() | 从指定文件中读取字符串 |
| | fputs() | 把字符串输出到指定的文件中 |
| | fscanf() | 按格式从指定的文件中读取数据 |
| | fprinf() | 按格式将数据输出到指定的文件中 |
| | fread() | 从指定的文件中读取数据项 |
| | fwrite() | 把数据项输出到指定的文件中 |
| | getw() | 从指定的文件中读取一个整型数据 |
| | putw() | 把一个整型数据输出到指定的文件中 |
| 文件检测函数 | feof() | 若到文件末尾，函数值为真（非 0） |
| | ferror() | 若读写文件错误，函数值为真（非 0） |
| | clearer() | 使 feof() 和 ferror() 置 0 |
| 文件定位函数 | ftell() | 返回文件位置指针的当前值 |
| | fseek() | 改变文件位置指针的当前位置 |
| | rewind() | 置文件位置指针于文件开头 |

### 2. 学习反思

（1）为什么在定义二维数组时可以不指定第一维的长度但必须指定第二维的长度？

（2）字符数组和字符串有何种关系？

（3）比较冒泡法排序与选择法排序算法的优劣？查阅相关文献了解其他排序算法。为什么 C 语言要提供字符串处理函数？

**3. 知识检验**

（1）由键盘输入一个文件名，然后输入一串字符（用 # 结束输入）存放到该文件中形成文本文件，并将字符的个数写到文件尾部。

（2）随机产生 20 个 [10，99] 的整数，以每行 5 个数据输出到文本文件 c:\data.txt 中，要求每个数据占 5 个宽度，并且数据之间用逗号分隔。

（3）在磁盘上存有 10 个学生的数据，要求将第 1、4、7、10 号学生的数据输入计算机并在屏幕上显示出来。

**4. 拓展训练**

【拓展阅读】每个被使用的文件都在内存中开辟了一个相应的文件信息区，用来存放文件的相关信息（如文件的名字，文件的状态及文件当前的位置等）。这些信息是保存在一个结构体变量中的。该结构体类型是由系统声明的，取名 FILE。Visual C++ 2010 编译环境提供的 stdio.h 头文件中有以下文件类型声明。

```
struct _iobuf {
  char* _ptr;
  int _cnt;
  char* _base;
  int _flag;
  int _file;
  int _charbuf;
  int _bufsiz;
  char* _tmpfname;
};
typedef struct _iobuf FILE;
```

每当打开一个文件时，系统会根据文件的情况自动创建一个 FILE 结构的变量，并填充其中的信息，使用者不必关心细节。一般都是通过一个 FILE 的指针维护该 FILE 结构的变量，这样使用起来更加方便。请查阅相关文献了解 FILE 类型各成员的具体含义。

## 计算机等级考试二级真题解析

1. 以下叙述正确的是（　　）。

   A. 在 C 语言中调用 fopen() 函数就可以把程序中要读、写的文件与磁盘上实际的数据文件联系起来

   B. fopen() 函数的调用形式为 fopen( 文件名 )

   C. fopen() 函数的返回值为 NULL 时，则成功打开指定的文件

   D. fopen() 函数的返回值必须赋给一个任意类型的指针变量

**【答案】**A

**【解析】**A 项正确，C 语言中打开一个文件通过系统函数 fopen() 实现，通过该函数把程序中要读、写的文件与磁盘上实际的数据文件联系起来；B 项错误，函数调用中缺少参数“操作方法”；C 项错误，fopen() 函数返回一个指向指定文件的文件指针，如果不能实现打开指定文件的操作，则返回一个空指针 NULL；D 项错误，fopen() 函数的返回值必须赋给一个文件类型的指针变量。

2．有以下程序段：

```
FILE*fp;
if((fp=fopen("test.txt","w"))==NULL)
{
  printf("不能打开文件");
  exit(0);
}
else
  printf("成功打开文件！");
```

若文件 test.txt 不存在，且无其他异常，则以下叙述错误的是（　　）。

A．输出 " 不能打开文件！ "　　B．输出 " 成功打开文件！ "

C．系统将按指定文件名新建文件　　D．系统将为写操作建立文本文件

【答案】A

【解析】fopen() 函数以一定的方式打开指定文件，返回一个指向文件的文件指针，如果不能实现打开指定文件的操作，则返回一个空指针 NULL。如果指定文件不存在，则创建一个文件名为指定文件名的新文件，然后打开它。本题程序中，文件 test.txt 不存在，但无其他异常，表示可以建立新文件，命名为 test.txt，C 项正确，并以只写方式打开它，D 项正确，返回指向文件的指针，if 条件不成立，输出“成功打开文件！”，B 项正确。

3．读取二进制文件的函数调用形式为“fread(buffer,size,count,fp);”，其中 buffer 代表的是（　　）。

A．一个文件指针，指向待读取的文件

B．一个整型变量，代表待读取的数据的字节数

C．一个内存块的首地址，代表读入数据存放的地址

D．一个内存块的字节数

【答案】C

【解析】fread() 函数是非格式化读函数，每次读取的都是一个数据块。该函数的功能是从文件指针 fp 所指向的文件的当前位置开始，一次读入 size 字节的数据，重复 count 次，总字节数为 size × count，将其存放到首地址为 buffer 的内存中，并将读写位置指针向后移动 size × count 字节。其中 buffer 代表存放读入数据的首地址。故此题选 C。

4．有以下程序：

```
#include <stdio.h>
void main()
{
  FILE *fp; int a[10]={1,2,3},i,n;
  fp=fopen("d1.dat","w");
  for(i=0;i<3;i++)
    fprintf(fp,"%d",a[i]);
  fprintf(fp,"\n");
  fclose(fp);
  fp=fopen("d1.dat","r");
  fscanf(fp,"%d",&n);
  fclose(fp);
  printf("%d\n",n);
}
```

程序的运行结果是（　　）。

A．12300　　B．123　　C．1　　D．321

【答案】B

【解析】程序顺序执行功能如下：

（1）用文本只写方式打开文件 d1.dat；

（2）把数组 a 的前 3 个元素写入文件中，即把 1、2、3 写入文件；

（3）在文件中写入换行符 '\n'；

（4）关闭文件；

（5）重新以文本只读方式打开文件 d1.dat；

（6）从文件中读取数据到变量 n 中，直至遇到 '\n' 结束，此时 n=123；

（7）关闭文件；

（8）输出 n 的值 123。

故此题选 B。

5．以下叙述中错误的是（　　）。

A．gets() 函数用于从终端读入字符串

B．getchar() 函数用于从磁盘文件读入字符

C．fputs() 函数用于把字符串输出到文件

D．fwrite() 函数用于以二进制形式输出数据到文件

【答案】B

【解析】getchar() 函数用于从输入终端（键盘）读入一个字符，所以选项 B 叙述错误。其他叙述均正确。故此题选 B。

6．有以下程序：

```
#include <stdio.h>
void main()
{
  FILE *pf;
  char *s1="China",*s2="Beijing";
  pf=fopen("abc.dat","wb+");
  fwrite(s2,7,1,pf);
  rewind(pf);                          /* 文件位置指针移动到文件开头 */
  fwrite(s1,5,1,pf);
  fclose(pf);
}
```

以上程序执行后，abc.dat 文件的内容是（　　）。

A．China　　B．Chinang　　C．ChinaBeijing　　D．BeijingChina

【答案】B

【解析】分析如下：

（1）定义了两个字符指针 s1、s2，然后以二进制读写方式打开文件 abc.dat，文件指针 fp 指向文件 abc.dat；

（2）“fwrite(s2,7,1,pf);”语句的功能是把从地址 s2 开始的 7 个字符写入 pf 所指向的文件中，只写一次，此时 Beijing 写入文件中；

（3）通过“rewind(pf);”语句将文件位置指针移动到文件开头；

（4）执行“fwrite(s1,5,1,pf);”语句，该语句的功能是把从地址 s1 开始的 5 个字符写入 pf 所指向的文件中，只写一次，此时将 China 写入文件中，覆盖了文件中本来存在的前 5 个字符，所以最后文件中的内容应该是 Chinang。故选 B。

7. 有以下程序：

```
#include <stdio.h>
void main()
{
  FILE *f;
  f=fopen("filea.txt","w");
  fprintf(f,"abc");
  fclose(f);
}
```

若文本文件 filea.txt 中原有内容为 hello，则运行以上程序后，文件 filea.txt 中的内容为（　　）。

A. helloabc　　B. abclo　　C. abc　　D. abchello

【答案】C

【解析】用 w 只写方式打开文件时，如果文件不存在，则以该名字新建文件；如果文件已经存在，则会覆盖文件原有所有内容，重新写入内容。所以，本题应选 C。

8. 有以下程序：

```
#include <stdio.h>
void main()
{
  FILE *fp;
  char str[10];
  fp=fopen("myfile.dat","w");
  fputs("abc",fp);
  fclose(fp);
  fp=fopen("myfile.dat","a++");
  fprintf(fp,"%d",28);
  rewind(fp);
  fscanf(fp,"%s",str);
  puts(str);
  fclose(fp);
}
```

程序运行后的输出结果是（　　）。

A. abc　　B. 28c

C. abc28　　D. 因类型不一致而出错

【答案】C

【解析】本题考查文件打开方式以及读写函数的使用。分析如下：

（1）以文本只写方式打开 myfile.dat 文件；

（2）在文件中写入字符串 abc（用 fputs() 函数写入字符串时，并不写入结束标志 '\0'）；

（3）以文本追加方式重新打开 myfile.dat；

（4）在文件末尾写入整数 28，因为是以文件方式打开，所以在文件中写入的是字符 2 和字符 8，此时文件中共 5 个字符：abc28；

（5）文件指针定位在文件开头；

（6）从文件开头读取字符串到字符数组 str 中，直到文件结束；

（7）输出数组 str 中的字符串：abc28。

故此题选 C。

9．设 fp 已定义，执行“fp=fopen("file","w");”语句后，以下针对文本文件 file 操作叙述中正确的是（　　）。

A．写操作结束后可以从头开始读　　B．只能写不能读

C．可以在原有内容后追加写　　D．可以随意读和写

【答案】B

【解析】用 w 方式打开的文件只能向该文件写数据，而不能用来读取。如果原来不存在该文件，则在打开时新建一个以指定的名字命名的文件；如果原来已存在该文件，则文件原有内容将会被覆盖。文件打开时，文件指针指向文件头，从文件头开始向文件写入数据。

10．有以下程序：

```
#include <stdio.h>
void main()
{
  FILE *fp;
  int k,n,i,a[6]={1,2,3,4,5,6};
  fp=fopen("d2.dat","w");
  for(i=0;i<6;i++)
    fprintf(fp,"%d\n",a[i]);
  fclose(fp);
  fp=fopen("d2.dat","r");
  for(i=0;i<3;i++)
    fscanf(fp,"%d%d",&k,&n);
  fclose(fp);
  printf("%d,%d\n",k,n);
}
```

程序运行后的输出结果是（　　）。

A．1,2　　B．3,4　　C．5,6　　D．123,456

【答案】C

【解析】程序开始将 1、2、3、4、5、6 写入文件 d2.dat 中，以换行符 \n 分隔。然后打开 d2.dat，读取其中的数据，第一次读取 1、2，第二次读取 3、4，第三次读取 5、6。三次读取的值均分别赋给变量 k、n，所以最后输出 k=5、n=6。故选项 C 正确。

11．以下函数不能用于向文件中写入数据的是（　　）。

A．ftell()　　B．fwrite()　　C．fputc()　　D．fprintf()

【答案】A

【解析】本题考查文件操作函数的相关知识。ftell() 函数用于返回从文件开头位置到当前读写位置的位移量。在随机存取文件时，由于文件位置频繁地前后移动，程序不容易确定文件的当前位置。调用 ftell() 函数就能非常容易地确定文件的当前位置，该函数不能写入数据，其他三个选项都可以向文件中写入数据。

# 附录 A 常用字符与 ASCII 码对照表

| 十进制 ASCII 码 | 字　符 | 十进制 ASCII 码 | 字　符 | 十进制 ASCII 码 | 字　符 |
|---|---|---|---|---|---|
| 0 | NUL | 43 | + | 86 | V |
| 1 | SOH（^A） | 44 | , | 87 | W |
| 2 | STX(^B) | 45 | _ | 88 | X |
| 3 | SX(^C) | 46 | . | 89 | Y |
| 4 | EOT(^D) | 47 | / | 90 | Z |
| 5 | EDQ(^E) | 48 | 0 | 91 | [ |
| 6 | ACK(^F) | 49 | 1 | 92 | \ |
| 7 | BEL(bell) | 50 | 2 | 93 | ] |
| 8 | BS(^H) | 51 | 3 | 94 | ^ |
| 9 | HT(^I) | 52 | 4 | 95 | - |
| 10 | LF(^J) | 53 | 5 | 96 | 、 |
| 11 | VT(^K) | 54 | 6 | 97 | a |
| 12 | FF(^L) | 55 | 7 | 98 | b |
| 13 | CR(^M) | 56 | 8 | 99 | c |
| 14 | SO(^N) | 57 | 9 | 100 | d |
| 15 | SI(^O) | 58 | : | 101 | e |
| 16 | DLE(^P) | 59 | ; | 102 | f |
| 17 | DC1(^Q) | 60 | < | 103 | g |
| 18 | DC2(^R) | 61 | = | 104 | h |
| 19 | DC3(^S) | 62 | > | 105 | i |
| 20 | DC4(^T) | 63 | ? | 106 | j |
| 21 | NAK(^U) | 64 | @ | 107 | k |
| 22 | SYN(^V) | 65 | A | 108 | l |
| 23 | ETB(^W) | 66 | B | 109 | m |
| 24 | CAN(^X) | 67 | C | 110 | n |
| 25 | EM(^Y) | 68 | D | 111 | o |
| 26 | SUB(^Z) | 69 | E | 112 | p |
| 27 | ESC | 70 | F | 113 | q |
| 28 | FS | 71 | G | 114 | r |
| 29 | GS | 72 | H | 115 | s |
| 30 | RS | 73 | I | 116 | t |
| 31 | US | 74 | J | 117 | u |
| 32 | space(空格) | 75 | K | 118 | v |
| 33 | ! | 76 | L | 119 | w |
| 34 | ” | 77 | M | 120 | x |
| 35 | # | 78 | N | 121 | y |
| 36 | $ | 79 | O | 122 | z |
| 37 | % | 80 | P | 123 | { |
| 38 | & | 81 | Q | 124 | \| |
| 39 | , | 82 | R | 125 | } |
| 40 | ( | 83 | S | 126 | ~ |
| 41 | ) | 84 | T | 127 | del |
| 42 | * | 85 | U | | |

# 附录B 常用标准库函数

## 1．数学函数

使用数学函数时，应该在该源文件中包含文件 math.h。

| 函 数 名 | 函数和形参类型 | 功　　能 | 返 回 值 | 说　　明 |
|---|---|---|---|---|
| abs | int abs(int x)<br>int x; | 求整数 $x$ 的绝对值 | 计算结果 | |
| acos | double acos( x)<br>double x; | 计算 $\sin^{-1}(x)$ 的值 | 计算结果 | $x$ 的范围 [−1,1] |
| asin | double asin(double x)<br>double x; | 计算 $\cos^{-1}(x)$ 的值 | 计算结果 | $x$ 的范围 [−1,1] |
| atan | doubie atan(x)<br>double x; | 计算 $\tan^{-1}(x)$ 的值 | 计算结果 | |
| atan2 | double atan2(x,y)<br>double x,y; | 计算 $\tan^{-1}(x/y)$ 的值 | 计算结果 | |
| cos | double cos(x)<br>double x; | 计算 $\cos(x)$ 的值 | 计算结果 | $x$ 的单位为弧度 |
| cosh | double cosh(x)<br>double x; | 计算 $x$ 的双曲线余弦 $\cosh(x)$ 的值 | 计算结果 | |
| exp | double exp(x)<br>double x; | 求 $e^x$ 的值 | 计算结果 | |
| fabs | double fabs(x)<br>double x; | 求 $x$ 的绝对值 | 计算结果 | |
| floor | double floor(x)<br>double x; | 求不大于 $x$ 的最大整数 | 该整数对应的双精度实数 | |
| fmod | double fmod(x,y)<br>double x,y; | 求整数 $x/y$ 的余数 | 返回余数的双精度数 | |
| frexp | double frexp(val,eptr)<br>double val;<br>int * eptr; | 把双精度数 val 分解为数字部分（尾数）$x$ 和底数的指数 $n$，即 $val=x*2^n$，$n$ 存放在 eptr 指向的变量中 | 返回数字部分 $x$<br>$0.5 \leqslant x < 1$ | |
| log | double log(x)<br>double x; | 求 $\log_e x$，即 $\ln x$ | 计算结果 | $x>0$ |
| log10 | double log10(x)<br>double x; | 求 $\log_{10}x$ | 计算结果 | $x>0$ |
| modf | double modf(val, * iptr)<br>double val;<br>double *iptr; | 把双精度数 val 分解为整数部分和小数部分，把整数部分存到 iptr 指向的变量中 | val 的小数部分 | |
| pow | double pow(x, y)<br>double x, y; | 计算 $x^y$ 的值 | 计算结果 | |
| rand | int rand(void) | 产生 0～32 767 之间的随机整数 | 随机整数 | |

续表

| 函数名 | 函数和形参类型 | 功能 | 返回值 | 说明 |
|---|---|---|---|---|
| sin | double asin(x)<br>double x; | 计算 sin $x$ 的值 | 计算结果 | $x$ 的单位为弧度 |
| sinh | double sinh(x)<br>double x; | 计算 $x$ 的双曲线正弦函数 sinh($x$) 的值 | 计算结果 | |
| sqrt | double sqrt (x)<br>double x; | 计算 $\sqrt{x}$ 的值 | 计算结果 | $x \geqslant 0$ |
| tan | double tan(double x)<br>double x; | 计算 tan($x$) 的值 | 计算结果 | $x$ 的单位为弧度 |
| tanh | double tanh (x)<br>double x; | 计算 $x$ 的双曲线正切函数 tanh($x$) 的值 | 计算结果 | |

## 2. 字符处理函数

使用字符处理函数时，应该在该源文件中包含文件 ctype.h。

| 函数名 | 函数和形参类型 | 功能 | 返回值 |
|---|---|---|---|
| isalnm | int isalnum(ich)<br>int ch; | 检查 ch 是否为字母（alpha）或数字（numeric） | 是字母或数字，返回 1；否则返回 0 |
| isalpha | int isalpha(ch)<br>int ch; | 检查 ch 是否为字母 | 是，返回 1；<br>不是返回 0 |
| iscntrl | int iscntrl(ch)<br>int ch; | 检查 ch 是否为控制字符（ASCII 码在 0 和 0x1F 之间） | 是，返回 1；<br>不是返回 0 |
| isdigit | int isdigit(ch)<br>int ch; | 检查 ch 是否为数字（0～9） | 是，返回 1；<br>不是返回 0 |
| isgraph | int isgraph(ch)<br>int ch | 检查 ch 是否为可打印字符（ASCII 码在 33～126 之间，不包括空格） | 是，返回 1；<br>不是返回 0 |
| islower | int islower(ch)<br>int ch; | 检查 ch 是否为小写字母（a～z） | 是，返回 1；<br>不是返回 0 |
| isprint | int isprint(ch)<br>int ch; | 检查 ch 是否为可打印字符（ASCII 码在 32～126 之间，不包括空格） | 是，返回 1；<br>不是返回 0 |
| ispunct | int ispunct(ch)<br>int ch; | 检查 ch 是否为标点字符（不包括空格）即除字母、数字和空格以外的所有可以打印的字符 | 是，返回 1；<br>不是返回 0 |
| isspace | int isspace (ch)<br>int ch; | 检查 ch 是否为空格、跳格符（制表符）或换行符 | 是，返回 1；<br>不是返回 0 |
| isupper | int isupper(ch)<br>int ch; | 检查 ch 是否为大写字母（A～Z） | 是，返回 1；<br>不是返回 0 |
| isxdigit | int isxdigit(ch)<br>int ch; | 检查 ch 是否为一个十六进制数字字符（即 0～9，或 A～F，或 a～f） | 是，返回 1；<br>不是返回 0 |
| tolower | int tolower(ch)<br>int ch; | 将 ch 字符转换为小写字母 | 与 ch 对应的小写字母 |
| toupper | int toupper(ch)<br>int ch; | 将 ch 字符转换为大写字母 | 与 ch 对应的大写字母 |

## 3. 字符串处理函数

使用字符串处理函数时，应该在该源文件中包含文件 string.h。

| 函数名 | 函数和形参类型 | 功能 | 返回值 |
|---|---|---|---|
| memcmp | int memcmp(buf1,buf2,count)<br>const void *buf1,*buf2;<br>unsigned int count; | 比较 buf1 和 buf2 指向的数组的前 count 个字符 | buf1<buf2, 返回负数<br>buf1=buf2, 返回 0<br>buf1>buf2, 返回正数 |
| memcpy | void *memcpy(to,from,count)<br>void *to;<br>const void *from;<br>unsigned int count; | 从 from 指向的数组向 to 指向的数组复制 count 个字符，如果两数组重叠，不定义该数组的行为 | 返回指向 to 的指针 |

续表

| 函数名 | 函数和形参类型 | 功能 | 返回值 |
|---|---|---|---|
| memmove | void *memmove(to,from,count)<br>void *to;<br>const void *from;<br>unsigned int count; | 从 from 指向的数组向 to 指向的数组复制 count 个字符，如果两数组重叠，则复制仍进行，但把内容放入 to 后修改 from | 返回指向 to 的指针 |
| memset | void *memset(buf,ch,count)<br>void *buf;<br>int ch;<br>unsigned int count; | 把 ch 的低字节复制到 buf 指向的数组的前 count 个字节处，常用于把某个内存区域初始化为已知值 | 返回 but 指针 |
| strcat | char *strcat(str1,str2)<br>char *str1;<br>const char *str2; | 把字符串 str2 连接到 str1 后面，在新形成的 str1 串后面添加一个 '\0'，原 str1 后面的 '\0' 被覆盖。因无边界检查，调用时应保证 str1 的空间足够大，能存放 str1 和 str2 两个串的内容 | 返回 str1 指针 |
| strcmp | int strcmp(str1,str2)<br>const char *str1,*str2; | 按字典顺序比较 str1 和 str2 | str1<str2, 返回负数<br>str1=str2, 返回 0<br>str1>str2, 返回正数 |
| strcpy | char *strcpy(str1,str2)<br>char *str1;<br>const char *str2; | 把 str2 指向的字符串复制 str1 中去，str2 必须是终止符为 '\0' 的字符串指针 | 返回 str1 指针 |
| strlen | unsigned int strlen(str)<br>const char *str; | 统计字符串 str 中字符的个数（不包括终止符 '\0'） | 返回字符个数 |
| strncat | char *srncat(str1,str2,count)<br>char *str1;<br>const char*str2;<br>unsigned int count; | 把字符串 str2 中不多于 count 个字符连接到 str1 后面，并以 '\0' 终止该串，原 str1 后面的 '\0' 被 str2 的第一个字符覆盖 | 返回 str1 指针 |
| strncmp | int strcnmp(str1,str2,count)<br>constchar *str1,*str2;<br>unsigned int count; | 按字典顺序比较两个字符串 str1 和字符串 str2 的不多于 count 个字符 | str1<str2, 返回负数<br>str1=str2, 返回 0<br>str1>str2, 返回正数 |
| strncpy | char *stmcpy(str1,str2,count)<br>char *tr1;<br>const char *str2;<br>unsigned int count; | 把 str2 指向的字符串中的 count 个字符复制到 str1 中去，str2 必须是终止符为 '\0' 的字符串的指针，如果 str2 指向的字符串少于 count 个字符，则将 '\0' 加到 str1 的尾部，直到满足 count 个字符串为止，如果 str2 指向的字符串长度大于 count 个字符，则结果串 str1 不用 '\0' 结尾 | 返回 str1 指针 |
| strstr | char *strstr (str1,str2)<br>char *str1,*str2; | 找出 str2 字符串在 str1 字符串中第一次出现的位置（不包括 str2 的串结束符） | 返回该位置的指针，若找不到，返回指针 |

## 4．缓冲文件系统的输入 / 输出函数

使用缓冲文件系统的输入 / 输出函数时，应该在该源文件中包含文件 stdio.h。

| 函数名 | 函数和形参类型 | 功能 | 返回值 |
|---|---|---|---|
| clearer | void clearer(fp)<br>FILE *fp; | 清除文件指针错误指示器 | 无 |
| fclose | int fclose(fp)<br>FILE *fp; | 关闭 fp 所指的文件，释放文件缓冲区 | 成功返回 0，<br>否则返回非 0 |
| feof | int feof(fp)<br>FILE *fp; | 检查文件是否结束 | 遇文件结束符返回非零值，否则返回 0 |
| ferror | int ferror（fp）<br>FILE *fp; | 检查 fp 指向的文件中的错误 | 无错时，返回 0，有错时返回非零值 |
| fflush | int fflush（fp）<br>FILE *fp; | 如果 fp 所指向的文件是“写打开”的，则将输出缓冲区中的内容物理地写入文件；若文件是“读打开”的，则清除输入缓冲区中的内容。在这两种情况下，文件维持打开不变 | 成功，返回 0；<br>出现错误时，返回 EOF |

续表

| 函数名 | 函数和形参类型 | 功　能 | 返回值 |
|---|---|---|---|
| fgetc | int fgetc（fp）<br>FILE *fp; | 从 fp 所指定的文件中取得下一个字符 | 返回所得的字符，若读入出错，返回 EOF |
| fgets | char *fgets(buf,n,fp)<br>char *buf;<br>int n;<br>FILE *fp; | 从 fp 指向的文件读取一个长度为（$n$-1）的字符串，存入起始地址为 buf 的空间 | 返回地址 buf，若遇文件结束或出错，返回 NULL |
| fopen | FILE *fopen(filename,mode)<br>const char *filename,*mode; | 以 mode 指定方式打开名为 filename 的文件 | 成功，返回一个文件指针，失败则返回 NULL 指针，错误代码在 errno 中 |
| fprintf | int fprintf(fp,format,args,…)<br>FILE *fp;<br>const char *format; | 把 args 的值以 format 指定的格式输出到 fp 所指定的文件中 | 实际输出的字符数 |
| fputc | int fputc(ch,fp)<br>char ch;<br>FILE *fp | 将字符 ch 输出到 fp 所指定的文件中 | 成功，则返回该字符，<br>否则返回 EOF |
| fputs | int fputs(str,fp)<br>const char *str;<br>FILE *fp; | 将 str 指向的字符串输出到 fp 所指定的文件 | 返回 0，若出错返回非 0 |
| fread | int fread(pt,,size,n,fp)<br>char *pt;<br>unsigned int size,n;<br>FILE *fp; | 从 fp 所指定的文件中读取长度为 size 的 $n$ 个数据项，存到 pt 所指向的内存区 | 返回所读的数据项个数，若遇文件结束或出错，返回 0 |
| fscanf | int fscanf(fp,format,args,…)<br>FILE *fp;<br>char format; | 从 fp 指定的文件中按 format 给定的格式将输入数据送到 args 所指向的内存单元（args 是指针） | 已输入的数据个数 |
| fseek | int fseek(fp,offset,base)<br>FILE *fp;<br>long int offset;<br>int base; | 将 fp 所指向的文件的位置指针移到以 base 所指出的位置为基准、以 offset 为位移量的位置 | 返回当前位置；<br>否则，返回 -1 |
| ftell | long ftell(fp);<br>FILE *fp; | 返回 fp 所指向的文件中的读写位置 | 返回 fp 所指定的文件中的读写位置 |
| fwrite | unsigned int fwrite(prt,size,n,fp)<br>const char *ptr ;<br>unsigned int size,n;<br>FILE *fp; | 把 ptr 所指向的 n*size 个字节输出到 fp 所指定的文件中 | 写到 fp 文件中的数据项的个数 |
| getc | int getc(fp)<br>FILE *fp; | 从 fp 所指定的文件中读入一个字符 | 返回所读的字符；若文件结束或出错，返回 EOF |
| getchar | int getchar() | 从标准输入设备读取并返回下一个字符 | 返回所读字符；若文件结束或出错，返回 -1 |
| gets | char *gets(str)<br>char *str; | 从标准输入设备读入字符串，放到 str 指向的字符数组中，一直读到接收新行符或 EOF 时为止，新行符不作为读入串的内容，变成 '\0' 后作为该字符串的结束 | 成功，返回 str 指针；否则返回 NULL 指针 |
| perror | void perror(str)<br>const char *str; | 向标准错误输出字符串 str，并随后附上冒号以及全局变量 errno 代表的错误消息的文字说明 | 无 |
| printf | int printf(format,args,…)<br>const char *format; | 将输出表列 args 的值输出到标准输出设备 | 输出字符的个数；所出错，返回负数 |
| putc | int putc(ch ,fp)<br>int ch;<br>FILE *fp; | 把一个字符 ch 输出到 fp 所指定的文件中 | 输出的字符 ch；若出错，返回 EOF |
| putchar | int putchar(ch)<br>char ch | 把字符 ch 输出到标准输出设备 | 输出的字符，若出错，返回 EOF |

续表

| 函 数 名 | 函数和形参类型 | 功 能 | 返 回 值 |
|---|---|---|---|
| puts | int puts(str)<br>const char *str; | 把 str 指向的字符串输出到标准输出设备，将 '\0' 转换为回车换行 | 返回换行符，若失败，返回 EOF |
| rename | int rename(oldname,newname)<br>const char *oldname,*newname; | 把 oldname 所指的文件名改为由 newname 所指的文件名 | 成功返回 0，出错返回 1 |
| rewind | void rewind(fp)<br>FILE *fp; | 将 fp 指定的文件中的位置指针置于文件开头位置，并清除文件结束标志 | 无 |
| scanf | int scanf(format,args,…..)<br>const char *format | 从标准输入设备按 format 指向的字符串规定的格式，输入数据给 args 所指向的单元 | 读入并赋给 args 的数据个数，遇文件结束返回 EOF，出错返回 0 |

## 5. 动态内存分配函数

ANSI C 标准建议在 stdlib.h 头文件中包含有关动态内存分配函数的信息，也有编译系统用 malloc.h 来包含。

| 函 数 名 | 函数和形参类型 | 功 能 | 返 回 值 |
|---|---|---|---|
| calloc | void（或 char）*calloc(n,size)<br>Unsigned n; unsign size | 分配 *n* 个数据项的内存连续空间，每项大小为 size 字节 | 分配内存单元的起始地址，如果不成功，返回 0； |
| free | void free(p)<br>void（或 char）*p | 释放 p 所指的内存区 | 无 |
| malloc | void（或 char）*malloc(size)<br>unsigned size | 分配 size 字节的存储区 | 所分配的内存的起始地址；如果内存不够，返回 0 |
| realloc | void（或 char）*realloc(p,size)<br>void（或 char）*p;<br>Unsigned size; | 将 f 所指出的已分配内存区的大小改为 size，size 可比原来分配的空间大或小 | 返回指向该内存区的指针 |

## 6. 其他常用函数

| 函 数 名 | 函数和形参类型 | 功 能 | 返 回 值 |
|---|---|---|---|
| atof | #include <stdlib.h><br>fouble atof(str)<br>const char *str | 把 str 指向的字符串转换成双精度浮点值，串中必须包含合法的浮点数，否则返回值无定义 | 返回转换后的双精度浮点值 |
| atoi | #include <stdlib.h><br>int atoi(str)<br>const char *str | 把 str 指向的字符串转换成整型值，串中必须包含合法的整型数，否则返回值无定义 | 返回转换后的整型值 |
| atol | #include <stdlib.h><br>long int atoll(str)<br>const char *str; | 把 str 指向的字符串转换成长整型值，串中必须包含合法的整型数，否则返回值无定义 | 返回转换后的长整型值 |
| exit | #include <stdlib.h><br>void exit(code)<br>int code; | 该函数使程序立即正常终止，清空和关闭任何打开的文件。程序正常退出状态由 code 等于 0 或 EXIT_SUCCESS 表示，非 0 值或 EXIT_FALURE 表明定义实现出错 | 无 |
| srand | #include <stdlib.h><br>void srand(seed)<br>unsigned int seed; | 为 rand() 函数生成的伪随机数序列设置起点种子值 | 无 |
| time | #include <time.h><br>time_t time(time_t *time) | 调用时可使用空指针，也可使用指向 time_t 类型变量的指针，若使用后者，则该变量可被赋予日历时间 | 返回系统的当前日历时间；如果系统丢失时间设置，函数返回 -1 |

## 7. 非缓冲文件系统的输入 / 输出函数

使用以下非缓冲文件系统的输入 / 输出函数时，应该在源文件中包含头文件 io.h 和 fcntl.h，这些函数是 UNIX 系统的一员，不是 ANSI C 标准定义的，但由于这些函数比较重要，而且本书中部分程序使用了这些函数，所以这里将这些函数列出，以便读者查阅。

| 函　数　名 | 函数和形参类型 | 功　　能 | 返　回　值 |
|---|---|---|---|
| close | int close（handle）<br>int handle； | 关闭 handle 说明的文件 | 关闭失败，返回 -1，errno 说明错误类型，否则返回 0 |
| creat | int creat（pathname，mode）<br>const char *pathname；<br>unsigned int mode； | 专门用来建立并打开新文件，相当于 access 为 O_CREAT\|O_WRONLY\|O_TRUNC 的 open() 函数 | 成功，返回一个文件句柄，否则，返回 -1，外部变量 errno 说明错误类型 |
| open | int open(pathname,access,mode )<br>const char *pathname;<br>int access;<br>unsigned int mode; | 以 access 指定的方式打开名为 pathname 的文件，mode 为文件类型及权限标志，仅在 access 包含 O_CREAT 时有效，一般用常数 0666 | 成功，返回一个文件句柄；否则，返回 -1，外部变量 errno 说明错误类型 |
| read | int read (handle,buf,len)<br>int handle;<br>void *buf;<br>unsigned int len; | 从 handle 说明的文件中读取 len 字节的数据存放到 buffer 指针指向的内存 | 实际读入的字节数，0 表示读到文件末尾，-1 表示出错，errno 说明错误类型 |
| lseek | long lseek(handle,offset,fromwhere )<br>int handle;<br>long offset<br>int fromwhere | 从 handle 说明的文件中的 fromwhere 开始，移动位置指针 offset 个字节。offset 为正，表示向文件末尾移动；为负，表示向文件头部移动。移动的字节数是 offset 的绝对值 | 移动后的指针位置。-1L 表示出错，errno 说明错误类型 |
| write | int write(handle,buf,len)<br>int handle;<br>void *buf<br>unsigned int len | 把从 buf 开始的 len 个字节写入 handle 说明的文件 | 实际写入的字节数，-1 表示出错，errno 说明错误类型 |

# 参 考 文 献

[1] 谭浩强 . C 语言程序设计 [M]. 4 版 . 北京：清华大学出版社，2020.

[2] 谭浩强 . C 程序设计习题题解与上机指导 [M]. 4 版 . 北京：清华大学出版社，2020.

[3] 苏小红，叶麟，张羽，等 . 程序设计基础（C 语言）[M]. 北京：人民邮电出版社，2023.

河南省“十四五”普通高等教育规划教材
河南省“十二五”普通高等教育规划教材

首届河南省教材建设奖优秀教材二等奖

# C语言程序设计
## （含习题与实验指导）

主　编◎海　燕
副主编◎王　卉　闫雒恒　张贞贞　石秋华　杨雪青　赵　凯

配套教材
翻转课堂适用教材

中国铁道出版社有限公司
CHINA RAILWAY PUBLISHING HOUSE CO., LTD.

## 内 容 简 介

全书由主教材和配套“习题与实验指导”组成。主教材分 12 章，包括概述，数据类型、运算符和表达式，顺序结构，选择结构，循环结构，数组，函数，指针，编译预处理，结构体与共用体，位运算，文件等内容。

习题与实验指导由【课前导学】——要点与例题解析、【课后延学】——测试练习及其参考答案、【操作实战】——实验与指导三部分组成。

全书内容编排由浅入深、循序渐进、注重实践、实例丰富，适合作为普通高等院校各专业公共课教材和全国计算机等级考试参考用书，也可作为有关领域工程技术人员的学习参考用书。

**图书在版编目（CIP）数据**

C语言程序设计 : 含习题与实验指导 : 全两册 / 海燕主编. -- 北京 : 中国铁道出版社有限公司, 2025. 2.
(河南省“十四五”普通高等教育规划教材). -- ISBN 978-7-113-31005-9

Ⅰ. TP312. 8

中国国家版本馆CIP数据核字第2024UM3984号

书　　名：C 语言程序设计（含习题与实验指导）
作　　者：海　燕

策　　划：韩从付　谢世博　　　编辑部电话：（010）51873135
责任编辑：谢世博　包　宁
封面设计：刘　颖
责任校对：刘　畅
责任印制：赵星辰

出版发行：中国铁道出版社有限公司（100054，北京市西城区右安门西街 8 号）
网　　址：https://www.tdpress.com/51eds
印　　刷：河北宝昌佳彩印刷有限公司
版　　次：2025 年 2 月第 1 版　2025 年 2 月第 1 次印刷
开　　本：889 mm×1 194 mm　1/16　印张：33.5　字数：965 千
书　　号：ISBN 978-7-113-31005-9
定　　价：99.90 元（主教材和配套教材）

# 前言

党的二十大报告中提出“加强教材建设和管理”。教材建设作为深化教育领域综合改革的重要环节，是铸魂育人的重要依托，是事关未来的战略工程与基础工程。本书的编写，正是基于这一战略指引，努力打造符合新时代要求的高质量教育资源，服务于培养适应未来技术变革的高素质专门人才。

C语言，简而不失其华，繁而不掩其质，是编程世界之基石，在软件开发、系统操作和硬件控制等领域具有核心影响。由于C语言的高效性、灵活性和硬件操作的直接性，它不仅是计算机科学领域的入门语言，也是理解先进编程理念的基础；同时，在当今信息技术飞速发展的时代，传统的教学模式正面临着前所未有的挑战与变革，为了适应新时代教育的需求，培养具有创新思维和实践能力的人才，本书以“翻转课堂”为核心理念，旨在通过创新的教学方式，激发学生的学习兴趣，提高学习效率，培养学生自主学习能力和团队合作精神。

本书由主教材和配套“习题与实验指导”组成，是编者通过长期教学实践编写而成的，内容编排由浅入深、循序渐进、重点突出、难点分散、注重实践、实例丰富、面向应用，各章附有小结和适量习题，便于自学。

本书的编写特点：

1．融合思想性与技能性：教材不仅注重技术层面的培养，还强调将社会主义核心价值观和中国特色社会主义理论融入其中，引导学生在学习编程技能过程中树立正确的世界观、人生观和价值观，使其成为既有专业技能又有高尚情操的新时代人才。

2．结合理论性与实践性：教材确保学生掌握扎实的编程基础，同时强调实践操作的重要性。除了主教材，配套的“习题与实验指导”包含大量精心挑选的实例，将理论学习与实际应用相结合，通过实践来培养学生的问题解决能力和创新思维。

3．保持前沿性与实用性：紧跟信息技术的最新发展趋势，同时紧密结合等级考试，附有近两年全国计算机等级考试二级C语言的真题及答案，不仅使学生更好地理解和掌握知识点，同时能够与等级考试的重点、难点紧密结合，满足学生等级考试的实际需求。

4．注重基础性与创新性：教材以C语言核心语法和概念为基础，系统地介绍了基本语法、控制结构、数据类型、函数等核心概念，在保证基础性教学的同时突出创新性。

（1）教学模式的创新：教材以“翻转课堂”教学理念重新定义教与学的关系，激发学生主动学习的兴趣和潜能。每章结构精心设计为课前导学、课中细学、课后延学三个部分，形成了一个完整的学习闭环，确保学生能够在不同阶段获得最适合的学习体验和支持。

（2）教学内容的创新：教材不仅教授编程技能，在内容设计上还注重培养学生的创新思维和解决问题的能力。如【课前导学】的“思考空间”、【课后延学】的“学习反思”与“拓展训练”等方面的设计，鼓励学生创新性思考，拓展所学基础知识，实现知识内化与创新思维发展，激发学生的创造力和探索精神。

本书注重传达编程艺术的深意与美学，与计算思维整合，探索编程的深层次魅力，通过精心编排的内容和统一的代码规范，力求每一个示例都成为学生学习旅程中的亮点，让编程不再是枯燥的任务，而是充满创造力和想象力的探索之旅，激发学生的编程兴趣和对编程艺术的向往。

本书 2012 年版获批河南省第一批“十二五”普通高等教育规划教材，2020 年版获批河南省“十四五”普通高等教育规划教材，并荣获首届河南省教材建设奖优秀教材二等奖。

本书由华北水利水电大学计算机基础教研室的教师共同编写。其中，第 1、2 章由张贞贞执笔，第 3、4 章由石秋华执笔，第 5、11 章由王卉执笔，第 6、12 章由海燕执笔，第 7 章由杨雪青执笔，第 8 章由闫雒恒执笔，第 9、10 章由赵凯执笔。全书由海燕统稿。每一页都蕴含着团队的心血与热忱，每一个概念都经过精心雕琢，确保读者能在编程之旅中感受到那份将智慧转化为文字的匠心独运。

由于编者水平有限，书中难免存在疏漏和不足之处，敬请广大师生、同行专家批评指正，谨表谢忱。我们相信，本书将为我国高等教育中的计算机教学提供新的视角，为学生个人成长和专业发展提供支持，并为我国的信息化建设和软件产业发展培养更多优秀人才。感谢参与编写和出版的所有同仁，并祝愿使用本书的读者在 C 语言学习之旅上取得成功。

最后，让我们怀着一颗敬畏之心，去领略 C 语言之美，感悟程序与数据的和谐共舞。让我们为 C 语言献上最深情的敬意，感谢它为我们带来的无尽智慧和力量。在计算机科学飞速发展的时代，C 语言将继续闪耀着它的光芒，引领我们走向更加美好的未来。

编　者

2024 年 12 月

# 目 录

## 第一部分 【课前导学】——要点与例题解析



## 第二部分 【课后延学】——测试练习及其参考答案

## 第三部分 【操作实战】——实验与指导

# 第一部分

## 【课前导学】——要点与例题解析

# 第1章 概　　述

## 1.1 本 章 要 点

### 1.1.1 C语言的产生与发展

C语言是在B语言的基础上发展起来的，它既具有一般高级语言的特性，又具有低级语言的特性。

### 1.1.2 C语言的特点

（1）C语言简洁、紧凑，编写的程序短小精悍。

（2）运算符丰富，数据结构丰富。

（3）具有结构化语言的三种基本结构。

（4）允许直接访问物理地址。

（5）提供预处理机制。

（6）可移植性好。

（7）语法限制不太严格，程序设计自由度大，对程序员要求不高。

（8）C语言程序生成代码质量高，程序执行效率高。

### 1.1.3 C语言源程序的基本结构

（1）一个C语言源程序由一个或若干个函数构成，其中有且仅有一个主函数（main()函数）。

（2）C程序总是由 main()函数开始执行的，但 main()函数的位置可以任意。

（3）分号“;”是C语句的一部分。

（4）C程序书写格式自由，一行内可写多条语句，一条语句也可写在多行，且语句中的空格和回车符均可忽略不计。

（5）程序的注释部分应括在“/*”与“*/”之间，注释部分允许出现在程序的任何位置。

### 1.1.4 C语言的程序书写规范

从书写清晰以及便于阅读、理解和维护出发，在书写C语言程序时应遵循以下规则：

（1）一个说明或一条语句占一行。

（2）函数与函数之间加空行，以清楚地分出程序中有几个函数。

（3）用{}括起来的部分，通常表示程序的某一层次结构。{}一般与该结构语句的第一个字母对齐，并单独占一行。

（4）低一层次的语句或说明可比高一层次的语句或说明缩进若干格后书写，同一个层次的语句向左对齐，以便看起来更加清晰，增加程序的可读性。

（5）对于数据的输入，运行时最好出现输入提示，对于数据的输出，也要有一定的提示和格式。

（6）为了增加程序的可读性，对语句和函数应加上适当的注释。

### 1.1.5 算法的定义

广义地讲，算法是解决问题的逻辑步骤，是对特定问题求解步骤的一种描述。简单地说，任何解决问题的过程都是由一定的步骤组成的，把解决问题确定的方法和有限的步骤称为算法。只有通过算法能够描述出来的问题，才能够通过计算机求解。对同一个问题，可以有不同的解题方法和步骤，也就有不同的算法。

计算机算法可分为如下两大类：

（1）数值运算算法：求解数值。

（2）非数值运算算法：事务管理领域。

正确的算法有如下三个条件：

（1）每个逻辑步骤由可以实现的语句来完成。

（2）每个步骤间的关系是唯一的。

（3）算法要能终止（防止死循环）。

### 1.1.6 算法的基本特征

（1）可行性：算法中要执行的运算和操作是最基本的，它们都能够精确地执行。这样，经过算法描述的一系列步骤的确切动作，最后得到正确的结果。

（2）确定性：算法中每个步骤都必须有明确的定义，即算法中所要执行的动作应有严格的规定，而没有歧义性。

（3）有穷性：算法必须能在有限的时间内做完，即能在执行有限个步骤后终止，包括合理的执行时间的含义；算法要能终止，不能造成死循环。

（4）输入：算法有零个或多个输入，即算法开始执行之前，要设置好初始值。

（5）输出：算法有一个或多个输出，这个输出就是算法的最终结果。该结果是与输入有关并经过确定的计算步骤后得到的。

### 1.1.7 算法的表示

算法是解题过程的精确描述，描述这一解题过程的形式主要有以下几种方法：

（1）用自然语言表示。

（2）传统流程图。

（3）N-S 图。

（4）用伪代码表示。

（5）用计算机语言表示。

### 1.1.8 使用 Visual C++ 实现 C 语言程序的基本步骤

使用Visual C++编辑运行C语言程序的基本步骤有四个，即新建项目、新建C语言文件、编辑源文件、编辑运行程序。

## 1.2 典型例题解析

1. 以下叙述错误的是（　　）。

A. 一个C源程序必须有且只有一个主函数

B. 一个C源程序可以包含零个或若干子函数

C. 在C源程序中，注释说明必须位于语句之后

D. C源程序的基本结构是函数

【答案】C

【解析】C源程序中使用注释是为了增强程序的可读性,机器不予执行。注释要以“/*”开始,以“*/”结束，书写位置任意，可以独占一行或多行，也可以出现在C语句之前或之后。故选项为C。

2. 以下叙述错误的是（　　）。

A. 分号是C语句的必要组成部分

B. C语句的注释可以写在语句的后面

C. 函数是C程序的基本单位

D. 主函数的名字不一定用main表示

【答案】D

【解析】C语言规定：一个C程序必须有且只有一个主函数，函数名必须为main，其他函数名则可以由用户自行定义。故选项为D。

3. 以下叙述错误的是（　　）。

A. 一个C程序可以由一个或多个函数组成

B. C程序的基本组成单位是函数

C. 在C程序中，注释只能位于一条语句的后面

D. 一个C程序必须包含一个main()函数

【答案】C

【解析】C语言的源程序是由若干函数组成的，函数是C程序的基本组成单位，在这些函数中必须有一个并且只能有一个主函数（main()函数）。在C程序中，注释可以插在任何可以插入空格的地方。故选项为C。

4. 在一个程序中，main()函数出现的位置是（　　）。

A. 必须在程序的最后面

B. 可以是任意地方

C. 必须在程序的最前面

D. 必须在系统调用的库函数的后面

【答案】B

【解析】C语言的源程序是由若干函数组成的。在这些函数中必须有一个并且只能有一个主函数（main()函数）。主函数可以出现在程序中的任意位置。故选项为B。

5. 以下叙述中正确的是（　　）。

A. C语言对注释的内容没有任何要求，只要不是注释嵌套就可以

B. C程序中所有被调用的函数，在调用之前一定要进行定义

C. 构成C程序的基本单位是函数，所有函数都可以由用户来命名

D. 同一个C程序中的函数之间可以相互调用

【答案】A

【解析】C语言的标准库函数，是由系统命名和定义的，用户可以直接调用；C语言的主函数是由操作系统调用执行的，即主函数可以调用其他函数，而其他函数则不能调用主函数。因此，选项B、选项C

和选项 D 都是错误的。

6. 下列语句或命令中，不符合 C 程序书写规则的是（　　）。

A. int a;　　B. a=5;

C. int a、b;　　D. #include "stdio.h"

【答案】C

【解析】本题考查的知识点为 C 程序的书写规则。选项 A、B、D 符合 C 程序的书写规则，而选项 C 中 a 和 b 之间应该用逗号，而不是顿号。

7. 算法的有穷性是指（　　）。

A. 算法程序的运行时间是有限的　　B. 算法程序处理的数据量是有限的

C. 算法程序的长度是有限的　　D. 算法只能被有限的用户使用

【答案】A

【解析】算法的有穷性是指一个算法应包含有限个操作步骤，即算法程序的运行时间是有限的。

8. C 语言源程序文件的扩展名是______，经过编译连接后生成的可执行程序文件的扩展名是______。

【答案】.c　.exe

【解析】C 语言源程序通常是存储在扩展名为 .c 的文件中，与源程序文件 *.c 相对应的可执行程序文件是 *.exe。

9. 一个最简单的 C 程序至少应包含一个______函数。

【答案】主或 main

【解析】C 语言源程序是由若干函数组成的。在这些函数中必须有一个并且只能有一个主函数（main() 函数）。

10. 一个 C 语言程序是从______函数开始执行的。

【答案】主或 main

【解析】C 语言的源程序是由若干函数组成的。在这些函数中必须有一个并且只能有一个主函数（main() 函数）。主函数可以出现在程序的任意位置，但程序的执行总是从主函数开始。

# 第 2 章　数据类型、运算符和表达式

## 2.1　本 章 要 点

### 2.1.1　C 语言的字符集

字符是组成C语言最基本的元素。C语言字符集由字母、数字、空白符、下划线、标点和特殊字符组成（在字符常量、字符串常量和注释中还可以使用汉字等其他图形符号）。由字符集中的字符可以构成C语言基本的语法单位（如标识符、关键字、运算符等）。C语言字符集常规分类如下：

① 字母：小写字母a～z共26个，大写字母A～Z共26个。

② 数字：0～9共10个。

③ 空白符：空格符、制表符和换行符等统称为空白符。空白符只在字符常量和字符串常量中起作用，在其他地方出现时，只起间隔作用，编译程序时将它们忽略。因此，在程序中使用空白符与否，对程序的编译不产生影响，但在程序中适当的地方可使用空白符增加程序的清晰性和可读性。

④ 下划线：_。

⑤ 标点符号、特殊字符：+、−、*、/、%、=、>、<、(、)、[、]、{、}、!、&、#、^、?、,、.、;、:、'、"、\。

### 2.1.2　C 语言的数据类型

C语言的数据类型如图 2-1 所示。

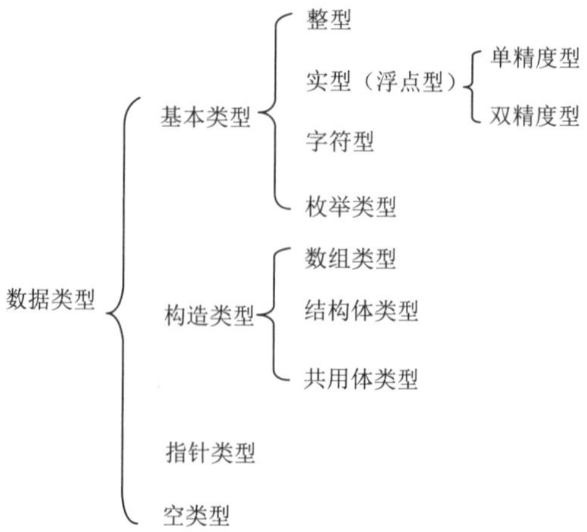


图 2-1　C 语言的数据类型

### 2.1.3 常量

在程序的运行过程中，值不能改变的量称为常量。在基本数据类型中，常量可分为整型常量、实型常量、字符常量、字符串常量和符号常量。

### 2.1.4 变量

所谓变量，是指在程序运行过程中值可以改变的量。用户自定义的变量，命名规则遵循标识符的命名规则，对用到的变量必须“先定义，后使用”，同时在定义时避免使用关键字作为变量名。变量定义的一般形式如下：

```
变量类型  变量名表；
```

变量可分为整型变量、实型变量和字符变量。

### 2.1.5 运算符及表达式

1）C 运算符简介

按照功能可将C运算符分为以下几种：

① 算术运算符（+、-、*、/、%、++、--）。

② 关系运算符（>、<、==、>=、<=、!=）。

③ 逻辑运算符（!、&&、||）。

④ 位运算符（<<、>>、～、|、^、&）。

⑤ 赋值运算符（=、复合赋值运算符）。

⑥ 条件运算符（？：）。

⑦ 逗号运算符（,）。

⑧ 指针运算符（*、&）。

⑨ 求字节数运算符（sizeof）。

⑩ 强制类型转换运算符（类型）。

⑪ 成员运算符（.、->）。

⑫ 下标运算符（[ ]）。

⑬ 其他（如函数调用运算符()）。

2）算术运算符与算术表达式

（1）基本算术运算符有以下几个：

① +：加法运算符或正值运算符，如3+5、+3。

② -：减法运算符或负值运算符，如5-2、-3。

③ *：乘法运算符，如 3*5。

④ /：除法运算符，如 5/3。

⑤ %：模运算符，又称求余运算符，要求%两侧均为整型数据，如 7 % 4 的值为 3。

上面五种运算符都是双目运算符，其优先级从高到低为：() → *、/、% → +、-。

（2）自增、自减运算符（++、--）。自增、自减运算符的作用是使变量的值增 1 或减 1，有以下两种应用形式：

① 前缀形式：运算符在变量前面，表示对变量先自动加 1 或自动减 1，然后再参与其他运算，即先改变变量的值后使用，如++k、--k。

② 后缀形式：运算符在变量后面，表示变量先参与其他运算，再对变量自动加 1 或自动减 1，即先

使用后改变值，如 k++、k--。

（3）算术表达式。即用算术运算符将运算对象（操作数）连接起来，符合C语言语法规则的式子。运算对象包括常量、变量和函数等。

3）赋值运算符及赋值表达式

（1）赋值运算符用“=”表示，它的作用是将一个数据赋给一个变量。

赋值表达式：由赋值运算符“=”将一个变量和一个表达式连接起来的式子。其一般形式如下：

```
变量 = 表达式
```

（2）复合的赋值运算符。C语言中，赋值运算符“=”与五种算术运算符（+、-、*、/、%）和五种位运算符（<、>、&、^、|）构成 10 种复合的赋值运算符。它们分别是：+=、-=、*=、/=、%=、<=、>=、&=、^=和|=。

4）逗号运算符与逗号表达式

“,”是C语言的一种特殊运算符，称为逗号运算符。用逗号将多个表达式连接起来的式子称为逗号表达式。逗号表达式的一般形式如下：

```
表达式 1, 表达式 2, …, 表达式 n
```

它的值为表达式n的值。

### 2.1.6 不同类型数据间的混合运算及数据转换

当一个表达式中有不同数据类型的数据参加运算时，就要进行类型转换。

**1. 自动类型转换**

转换由编译系统自动完成，先将低级别类型的运算对象向高级别类型的运算进行转换，然后进行同类型运算称为自动类型转换。转换规则如图2-2所示。

图2-2中横向的箭头表示必定的转换，纵向箭头表示当运算对象为不同类型时转换的方向，转换由低向高进行。

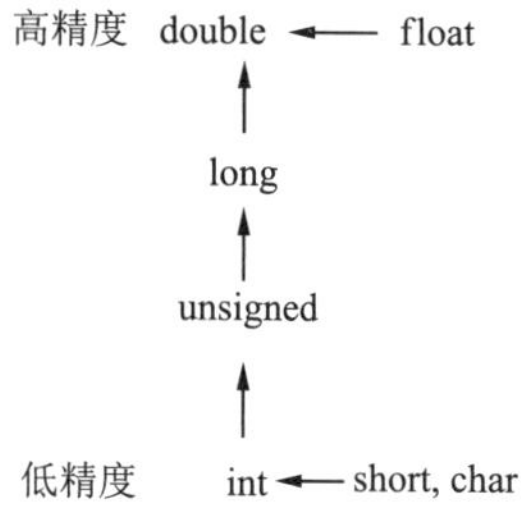


**图 2-2 自动类型转换规则**

**2. 强制类型转换**

强制类型转换的一般形式如下：

```
(类型名)(表达式)
```

**注意**：在强制类型转换时，得到一个所需类型的中间变量，原来变量的值并没有发生改变。

## 2.2 典型例题解析

1. 下列不合法的字符常量是（　　）。

A. '2'　　B. '\101'　　C. 'ab'　　D. '\n'

【答案】C

【解析】C 语言的字符常量是用单引号括起来的单个字符，因此选项 A 是合法的字符常量。同时 C 语言还允许一种特殊形式的字符常量，就是以“\”开头的字符序列，即转义字符，选项 B 和 D 就是合法的转义字符，它们分别表示字符 A 和换行。选项 C 用单引号括起来两个字符，因此是不合法的字符常量。故本题正确选项为 C。

2. 下列合法的转义字符是（　　）。

A. '\ " '　　B. '\1018'　　C. '\ee'　　D. 'xab'

【答案】A

【解析】转义字符以“\”开头，可在后跟随 1 ～ 3 位八进制数，一个八进制数应由 0 ～ 7 共 8 个基数组成，因此选项 B 错误；也可在“\x”后跟随 1 ～ 2 位十六进制数，因此选项 C、D 错误，选项 A 代表双引号字符（ " ）。故本题正确选项为 A。

3. 执行以下程序后，输出结果为（　　）。

```
void main()
{
  char c1,c2;
  c1='a';
  c2='z';
  printf("%c,%C",c1,c2);
}
```

A. a,z　　B. A,Z　　C. 97,122　　D. a,Z

【答案】A

【解析】c1、c2 均被定义为字符变量，并且 c1 和 c2 的初值分别为 'a' 和 'z'，C 语言中字符变量可以以字符形式输出，也可以以整数形式输出，根据第 6 行 printf() 函数中 c1、c2 对应的输出格式"%c,%c"，它们的输出结果分别为 a、z。故本题答案为选项 A。

4. 执行以下程序后，输出结果为（　　）。

```
void main()
{
  int x;
  float y;
  y=3.6;
  x=(int)y+10;
  printf("x=%d,y=%f",x,y);
}
```

A. x=13.5, y=3.600000　　B. x=13, y=3.600000

C. x=13, y=3　　D. x=13, y=3.6

【答案】B

【解析】本题表达式 x=(int)y+10 中用了强制类型转换符 (int)y，x 的值是 y 的值的整数部分再加 10。在 C 语言中规定进行强制类型转换时，得到一个所需类型的中间变量，原来变量的类型并未发生改变，即 y 仍为 float 型，所以输出时，y 的值仍为 3.600000（单精度实型提供 7 位有效数字）。故本题答案为选项 B。

5. 若 x 为 double 型，则表达式 x=1,x+5,x++ 的值是（　　）。

A. 1　　B. 1.0　　C. 2.0　　D. 6.0

【答案】B

【解析】表达式 x=1,x+5,x++ 是一个逗号表达式。C 语言规定逗号表达式的计算顺序从左向右，整个表达式的值和类型取决于最后一个表达式。此题首先计算子表达式 x=1，然后计算子表达式 x+5，最后计算子表达式 x++，整个表达式的值为子表达式 x++ 的值。故本题答案为选项 B。

6. 经过下述赋值后，变量 x 的数据类型是（　　）。

```
float x=21.0;
int y;
```

```
y=(int)x;
```

A. int　　B. float　　C. double　　D. char

【答案】B

【解析】本题将实型变量 x 强制转换成整型后赋值给 y。需要注意的是，强制类型转换不会影响被强制转换的变量原有的数据类型，所以 x 尽管被强制转换为 int 型，但 x 本身仍然是 float 型数据。故本题答案为选项 B。

7. 假设所有变量均为整型，则表达式 (a=2,b=2,b++,a+b) 的值是（　　）。

A. 5　　B. 7　　C. 6　　D. 4

【答案】A

【解析】本题考查的知识点为逗号表达式。逗号表达式的结合性为自左至右，所以逗号表达式将从左到右进行运算。即先计算第一个表达式，最后一个表达式最后计算。逗号表达式的值为最后一个表达式的值，所以正确答案为 A。

8. 大写字母 'B' 的 ASCII 码是 66，小写字母 'a' 的 ASCII 码是 97，则用八进制表示的字符常量 '\111' 是（　　）。

A. 字母 'A'　　B. 字母 'a'　　C. 非法的常量　　D. 字母 'I'

【答案】D

【解析】本题考查的知识点为转义字符。'\111' 是转义字符，所表示的字符 ASCII 码为八进制数 111，即十进制数 73。ASCII 码为 73 的字符为大写字母 I。

9. 设有以下定义：

```
int a=12;
```

则表达式 a+=a-=a*a 运算后，a 的值是（　　）。

A. 552　　B. 264　　C. 144　　D. −264

【答案】D

【解析】本题考查的知识点为复合赋值运算符的使用。a+=a-=a*a 的运算步骤为：a*a 的结果为 144，a-=144 等价于 a=a−144，结果为 a=−132，a+=a 等价于 a=a+a 结果为 −264。所以正确答案为 D。

10. 设有如下定义：

```
int a=1,b=2,c=3,d=4,m=2,n=2;
```

则表达式 (m=a>b)&&(n=c>d) 运算后，n 的值为（　　）。

A. 1　　B. 2　　C. 3　　D. 4

【答案】B

【解析】在逻辑与“&&”运算中，如果第一个操作数为假，第二个操作数（n=c>d）不参加运算，因此 n 的值不变，正确答案为 B。

# 第3章 顺序结构

## 3.1 本章要点

### 3.1.1 C语言的基本语句

C语言的使用语句一般分为五大类，分别为：控制语句、表达式语句、函数调用语句、复合语句和空语句。

1）控制语句

控制语句是用来控制程序执行流程的语句。按结构化程序设计的观点，从逻辑上说任何算法都可使用三种控制结构来编程实现。这三种控制结构为顺序结构、选择结构和循环结构。

C语言中有九种控制语句，又可以细分为以下三种。

（1）选择结构控制语句：if 语句、switch 语句。

（2）循环结构控制语句：for 循环、while 循环、do...while 循环。

（3）其他控制语句：break 语句、continue 语句。

2）表达式语句

C语言的任何表达式的后面加上一个分号就构成了一个表达式语句。该语句的功能就是对该表达式求值，其一般形式如下：

```
表达式；
```

3）函数调用语句

一个函数加一个分号构成函数调用语句，其作用是完成特定的功能，其一般形式如下：

```
函数名（实参表）；
```

4）复合语句

复合语句块或是用一对花括号{ }括起来的一条或多条语句。在语法上相当于一条语句。其一般形式如下：

```
{语句组}
```

5）空语句

单独一个分号就构成了一条空语句。它什么也不做，其一般形式如下：

```
；
```

### 3.1.2 数据的输入和输出函数

1）putchar() 和 getchar() 函数（字符输入输出函数）

（1）字符输出函数 putchar()。其一般形式如下：

```
putchar(c);
```

putchar()函数的功能是向终端输出一个字符。c可以是一个字符变量、字符常量、整型变量、整型常量或转义字符。

（2）字符输入函数 getchar()。其一般形式如下：

```
getchar();
```

getchar()函数的功能是从键盘（或系统隐含指定的输入设备）输入一个字符。当程序执行到 getchar()函数时，等待用户从键盘输入一个字符，并将该字符作为函数结果值返回。getchar()函数没有参数。

2）printf() 函数（格式输出函数）

printf()函数称为格式输出函数，其功能是按指定格式把数据输出到标准输出设备上。在前面的例题中已多次使用到该函数。格式输出函数有原样输出格式和输出变量的值两种使用形式。

（1）原样输出格式。

```
printf("要输出的字符串");
```

（2）输出变量的值。其调用的一般形式如下：

```
printf("格式控制字符串",输出表列);
```

输出表列是要输出的变量、常量和表达式等，输出表列中参数的个数是一个到若干个，当超过一个时，用逗号分隔。

格式控制字符串中有如下两类字符：

① 非格式说明符。非格式说明符（又称普通字符）一律按原样输出。

② 格式说明符。格式说明符的一般形式如下：

```
%[附加格式说明符]格式说明符
```

printf()函数常用的格式说明符有以下几种：

① d格式说明符用来输出十进制整数，有以下用法：%d、%md、%-md、%0md。

② c格式说明符用来输出一个字符，有%c、%mc、%-mc等用法。

③ s 格式说明符用来输出一个字符串，有%s、%ms、%-ms、%m.ns、%-m.ns 等用法。

④ f 格式说明符用来输出实数（包括单精度、双精度），以小数形式输出。

⑤ e 或E 格式说明符用来以指数形式输出一个实数。有%e、%m.ne、%-m.ne 等用法。

3）scanf() 函数（格式输入函数）

与格式输出函数 printf()相对应的是格式输入函数 scanf()，其调用的一般形式如下：

```
scanf("格式控制字符串", 参数地址表列);
```

其作用是按格式控制字符串中规定的格式，从键盘上输入各输入项的数据，并依次赋给各输入项。

其中，格式控制字符串是用双引号括起来的字符串，它包括格式说明符和分隔符两部分。

scanf()函数的格式说明符通常由“%”开始，用于指定各参数的输入格式。

输入项地址表列是由若干变量的地址组成的，它们之间用逗号隔开。变量的地址可由取地址运算符“&”得到。在使用时要注意以下问题：

（1）输入数据分隔处理。当输入多个数据项时，可以采用以下两种方式分隔输入的数据，以便变量获得准确数据。

① 格式说明符（除%c以外）之间有空白字符或无任何间隔，输入数据时必须用空格、【Tab】键或【Enter】键来分隔。

② 输入数据之间使用与格式说明符之间相同的非空白字符（常用逗号）分隔数据。如果在格式控制字符串中除了格式说明符以外，还有其他字符，则在输入数据时应输入与这些字符相同的字符。

（2）输入数据结束处理。在输入数据时，遇到以下情况时认为此数据输入结束：

① 遇到空格、按【Enter】键或者【Tab】键。

② 遇到指定的宽度，如"%3d"，只取 3 位。

③ 遇到非法输入。

（3）几点说明和注意事项。

① 输入参数的数据类型、个数一定要与所需要的数据类型、个数一致。

② 格式说明符的作用与 printf()函数相同，但不能显示提示字符串。因此，在编写程序时，往往先用 printf()函数在屏幕上输出提示，告诉要输入的信息项。

③ 输入实数时不能规定精度。

④ 长度格式说明符为 l 和h，l 表示输入长整型数据（如%ld）和双精度实数（如%lf），h 表示输入短整型数据。

⑤ 在用%c格式说明符输入字符时，所有输入的字符（包括空格、【Tab】键或【Enter】键）都作为有效字符。

⑥ 对 unsigned 型数据，可以用%u、%d 或 %o、%x 格式输入。

### 3.1.3 顺序结构

顺序结构是结构化程序的三大结构之一，是三种结构中最简单、最常见的一种程序结构。特点是：顺序结构中的语句是按照书写的先后次序顺序执行的，每条语句都会被执行到，并且只能执行一次。一般而言，顺序结构的算法中应该包括以下几个基本步骤：

```
变量定义→变量赋值→运算处理→输出结果
```

## 3.2 典型例题解析

1. 写出下列程序的运行结果。

```
#include <stdio.h>
void main()
{
  int x,y;
  scanf("%2d%*2s%1d",&x,&y);
  printf("%d",x/y);
}
```

程序运行时输入：2345678↙

**【答案】**3

**【解析】**本题考查 scanf() 函数接收数据的格式，'/' 运算符的使用。在本题中 %2d 表示接收两个数据，所以 x=23，%*2s 表示忽略 2 个数据，所以 6 赋给了 y，x/y 中 x 和 y 都是整型数据，所以结果也是一个整型数 3。

2. 若有以下变量说明和数据的输入方式，则正确的输入语句为（　　）。

```
变量说明：float x1,x2;
数据的输入方式：4.521↙
               3.5↙
```

A. scanf("%f,%f",&x1,&x2);　　B. scanf("%f%f",&x1,&x2);

C. scanf("%3.2f,%2.1f",&x1,&x2);　　D. scanf("%3.2f%2.1f",&x1,&x2);

【答案】B

【解析】本题考查 scanf() 函数的输入格式。在输入时，非格式说明符要原样输入，如 A 选项在输入时 ', ' 也要输入，才能保证数据的正确接收；D 选项规定了数据的长度，回车也会按照数据接收进去，这样 3.5 就不能输入了；C 选项同时有这两个错误。所以答案是 B。

3. 以下程序的输出结果是（　　）。

```
int x=10,y=10;
printf("%d %d\n",x--,--y);
```

A. 10 10　　B. 9 9　　C. 9 10　　D. 10 9

【答案】D

【解析】本题考查 printf() 函数的输出格式和 -- 的前缀和后缀运算。输出 x--,后缀运算先取出 x 的值，然后进行自减，输出时 x 是10，输出后 x 进行自减为 9。--y 是前缀运算，先进行自减，再输出 y 的值。所以答案是 D。

4. 以下程序的输出结果是（　　）。

```
int a=5;
float x=3.14;
a*=x*('E'-'A');
printf("%f\n",(float)a);
```

A. 62.000000　　B. 62.800000　　C. 63.000000　　D. 62

【答案】A

【解析】本题考查复合的赋值运算和数据的类型转换。在此题中将 a*=x*('E'-'A') 展开为 a=a*( x*('E' - 'A'))，赋值表达式右边会得到一个 float 类型的值 62.800000，左边 a 是一个 int 类型的，所以小数点后的数据会丢失，只存储整数部分 62。在后来的输出语句中把 a 强制类型转换成 float 类型的，所以答案是 A。

5. 设有如下定义 “int x=10,y=3,z;”，则语句 “printf("%d\n",z=(x%y,x/y))” 的输出结果是（　　）。

A. 1　　B. 0　　C. 4　　D. 3

【答案】D

【解析】本题考查逗号运算符和 “/” 的应用。本题输出 z 的值，z=(x%y,x/y)，把 x/y 的值赋给 z，x 和 y 都是 int 类型的，结果也应该是 int 类型的。所以答案是 D。

6. 如有以下程序：“float f=3.1415927;printf("%f,%5.4f,%3.3f",f,f,f);” 则程序的输出结果是________。

【答案】3.141593,3.1416,3.142

【解析】本题考查 printf() 函数的输出格式，各种输出格式的不同效果。%f 是标准格式，输出 6 位小数，%5.4f 是输出宽度 5 位，小数点后输出 4 位小数，%3.3f 是输出小数点后 3 位小数，超出规定宽度的原样输出。“,” 是非格式控制符，要原样输出。所以结果是 3.141593,3.1416,3.142。

7. 写出以下程序的运行结果。

```
int x=6, y=7;
printf("%d, ",x++);
printf("%d\n",++y);
```

程序的输出结果是________。

【答案】6，8

【解析】本题考查“++”运算符的前缀和后缀运算。输出 x++，后缀运算先取出 x 的值，然后进行自加，输出时 x 是 6，输出后 x 进行自加为 7。++y 是前缀运算，先进行自加，再输出 y 的值。所以答案是 6，8。

8. 写出以下程序的运行结果。

程序的输出结果是________。

```
int a=3;
a+=(a<1)?a:1;
printf("%d",a);
```

【答案】4

【解析】本题考查条件运算符和复合的赋值运算符的使用。将表达式“a+=(a<1)?a:1”展开，形式为“a=a+((a<1)?a:1)”，显然条件表达式返回值为 1，所以最后 a 的值为 4。

9. 使用语句“scanf("a=%f,b=%d",&a,&b)”输入数据时，正确的数据输入是（　　）。

A. a=2.2,b=3　　B. a=2.2 b=3　　C. 2.2 3　　D. 2.2,3

【答案】A

【解析】本题考查 scanf() 函数的使用。输入数据时非格式说明符要原样输入，本题中“a=%f,b=%d”，其中“a=”“b=”都是非格式说明符，所以答案是 A。

10. 写出以下语句的输出结果（　　）。

```
printf("%d\n",strlen("\t\"\065\xff\n"));
```

A. 5　　B. 14

C. 8　　D. 输出项不合法，无正常输出

【答案】A

【解析】本题考查转义字符的理解和应用。转义字符是以 '\' 开头的字符，在计算个数时按一个计算，'\065' 表示以八进制数表示的字符，整体只能算一个。同理 \t 、\" 、\xff 和 \n 都算一个字符。所以答案是 A。

# 第 4 章 选择结构

## 4.1 本章要点

### 4.1.1 选择结构的概念

在C语言中，当需要根据选择条件来确定程序的执行流程，选择某一个分支来执行时，这样的程序结构称为选择结构（又称分支结构）。C语言提供了两种控制语句来实现这种选择结构：if 条件语句和switch开关语句。

### 4.1.2 if 语句

选择结构程序设计中条件语句的作用是，使程序按某种条件有选择地执行一条或多条语句。用if语句可以构成选择（分支）结构，它根据给定的条件进行判断，以决定执行某个分支程序段。C语言的 if 语句有三种基本形式。

1）if 语句的三种形式

（1）第一种形式（单分支选择结构）。

语句格式如下：

```
if(表达式)
  语句；
```

语句执行过程：首先计算表达式的值，若表达式的值为真（非0），则执行语句；若表达式的值为假（0），则该语句不起作用，继续执行下面的语句。

（2）第二种形式（双分支选择结构）。

语句格式如下：

```
if(表达式)
  语句1;
else
  语句2;
```

语句执行过程：首先计算表达式的值，若表达式的值为真（非0），则执行语句1，否则执行语句2。

（3）第三种形式（多分支选择结构）。

前两种形式的 if 语句一般用于两个分支的情况。当有多个分支选择时，可采用多分支选择结构。

语句格式如下：

```
if(表达式1)
  语句1;
```

```
else if(表达式2)
  语句2;
else if(表达式3)
  语句3;
  ...
else if(表达式n)
  语句n;
else
  语句n+1;
```

语句执行过程：首先计算表达式1的值，若表达式 1 的值为真（非 0），则执行语句 1，否则计算表达式 2 的值，若表达式 2 的值为真（非 0），则执行语句 2，否则计算表达式 3 的值，若表达式 3 的值为真（非 0），则执行语句 3，…，所有表达式的值都是 0 时，执行语句 n+1。

2）if 语句的嵌套

当if语句中又包含一个或多个if语句时，称为 if 语句的嵌套，被包含的 if 语句可以为单分支也可以为双分支或多分支。例如：

```
if(表达式1)
  if(表达式2)
    语句1;
  else
    语句2;
else
  if(表达式3)
    语句3;
  else
    语句4;
```

在嵌套的 if 语句中规定，else总是与它上面最近的、尚未与else配对的 if 配对。因此，在使用 if 语句嵌套的时候，应当注意 if 与 else 的配对关系。

### 4.1.3 switch 语句

在C语言中，可直接用 switch 语句来实现多种情况的选择结构。其一般形式如下：

```
switch(表达式)
{
  case 常量1:语句1;
  case 常量2:语句2;
  case 常量3:语句3;
  ...
  case 常量n:语句n;
  [ default 语句n+1; ]          /*根据需要可有可无*/
}
```

语句的执行过程：首先计算表达式的值，并逐个与 case 后面常量的值相比较，当表达式的值与某个常量的值相等时，即执行其后的语句，然后不再进行判断，继续执行后面所有case 后面的语句。当表达式的值与所有 case 后面常量的值均不相等时，则执行default 后面的语句。

关于 switch 语句的说明和注意事项如下：

（1）switch后面圆括号内的表达式以及case后面常量的值必须为整型、字符型或枚举类型，并且每个

case后面常量的类型应该与 switch 后面圆括号内表达式的类型一致。

（2）case后面常量的值必须互不相同，否则会出现错误。

（3）多个case可以共用一组执行语句。

（4）case和常量之间要有空格，在case后，允许有多条语句，可以不用{}括起来。

（5）switch语句只有和break语句配合才能实现真正意义上的多分支，即当 switch语句执行完某个分支后，一般要用break语句跳出当前的 switch 结构。若没有任何一个case常量与表达式的值相匹配，则执行 default 后面的语句。

（6）习惯上将default放在switch...case 结构的底部，default子句也可以省略不用。但理论上default可以出现在任何位置。

（7）switch结构可以嵌套，即在一个switch语句中嵌套另一个switch语句，这时可以用break语句使流程跳出 switch 结构，但是要注意break只能跳出当前其所在的switch结构。

## 4.2 典型例题解析

1. 有如下程序：

```
#include <stdio.h>
void main( )
{
  double x=2.0, y;
  if(x<0.0)
    y=0.0;
  else if(x<10.0)
    y=1.0/x;
  else
    y=1.0;
  printf("%f\n",y);
}
```

该程序的输出结果是（　　）。

A. 0.000000　　B. 0.250000　　C. 0.500000　　D. 1.000000

【答案】C

【解析】本题考查 if...else 语句的应用，两个实数相除的结果还是实数。在该题中显然 x<10.0 为真，所以执行 y=1.0/x 语句，答案为 C。

2. 以下有关 switch 语句的说法错误的是（　　）。

A. break 语句不是语句中必需的一部分

B. 在 switch 语句中可以根据需要使用或不使用 break 语句

C. break 语句在 switch 语句中不可以使用

D. switch 语句中的每一个 case 不必都用 break 语句

【答案】C

【解析】本题考查 switch 语句和 break 语句结合使用，break 语句可以和 switch 语句结合使用，但不是必需的。所以答案是 C。

3. 有如下嵌套的 if 语句：

```
if(a<b)
  if(a<c)
    k=a;
  else k=c;
else
  if(b<c)
    k=b;
  else k=c;
```

以下选项中与上述 if 语句等价的语句是（　　）。

A. k=(a<b)?a:b;k=(b<c)?b:c;　　B. k=(a<b)?((b<c)?a:b):((b<c)?b:c);

C. k=(a<b)?((a<c)?a:c):((b<c)?b:c);　　D. k=(a<b)?a:b;k=(a<c)?a;c

**【答案】**C

**【解析】**本题考查 if...else 语句的配对、条件运算符的结合性问题。本题中是一个 if...else 的三分支结构，第一个分支又嵌套了一个 if...else 语句，答案是一个条件表达式的嵌套，表达式 2 和表达式 3 都是一个条件表达式。答案为 C。

4. 有如下程序段，当程序执行时，如果从键盘输入 A，则输出结果为________。

```
#include <stdio.h>
void main()
{
  char a;
  a=getchar();
  switch(a)
  {
    case 65:printf("%c",'A');
    case 66:printf("%c",'B');
    default:printf("%s\n","other");
  }
}
```

**【答案】**ABother

**【解析】**本题考查 switch 语句的执行。当从键盘输入 A 时，执行 case 65 后面的语句，输出 A。因为后面没有 break 语句，所以一直往下执行直到结束。答案为 ABother。

5. 有如下程序段，此程序段编译有错误，则程序段的错误出在（　　）。

```
#include <stdio.h>
void main()
{
  int a=30,b=40,c=50,d;
  d=a>30?b:c;
  switch(d)
  {
    case a:printf("%d,",a );
    case b:printf("%d,",b);
    case c:printf("%d,",c);
    default:printf("#");
  }
}
```

A. default printf("#");

B. d=a>30?b:c;

C. case a:printf("%d,",a); case b:printf("%d,",b); case c:printf("%d,",c);

D. switch(d)

【答案】C

【解析】本题考查 switch 语句的语法要点和条件运算符的用法。执行“d=a>30?b:c;”会得到 d=50，在 switch 语句中，case 后面跟的是常量或常量表达式。答案为 C。

6. 执行下述程序，从键盘输入 6 和 8 时，结果为（　　）。

```
#include <stdio.h>
void main()
{
  int a,b,s;
  scanf("%d%d",&a,&b);
  s=a;
  if(a<'B')
    s=b;
  s*=s;
  printf("%d",s);
}
```

A. 36　　B. 64　　C. 48　　D. 以上都不对

【答案】B

【解析】本题考查 if...else 语句的执行。if...else 语句默认只有一条语句，如果多于一条语句，则要用一对 {} 括起来。a 和 b 从键盘得到 6 和 8，表达式 a<'B'，比较的是变量 a 和字符常量 B 的 ASCII 码，返回值为真，所以 s 重新得到 8，然后执行 s*=s。所以最后 s 的值是 64，答案为 B。

7. 下面程序的输出结果是________。

```
#include <stdio.h>
void main()
{
  int a=1,b=2,c=3;
  if(a--)
    b++,c++;
  else
    b--; c--;
  printf("a=%d,b=%d,c=%d\n", a,b,c);
}
```

【答案】a=0,b=3,c=3

【解析】本题考查 if...else 语句的执行，if...else 语句默认只有一条语句，逗号运算符的使用。if(a--) 因 a-- 是后缀运算，所以 a 取出来是 1，然后进行自减，所以执行“b++,c++;”语句，a=0，b=3，c=4，c-- 不属于 if...else 语句，执行 c--，c=3，最后输出结果为“a=0,b=3,c=3”。

8. 若从键盘输入 58，则以下程序输出的结果是________。

```
#include <stdio.h>
void main()
{
  int a;
```

```
    scanf("%d",&a);
    if(a>50) printf("%d",a);
    if(a>40) printf("%d",a);
    if(a>30) printf("%d",a);
}
```

【答案】585858

【解析】本题考查 if 语句的执行，a 从键盘得到 58，a>50、a>40、a>30 都成立，所以输出三次 a 的值，因为没有换行符等控制符，三次结果之间没有间隔。

9. 下面程序的执行结果是________。

```
#include <stdio.h>
void main()
{
  int a=-1,b=1;
  if((++a<0)&&!(b--<=0))
    printf("%d,%d\n",a,b);
  else
    printf("%d,%d\n",b,a);
}
```

【答案】1,0

【解析】本题考查 if 语句的执行、“&&”的使用。“&&”两边的表达式都为真时返回值才为真，如果第一个表达式为假，则表达式为假，而且第二个表达式不再进行判断。在本题中 ++a<0 表达式为假，所以“!(b--<=0)”不再进行判断，即此表达式没有进行运算。a=0，b=1。所以执行 else 后面的语句，输出 b 和 a 的值，答案为 1,0。

10. 下面程序的执行结果是________。

```
#include <stdio.h>
void main()
{
  int x=1,y=2,z=0;
  if(x=2) z=x,x=y,y=z;
  printf("%d,%d\n",x,y);
}
```

【答案】2,2

【解析】本题考查 if 语句的执行、printf() 函数的执行。在本题中“if(x=2) z=x,x=y,y=z;”给 x 赋值 2，然后将 x 和 y 进行交换，所以输出 x 和 y 的值都是 2。printf() 函数中的非格式说明符要原样输出。

# 第5章 循环结构

## 5.1 本章要点

循环结构是结构化程序设计中应用最为广泛的一种基本结构，是一种用来实现在某个条件的控制下反复地执行某些相同操作的结构。其中，用于进行控制的条件称为“循环条件”，反复执行的相同的操作称为“循环体语句”。C语言提供了三种语句来实现循环结构，分别是while 语句、do...while 语句和 for 语句。

### 5.1.1 while 语句

一般格式如下：

```
while(循环条件表达式)
{
  循环体语句
}
```

执行过程：先求解循环条件表达式的值，若表达式值为非 0 值（真），则认为循环条件成立，此时执行一次循环体语句，然后再次求解循环条件表达式的值，若其值仍为非 0 值（真），则再次执行循环体语句；当循环条件表达式的值为 0（假）时，表示循环条件不成立，此时循环结束，即 while 语句执行完毕，程序将跳转到 while 语句的下一条语句处继续执行。

说明：

（1）while 语句是“当型循环语句”，执行时先判断循环条件，当循环条件成立时，则执行循环体语句；当循环条件不成立时，结束 while 语句的执行。若第一次判断循环条件时循环条件就不成立，则循环体语句一次也不被执行，程序直接跳转到 while 语句的下一条语句处继续执行。

（2）循环体语句或循环条件表达式中应有使循环趋于结束的语句，否则就成为死循环语句。

（3）循环体语句可以是一条语句（此时不必用{ }将其括起来），也可以是一条复合语句（此时必须用{}将其括起来）或一条空语句。

### 5.1.2 do...while 语句

一般格式如下：

```
do
{
  循环体语句
} while(循环条件表达式);
```

执行过程：执行do...while 语句时，先执行循环体语句，然后求解循环条件表达式的值，若循环条件表达式的值为非 0 值（真），则认为循环条件成立，此时再次执行循环体语句；当循环条件表达式的值为 0（假）时，表示循环条件不成立，此时结束do...while语句的执行，程序将跳转至do...while语句的下一条语句处继续执行。

说明：

（1）do...while 语句是“直到型循环语句”。执行时无论循环条件如何，首先执行一次循环体语句，然后判断循环条件，若循环条件成立，则再次执行循环体语句，直到循环条件不成立为止。因此，do...while 语句的循环体语句至少执行一次。

（2）do...while 语句中最后的“;”是do...while 语句的语句结束符，不能省略。

（3）循环体语句或循环条件表达式中应有使循环趋于结束的语句，否则就成为死循环语句。

（4）循环体语句可以是一条语句（此时不必用{}将其括起来），也可以是一条复合语句（此时必须用{}将其括起来）或一条空语句。

### 5.1.3 for 语句

一般格式如下：

```
for(表达式1;表达式2;表达式3)
{
  循环体语句
}
```

执行过程：首先，求解表达式 1；然后，求解表达式 2，若表达式 2 的值为非 0 值（真），则表示循环条件成立，此时执行循环体语句，之后求解表达式 3，接下来再次求解表达式 2 的值；若表达式 2 的值为 0（假），则表示循环条件不成立，此时结束 for 语句的执行，程序将跳转至 for 语句的下一条语句处继续执行。

说明：

（1）for 语句是“计数型循环语句”。它常用于循环变量从初值按照相同的步长逐步变化到终值的过程中，反复地执行循环体语句的情况，此时循环体语句的执行次数一般可以预知。但 for 语句也可用于循环次数未知的情况。for 语句执行时也是先对循环条件进行判断，当循环条件成立时才执行循环体语句，否则结束语句的执行，因此它可以完全替代 while 语句。

（2）for 语句中三个表达式的作用分别是：① 表达式 1 为循环变量赋初值；② 表达式 2设定循环条件；③ 表达式 3 给出循环变量的增值（正、负皆可）。

（3）for 语句最简单的应用形式也是最易理解的形式如下：

```
for(循环变量赋初值;循环条件表达式;循环变量增值)
{
  循环体语句
}
```

（4）for 语句的表达式 1 和表达式 3 均可省略，表达式 2 表示的是循环条件，一般不省略。需要注意的是，3 个表达式虽可省略，但其后的两个分隔符“;”不可省略。

（5）循环体可以是一条语句（此时不必用{}将其括起来），也可以是一条复合语句（此时必须用{}将其括起来）或一条空语句。

### 5.1.4 break 语句和 continue 语句

1）break 语句

break 语句的功能是强制结束语句的执行。它既可以用于switch 语句，也可以用于 while 语句、do...while 语句和 for 语句。通常与 if 语句连用，强制结束其所在的语句，转而执行下一条语句。

2）continue 语句

continue 语句的功能是强制结束本次循环体语句的执行。continue 语句可用于 while 语句、do...while 语句和 for 语句。当 continue 语句用于 while 语句和do...while 语句时，表示跳过循环体中其后尚未执行的语句，接着进行下一次是否执行循环的判断。当其用于 for 语句时，表示跳过循环体中其后尚未执行的语句，接着执行 for 语句的表达式 3。continue 语句通常与 if 语句连用。

### 5.1.5 循环的嵌套

循环的嵌套是指在一个循环体内又包含了另一个完整的循环结构。执行嵌套的循环语句时，将内层的循环语句作为一条独立的循环语句来执行。

## 5.2 典型例题解析

1. 以下能够实现计算 5! 的程序段是（　　）。

A. int fac=1,k=0;
do{ k++; fac*=k; }while(k<5);

B. int fac=0,k=1;
do{ fac*=k; k++; }while(k<5);

C. int fac=1,k=1;
do{ k++; fac*=k; }while(k<=5);

D. int fac=1,k=0;
do{ fac*=k; k++; }while(k<5);

**【答案】** A

**【解析】** 执行 do...while 语句时，先执行循环体语句再判断循环条件。A 项，k=1，fac=1*1，判断 k<5，条件成立进行下一次循环，直到 k=5，fac=1*2*3*4*5，k<5 不成立，结束循环，实现计算 5!。B 项，fac 从 0 开始，做乘法一直都是 0，无法实现 5!。C 项，k=2，fac=1*2，循环条件成立，直到 k=6，fac=1*2*3*4*5*6 才因循环条件不成立结束循环，实现 6!。D 项，k=0，fac=1*0=0，之后做乘法一直为 0，无法实现 5!。

2. 若变量已正确定义，则以下 for 循环（　　）：

```
for(x=0,y=0;(y!=123) && (x<4);x++);
```

A. 执行 3 次　　B. 执行 4 次

C. 执行 123 次　　D. 执行次数不确定

**【答案】** B

**【解析】** for 语句的表达式 2 为循环条件表达式。求解循环条件表达式 (y!=123) && (x<4) 时，必须同时满足 y!=123 和 x<4 这两个子表达式，循环才会继续。因此，当 x=4 时，循环终止，for 循环共执行 4 次。

3. 有如下语句：while(!a){…}，与其中的 !a 等价的是________。

**【答案】** a==0

**【解析】** while 语句是在循环条件表达式的值为非 0 值（真）时执行循环，否则结束循环。因此，当循环条件表达式 !a 的值为非 0 值（真）时执行循环，否则结束循环。此时，变量 a 的值等于 0。

4. 以下程序段的输出结果是________。

```
int x=10;
```

```
while(x--);
  printf("x=%d\n",x);
```

【答案】x=-1

【解析】while 语句的循环体是空语句，而 printf 语句是 while 语句的下一条语句。所以 printf 语句中 x 的值由 while 语句执行结束后 x 的值来决定。在执行 while 语句的过程中，只有当循环条件表达式 x-- 的值为 0 时 while 语句才结束。此时，变量 x 的值是 -1。

5. 以下程序段中，while 语句的循环体执行的次数是________。

```
int x=0;
while(x=1) x++;
```

【答案】无限循环

【解析】循环条件表达式中的"="是赋值运算符而非相等的关系运算符。while 语句执行过程中，循环条件表达式 x=1 的值恒为 1。所以 while 语句是死循环语句，其循环体将被执行无限次。

6. 有如下程序：

```
#include <stdio.h>
void main()
{
  int i,data;
  scanf("%d",&data);
  for(i=0;i<5;i++)
  {
    if(i>data) break;
    printf("%d, ",i);
  }
  printf("\n");
}
```

程序运行时，从键盘输入：3<回车>后，程序输出结果为________。

【答案】0，1，2，3，

【解析】break 语句的作用是结束整个 for 语句的执行。程序执行过程为：输入 3，则变量 data=3；执行 for 语句，在 i<=3 时，if 条件不成立，执行语句 printf("%d, ",i); 依次输出 i 的值，0，1，2，3，直到 i=4 时，if 条件成立，执行 break，强制结束 for 语句。

7. 下列程序的运行结果是________。

```
#include <stdio.h>
void main()
{
  int i;
  for(i=1;i<5;i++);
    printf("%d",i);
}
```

【答案】5

【解析】for 语句的循环体语句是空语句，printf 语句是 for 语句的下一条语句，当 for 语句结束后才会被执行。在执行 for 语句的过程中，当表达式 2 的值为 0（假）时 for 语句才结束。

8. 以下程序的运行结果是________。

```
#include <stdio.h>
```

```
void main()
{
  int i,f;
  for(i=1;i<3;i++)
    f*=i;
  printf("%d",f);
}
```

【答案】不确定

【解析】本题中变量f在定义时没有赋初值，在for语句执行过程中变量f的值仍是不确定的值。

9. 以下程序中，while循环的循环次数是________。

```
#include <stdio.h>
void main()
{
  int i=0;
  while(i<10)
  {
    if(i<1) continue;
    if(i==5) break;
    i++;
  }
}
```

【答案】无限循环

【解析】执行while语句的循环体时，由于if语句的条件i<1成立，需执行continue语句，此时，结束本次循环体的执行，转而再次判断循环条件。显然在while语句的执行过程中，循环变量i的值恒为0，因此循环条件恒成立，while循环为死循环。

10. 以下程序的运行结果是________。

```
#include <stdio.h>
void main()
{
  int i,j,m=55;
  for(i=1;i<=3;i++)
    for(j=3;j<=i;j++)
      m=m%j;
  printf("%d\n",m);
}
```

【答案】1

【解析】本题考查for语句的循环嵌套。需要注意的是变量m的值。外层for语句“for(i=1; i<=3; i++)”循环三次。内层for语句“for(j=3; j<=i; j++)”循环的次数与外层for语句的循环变量i的值有关。当i=1时，内循环不执行；当i=2时，内循环不执行；当i=3时，内循环执行1次，m=m%3。所以，程序的运行结果是1。

# 第 6 章 数　组

## 6.1 本 章 要 点

数组是一组具有相同类型数据的有序集合。数组中的每个数据称为数组元素。

### 6.1.1 一维数组

1）一维数组的定义

定义一维数组的格式如下：

```
类型说明符 数组名1[常量表达式1],数组名2[常量表达式2],…;
```

说明：

（1）数组命名要符合标识符的命名规则。

（2）数组名后的括号必须是方括号，不能是圆括号。

（3）数组长度必须是正整数，可以是一个表达式，但不能有变量，C语言不支持动态数组。

（4）数组长度表示数组中元素的个数。

（5）数组元素的下标从 0 开始，所以最大下标是数组的长度元素个数减 1。

2）一维数组的引用

一维数组不能整体引用，要引用数组的单个元素，一般形式如下：

```
数组名[下标]
```

一个数组元素实质上就是一个变量，代表内存中的一个存储单元，对数组元素的引用，实际上是对该数组元素所代表的存储单元进行操作。在对数组进行引用的过程中，要注意不要使下标越界。

3）一维数组的初始化

当定义一个数组时，系统自动为其分配一串连续的存储单元，这些存储单元没有确定的值，所以需要对数组元素赋初值。对数组的初始化赋值一般采用以下形式：

```
类型说明符 数组名[常量表达式]={值,值,…,值};
```

在数组初始化时若给全部数组元素赋初值可以不指定数组元素的个数。数组初始化时可以只对部分元素赋值，未赋值的元素自动赋 0 值。

### 6.1.2 二维数组

1）二维数组的定义

定义二维数组的格式如下：

```
类型说明符 数组名[常量表达式1][常量表达式2],…;
```

说明：

（1）数组命名要符合标识符的命名规则。

（2）数组名后的括号必须是两个方括号，定义时不能写成“int a[3,4];”。

（3）数组长度必须是整型常量表达式。

（4）数组第一维长度与第二维长度的乘积表示数组中元素的个数。

（5）每个数组元素都有两个下标，第一维表示该元素所在的行，第二维表示该元素所在的列，每一维的下标都从 0 开始。

2）二维数组的引用

二维数组也不能整体引用，要引用数组的单个元素，一般形式如下：

```
数组名 [ 下标 1] [ 下标 2]
```

在对数组进行引用的过程中，注意不要使下标越界。

3）二维数组的初始化

与一维数组类似，二维数组也可以在定义数组的同时给数组元素赋初值。二维数组元素赋初值主要有以下几种形式。

（1）按行分段赋初值。例如：

```
int a[3][3]={{1,2,3},{4,5,6},{7,8,9}};
```

（2）按行连续赋初值，此时系统将把数据按照数组元素在内存中排列的顺序（即按行）依次为数组元素赋初值。例如：

```
int a[3][3]={1,2,3,4,5,6,7,8,9};
```

（3）可以只对部分元素赋初值，未赋值的元素自动赋初值 0。例如：

```
int a[3][3]={1,2,3,4,5,6,7};          /* 相当于 int a[3][3]={1,2,3,4,5,6,7,0,0};*/
```

（4）可以通过赋初值定义二维数组的大小。在定义一个二维数组时，可以不指定第一维的长度（即行数），但是必须指定第二维的长度（即列数）。例如：

```
int a[ ][3]={{1},{4,5,6},{7}};        /* 等价于 int a[3][3]={{1},{4,5,6},{7}};*/
```

多维数组的知识可以由二维数组类推得到。

### 6.1.3 字符数组

C语言中没有字符串变量，字符串是靠字符数组实现的，字符数组是指元素的数据类型为字符型的数组。

1）字符数组的定义

定义一维字符数组的格式如下：

```
字符类型说明符 数组名 1[ 常量表达式 1], 数组名 2[ 常量表达式 2],…;
```

定义二维字符数组的格式如下：

```
字符类型说明符 数组名 [ 常量表达式 1][ 常量表达式 2];
```

多维字符数组的定义可以类推得到。

2）字符数组的引用与初始化

（1）字符数组的引用格式。一维字符数组的引用格式如下：

```
数组名 [ 下标 ]
```

二维字符数组的引用格式如下：

```
数组名[下标1][下标2]
```

（2）字符数组的初始化。以一维字符数组为例，说明一下字符数组的初始化。字符数组的初始化主要有以下几种形式。

① 逐个为字符数组的各数组元素赋初值。例如：

```
char ch[7]={ 'a', 'b', 'c','d', 'e', 'f'};
```

相当于：

```
ch[0]='a'; ch[1]='b'; ch[2]='c'; ch[3]='d'; ch[4]='e'; ch[5]='f';
```

**注意**：数组元素 ch[6] 未赋值，默认是 0，即 ASCII 码为 0 的字符 '\0'。

② 用字符串为字符数组赋初值。例如：

```
char ch[7]={"abcdef"};
char ch[7]= "abcdef";
char ch[7]={'a', 'b', 'c', 'd', 'e', 'f', '\0'};
```

上述三种形式等价。

③ 可以省略数组元素的个数，通过初值来确定。例如：

```
char ch[ ]={'a', 'b', 'c', 'd', 'e', 'f', '\0'};
```

等价于

```
char ch[7]={'a', 'b', 'c', 'd', 'e', 'f', '\0'};
```

3）字符串与字符数组的输入与输出

所谓字符串，是指C语言规定的若干个有效字符序列，包括字母、数字、专用字符、转义字符等。

字符数组和字符串都可以以单个字符的形式逐个输入和输出，也可以以整体的形式输入和输出，其方式主要有两种。

（1）用格式说明符来控制字符数组和字符串的输入和输出。这种形式分为如下两种情况：

① 用格式说明符"%c"对字符数组和字符串逐个输入和输出。

② 用格式说明符"%s"对字符数组和字符串整体输入和输出。

（2）用字符串输入和输出函数实现字符数组和字符串的输入和输出。

① gets(字符数组名)：此函数的功能是从键盘输入一串字符，按【Enter】键后送到字符数组中。注意定义数组时数组长度要足够大，其返回值是字符数组的首地址。

② puts(字符数组名)：此函数的功能是将字符数组的内容输出到屏幕上。

4）常用的字符串处理函数

C语言提供了一些处理字符串的标准函数，用以完成一些常见的操作。对以下几个函数要掌握其功能和调用形式。

（1）strcat(字符数组名 1,字符数组名 2)：此函数的功能是将字符数组2的内容连接到字符数组1的后面，并在末尾加上一个结束标志'\0'。字符数组 2 处也可以是字符串常量。其返回值是字符数组1的首地址。

（2）strlen(字符数组名)：此函数的功能是求字符串的长度并作为函数值返回。注意字符串的长度不包括'\0' 。

（3）strcpy(字符数组名1,字符数组名2)：此函数的功能是将字符数组2 的内容（包括'\0'）复制到字符数组1中，字符数组2处也可以是字符串常量。strcpy()函数可以实现复制子串。其返回值是字符数组1的首地址。

（4）strcmp(字符数组名1,字符数组名2)：此函数的功能是两个字符串（ASCII码）比大小，并由函数返回值返回比较的结果。字符数组 2 处也可以是字符串常量。

## 6.2 典型例题解析

1. 定义一个名为 a 的单精度实型一维数组，长度为 4，所有元素的初值均为 0 的定义语句是________。

【答案】方法一：float a[4]={0.0, 0.0, 0.0, 0.0};

方法二：float a[ ]={0.0, 0.0, 0.0, 0.0};

方法三：float a[4]= {0.0};

方法四：static float [4];

【解析】按照一般数据定义语句的格式，可以直接写出方法一；

考虑到对所有元素赋初值时可以省略数组长度，可以写出方法二；

考虑到不省略数组长度，给部分元素赋初值时，所有未赋初值的元素均为空值（对数值型数组来说，初值为 0），可以写出方法三；

考虑到选用静态类型，不赋初值所有元素也自动赋予空值（对数值型数组来说，初值为 0），可以写出方法四。

2. 下列数组定义语句中，错误的是（　　）。

A. char x[1]='a';　　B. char x[1]={'a'};

C. static char x[1];　　D. char x[1]; x[0]='a';

【答案】A

【解析】显然选项 A 中给字符型数组赋初值的格式不正确（不能直接赋予字符常量，必须用花括号括住），所以选项 A 是符合题意的答案。

3. 以下能正确定义数组并正确赋初值的语句是（　　）。

A. int N=5,a[N][N];　　B. int b[1][2]={{1},{3}};

C. int c[2][ ]={{1,2},{3,4}};　　D. int d[3][2]={{1,2},{34}};

【答案】D

【解析】本题考查的是二维数组的定义和初始化。在定义数组时，数组的长度只能是常量或常量表达式，选项 A 中使用变量 N 来定义数组的长度是不合法的。在初始化二维数组时，初值的行数不应多于数组的行数，选项 B 中定义的是一行两列的二维数组，但是赋初值的时候给出的却是两行的初值，选项 B 也是错误的。在定义二维数组时，只能省略第一维的下标，不能省略第二维的下标，选项 C 也是错误的。

4. 定义一个名为 s 的字符型数组，并且赋初值为字符串 "123" 的错误语句是（　　）。

A. char s[ ]={'1','2','3','\0 '};　　B. char s[ ]={"123"};

C. char s[ ]={"123\n"};　　D. char s[4]={'1','2','3'};

【答案】C

【解析】选项 A 中省略了数组长度，但每个元素都赋了初值，所以数组中共计 4 个元素，初值依次为 '1'、'2'、'3'、'\0'，最后一个元素的值为字符串结束标记，所以数组 s 中存放的是字符串 "123"，该语句是正确的语句；选项 B 中直接赋予字符串作为初值，所以数组 s 的长度为 4，其中的初值是字符串 "123"，该语句是正确的；选项 C 中也是给数组 s 赋予字符串的初值，但是字符串不是 "123"，而是 "123\n"，所以该语句是错误的；选项 D 中，定义了一个字符数组，数组长度为 4，赋初值时仅给前 3 个

元素赋予字符 '1'、'2'、'3'，第 4 个元素没有赋初值，按照 C 语言的规定，第 4 个元素也有初值，初值是 '\0'，即字符串结束标志，所以数组 s 中存放的也是字符串 "123"。

5. 有以下程序：

```
#include <stdio.h>
#include <string.h>
void main()
{
  char s[]="\n123\\";
  printf("%d,%d\n",strlen(s),sizeof(s));
}
```

程序运行后的输出结果是（ ）。

A. 赋初值的字符串有错　　B. 6,7

C. 5,6　　D. 6,6

【答案】C

【解析】本题在定义字符数组时没有定义数组长度，但是给数组赋了初值，这时初值的个数即为数组的长度,故数组长度为 6（包括 '\0'）。字符串的长度为有效字符个数 5（其中“\n”和“\\”都是转义字符，分别被看成一个字符）。因此 printf 语句中输出的结果为“5,6”。应选 C。

6. 运行下列程序后的输出结果是（ ）。

```
#include <stdio.h>
void main()
{
  int a[]={1,2,3,4,5},i;
  for(i=1;i<5; i++)
    printf("%d",a[i]-a[i-1]);
}
```

A. 11111　　B. 1111　　C. 111　　D. 222

【答案】B

【解析】首先分析数组 a 各元素的值，由于是赋初值，很容易看出：a[0]=1，a[1]=2，…，a[4]=5。再分析次数型循环共计执行 4 次（i=1、i=2、i=3、i=4），每次输出 1 位整数：a[i]−a[i−1]，当 i=1 时，输出的是 2−1=1；当 i=2 时，输出的是 3−2=1；当 i=3 时，输出的是 4−3=1；当 i=4 时，输出的是 5−4=1。整个程序的输出结果是 1111。

7. 设有下列数据定义语句：

```
char a[4][10]={"11","22","33","44"};
```

则“puts(strcat(a[1],a[3]));”的输出结果是________；“puts(strcpy(a[0],a[2]));”的输出结果是________。

【答案】2244　　33

【解析】字符数组 a 共有 4 行，每行存放一个字符串。这 4 行的首地址依次为 a[0]、a[1]、a[2]、a[3]，存放的字符串依次为 11、22、33、44。strcat(a[1],a[3]) 函数调用的功能是将 a[3] 指向的字符串连接到 a[1] 指向的字符串后面，所以执行该函数调用后的 a[1] 指向的字符串为 "2244"，而该函数返回 a[1] 的值。puts() 函数的功能就是输出这个地址存放的字符串，由此第 1 个输出的结果就是 2244。同样的理由，可以分析 strcpy(a[0],a[2]) 的功能是将 a[2] 指向的字符串 "33" 复制到 a[0] 指向的字符串，返回 a[0] 的值，puts() 输出的就是 a[0] 指向的字符串，结果为 33。

8. 设有下列数据定义语句：

```
char str[2][10]={"abc","ABC"};
```

则“printf("%3d",strcmp(str[1],str[0]));”的输出结果是________；“printf("%3d",strcmp (strlwr (str[1]),str[0]));”的输出结果是________。

**【答案】**某个小于 0 的任意整数　0

**【解析】**字符型数组 str 中，从 str[0] 开始存放的字符串是 "abc"，从 str[1] 开始存放的字符串是 "ABC"。strcmp(str[1],str[0]) 是比较 str[1] 和 str[0] 处的两个字符串的大小，由于 "ABC"<"abc"，按照 strcmp() 函数的功能可知，返回值是一个小于 0 的整数。strlwr(str[1]) 函数的功能是将 str[1] 处的字符串中的大写字母改为小写字母，其返回值是修改后字符串的地址。strcmp(strlwr(str[1]),str[0])) 函数的功能是比较 str[1] 和 str[0] 处的字符串，由于 str[1] 处的字符串已经改为小写字母了，所以和 str[0] 处的字符串完全相同，返回值是 0。

9. 设有下列数据定义语句：

```
char s[4][5]={{'1','\0'},{"23"},"345","4,\0"};
```

则“puts(&s[0][0]);”的输出结果是________；“puts(s[0]);”的输出结果是________。

**【答案】**1　　　1

**【解析】**首先分析字符型数组 s 的初值，s 的第 0 行中存放的字符串是 "1"、第 1 行中存放的字符串是 "23"、第 2 行中存放的字符串是 "345"、第 3 行中存放的字符串是 "4"。puts() 函数的功能是输出从参数处开始存放的字符串的有效字符。按照上面的分析，第 1 个输出的结果是从 &s[0][0] 开始的字符串，这个地址对应的就是 s 数组的第 0 行，所以输出结果为 1；第 2 个输出的结果是从 s[0] 开始的字符串，这个地址对应的也是数组 s 的第 0 行，所以输出结果也为 1。

10. 以下程序用以删除字符串中所有的空格，请填空。

```
#include <stdio.h>
void main()
{
  char s[100]={"Our teacher teach C language!"};
  int i,j;
  for(i=j=0;s[i]!='\0';i++)
    if(s[i]!='␣') { s[j]=s[i];j++; }
  s[j]=________;
  printf("%s\n",s);
}
```

**【答案】**'\0'

**【解析】**根据程序功能，在循环中对字符串中的所有字符进行判断，如果不是空格，就存放到 s[j] 中，同时下标 j 增 1，如果是空格则跳过。当统计完最后一个非空格字符时，下标 j 增 1，此时 s[j] 应该用来存放结束标志 '\0'，所以循环体执行完后，应执行“s[j]='\0';”，为删除空格后的字符串后面加上结束标志。注意：该程序采用覆盖方式在字符数组 s 中存储删除空格后的字符串。

11. 下列程序的功能是输入一个 5 行 5 列的实数矩阵，然后求出其中的最大数和最小数，并且对调这两个数后，再输出。请填写程序中缺少的语句。

```
#include <stdio.h>
void main()
{
  float f[5][5],max,min,x;
  int i,j,max_i,max_j,min_i,min_j;
```

```
    for(i=0;i<5;i++)
      for(j=0;j<5;j++)
      {
        scanf("%f",&x);
        f[i][j]=x;
      }
    max=min=f[0][0];
    max_i=max_j=min_i=min_j=0;
    for(i=0;i<5;i++)
      for(j=0;j<5;j++)
      {
      if(max<f[i][j])
        max=f[i][j],max_i=i,max_j=j;
      if(min>f[i][j])
        __________
      }
    f[max_i][max_j]=min;
    f[min_i][min_j]=max;
    for(i=0;i<5;i++)
    {
      printf("\n");
      for(j=0;j<5;j++) printf("%8.2f",f[i][j]);
    }
    printf("\n");
    printf("max=f[%d][%d]=%8.2f",min_i,min_j,max);
    printf("min=f[%d][%d]=%8.2f",max_i,max_j,min);
  }
```

**【答案】** min=f [i][j],min_i=i,min_j=j;

**【解析】** 程序的基本结构是：用双重计数型循环读取 5 行 5 列矩阵的元素值存入二维数组 f 中；寻找矩阵中的最大数和最小数；交换最大数和最小数；输出交换后的矩阵元素值。通常寻找最大数（或最小数）的算法是首先假定最前面的数是最大数（或最小数），并记录该数及其在数组中的下标，然后依次处理所有元素，若当前处理的元素大于（小于）最大数（最小数），则重新记录新的最大数（最小数）及其下标。由于是同时求最大数和最小数，所以用 max、max_i、max_j 分别记录当前的最大数及其行列下标，用 min、min_i、min_j 分别记录当前的最小数及其行列下标。在二重循环的循环体中有两条单分支语句，前一条单分支语句的功能是判断当前的数组元素是否大于最大数，是则重新记录最大数及其行列下标（用一个逗号表达式完成三项赋值工作），第 2 条单分支语句是求当前最小数的，与求最大值方法相似。后续两条赋值语句完成最大数和最小数的交换工作。前一条语句“f [max_i][max_j]=min;”是将找到的最小数存入最大数对应的位置，max_i 是最大数的行下标，max_j 是最大数的列下标；类似地，后一条语句“f [min_i][min_j]=max;”是将找到的最大数存入最小数对应的位置。最后输出最大数与最小数，其下标位置有上述相应的变化。

12. 阅读下列程序，写出程序的主要功能。

```
#include <stdio.h>
void main()
{
  int i,a[10],x,flag=0;
```

```
    for(i=0;i<10;i++)
      scanf("%d",&a[i]);
    scanf("%d",&x);
    for(i=0;i<10;i++)
      if(x==a[i])
      {
        flag=i+1;
        break;
      }
    if(flag==0) printf("no found!\n");
    else printf("%d\n",flag);
  }
```

【答案】输入 10 个整数存入数组 a，再输入一个整数 x，在数组 a 中查找 x。找到则输出 x 在 10 个整数中的序号（从 1 开始），找不到则输出“no found!”。

【解析】循环体是输入 10 个整数到数组 a 中，变量 i 是循环控制变量；其后输入一个整数到变量 x 中。接下来的次数型循环执行 10 次，处理的内容是循环体中的单分支语句，即判断当前数组中的元素是否有等于变量 x 的，若有则在变量 flag 中记录 i+1 的值后退出循环；若没有则继续循环。由此可以分析出该程序是在数组 a 中寻找 x，找不到，则变量 flag 的值不会改变，即为 0（初值为 0）；若找到则 flag 变量的值将等于 i+1，即对应数组元素下标加 1，即待查整数中的序号；故找到，则 flag 的值为 1，2，…，10 其中之一；找不到则为 0。循环后面的输出则按照 flag 的值分别处理找到和找不到两种情况。

13. 阅读下列程序，写出程序的主要功能。

```
#include <stdio.h>
void main()
{
  int i,sum=0,a[10];
  for(i=0;i<10;i++)
    scanf("%d",&a[i]);
  for(i=9;i>=0;i--)
    if(a[i]%7==0)
    {
      sum+=a[i];
      printf("%d",a[i]);
    }
  printf("\nsum=%d\n",sum);
}
```

【答案】输入 10 个整数，按从后向前的顺序依次寻找并输出其中能被 7 整除的所有整数以及能被 7 整除的这些整数的和。

【解析】本题中的第 1 个循环体的作用是输入 10 个整数存入数组 a 中；第 2 个循环体是从后向前依次处理一维数组的元素：判断当前数是否满足条件 a[i]%7==0，满足条件的元素则参加累加计算并输出该数组元素。退出循环后，再输出满足条件的数组元素之和。条件 a[i]%7== 0 的含义是“数组元素能被 7 整除”。

14. 编写一个程序，计算并输出下列数列的前 24 项，每行输出 4 项。

数列第 1 项的值 1；

数列第 2 项的值 2；

当 k 为奇数时，数列第 k 项的值 = 第 k−1 项的值 + 第 k−2 项的值；

当 k 为偶数时，数列第 k 项的值 = 第 k-1 项的值 - 第 k-2 项的值。

【答案】

```
#include <stdio.h>
void main()
{
  long int a[25]={0,1,2};
  int i;
  for(i=3;i<25;i++)
    if(i%2!=0)
      a[i]=a[i-1]+a[i-2];
    else
      a[i]=a[i-1]-a[i-2];
  for(i=1;i<25;i++)
  {
    printf("%8d",a[i]);
    if(i%4==0)
      printf("\n");
  }
}
```

【解析】可使用循环体结构求数列的前 24 项，循环体中条件判断 i%2!=0 表示 i 为奇数，否则为偶数，按照给出的公式计算即可得到数组元素的值；输出时 i%4==0 表示 i 被 4 整除，以达到控制每行 4 个数据的格式输出一维数组中的数据即可。

15. 编写一个程序，输入一个 3×3 的实数矩阵，求两条对角线元素中各自的最大值。

【答案】

```
#include <stdio.h>
void main()
{
  int s[3][3],max1,max2,x;
  int i,j;
  for(i=0;i<3;i++)
    for(j=0;j<3;j++)
    {
     scanf("%d",&x);
     s[i][j]=x;
    }
  max1=s[0][0];
  for(i=1;i<3;i++)
     if(max1<s[i][i]) max1=s[i][i];
  max2=s[0][2];
  if(max2<s[1][1]) max2=s[1][1];
  if(max2<s[2][0]) max2=s[2][0];
  printf("max1=%d\n",max1);
  printf("max2=%d\n",max2);
}
```

【解析】用二重循环控制矩阵的输入，用一重循环求主对角线元素的最大数，用单分支结构求次主对角线元素中的最大数。最后输出主对角线与次对角线元素中的最大值。

# 第 7 章　函　数

## 7.1　本 章 要 点

本章主要介绍函数的定义、调用，以及变量的作用域与存储类型等相关内容。

### 7.1.1　函数的定义

函数需要先定义后使用。在C语言中，函数的定义由函数头和函数体两部分组成。函数头给出函数相关信息，函数体具体实现函数的功能。函数定义的一般形式如下：

```
                         形参列表
类型说明符  函数名（类型说明符 形式参数1，类型说明符 形式参数2，…）
{   说明部分 ┐
             ├ 函数体
    语句部分 ┘
}
```

### 7.1.2　函数的类型和返回值

函数的类型即函数返回值的数据类型。凡省略返回值类型定义的函数，系统自动按函数类型为整型处理。

函数的返回值是调用函数得出的结果，简称函数值。函数值通过 return 语句带回到主调函数中。

return 语句的一般形式如下：

```
return(表达式);
return 表达式;
return;
```

函数的返回值类型应与函数头定义的返回值类型一致。如果函数头定义的返回值类型和return 语句中表达式的值的类型不一致，则以函数头定义的返回值类型为准，对数值型数据，系统自动进行类型转换。

对于无返回值的函数，应当将函数定义为 void 类型（空类型），函数体中可以包含 return语句，也可以不包含 return 语句。

### 7.1.3　函数的调用

函数必须被 main()直接或间接调用才可以实现其功能，函数的调用是指在程序中使用已经定义过的函数。函数调用的一般形式如下：

```
函数名(实际参数1, 实际参数2, …)
```

调用函数时，实参向形参传递数据。在C语言中，实参向形参传送数据的方式是单向的值传递，调用函数时，实参将其值传递给形参，调用结束时形参并不将其值传递给实参。

数组名作为函数的参数，函数调用时实参给形参传递的数据是实参数组的首地址，形参数组和实参数组共享存储单元。实参数组和形参数组可以认为是同一个数组，如果在函数调用过程中修改了形参数组的内容，实际上也修改了实参数组的内容。

C语言中，函数不允许嵌套定义，但可以嵌套调用函数。所谓函数的嵌套调用，是指在执行被调用函数时，又调用另一个函数。

递归是一种常用的程序设计技术，C语言中允许函数递归调用。递归调用是指一个函数直接或间接地调用它自身，这种函数称为递归函数。

### 7.1.4 局部变量和全局变量

变量的作用域是指变量在C程序中的有效范围。C语言中的变量，按作用域范围可分为两种：局部变量和全局变量。

在一个函数或复合语句内定义的变量称为局部变量，函数的形参也是局部变量。局部变量仅在定义它的函数或复合语句内有效。

在函数外部定义的变量称为全局变量。全局变量的作用域是从定义之后到文件结束。全局变量可以增加函数之间的数据联系。

### 7.1.5 变量的存储类型

在C语言中，每一个变量有两个属性：一个是变量的数据类型，如整型（int）、实型（float、double）、字符型（char）等；另外一个是变量的存储类型，变量的存储类型是指编译器为变量分配内存的方式，它决定变量的生存期。C语言提供了以下存储类型：自动类型（auto）、寄存器类型（register）、静态类型（static）。

1）自动变量

函数中的局部变量，如果没有说明为静态类型，都是动态分配存储空间的，存储在动态存储区中。函数形参也是自动变量，自动变量用关键字 auto 做存储类型的说明，定义自动类型变量的一般形式如下：

```
auto 类型说明符 变量名1,变量名2 …;
```

例如：

```
auto int m,n=3;        /*定义m、n为自动变量*/
```

auto 可以省略，前面介绍的局部变量都没有说明为 auto，均隐含确定为自动变量。

自动变量属于动态存储方式，只有在定义它的函数被调用时才给它分配存储单元，函数调用结束，释放存储单元。在复合语句内定义的自动变量，程序执行到该复合语句时，为它分配内存单元，复合语句执行完毕，释放其内存单元。

2）静态变量

使用 static说明的变量称为静态变量。根据定义的位置不同，还分为静态局部变量和静态全局变量。静态变量占有的空间要到整个程序执行结束才释放，故静态变量具有静态生存期。定义静态变量的一般形式如下：

```
static 类型说明符 变量名1,变量名2 …;
```

在函数体内定义的静态变量称为静态局部变量，静态局部变量的生存期为整个源程序，如果程序未显式为静态变量赋初值，系统自动将其初始化为 0，程序编译时初始化，且初始化只进行一次；以后每次调用函数时不再重新赋初值，而只是保留上次函数调用结束时的值。

有时在程序设计中有这样的需要，希望某些全局变量只限于被本文件使用而不能被其他文件使用，这时可以在定义全局变量时前面加一个static说明，定义这类变量为静态全局变量。

3）寄存器变量

对于一个需要频繁存取的变量，可以将其定义为寄存器变量来提高程序的运行效率，寄存器变量的说明符是register，定义寄存器变量的一般形式如下：

```
register 类型说明符 变量名1,变量名2 …;
```

寄存器变量存放在CPU的寄存器中，使用时不需要访问内存，而是直接从寄存器中读写，这样可提高存取效率。

### 7.1.6 内部函数与外部函数

C语言根据函数能否被其他源文件中的函数调用，将函数分为内部函数和外部函数。

1）内部函数

如果在一个源文件中定义的函数只能被本文件中的函数调用，这种函数称为内部函数。定义内部函数的一般形式如下：

```
static 类型说明符 函数名(形参列表)
{…}
```

2）外部函数

如果在一个源文件中定义的函数，可以被其他文件中的函数所调用，这种函数称为外部函数。外部函数定义的一般形式如下：

```
extern 类型说明符 函数名(形参列表)
{…}
```

extern 可以省略。

调用其他源文件中定义的函数时，应对被调函数进行声明，声明的一般形式如下：

```
extern 类型说明符 函数名(参数类型表);
```

extern 声明的形式就是在函数声明的基础上加关键字 extern。由于函数在本质上是外部的，在程序中经常要调用外部函数，为方便编程，C语言允许在定义和声明外部函数时省略 extern。

## 7.2 典型例题解析

1. 以下关于函数的叙述中错误的是（　　）。

   A. C程序是函数的集合，包括标准库函数和用户自定义函数

   B. 在C语言程序中，被调用的函数必须在main()函数中定义

   C. 在C语言程序中，函数的定义不能嵌套

   D. 在C语言程序中，函数的调用可以嵌套

**【答案】**B

**【解析】**本题目是考核C语言程序的结构，一个C语言程序可以包含若干个函数，函数的定义是并列的，不允许嵌套定义，可以嵌套调用。故答案选B。

2. 程序中，下列描述正确的是（　　）。

   A. 函数的定义可以嵌套，但函数的调用不可以嵌套

   B. 函数的定义不可以嵌套，但函数的调用可以嵌套

C. 函数的定义和函数的调用都可以嵌套

D. 函数的定义和函数的调用都不可以嵌套

【答案】B

【解析】此题涉及的知识点是函数定义与函数调用问题，函数的定义不允许嵌套，根据需要可以嵌套调用。故答案选 B。

3. 在一个 C 程序中，(　　)。

A. main() 函数必须出现在所有函数之前　　B. main() 函数可以在任何地方出现

C. main() 函数必须出现在所有函数之后　　D. main() 函数必须出现在固定位置

【答案】B

【解析】此题考核 C 语言程序中 main() 函数的位置关系，答案选 B。

4. 以下函数定义中正确的是 (　　)。

A.
```
int fun(int i,j)
{ return i+j;
}
```

B.
```
fun(int i,int j)
{ return i+j;
}
```

C.
```
int fun(int i,int j);
{ return i+j;
}
```

D.
```
void fun(int i,int j)
{ return i+j;
}
```

【答案】B

【解析】选项 A 是错误的，因为 C 语言规定函数的每个形参均需说明类型；选项 C 是错误的，函数头不能带有“;”；选项 D 也是错误的，因为将函数定义为 void 类型，在函数体内就不允许出现带返回值的 return 语句。

5. 函数返回值的类型应由 (　　) 决定。

A. return 中的表达式类型　　B. 调用该函数的主调函数类型

C. 定义函数所指定的类型　　D. 实参类型

【答案】C

【解析】C 语言中，函数的返回值类型应与函数头定义的返回值类型一致，如果函数头定义的返回值类型和 return 语句中表达式的值的类型不一致，则以函数头定义的返回值类型为准。对数值型数据，系统自动进行类型转换。故答案选 C。

6. 以下叙述中错误的是 (　　)。

A. 一个函数中可有多条 return 语句　　B. 函数通过 return 语句传回函数值

C. 主函数可以有形参　　D. 调用函数需独立语句完成

【答案】D

【解析】选项 A 是正确的，函数中可以有多条 return 语句，如在分支结构中，可以从不同的分支返回到主调函数。选项 B 是正确的，函数的返回值通过 return 语句传回主调函数。选项 C 是正确的，主函数可以带形参，相关知识见主教材第 7 章。选项 D 是错误的，C 语言中，调用函数的方式有三种：一是函数调用作为一条独立的语句；二是函数作为表达式的一项，出现在表达式中，以函数返回值参与表达式的运算；三是函数作为另一个函数调用的实际参数出现。故答案选 D。

7. 有下列函数调用语句，函数 fun1() 的实参个数是 (　　)。

```
fun1(a+b, (y=9,y*x), fun2(y, n, k));
```

A. 3　　B. 4　　C. 5　　D. 6

【答案】A

【解析】此题涉及的知识点是函数调用时实参的类型，可以是常量、变量、表达式。这里 fun1( ) 函数的实参分别是算术表达式、逗号表达式和函数表达式，共 3 个。故答案选 A。

8. 退出循环而不终止函数执行的有效方法是（　　）。

A. break　　B. continue　　C. return　　D. exit

【答案】A

【解析】break 语句退出循环或 switch 语句，continue 是继续下一次循环，return 是终止退出函数，exit 是结束所有函数，退出整个程序。故答案选 A。

9. 以下叙述中错误的是（　　）。

A. 在不同的函数中可以使用相同名字的变量

B. 函数中的形式参数是局部变量

C. 在一个函数内定义的变量只在本函数范围内有效

D. 在一个函数内的复合语句中定义的变量在本函数范围内有效

【答案】D

【解析】在一个函数或复合语句中定义的变量，称为局部变量。局部变量仅在定义它的函数或复合语句内有效。函数的形参也是局部变量。不同函数或者并列复合语句各自定义的同名变量互不干扰。故答案选 D。

10. 以下程序的输出结果是（　　）。

```
#include <stdio.h>
void func(int n)
{
  int i;
  for(i=0;i<=n;i++)
    printf("*");
  printf("#");
}
void main( )
{
  func(3);
  printf("????");
  func(4);
  printf("\n");
}
```

A. ****#????***#　　B. ***#????*****#

C. **#????*****#　　D. ****#????*****#

【答案】D

【解析】此题目函数调用时的程序执行流程为：main() 函数调用 fun(3) 函数，执行 fun(3) 函数输出“****#”，返回 main() 函数输出“????”，main() 函数调用 fun(4) 函数，执行 fun(4) 函数时输出“*****#”，故选项 D 正确。

11. 以下程序的输出结果是（　　）。

```
#include <stdio.h>
void main()
{
  void swap(int a,int b);
  int a=1,b=2;
  swap(b,a);
```

```
  printf("a=%d,b=%d\n",a,b);
}
void swap(int a,int b)
{
  printf("a=%d,b=%d\n",a,b);
  a=3; b=4;
}
```

A. a=1,b=2<br>a=1,b=2　　B. a=1,b=2<br>a=3,b=4　　C. a=2,b=1<br>a=3,b=4　　D. a=2,b=1<br>a=1,b=2

【答案】D

【解析】此题涉及的知识点是函数调用时实参与形参之间的数据传递，只与位置有关而与变量名无关，而且是单向传递。故在函数 swap() 中的 printf 语句输出“a=2,b=1”。swap() 函数中的变量 a、b 是 swap() 函数的局部变量，该函数执行结束后局部变量即消失，不会影响 main() 函数中 a、b 的值。因此 main() 函数中的 printf 语句输出“a=1,b=2”。故答案选 D。

12. 下面程序的运行结果是（　　）。

```
#include <stdio.h>
int fx(int x)
{
  int n;
  if(x==0||x==1)
    return 3;
  n=x-fx(x-2);
  return n;
}
void main()
{
  printf("%d\n",fx(7));
}
```

A. 7　　B. 3　　C. 2　　D. 0

【答案】C

【解析】此题涉及的知识点是函数的递归调用。fx(7)=7−fx(5)，fx(5)=5−fx(3)，fx(3)=3−fx(1)，而 f(1) 的值是 3，经过计算，得到问题的答案为 C。

13. 以下 fun() 函数的功能是：找出具有 N 个元素的一维数组中的最小值，并作为函数值返回。请填空。（设 N 已定义）

```
int fun(int x[N])
{
  int i,k=0;
  for(i=0;i<N;i++)
    if(x[i]<x[k])  k=________;
  return x[k];
}
```

【答案】i

【解析】在程序中，变量 k 用来存放比较过程中最小值所在位置的下标。k 的初值为 0，在循环中，数组中的所有元素依次和 x[k] 比较，只要某一个元素比 x[k] 小，k 就记下这个位置（k=i），所有元素比较完成后，x[k] 就是数组中的最小值，作为函数返回值返回。

14. 下面程序的运行结果是（　　）。

```
#include <stdio.h>
int f1(int n)
{
  static int f=1;
  f=f*n;
  return f;
}
int f2(int n)
{
  int f=1;
  f=f*n;
  return f;
}
void main()
{
  int i,a[5],b[5];
  for(i=1;i<=5;i++)
  {
    a[i-1]=f1(i);
    b[i-1]=f2(i);
  }
  printf("%d,%d",a[4],b[4]);
}
```

A. 24,5　　B. 120,5　　C. 24,24　　D. 120,120

**【答案】**B

**【解析】**本题通过 main() 函数中的 for 循环 5 次调用 f1() 和 f2() 函数。在 f1() 函数中变量 f 为静态，每次调用 f1() 均需在上一次值的基础上继续计算，因此 5 次调用返回的值分别是 1、2、6、24 和 120，程序将这些返回值依次赋给数组 a 的各元素。在 f2() 函数中变量 f 为自动变量，每次调用 f 均从初值 1 进行计算，因此 5 次调用返回的值分别是 1、2、3、4 和 5，程序将这些返回值依次赋给数组 B 的各元素。所以输出的 a[4] 值应为 120，输出的 b[4] 值应为 5。

15. 若程序中定义函数：

```
float myadd(float a, float b)
{
  return a+b;
}
```

并将其放在主调用之后，则在调用之前应对该函数进行声明。以下声明中错误的是（　　）。

A. float myadd(float, float);　　B. float myadd(float b, float a);

C. float myadd( float a,b);　　D. float myadd(float a, float b);

**【答案】**C

**【解析】**当被调用函数的定义在主调函数之后，则需要对被调用函数进行原型声明。对被调用函数进行声明的一般格式如下：

```
返回值类型 函数名(类型 形式参数1,类型 形式参数2,…);
```

在函数原型声明语句中每个参数的参数名可以省略，对参数的名称也没有要求。故答案选 C。

# 第 8 章 指　　针

## 8.1 本 章 要 点

### 8.1.1 指针的概念

C语言允许定义一种称为指针类型的变量，这种变量专门用来存放其他变量在内存中的存储单元的地址，称为指针变量。变量的地址称为变量的指针，存放地址的变量称为指针变量。

定义指针变量的一般形式如下：

```
类型说明符 * 指针变量名 ,…;
```

（1）在定义指针变量时，指针变量名前的“*”表示该变量为指针变量，而指针变量名不包含“*”。

（2）指针变量只能指向同一类型的变量。

（3）只有当指针变量指向确定地址后才能被引用，否则指针将指向一个不确定的地址，对不确定地址的内存单元进行引用将是很危险的。

指针变量也有地址，存放指针变量地址的指针变量称为指向指针变量的指针，又称指针变量的指针、多级指针。

定义二级指针变量的一般形式如下：

```
类型说明符 ** 指针变量名 ;
```

### 8.1.2 指针的运算

指针变量是存放地址的变量，地址不是普通的整数，变量的地址是由编译程序产生的，不能将任意的整数赋予指针变量，也不能对指针变量像使用普通整数那样进行任意的运算。

1）算术运算

（1）指针加（减）一个整数。

（2）两个指针变量相减。

如果两个指针都指向同一个数组中的元素，则两个指针变量之差是两个指针之间的数组元素个数。但两个指针变量之和没有意义。

2）关系运算

可以用逻辑运算符和关系运算符比较两个指针，但是除非它们指向同一个数组，否则这种比较是没有意义的。因为数组元素是连续存放的，所以指向前面元素的指针变量总是“小于”指向后面元素的指针变量。设 p 和q 是指向同一数组的指针，则 p 和 q 可以进行<、<=、==、!=、>=、>中任何一种关系运算。例如，p<q，如果值为非 0，则表示 p 所指元素位于 q 所指元素之前，p==q 表示 p、q 指向同一元素。

如果 p、q 是不同类型的指针，则 p、q 不能进行比较。

常数 0（NULL）可以与任何类型指针进行“==”和“!=”运算。

3）赋值运算

和指针变量相关的运算符有以下两个：

（1）&：取地址运算符。

（2）*：指针运算符或间接访问运算符。

“&”和“*”运算符都是单目运算符，优先级别相同，按自右向左的方向结合。

变量的取地址运算“&”和指针的指向运算“*”是一对互逆的运算符。指针变量定义以后必须给它赋值，否则不能使用。具体的赋值形式有以下几种：

（1）将一个变量地址赋给一个指针变量。

（2）任一指针可以直接赋予同类型的指针变量。

（3）常数 0（NULL）可以赋给任何类型的指针变量。

（4）不同类型的指针赋值。

如果要把一种类型的指针赋给另一种类型的指针变量，那么，必须进行强制类型转换后才能赋值。void 指针除外。

### 8.1.3 指针与数组

1）指针与一维数组

数组的指针是指数组的首地址；数组元素的指针就是数组元素的地址。

C语言规定，数组名代表数组的首地址，因此数组名实际上是指向数组第 0 个元素的指针。数组名也是一个指针（指针常量），但不能对数组名进行赋值（即赋予新的地址值）。

（1）指针变量可以指向数组中任何一个元素。

用于指向数组或数组元素的指针变量类型必须与数组类型相同。

（2）当指针变量 p 指向数组的某一个元素时，p+1 将指向下一个元素，而不是将 p 值（是一个地址）简单地加 1。例如，数组元素是单精度实型，每个元素在 Visual C++ 2010 中占 4 字节，则p+1表示使 p 的值（是一个地址）加 4，以使它指向下一个数组元素。p+1 所代表的地址实际上是 p+1 × sizeof (数组类型)。

引用数组元素有以下两种等价形式：

① 下标引用，如 a[i]、p[i]（在 p 指向数组首地址时等价于 a[i]）。

② 指针引用（指针包括指针变量名和数组名），如*(p+i)或*(a+i)。

2）指针与字符串

通过指针可以引用字符串：

```
char *pstr="It's a string" ;
```

pstr 是指向字符串"It’s a string"的指针。与字符数组不同，字符串可以用赋值运算符赋给一个字符指针，实际赋给 pstr 的是字符串的首地址，即用一个字符指针指向一个字符串。上面的语句还可以这样写：

```
char *pstr;
pstr="It's a string";              /* 将字符串的首地址赋给字符型指针变量 pstr*/
```

指针变量 pstr 可用于输入输出整个字符串或作为函数调用的参数；通过指针逐步加 1可由*pstr 引用字符串中的每个元素。

3）指针与二维数组

二维数组的指针分两个层次，有的是直接指向元素的，有的是指向数组行的，因此，二维数组的指针变量也分两种：

（1）指向数组元素的指针变量。

（2）指向数组行的指针变量。

指向数组行的指针变量 p，是指当 p 指向数组的某一行时，p+1 将指向数组的下一行。即如果 p=&a[i]，则 p+1=&a[i+1]。

指向数组行的指针变量定义的一般形式如下：

```
类型说明符 (*指针变量名)[数组行元素个数];
```

例如：

```
int (*p)[4];
```

4）指针数组

指针数组的说明形式如下：

```
类型说明符 * 数组名[常量表达式],…;
```

其中，*数组名[常量表达式]是指针数组的说明符，例如：

```
int *s[10];
```

指针数组各元素均是指针，能指向二维数组的每行首地址，因此可以通过它来表示和引用二维数组。指针数组使用最多的场合是表示长度差别较大的多个字符串，其优点是：利用字符指针数组处理长度不等的字符串，可以节省存储空间。

### 8.1.4 指针与函数

1）指针作函数参数

C语言中函数的调用是按传值方式传递参数，因而在被调用函数中，对形参的修改不能改变实参变量的值。C语言的函数通过 return 语句至多返回给主调函数一个值。当需要通过函数调用得到多个需要的（改变的）值时，可以通过实参变量的地址传递给形参指针，即形参指针指向实参变量，通过改变形参指针所指变量的值，实现调用函数与被调用函数之间的数据传递，从而使被调用函数返回多个值到调用函数中。这是指针作为函数参数的其中一个重要使用场合。

将一维数组名作为函数参数传送时，被传递的是数组第 0 个元素的地址，被调用函数中接收这个地址的形参应是一个存放该地址的变量，也就是指针变量。

多维数组作函数参数时分为两种情况：用指向变量或数组元素的指针变量作函数参数；用指向数组行的指针变量作函数参数。

2）函数指针

在C语言中，函数名具有与数组名类似的特性，数组名代表数组的首地址，函数名代表函数的起始地址（一般来说，程序中的每一个函数经编译连接后，其目标代码在计算机内存中是连续存放的，函数体内第一个可执行语句的代码在内存的地址就是函数执行时的入口地址）。因此也可以把函数名赋给一个函数指针变量，使其成为指向该函数的指针变量。函数名则可以看成函数指针常量。

函数指针的说明形式为：

```
类型说明符 (* 标识符)(参数表),…;
```

标识符是指向函数的指针名，(* 标识符)(参数表)是函数指针说明符，例如：

```
int (*fun)(char *, char *);
float (*q)();
```

3）指针函数

C语言的函数可以返回除数组和函数外的任何类型数据和指向任何类型的指针，如数组的指针、函数的指针，返回指针的函数称为指针函数。

指针函数说明的一般形式如下：

```
类型说明符  * 函数名 ( 参数表 ),…;
```

其中，*函数名(参数表)是指针函数说明符，例如：

```
int *a(int, int);
```

说明 a 是一个整型指针函数，它有两个参数，返回值是一个指向整型数据的指针。

## 8.2 典型例题解析

1. 以下定义语句中正确的是（ ）。

A. int a=b=0;　　B. char A=65+1,b='b';

C. float a=1, *b=&a, *c=&b;　　D. double a=0.0;b=1.1;

【答案】B

【解析】A 项错误，变量定义时不能连续用等号，等号在定义时是初始化的一种；C 项错误，b 是指针变量，*c=&b 表示将二级指针赋值给一个一级指针变量，应该为 *c=b 或者 **c=&b；D 项错误，变量前为分号“;”表示前面的语句定义完毕，变量 b 的定义没有指明变量类型。

2. 执行以下程序段后，s 的值为（ ）。

```
int a[]={1,2,3,4,5,6,7,8,9},s=0,k;
for(k=0;k<8;k+=2) s+=*(a+k);
```

A. 13　　B. 16　　C. 17　　D. 45

【答案】B

【解析】数组 a 中的元素为 a[0]=1，a[1]=2，…，a[8]=9。k=0 时，s=s+*(a+0)=0+1=1；k=2 时，s=1+*(a+2)=1+3=4；k=4 时，s=s+*(a+4)=4+5=9；k=6 时，s=s+*(a+6)=9+7=16。

3. 若主函数中有定义语句“int a[10],b[10],c;”，在主函数前定义的 fun() 函数首部为“void fun(int x[ ])”，则以下调用语句中错误的是（ ）。

A. fun(b);　　B. fun(&c);　　C. fun(&a[3]);　　D. fun(b[11]);

【答案】D

【解析】fun() 函数的形式参数为一个数组，需要实参为一个地址，而 b[11] 是一个整型元素，参数类型不一致，且 b[11] 已经溢出，所以 D 选项错误。

4. 以下程序的功能是：通过调用 calc() 函数，把所求得的两数之和的值放入变量 add 中，并在主函数中输出。

```
#include <stdio.h>
int calc(float x,float y,float *sum)
{________=x+y;}
void main()
{
  float x,y,add;
  scanf("%f%f",&x,&y);
  calc(x,y,&add);
  printf("x+y=%f\n",add);
}
```

calc() 函数中下划线处应填入的是（ ）。

A. *sum　　B. sum　　C. &sum　　D. add

【答案】A

【解析】程序的执行过程为：从键盘输入两个 float 类型的数据，分别赋给 x、y，调用函数 calc() 将两数之和放入指针 sum 指向的地址，正确的引用形式为 (*sum)，所以横线处填写 *sum。

5. 有以下程序：

```
#include <stdio.h>
void change(int *array,int len)
{
  for(;len>=0;len--)
    array[len]-=1;
}
void main()
{
  int i,array[5]={2,2};
  change(array,4);
  for(i=0;i<5;i++) printf("%d,",array[i]);
  printf("\n");
}
```

程序运行后的输出结果是（　　）。

A. 1，1，-1，-1，-1，　　B. 1，0，-1，1，-1，

C. 1，1，1，1，1，　　D. 1，-1，1，-1，1

【答案】A

【解析】在 main() 函数中，首先给一维数组 array 赋初值{2, 2, 0, 0, 0}，再调用 change() 函数，对 array 数组中的每一个数进行减 1 处理，最后使用 for 循环语句输出数组元素的值。

6. 有以下程序：

```
#include <stdio.h>
void fun(int *x,int s,int e)
{
  int i,j,t;
  for(i=s,j=e;i<j;i++,j--)
  {t=*(x+i);*(x+i)=*(x+j);*(x+j)=t;}
}
void main()
{
  int m[]={0,1,2,3,4,5,6,7,8,9},k;
  fun(m,0,3);fun(m+4,0,5);fun(m,0,9);
  for(k=0;k<10;k++) printf("%d",m[k]);
}
```

程序运行后的输出结果是（　　）。

A. 4567890123　　B. 3210987654　　C. 9876543210　　D. 0987651234

【答案】A

【解析】程序的执行过程为：定义数组 m，并为其赋初值，数组长度为 10。调用函数 fun(m, 0, 3) 将数组首地址传入函数，函数实现将数组下标值从 0 到 3 的元素首尾倒置，for 循环结束后数组为 m={3,2,1,0,4,5,6,7,8,9}。调用函数 fun(m+4, 0, 5) 将数组下标值为 4 的元素地址传入函数，函数实现将数组下标值从

4到9的元素首尾倒置，for循环结束之后数组为m={3,2,1,0,9,8,7,6,5,4}。调用函数fun(m, 0, 9)将数组首地址传入函数，函数实现将数组下标值从0到9的元素首尾倒置，for循环结束之后数组为m={4,5,6,7,8,9,0,1,2,3}。依次输出数组元素，结果为4567890123。

7. 有以下程序：

```
#include <stdio.h>
void main()
{
  char *s="120119110";
  int n0,n1,n2,nn,i;
  n0=n1=n2=nn=i=0;
  do{
    switch(s[i++])
    {
      default: nn++;
      case '0': n0++;
      case '1': n1++;
      case '2': n2++;
    }
  }while (s[i]);
  printf("n0=%d,n1=%d,n2=%d,nn=%d\n",n0,n1,n2,nn);
}
```

程序运行后的输出结果是（　　）。

A. n0=3, n1=8, n2=9, nn=1　　B. n0=2, n1=5, n2=1, nn=1

C. n0=2, n1=7, n2=10, nn=1　　D. n0=4, n1=8, n2=9, nn=1

**【答案】**A

**【解析】**case语句中没有break语句，如果匹配case '0'，则变量n0、n1、n2的值都会加1，其他情况依此类推。因此，变量n0统计的是字符串s中非1非2的字符个数，n0=3；变量n1统计的是字符串s中非2的字符个数，n1=8；变量n2统计的是字符串s中所有字符的个数，n2=9；变量nn统计的是字符串s中非0非1非2的字符的个数，nn=1。

8. 有以下程序：

```
#include <stdio.h>
int b=2;
int fun(int *k)
{ b=*k+b;
  return(b);
}
void main()
{
  int a[10]={1,2,3,4,5,6,7,8},i;
  for(i=2;i<4;i++)
  {b=fun(&a[i])+b;printf("%d ",b);}
  printf("\n");
}
```

程序运行后的输出结果是（　　）。

A. 10 12　　B. 8 10　　C. 10 28　　D. 10 16

**【答案】**C

**【解析】**因为 b 是全局变量，所以它的值在整个过程结束时才会消失。for 循环中，第 1 次循环，i=2，a[2]=3，fun(&a[i])=3+2=5，b=5，所以 b=fun(&a[i])+b=5+5=10；第 2 次循环，b=10，a[3]=4，fun(&a[i])=4+10=14，所以 B=fun(&a[i])+b=14+14=28。

9. 有以下程序（其中的 strstr() 函数头部格式为：char *strstr(char *p1, char *p2)，确定 p2 字符串是否在 p1 中出现，并返回 p2 第一次出现的字符串首地址）：

```
#include <stdio.h>
#include <string.h>
char *a="you";
char *b="Welcome you to Beijing!";
void main()
{
  char *p;
  p=strstr(b,a)+strlen(a)+1;
  printf("%s\n",p);
}
```

程序运行后的输出结果是（　　）。

A. to Beijing!　　B. you toBeijing!

C. Welcome you toBeijing!　　D. Beijing!

**【答案】**A

**【解析】**调用 strstr() 函数，返回值为 a 指向的字符串在 b 指向的字符串中第一次出现的位置，并将此地址赋给指针 p。strlen() 函数求字符串的实际长度(不包含结束标志)。strstr() 函数返回的地址下标值为 8，加上 a 指向的字符串长度 3，再加 1，指针 p 指向的地址下标值为 12，输出“to Beijing!”。

10. 有以下程序（说明：字母 A 的 ASCII 码是 65）：

```
#include <stdio.h>
void fun(char *s)
{
  while(*s)
  {
    if(*s%2) printf("%c",*s);
    s++;
  }
}
void main()
{
  char a[]="BYTE";
  fun(a);printf("\n");
}
```

程序运行后的输出结果是（　　）。

A. BY　　B. BT　　C. YT　　D. YE

**【答案】**D

**【解析】**函数 fun() 只会输出 ASCII 码值为奇数的字母，执行 fun(a) 时，依次取出 a[] 中的字母，因为 B 的 ASCII 码值为 66，所以不输出 B，字母 Y 的 ASCII 码值为 89，字母 T 的 ASCII 值为 84，字母 E 的 ASCII 码值为 69，所以最后输出结果为 YE。

# 第 9 章 编译预处理

## 9.1 本 章 要 点

C语言提供了多种预处理功能，预处理命令以“#”开头，预处理命令分为宏定义、文件包含和条件编译。合理使用预处理功能编写的程序便于阅读、修改、移植和调试，也有利于模块化程序设计。

### 9.1.1 宏定义

1）不带参数的宏定义

一般形式如下：

```
#define  标识符  字符串
```

2）带参数的宏定义

一般形式如下：

```
#define  宏名(形参列表) 字符串
```

### 9.1.2 文件包含

C 语言系统提供了#include 编译预处理命令来实现文件包含操作，一般形式如下：

```
#include <文件名>
```

或者

```
#include "文件名"
```

### 9.1.3 条件编译

1）第一种形式

```
#ifdef 标识符
  程序段 1
#else
  程序段 2
#endif
```

2）第二种形式

```
#ifndef 标识符
  程序段 1
#else
  程序段 2
#endif
```

3）第三种形式

```
#if 常量表达式
  程序段 1
#else
  程序段 2
#endif
```

## 9.2 典型例题解析

1. 以下程序运行的结果是________。

```
#include <stdio.h>
#define MOD(x,y) x%y
void main()
{
  int z,a=10,b=44;
  z=MOD(b,a);
  printf("%d\n",z++);
}
```

【答案】4

【解析】本题考查的是带参数形式的宏替换中应注意的问题。编译系统处理带参数的宏时，按程序中指定的字符串（括号内的内容）从左到右进行处理，若遇到形参以实参代替，非形参字符原样保留，则 z=MOD(b,a)=b%a=44%10=4，而 z++ 的返回结果为 4。

2. 以下程序运行的结果是________。

```
#include <stdio.h>
#define MAX(x,y)  (x)>(y)?(x):(y)
void main( )
{
  int a=5,b=2,c=3,d=3,t;
  t=MAX(a+b,c+d)*10;
  printf("%d\n",t);
}
```

【答案】7

【解析】分别以 MAX(a+b,c+d) 中的实参 a+b、c+d 替代 (x)>(y)?(x):(y) 中的形参 x、y。t=MAX(a+b,c+d)*10 语句代替后的结果为 t=(a+b)>(c+d)?(a+b):(c+d)*10。因为 a+b=7，c+d=6 为真，所以 t 的值为 7。

3. 以下程序运行的结果是________。

```
#include <stdio.h>
#include <stdlib.h>
#define N 2
#define M N+1
#define MUN  (M+1)*M/2
void main()
{
  printf("%d\n",MUN);
  system("pause");
}
```

【答案】8

【解析】带参数的宏的替换过程是：用宏调用提供的实参字符串，直接替换宏定义命令行中相应形参字符串，非形参字符保持不变。MUN 被替换成 (2+1+1)*2+1/2。程序的运行结果是 8。

4. 以下程序运行的结果是________。

```
#define N 2
#define M N+1
#define NUM (M+1)*M/2
#include <stdio.h>
void main( )
{
  int i;
  for(i=1;i<=NUM;i++);
    printf("%d\n",i);
}
```

【答案】9

【解析】程序中 for 循环的执行次数取决于 NUM 的值，NUM 的值替换为 (M+1)*M/2，M 的值替换为 N+1，则 NUM=(2+1+1)*2+1/2=8+1/2，所以 for 循环执行的次数是 8。所以最后输出结果为 i=8+1=9。

5. 以下程序运行的结果是________。

```
#include <stdio.h>
#include <stdlib.h>
#define D(x) 4*x+1
void main()
{
  int i=2,j=4;
  printf("%d\n",D(i+j));
  system("pause");
}
```

【答案】13

【解析】带参数的宏替换过程是：用宏调用提供的实参字符串直接替换宏定义命令行中相应的字符串，非形参字符保持不变。调用函数 D(i+j)，进行替换后为 4*i+j+1=13，输出 13。

6. 以下程序运行的结果是________。

```
#include <stdio.h>
#define PT 4.5
#define s(x) PT*x*x
void main( )
{
  int a=1,b=2;
  printf("%f\n",s(a+b));
}
```

【答案】8.500000

【解析】在进行宏定义时，可以引用已定义的宏名，进行层层置换。首先用 s(a+b) 中的实参 a+b 置换 PT*x*x 中的形参，结果为 PT*a+b*a+b，再用实参 4.5 置换 PT。最后得 4.5*1+2*1+2=8.500000。

7. 以下程序运行的结果是________。

```
#define MIN(x,y) (x)<(y)?(x):(y)
```

```
#include <stdio.h>
void main()
{
  int i,j,k;
  i=10;j=15;k=10*MIN(i,j);
  printf("%d\n",k );
}
```

【答案】15

【解析】本题中定义了一个名为 MIN 的带参数的宏，先进行文本替换 (i)<(j)?(i):(j)，则语句 K=10*10<15?10:15，因“*”优先级高于“<”，先进行 10*i 的运算，因此，条件表达式值为 15。

8. 以下程序运行的结果是________。

```
#define FUDGF(y) 2.84+y
#define PR(a) printf("%d",(int)(a))
#define PRINT1(a) PR(a);putchar('\n')
#include <stdio.h>
void main()
{
  int x=2;
  PRINT1(FUDGF(5)*x);
}
```

【答案】12

【解析】本题中代入 FUDGF(5)，PRINT1(FUDGF(5)*x) 结果为 PRINT1(2.84+5*x)，展开 PRINT1(2.84+5*x) 成为 PR(2.84+5*x);putchar('\n')，展开 PR(2.84+5*x);putchar('\n') 成为 printf("%d" ,(int)( 2.84+5*x )); putchar('\n')，最后代入 x 的 printf( " %d " ,(int)( 2.84+5*2 )); putchar(putchar('\n')。结果为 12。

9. 以下程序的功能是________。

```
#include <stdio.h>
#include "file.c"
void main()
{
  func( );
}
void func( )
{
  char c;
  if((c=getchar( ))!='\n')
    func( );
  putchar( );
}
```

【答案】本程序的功能是：接收用户的按键，直到按【Enter】键为止，然后将该字符序列显示出来。

【解析】本题中，在编译文件时，预处理过程中用 file.tex 文件的文本替换 #include file.c 代码行，本程序的功能是接收用户的按键，直到按【Enter】键为止，然后将该字符序列显示出来。

10. 下面程序的运行结果为________。

```
#include <stdio.h>
void main()
{
```

```
    int a=10,b=20,c;
    c=a/b;
    #ifndef DEBUG
      printf("c=%d\n",c);
    #endif
      printf("a=%d,b=%d\n",a,b);
}
```

**【答案】** c=0

a=10,b=20

**【解析】** 本例中采用第二种形式的条件编译。在程序中标识符DEBUG未被定义，因此执行输出c的语句，c=a/b=10/20=0，继续执行后续语句输出a=10,b=20。

# 第 10 章 结构体和共用体

## 10.1 本 章 要 点

### 10.1.1 结构体定义和引用

1）结构体类型定义的一般形式

```
struct 结构体标识符
{ 成员列表 };
```

成员列表的定义形式如下：

```
类型名 成员名;
```

2）定义结构体类型变量的方法

（1）先定义结构体类型再定义变量。

```
struct 结构体标识符
{成员列表};
struct 结构体名 变量名列表;
```

（2）定义结构体类型的同时定义变量。

```
struct 结构体标识符
{成员列表}变量名列表;
```

（3）直接定义结构体类型变量。

```
struct
{成员列表}变量名列表;
```

3）结构体类型变量的引用

表示结构体变量成员的一般形式如下：

```
结构体变量名.成员名
```

其中，“.”是成员运算符，在所有运算符中优先级最高。

### 10.1.2 结构体数组

1）结构体数组的定义

定义结构体数组的一般形式如下：

```
struct 结构体标识符
{
```

```
  成员列表
}结构体数组名[常量表达式];
```

（1）先进行结构体类型定义，再定义结构体数组。

（2）同时进行结构体类型和结构体数组的定义。

（3）直接定义结构体数组而不需要定义结构体类型名。

2）结构体数组的初始化形式

```
struct 结构体标识符
{
  成员列表
}结构体数组名[常量表达式]={值,值,…,值};
```

### 10.1.3 结构体类型的指针

1）定义结构体指针变量的一般形式

```
struct 结构体标识符
{
  成员变量列表;
};
struct 结构体标识符 *指针变量名;
```

2）通过结构体指针变量引用其结构体变量的成员变量的一般形式

```
(*结构体指针变量名).成员名
结构体指针变量名->成员名
```

### 10.1.4 链表

1）链表的一般结构

在链表中，用一个专门的指针 head 指向链表中第一个数据元素的结点，链表中最后一个结点的指针域为空（用 NULL 或 0 表示），表示链表终止。链表的逻辑结构如图10-1所示。

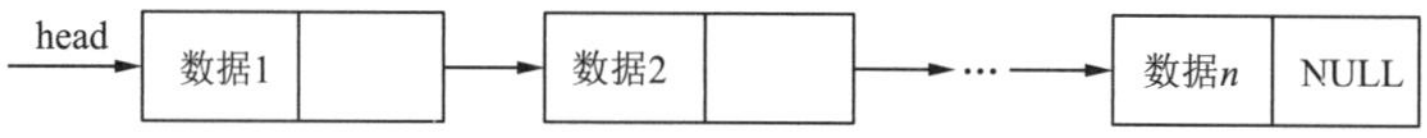


图 10-1 链表的逻辑结构

2）链表的基本操作

链表的基本操作包括链表的建立、结点的插入、链表的删除操作。

### 10.1.5 共用体

1）定义一个共用体类型的一般形式

```
union 共用体标识符
{
  成员表;
};
```

2）共用体变量的引用

（1）共用体变量名.成员名。

（2）共用体指针变量名->成员名。

（3）共用体(*指针变量名).成员名。

### 10.1.6 枚举类型

1）枚举类型定义的一般形式

```
enum 枚举类型标识符 { 枚举值 1, 枚举值 2,… };
```

2）枚举类型定义变量的格式

```
(1)enum 枚举类型标识符 变量列表；
(2)enum 枚举类型标识符 { 枚举值 1, 枚举值 2,… } 变量列表；
(3)enum { 枚举值 1, 枚举值 2,… } 变量列表；
```

### 10.1.7 用 typedef 定义类型

使用 typedef 的格式如下：

```
typedef 旧类型名 新类型名；
```

## 10.2 典型例题解析

1. 以下程序段的输出结果是________。

```
#include <stdio.h>
struct S
{ int a,b;}data[2]={{10,100},{20,200}};
void main()
{
  struct S p=data[1];
  printf("%d\n",++(p.a));
}
```

【答案】21

【解析】程序运行后的结果是：data[0].a=10，data[0].b=100，data[1].a=20，data[1].b=200。主程序中结构体变量 p=data[1]，p.a 即 data[1].a=20，所以程序输出为 21。

2. 以下程序运行后的输出结果是________。

```
#include <stdio.h>
struct ord
{int x ,y;}dt[2]={{1,2},{3,4}};
void main()
{
  struct ord *p=dt;
  printf("%d,",++(p->x)); printf("%d\n",++(p->y));
}
```

【答案】2,3

【解析】结构体数组初始化后的值为 dt[0].x=1，dt[0].y=2，dt[1].x=3，dt[1].y=4。dt 为结构体数组名，代表结构体数组首地址，即元素 dt[0] 的地址。主程序中结构体指针 p=dt，即 p 指向 dt[0]，p->x 即 dt[0].x=1；p->y 即 dt[0].y=2。所以程序输出为 2,3。

3. 以下程序运行的结果是________。

```
#include <stdio.h>
struct stu {
```

```
    int x;
    int *px;
  }a[4],*p=a;
  void main()
  {
    int i,y[4]={10,11,12,13};
    for(i=0;i<4;i++)
    {a[i].x=i;a[i].px=y+i;}
    printf("%d",++p->x);
    printf("%d",(++p)->x);
    printf("%d\n",++(*p->px));
  }
```

**【答案】** 1 1 12

**【解析】** for 循环语句中，结构型数组 a 的所有元素的成员值如下：a[0].x 的值为 0，a[0].px 是指针型，指向数组元素 y[0]；a[1].x 的值为 1，a[1].px 是指针型，指向数组元素 y[1]；a[2].x 的值为 2，a[2].px 是指针型，指向数组元素 y[2]；a[3].x 的值为 3，a[3].px 是指针型，指向数组元素 y[3]。

第一条输出语句表达式"printf("%d",++p->x),""->"运算符优先于"++"，所以首先执行 p->x，p 指向结构型数组 a 的数组元素 a[0]，取 a[0] 的成员值为 0，再执行"++"运算，其值为 1。但是指针 p 仍指向 a[0]，而 a[0].x 的值变为 1。

同理，第二条输出语句的输出表达式 (++p)->x，先执行 ++p，p 指向结构型数组 a 的数组元素 a[1]，(++p)->x 代表数组元素 a[1] 的成员值 x，其值为 1。指针 p 仍指向 a[1]；而 a[1].x 的值未变，为 1。

第三条输出语句的输出表达式"printf("%d\n",++(*p->px)"，由于"->"优先于"*"，所以先计算 p->px，现在 p 指向 a[1]，p->px 的运算结果是 a[1] 的成员 px，这是一个指针变量，它指向数组元素 y[1]，(*p->px) 代表的值为 11，所以 ++(*p->px) 的值是 12。此时 p 的值没有改变，而 y[1] 的值为 12。

4. 若有下面的说明和定义，则 sizeof(struct aa) 的值是________。

```
  struct aa
  {
    int r1;double r2;float r3;
    union uu
    { char u1[5];
      long u2[2];
    }ua;
  }maya;
```

**【答案】** 22

**【解析】** sizeof(x) 为运算符，它运算的结果为 x 型的数据结构占用的内存字节数，本题中定义了结构体 aa，它的长度为其中内存成员所占内存的总和。int 变量需要 2 字节；double 变量需要 8 字节；float 变量需要 4 字节；题目中结构体 aa 包含了一个共用体 uu，而共用体变量在内存中所占的长度等于最长的成员的长度，而 char 型变量需要 1 字节，u1[5] 需要 5 字节；而 long 型变量需要 4 字节，long u2[2] 需要 8 字节。因此 sizeof(struct aa) 的值应为 2+8+4+8=22。

5. 下列程序运行后的输出结果是________。

```
  #include <stdio.h>
  void main()
  {
    int i;
    struct city
```

```
    {
      int num;
      char name[20];
    } x[5]={1,"china",2,"shang",3,"beijing",4,"guang",5,"tian"};
    struct city *pc;
    pc=x;
    for(i=0;i<5;i++)
      printf("%d,%c\n",(pc+i)->num,(pc+i)->name[0]);
}
```

**【答案】** 1,c 2,s 3,b 4,g 5,t

**【解析】** 本题考查的是结构体数组以及结构体数组指针，首先定义结构体 city，结构体数组 x，PC 为结构体数组 x 的指针，(pc+i) 指向 x 的元素，则 (pc+i)->num 等价于 x[i].num 的元素，(pc+i)->name[0]) 等价于 x[i].num[0] 的元素，所以程序的运行结果为：1,c 2,s 3,b 4,g 5,t。

6. 下列程序运行后的输出结果是________。

```
#include <stdio.h>
struct st{int x;int *y;}*p;
int dt[4]={10,20,30,40};
struct st aa[4]={50,&dt[0],60,&dt[1],70,&dt[2],80,&dt[3]};
void main()
{
  p=aa;
  printf("%d,",p->x);
  p++;
  printf("%d\n",*(p->y));
}
```

**【答案】** 50,20

**【解析】** 本题主要考查结构体、指针数组等综合内容。本题 aa 是结构体数组，p 是指向结构体变量的指针 (p=aa)，即 p 开始指向 aa[0]，p->x 等价于 aa[0].x。根据 aa 数组初始化，50、&dt[0] 的值分别赋给 aa[0] 的 x、y 成员；60、&dt[1] 的值分别赋给 aa[1] 的 x、y 成员。所以，第一个 printf 语句输出 50，之后 p++，即 p 指向 aa[1]，即 p->y 等价于 aa[1].y，根据结构体的定义可知 aa[1].y 也是指针变量，值为 &dt[1]，因此，*(p->y)，即 dt[1]，值是 20。

7. 下列程序运行后的输出结果是________。

```
#include <stdio.h>
struct NODE
{int num;struct NODE *next;};
void main()
{
  struct NODE s[3]={{1,'\0'},{2,'\0'},{3,'\0'}},*p,*q,*r;
  int sum=0;
  s[0].next=s+1; s[1].next=s+2; s[2].next=s;
  p=s;q=p->next;r=q->next;
  sum+=q->next->num; sum+=r->next->next->num;
  printf("%d\n",sum);
}
```

**【答案】** 5

【解析】本题考查的是链表，主函数首先声明了一个结点数组 s[3]，并分别初始化成员 num 为 1、2、3，而成员 next 全部被初始化为 '\0'，就是 0。下面三条语句“s[0].next=s+1; s[1].next=s+2;s[2].next=s;”分别将三个结点指向下一结点，而最后一个结点指向第一个结点。构造一个单向循环链表。接下来指针 p=s，使其指向 s[0]；然后使 q=p->next，即指向 s[1]；r=q->next 使其指向 s[2]，然后一个累计变量 sum 使其累加 q->next->num 和 r->next->next->num，因 q 指向 s[1]，所以它的 next 指针指向 s[2]，故第一次累加是 s[2].num=3，而 r 指向的是 s[2]，所以它的 next 指向 s[0]，s[0] 的 next 指向 s[1]，故第二次累加的是 s[1].num=2，所以程序最终输出结果为 5。

8. 以下程序运行后的输出结果是________。

```
#include <stdio.h>
union myun
{
  struct
  { int x,y,z;}u;
  int k;
}a;
void main()
{
  a.u.x=4; a.u.y=5; a.u.z=6; a.k=0;
  printf("%d\n",a.u.x);
}
```

【答案】0

【解析】本题首先定义了一个共用体变量 a，在这个共用体变量中嵌套了一个结构体变量 u。然后在 void main() 函数中对其进行赋值：令其成员“a.u.x=4; a.u.y=5; a.u.z=6;”。随后对共用体另外一个成员 k 进行赋值 0，由于在共用体变量中起作用的成员是最后一次存放的成员，在存入新的成员后，原来的成员已失去作用，所以结果为 0。

9. 以下结构体类型说明和变量定义中正确的是（　　）。

A. typedf struct
{int n;char c;}REC;
REC t1,t2;

B. struct REC;
{int n;char c;};
REC t1,t2

C. typedf struct
{int n=0;char c='A';}t1,t2;
REC t1,t2;

D. struct
{int n;char c;} REC ;

【答案】A

【解析】A 选项，用 typedf 定义结构体类型名 REC 后，可以用 REC 定义变量。B 选项，“struct REC”后面不应加分号；C 选项，没有这样的书写形式；D 选项，REC 定义的是一个变量，不是结构体类型，因此不能用来定义结构体变量。

# 第 11 章 位运算

## 11.1 本章要点

位运算是直接对操作数的二进制形式进行的逻辑运算或移位等运算。其操作数只能是整型数据或字符型数据。位运算的基本运算符有六个，见表 11-1。

表 11-1 位运算的运算符

<table>
<tr><th>位运算符</th><th>表 达 式</th><th>含 义</th></tr>
<tr><td>&（按位与）</td><td>a&b</td><td>a、b 中两个相应的二进制位都为 1，则结果的相应位为 1，否则结果的相应位为 0</td></tr>
<tr><td>|（按位或）</td><td>a|b</td><td>a、b 中两个相应的二进制位都为 0，则结果的相应位为 0，否则结果的相应位为 1</td></tr>
<tr><td>^（按位异或）</td><td>a^b</td><td>a、b 中两个相应的二进制位不相同，则结果的相应位为 1，否则结果的相应位为 0</td></tr>
<tr><td>~（按位取反）</td><td>~a</td><td>a 中某二进制位若为 1，则结果的相应位为 0，否则结果的相应位为 1</td></tr>
<tr><td><<（左移位）</td><td>a<<n</td><td>a 的二进制位全部左移 n 位，高位左移后溢出，丢弃不用，低位补 0</td></tr>
<tr><td>>>（右移位）</td><td>a>>n</td><td>a 的二进制位全部右移 n 位，低位右移后溢出，丢弃不用，高位根据编译系统或补 0 或补1，无符号数的高位补 0</td></tr>
</table>

另外，除按位取反运算符外，其他五种位运算符还可与赋值运算结合，称为位复合赋值运算操作。

## 11.2 典型例题解析

1. 整型变量 x 和 y 的值相等，且为非 0 值，则以下选项中，结果为 0 的表达式是（　　）。

A. x||y　　B. x|y　　C. x&y　　D. x^y

【答案】D

【解析】本题考查的是位运算的性质。选项 A 是两个非 0 数进行或运算，得到的一定为非 0 值。选项 B 是两个非 0 数进行按位或运算，得到的也一定为非 0 值。选项 C 是两个非 0 数进行按位与运算，结果可能为 0 也可能不为 0。选项 D 是两个相等的数进行按位异或运算，结果肯定为 0。

2. 以下程序的运行结果是（　　）。

```
#include <stdio.h>
void main()
{
  int a=1,b=2,c=3,x; x=(a^b)&c;
  printf("%d\n",x);
}
```

A. 0　　B. 1　　C. 2　　D. 3

【答案】D

**【解析】**变量 a 的二进制形式是 0000 0001，变量 b 的二进制形式是 0000 0010，a^b 的结果为 0000 0011，变量 c 的二进制形式是 0000 0011，二者进行按位与运算后的结果为 0000 0011，即十进制 3。

3. 设有以下语句：

```
short c=124;
c=______;
printf("%d\n",c);
```

若要使程序的运行结果为 248，应在下横线处填入的是（　　）。

A. c >>2　　B. c | 248　　C. c&0248　　D. c<<1

**【答案】**D

**【解析】**十进制数 124 的二进制形式为 0000 0000 0111 1100，十进制数 248 的二进制形式为 0000 0000 1111 1000，将二者对比，得到答案 D。

4. 以下程序的运行结果是（　　）。

```
#include <stdio.h>
void main()
{
  unsigned char a,b,c;
  a=0x3; b=a|0x8; c=b<<1;
  printf("%d  %d ",b,c);
}
```

A. 11　12　　B. 6　13　　C. 12　24　　D. 11　22

**【答案】**D

**【解析】**本题中变量 a 的二进制形式为 0000 0011，0x8 的二进制形式为 0000 1000，二者进行按位或运算后，即变量 b 的二进制形式为 0000 1011，b 左移 1 位后的二进制形式为 0001 0110。

5. 以下程序的功能是（　　）。

```
#include <stdio.h>
void main( )
{
  short int n, m, i;
  scanf("%d",&n);
  m=1<<15;
  printf("%d=",n);
  for(i=1; i<=16; i++)
  {
    printf("%c", n&m?'1':'0');
    n<<=1;
    if(i%4==0)
      putchar(' ');
  }
  printf("\bB\n");
}
```

**【答案】**输入某整数，求其补码。

**【解析】**本题中 for 循环前 m 的值为 1000 0000 0000 0000，在 for 循环的执行过程中，用 m 与 n 进行按位与运算后得到 n 的最高位，并判断 n 的最高位，若为 1 则输出字符 1，否则输出字符 0；然后将 n 左移 1 位，再重复执行 15 次上述操作。

# 第 12 章 文　件

## 12.1 本 章 要 点

操作系统是以文件为单位对数据进行管理的，任何一种计算机高级语言都要有和磁盘文件打交道的能力。如果想要找到存放在外部介质上的数据，必须先按文件名找到所指定的文件，然后从该文件中读取数据。要向外部介质上存储数据也必须先建立一个文件，以文件名标识，然后在文件中输出数据。在 C 语言中没有单独的文件操作语句，所有对文件的操作都是通过库函数来完成的，所以本章的重点是学会使用与文件操作有关的库函数。

### 12.1.1 文件的基本知识

1）文件的概念

文件一般是指存储在外部介质上的一组相关数据的集合。文件一般都存放在外部介质中，需要的时候将该文件的内容装载入内存，运行的结果也可以以文件的形式存放在外部介质中。这类用于保存输入和输出的文件称为数据文件。把文件中的数据送入内存的操作称为输入或读文件，而把内存中的数据存放到磁盘文件中的操作称为输出或写文件。

2）文件类型

按照读写方式的不同，文件可以分为顺序存取文件和随机存取文件；按照文件的存储方式，文件又可以分为 ASCII 码文件和二进制文件；按照文件读写时的处理方法，文件可分为缓冲文件和非缓冲文件。

3）文件指针

缓冲文件系统中，有一个很关键的概念：文件指针。每个被使用的文件都在内存中开辟一个缓冲区，用来存放文件的有关信息（如文件名、文件状态、文件属性等）。这些信息是保存在一个结构体变量中的。该结构体类型是由系统定义的，取名为 FILE。

### 12.1.2 文件处理函数

1）文件打开和关闭函数

（1）文件打开函数。打开一个文件的一般形式如下：

```
FILE *fp;
fp=fopen(文件名,操作方式);
```

fopen()函数的主要功能是为需要打开的文件分配一个缓冲区，并返回该缓冲区的地址。在对一个指定的文件进行打开操作时，如果出错，fopen()函数将返回一个空指针值NULL。

在程序中可以用这一信息来判别是否完成打开文件的工作，并进行相应的处理。因此常用以下程序段打开文件：

```
if((fp=fopen("文件名","操作方式"))==NULL)
{
  printf("can not open this file!");
  exit(0);              /*由exit()函数终止程序运行*/
}
```

**注意**：使用 exit() 函数时应包含头文件 stdlib.h。

fopen()函数的操作方式共有 12 种，见表 12-1。希望大家能够清晰地加以区分掌握。

**表 12-1　文件操作方式的符号及其含义**

| 文件操作方式符号 | 功　能 |
|---|---|
| r（只读） | 打开一个文本文件，只允许读数据 |
| w（只写） | 打开或创建一个文本文件，只允许写数据 |
| a（追加） | 打开或创建一个文本文件，并在文件末尾追加数据 |
| rb（只读） | 打开一个二进制文件，只允许读数据 |
| wb（只写） | 打开或创建一个二进制文件，只允许写数据 |
| ab（追加） | 打开或创建一个二进制文件，并在文件末尾追加数据 |
| r+（读写） | 打开一个文本文件，允许读数据和写数据 |
| w+（读写） | 打开或创建一个文本文件，允许读数据和写数据 |
| a+（读写） | 打开或创建一个文本文件，可以读数据或在文件末尾追加数据 |
| rb+/r+b（读写） | 打开一个二进制文件，允许读数据和写数据 |
| wb+/w+b（读写） | 打开或创建一个二进制文件，允许读数据和写数据 |
| ab+/a+b（读写） | 打开或创建一个二进制文件，可以读数据或在文件末尾追加数据 |

（2）文件关闭函数。文件一旦使用完毕，必须将其立即关闭，以避免文件的数据丢失等错误。文件的关闭使用 fclose()函数，其调用的一般形式如下：

```
fclose(文件指针);
```

该函数的功能是关闭文件指针fp所指向的文件。如果正常完成关闭文件的操作，fclose()函数返回值为 0；否则，返回值为非 0。

2）文件读写函数

（1）对单个字符（或字节）进行读写的函数：fgetc()和 fputc()。

① 字符读函数 fgetc()，调用形式如下：

```
fgetc(文件指针);
```

该函数的功能是从文件指针指向的文件中读取一个字符，该文件必须是以读写方式或者读方式打开的。当函数调用成功时，返回所读取的字符，否则返回一个 EOF 值（系统定义的宏，值为-1）。

② 字符写函数 fputc()，调用形式如下：

```
fputc(字符变量/字符常量,文件指针);
```

该函数的功能是将字符变量或者字符常量中的字符写入文件指针所指向的文件中，该文件必须是以读写方式或者写方式打开的。当函数调用成功时，返回字符变量/字符常量的值，否则返回一个 EOF 值。

（2）对字符串进行读写的函数：fgets()和 fputs()。

① 字符串读函数 fgets()，调用形式如下：

```
fgets(字符数组名,n,文件指针);
```

该函数的功能是读取文件指针指向的文件中长度不超过 n-1 的字符串，将其存入字符数组首地址开始的存储空间中，并在末尾自动加一个结束标志'\0'。进行完以上操作后将读取位置向后移动 n-1 字节。其中第一个参数也可以是字符指针变量。

说明：如果在规定长度之前遇到了文件结尾标志 EOF 或者换行符，读取结束；函数调用成功时，返回值为字符数组的首地址，失败或出错时返回值为 NULL。

② 字符串写函数 fputs()，调用形式如下：

```
fputs(字符串/字符数组名,文件指针);
```

该函数的功能是将字符串或字符数组写入文件指针指向的文件中，其中第一个参数也可以是字符指针变量。

（3）对格式化数据进行读写的函数：fscanf()和 fprinf()。

① 格式化读函数 fscanf()，调用形式如下：

```
fscanf(文件指针,格式控制字符串,参数地址表);
```

该函数的功能是按指定的格式从文件指针指向的文件中读取数据，并送入输入表列中。

② 格式化读函数 fprinf()，调用形式如下：

```
fprintf(文件指针,格式控制字符串,输出表列);
```

该函数的功能是将输出表列中的数据按照指定的格式送入文件指针指向的文件中。

（4）对非格式化的数据进行读写的函数：fread()和 fwrite()。

① 非格式化读函数 fread()，调用形式如下：

```
fread(buffer,size,count,fp);
```

该函数的功能是从文件指针fp所指向的文件的当前位置开始，一次读入size字节的数据，重复count 次，总字节数为size × count，将其存放到首地址为buffer的内存中，并将读写位置指针向后移动size × count 字节。函数调用成功时，返回值为 count；如果执行读取的次数小于count 次，那么返回实际的次数；如果函数调用失败，返回值就是 0。

② 非格式化写函数 fwrite()，调用形式如下：

```
fwrite(buffer,size,count,fp);
```

该函数的功能是从 buffer 开始，一次输出 size 字节，重复 count 次，总字节数为 size × count，将输出的数据存放到文件指针 fp 所指向的文件中，并将读写位置指针向前移动 size × count 字节。函数调用成功时，返回值为 count；如果执行写入的次数小于 count 次，那么返回实际的次数；如果函数调用失败，返回值就是 0。

（5）非标准 C 语言提供的读写函数：getw()和 putw()。

① 非标准 C 语言提供的读函数 getw()，调用形式如下：

```
getw(文件指针);
```

该函数的功能是从文件指针所指向的文件中读取一个整数到内存，如果执行成功，返回该整数的值；如果执行失败，返回值就是 EOF。

② 非标准 C 语言提供的写函数 putw()，调用形式如下：

```
putw(i, 文件指针);
```

该函数的功能是向文件指针所指向的文件中写入一个整数 i（i 可以是整型常量，也可以是整型变量）。如果执行成功，返回 i 的值；如果执行失败，返回值就是 EOF。

3）文件检测函数

（1）文件结束检测函数 feof()，调用形式如下：

```
feof(文件指针);
```

该函数的功能是判断文件指针指向的文件是否结束，如果已经结束，则函数返回值为非0，否则为 0。

（2）读写文件错误检测函数 ferror()，调用形式如下：

```
ferror(文件指针);
```

该函数的功能是检查指针文件指向的文件在用读写函数进行读写时是否出错。如果ferror()函数返回值为 0，则表示未出错；如果返回的是一个非 0 值，则表示出错。文件打开时，该函数默认值为 0。

（3）文件出错标志和文件结束标志置 0 函数 clearerr()，调用形式如下：

```
clearerr(文件指针);
```

该函数的功能是将文件指针所指向的文件中的出错标志和文件结束标志清除，使它们为0值。当文件读写出错时，错误标志（非0值）会一直保留，可以调用 clearerr()函数将其清0。

4）文件定位函数

（1）取文件当前位置函数 ftell()，调用形式如下：

```
ftell(文件指针);
```

该函数的功能是返回从文件开头位置到当前读写位置的位移量，该位移量用长整型数据表示。函数调用正确时返回该位移量，错误时返回-1L。

（2）改变文件指针的当前位置函数 fseek()，调用形式如下：

```
fseek(文件指针,位移量,起始点);
```

该函数的功能是移动文件位置指针到指定的位置上，此后文件的读写都将从此位置开始。该函数起始点的表示方法见表12-2。

表 12-2　fseek() 函数起始点的表示方法

| 起 始 点 | 标 识 符 | 数字表示 |
|---|---|---|
| 文件开始 | SEEK_SET | 0 |
| 当前位置 | SEEK_CUR | 1 |
| 文件末尾 | SEEK_END | 2 |

（3）置文件读写位置于开头函数 rewind()，调用形式如下：

```
rewind(文件指针);
```

该函数的功能是把文件的当前位置指针移到文件开始处。

## 12.2　典型例题解析

1. 下列对于文件操作的叙述正确的是（　　）。

A. 对文件的操作必须先打开文件　　B. 对文件的操作必须先关闭文件

C. 对文件操作后可以不用关闭文件　　D. 上述三种答案都不正确

【答案】A

【解析】本题考查文件的概念以及文件操作应遵循的规则。C 语言在使用文件中规定，在使用文件之前必须先打开文件，使用结束后应该关闭文件。按照文件操作应遵循的规则，选项 B、C、D 的叙述都是错误的。故应选 A。

2. 以下叙述中错误的是（ ）。

A. 二进制文件打开后可以先读文件的末尾，而顺序文件不可以

B. 在程序结束时，应当用 fclose() 函数关闭已打开的文件

C. 在利用 fread() 函数从二进制文件中读数据时，可以用数组名给数组中所有元素读入数据

D. 不可以用 FILE 定义指向二进制文件的文件指针

【答案】D

【解析】顺序文件只能从头读写，二进制文件可以随机读写，选项 A 的叙述正确；文件在使用后应用 fclose() 函数关闭，选项 B 的叙述正确；用 fread() 函数可以一次性读取同类型的很多数据，选项 C 的叙述正确；在 C 语言中指向各种文件的文件指针都是通过 FILE 来定义的，故选项 D 的叙述是错误的。

3. 若要打开 D 盘上 user 子目录下名为 abc.txt 的文本文件进行读、写操作，下面符合此要求的函数调用是（ ）。

A. fopen("D:\user\abc.txt","r");

B. fopen("D:\\user\\abc.txt","r+");

C. fopen("D:\user\abc.txt","rb");

D. fopen("D:\\user\\abc.txt","w");

【答案】B

【解析】由于“\”是转义字符，所以文件名中的“\”用“\\”来表示，因此选项 A 和选项 C 不正确。要打开文本文件进行读写，应使用读写模式 r+，因此选项 D 不正确。故选 B。

4. 以读写方式打开一个已存在的文本文件 file.dat，下面 fopen() 函数正确的调用方式是（ ）。

A. FILE *fp;
fp=fopen("file.dat","r");

B. FILE *fp;
fp=fopen("file.dat","rb");

C. FILE *fp;
fp=fopen("file.dat","r+");

D. FILE *fp;
fp=fopen("file.dat","rb+");

【答案】C

【解析】用 fopen() 函数打开文件的使用方式见表 12-1。选项 B 和 D 都是打开一个二进制文件，不符合题意。选项 A 的 r 方式只能以只读方式打开一个已存在的文本文件。选项 C 的 r+ 方式是以读写方式打开一个已存在的文本文件，这种方式既可读又可写，可实现文件的修改。因此选项 C 是正确的。

5. 执行以下程序后，text.txt 文件的内容是（ ）（若文件能正常打开）。

```
#include <stdio.h>
#include <stdlib.h>
void main()
{
  FILE *fp;
  char *s1="Fortran",*s2="Basic";
  if((fp=fopen("test.txt","wb"))==NULL)
  {
    printf("Can"t open this file\n");
    exit(0);
  }
  fwrite(s1,7,1,fp);
  fseek(fp,0L,SEEK_SET);
  fwrite(s2,5,1,fp);
  fclose(fp);
}
```

A. Basican B. BasicFortran C. Basic D. FortranBasic

【答案】A

【解析】程序首先以二进制写方式打开文件 test.txt，然后把从地址 s1 开始的 7 个字符写到 test.txt 中，接着使用语句 fseek(fp,0L,SEEK_SET) 将文件位置指针移到文件开头（这条语句等价于 rewind(fp)），然后写入 s2 指针所指的 5 个字符，此时会覆盖前面所写的字符，所以最后文件中的字符为 s2 中的所有字符加上 s1 的最后两个字符，即 Basican，所以应选 A。

6. 已有文本文件 test.txt，其中的内容为“Hello,everyone!”。以下程序中，文件 test.txt 已经用读方式正确地打开，由文件指针 fr 指向该文件，则程序的输出结果是________。

```
#include <stdio.h>
void main()
{
  FILE *fp;
  char str[40];
  fp=fopen("test.txt","r");
  fgets(str,5,fp);
  printf("%s\n",str);
  fclose(fp);
}
```

【答案】Hell

【解析】本题考查的是 fgets() 函数的应用，调用 fgets() 函数时给出了三个实参：str、5、fp。其中 str 是字符数组的首地址，该数组将存放由函数读取的字符串，第二个实参 5 表示函数将读取 5-1 个字符。fp 是文件指针，指向被读取文件，在本题中它指向的是文件 test.txt。综上所述，fgets() 函数将从 test.txt 文件中读取 4 个字符，并存放在数组 str 中，最后输出数组 str。故输出结果为 Hell。

7. 试编写一个程序用来统计文件 fname 中字符的个数。

【解析】（1）用 fp=fopen("fname","r") 打开文件，并返回文件指针。

（2）fgetc(fp) 函数调用正常时返回一个字符赋给 ch；遇文件结束符返回 EOF（-1）。因为统计的是字符，字符 ASCII 码均大于 0，可用 EOF 作为文件结束标志。

（3）关闭文件。

【答案】参考程序代码如下：

```
#include <stdlib.h> /*exit()函数所在的头文件*/
#include <stdio.h>
void main()
{
  FILE *fp;
  char ch;
  int num=0;
  if((fp=fopen("fname","r"))==NULL)
  {
    printf("Can't open this file\n");
    exit(0);
  }
  ch=fgetc(fp);
  while(ch!=EOF)
  {
```

```
      num++;
      ch=fgetc(fp);
    }
    printf("num=%d\n",num);
    fclose(fp);
}
```

**【注意】**如果统计的数据不是字符，而是二进制数，二进制数有可能是 -1（EOF），不能用 EOF 作为文件结束标志。这种情况要用函数 feof(fp) 来测试，如 feof(fp) 的值为 1（真），则文件结束。如下所示：

```
while(!feof(fp))
{
  num++;
  ch=fgetc(fp);
}
```

8. 把从键盘上输入的字符串中的小写字母转化为大写字母，输出到文件 test.txt 中，然后从该文件读出字符串并显示出来。要求：test.txt 文件的打开方式用 r+，文件只打开一次。请编写程序。

**【解析】**把转换后的字符输出到文件 test.txt 中后，test.txt 文件的位置指针已到文件末尾，feof 的值为非零值(真)。这时应执行 rewind()函数，使文件的位置指针重新定位于文件开头，并使 feof()函数的值恢复为0(假)。

**【答案】**参考程序代码如下：

```
#include <string.h>        /*strlen()函数所在的头文件*/
#include <stdlib.h>        /*exit()函数所在的头文件*/
#include <stdio.h>
void main()
{
  FILE *fp;
  char str[100];
  int i=0;
  if((fp=fopen("test.txt","r+"))==NULL)
  {
    printf("Can't open this file\n");
    exit(0);
  }
  printf("Input a string:\n");
  gets(str);
  while(str[i]!='\0')
  {
    if(str[i]>='a'&&str[i]<='z')
      str[i]=str[i]-('a'-'A');
    fputc(str[i], fp);
    i++;
  }
  rewind(fp);                /*使文件的位置指针重新定位于文件开头*/
  fclose(fp);
  fgets(str,strlen(str)+1,fp);
  printf("%s\n",str);
```

```
    fclose(fp);
  }
```

9. 在磁盘文件 student1.dat 中有 30 个学生的数据。要求将第 5、10、15、20、25、30 个学生的数据复制到另一个磁盘文件 student2.dat 中。

**【解析】**（1）用 fseek() 函数可以改变文件的位置指针，以实现随机读写。

（2）用非格式化读写函数即数据块读写函数 fread()、fwrite()实现读写磁盘文件数据。

**【答案】**参考程序代码如下：

```
#include <stdlib.h>                              /*exit()函数所在的头文件*/
#include <stdio.h>
void main()
{
  struct student                                 /*定义学生信息的结构类型*/
  {
    char name[30];
    int num;
    int age;
    char sex;
  } stud;
  int i;
  FILE *fp1,*fp2;
  if((fp1=fopen("student1.dat","rb"))==NULL)     /*以二进制形式打开文件*/
  {
    printf("can't open student1.dat file\n");
    exit(0);
  }
  if((fp2=fopen("student2.dat","rb"))==NULL)
  {
    printf("can't open student2.dat file\n");
    exit(0);
  }
  for(i=5;i<=30;i+=5)
  {
    fseek(fp1,i*sizeof(stud),0);
    if(fread(&stud,sizeof(stud),1,fp1)!=1)
    {
      printf("file read error\n");
      exit(0);
    }
    if(fwrite(&stud,sizeof(stud),1,fp2)!=1)
    {
      printf("file read error\n");
      exit(0);
    }
  }
  fclose(fp1);
  fclose(fp2);
}
```

10. 求矩阵 c=a+b。已知：a(3×3) 在数据文件 file1.dat 中，b(3×3) 的数据在程序中产生（用行列下标之和产生矩阵 b 的元素值）。要求：

（1）将矩阵 a 和矩阵 b 的数据都写到 file2.dat 文件中。

（2）将程序运算结果矩阵 c 的数据也写到 file2.dat 文件中。

**【解析】**本题考查文件的读写操作。按题意建立存放矩阵 a 的数据文件 file1.dat，将 file1.dat 中的数据写到存放结果的文件 file2.dat 中，然后用双重循环给矩阵 b 提供数值，再写入 file2.dat 中。用双重循环计算两个矩阵的和并存放到矩阵 c 中，再写入 file2.dat 中。

**【答案】**参考程序代码如下：

```
#include <stdlib.h>                        /*exit()函数所在的头文件*/
#include <stdio.h>
void main()
{
  FILE *fp1,*fp2;
  int a[3][3],b[3][3],c[3][3];
  int i,j,k;
  if((fp1=fopen("file1.dat","r"))==NULL)
  {
    printf("can't open file1.dat file\n");
    exit(0);
  }
  if((fp2=fopen("file2.dat","w"))==NULL)
  {
    printf("can't open file2.dat file\n");
    exit(0);
  }
  fprintf(fp2,"Matrix A\n");
  for(i=0;i<3;i++)
  {
    for(j=0;j<3;j++)
    {
      fscanf(fp1,"%d",&a[i][j]);           /*从file1.dat文件读取数据*/
      fprintf(fp2,"%d ␣␣ ",a[i][j]);       /*写入file2.dat文件中*/
      b[i][j]=i+j;                         /*用行列下标之和产生矩阵b的元素值*/
    }
    fprintf(fp2,"\n");                     /*为了使写入的数据为矩阵格式,每行结束换行*/
  }
  fprintf(fp2,"\n");                       /*各矩阵之间加一空行*/
  fclose(fp1);
  fprintf(fp2,"Matrix B\n");
  for(i=0;i<3;i++)
  {
    for(j=0;j<3;j++)
    fprintf(fp2,"%d ␣␣",b[i][j]);          /*将产生的矩阵b写入file2.dat文件中*/
    fprintf(fp2,"\n");
  }
  fprintf(fp2,"\n");
```

```
    fprintf(fp2,"Matrix C\n");
    for(i=0;i<3;i++)
    {
      for(j=0;j<3;j++)
      {
        c[i][j]=a[i][j]+b[i][j];                /*矩阵加法运算*/
        fprintf(fp2,"%d ␣ ",c[i][j]);
                                    /*把矩阵a与矩阵b相加得到的矩阵c写入file2.dat文件中*/
      }
      fprintf(fp2,"\n");
    }
    fclose(fp2);
}
```

运行后file2.dat文件中的内容为：

```
Matrix A
1 2 1
2 1 1
1 3 2
Matrix B
0 1 2
1 2 3
2 3 4
Matrix C
1 3 3
3 3 4
3 6 6
```

# 第二部分

## 【课后延学】
## ——测试练习及其参考答案

# 第1章 概　　述

## 1.1 测试练习

### 一、选择题

1. 以下不是C语言特点的是（　　）。

   A. C语言简洁紧凑　　B. C语言可以直接对硬件进行操作

   C. C语言的可移植性能好　　D. C语言编程容易

2. 构成C语言源程序的基本单位是（　　）。

   A. 编程　　B. 函数　　C. 子程序　　D. 命令

3. 一个C程序中，main()函数的位置（　　）。

   A. main()函数开始，直到main()函数结束　　B. main()函数开始，直到最后一个函数结束

   C. 第一个函数开始，直到最后一个函数结束　　D. 第一条语句开始，直到最后一条语句结束

4. 在C程序中，main()函数的位置（　　）。

   A. 必须作为第一个函数　　B. 必须作为最后一个函数

   C. 可以任意　　D. 必须放在它所调用的函数之后

5. C程序是由（　　）构成。

   A. 一个主程序与若干子程序　　B. 一个或多个函数

   C. 若干过程　　D. 若干子程序

6. 以下叙述错误的是（　　）。

   A. 在C程序中，注释说明只能位于一条语句的后面

   B. 注释说明被计算机编译系统忽略

   C. 注释说明必须在"/*"和"*/"之间，注释必须配对使用

   D. 注释符"/*"和"*/"之间不能有空格

7. 程序流程图中带有箭头的线段表示（　　）。

   A. 图元关系　　B. 数据流　　C. 控制流　　D. 调用关系

8. 结构化程序设计的基本原则不包括（　　）。

   A. 多态性　　B. 自顶向下　　C. 模块化　　D. 逐步求精

9. 以下叙述中正确的是（　　）。

   A. C程序中的注释只能出现在程序的开始位置和语句的后面

   B. C程序书写格式严格，要求一行内只能写一条语句

   C. C程序书写格式自由，一条语句可以写在多行上

D. 用C语言编写的程序只能放在一个程序文件中

10. 以下叙述中正确的是（　　）。

A. C语言的基本组成单位是语句　　B. C程序中的每一行只能写一条语句

C. 简单C语句必须以分号结束　　D. C语句必须在一行内完成

## 二、填空题

1. C语言的源程序通常以________作为其扩展名。
2. C程序中的语句都用________作为结束标志。
3. 函数体由符号________开始，由符号________结束。
4. 程序中用花括号{}括起来的多条语句，称为________语句，它在语法上等于________条语句。
5. 每个C语言程序中有且只有一个________函数，它是程序的入口和出口。

## 三、编程题

1. 编写一个C语言程序，通过键盘输入a、b、c三个变量的值，输出其中的最大值。
2. 编写一个程序，通过键盘读入一个长和宽的值（整数），输出矩形的面积。

# 1.2 测试练习参考答案

## 一、选择题

1～5　DBACB　　6～10　ACACC

## 二、填空题

1. .c　　2. ;　　3. {　}　　4. 复合　一　　5. 主

## 三、编程题

1.

```
void main()
{
  int a,b,c,max
  printf("please input three number:\");
  scanf("%d,%d,%d,"&a,&b,&c);
  max=a;
  if(max<b) max=b;
  if(max<c)  max=c;
  printf("the largest number is:%d",max);
}
```

2.

```
void main()
{     int x,y,area;
      printf("输入矩形的长和宽：\n");
      scanf("%d%d",&x,&y);
      area=x*y;
      printf("矩形面积为：%d\n",area);
}
```

# 第 2 章 数据类型、运算符和表达式

## 2.1 测试练习

### 一、选择题

1. 以下合法的字符常量是（　　）。

A. '\109'　　B. '\x64a'　　C. '\t'　　D. 'ab'

2. 以下选项中不合法的整型常量是（　　）。

A. −012　　B. 8E2　　C. 123L　　D. 0x35

3. 以下选项中不合法的实型常量是（　　）。

A. e−5　　B. 123　　C. −6.2e4　　D. 3.5e−2

4. 能正确表示 a ≥ 10 或 a ≤ 0 的关系表达式是（　　）。

A. a>=10 or a<=0　　B. a>=10 &a<=0　　C. a>=10 | a<=0　　D. a>=10||a<=0

5. 若已定义 x 和 y 为 double 型变量，则表达式 x=1，y=x+3/2 的值是（　　）。

A. 1　　B. 2　　C. 2.0　　D. 2.5

6. 设 m=10，n=4，则赋值运算 m%=n+1 执行后，m 的值是（　　）。

A. 1　　B. 2　　C. 3　　D. 0

7. 下面程序的执行结果是（　　）。

```
#include <stdio.h>
void main()
{
  int x=20,z;
  z=++x;
  z+=x;
  printf("z1=%d\n",z);
  z=x--;
  z+=x;
  printf("z2=%d\n",z);
}
```

A. z1=42 z2=41　　B. z1=41 z2=42　　C. z1=41 z2=41　　D. z1=42 z2=42

8. 定义“int i; char c; float f;”则以下结果为整数的表达式是（　　）。

A. i+f　　B. i*c　　C. c+f　　D. i+c+f

9. 若有“int x=8,y=5,z;”，则执行语句 z=x/y+0.4 后，z 的值为（　　）。

A. 1　　B. 1.4　　C. 2　　D. 2.0

10. x 为 int 型变量，执行以下语句后，x 的值为（　　）。

```
x=10;
x+=x-=x-x;
```

A. 10　　B. 20　　C. 30　　D. 40

11. 下面程序的输出结果是（　　）。

```
#include <stdio.h>
void main()
{
  int x=10,y=3,z;
  printf("%d\n",z=(x%y,x/y));
}
```

A. 0　　B. 1　　C. 3　　D. 4

12. 表达式 (k=3*2,k+4),k*3 的值是（　　）。

A. 14　　B. 10　　C. 30　　D. 18

13. 下面程序的执行结果是（　　）。

```
#include <stdio.h>
void main()
{
  char a='a',b;
  printf("%c,",++a);
  printf("%c\n",b=a++);
}
```

A. b,c　　B. b,b　　C. a,b　　D. a,c

14. 已知“int x=5,y=5,z=5;”，则执行语句 x%=y+z 后，x 的值是（　　）。

A. 0　　B. 1　　C. 5　　D. 6

15. C 语言中，数字 029 是一个（　　）。

A. 十进制数　　B. 八进制数　　C. 十六进制数　　D. 不合法

16. 下列变量定义语句中正确的是（　　）。

A. Char:a,b,c;　　B. char x,y;z;　　C. int t;k;　　D. float m,n;

17. 下列对于数据类型自动转换的说法正确的是（　　）。

A. 字符型与单精度实型进行运算时都转换为双精度实型

B. 字符型与字符型进行转换时不进行转换

C. 整型与字符型进行运算时根据字符的 ASCII 码值来决定是否进行类型转换

D. 单精度实型之间进行运算时不进行转换

18. 下列对于强制类型转换的说法正确的是（　　）。

A. 对于强制类型转换的变量，按照转换后的类型进行保存

B. 对于强制类型转换的变量，变量本身的数据类型不变

C. 对于强制类型转换的变量，变量本身的数据类型和运算时的类型都改变

D. 对于强制类型转换的变量，变量本身的数据类型和运算时变量本身的数据类型都不改变

## 二、填空题

1. 表达式 3.5+1/2+56%10 的计算结果是________。

2. 整数 123，取它的个位数的表达式为________，取百位数的表达式为________，取十位数的表达式为________。

3. 整型常数以________开头的数是八进制数，以________开头的数是十六进制数。

4. 在 C 语言中一个字符常量存放到内存单元中，实际是将字符相应的________码放到存储单元中，所以字符型数据和________型数据之间可以通用。

## 三、写出程序的运行结果

1. 下列程序的输出结果是________。

```
#include <stdio.h>
void main()
{
  int x,y;
  x=10;
  y=3;
  printf("%d,",x/y);
  printf("%d\n",x%y);
}
```

2. 下列程序的输出结果是________。

```
#include <stdio.h>
void main()
{
  int a=2,b=4,c=6,x,y;
  y=(x=a+b),(b+c);
  printf("y=%d,x=%d",y,x);
}
```

3. 下列程序的输出结果是________。

```
#include <stdio.h>
void main()
{
  int i=8;
  printf("%d\n",++i);
  printf("%d\n",--i);
  printf("%d\n",i++);
  printf("%d\n",i--);
  printf("%d\n",-i++);
  printf("%d\n",-i--);
}
```

4. 下列程序的输出结果是________。

```
#include <stdio.h>
void main()
{
  char a,b;
  a='a';
  b='b';
```

```
    a=a-32;
    b=b-32;
    printf("%c,%c\n%d,%d\n",a,b,a,b);
}
```

## 2.2 测试练习参考答案

**一、选择题**

1 ～ 5　CBADC

6 ～ 10　DABAB

11 ～ 15　CDBCD

16 ～ 18　DAD

**二、填空题**

1. 9.5

2. 123%10　123/100　123/10%10

3. 0　0x 或 0X

4. ASCII　整

**三、写出程序的运行结果**

1. 3,1
2. y=6,x=6
3. 9
   8
   8
   9
   −8
   −9
4. A B
   65,66

# 第3章 顺序结构

## 3.1 测试练习

### 一、选择题

1. 设有定义“long x=-123456L;”，则以下能够正确输出变量 x 值的语句是（　　）。

   A. printf("x=%d\n",x)　　B. printf("x=%ld\n",x)

   C. printf("x= l\n",x)　　D. printf("x=%LD\n",x);

2. 下面正确的输入语句是（　　）。

   A. scanf("a=b=%d",&a,&b);　　B. scanf("%d,%d",&a,&b) ;

   C. scanf("%c",c);　　D. scanf("% f%d\n",&f) ;

3. 执行下面的程序段，给 x、y 赋值时，不能作为数据分隔符的是（　　）。

```
int x,y;
scanf("%d%d",&x,&y);
```

   A. 空格　　B. Tab 键　　C. 回车　　D. 逗号

4. 若有说明语句：

```
int a; float B;
```

以下输入语句正确的是（　　）。

   A. scanf("%f%f",&a,&b)　　B. scanf("%f%d",&a,&b)

   C. scanf("%d,%f",&a,&b)　　D. scanf("%6.2f%6.2f",&a,&b)

5. 有以下程序段：

```
char ch;
int k;
ch='a';
k=12;
printf("%c,%d,",ch,ch,k); printf("k=%d \n",k);
```

已知字符 a 的 ASCII 码值为 97，则执行上述程序段后输出结果是（　　）。

   A. 因变量类型与格式描述符的类型不匹配输出无定值

   B. 输出项与格式描述符个数不符，输出为零值或不定值

   C. a,97,12k=12

   D. a,97,k=12

6. 执行下面的程序时，欲将 25 和 2.5 分别赋给 a 和 b，正确的输入方法是（　　）。

```
int a;
float b;
scanf("a=%d,b=%f",&a,&b);
```

A. 25␣2.5　　B. 25,2.5　　C. a=25,b=5.5　　D a=25␣B=2.5

7. 若变量已正确说明为 float 型，要通过语句 “scanf("%f%f%f",&a,&b,&c)” 给 a 赋值 10.0，b 赋值 22.0，C 赋值 33.0，下列不正确的输入形式是（　　）。

A. 10↙ 22↙ 33↙　　B. 10.0,22.0,33.0↙

C. 10.0↙ 22.0 33.0↙　　D. 10 22↙ 33↙

8. 现有以下程序段：

```
#include <stdio.h>
void main()
{
  int a,b,c;
  scanf("a=%*d%d,b=%d%*d,c=%d",&a,&b,&c);
  printf("a=%d,b=%d,c=%d\n",a,b,c);
}
```

若输出的结果为 a=20,b=30,c=40，则以下能够正确输入数据的是（　　）。

A. a=10␣20,b=20␣30,c=40　　B. 20,30,40

C. a=20,b=30,c=40　　D. a=10␣20,b=30␣20,c=40

9. x、y、z 被定义为 int 型变量，若从键盘给 x、y、z 输入数据，正确的输入语句是（　　）。

A. INPUT x、y、z　　B. scanf("%d%d%d",&x,&y,&z);

C. scanf("%d%d%d",x,y,z) ;　　D. read("%d%d%d",&x,&y,&z) ;

10. 执行下列程序时，输入 123␣456␣，输出结果是（　　）。

```
#include <stdio.h>
void main()
{
  int c, i;
  scanf("%c",&c); scanf("%d",&i);
  printf("%c,%d\n",c,i);
}
```

A. 123,456　　B. 1,456　　C. 1,23,456　　D. 1,23

## 二、填空题

1. 假设变量 a 和 b 为整型，以下语句可以不借助任何变量把 a、b 中的值进行交换，请填空：

a+=________;b=a-________;a-=________。

2. 假设变量 x 为整型变量，则执行下面语句后 x 的值为________。

```
x=7; x+=x-=x+x;
```

3. 假设变量 a、b、c 为整型，以下语句借助中间变量把 a、b 和 c 中的值进行交换，把 b 的值给 a，把 c 的值给 b，把 a 的值给 c。例如，交换前，a=10，b=20，c=30，交换后 a=20，b=30，c=10。请填空：________;a=b;b=c;________。

4. 假设变量 a 是 char 型的，写出正确的输出语句将 a 以 "a=" 的形式输出________。

5. 使用输入函数 “scanf("%d",k)”，则不能使用 float 变量 k 得到正确数值的原因是________和________。scanf 语句的正确形式应该是：scanf("%f",&k)。

6. 语句“scanf("##%*d,%d\n",i)”中“*”的作用是________。

7. 语句“printf("##%-6d\n",x)”中“-”的作用是________，6 的作用是________。

8. putchar() 函数的含义是________。

9. getchar() 函数的含义是________。

10. 若有定义“float a=1352.97856”，则“printf("%6.3f ～ %6d",a,(int)a);”的输出结果是________。

## 三、写出程序的运行结果

1. 已知字母 A 的 ASCII 码为 65，下面程序的运行结果是________。

```
#include <stdio.h>
void main()
{
  char a, b;
  a='A'+'5'-'3'; b=a+'6'-'2';
  printf("%d %c\n", a, b);
}
```

2. 若通过键盘输入 12a34b↙，下面程序的运行结果是________。

```
#include <stdio.h>
void main()
{
  int a1,a2;
  char c1,c2;
  scanf("%d%c%d%c",&a1,&c1,&a2,&c2) ;
  printf("%d,%c,%d ,%c",a1,c1,a2,c2);
}
```

3. 下面的程序，运行时输入 1234567，运行结果是________。

```
#include <stdio.h>
void main()
{
  int x,y;
  scanf("%2d%2d",&x,&y);
  printf("%d\n",x+y);
}
```

4. 下面程序的运行结果是________。

```
#include <stdio.h>
void main()
{
  int a=5;
  float x=4.5;
  a*=x*6;
  printf(" %f\n",(float)a);
}
```

5. 有下面的程序：

```
#include <stdio.h>
void main()
{
```

```
   unsigned int x=0xFFFF;          /*x 的初值为十六进制数 */
   printf("%u\n",x);
}
```

其中 %u 表示按无符号整数输出，程序运行后的输出结果是________。

## 3.2 测试练习参考答案

### 一、选择题

1 ～ 5 BBDCD 6 ～ 10 CBDBD

### 二、填空题

1. b、b、b
2. -14
3. t=a,c=t
4. printf("a=%c",a );
5. 未指明变量 k 的地址 格式控制符与变量类型不匹配
6. 表示本项输入不赋给相应的变量
7. 表示输出数据左对齐 表示输出数据占的宽度是 6 列
8. 向终端输出一个字符
9. 从终端输入一个字符
10. 1352.979 ～ 1352

### 三、写出程序的运行结果

1. 67 G
2. 12,a,34,b
3. 46
4. 135.000000
5. 65535

# 第4章 选择结构

## 4.1 测试练习

### 一、选择题

1. 阅读以下程序：

```
#include <stdio.h>
void main( )
{
  int a=5,b=0,c=0;
  if(a=b+c)
    printf("***\n");
  else
    printf("$$$\n");
}
```

以上程序（　　）。

A. 有语法错不能通过编译　　B. 可以通过编译但不能通过连接

C. 输出 ***　　D. 输出 $$$

2. 以下不能看作一条语句的是（　　）。

A. ;　　B. a=5,b=2.5,c=3.6;

C. if(a<5);　　D. if(b!=5)x=2;y=6;

3. 若 int k=8，则执行下列程序后，变量 k 的正确结果是（　　）。

```
#include <stdio.h>
void main()
{
  int k=8;
  switch(k)
  {
    case 9:k+=1;
    case 10:k+=1;
    case 11:k+=1;break;
    default:k+=1;
  }
  printf("%d\n",k);
}
```

A. 12　　B. 11　　C. 10　　D. 9

4. 阅读如下程序段：

```
#include <stdio.h>
void main( )
{
  int a=45,b=40,c=50,d;
  d=a>30?b:c;
  switch(d)
  {
    case 30 : printf("%d,",a);
    case 40 : printf("%d,",b);
    case 50 : printf("%d,",c);
    default : printf("#");
  }
}
```

则输出的结果是（　　）。

A. 40,50,　　B. 50,#　　C. 40,#　　D. 40,50,#

5. 以下程序的输出结果是（　　）。

```
#include <stdio.h>
void main()
{
  int a=20,b=30,c=40;
  if(a>b)
    a=b,b=c;
  c=a;
  printf("%d,%d,%d\n",a,b,c);
}
```

A. 20,40,20　　B. 20,30,20　　C. 30,40,20　　D. 30,40,30

6. 以下程序的输出结果是（　　）。

```
#include <stdio.h>
void main()
{
  int x=16,y=21,m=0,
  switch(x%3)
  {
    case 0:m++;break;
    case 1:m++;
    switch(y%2)
    {
      default:m++;
      case 0; m++;break;
    }
    printf("m=%d \n",m);
  }
}
```

A. m=2　　B. m=3　　C. m=4　　D. m=5

7. 有以下程序，若从键盘输入 7，则输出结果是（　　）。

```
#include <stdio.h>
void main()
{
  int x
  scanf("%d",&x);
  if(x--<7)
    printf("x=%d\n",x);
  else
    printf("x=%d\n",x++);
}
```

A. x=6　　B. x =7　　C. x =8　　D. x =0

8. 判断字符型变量 ch 是小写字母的表达式是（　　）。

A. 'a'<=ch<='z'　　B. (ch>=a)&&(ch<=z)

C. (ch>=a) || (ch<=z)　　D. (ch>='a')&&(ch<='z')

9. 以下程序的输出结果是（　　）。

```
#include <stdio.h>
void main()
{
  int k=2;
  switch(k)
  {
    case 1 : printf("%2d,",k++);
    case 2 : printf("%2d,",k++);
    case 3 : printf("%2d,",k++);
    case 4 : printf("%2d,",k++);break;
    default : printf("#");
  }
}
```

A. 2　　B. 2 3 4　　C. 1 2 3 4　　D. 2 3 4 5

10. 以下程序的输出结果是（　　）。

```
#include <stdio.h>
void main()
{
  int x,y=1;
  if(y!=0)
    x=5;
  printf("%d\t",x);
  if(y==0)
    x=3;
  else
    x=5;
  printf("%d\t\n",x);
}
```

A. 1 3　　B. 1 5　　C. 5 3　　D. 5 5

## 二、填空题

1. 设 y 为 int 型变量，写出描述“y 是奇数”的表达式________。

2. 设 x、y、z 均为 int 型变量，请写出描述“x 或 y 中有一个小于 z”的表达式________。

3. 已知 int d,m=2,n=1,a=1,b=2,c=3，执行完 d=(m=a!=b)&&(n=b>c) 后，n 的值为________，m 的值为________。

4. 设有变量定义：int a=10,c=9，表达式 (--a!=c++)?--a:++c 的值是________。

5. 为了避免在嵌套的条件语句 if...else 中产生歧义，C 语言规定 else 总是和________的 if 配对。

6. 在 C 语言中，switch 后的括号内的表达式可以是________。

7. 写出判断 char 型变量 ch 是否为大写字母的表达式________。

8. 正确表示当 x 的取值在 [1,10] 和 [200,210] 范围内为真，否则为假的表达式________。

9. 当 break 和 switch 语句结合使用时表示________。

10. 若变量 a、b 已定义为 int 并赋值 21 和 55，要求用 printf() 函数以 a=21，b=55 的形式输出，请写出完整的输出语句________。

## 三、写出程序的运行结果

1. 下面程序的运行结果是________。

```
#include <stdio.h>
void main( )
{
  int a=0,b=1;
  if(a++&&b++)
    printf("T");
  else
    printf("F");
  printf("a=%d,b=%d\n",a,b);
}
```

2. 下面程序的运行结果是________。

```
#include <stdio.h>
void main( )
{
  int a=1,b=2,c=3;
  if(c=a) printf("%d\n",c);
  else printf("%d\n",b);
}
```

3. 下面程序的运行结果是________。

```
#include <stdio.h>
void main()
{
  int x=0x13;
  if(x=0x12) printf("True");
  printf("False\n");
}
```

4. 下面程序的运行结果是________。

```
#include <stdio.h>
void main( )
```

```
{
  int a=10,b=1;
  if(a%3==0)
    b++;
  else
    b--;
  printf("b=%d",b);
}
```

5. 下面程序的运行结果是________。

```
#include <stdio.h>
void main( )
{
  int a=1,b=2,c=2;
  switch(a)
  {
    case 1:switch(b)
    {
      case 1: printf ("@" ); break;
      case 2: printf("!" ); break;
    }
    case 0: switch(c)
    {
      case 0: printf("*"); break;
      case 1: printf("#"); break;
      case 2: printf("$"); break;
    }
    default : printf("&");
  }
  printf(" \n ");
}
```

## 4.2 测试练习参考答案

### 一、选择题

1～5 DDDDB

6～10 BADBD

### 二、填空题

1. ( y%2)==1
2. x<z||y<z
3. 0 1
4. 11
5. 与 else 最近的、尚未配对的
6. 整型、字符型或枚举类型
7. (ch>' A ')&& (ch<' Z ')
8. ((x>=1)&&(x<=10))|| ((x>=200 ) &&(x<=210 ) )
9. 跳出当前所在的 switch 结构
10. printf("a=%d,b=%d",a,b)

### 三、写出程序的运行结果

1. Fa=1,b=1
2. 1
3. TrueFalse
4. b=0
5. ! $ &

# 第 5 章 循 环 结 构

## 5.1 测 试 练 习

### 一、选择题

1. 若 k 为整数，以下 while 循环中，循环体执行的次数是（　　）。

```
k=10;
while(k==0) k--;
```

A. 11 次　　B. 10 次　　C. 一次也不执行　　D. 无限次

2. 设 int i=0，对以下语句描述正确的是（　　）。

```
while(i=1)
{…}
```

A. 循环条件表达式的值为 0　　B. 循环条件表达式的值为 1
C. 循环条件表达式不合法　　D. 以上说法都不正确

3. 以下叙述中正确的是（　　）。

A. break 语句不能用于提前结束 for 语句的本层循环
B. 使用 break 语句可以使流程跳出 switch 语句
C. continue 语句使整个循环终止
D. 在 for 语句中，continue 语句与 break 语句的效果是一样的，可以互换

4. 以下程序的运行结果是（　　）。

```
#include <stdio.h>
void main()
{
  int i=1, sum=0;
  while(i<10)
    sum=sum+1; i++;
  printf("i=%d, sum=%d\n", i, sum);
}
```

A. i=10, sum=9　　B. i=9, sum=9
C. i=2, sum=1　　D. 出现死循环

5. 有以下程序：

```
#include <stdio.h>
void main()
```

```
{
  char c;
  for( ; (c=getchar())!='#'; )
    putchar( ++c );
}
```

执行时如输入为：abcdefg##<回车>，则输出结果是（　　）。

A. abcdefg　　B. bcdefgh$　　C. bcdefgh　　D. bcdefgh$$

6. 以下程序的运行结果是（　　）。

```
#include <stdio.h>
void main()
{
  int a=1, b=2;
  for(;a<8;a++)
  {
    b+=a; a+=2;
  }
  printf("%d, %d\n",a,b);
}
```

A. 9，18　　B. 8，11　　C. 7，11　　D. 10，14

7. 有如下程序：

```
#include <stdio.h>
void main()
{
  int i=0;
  char c;
  do
  {
    c=getchar( );
    putchar(c);
    i++;
  }while(i<5);
}
```

程序执行时，从第一列开始输入以下数据，<CR>代表换行符。

```
u<CR>
w<CR>
xsta<CR>
```

程序运行后的输出结果是（　　）。

A. u<br>w<br>x　　B. u<br>w<br>xs　　C. u<br>w<br>xsta　　D. uwxsta

8. 以下程序的运行结果是（　　）。

```
#include <stdio.h>
void main()
{
  int k=0;
```

```
  char c='A';
  do
  {
    switch ( c++)
    {
      case 'A': k++; break;
      case 'B': k--;
      case 'C': k+=2; break;
      case 'D': k%=2; continue;
      case 'E': k*=10; break;
      default: k/=3;
    }
    k++;
  }while( c<'G');
  printf("k=%d\n", k);
}
```

A. k=3　　B. k=4　　C. k=2　　D. k=0

9. 以下程序的运行结果是（　　）。

```
#include <stdio.h>
void main()
{
  int x,y;
  x=2,y=6;
  do
  {
      y=y-x;
      x++;
  }while(y--<0);
  printf("%d",y);
}
```

A. −2　　B. −1　　C. 3　　D. 4

10. 以下程序的运行结果是（　　）。

```
#include <stdio.h>
void main()
{
  int i,j;
  for(i=1;i<=4;i++)
  {
    for(j=1;j<=4-i;j++)
      printf(" ");
    for(j=1;j<=i;j++)
      printf("*");
    printf("\n");
  }
}
```

A. *
**
***
****

B. *
**
***
****

C. *
**
*****
*******

D. *******
*****
***
*

## 二、填空题

1. while语句是一种________型循环，它的特点是先________，再________。
2. do...while语句是一种________型循环，它的特点是先________，再________。
3. for语句是一种________型循环，它是C语言中最灵活、应用最广泛的语句。
4. while语句的循环体至少执行________次，do...while语句的循环体至少执行________次。
5. 循环语句中的循环条件表达式是________表达式。
6. break语句的功能是________。
7. break语句可用于________语句和________语句。
8. continue语句的功能是________。
9. continue语句可用于________语句。
10. 循环的嵌套是指________。在C语言中，外层循环和内层循环________相互交叉。

## 三、写出程序的运行结果

1. 下面程序的运行结果是________。

```
#include <stdio.h>
void main()
{
  char ch='B';
  while(ch<'E')
  {
    printf("%d",ch-'A');
    ch++;
  }
  printf("\n");
}
```

2. 下面程序的运行结果是________。

```
#include <stdio.h>
void main()
{
  int i,x;
  for(i=1,x=1;i<=50;i++)
  {
    if(x>=10) break;
    if(x%2==1) { x+=5; continue; }
    x-=3;
  }
  printf("x=%d\t", x);
  printf("i=%d\t", i);
}
```

3. 下面程序的运行结果是________。

```
#include <stdio.h>
```

```
void main()
{
  int i,j,sum;
  for(i=3;i>=1;i--)
  {
    sum=0;
    for(j=1;j<=i;j++) sum+=i*j;
  }
  printf("%d\n",sum);
}
```

4. 下面程序的运行结果是________。

```
#include <stdio.h>
void main()
{
  int i,j;
  i=j=10;
  do
  {
    j=j+i;
    i--;
  }while(i>2);
  printf("%d\n",j);
}
```

5. 下面程序的运行结果是________。

```
#include <stdio.h>
void main()
{
  int i,j,k;
  for(i=1;i<=6;i++)
  {
    for(j=1;j<=20-3*i;j++)
      printf(" ");
    for(k=1;k<=i;k++)
      printf("%d",k);
    for(k=i-1;k>0;k--)
      printf("%d",k);
    printf("\n");
  }
}
```

## 四、完善程序

1. 下面程序的功能是求以下分数序列的前 n 项和。2/1，3/2，5/3，8/5，13/8，21/13，…。例如，若输入 n=5，则应输出 8.391667。

```
#include <stdio.h>
void main()
{
  int n,a=2,b=1,c,k;
```

```
    double (1) ;
    scanf("%d",&n);
    for(k=1;k<=n;k++)
    {
      s+= (2) 
      c=a;a+= (3) ;b=c;
    }
    printf("\nThe value of function is:%lf\n",s);
  }
```

2. 下面程序的功能是输出 1 ~ 100 每位数的乘积大于每位数和的数。如数字 26，数位上数字的乘积 12 大于数字之和 8。

```
  #include <stdio.h>
  void main()
  {
    int n,k=1,s=0,m;
    for(n=1;n<=100;n++)
    {
      (1) ;
      m=n;
      while( (2) )
      {
        k*=m%10;
        s+=m%10;
        (3) ;
      }
      if(k>s)
        printf("%d\n",n);
    }
  }
```

3. 从键盘输入一个正整数，判断其是否为完数。所谓完数，是指因子之和（包括 1 但不包括该数本身）等于该数本身的数。

```
  #include <stdio.h>
  void main()
  {
    int m,s,i;
    scanf("%d", &m);
    (1) ;
    for(i=1; (2) ;i++ )
    {
      if(m%i==0)
      s=s+i;
    }
    if( (3) )
      printf("%d is a complete number.\n",m);
    else
      printf("%d isn't a complete number.\n",m);
  }
```

# 5.2 测试练习参考答案

## 一、选择题

1～5 CBBDC

6～10 DABCB

## 二、填空题

1. 当 判断循环条件 执行循环体
2. 直到 执行循环体 判断循环条件
3. 计数
4. 0 1
5. 任意合法的 C 语言
6. 结束语句的执行
7. switch 循环
8. 结束循环体语句的执行
9. 循环
10. 在一个循环语句的循环体内又包含了另一个完整的循环结构 不能

## 三、写出程序的运行结果

1. 123
2. x=10 i=6
3. 1
4. 62
5.

```
          1
         121
        12321
       1234321
      123454321
     12345654321
```

## 四、完善程序

1. （1）s=0

   （2）1.0*a/b;

   （3）b

2. （1）k=1,s=0

   （2）m>0 或 m!=0

   （3）m=m/10 或 m/=10

3. （1）s=0

   （2）i<=m-1 或 i<m

   （3）s==m

# 第 6 章　数　　组

## 6.1　测 试 练 习

### 一、选择题

1. 在 C 语言中，引用数组元素时，其数组下标的数据类型允许是（　　）。

A. 整型常量　　　　B. 整型表达式

C. 整型常量或整型表达式　　　　D. 任何类型的表达式

2. 以下对一维整型数组 a 的正确说明是（　　）。

A. int a(10);

B. int n=10,a[n];

C.
```
int n;
scanf("%d",&n);
int a[n];
```

D.
```
#define SIZE 10
int a[SIZE];
```

3. 下面是对 s 的初始化，其中错误的是（　　）。

A. char s[5]={"abc"};　　　　B. char s[5]={ 'a', 'b', 'c'};

C. char s[5]= "";　　　　D. char s[5]="abcdef";

4. 以下能对含有 10 个数组元素的一维数组 a 正确进行初始化的语句是（　　）。

A. int a[10]={0,0,0,0,0};　　　　B. int a[10]={};

C. int a[ ]={0};　　　　D. int a[10]={10*1};

5. 若有定义：int a[3][4]，则对数组 a 元素的正确引用是（　　）。

A. a[2][3]　　B. a[1,3]　　C. a(5)　　D. a[10-10]

6. 若有说明“int a[ ][3]={1,2,3,4,5,6};”，则数组 a 第一维大小是（　　）。

A. 2　　B. 3　　C. 4　　D. 无确定值

7. 以下不能对二维数组 a 进行正确初始化的语句是（　　）。

A. int a[2][3]={0};　　　　B. int a[ ][3]={{1,2},{0}};

C. int a[2][3]={{1,2},{3,4},{5,6}};　　　　D. int a[ ][3]={1,2,3,4,5,6};

8. 若有说明“int a[3][4]={0};”，则下面叙述正确的是（　　）。

A. 只有元素 a[0][0] 可得到初值 0

B. 此说明语句不正确

C. 数组 a 中各元素都可得到初值，但其值不一定为 0

D. 数组 a 中每个元素均可得到初值 0

9. 以下定义语句错误的是（　　）。

A. double x[5]={2.0,4.0,6.0,8.0,10.0};
B. int y[5]={0,1,3,5,7,9};
C. char c1[ ]={'1', '2', '3', '4', '5'};
D. char c2[ ]={'\x10', '\xa', '\x8'};

10. 判断字符串 a 是否大于 b，应当使用（　　）。

A. if (a>b)
B. if (strcmp(a,b))
C. if (strcmp(b,a)>0)
D. if (strcmp(a,b)>0)

## 二、填空题

1. 在 C 语言中，二维数组的元素在内存中的存放顺序是________。

2. 若有定义“double x[3][5];”，则 x 数组中行下标的上限为________，列下标的下限为________。

3. 若有定义“int a[3][4]={{1,2},{0},{4,6,8,10}};”，则初始化后，a[1][2] 的值为________，a[2][1] 的值为________。

4. 字符串 "ab\n\\012\\" 的长度是________。

5. 字符串是以 '\0' 为结束标志的一维字符数组。有定义“char a[ ]="";”，则 a 数组的长度是________。

6. 欲将字符串 S1 复制到字符串 S2 中，其语句是________。

7. 设“char string[ ] ="This_is_a_book!";”，则数组的长度应是________。

8. C 语言中，数组在内存中占一片________的存储区，________代表它的首地址。

9. C 语言数组的下标总是从________开始，不可以为负数；构成数组的各个元素具有相同的________。

10. 若二维数组 a 有 n 行 m 列，则计算任一元素 a[i][j] 在数组中位置的公式为________（设 a[0][0] 位于数组的第一个位置上）。

## 三、写出程序的运行结果

1. 下面程序的运行结果是________。

```
#include <stdio.h>
void main()
{
  int a[6][6],i,j;
  for(i=1;i<6;i++)
    for(j=1;j<6;j++)
      a[i][j]=(i/j)*(j/i);
  for(i=1;i<6;i++)
  {
    for(j=1;j<6;j++)
      printf("%2d",a[i][j]);
    printf("\n");
  }
}
```

2. 下面程序的运行结果是________。

```
#include <stdio.h>
void main()
{
  int i=0;
  char a[]="abm",b[]="aqid", c[10];
```

```
  while(a[i]!='\0' && b[i]!='\0')
  {
    if(a[i]>=b[i])
      c[i]=a[i]-32;
    else
      c[i]=b[i]-32;
    i++;
  }
  c[i]='\0';
  puts(c);
}
```

3. 下面程序的运行结果是________。

```
#include <stdio.h>
void main()
{
  char s[80]={"I Love China"};
  int i=0;
  while(s[i]!='\0')
  {
    if(s[i]<='z' && s[i]>='a')
      s[i]='z'+'a'-s[i];
    i++;
  }
  puts(s);
}
```

4. 下面程序的运行结果是________。

```
#include <stdio.h>
void main()
{
  int a[6]={12,4,17,25,27,16},b[6]={27,13,4,25,23,16},i,j;
  for(i=0;i<6;i++)
  {
    for(j=0;j<6;j++)
      if(a[i]==b[j]) break;
    if(j<6) printf("%d ",a[i]);
  }
  printf("\n");
}
```

5. 若从键盘上输入 7 4 8 9 1 5↙，下面程序的运行结果为________。

```
#include <stdio.h>
void main()
{
  int a[6],i,j,k,m;
  for(i=0;i<6;i++)
    scanf("%d",&a[i]);
  for(i=5;i>=0;i--)
  {
```

```
    k=a[5];
    for(j=4;j>=0;j--)
      a[j+1]=a[j] ;
    a[0]=k;
    for(m=0;m<6;m++)
      printf("%d",a[m]);
    printf("\n");
  }
}
```

6. 下面程序的运行结果是________。

```
#include <stdio.h>
void main()
{
  int a1[]={1,3,6,7,100},a2[ ]={2,4,5,8,100},a[10],i,j,k;
  i=j=0;
  for(k=0;k<8;k++)
    if(a1[i]<a2[j])
      a[k]=a1[i++];
    else
      a[k]=a2[j++];
  for(k=0;k<8;k++)
    printf("%1d",a[k]);
}
```

7. 下面程序的运行结果是________。

```
#include <string.h>
#include <stdio.h>
void main()
{
  char s[3][20]={"2345","123456","2347"};
  int i,k;
  for(k=0,i=1;i<3;i++)
    if((strcmp(s[k],s[i]))<0) k=i;
  puts(s[k]);
}
```

8. 下面程序的运行结果是________。

```
#include <stdio.h>
void main()
{
  char ch[7]="1a2bc3";
  int i,s=0;
  for(i=0;ch[i]>'0'&&ch[i]<='9';i+=2)
    s=10*s+ch[i]-'0';
  printf("%d\n",s);
}
```

9. 下面程序的运行结果是________。

```
#include <stdio.h>
```

```
void main()
{
  char str[]="SSWLIA",c;
  int k;
  for(k=1;(c=str[k])!='\0';k++)
  {
    switch(c)
    {
      case 'I': ++k; break;
      case 'L': continue;
      default : putchar(c); continue;
    }
    putchar('*');
  }
}
```

10. 下面程序的运行结果是________。

```
#include <stdio.h>
void main()
{
  char x[]="the teacher";
  int i=0;
  while(x[++i]!='\0')
    if(x[i-1]=='t')
      printf("%c",x[i]);
}
```

## 四、完善程序

1. 下列程序的功能是读取 10 个实数，然后依次输出前 1 个实数和、前 2 个实数和、……、前 9 个实数和、前 10 个实数和。请填写程序中缺少的语句。

```
#include <stdio.h>
void main()
{
  __(1)__ f[10],x=0.0;
  int i;
  for(i=0;i<10;i++)
    scanf("%f",__(2)__);
  for(i=1;i<=10;i++)
  {
    __(3)__;
    printf("sum of NO %2d----%f\n",i,x);
  }
}
```

2. 将一个数组的值按逆序重新存放。假设数组元素是 10 个。

```
#include <stdio.h>
void main()
{
  int a[10];
```

```
    int i,temp;
    printf("Please enter 10 numbers:\n");
    for(i=0;i<10;i++)
      scanf("%d",__(1)__);
    printf("The array is:\n");
    for(i=0;i<10;i++)
      printf("%d ",a[i]);
    printf("\n");
    for(i=0;i<5;i++)
    {
      temp=__(2)__;
      a[i]=__(3)__;
      a[9-i]=temp;
    }
    printf("The changed array is:\n");
    for(i=0;i<10;i++)
      printf("%d ",a[i]);
}
```

3. 编写一个程序，输入 3 个字符串（长度均不超过 30）存入一个二维的字符型数组中，将第 3 个字符串连接到第 2 个字符串之后，然后再连接到第 1 个字符串之后，组成新的字符串存入一维的字符型数组中，然后输出该新的字符串（说明：本题不允许使用字符串连接函数）。

```
#include <stdio.h>
void main()
{
  char s[100],a[3][30];
  int i,j,k;
  for(i=0;i<=2;i++)
    gets(a[i]);
  k=0;
  for(i=0;i<3;i++)
    for(j=0;j<30;j++)
  if(a[i][j]==__(1)__)
    break;
  else
  {
    s[k]=__(2)__;
    k++;
  }
  s[k]='\0';
  printf(__(3)__,s);
}
```

## 五、编程题

1. 统计 12 个数中正数、负数和零的个数，并输出正数的和及负数的和。
2. 定义一个 2×3 的数组，从键盘接收元素的值，并以矩阵的形式输出数组元素的值。
3. 将一个数组 a 的元素转置存放于数组 b 中，并输出数组 a 和 b。
4. 任意读入一个字符串，分别统计其中每个小写字母出现的次数。

## 6.2 测试练习参考答案

### 一、选择题

1 ～ 5　CDDAA

6 ～ 10　ACDBD

### 二、填空题

1. 按行主顺序存放
2. 2 0
3. 0 6
4. 8
5. 1
6. strcpy(S2,S1);
7. 16
8. 连续 数组名
9. 0 数据类型
10. i*m+j+1

### 三、写出程序的运行结果

1. 1 0 0 0 0
   0 1 0 0 0
   0 0 1 0 0
   0 0 0 1 0
   0 0 0 0 1
2. AQM
3. I Llev Csrmz
4. 4␣25␣27␣16␣
5. 574891
   157489
   915748
   891574
   489157
   748915
6. 12345678
7. 2347
8. 12
9. SW*
10. he

### 四、完善程序

1. （1）float　　（2）&f[i]　　（3）x=x+f[i−1](或 x+=f[i−1])
2. （1）&a[i]　　（2）a[i]　　（3）a[9−i]
3. （1）'\0'　　（2）a[i][j]　　（3）"%s"

### 五、编程题

1.

```
#include "stdio.h"
void main()
{
  float data[12],result1=0.0,result2=0.0;
```

```
  int m=0,n=0;
  int i;
  printf("请输入12个数字：\n");
  for(i=0;i<=11;i++)
    scanf("%f",&data[i]);
  for(i=0;i<12;i++)
  {
    if(data[i]>0.0)
    { result1+=data[i]; m++; }
    if(data[i]<0.0)
    { result2+=data[i]; n++; }
  }
  printf("正数的个数为：%d\n",m);
  printf("负数的个数为：%d\n",n);
  printf(" 0的个数为：%d\n",12-m-n);
  printf("正数的和为：%f\n",result1);
  printf("负数的和为：%f\n",result2);
}
```

2.

```
#include "stdio.h"
void main()
{
  int a[2][3],i,j;
  printf("请输入矩阵元素的6个值：\n");
  for(i=0;i<2;i++)
    for(j=0;j<3;j++)
      scanf("%d",&a[i][j]);
  printf("该矩阵为：\n");
  for(i=0;i<2;i++)
  {
    for(j=0;j<3;j++)
      printf("%5d",a[i][j]);
    printf("\n");
  }
}
```

3.

```
#include "stdio.h"
void main ()
{
  int a[2][3]={{1,2,3},{4,5,6}};
  int b[3][2],i,j;
  printf("array a:\n");
  for(i=0;i<2;i++)
  {
    for(j=0;j<3;j++)
      printf("%5d",a[i][j]);
    printf("\n");
```

```
    }
    for(i=0;i<=1;i++)
      for(j=0;j<=2;j++)
        b[j][i]=a[i][j];
    printf("array b:\n");
    for(i=0;i<=2;i++)
    {
      for(j=0;j<=1;j++)
        printf("%5d",b[i][j]);
      printf("\n");
    }
}
```

4.

```
#include "stdio.h"
void main()
{
  char a[80];
  int i,n[26]={0};
  printf("请输入一个字符串:\n");
  gets(a);
  for(i=0;a[i]!='\0';i++)              /*i<=strlen(a)-1*/
    if(a[i]>='a'&&a[i]<='z')
      n[a[i]-'a']++;
  printf("各小写字母出现的次数为:\n");
  for(i=0;i<26;i++)
    if(n[i]!=0)
  printf("%c:%d\n",i+97,n[i]);
}
```

# 第 7 章 函　　数

## 7.1 测试练习

### 一、选择题

1. 一个 C 语言程序由（　　）组成。

A. 主程序和子程序　　B. 函数

C. 若干过程　　D. 多个子程序

2. C 语言可执行程序的开始执行点是（　　）。

A. 程序中第一条可执行语句　　B. 程序中第一个函数

C. 程序中的 main() 函数　　D. 包含文件中的第一个函数

3. 以下叙述中正确的是（　　）。

A. C 函数可以嵌套定义，也可以嵌套调用　　B. C 程序需由一个或多个函数组成

C. 函数需有返回值，否则不能调用　　D. 有调用关系的函数需在一个文件中

4. 若在 C 语言中未说明函数的类型，则系统默认该函数的数据类型是（　　）。

A. float　　B. long　　C. int　　D. double

5. 以下关于函数的叙述中错误的是（　　）。

A. 函数未被调用时，系统将不为形参分配内存单元

B. 实参与形参的个数应相等，且实参与形参的类型必须对应一致或赋值兼容

C. 当形参是变量时，实参可以是常量、变量或表达式

D. 形参可以是常量、变量或表达式

6. C 程序中各函数之间可以通过多种方式传递数据，下列不能用于实现数据传递的方式是（　　）。

A. 参数的形实结合　　B. 函数返回值　　C. 全局变量　　D. 同名的局部变量

7. 函数调用时，当实参和形参都是简单变量时，它们之间数据传递的过程是（　　）。

A. 实参将其地址传递给形参，并释放原先占用的存储单元

B. 实参将其地址传递给形参，调用结束时形参再将其地址回传给实参

C. 实参将其值传递给形参，调用结束时形参再将其值回传给实参

D. 实参将其值传递给形参，调用结束时形参并不将其值回传给实参

8. 若在一个 C 源程序文件中定义了一个允许其他源文件引用的实型外部变量 a，则在另一文件中可使用的引用说明是（　　）。

A. extern static float a;　　B. extern float a;　　C. extern auto float a;　　D. float a;

9. 定义一个 void 型函数意味着调用该函数时，函数（　　）。

A. 通过 return 返回一个用户所希望的函数值
B. 返回一个系统默认值
C. 没有返回值
D. 返回一个不确定的值

10. C 语言规定，程序中各函数之间（　　）。

A. 既允许直接递归调用，也允许间接递归调用
B. 不允许直接递归调用，也不允许间接递归调用
C. 允许直接递归调用，不允许间接递归调用
D. 不允许直接递归调用，允许间接递归调用

## 二、写出程序的运行结果

1. 下面程序的运行结果是________。

```
#include <stdio.h>
void fun(int a,int b,int c)
{
  a+=60;
  b*=b;
  c=100;
}
void main()
{
  int x=10,y=20,z=30;
  fun(x,y,z);
  printf("%d,%d,%d\n",z,y,x);
}
```

2. 下面程序的运行结果是________。

```
#include <stdio.h>
int fun(int a, int b)
{
  if(a>b) return a;
  else return b;
}
void main()
{
  int x=3,y=8,z=6,r;
  r=fun(fun(x,y),2*z);
  printf("%d\n",r);
}
```

3. 下面程序的运行结果是________。

```
#include <stdio.h>
void fun(int s[], int m, int n)
{
  int t;
  while(m<n)
  {
    t=s[m];
    s[m]=s[n];
    s[n]=t;
```

```
    m++;
    n--;
  }
}
void main()
{
  int a[5]={10,20,30,40,50},k;
  fun(a,0,4);
  for(k=0;k<5;k++)
  printf("%d ",a[k]);
}
```

4. 下面程序的运行结果是________。

```
#include<stdio.h>
int fun(char s[])
{
  int n=0,i=0;
  while(s[i]<='9'&&s[i]>='0')
  {
    n=10*n+s[i]-'0';
    i++;
  }
  return(n);
}
void main()
{
  char s[10]={'9','5','#','4','!','6','?','0','*'};
  printf("%d\n",fun(s));
}
```

5. 下面程序的运行结果是________。

```
#include <stdio.h>
void fun(char s[])
{
  int i,j=0;
  for(i=0;s[i]!='\0';i++)
    if(s[i]!=' ')
      s[j++]=s[i];
  s[j]='\0';
}
void main()
{
  char str[81];
  printf("Input a string : ");
  gets(str);
  fun(str);
  printf("%s\n",str);
}
```

假设运行程序时键盘输入 How do you do!< 回车 >。

6. 下面程序的运行结果是________。

```
#include <stdio.h>
int func1(int m, int n)
{
  int c;
  c=m*n%3;
  return(c);
}
int func2(int a,int b)
{
  int c;
  a+=a;
  b+=b;
  c=func1(a,b);
  return(c*c);
}
void main()
{
  int x=1,y=2;
  printf("%d\n",func2(x,y));
}
```

7. 下面程序的运行结果是________。

```
#include <stdio.h>
void fun(int k)
{
  printf("%d ", k);
  if(k>0)
    fun(k-1);
}
void main( )
{
  int w=5;
  fun(w);
  printf("\n");
}
```

8. 下面程序的运行结果是________。

```
#include <stdio.h>
int fib(int n)
{
  switch(n)
  {
    case 0:return 0;
    case 1:
    case 2:return 1;
  }
  return(fib(n-1)+fib(n-2));
}
void main()
```

```
{
  int k;
  k=fib(8);
  printf("%d\n",k);
}
```

9. 下面程序的运行结果是________。

```
#include <stdio.h>
int k=1;
void fun(int m)
{
  m+=k;
  k+=m;
  {
    char k='B';
    printf("%d\n",k-'A');
  }
  printf("%d,%d\n",m,k);
}
void main()
{
  int i=4;
  fun(i);
  printf("%d,%d\n",i,k);
}
```

10. 下面程序的运行结果是________。

```
#include <stdio.h>
int f( )
{
  static int i=0;
  int s=1;
  s+=i; i++;
  return s;
}
void main()
{
  int i,a=0;
  for(i=1;i<=4;i++)
    a+=f();
  printf("%d\n",a);
}
```

## 三、完善程序

1. 下面是一个计算 1 ～ m 的阶乘并依次输出的程序。请将程序补充完整。

```
#include <stdio.h>
double result=1;
void fun(int j)
{
  result=result*j;
```

```
}
void main()
{
  int m,i;
  printf("Please enter an integer:");
  scanf("%d",__(1)__);
  for(i=1;i<=m;i++)
  {
    fun(i);
    printf("%d!=%.0f\n",__(2)__);
  }
}
```

2. 以下程序是选出能被 3 整除且至少有一位是 5 的所有三位正整数 k（个位为 a0，十位为 a1，百位为 a2），打印出所有这样的数及其个数。请将程序补充完整。

```
#include <stdio.h>
sub(int m,int n)
{
  int a0,a1,a2;
  a2=__(1)__;
  a1=__(2)__;
  a0=m%10;
  if(m%3==0&&(a2==5||a1==5||a0==5))
  {
    printf("%d ",m);
    n++;
  }
  return n;
}
void main()
{
  int m=0,k;
  for(k=105;k<=995;k++)
    m=sub(__(3)__);
  printf("\nn=%d\n",m);
}
```

3. 以下程序的功能是求任意两个整数 n1 和 n2 的最大公约数，请将程序补充完整。

```
#include <stdio.h>
int codivisor(int n1, int n2)
{
  int t;
  while(n2!=0)
  {__(1)__; n1=n2; n2=t;}
  return (__(2)__);
}
void main()
{
  int a,b,x;
  printf("please input two numbers:");
```

```
  scanf("%d%d",&a,&b);
  x=codivisor(a,b);
  printf("maximum common divisor of %d and %d is : %d\n", a,b,x);
}
```

4. 函数 bisearch 的作用是应用折半查找法从存有 N 个整数的升序数组 a 中对关键字 key 进行查找。请将程序补充完整。

```
#include <stdio.h>
#define N 15
bisearch(int a[N], int key)
{
  int low=0, high=N-1, mid;
  while(__(1)__)
  {
    mid=(low+high)/2;
    if(key<a[mid])
      __(2)__;
    else
      if(key>a[mid])
        low=mid+1;
      else
        return mid;
  }
  return __(3)__;
}
void main()
{
  int b[N],n,i,j;
  printf("Please input a %d element increasing sequence: ", N);
  for(i=0;i<N;i++)
  {
    printf("b[%d]=",i);
    scanf("%d",&b[i]);
  }
  printf("Please input a searching key: ");
  scanf("%d",&n);
  j=bisearch(b,n);
  if(j==-1)
    printf("Don’t find %d\n",n);
  else
    printf("b[%d]=%d\n",j,n);
}
```

5. my_cmp() 函数的功能是比较字符串 s 和 t 的大小，当 s 等于 t 时返回 0，否则返回 s 和 t 的第一个不同字符的 ASCII 码差值，即 s>t 时返回正值，s<t 时返回负值。请将函数补充完整。

```
my_cmp(char s[],char t[])
{
  int i;
  while(s[i]==t[i])
  {
```

```
    if( (1) )
      return 0;
    i++;
  }
  return  ( 2 ) ;
}
```

### 四、编程题

1. 编写函数求 $n!$，在主函数中调用函数求 $s=m!+n!+k!$，$m$、$n$、$k$ 从键盘输入（值均为 10 以内的整数）。

2. 在主函数中定义一个包含 10 个元素的整型一维数组，通过键盘输入为各个元素赋值，编写一个函数求数组中各元素的平均值。

3. 编程实现读入一个整数 $k$（$2 \leqslant k \leqslant 10\,000$），打印它的所有质因子（即所有为素数的因子）。例如，输入整数 2310，则输出为 2、3、5、7、11，要求判断素数的过程用一个函数实现。

## 7.2 测试练习参考答案

### 一、选择题

1～5 BCBCD

6～10 DDBCA

### 二、写出程序的运行结果

1. 30,20,10
2. 12
3. 50 40 30 20 10
4. 95
5. Howdoyoudo!
6. 4
7. 5 4 3 2 1 0
8. 21
9. 1

   5, 6

   4, 6
10. 10

### 三、完善程序

1.（1）&m （2）i, result

2.（1）m/100 （2）m/10−a2*10 或 m%100/10 （3）k,m

3.（1）t=n1%n2 （2）n1

4.（1）low<=high （2）high=mid−1 （3）−1

5.（1）s[i] == '\0' （2）s[i]−t[i]

### 四、编程题

1.

```
#include <stdio.h>
int fx(int k)
{
  int i,s=1;
  for(i=1;i<=k;i++)
    s=s*i;
  return s;
}
void main()
```

```
{
  int m,n,k,s=0;
  printf("Input m,n,k please:");
  scanf("%d%d%d",&m,&n,&k);
  s=fx(m)+fx(n)+fx(k);
  printf("%d!+%d!+%d!=%d\n",m,n,k,s);
}
```

2.

```
#include <stdio.h>
#define N 10
float avg(int a[])
{
  int i=0;
  float s=0;
  for(i=0;i<N;i++)
    s+=a[i];
  s=s/N;
  return s;
}
void main()
{
  int a[N],i;
  float ave;
  printf("Please input 10 integers:\n");
  for(i=0;i<N;i++)
    scanf("%d",&a[i]);
  ave=avg(a);
  printf("\nThe average is %.2f\n", ave);
}
```

3.

```
#include <stdio.h>
int isprime(int n)
{
  int i;
  for(i=2;i<n;i++)
  if(n%i==0)
    return 0;
  return 1;
}
void main()
{
  int n,i;
  printf("Please input n:\n");
  scanf("%d",&n);
  for(i=2;i<=n;i++)
    if(n%i==0&&isprime(i))
      printf("%d ",i);
}
```

# 第 8 章 指　针

## 8.1 测试练习

### 一、选择题

1. 若用数组名作为函数调用的实参，则实际上传递给形参的是（　　）。

   A. 数组的首地址　　B. 数组的第一个数组元素

   C. 数组中的全部元素的值　　D. 元素的个数

2. 有定义语句“int *p[4];”，以下选项中与此语句等价的是（　　）。

   A. int p[4];　　B. int **p;　　C. int *(p[4]);　　D. int (*p)[4];

3. 下列对字符串的定义错误的是（　　）。

   A. char str[7]= "FORTRAN ";　　B. char str[]="FORTRAN ";

   C. char *str= "FORTRAN ";　　D. char str[]={'F', 'O', 'R', 'T', 'R', 'A', 'N', '\0'};

4. 以下语句或语句组中，能正确进行字符串赋值的是（　　）。

   A. char *sp;*sp="right!";　　B. char s[10];s="right!";

   C. char s[10];*s="right!";　　D. char *sp="right!";

5. 有以下程序：

```
#include <stdio.h>
void fun(char *c,int d)
{
  *c=*c+1;d=d+1;
  printf("%c,%c,",*c,d);
}
void main()
{
  char b='a',a='A';
  fun(&b,a);
  printf("%c,%c\n",b,a);
}
```

程序运行后的输出结果是（　　）。

   A. b,B,b,A　　B. b,B,B,A　　C. a,B,B,a　　D. a,B,a,B

6. 若有定义语句：

```
char s[3][10], (*k)[3], *p;
```

则以下赋值语句正确的是（　　）。

A. p=s;　　B. p=k;　　C. p=s[0];　　D. k=s;

7. 下面程序段的输出结果是（　　）。

```
#include <stdio.h>
void main()
{
  char a[]="ABCDE";
  char *p=NULL;
  for(p=a;p<a+5;p++)
  {
    printf("%s\n",p);
  }
}
```

| A. | B. | C. | D. |
|---|---|---|---|
| ABCDE | A | E | ABCDE |
| | B | D | BCDE |
| | C | C | CDE |
| | D | B | DE |
| | E | A | E |

8. 设有定义“double x[10], *p=x;”，以下能给数组 x 下标为 6 的元素读入数据的正确语句是（　　）。

A. scanf("%f", &x[6]);　　B. scanf("%lf", *(x+6));

C. scanf("%lf", p+6);　　D. scanf("%lf", p[6]);

9. 有以下程序：

```
#include <stdio.h>
void main()
{
  int a[]={1,2,3,4,5,6,7,8,9,0},*p;
  for(p=a;p<a+10;p++)
  printf("%d,",*p);
}
```

程序运行后的输出结果是（　　）。

A. 1,2,3,4,5,6,7,8,9,0,　　B. 2,3,4,5,6,7,8,9,10,1,

C. 0,1,2,3,4,5,6,7,8,9,　　D. 1,1,1,1,1,1,1,1,1,1,

10. 已定义以下函数，fun() 函数返回值是（　　）。

```
int fun(int *p)
{ return *p; }
```

A. 不确定的值　　B. 一个整数

C. 形参 p 中存放的值　　D. 形参 p 的地址值

11. 有以下程序：

```
#include <stdio.h>
#include <string.h>
void main()
{
  char p[]={'a', 'b', 'c'}, q[10]={'a', 'b', 'c'};
```

```
  printf("%d %d\n", strlen(p), strlen(q));
}
```

以下叙述中正确的是（　　）。

A. 在给 p 和 q 数组置初值时，系统会自动添加字符串结束符，故输出的长度都为 3

B. 由于 p 数组中没有字符串结束符，长度不能确定；但 q 数组中字符串长度为 3

C. 由于 q 数组中没有字符串结束符，长度不能确定；但 p 数组中字符串长度为 3

D. 由于 p 和 q 数组中都没有字符串结束符，故长度都不能确定

12. 有以下程序（函数 fun() 只对下标为偶数的元素进行操作）：

```
#include <stdio.h>
void fun(int*a,int n)
{
  int i,j,k,t;
  for(i=0;i<n-1;i+=2)
  {
    k=i;
    for(j=i;j<n;j+=2)
      if(a[j]>a[k])k=j;
    t=a[i];a[i]=a[k];a[k]=t;
  }
}
void main()
{
  int aa[ ]={1,2,3,4,5,6,7},i;
  fun(aa,7);
  for(i=0;i<7;i++)
    printf("%d,",aa[i]);
  printf("\n");
}
```

程序运行后的输出结果是（　　）。

A. 7,2,5,4,3,6,1,　　B. 1,6,3,4,5,2,7,

C. 7,6,5,4,3,2,1,　　D. 1,7,3,5,6,2,1

13. 有以下程序：

```
#include <stdio.h>
void main()
{
  char *a[]={"abcd","ef","gh","ijk"};
  int i;
  for(i=0;i<4;i++)
    printf("%c",*a[i]);
}
```

程序运行后的输出结果是（　　）。

A. aegi　　B. dfhk　　C. abcd　　D. abcdefghijk

14. 有以下程序：

```
#include <stdio.h>
void fun1(char *p)
```

```
{
  char *q=p;
  while(*q!='\0' )
  {(*q)++;q++;}
}
void main()
{
  char a[]={"Program"},*p;
  p=&a[3];
  fun1(p);
  printf("%s",a);
}
```

程序执行后的输出结果是（　　）。

A. Prohsbn　　B. Prphsbn　　C. Progsbn　　D. Program

15. 有以下程序：

```
#include <stdio.h>
void f(int *p);
void main()
{
  int a[5]={1,2,3,4,5}, *r=a;
  f(r);printf("%d\n",*r);
}
void f(int *p)
{
  p=p+3; printf("%d, ",*p);
}
```

程序运行后的输出结果是（　　）。

A. 1,4　　B. 4,4　　C. 3,1　　D. 4,1

16. 有以下程序：

```
#include <stdio.h>
#include <string.h>
void f(char *s,char *t)
{
  char k;
  k=*s;*s=*t;*t=k;
  s++; t--;
  if(*s) f(s,t);
}
void main()
{
  char str[10]="abcdefg",*p ;
  p=str+strlen(str)/2+1;
  f(p,p-2);
  printf("%s\n",str);
}
```

程序运行后的输出结果是（　　）。

A. abcdefg　　B. gfedcba　　C. gbcdefa　　D. abedcfg

17. 有以下程序：

```
#include <stdio.h>
void fun(char *c)
{
  while (*c)
  {
    if(*c>='a'&&*c<='z') *c=*c-('a'-'A');
    c++;
  }
}
void main()
{
  char s[81];
  gets(s); fun(s); puts(s);
}
```

若执行程序时从键盘上输入 Hello Beijing <回车>，则程序的输出结果是（　　）。

A. hello Beijing　　B. Hello Beijing

C. HELLO BEIJING　　D. hELLO Beijing

18. 若有以下说明语句：

```
char *language[]={"FORTRAN","BASIC","PASCAL","JAVA","C"};
char **q;
q=language+2;
```

则语句“printf("%s\n", *q) ;”执行后的输出结果是（　　）。

A. language[2] 元素的地址

B. 字符串 PASCAL

C. language[2] 元素的值，它是字符串 PASCAL 的首地址

D. 格式说明不正确，无法得到确定的输出

19. 有以下定义和语句：

```
int a[3][2]={1,2,3,4,5,6,},*p[3];
p[0]=a[1];
```

则 *(p[0]+1) 所代表的数组元素是（　　）。

A. a[0][1]　　B. a[1][0]　　C. a[1][1]　　D. a[1][2]

20. 程序中若有如下说明和定义语句：

```
#include <stdio.h>
char fun(char *);
void main()
{
  char *s="one",a[5]={0},(*f1)()=fun,ch;
  ...
}
```

以下对 fun() 函数的正确调用语句是（　　）。

A. (*f1)(a);　　B. *f1(*s);　　C. fun(&a);　　D. ch=*f1(s);

## 二、写出程序的运行结果

1. 下面程序运行结果是________。

```
#include <stdio.h>
void f(int *x,int *y)
{
  int t;
  t=*x;*x=*y;*y=t;
}
void main()
{
  int a[8]={1,2,3,4,5,6,7,8},i,*p,*q;
  p=a;q=&a[7];
  while(p<q)
  {f(p,q);p++;q--;}
  for(i=0;i<8;i++)
    printf("%d,",a[i]);
}
```

2. 下面程序的运行结果是________。

```
#include <stdio.h>
void main()
{
  int a[3][3],*p,i;
  p=&a[0][0];
  for(i=0;i<9;i++)
    p[i]=i;
  for(i=0;i<3;i++)
    printf("%d",a[1][i]);
}
```

3. 下面程序若运行时输入：1 2 3<回车>，则运行的结果是________。

```
#include <stdio.h>
void main()
{
  int a[3][2]={0},(*ptr)[2],i,j;
  for(i=0;i<2;i++)
  {ptr=a+i; scanf("%d",ptr); }
  for(i=0;i<3;i++)
  {
    for(j=0;j<2;j++)
    printf("%2d",a[i][j]);
    printf("\n");
  }
}
```

4. 下面程序的运行结果是________。

```
#include <stdio.h>
void prt(int *m,int n)
{
```

```
    int i;
    for(i=0;i<n;i++) m[i]++;
  }
  void main()
  {
    int a[]={1,2,3,4,5},i;
    prt(a,5);
    for(i=0;i<5;i++)
      printf("%d,",a[i]);
  }
```

5. 下面程序的运行结果是________。

```
#include <stdio.h>
void main()
{
  char s[]="159",*p;
  p=s;
  printf("%c",*p++);printf("%c",*p++);
}
```

6. 下面程序的运行结果是________。

```
#include <stdio.h>
void point(char *p){p+=3;}
void main()
{
  char b[4]={'a','b','c','d'},*p=b;
  point(p);printf("%c\n",*p);
}
```

7. 下面程序的运行结果是________。

```
#include <stdio.h>
void main()
{
  int a[]={2,4,6,8,10}, y=0, x, *p;
  p=&a[1];
  for(x=1; x<3; x++) y+=p[x];
  printf("%d\n",y);
}
```

8. 下面程序的运行结果是________。

```
#include <stdio.h>
#include <string.h>
void f(char *p[], int n)
{
  char *t; int i,j;
  for(i=0; i<n-1; i++)
    for(j=i+1; j<n; j++)
      if(strcmp(p[i],p[j])>0)
      { t=p[i]; p[i]=p[j]; p[j]=t; }
}
```

```
void main()
{
  char *p[5]={"abc","aabdfg","abbd","dcdbe","cd"};
  f(p, 5);
  printf("%d\n", strlen(p[1]));
}
```

9. 下面程序的运行结果是________。

```
#include <stdio.h>
#include <string.h>
char *ss(char *s)
{
  char *p, t;
  p=s+1; t=*s;
  while(*p) { *(p-1)=*p; p++;}
  *(p-1)=t;
  return s;
}
void main()
{
  char *p, str[10]="abcdefgh";
  p=ss(str);
  printf("%s\n",p);
}
```

10. 下面程序的运行结果是________。

```
#include <stdio.h>
void main()
{
  int a[3][3]={10,9,8,7,6,5,4,3,2};
  int *pa[3]={a[0],a[1],a[2]};
  int *p=a[0];
  int i;
  for(i=0;i<3;i++)
    printf("%d\t%d\t%d\n", *a[i], *(*(a+i)) , p[i]) ;
}
```

## 三、完善程序

1. 以下程序中 sstrcat() 函数的功能是实现字符串的连接，即将 t 所指字符串复制到 s 所指字符串的尾部，在主函数中输出连接后的字符串。例如，s 所指字符串为 abcd，t 所指字符串为 efgh，函数调用后 s 所指字符串为 abcdefgh。请填空。

```
#include <stdio.h>
#include <string.h>
void sstrcat(char *s, char *t)
{
  int n;
  n=strlen(s);
  while(*(s+n)=__(1)__)
  {s++;__(2)__;}
```

```
}
void main()
{
  char str1[10]="abcd",*str2="efgh";
  sstrcat(str1,str2);
  printf("%s\n", (3) );
}
```

2. 以下程序中函数 huiwen() 的功能是检查一个字符串是否为回文，当字符串是回文时，函数返回字符串 "yes!"，否则函数返回字符串 "no!"，并在主函数中输出。所谓回文即正向与反向的拼写都一样，如 adgda。请填空。

```
#include <stdio.h>
#include <string.h>
char *huiwen(char *str)
{
  char *p1,*p2;
  int i,t=0;
  p1=str;
  p2= (1) ;
  for(i=0;i<=strlen(str)/2;i++)
    if(*p1++!=*p2--)
    {t=1;break;}
  if( (2) ) return("yes!");
  else return("no!");
}
void main()
{
  char str[50];
  printf("Input:");
  scanf("%s", (3) );
  printf("%s\n", huiwen(str));
}
```

3. 以下程序中 fun() 函数的功能是返回 str 所指字符串中以形参 c 中字符开头的后续字符串的首地址。例如，str 所指字符串为 "Hello!"，c 中的字符为 'e'，则函数返回字符串 "ello!" 的首地址。若 str 所指字符串为空串或不包含 c 中的字符，则函数返回 NULL。请填空。

```
#include <stdio.h>
#include <string.h>
char *fun(char *str,char c)
{
   (1) ;
  char *p=str;
  if(p!=NULL)
    while(p[n]!=c&& (2) ) n++;
  if(p[n]=='\0') return NULL;
  return( (3) );
}
void main()
```

```
{
  char str[50],c;
  printf("Input str:");
  scanf("%s",str);
  printf("Input c:");
  scanf("%*c%c",&c);
  printf("%s\n", fun(str,c));
}
```

## 8.2 测试练习参考答案

**一、选择题**

1～5 ACADA

6～10 CDCAB

11～15 BAAAD

16～20 BCBCA

**二、写出程序的运行结果**

1. 8,7,6,5,4,3,2,1,

2. 345

3. 
```
1  0
2  0
0  0
```

4. 2,3,4,5,6,

5. 15

6. a

7. 14

8. 4

9. bcdefgha

10. 
```
10 10 10
 7  7  9
 4  4  8
```

**三、完善程序**

1. （1）*t （2）t++ （3）str1
2. （1）str+strlen(str)-1 （2）t==0 （3）str
3. （1）int n=0 （2）p[n]!='\0' （3）p+n

# 第 9 章 编译预处理

## 9.1 测试练习

### 一、选择题

1. C 语言中，宏定义有效范围从定义处开始，到源文件结束处结束，但可以用（　　）提前解除宏定义的作用。

   A. #ifndef　　B. endif　　C. #undefine　　D. #undef

2. 以下叙述中错误的是（　　）。

   A. 在程序中凡是以“#”开始的语句行都是预处理命令行

   B. 预处理命令行的最后不能以分号表示结束

   C. #define MAX 是合法的宏定义命令行

   D. C 程序对预处理命令行的处理是在程序执行的过程中进行的

3. 以下叙述正确的是（　　）。

   A. 在程序的一行中可以出现多个有效的预处理命令行

   B. 宏替换时先求出实参表达式的值，然后代入形参运算求值

   C. 宏替换只是字符替换

   D. 宏定义不能出现在函数内部

4. 以下有关宏的叙述错误的是（　　）。

   A. 宏名无类型　　B. 宏替换只是字符替换

   C. 宏名必须用大写字母表示　　D. 宏替换不占用时间运行

5. 在源程序的开始处加上“#include <stdio.h>”进行文件引用的原因，以下叙述正确的是（　　）。

   A. stdio.h 文件包含标准输入输出函数的函数说明，通过引用此文件以便能正确使用 printf()、scanf() 函数

   B. 将 stdio.h 中标准输入输出函数连接到编译生成的可执行文件中，以便能正确运行

   C. 将 stdio.h 中标准输入输出函数的源程序插入引用处，以便进行编译连接

   D. 将 stdio.h 中标准输入输出函数的二进制代码插入引用处，以便进行编译连接

6. 下列命令中，（　　）是正确的预处理命令。

   A. define PI 3.14159　　B. #define P(a,b)　strcpy(a,b)

   C. #define stdio.h　　D. #define PI 3.14159

7. 以下程序输出的结果是（　　）。

```
#include <stdio.h>
#define f(x) x*x
void main( )
{
  int a=6,b=2,c;
  c=f(a)/f(b);
  printf("%d\n",c);
}
```

A. 9　　B. 6　　C. 36　　D. 18

8. 以下程序输出的结果是（　　）。

```
#include <stdio.h>
#define MA(x) x*(x-1)
void main()
{
  int a=1,b=2;
  printf("%d\n",MA(1+a+b));
}
```

A. 6　　B. 8　　C. 10　　D. 12

9. 以下程序输出的结果是（　　）。

```
#define MIN(x,y) (x)<(y)?(x):(y)
#include <stdio.h>
void main( )
{
  int i,j,k;
  i=10;j=15;k=10*MIN(i,j);
  printf("%d\n",k );
}
```

A. 15　　B. 100　　C. 10　　D. 150

10. 以下程序输出的结果是（　　）。

```
#include <stdio.h>
#define SQR(x) x*x
void main( )
{
  int k=3;
  int a;
  a=++SQR(k+1);
  printf("%d\n",a);
}
```

A. 6　　B. 10　　C. 8　　D. 9

## 二、填空题

1. 预处理命令非 C 语言语句，为示区别，以________开头。
2. 预处理命令分为________、________和________。
3. 在 C 语言源程序中，允许一个标识符来表示一个字符串，称为________。
4. 宏定义只作为________，不分配内存空间。

5. 宏定义是用一个标识符来表示一个字符串，这个字符串可以是________。在宏调用中将用该字符串代替宏名。

6. 宏定义可以带有参数，宏调用时以________，而不是值传送。

7. 可以用________命令来终止宏定义的作用域。

8. 文件包含是________。

9. 条件编译是对一部分程序内容指定编译的条件，只有满足________才进行编译，生成目标代码。

10. 以头文件 stdio.h 为例，文件包含两种形式为________和________。

## 三、写出程序的运行结果

1. 下面程序的运行结果是________。

```
#include <stdio.h>
#define PT 3.5;
#define S(x) PT*(x)*(x);
void main()
{
  int a=1,b=2;
  printf("%4.1f\n",S(a+b));
}
```

2. 下面程序的运行结果是________。

```
#include <stdio.h>
#define f(x) x*x*x
void main()
{
  int a=3,s,t;
  s=f(a+1);t=f((a+1));
  printf("%d,%d\n",s,t);
}
```

3. 下面程序的运行结果是________。

```
#include <stdio.h>
#define PT 5.5
#define S(x) PT*x*x
void main()
{
  int a=1,b=2;
  printf("%4.1f\n",S(a+b));
}
```

4. 下面程序的运行结果是________。

```
#include <stdio.h>
void main()
{
  #if NULL
    printf("NULL为非零值！\n");
  #else
    printf("NULL为零值！\n");
  #endif
}
```

5. 下面程序的运行结果是________。

程序中头文件 type1.h 的内容是：

```
#define N 5
#define M1 N*3
```

程序如下：

```
#include "type1.h"
#define M2 N*2
void main()
{
  int i;
  i=M1+M2;
  printf("%d\n",i);
}
```

## 9.2 测试练习参考答案

### 一、选择题

1 ～ 5 DDCCA

6 ～ 10 DCBAD

### 二、填空题

1. #
2. 宏定义 条件编译 文件包含
3. 宏
4. 字符替换
5. 常量、变量或表达式
6. 实参代替形参
7. #undef
8. 指一个源文件可以将另外一个源文件的全部内容包含进来，即将另外的文件包含到本文件中。
9. 指定条件时
10. #include ＜文件名＞ #include "文件名"

### 三、写出程序的运行结果

1. 程序有错，无输出结果
2. 10,64
3. 9.5
4. NULL 为零值
5. 25

# 第 10 章 结构体和共用体

## 10.1 测 试 练 习

### 一、选择题

1.

```
struct data
{
  int i;char c;double d;
}x;
```

以下叙述中错误的是（　　）。

A. x 的内存地址与 x.i 的内存地址相同　　B. struct data 是一个类型名

C. 初始化时，可以对 x 的所有成员同时赋值　　D. 成员 i、c 和 d 占用的是同一个内存空间

2. 若有以下定义：

```
struct tt{char name[10];char sex;}aa={"aaaa",'F'},*p=&aa;
```

则错误的语句是（　　）。

A. scanf("%c",aa.sex);　　B. aa.sex=getchar();

C. printf("%c\n",(*p).sex;　　D. printf("%c\n",p->sex);

3. 有如下程序：

```
struct
{
  int num;
  char name[10];
  struct
  {
    int y;int m;int d;
  }birth;
}s,*ps=&s;
```

以下对内嵌结构体成员的引用形式错误的是（　　）。

A. pa->birth.y　　B. s.birth.y　　C. ps.birth.y　　D. (*ps).birth.y

4. 设有定义“struct{int n;float x;}s[2],m[2]={{10,2.8},{0,0.0}};”，则以下赋值语句中正确的是（　　）。

A. s[0]=m[1];　　B. s=m　　C. s.n=m.n;　　D. s[2].x=m[2]

5. 有以下程序：

```
#include <stdio.h>
#include <stdlib.h>
struct ord
{
  int x,y;
  dt[2]={1,2,3,4}
};
void main()
{
  struct ord *p=dt;
  printf("%d",++p->x);
  printf(",%d",++p->y);
  system("pause");
}
```

程序运行后的输出结果是（　　）。

A. 1,2　　B. 2,3　　C. 3,4　　D. 4,1

6. 有以下程序：

```
#include <stdio.h>
struct st
{
  int x,y;
}
data[2]={1,10,2,20};
void main()
{
  struct st *p=data;
  printf("%d,",p->y);
  printf("%d\n",(++p)->x);
}
```

程序运行的结果是（　　）。

A. 10,1　　B. 20,1　　C. 10,2　　D. 20,2

7. 有以下程序：

```
#include <stdio.h>
void main()
{
  struct STU{char name[9];char sex;double score[2];};
  struct STU a={"Zhao",'m',85.0,90.0},b={"Qian",'f',95.0,92.0};
  b=a;
  printf("%s,%c,%2.0f,%2.0f\n",b.name,b.sex,b.score[0],b.score[1]);
}
```

程序运行的结果是（　　）。

A. Qian,f,95,92　　B. Qian,f, 85,90　　C. Zhao,f,95,92　　D. Zhao,m,85,90

8. 有以下程序：

```
#include <stdio.h>
```

```
struct S{int a;int *b;};
void main()
{
  int x1[]={3,4},x2[]={6,7};
  struct S x[]={1,x1,2,x2};
  printf("%d,%d\n",*x[0].b,*x[1].b);
}
```

程序的运行结果是（　　）。

A. 1,2　　B. 3,6　　C. 4,7　　D. 变量的地址值

9. 下面程序的运行结果是（　　）。

```
#include <stdio.h>
void fun(int * *s,int x[2][3])
{
  **s=*(x[1]+1);
}
void main()
{
  int a[2][3]={1,2,3,4,5,6 },*p;
  p=(int*)malloc(sizeof(int));
  fun(&p,a);
  printf("%d\n",*p);
}
```

A. 6　　B. 2　　C. 5　　D. 3

10. 若有说明“typedef struct{int a;char c;}w;”，则以下叙述正确的是（　　）。

A. 编译后系统为w分配5字节　　B. 编译后系统为w分配6字节

C. 编译后系统为w分配8字节　　D. 编译后系统为w分配存储空间

## 二、填空题

1. C语言提供了三种构造数据类型，它们是________、________、________。
2. 结构体中的每一个成员称为一个________。
3. 引用结构体变量成员的一般形式为________。
4. C语言中，不能将一个结构体变量作为一个________进行输入和输出。
5. 结构体可以嵌套，即一个结构体的成员又可以是另一个________。
6. 引用结构体成员时应使用________或________运算符。
7. 使用一个指针变量指向一个结构体变量时，该指针变量的值就是结构体变量的________。
8. 已定义p为指向某一结构体类型的指针，如引用成员可以写成________，也可以写成________。
9. 在C语言中用关键字________来表示结构体类型。
10. 在C语言中，使几个不同类型的变量共占同一段内存的结构称为________。

## 三、写出程序的运行结果

1. 下面程序的输出结果是________。

```
#include <stdio.h>
struct st
{ int x,y;}data[2]={10,100,20,200};
void main()
```

```
{
  struct st *p=data;
  printf("%d\n",++(p->x));
}
```

2. 下面程序的运行结果是________。

```
#include <stdio.h>
struct NODE
{
  int k;
  struct NODE *link;
};
void main()
{
  struct NODE m[5],*p=m,*q=m+4;
  int i=0;
  while(p!=q)
  {
    p->k=++i; p++;
    q->k=i++; q--;
  }
  q->k=i;
  for(i=0;i<5;i++) printf("%d",m[i].k);
  printf("\n");
}
```

3. 下面程序的运行结果是________。

```
#include <stdio.h>
struct node
{
  int num;
  struct node *next;
};
void main()
{
  struct node *p,*q,*r;
  p=(struct node*)malloc(sizeof(struct node));
  q=(struct node*)malloc(sizeof(struct node));
  r=(struct node*)malloc(sizeof(struct node));
  p->num=10; q->num=20; r->num=30;
  p->next=q; q->next=r;
  printf("%d\n",p->num+q->next->num);
}
```

4. 下面程序的运行结果是________。

```
#include <stdio.h>
union myun
{
  struct
  {int x,y;}u;
```

```
    int k;
    int z;
  }a;
  void main()
  {
    a.u.x=4;a.u.y=5;
    a.k=8;
    a.z=10;
    printf("%d\n",a.u.x);
  }
```

5. 下面程序的运行结果是________。

```
#include <stdio.h>
typedef union
{
  long I;
  int k[5];
  char c;
} DATE;
struct date
{
  int student;
  DATE teacher;
  double dog;
}too;
DATE max;
void main()
{
  printf("%d\n",sizeof(struct date)+sizeof(max));
}
```

## 四、完善程序

1. 每个学生有 3 门课成绩，计算 3 个学生第 0 门课成绩的和，请填空完成以下程序。

```
#include <stdio.h>
struct student
{
  _______(1)_______;
  float score[3];
};
void main()
{
  struct student s[3]={{"20021",90.0,95,85},
    {"20022",95.0,80,75},{"20023",100,95.0,90}
  };
  int i;float sum=0;
  for(i=0;i<3;i++)
    sum=sum+_____(2)______ ;
  printf("num is %s,sum is %6.2f\n",s[0].num,sum);
}
```

2. 给定程序中已建立了一个带有头结点的单向链表，链表中各结点按结点数据域中的数据从小到大顺序连接。fun() 函数的功能是：把形参 x 的值放入一个新结点并插入链表中，插入后各结点仍保持从小到大的顺序排列。

```
#include <stdio.h>
#include <stdlib.h>
#define N 8
typedef struct list
{
  int data;struct list *next;
} SLIST;
void fun(SLIST *h, int x)
{
  SLIST *p, *q, *s;
  s=(SLIST *)malloc(sizeof(SLIST));
  /**********found**********/
  s->data=____(1)____;
  q=h;
  p=h->next;
  while(p!=NULL && x>p->data)
  {
    /**********found**********/
    q=____(2)____;
    p=p->next;
  }
  s->next=p;
  /**********found**********/
  q->next=____(3)____;
}
SLIST *creatlist(int *a)
{
  SLIST *h,*p,*q;
  int i;
  h=p=(SLIST *)malloc(sizeof(SLIST));
  for(i=0; i<N; i++)
  {
    q=(SLIST *)malloc(sizeof(SLIST));
    q->data=a[i]; p->next=q; p=q;
  }
  p->next=0;
  return h;
}
void outlist(SLIST *h)
{
  SLIST *p;
  p=h->next;
  if(p==NULL)
    printf("\nThe list is NULL!\n");
  else
```

```
    {
      printf("\nHead");
      do { printf("->%d",p->data); p=p->next; } while(p!=NULL);
      printf("->End\n");
    }
}
void main()
{
   SLIST *head;
   int x;
   int a[N]={11,12,15,18,19,22,25,29};
   head=creatlist(a);
   printf("\nThe list before inserting:\n"); outlist(head);
   printf("\nEnter a number : "); scanf("%d",&x);
   fun(head,x);
   printf("\nThe list after inserting:\n"); outlist(head);
}
```

### 五、编程题

1. 通过使用结构体类型，实现一个学生的基本信息的存储和显示。

2. 13个人围成一圈，从第一个开始顺序报号1、2、3、……凡报到3者退出圈子。找出最后留在圈子中的人原来的序号。

## 10.2 测试练习参考答案

### 一、选择题

1～5 DACAB

6～10 CDBCD

### 二、填空题

1. 数组 结构体 共用体
2. 成员
3. 变量名.成员名
4. 整体
5. 结构体
6. “.” “->”
7. 起始地址 结构体指针
8. p-> 成员名 (*p) 成员名
9. struct
10. 共用体

### 三、写出程序的运行结果

1. 11
2. 13431
3. 40
4. 10
5. 52

### 四、完善程序

1.（1）char num[20];　（2）s[i].score[0]

2.（1）x　（2）p　（3）s

### 五、编程题

1.

```
#include <stdio.h>
```

```
#include <string.h>
struct student
{
  int num;
  char name[5];
  float score[3];
};
void print(struct student s[])
{
  int i,j;
  printf("The student's information :\n");
  printf("num    name    score2    score3    \n");
  for(i=0;i<5;i++)
  {
    printf("%3d",s[i].num);
    printf("%10s",s[i].name);
    for(j=0;j<3;j++)
      printf("%10f",s[i].score[j]);
    printf("\n");
  }
}
void main()
{
  int i,j;
  struct student stu[5];
  printf("please input student's information!\n");
  for(i=0;i<5;i++)
  {
    printf("NUM=");
    scanf("%d",&stu[i].num);
    printf("NAME:");
    scanf("%s",stu[i].name);
    printf("SCORE:\n");
    for(j=0;j<3;j++)
      scanf("%f",&stu[i].score[j]);
  }
  vprint(stu);
}
```

2.

```
#include <stdio.h>
#define N 13
struct person
{
  int number;
  int nextp;
}link[N+1];
void main()
{
```

```
    int i,count,k;                          /*建立队列*/
    for(i=1;i<=N;i++)
    {
      link[i].number=i;
      if(i==N)
        link[i].nextp=1;
      else
        link[i].nextp=i+1;
    }
    count=0;
    k=N;
    printf("\n the number who is off and order:");
    while(count<N-1)
    {
      i=0;
      while(i!=3)
      {
        k=link[k].nextp;
        if(link[k].number!=0)
          i++;
      }
      printf("%-3d",link[k].number);
      link[k].number=0;
      count++;
    }
    printf("\n the last number is :");
    for(i=1;i<=N;i++)
    {
      if(link[i].number!=0)
        printf("%d",link[i].number);
    }
    for(i=1;i<=N;i++)
      if(link[i].number!=0)
    printf("%d",link[i].number);
}
```

# 第 11 章 位运算

## 11.1 测试练习

### 一、选择题

1. 设“int b=2;”，表达式(b>>2)/ (b>>1) 的值是（　　）。

A．0　　B．2　　C．4　　D．8

2. 设“int a=8;”，表达式a&a 的值是（　　）。

A．0　　B．1　　C．8　　D．16

3. 设“int x=l，y= −1;”，则语句“printf("%d",(x--&++y))”的运行结果是（　　）。

A．−1　　B．0　　C．1　　D．2

4. 通过（　　）位运算符，可以使两变量的值互换。

A．&　　B．|　　C．~　　D．^

5. 以下程序段的运行结果是（　　）。

```
int a=0x92,b,c;
b=(a&0xf )<<4;
c=(a&0xf0)>>4;
a=b|c;
printf("a=%x\n",a);
```

A．a=59　　B．a=29　　C．a=19　　D．a=17

### 二、填空题

1. C 语言中，“&”作为单目运算符时表示________运算，作为双目运算符时表示________运算。

2. 位运算的操作数可以是________类型的数据。

3. 若 x 为任意整数，能将变量 x 清零的表达式是________。

4. 表达式 ~7+11 的值的十进制形式为________。

5. 表达式 ~7+011 的值的十进制形式为________。

6. 表达式 76^76 的值的十进制形式为________。

7. 表达式 76&76 的值的十进制形式为________。

8. 表达式 0x13|0x7a 的值的十进制形式为________。

9. 表达式 256<<2 的值的十进制形式为________。

10. 表达式 256>>2 的值的十进制形式为________。

### 三、写出程序的运行结果

1. 下面程序的运行结果是________。

```
#include <stdio.h>
void main()
{
  int a=78,b=9;
  a^=b^=a^=b;
  printf("a=%d, b=%d\n",a,b);
}
```

2. 下面程序的运行结果是________。

```
#include <stdio.h>
void main()
{
  int a=013,b=023,z;
  char x=5;
  z=b|a>>x;
  printf("%x\n",z);
}
```

3. 从键盘上输入 asCdef FDE，下面程序的运行结果是________。

```
#include <stdio.h>
#define N 80
void main( )
{
  char a[N];
  int i=0;
  gets(a);
  while(a[i]!='\0')
  {
    a[i]^=040;
    i++;
  }
  puts(a);
}
```

## 11.2 测试练习参考答案

### 一、选择题

1～5 ACBDB

### 二、填空题

1. 取址运算符 按位与运算符　2. 整型或字符型　3. x&0　4. 3
5. 1　6. 0　7. 76　8. 123
9. 1024　10. 64

### 三、写出程序的运行结果

1. a=9, b=78　2. 13　3. AScDEFfde

# 第 12 章　文　　件

## 12.1　测 试 练 习

### 一、选择题

1. 系统的标准输入文件是指（　　）。

   A. 键盘　　B. 显示器　　C. 软盘　　D. 硬盘

2. 若要用 fopen() 函数打开一个新的二进制文件，该文件要既能读也能写，则文件方式字符串应是（　　）。

   A. "ab+"　　B. "wb+"　　C. "rb+"　　D. "ab"

3. 以下与 fseek(fp,0L,SEEK_SET) 函数有相同作用的是（　　）。

   A. feof(fp)　　B. ftell(fp)　　C. fgetc(fp)　　D. rewind(fp)

4. 若执行 fopen() 函数时发生错误，则函数的返回值是（　　）。

   A. 地址值　　B. NULL　　C. 1　　D. EOF

5. 有如下程序：

```
#include <stdio.h>
void main()
{
    FILE *fp1;
    fp1=fopen("f1.txt","w");
    fprintf(fp1,"abc");
    fclose(fp1);
}
```

若文本文件 f1.txt 中原有内容为 good，则运行以上程序后文件 f1.txt 中的内容为（　　）。

   A. goodabc　　B. abcd　　C. abc　　D. abcgood

6. 若 fp 已正确定义并指向某个文件，当未遇到该文件结束标志时 feof(fp) 函数的值为（　　）。

   A. 0　　B. 1　　C. -1　　D. 一个非 0 值

7. 以下程序试图把从终端输入的字符输出到名为 abc.txt 的文件中，直到从终端读入字符“#”时结束输入和输出操作，但程序有错。

```
#include <stdio.h>
void main()
{
  FILE *fout; char ch;
```

```
    fout=fopen('abc.txt','w');
    ch=fgetc(stdin);
    while(ch!='#')
    {
      fputc(ch,fout);
      ch=fgetc(stdin);
    }
    fclose(fout);
}
```

出错的原因是（　　）。

A. fopen() 函数调用形式错误　　B. 输入文件没有关闭

C. fgetc() 函数调用形式错误　　D. 文件指针 stdin 没有定义

8. 在执行 fopen() 函数时，ferror() 函数的初值是（　　）。

A. TRUE　　B. −1　　C. 1　　D. 0

9. 在 C 程序中，可把整型数以二进制形式存放到文件中的函数是（　　）。

A. fprintf() 函数　　B. fread() 函数　　C. fwrite() 函数　　D. fputc() 函数

10. 标准函数 fgets(s, n, f) 的功能是（　　）。

A. 从文件 f 中读取长度为 n 的字符串存入指针 s 所指的内存

B. 从文件 f 中读取长度不超过 n−1 的字符串存入指针 s 所指的内存

C. 从文件 f 中读取 n 个字符串存入指针 s 所指的内存

D. 从文件 f 中读取长度为 n−1 的字符串存入指针 s 所指的内存

## 二、完善程序

1. 以下程序用来统计文件中字符的个数。请填空。

```
#include <stdio.h>
#include <stdlib.h>
void main()
{
  FILE *fp;
  long num=0;
  if((fp=fopen("test.txt","r"))==NULL)
  {
    printf("can not open this file!\n");
    exit(0);
  }
  while(______)
  {
    fgetc(fp); num++;
  }
  printf("num=%ld\n",num-1);
  fclose(fp);
}
```

2. 以下程序段打开文件后，先利用 fseek() 函数将文件位置指针定位在文件末尾，然后调用 ftell() 函数返回当前文件位置指针的具体位置，从而确定文件长度。请填空。

```
#include <stdio.h>
#include <stdlib.h>
```

```
void main()
{
  FILE *myf;
  long f1;
  if((myf=fopen("test.t","rb"))==NULL)
  {
    printf("can not open this file!\n");
    exit(0);
  }
  fseek(______);
  f1=ftell(myf);
  fclose(myf);
  printf("%d\n",f1);
}
```

3. 下面的程序把从终端读入的文本（用 @ 作为文本结束标志）输出到一个名为 bi.dat 的新文件中。请填空。

```
#include <stdio.h>
#include <stdlib.h>
void main()
{
  FILE *fp;
  char ch;
  if((fp=fopen(____))==NULL)
    exit(0);
  while((ch=getchar( ))!='@')
    fclose(fp);
  fputc(ch,fp);
}
```

4. 下面的程序把从终端读入的 10 个整数以二进制方式写到一个名为 bi.dat 的新文件中，请填空。

```
#include <stdio.h>
#include <stdlib.h>
void main()
{
  FILE *fp; int i,j;
  if((fp=fopen(___(1)___,___(2)___))==NULL)
  {
    printf("can't open this file\n");
    exit(0);
  }
  for(i=0;i<10;i++)
  {
    scanf("%d",&j);
    fwrite(&j,sizeof(int),1,___(3)___);
  }
  fclose(fp);
}
```

## 三、写出程序的运行结果

1. 下面程序的运行结果是________。

```
#include <stdio.h>
void main()
{
  FILE *fp;
  int i=20,j=30,k,n;
  fp=fopen("d1.dat","w");
  fprintf(fp,"%d\n",i);
  fprintf(fp,"%d\n",j);
  fclose(fp);
  fp=fopen("d1.dat","r");
  fscanf(fp,"%d%d",&k,&n);
  printf("%d ␣␣ %d\n",k,n);
  fclose(fp);
}
```

2. 下面的程序执行后，文件 test.txt 中的内容是________。

```
#include <stdio.h>
#include <string.h>
void fun(char *fname,char *st)
{
  FILE *myf;
  myf=fopen(fname,"w" );
  for(unsigned i=0;i<strlen(st);i++)
                        /*strlen 函数返回的是无符号数，所以此处应将变量 i 定义为无符号类型 */
  fputc(st[i],myf);
  fclose(myf);
}
void main()
{
  fun("test.txt","new world");
  fun("test.txt","hello!");
}
```

3. 下面程序的运行结果是________。

```
#include <stdio.h>
void main()
{
  FILE *fp;
  int i,k,n;
  fp=fopen("data.dat","w+");
  for(i=1;i<6;i++)
  {
    fprintf(fp,"%d",i);
    if(i%3==0)
    fprintf(fp,"\n");
  }
  rewind(fp);
```

```
  fscanf(fp, "%d%d",&k,&n);
  printf("%d␣%d\n",k,n);
  fclose(fp);
}
```

4. 下面程序的运行结果是________。

```
#include <stdio.h>
void main()
{
  FILE *fp;
  int i,k=0,n=0;
  fp=fopen("d1.dat", "w");
  for(i=1;i<4;i++)
    fprintf(fp,"%d",i);
  fclose(fp);
  fp=fopen("d1.dat","r");
  fscanf(fp,"%d%d",&k,&n);
  printf("%d␣%d\n",k,n);
  fclose(fp);
}
```

5. 下面程序的运行结果是________。

```
#include <stdio.h>
void main()
{
  FILE *fp;
  int i,a[4]={1,2,3,4},b;
  fp=fopen("data.dat","wb");
  for(i=0;i<4;i++)
    fwrite(&a[i],sizeof(int),1,fp);
  fclose(fp);
  fp=fopen("data.dat","rb");
  fseek(fp,-2L*sizeof(int),SEEK_END);
  fread(&b,sizeof(int),1,fp);          /*从文件中读取sizeof(int)字节的数据到变量b中*/
  fclose(fp);
  printf("%d\n",b);
}
```

**提示**：程序中“fseek(fp,−2L*sizeof(int),SEEK_END)”语句的作用是，使位置指针从文件尾向前移 2 × sizeof(int) 字节。

## 四、编程题

1. 调用 fputs() 函数，把 10 个字符串输出到文件中；再从此文件中读出这 10 个字符串放在一个字符串数组中；最后把字符串数组中的字符串输出到终端屏幕，以检验所有操作是否正确。

2. 从键盘输入若干个字符，输入后把它们存储到一个磁盘文件中。再从该文件中读出这些数据，并将其中的小写字母转化为大写字母后输出到显示屏上。

3. 编写程序将指定文本文件中的某单词替换成另一个单词，将替换后的结果输出并保存在另外一个文件中。

4.（计算机等级考试三级试题）ReadDat() 函数实现从文件 eng.in 中读取一篇英文文章存入字符串数

组 xx 中。编写 DelWord() 函数分别按行删除空格、标点符号等非字符，并对每行的单词按升序排好序后存放回数组 xx 中，最后调用 WriteDat() 函数把结果 xx 输出到文件 ps6.out 中。

```
#include <stdio.h>
#include <string.h>
#include <conio.h>
#include <ctype.h>
char xx[50][80];
int maxline=0;                          /*文章的总行数*/
int ReadDat(void);
void WriteDat(void);
void DelWord(void)
{
………………                              /*请编写函数体*/
}
void main()
{
  if(ReadDat())
  {
    printf("数据文件ENG.IN不能打开！\n\007");
    return;
  }
  DelWord();
  WriteDat();
}
int ReadDat(void)
{
  FILE *fp;
  int i=0;
  char *p;
  if((fp=fopen("eng.in","r"))==NULL)
    return 1;
  while(fgets(xx[i],80,fp)!=NULL)
  {
    p=strchr(xx[i],'\n');
    if(p)
      xx[i][p-xx[i]]=0;
    i++;
  }
  maxline=i;
  fclose(fp);
  return 0;
}
void WriteDat(void)
{
  FILE *fp;
  int i;
  fp=fopen("ps6.out", "w");
  for(i=0;i<maxline;i++)
  {
```

```
      printf("%s\n",xx[i]);
      fprintf(fp,"%s\n",xx[i]);
    }
    fclose(fp);
}
```

**注意：** 原始数据文件存放的格式是每行的宽度均小于 80 个字符，含标点符号和空格。文章每行中的单词与单词之间用空格或其他标点符号分隔，每个单词均少于 20 个字母。

## 12.2 测试练习参考答案

### 一、选择题

1 ～ 5 ABDBC

6 ～ 10 AADCB

### 二、完善程序

1. !feof(fp)

2. myf,0,SEEK_END 或者 myf,0,2

3. "bi.dat","w" 或 "bi.dat","w+"

4. （1）"bi.dat"（2）"wb"（3）fp

### 三、写出程序的运行结果

1. 20 30

2. hello!

3. 123 45

4. 123 0

5. 3

### 四、编程题

1.

```
#include <stdio.h>
#include <stdlib.h>
void main()
{
  int i;
  char s[100];
  FILE *fp;
  if((fp=fopen("file.txt","w+"))==NULL)
  {
    printf("Cannot open this file!\n");
    exit(0);
  }
  printf("请输入 10 个字符串：\n");
  for(i=0;i<10;i++)
  {
    gets(s);
    fputs(s,fp);
    fprintf(fp,"\n");
  }
  rewind(fp);
  for(i=0;i<10;i++)
  {
```

```
        fgets(s,100,fp);
        printf("%s",s);
    }
    fclose(fp);
}
```

2.

```
#include <string.h>
#include<stdio.h>
void main()
{
  int i;
  char str[80],c;
  FILE *fp;
  fp=fopen("text","w");
  printf("请输入字符串：\n");
  gets(str);
  fprintf(fp,"%s",str);
  fclose(fp);
  fp=fopen("text","r");
  printf("转换后的字符串为：\n");
  fgets(str,strlen(str)+1,fp);
  for(i=0;str[i]!='\0';i++)
  {
    if((str[i]>='a')&&(str[i]<='z'))
      str[i]-=32;
    printf("%c",str[i]);
  }
  fclose(fp);
}
```

3.

```
#include <stdio.h>
#include <stdlib.h>
#include <string.h>
void main()
{
  FLLE *fp1,*fp2;
  int i,lenstr2,k=0
  static int j,h;
  char str1[100],path[128],str2[10],str3[10],path_new[128],ch,strtemp [50],*p;
  printf("请输入需要进行操作文件的文件名：\n");
  gets(path);
  if((fp1=fopen(path,"r+"))==NULL)
  {
     printf("can not open %s file",path);
     exit(0);
  }
  printf("请输入替换后存放文件的文件名：\n");
```

```
    gets(path_new);
    if((fp2=fopen(path_new,"w+"))==NULL)
    {
       printf("can not open %s file",path_new);
       exit(0);
    }
    printf("替换前%s文件中的内容为：\n",path);
    for(i=0;(feof(fp1)==0);i++)
    {
      ch=fgetc(fp1);
      str1[i]=ch;
      j=i;
    }
    for(i=0;i<j;i++)
      printf("%c",str1[i]);
    printf("\n");
    printf("请输入需要被替换的单词：\n");
    gets(str2);
    printf("请输入替换的单词：\n");
    gets(str3);
    lenstr2=strlen(str2);
    h=lenstr2;
    while(p=strstr(str1,str2))
    {
      strcpy(strtemp,p+h);
      *p='\0';
      strcat(str1,str3);
      strcat(str1,strtemp);
    }
    printf("替换后%s文件中的内容为：\n",path_new);
    for(i=0;i<j;i++)
      fputc(str1[i],fp2);
    for(i=0;i<j;i++)
      printf("%c",str1[i]);
    fclose(fp1);
    fclose(fp2);
}
```

4.

```
void DelWord(void)
{
   int i,j,k,m,cnt;
   char *p, word[20],str[80][20],abc[80];
   for(i=0;i<maxline;i++)
   {
     memset(word,0,20);
     memset(str,0,80);
     memset(abc,0,80);
     k=cnt=0;
```

```
        p=xx[i];
        while(*p)
        {
          while(isalpha(*p))
            word[k++]=*p++;
          if(strlen(word))
            strcpy(str[cnt++],word);
          memset(word,0,20);
          k=0;
          while(!isalpha(*p)&&*p) p++;
        }
        for(j=0;j<cnt-1;j++)
          for(m=j+1;m<cnt;m++)
            if(strcmp(str[j],str[m])>0)
            {
              strcpy(word,str[j]);
              strcpy(str[j],str[m]);
              strcpy(str[m],word);
            }
        for(j=0;j<cnt;j++)
          strcat(abc,str[j]);
        strcpy(xx[i],abc);
      }
    }
```

# 第三部分

## 【操作实战】
## ——实验与指导

# 第1章 概　述

## 一、实验目的

（1）熟悉C语言程序开发工具Visual C++ 2010 的界面。

（2）掌握C语言程序设计的基本步骤。

（3）掌握 Visual C++ 2010程序设计的流程，能够编写并运行简单的C程序。

（4）了解C语言程序执行时常见的语法错误提示，并根据提示，修改程序中的语法错误。

## 二、实验内容

### 1. 程序验证

编写一个C程序。输出字符串"欢迎同学们来到华水计算中心！"。在已经安装好Visual C++ 2010的系统中，按如下步骤打开：

（1）单击“开始”菜单，在程序列表中找到并运行程序Microsoft Visual C++ 2010 Express，Visual C++ 2010界面如图1-1所示。

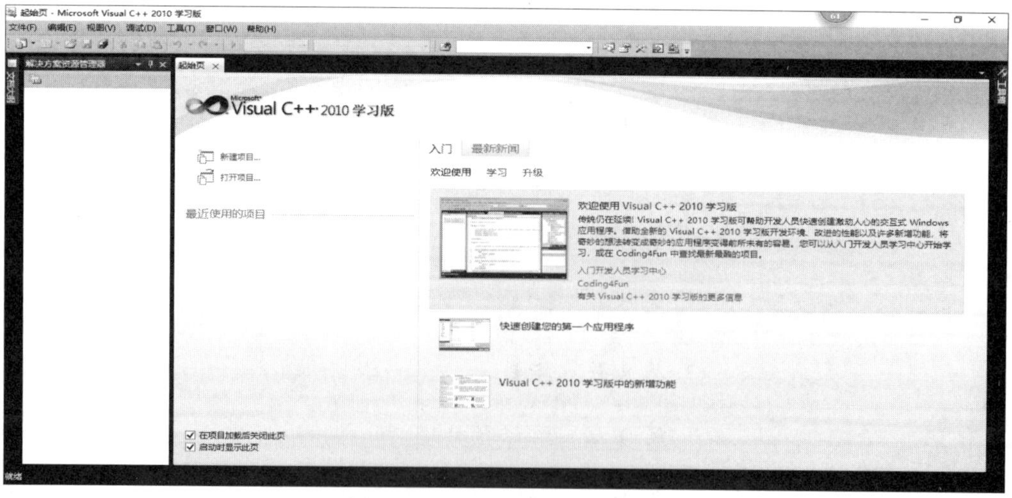


图 1-1　Visual C++ 2010 界面

（2）执行“文件”→“新建”→“项目”命令，弹出“新建项目”对话框，项目模板选择“Win32控制台应用程序”，项目名称设置为1-1，选择合适的文件保存路径，单击“确定”按钮，如图1-2所示。

图 1-2 “项目新建”对话框

（3）弹出“Win32 应用程序向导”窗口，单击“下一步”按钮，在“应用程序设置”界面中勾选空项目附加选项，单击“完成”按钮。项目 1-1 建立完毕，如图 1-3 所示。

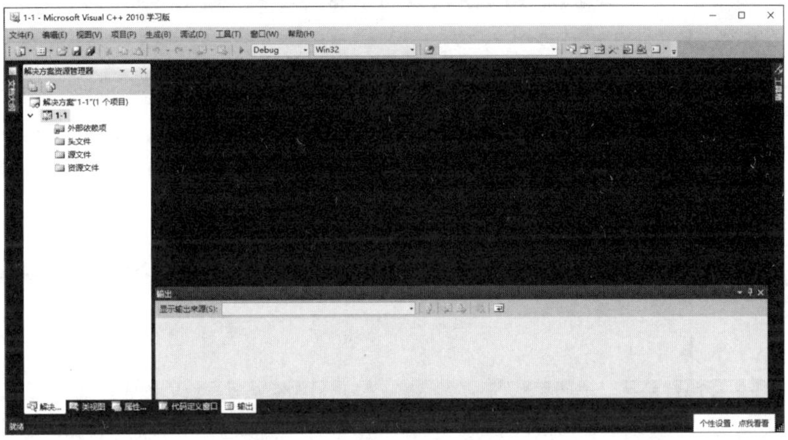


图 1-3 程序项目建立完毕窗口

（4）右击Visual C++ 2010窗口左侧“解决方案资源管理器”中的项目 1-1，在弹出的快捷菜单中选择“添加”→“新建项”命令，如图 1-4 所示。

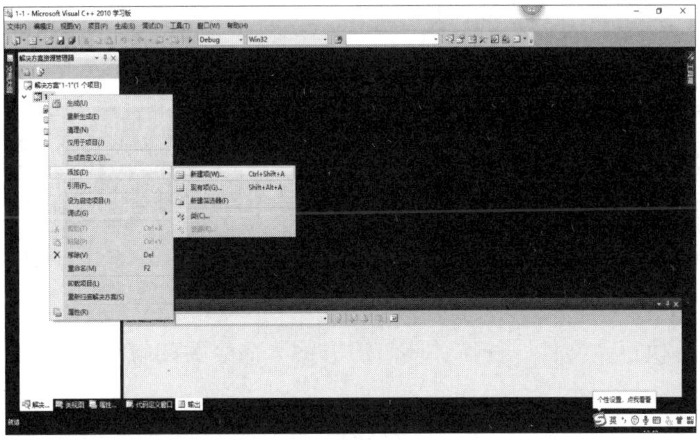

图 1-4 新建 C 语言文件窗口

（5）弹出“添加新项”对话框，选择文件模板为“C++文件(.cpp)”，在“名称”文本框中输入1-1.cpp，单击“添加”按钮，如图1-5所示。

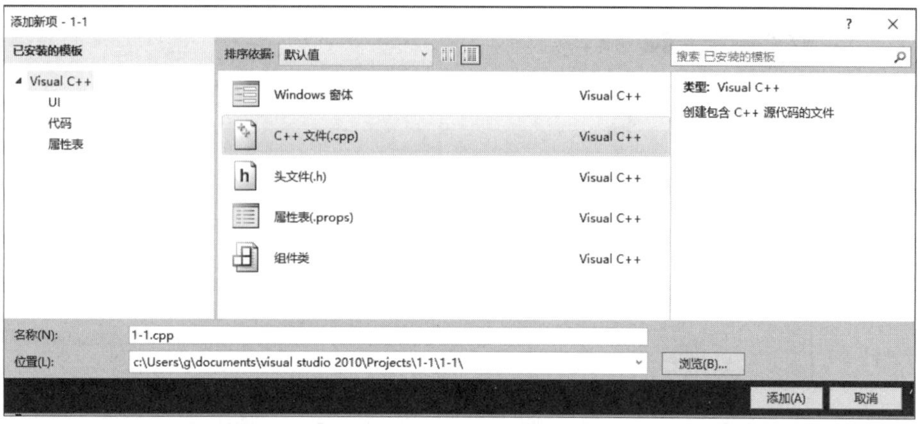


图 1-5 “添加新项”对话框

（6）在程序编辑区域输入源程序，如图 1-6 所示。

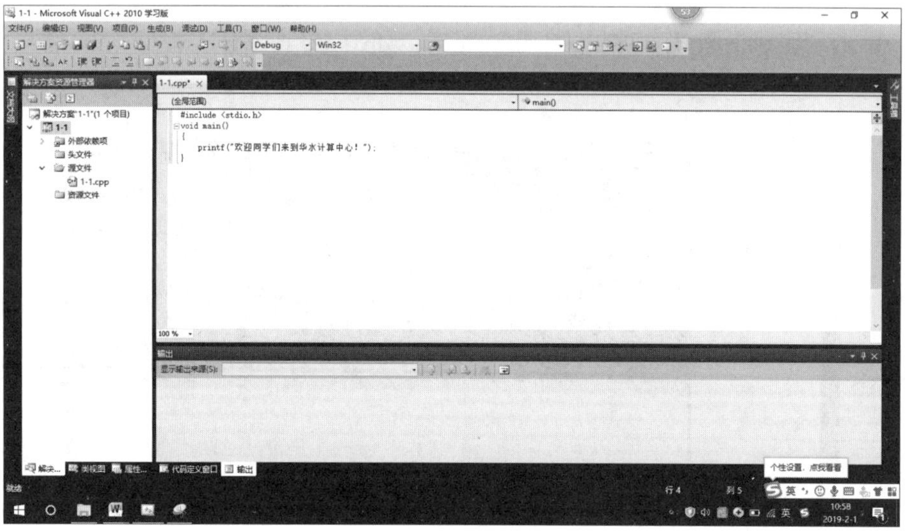


图 1-6 编辑 C 程序文件窗口

（7）调试执行程序。在调试执行程序之前，确认“工具”菜单中“设置”平台工作模式为“专家设置”。执行“调试”→“开始执行”命令运行程序。

（8）查看执行结果，程序执行结果如图 1-7 所示。

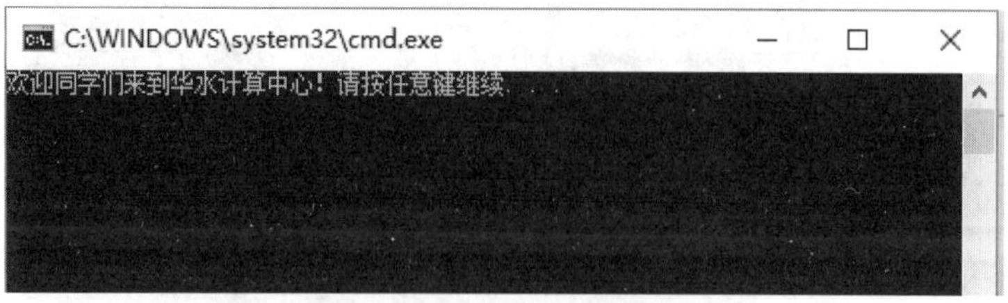


图 1-7 程序执行结果窗口

（9）关闭解决方案。执行“文件”→“关闭解决方案”命令关闭解决方案。

**2. 程序设计**

（1）启动 Visual C++ 2010 环境，创建一个名称为“program1”的工程，工程中程序文件的名称为自己的学号。

（2）编写一个程序输出下列文本：

```
"This is my first program!"
```

# 第 2 章 数据类型、运算符和表达式

## 一、实验目的

（1）正确使用各种类型的数据。

（2）掌握各种数据类型的输入、输出形式。

（3）掌握各种运算符和表达式的使用。

（4）掌握不同数据类型之间的转换。

## 二、实验内容

### 1. 程序验证

（1）整型、字符型常量与变量的定义。

```
#include <stdio.h>
void main()
{
  char var1='A';
  int var2=076;
  int var3=0x3d;
  int var4=var5=66;
  printf("%d,%d,%d,%d,%d\n",var1,var2,var3,var4,var5);
  printf("%c,%c,%c,%c,%c\n",var1,var2,var3,var4,var5);
  printf("%c,%o,%x,%d,%c\n",var1,var2,var3,var4,var5);
}
```

编译以后发现程序第 7 行有错误，如图 2-1 所示。

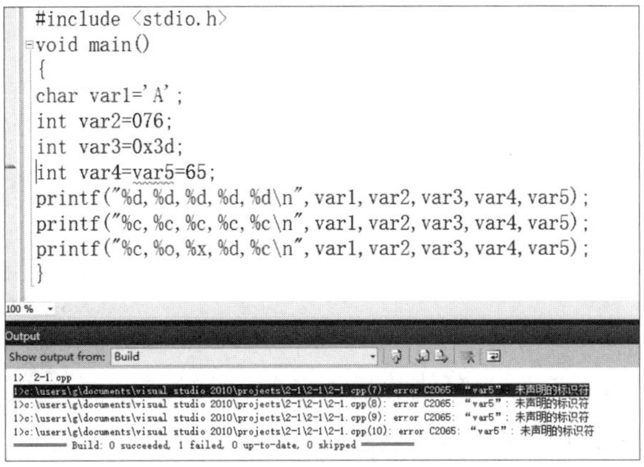


图 2-1　第 7 行有错误

C 语言规定，对多个变量赋相同的初值，不能采用连续赋初值的方式，因此应改为两行：

```
int var4,var5;
var4=var5=65;
```

再次编译显示编译正确。连接、运行后，程序的运行结果如图 2-2 所示。

（2）C语言系统根据各个计算机系统的自身性能对整型和长整型规定明确的表达方式和表示范围。可以用本题目中的方法查看其他计算机上的各种数据类型的字节长度。

```
#include <stdio.h>
void main()
{
  int a;
  long b;
  float f;
  double d;
  char c;
  printf("int:%d\nlong:%d\nfloat:%d\ndouble:%d\nchar:%d\n",sizeof(a),sizeof(b),
  sizeof(f),sizeof(d),sizeof(c));
}
```

在编译器 Visual C++ 2010 上的运行结果如图 2-3 所示。不同的计算机和编译器上的运行结果会有所不同。

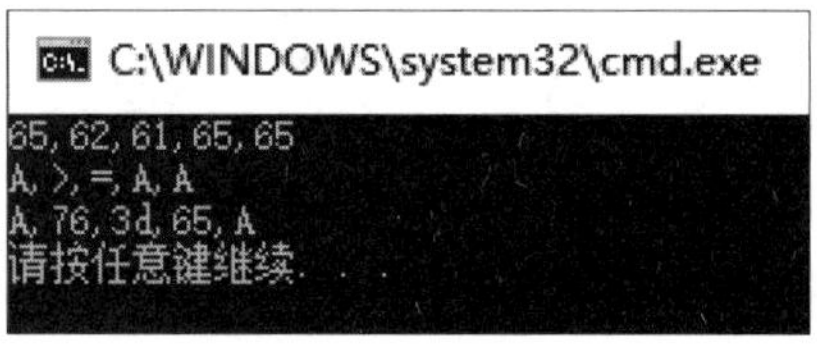


图 2-2　运行结果（一）

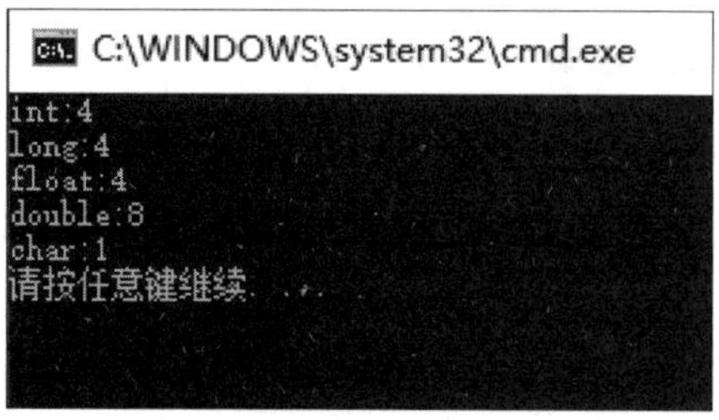


图 2-3　运行结果（二）

定义变量时应根据该运行结果来考虑数据的大小范围。把某个变量定义为哪一种基本类型，关键是看打算用该变量存储什么数据。例如，想用一个变量存放单个字符，则可把该变量定义为 char 型；若想存放整数，则可把该变量定义为 int 型；若想存放小数，则可把该变量定义为 float 型。

（3）练习赋给变量正确的值。

```
#include <stdio.h>
void main()
{
  short a,b,c;
  a=20000;
  b=30000;
  c=a+b;
  printf("c=%d",c);
}
```

运行结果如图2-4所示。结果并不是预想的50000，因此程序虽然没有报错，但仍然是错误的。

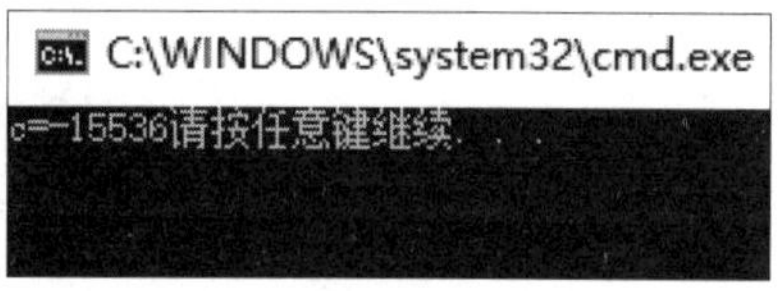


图 2-4　运行结果（三）

因为变量c的类型是short型，它所能存放的最大整数是32767，而a与b之和50000超出了这个范围，运行结果自然就出错了。要想得到正确的运行结果，上面的程序第 4 行应改为：

```
int a,b,c;
```

这样就可以得到正确的结果了。

当然，定义一个变量时应尽可能地考虑节省存储空间。例如，某个程序中的变量 f 既可以定义为 float 类型，也可以定义为 double 类型，则应选择 float 类型。因为，一个 float 型变量只占 4 字节，而 double 型变量却要占 8 字节。

（4）除法运算符的规则。

```
#include <stdio.h>
void main()
{
  int num1,num2,sum,n;
  float average;
  num1=13;
  num2=28;
  n=2;
  sum=num1+num2;
  average=sum/n;
  printf("%.2f",average);           /*%.2f 表示输出的浮点数只保留两位小数*/
}
```

**注意**：如图 2-5 所示，这个程序的运行结果是 20.00，而不是 20.50，因为变量 sum 和 n 都是整型变量，相除的结果是一个舍去了小数部分的整数。如果想得到精确的运算结果，则可将程序中的语句：

```
average=sum/n;
```

改为：

```
average=(float)sum/n;
```

其运行结果如图 2-6 所示。

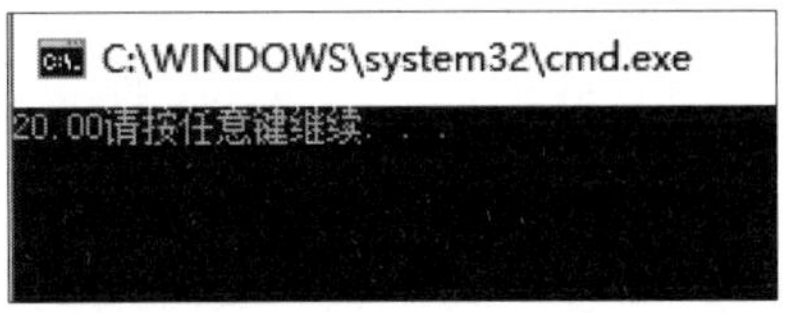


图 2-5　运行结果（四）

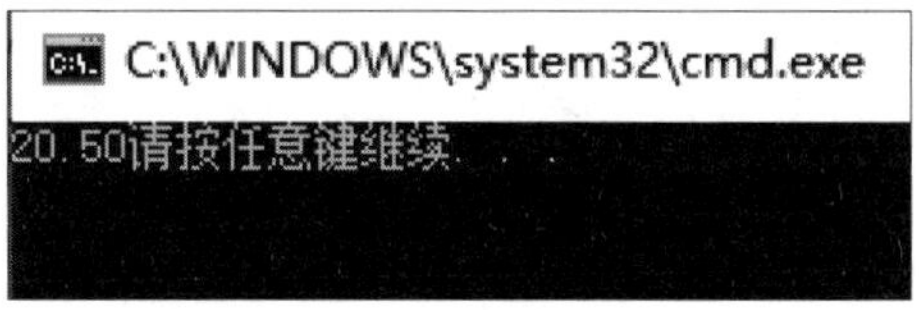


图 2-6　运行结果（五）

## 2. 程序设计

（1）编写程序，已知圆半径 radius=1.25，求圆周长和面积。

（2）编写程序完成单个字母的大小写转换。

# 第3章 顺序结构

## 一、实验目的

（1）熟练掌握简单程序的上机操作基本步骤，熟悉C语言程序的输入、编译、连接和运行过程。

（2）熟练掌握程序的编辑、修改和调试。

（3）熟练使用标准输入、输出函数及各种数据类型的格式说明符。

（4）掌握顺序编程的要点，会编一些简单的程序。

## 二、实验内容

### 1. 程序验证

通过键盘输入以下程序并体会编程的基本思路和语句控制、如何正确表达编程者的思路，分别输入各种情况查看调试结果。

（1）设银行定期存款的年利率（rate）为2.25%，并已知存款期为n年，存款本金为capital元，编写程序计算n年之后的本利之和deposit。

程序如下：

```
#include <math.h>
#include <stdio.h>
void main( )
{
  int n;
  double rate=0.0225;
  double capital, depositl;              /*存款本金和本利之和变量声明*/
  printf("please input year and capital:");
  scanf("%d,%lf",&n,&capital);
  deposit=capital*pow(1+rate,n);         /*计算存款利率之和,pow为幂函数*/
  printf("deposit=%f\n",deposit);        /*打印存款本利之和*/
}
```

程序运行结果：

```
please input year and capital: 1,10000↙
deposit=10225.000000
```

（2）输入圆柱体的底圆半径r和高h，求圆柱体的侧面积s、总面积（包括上、下底面积及侧面积）ssum和体积v。

程序如下：

```
#include <stdio.h>
```

```
void main()
{
  double r,h;
  double s,ssum,v;
  double pi=3.1415;
  printf("please input r and h:\n");
  s=2*pi*r*h;
  ssum=2a*pi*r*r+s;
  v=pi*r*r*h;
  printf("s=%6.2f,ssum=%6.2f,v=%6.2f\n",s,ssum,v);
}
```

程序运行结果：

```
please input r and h:
1,5,2.6↙
s= 24.50,ssum= 38.64,v= 18.38
```

### 2. 程序设计

任意从键盘输入一个三位整数，要求正确地分离出它的个位、十位和百位数，并分别在屏幕上显示出来。

# 第4章 选择结构

## 一、实验目的

（1）进一步熟悉用 Visual C ++ 2010 调试 C 语言源程序的过程。

（2）熟练使用关系表达式和逻辑表达式作为 if 语句的条件判断。

（3）熟练掌握 if 语句和 switch 语句的使用方法。

## 二、实验内容

### 1. 程序验证

通过键盘输入以下程序并体会编程的基本思路和语句控制、如何正确表达编程者的思路，分别输入各种情况查看调试结果。

身高预测：父母都关心自己孩子成人后的身高。有关生理卫生知识与数理统计分析表明，影响小孩成人后身高的因素有遗传、饮食习惯与坚持体育锻炼等。小孩成人后身高与其父母身高和自身性别密切相关。

设faHeight 为其父身高，moHeight 为其母身高，身高预测公式为

$$男性成人时身高= (faHeight + moHeight) \times 0.54\ cm$$

$$女性成人时身高= (faHeight \times 0.923 + moHeight) /2\ cm$$

此外，如果喜爱体育锻炼，那么可增加身高 2%，如果有良好的卫生饮食习惯，那么可增加身高 1.5%。

编写程序通过键盘输入自己的性别（用字符型变量 sex 存储，输入字符 F 表示女性，输入字符 M 表示男性）、父母身高（用实型变量存储，faHeight 为其父身高，moHeight 为其母身高）、是否喜爱体育锻炼（用字符型变量 sports 存储，输入字符 Y 表示喜爱，输入字符 N 表示不喜爱）、是否有良好的饮食习惯（用字符型变量 diet 存储，输入字符 Y 表示有，输入字符 N 表示没有）等条件，利用给定公式和身高预测方法对自己的身高进行预测。

程序代码如下：

```
#inculde <stdio.h>
void main()
{
  char sex,sport,diet;
  float myheight,faheight,moeight;
  printf("Are you a boy(M) or a girl(F)? ")
  scanf("%c",&sex);
  printf("please input your father's height(cm): ");
```

```
    scanf("%lf",&faheight);
    printf("please input your mather's height(cm): ");
    scanf("%lf",&moheight);
    printf("Do you like sports(Y/N)? ");
    scanf("%c",&sport); getchar();
    printf("Do you have a good habit of diet(Y/N)? ");
    scanf("%c",&diet);
    if(sex=='M'||sex=='m')
      myheight=(faheight+moheight)*0.54;
    else
      myheight=(faheight*0.923+moheight)/2.0;
    if(sport=='Y'||sport=='y')
      myheight=myheight*(1+0.02);
    if(diet=='Y'||sex=='y')
      myheight=myheight*(1+0.015);
    printf("your future height will be %f(cm)\n",&myheight);
}
```

程序运行结果：

```
Are you a boy(M)or a girl(F)?F↙
please input your father's height(cm):182↙
please input your mather's height(cm):162↙
Do you like sports(Y/N)?Y↙
Do you have a good habit of diet(Y/N)?Y↙
your future height will be 170.817261(cm)
```

### 2. 程序设计

（1）设变量 a、b、c 分别存放从键盘输入的三个整数。编写程序，按从大到小的顺序排列这三个整数，使a成为最大的，c 成为最小的，并且按序输出这三个整数。

（2）输入某学生的考试成绩等级 A、B、C、D，要求按照等级输出对应的分数段。A 级对应分数段 80～100，B 级对应分数段 70～79，C 级对应分数段 60～69，D 级对应分数段为 60 分以下。

# 第5章 循环结构

## 一、实验目的

（1）熟练掌握 while 语句、do...while 语句和 for 语句的结构以及用法。

（2）熟练掌握 break 语句和 continue 语句。

（3）熟练掌握累加和、累乘积、判断素数、求最值等常用算法。

## 二、实验内容

### 1. 程序验证

（1）启动Visual C++ 2010，输入并执行以下两个程序。

① 观察程序的运行结果。

② 注意 while 语句、do...while 语句、for 语句的区别。

程序一：

```
#include <stdio.h>
void main()
{
  int i;
  printf("while 语句运行结果 \n");
  i=1;
  while(i<5)
  {
    printf("i=%d\n",i);
    i++;
  }
  putchar('\n');
  printf("do...while 语句运行结果 \n");
  i=1;
  do
  {
    printf("i=%d\n",i);
    i++;
  }while(i<5);
  putchar('\n');
  printf("for 语句运行结果 \n");
```

```
  for(i=1; i<5; i++)
    printf("i=%d\n", i);
  putchar('\n');
}
```

程序二：

```
#include <stdio.h>
void main()
{
  int i;
  printf("while 语句运行结果 \n");
  i=10;
  while(i<5)
  {
    printf("i=%d\n",i);
    i++;
  }
  putchar('\n');
  printf("do...while 语句运行结果 \n");
  i=10;
  do
  {
    printf("i=%d\n",i);
    i++;
  }while(i<5);
  putchar('\n');
  printf("for 语句运行结果 \n");
  for(i=10; i<5; i++)
    printf("i=%d\n", i);
  putchar('\n');
}
```

（2）启动Visual C++ 2010，输入并执行以下两个程序。

① 观察程序的执行结果。

② 注意 break 语句和 continue 语句的区别。

程序一：

```
#include <stdio.h>
void main()
{
  int i;
  for(i=1; i<10; i++)
  {
    if(i%2==0)
      printf("i=%d ", i);
    else
      continue;
  }
}
```

程序二：

```
#include <stdio.h>
void main()
{
  int i;
  for(i=1; i<10; i++)
  {
    if(i%2==0)
      printf("i=%d ", i);
    else
      break;
  }
}
```

**2. 程序设计**

（1）找出100～900的无暇素数。所谓无暇素数，是指本身为素数，且其逆序数也是素数的数。例如，113是一个素数，311也是一个素数，113就是无暇素数。

（2）编程：计算如下公式的值。

$$y = 1 + \frac{1}{2\times 2} + \frac{1}{3\times 3} + \frac{1}{4\times 4} + \cdots + \frac{1}{m\times m}$$

例如，若$m$的值为5，则应输出：1.463611。

（3）编写一个测验小游戏。由计算机给出10～100的四则运算，每道题10分，由用户给出答案。最后统计该用户得分。

# 第 6 章　数　组

## 6.1　数组程序设计（一）

### 一、实验目的

（1）掌握一维数组和二维数组的定义、初始化及数组元素的引用。

（2）掌握使用循环处理数组的程序设计方法。

### 二、实验内容

#### 1. 程序验证

（1）启动Visual C++ 2010，输入并执行以下程序。

```
#include <stdio.h>
void main()
{
  int a[10],n,i,j,min,temp;
  printf("请输入 n 的值：\n");
  scanf("%d",&n);
  printf("请输入 %d 个数字：\n",n);
  for(i=0;i<n;i++)
    scanf("%d",&a[i]);
  printf("处理前顺序为：\n");
  for(i=0;i<n;i++)
    printf("%d ",a[i]);
  printf("\n");
  for(i=0;i<n;i++)
  {
    for(j=i+1;j<n;j++)
      if(a[j]<a[i])
      {
        temp=a[j];
        a[j]=a[i];
        a[i]=temp;
      }
  }
  printf("处理后结果为：\n");
  for(i=0;i<n;i++)
```

```
    printf("%d ",a[i]);
}
```

（2）在程序中加入适当的输出语句，跟踪各变量值，填写表6-1。

表6-1 跟踪变量值（一）

| 输入n | 输入a数组元素各值 | i值 | j值范围 | a数组元素各值 |
|---|---|---|---|---|
| | | | | |
| | | | | |
| | | | | |
| | | | | |
| | | | | |

（3）程序功能是________。

（4）程序输出结果是________。

**2. 程序设计**

完全数（perfect number）又称完美数或完备数，是一些特殊的自然数。它所有的真因子（即除了自身以外的约数）的和（即因子函数），恰好等于它本身。编写程序，找出1000以内的所有完全数，并输出使该数成为完全数的因子。如6=1+2+3，按照“6, its factors are 1,2,3”的格式输出。

## 6.2 数组程序设计（二）

### 一、实验目的

（1）掌握一维字符数组和字符串的概念。

（2）掌握字符数组的定义、初始化、数组元素引用、输入和输出等。

（3）掌握常用字符串处理函数。

### 二、实验内容

**1. 程序验证**

（1）启动Visual C++ 2010，输入并执行以下程序。

```
#include <stdio.h>
#include <string.h>
void main()
{
  char st[20],cs[5][20];
  int i,j,p;
  printf("input 5 names:\n");
  for(i=0;i<5;i++)
    gets(cs[i]);
  printf("\n");
  for(i=0;i<5;i++)
  {
    p=i;
    strcpy(st,cs[i]);
    for(j=i+1;j<5;j++)
      if(strcmp(cs[j],st)<0)
```

```
        {
          p=j;
          strcpy(st,cs[j]);
        }
        if(p!=i)
        {
          strcpy(st,cs[i]);
          strcpy(cs[i],cs[p]);
          strcpy(cs[p],st);
        }
        puts(cs[i]);
      }
    }
```

（2）从键盘输入 5 个人名，在程序中加入适当的输出语句，跟踪各变量值，填写表 6-2。

表 6-2 跟踪变量值（二）

| 输入 cs[0][20] | 输入 cs[1][20] | 输入 cs[2][20] | 输入 cs[3][20] | 输入 cs[4][20] | i 值 | p 初值 | st 初值 | j 值范围 | p 终值 | st 终值 |
|---|---|---|---|---|---|---|---|---|---|---|
| | | | | | 0 | | | | | |
| | | | | | 1 | | | | | |
| | | | | | 2 | | | | | |
| | | | | | 3 | | | | | |
| | | | | | 4 | | | | | |

（3）程序功能是________。

（4）程序输出结果是________。

## 2. 程序设计

从键盘输入字符串a和字符串b，并在字符串a中的最小元素后面插入字符串b。

# 第 7 章 函　　数

## 7.1 函数程序设计（一）

### 一、实验目的

（1）掌握函数定义及调用的方法，正确理解函数调用时实参和形参的对应关系。

（2）掌握并正确使用数组作为函数参数。

### 二、实验内容

#### 1. 程序验证

（1）启动Visual C++ 2010，输入以下程序。

① 阅读理解程序。

② 多次运行程序，记录程序的运行结果。

③ 分析程序的执行流程和程序的功能。

```
#include <stdio.h>
int fun(int x,int y)
{
  if(x>y)
    return x;
  else
    return (y);
}
void main()
{
  int a,b,c;
  printf("Input three integers:");
  scanf("%d%d%d",&a,&b,&c);
  printf("The result is:%d\n",fun(a,fun(b,c)));
}
```

（2）启动Visual C++ 2010，输入以下程序。

① 阅读理解程序。

② 多次运行程序，记录程序的运行结果并分析程序的功能。

③ 注意数组作函数参数和一般变量作函数参数的区别。

```
#define  N  10
```

```
double fun(int a[])
{
  int i, j, y[N];
  double av=0;
  for(i=0; i<N; i++)
    av+=a[i];
  av=av/N;
  for(i=j=0; i<N; i++)
    if(a[i]<av)
      y[j++]=a[i];
  for(i=0; i<N; i++)
    if(a[i]>av)
      y[j++]=a[i];
  for(i=0; i<N; i++)
    a[i]=y[i];
  return av;
}
#include <stdio.h>
#include <stdlib.h>
#include <time.h>
void main()
{
  int i;
  int x[N];
  srand(time(NULL));          /* 初始化随机数种子 */
  for(i=0; i<N; i++)
  {
    x[i]=rand()%50;
    printf("%d ",x[i]);
  }
  printf("\n");
  printf("\nThe average is: %f\n",fun(x));
  printf("\nThe result :\n");
  for(i=0; i<N; i++)
    printf("%d ",x[i]);
  printf("\n");
}
```

2. 程序设计

（1）编写程序，实现输入 $N$ 个学生某门功课的成绩，用函数求出平均分，并在主函数中输出平均分以及高于平均分的同学的成绩。

（2）编写程序，实现打印出 2～$n$ 的所有素数，要求判断素数过程用自定义函数实现。

## 7.2 函数程序设计（二）

### 一、实验目的

（1）掌握函数的嵌套调用和递归调用的方法。

（2）理解变量的作用域和存储类型。

## 二、实验内容

### 1．程序验证

（1）启动Visual C++ 2010，输入以下程序。

① 阅读理解程序。

② 设计正确的输入数据并多次运行程序，记录程序的运行结果。

③ 分析函数的递归调用过程。

```
#include <stdio.h>
int fun(int n)
{
  int s;
  if(n==1)
    return 1;
  s=n+fun(n-1);
  return s;
}
void main()
{
  int n,s;
  printf("Input n please:");
  scanf("%d",&n);
  s=fun(n);
  printf("n=%d, s=%d\n",n,s) ;
}
```

（2）启动Visual C++ 2010，输入以下程序。

① 阅读理解程序。

② 运行程序，记录程序的运行结果。

③ 分析自动变量和静态变量的区别。

```
#include <stdio.h>
void func()
{
  int a=1;
  static int b=3;
  ++a; ++b;
  printf("a=%d\t",a);
  printf("b=%d\n",b);
}
void main()
{
  int i;
  for(i=1;i<=3;i++)
    func();
}
```

**2．程序设计**

（1）用全局变量的方法，求两个整数的最大公约数和最小公倍数。编写一个函数求最大公约数，另一个函数求最小公倍数，但其值不由函数返回，而是将最大公约数和最小公倍数都设为全局变量，在主函数中输出它们的值。

（2）编写函数 f(int t)，它的功能是：求斐波那契数列中大于 $t$ 的最小的一个数，结果由函数返回。其中斐波那契数列 $f(n)$的定义为：

$f(1)=1$

$f(2)=1$

$f(n)=f(n-1)+f(n-2)$，$n>2$

例如，当 $t$=1000 时，函数值为 1597。

程序代码如下：

```
#include <stdio.h>
int f(int t)
{

}
void main()
{
  int n;
  printf("Input n please:");
  scanf("%d",&n);"
  printf("n=%d, f=%d\n",n,fun(n));
}
```

# 第 8 章 指　　针

## 8.1 指针程序设计（一）

### 一、实验目的

（1）掌握指针的概念，会定义和使用指针变量。

（2）能正确使用数组的指针和指向数组的指针变量。

### 二、实验内容

#### 1. 程序验证

fun()函数删除数组中所有值为y的元素。数组元素中的值和y的值由主函数通过键盘读入。

（1）在源程序文件中输入以下程序代码。

```
#include <stdio.h>
#define M 40
void fun(int bb[], int *n,int y)
{
  int i,j=0;
  for(i=0;i<*n;i++)
    if(bb[i]!=y)
      bb[j++]=bb[i];
  *n=j;
}
void main()
{
  int aa[M],n,y,k;
  printf("\nplease enter n:");
  scanf("%d",&n);
  printf("\nenter %d positive number:\n", n);
  for(k=0;k<n;k++)
    scanf("%d",&aa[k]);
  printf("the original data is: \n");
  for(k=0;k<n;k++)
    printf("%5d",aa[k]);
  printf("\nenter a number to deleted:");
  scanf("%d",&y);
```

```
    fun(aa,&n,y);
    printf("the data after deleted %d:\n", y);
    for(k=0;k<n;k++)
      printf("%4d",aa[k]);
    printf("\n");
}
```

理解本实验算法：用 for 循环控制元素逐一判断数组元素是否等于 y，若不等则赋给新数组 bb，由于删除的关系，j 总是小于或等于 i，所以可用 bb 作为新数组。还要注意*n=j；如果没有这条语句则不能传回新数组的个数，另外也不能换成 n=&j，这点是使用指针时常犯的错误，希望引起读者注意。

（2）源程序编译连接，若有语法错误，则根据提示对程序相应代码进行修改，然后再一次编译连接，重复此过程直到程序无语法错误。

（3）运行程序，若发现错误则进行修改，直到运行得出正确结果。

（4）解释每行程序代码的功能含义，写出程序运行结果。

### 2. 按要求完善程序

（1）下面程序的功能是，分别求出数组中所有奇数之和以及偶数之和。形参 n 给了数组中数据的个数，利用指针 podd 返回奇数之和，利用指针 peven 返回偶数之和。例如，数组中的值依次为 2，5，8，9，12，7，10，6，9，1；则利用指针 podd 返回奇数之和为 31；利用指针 peven 返回偶数之和为 38。请在下面空白处完善这一函数的功能，并且调试运行得出结果。

```
#include <stdio.h>
#define N 10
void fun(int a[],int n,int *podd,int *peven)
{


}
void main()
{
  int odd, even ,a[N]={2,5,8,9,12,7,10,6,9,1};
  fun(a,N,&odd,&even);
  printf("odd=%d,even=%d\n",odd,even);
}
```

（2）以下程序调用 fun()函数把 x 中的数插入有序数组 a 中，使其依然有序。其中形参 n 存放a 数组中元素的个数。在下面空白处完善这一函数的功能，并且调试运行得出结果。

```
#include <stdio.h>
void fun(int s[],int *n, int x )
{


}
void main()
{
  int a[20]={1,2,3,4,5,6, 8,9,10,11},i,x=7, n=10;
  fun(a,&n, x);
  for(i=0;i<n;i++)
  printf("%4d",a[i]);
  printf("\n");
}
```

# 8.2 指针程序设计（二）

## 一、实验目的

（1）熟悉指针作函数参数的使用方法。

（2）能正确使用字符串的指针和指向字符串的指针变量。

## 二、实验内容

### 1. 程序验证

编写一个函数void fun(char *tt,int pp[])，统计在tt字符串中从a到z这26个字母各自出现的次数，并依次放在pp所指的数组中。

（1）在源程序文件中输入程序代码。

```
#include <stdio.h>
void fun(char *tt,int pp[])
{
  int i;
  for(i=0;i<26;i++) pp[i]=0;
  for(;*tt;tt++)
    if(*tt<='z'&&*tt>='a') pp[*tt-97]++;
}
void main(void)
{
  char aa[1000];
  int bb[26],k;
  printf("\nPlease enter a char string:");
  scanf("%s",aa); fun(aa,bb);
  for(k=0;k<26;k++)
    printf("%2d",bb[k]);
  printf("\n");
}
```

本题采用的是字母的 ASCII 码值与数组pp下标的对应转换关系，分别求出对应字母的个数。第一个for循环是给pp赋初值0，第二个for循环用于控制形参指针tt在字符串内从头到尾移动。由于字母a的ASCII码值为97，而它的个数要放在pp[0]中，而'a'-97的值正好为0，其他依此类推。

（2）源程序编译连接，若有语法错误，则根据提示对程序相应代码进行修改，然后再一次编译连接，重复此过程直到程序无语法错误为止。

（3）运行程序，若发现错误则进行修改，直到运行出正确结果。

（4）解释每行程序代码的功能含义，写出程序运行结果。

### 2. 程序设计

（1）用指针编程实现：从键盘输入一个字符串，按照字符顺序从小到大排列，并删除重复的字符。

（2）从键盘输入一个字符串，不使用额外的数组空间，实现利用字符指针将字符串的字符顺序逆置并输出（如输入abcdef，输出fedcba）。编写相应的程序代码，并调试运行得出正确结果。

（3）30个学生，5门课，要求在main()函数中输入学生成绩，再分别调用自定义函数实现如下要求：① 求各门课程的平均分；② 找出不及格学生，输出其序号和成绩；③ 求每个学生的平均分。

# 第 9 章 编译预处理

## 一、实验目的

（1）理解编译预处理命令和使用方法。

（2）理解和掌握宏定义与使用方法。

## 二、实验内容

### 1. 程序验证

（1）启动Visual C++ 2010，输入并执行以下程序。

① 阅读并理解程序。

② 掌握正确的宏定义的方法，记录程序的运算结果。

③ 理解宏替换的作用，区分宏定义与函数的区别。

半径由键盘输入，使用宏定义 PI，求圆的周长和面积。

```
#include <stdio.h>
#define PI 3.1415926
void main()
{
  double r,L,S;
  printf("Input r:\n");
  scanf("%lf",&r);
  L=2*PI*r;
  S=PI*r*r;
  printf("r=%.2f\nS=%.2f\nL=%.2f\n");
}
```

（2）启动Visual C++ 2010，输入并执行以下程序。

① 阅读并理解程序。

② 理解编译预处理种类，记录程序的运行结果。

③ 熟练掌握编译预处理的语法，并能在程序中正确地使用。

```
#include <stdio.h>
#define STUDENT 5
#ifdef STUDENT
#define STRING "STUDENT is defined!\n"
#else
#define STRING "STUDENT is not defined!\n"
```

```
#endif
void main()
{
  printf(STRING);
}
```

### 2. 程序设计

（1）利用带参数的宏定义计算 $x$ 和 $y$ 的和。

（2）使用宏定义，计算圆的周长和面积。

# 第 10 章 结构体和共用体

## 一、实验目的

（1）掌握结构体类型变量的定义及引用。

（2）掌握结构体数组和结构体指针的定义与使用。

（3）熟悉链表的创建、插入和删除结点。

（4）熟悉 typedef 的使用。

## 二、实验内容

### 1. 程序验证

（1）启动Visual C++ 2010，输入并执行以下程序。

① 阅读并理解程序。

② 设计正确的结构体数组运行程序，记录程序的运行结果。

③ 掌握结构体数组的定义以及结构体数组变量的引用。

```
#include <stdio.h>
struct stu
{
  int num;
  char name[10];
  char sex;
  int age;
  int score[4];
}
students[]={{001,"David",'M',25,{80,78,92,94}},{002,"Lily",'W',23,{90,84,89,95}},
            {003,"Alice",'W',22,{79,78,96,97}}};
void main()
{
  int i,j,number;
  printf("Input student's number\n");
  scanf("%d",&number);
  for(i=0;i<3;i++)
  if(number==students[i].num) break;
  printf("name=%s\nsex=%c\nage=%d\n",students[i].name,students[i].sex,
         students[i].age);
  for(j=0;j<4;j++)
    printf("%d",students[i].score[j]);
```

```
  printf("\n");
}
```

（2）启动Visual C++ 2010，输入并执行以下程序。

① 阅读并理解程序。

② 设计正确的链表运行程序，记录程序的运行结果。

③ 掌握链表的概念，了解链表的操作。

```
#include <stdio.h>
#include <stdlib.h>
#define LEN sizeof(struct student)
struct student
{
  int num;
  char name[15];
  struct student *next;
};
int n;
struct student *create()
{
  struct student *head,*p1,*p2;
  n=0;
  p1=p2=(struct student *)malloc(LEN);
  printf("Input the student's nember and name\n");
  scanf("%d %s",&p1->num,&p1->name);
  head=NULL;
  while(p1->name!=0)
  {
    n++;
    if(n==1) head=p1;
    else p2->next=p1;
    p2=p1;
    p1=(struct student *)malloc(LEN);
    scanf("%d %s",&p1->num,&p1->name);
  }
  p2->next=NULL;
  return head;
}
void print(struct student *head)
{
  struct student *p;
  p=head;
  while(p!=NULL)
  {
    printf("number=%d\nname=%s\n\n",p->num,p->name);
    p=p->next;
  }
}
void main()
{
  struct student *head;
```

```
  head=create();
  print(head);
}
```

（3）启动Visual C++ 2010，输入并执行以下程序。

① 学生的记录由学号和成绩组成，N名学生的数据已在主函数中放入结构体数组s中，编写函数fun()，它的功能是：按分数高低排列学生的记录，高分在前。

② 掌握结构体变量和指向结构体的指针作函数参数的概念。

③ 运行下面的程序，并修改程序中的错误。

```
#include <stdio.h>
#define N 16
typedef struct
{
  char num[10];
  int x;
}STREC;
int fun(STREC p[])
{
  STREC tmp;
  int i,j;
  for(i=0;i<n-1;i++)
    for(j=0;j<n-1;j++)
      if(p[j].x<p[j+1].x)
      {
        tmp=p[j];
        p[j]=p[j+1];
        p[j+1]=tmp;
      }
}
void main()
{
  STREC S[N]={ {"GA005",85},{"GA003",76},{"GA002",69},{"GA004",85},
               {"GA001",91},{"GA007",72},{"GA008",64},{"GA006",87},
               {"GA015",85},{"GA013",91},{"GA012",64},{"GA011",66},
               {"GA017",64},{"GA018",64},{"GA016",72}
             }
  int i;
  fun(S);
  printf("The data after sored:\n");
  for(i=0;i<N;i++)
  {
    if((i)%4==0)
      printf("\n");
    printf("%s%4d",S[i].num,S[i].x);
  }
}
```

**2. 程序设计**

（1）输入三个学生的学号、姓名和两门课的成绩，按总成绩排序输出学号、姓名和成绩。

（2）编写函数，实现在链表中插入和删除结点的操作。

# 第 11 章 位 运 算

## 一、实验目的

（1）掌握位运算的概念。

（2）掌握位运算符的使用。

（3）掌握有关位运算的常用算法。

## 二、实验内容

### 1. 程序验证

（1）启动Visual C++ 2010，输入并执行以下程序。

① 观察程序的执行结果。

② 分析位运算符的运算规则。

```
#include <stdio.h>
void main()
{
  unsigned int a,b,c;
  a=87;
  b=52;
  c=a&b;
  printf("%d & %d = %d, %o, %x\n", a,b,c,c,c);
  c=a|b;
  printf("%d | %d = %d, %o, %x\n", a,b,c,c,c);
  c=a^b;
  printf("%d ^ %d = %d, %o, %x\n", a,b,c,c,c);
  c=~a;
  printf("~%d = %d, %o, %x\n", a,c,c,c);
  c=~b;
  printf("~%d = %d, %o, %x\n", b,c,c,c);
}
```

（2）启动Visual C++ 2010，输入并执行如下程序。

① 观察程序的执行结果。

② 分析位运算符的运算规则。

```
#include <stdio.h>
void main()
{
```

```
    short int a=69, b;
    b=a>>3;
    printf("%d >> 3 = %d, %o, %x\n", a,b,b,b);
    b=a<<4;
    printf("%d << 4 = %d, %o, %x\n",a,b,b,b);
    b=~(~0<<4);
    printf("~(~0<<4) = %d, %o, %x\n", a,b,b,b);
}
```

**2．程序设计**

（1）将一个整数的高字节和低字节分别输出。

（2）使一个整数的低4位翻转。要求：以十六进制形式输入和输出数据。

（3）将一个整数的各位循环左移4位。

# 第 12 章　文　　件

## 一、实验目的

（1）掌握文件指针的概念及文件类型。

（2）掌握文件的基本读写方法。

（3）掌握各种文件处理函数。

## 二、实验内容

### 1．程序验证

（1）用记事本编辑文本文件 file1.txt。分析以下程序的功能及结果，并验证。

```
#include <stdio.h>
#include <stdlib.h>
void main()
{
  FILE *in,*out;
  if((in=fopen("file1.txt","r"))==NULL)
  {
    printf("Can't open this file.\n");
    exit(0);
  }
  if((out=fopen("file2.txt","w"))==NULL)
  {
    printf("Can't open this file.\n ");
    exit(0);
  }
  while(!feof(in))
    fputc(fgetc(in),out);
  fclose(in);
  fclose(out);
}
```

① 程序功能是________。

② 程序输出结果是________。

（2）从键盘输入一个字符串，把该字符串中的小写字母转换为大写字母，输出到文件file2.txt 中，然后从该文件中读出字符串并显示出来。

```
#include <stdio.h>
#include <stdlib.h>
```

```
void main()
{
  FILE *fp;
  char str[100];
  int i=0;
  if((fp=fopen("file2.txt","w"))==NULL)        /*注释1*/
  {
    printf("Can not open the file2.\n");
    exit(0);
  }
  printf("Input a string:");
  gets(str);
  while(str[i])
  {
    if(str[i]>='a'&&str[i]<='z')
      str[i]=str[i]-32;
    fputc(str[i],fp);                          /*注释2*/
    i++;
  }
  fclose(fp);                                  /*注释3*/
  fp=fopen("file2.txt","r");
  fgets(str,100,fp);                           /*注释4*/
  printf("%s",str);
  fclose(fp);
}
```

请填写表12-1。

**表 12-1 注释语句的功能及程序输入、输出**

| | |
|---|---|
| 注释 1 处语句的功能 | |
| 注释 2 处语句的功能 | |
| 注释 3 处语句的功能 | |
| 注释 4 处语句的功能 | |
| 输入数据 | |
| 输出结果（含屏幕与文件） | |

## 2. 程序设计

（1）编程：现有五个学生，每个学生有三门课的成绩，编程实现从键盘输入数据（包括学号、姓名、三门课成绩），计算出总成绩，将原有的数据和计算出的总分数存放在磁盘文件stu.txt中。

**提示：**首先以写方式打开文件 stu.txt，由于学生人数已知，所以用 for 循环，将每个学生的信息从键盘输入，然后用 fprintf()函数写入文件，最后关闭文件。

（2）编写一个文件加密的程序，由用户输入源文件名、目标文件名和加密用的密码，由程序实现对源文件内容进行加密，加密后的内容保存在目标文件中。（选作题）

**提示：**首先输入源文件名、目标文件名和密码。以读方式打开源文件，以写方式打开目标文件。当源文件没有结束时，从源文件中读取一个字节数据，与密码中的一个字节进行按位异或运算，然后把结果写入目标文件。

由于密码长度不确定，可以用一个变量n记录用户输入的密码长度，用另一变量i记录当前使用的密码字节的下标，每处理一个字节，变量i加1。当i等于n时，i赋值为0，密码从头开始。

# 附录 Visual C++编译错误信息

Visual C++在编译源程序时查出的错误一般有三种类型：致命错误、一般错误和警告。下面就列出这三种错误信息以供参考。

**1．致命错误：内部编译出错，编译立即停止**

（1）Bad call of in-line function：内部函数调用不当。

（2）Irreducible expression tree：不可约表达式树。

（3）Register allocation failure：存储器分配失败。

**2．一般错误：语法错误、磁盘或内存存取错误或命令错误等，达到预定个数，编译将停止**

（1）#operator not followed macro argument name："#"运算符后无宏变量名。

（2）'xxxx' not an argument：xxxx 不是函数参数。

（3）Ambiguous symbol 'xxxx'：二义性符号'xxxx'。

（4）Argument # missing name：参数"#"后没有参数名。

（5）Argument list syntax erro：参数表语法错。

（6）Array bounds missing ]：数组界限漏掉"]"。

（7）Array size too large：数组尺寸太大。

（8）Assembler statement too long：汇编语句太长。

（9）Bad configuration file：配置文件不当。

（10）Bad file name format in include directive：include 指令中文件名格式不当。

（11）Bad ifdef directive syntax：ifdef 指令语法不当。

（12）Bad ifndef directive syntax：ifndef 指令语法不当。

（13）Bad undef directive syntax：undef 指令语法不当。

（14）Bad file size syntax：文件尺寸语法不当。

（15）Call of non-function：调用的不是函数。

（16）Can not modify a const object：不能修改常量对象。

（17）Case outside of switch：case 出现在 switch 外。

（18）Case statement missing：case 语句漏掉。

（19）Case syntax error：case 语法错。

（20）Characte constant too long：字符常量太长。

（21）Compound statement missing }：复合语句漏掉"}"。

（22）Conflicting type modifiers：类型修饰符冲突。

（23）Constant expression required：要求常量表达式。
（24）Could not find 'xxxx.xxx'：找不到文件 xxxx.xxx。
（25）Declaring missing ;：说明漏掉分号。
（26）Declaration needs type or storage class：说明需要类型或存储类。
（27）Declaration syntax error：说明语法错误。
（28）Default outside of switch：default 出现在 switch 外。
（29）Default directive needs an identifier：default 指令需要标识符。
（30）Division by zero：除数为 0。
（31）Do statement must have while：do 语句必须有 while。
（32）Do-while statement missing (：do...while 语句漏掉“(”。
（33）Do-while statement missing )：do...while 语句漏掉“)”。
（34）Do-while statement missing ;：do...while 语句漏掉“;”。
（35）Duplicate case：case 重复。
（36）Enum syntax error：enum 语法错。
（37）Enumeration constant syntax error：枚举常量语法错。
（38）Error Directive:xxx：错误指令:xxx。
（39）Error writing output file：写输出文件错。
（40）Expression syntax：表达式语法错。
（41）Extra parameter in call：多余的调用参数。
（42）Extra parameter in call to xxxx：调用函数 xxxx 时参数多余。
（43）File name too long：文件名太长。
（44）For statement missing(：for 语句漏掉“(”。
（45）For statement missing)：for 语句漏掉“)”。
（46）For statement missing ;：for 语句漏掉“;”。
（47）Function call missing)：函数调用漏掉“)”。
（48）Function definition out of place：函数定义位置错。
（49）Function doesn’t take a variable number of argument：函数不接受可变的参数数目。
（50）Goto statement missing label：goto 语句漏掉标号。
（51）If statement missing (：if 语句漏掉“(”。
（52）If statement missing)：if 语句漏掉“)”。
（53）Illegal character '(' (0xxx)：非法字符'('(0xxx)。
（54）Illegal initialization：非法初始化。
（55）Illegal octal digit：非法八进制数字。
（56）Illegal pointer subtraction：非法指针相减。
（57）Illegal structure operation：非法结构操作。
（58）Illegal use of floating point：非法使用浮点。
（59）Illegal use of pointer：非法使用指针。
（60）Improper use of a typedef symbol：typedef 符号使用不当。
（61）In-line assembly not allowed：内部汇编不允许。
（62）Incompatible storage class：不兼容存储类。

（63）Incompatible type conversion：不兼容类型转换。

（64）Incorrect command line argument: xxxx：不正确的命令行参数 xxxx。

（65）Incorrect configuration file argument: xxxx：不正确的配置文件参数 xxxx。

（66）Incorrect number format：不正确的数据格式。

（67）Incorrect number use of default：default 使用不正确。

（68）Initializer syntax error：初始化语法错。

（69）Invalid indirection：无效间接运算。

（70）Invalid macro argument separator：无效宏参数分隔符。

（71）Invalid pointer addition：无效指针相加。

（72）Invalid use of arrow：箭头使用错。

（73）Invalid use of dot：点“.”操作符使用错。

（74）Lvalue required：要求左边变量。

（75）Macro argument syntax error：宏参数语法错。

（76）Macro expansion too long：宏扩展太长。

（77）May compile only one file when an output file name is given：给出一个输出文件名时只能编译一个文件。

（78）Mismatch number of parameters in definition：定义中参数数目不匹配。

（79）Misplace break：break 位置错。

（80）Misplaced continue：continue 位置错。

（81）Misplaced decimal point：小数点位置错。

（82）Misplaced else：else 位置错。

（83）Misplaced elif directive：elif 指令位置错。

（84）Misplaced else directive：else 指令位置错。

（85）Misplace endif directive：endif 指令位置错。

（86）Must be addressable：必须是可寻址的。

（87）Must take address of memory location：必须接受内存地址。

（88）No file name ending：无文件名终止符。

（89）No file name given：未给出文件名。

（90）Non-portable pointer assignment：不可移植指针赋值。

（91）Non-portable pointer comparison：不可移植指针比较。

（92）Non-portable return type conversion：不可移植返回类型转换。

（93）Not an allowed type：非允许类型。

（94）Out of memory：内存不够。

（95）Pointer required on left side op：操作符左边要求指针。

（96）Redeclaratoin of 'xxxx'：xxxx 重定义。

（97）Size of structure or array not known：结构或数组尺寸未知。

（98）Statement missing ;：语句漏掉分号。

（99）Structure or union syntax error：结构体或共用体语法错。

（100）Structure size too large：结构体尺寸太大。

（101）Subscripting missing ]：下标漏掉“]”。

（102）Switch statement missing (：switch 语句漏掉“(”。
（103）Switch statement missing )：switch 语句漏掉“)”。
（104）Too few parameters in call：调用时参数太少。
（105）Too few parameters in call to 'xxxx'：调用函数 xxxx 时参数太少。
（106）Too many cases：case 太多。
（107）Too many decimal points：小数点太多。
（108）Too many default cases：default 太多。
（109）Too many exponents：阶码太多。
（110）Too many initializers：初始化太多。
（111）Too many storage classes in declaration：说明中存储类太多。
（112）Too many types in declaration：说明中类型太多。
（113）Too much auto memory in function：函数中自动存储太多。
（114）Too much code defined in file：文件中定义的代码太多。
（115）Too much global data defined in file：文件中定义的全局数据太多。
（116）Two consecutive dots：两个连续的“.”。
（117）Type mismatch in parameter #：参数“#”类型不匹配。
（118）Type mismatch in parameter # in call to 'xxxx'：调用函数 xxxx 时参数“#”类型不匹配。
（119）Type mismatch in parameter 'xxxx'：参数 xxxx 类型不匹配。
（120）Type mismatch in parameter 'xxxx' in call to 'yyyy'：调用函数yyyy时参数xxxx类型不匹配。
（121）Type mismatch in redeclaration of 'xxxx'：xxxx重定义时类型不匹配。
（122）Unable to create output file 'xxxx.xxx'：无法建立输出文件 xxxx.xxx。
（123）Unable to create turboc.link：无法建立 turboc.link。
（124）Unable to execute command 'xxxx'：无法执行命令 xxxx。
（125）Unable to open include file 'xxxx.xxx'：无法打开 include 文件 xxxx.xxx。
（126）Unable to open input file 'xxxx.xxx'：无法打开输入文件 xxxx.xxx。
（127）Undefined label 'xxxx'：标号 xxxx 未定义。
（128）Undefined structure 'xxxx'：结构 xxxx 未定义。
（129）Undefined symbol 'xxxx'：符号 xxxx 未定义。
（130）Unexpected end of file in comment started on line #：文件在注释行“#”中意外结束。
（131）Unexpected end of file in conditional started on line #：文件在条件语句“#”中意外结束。
（132）Unknown preprocessor directive 'xxxx'：预处理指令 xxxx 未知。
（133）Unterminated character constant：字符常数未终结。
（134）Unterminated string：串未终结。
（135）Unterminated string or character constant：串或字符常数未终结。
（136）User break：用户中断。
（137）While statement missing (：while 语句漏掉“(”。
（138）While statement missing)：while 语句漏掉“)”。
（139）Wrong number of argument in call to 'xxxx'：调用 xxxx 时参数数目错。

**3．警告：可疑之处，编译继续**

（1）'xxxx' declared but never used：xxxx说明了但未使用。

（2）'xxxx' is assigned a value which is never used：xxxx赋值了但从未使用。

（3）'xxxxx' not part of structure：xxxx 不是结构体的一部分。

（4）Ambiguous operators need parentheses：二义性运算符需要括号。

（5）Both return and return of a value used：既用了return又用了带值return。

（6）Call to function without prototype：调用函数无原型。

（7）Call to function 'xxxx' without prototype：调用函数xxxx无原型。

（8）Code has no effect：代码无效。

（9）Constant is long：常量是long型。

（10）Constant out of range in comparison：比较时常量出界。

（11）Conversion may lose significant digits：转换可能丢失有效数字。

（12）Function should return a value：函数应返回数值。

（13）Mixing pointers to signed and unsigned char：混淆了signed char和unsigned char指针。

（14）No declaration for function 'xxxx'：函数xxxx未说明。

（15）Non-portable pointer assignment：不可移植指针赋值。

（16）Non-portable pointer comparison：不可移植指针比较。

（17）Non-portable return type conversion：不可移植返回类型转换。

（18）Parameter 'xxxxx' is never used：参数 xxxx 从未使用。

（19）Possible use of 'xxxx' before definition：可能使用了未定义的 xxxx。

（20）Possible incorrect assignment：可能不正确的赋值。

（21）Redefinition of 'xxxx' is not identical：xxxx重定义不统一。

（22）Restarting compiler using assembly：用汇编重编译。

（23）Structure passed by value：结构体值传送。

（24）Superfluous & with function or array：函数或数组中有多余的“&”。

（25）Suspicious pointer conversion：可疑的指针转换。

（26）Undefined structure 'xxxx'：结构体xxxx未定义。

（27）Unknown assembler instruction：未知汇编指令。

（28）Unreachable code：不可达代码。

（29）Void function may not return a value：void()函数不能返回数值。

（30）Zero length structure：结构体长度为0。

# 参考文献

[1] 谭浩强. C语言程序设计[M]. 4版. 北京：清华大学出版社，2020.

[2] 谭浩强. C程序设计习题题解与上机指导[M]. 4版. 北京：清华大学出版社，2020.

[3] 苏小红，叶麟，张羽，等. 程序设计基础（C语言）[M]. 北京：人民邮电出版社，2023.